Journal

für

die Baukunst.

In zwanglosen Heften.

Herausgegeben

von

Dr. A. L. Crelle,

Königlich-Preufsischem Geheimen-Ober-Baurathe, Mitgliede der Königlichen Akademie der Wissenschaften zu Berlin, Correspondenten der Kaiserlichen Akademie der Wissenschaften zu St. Petersburg und der Königlichen Akademieen der Wissenschaften zu Neapel und Brüssel, auswärtigem Mitgliede der Königlichen Akademie der Wissenschaften zu Stockholm, Ehrenmitgliede der Hamburger Gesellschaft zur Verbreitung der mathematischen Wissenschaften.

Fünf und zwanzigster Band.

Erstes Heft.

Mit einer Figurentafel.

Berlin.

Bei G. Reimer.

1847.

Inhalt des fünf und zwanzigsten Bandes.

Erstes Heft.

Zweites Heft.

Drittes Heft.

Viertes Heft.

Journal
für
die Baukunst.

In zwanglosen Heften.

Herausgegeben

von

Dr. A. L. Crelle,

Königlich-Preufsischem Geheimen-Ober-Baurathe, Mitgliede der Königlichen Akademie der Wissenschaften zu Berlin, Correspondenten der Kaiserlichen Akademie der Wissenschaften zu St. Petersburg und der Königlichen Akademieen der Wissenschaften zu Neapel und Brüssel, auswärtigem Mitgliede der Königlichen Akademie der Wissenschaften zu Stockholm, Ehrenmitgliede der Hamburger Gesellschaft zur Verbreitung der mathematischen Wissenschaften.

Fünf und zwanzigster Band.

Erstes Heft.

Mit einer Figurentafel.

Berlin.

Bei G. Reimer.

1847.

1.
Übersicht der Geschichte der Baukunst, mit Rücksicht auf die allgemeine Culturgeschichte.

(Von Herrn Regierungs- und Baurath *C. A. Rosenthal* zu Magdeburg.)

(Fortsetzung der Abhandlung No. 2. im 1ten, No. 6. im 2ten, No. 8. im 3ten Hefte 13ten, No. 1. im 1ten, No. 7. im 2ten, No. 8. im 3ten, No. 12. im 4ten Hefte 14ten, No. 1. im 1ten, No. 9. im 2ten, No. 11 im 3ten, No. 15. im 4ten Hefte 15ten, No. 10. im 3ten Hefte 16ten, No. 3. im 1ten, No. 5. im 2ten, No. 10. im 3ten Hefte 17ten, No. 4. im 2ten Hefte 18ten, No. 2. im 1ten Hefte 20ten und No. 9. im 2ten Hefte 22ten Bandes.)

---

§. 136.

Baukunst der Normannen in Sicilien.

Ein Hauptmoment für die rasche Entwicklung der normannischen Baukunst war unstreitig die Eroberung Siciliens (1060). Hier waren einander Römer, Griechen und Araber (letztere seit 829) in der Herrschaft gefolgt, und die Bau-Art, welche die Normannen vorfanden, war also sehr gemischt. Anfänglich blieben die Normannen der heimathlichen Bau-Art, mit den geringen Abänderungen, welche diese Bau-Art schon bei dem langjährigen Aufenthalte des Volks in Calabrien erfahren haben mochte, getreu; bald aber nahmen sie den arabischen Baustyl an, mit einiger Vermischung mit byzantinischen und italisch-normannischen Elementen, von welchen es zweifelhaft bleibt, wie viel davon die Araber selbst schon eingeführt haben mochten; und sie hielten ihn während ihres Aufenthalts in Sicilien fest.

Von den arabischen Bauwerken Siciliens haben sich nur wenige erhalten, und auch diese werden von Einigen zum Theil normannischen Erbauern zugeschrieben; wahrscheinlich aber haben die letztern nur die leicht zu erkennenden normannischen Zusätze gemacht. Zunächst sind die drei Schlösser in der Umgegend von Palermo: la Ziza, Cuba und Fāvara zu nennen. Die beiden erstern sind einander im Äufsern sehr ähnlich; es sind grofse und hohe viereckige Gebäude, mit einem Hofe im Innern, oben mit Gesimsen, oder sonstigen Gliederungen, aber mit stark vortretenden Vorsprüngen, und ringsum mit dicht an einander gereihten, zweimal zurückgesetzten Blenden, welche, hoch hinaufgehend, in ziemlich schlanken Spitzbogen schliefsen. Ohne Säulen und Kämpfergliederung zu haben, tragen sie merkwürdigerweise ganz den Character des spätern germanischen Bogens, in seinen reinsten Verhältnissen; kleinere Blenden und Öffnungen, innerhalb der grofsen, sind ebenfalls mit Spitzbogen geschlossen; oben herum läuft ein schmaler Rundstab und darüber ist eine volle Brustwehr, mit Inschriften in cufischen Characteren, dergleichen auch auf spätern normannischen Bauwerken vorkommen. In der Umgebung von la Cuba findet sich ein Pavillon über einem Springbrunnen, von quadratischer Grundform und fast doppelt so hoch als breit. In jeder der vier glatten Mauern ist ein weiter und hoher Spitzbogen, von schönen Verhältnissen, mit einer gerippten und dann einer gegliederten Einfassung; das Dach bildet eine Kuppel. Das dritte Schlofs, in der Anlage ähnlich den vorigen, nur ausgedehnter, aber nicht so hoch, und ebenfalls mit Spitzbogenblenden besetzt, aufserdem aber noch mit Spitzbogenfenstern mit drei Einsenkungen, ist überall wieder ohne markirte Kämpfer. Die Zimmer des Erdgeschosses waren überwölbt.

In gröfserer Entfernung von Palermo werden die Bäder von Cefalu als ein sarazenisches Bauwerk genannt: es ist dies ein längliches Gebäude, oben wieder mit einem Inschriftstreifen, über welchem man später noch ein Stockwerk aufführte; die ursprüngliche Thür ist zugemauert und war mit einem flach gedrückten Spitzbogen überwölbt, aus grofsen, dünnen Mauersteinen. Im Innern ist eine grofse Halle, mit einem Gewölbe von bedeutender Spannung, hie und da mit runden Licht-Öffnungen. Das obere Ende ist durch drei Spitzbogen, auf Säulen, von der übrigen Halle getrennt.

Im hohen Grade überraschend sind die ausschliefsliche Anwendung des Spitzbogens von so reiner (germanischer) Form, die schönen emporstrebenden Verhältnisse und die edle Einfachheit, die man, als seltene Eigenschaft der arabischen Kunst, an diesen Überresten wahrnimmt. Dennoch ist nicht zu zweifeln, dafs es im Innern an der gewöhnlichen märchenhaften Pracht und aufserordentlichen Mannigfaltigkeit nicht gefehlt haben werde und dafs sich an andern, nicht mehr vorhandenen Bauwerken, die übrigen abentheuerlichen Bogenformen der Araber gezeigt haben werden. Man darf wohl mit voller Sicherheit das in den spätern normannischen Gebäuden sich zeigende Fremdartige, sofern es dem arabischen Styl, wie er sonst bekannt geworden ist, entspricht, als entlehnt von den sicilianischen Mauern betrachten.

Davon, dafs die Normannen anfänglich ihre heimathliche Bau-Art beibehielten, wiewohl nicht ohne Beimischung von römisch-byzantinischen und arabischen Einzelnheiten, mit welchen sie schon in Calabrien bekannt geworden waren, geben Zeugnifs:

1. Der alte Theil der Cathedrale von Messina, vom Grafen Roger in

den letzten Jahren seines Lebens begonnen und 1098 von seinem Sohne vollendet. Es zeigen sich hier runde Bogen, von welchen aber die des Mittelschiffs sich schon etwas zu der Hufeisenform neigen; die Fenster sind ebenfalls rund überwölbt und ungetheilt; an denen der Absiden zeigt sich die zurücktretende normannische Säule und die bekannte normannische Zickzack-Einfassung. Dagegen ist die Grundform der Kirche die der Basilica, und es fehlt hier die Würde und Gedrungenheit der ältern normannischen Gebäude in Frankreich; es fehlt, wie überall in Sicilien, der Mittelthurm, und die Bogen des Schiffs ruhen auf Säulen, deren granitne Schafte antiken Gebäuden entlehnt zu sein scheinen. Die Decke ist von Holz und die Gewölbbogen der Kuppeln sind stumpf gespitzt, ruhen aber auf kurzen Säulen mit normannischen Capitälen.

2. Die Kirche La Nunziatella dei Catalani zu Messina wurde schon im Jahre 1169 ein *altes* Gebäude genannt. Sie bildet beinahe ein Quadrat, hat im Innern vier corinthische Säulen, welche wahrscheinlich eine Kuppel getragen haben, und nur eine Absis; sie ist mithin in der Grund-Anlage byzantinisch. Im Äufsern der Absis sind zwei Reihen normannischer Rundbogen, auf kleinen Pfeilern ruhend und mit Laubwerk-Capitälen. Am West-Ende befinden sich drei interessante Portale, mit überhöhten Rundbogen, welche sich der Hufeisenform nähern. Der mittlere Bogen ist schlicht, hat zwei Vertiefungen und einen Carnies mit Acanthusschnecken; unter den äufsern Bogen stehen zurücktretende normannische Säulen, mit corinthischen Capitälen; der eine Bogen ruhet auf Pilastern, die oben griechisch, unten mit arabischen Characteren verziert sind. Die beiden Seitenbogen ruhen auf corinthischen Pilastern mit verzierten Aufsätzen; die Capitäle sind, das eine mit einem Eierstab, das andere mit Thierfiguren verziert.

3. An der gröfstentheils spätern Kirche San Agostino bemerkt man die schlichten runden Fenster und die Lisenen einer alten normannischen Kirche.

4. Die Kirche Santa Carcere zu Catania hat ein altes Portal von weifsem Marmor, mit runden, reich gegliederten Bogen, die von Pilastern und zurücktretenden Säulen getragen werden. Die Gliederungen, welche mit Zickzack und Würfel eben wie die Säulenschäfte geziert sind, ruhen auf Thieren, die auf den corinthischen Capitälen sitzen. Dieses Portal soll erst 1750 hierher gebracht sein. Der grofse Reichthum verweiset die Zeit seiner Entstehung in das 12te Jahrhundert, und es würde dieses Beispiel beweisen, dafs auch später noch der Rundbogen festgehalten wurde; die Arbeit soll griechische Künstler verrathen.

5. Ein zu Aderno stehender hoher Befestigungsthurm scheint ebenfalls alt zu sein; er ist von Gufswerk gebaut und von viereckigem Grundrifs. Alle Fenster und Thüren haben Rundbogen. Die Decken der verschiedenen Stockwerke waren von Holz; nur die obere ist von Stein. Aus der grofsen Halle im zweiten Stockwerke tritt man in eine kleine Capelle, im Spitzbogenstyl; die Absis ist jedoch halbrund überwölbt. Dieses und ähnliche Bauwerke können jedoch füglich auch erst später, unter der Herrschaft der Hohenstauffen, entstanden sein; sie haben mit den deutschen domartigen Thürmen viel Ähnliches und es ist überhaupt die Beurtheilung des Alters solcher Bauwerke sehr schwierig, da hier die ältere Bauart lange festgehalten wurde.

6. Von der Cathedrale, welche Graf Roger zu Traina baute, soll sich das östliche Ende und der Thurm erhalten haben. Der Bau ist aus grofsen Quadersteinen, in regelmäfsigen Schichten; der Styl ist eine genaue Nachahmung des römischen; der Chor ist viereckig geschlossen, ohne Absis.

7. Als die älteste Spur der Normannen in Sicilien giebt *Knigth* die alten Theile der Kirche San Giovanni dei Leprosi an, welche Graf Roger erbaute, um die Stelle zu bezeichnen, wo sein Heer vor Einnahme der Hauptstadt lagerte. Die Mauern sind aus regelmäfsigen Quadern und haben spitze Fenster, glatt, jedoch mit Einsenkungen. In den drei Absiden sind indefs die Fenster halbrund bedeckt. Die winzige Kuppel ruht auf einem Spitzbogen; was allerdings nicht als ein Beweis eines hohen Alters betrachtet werden kann, von welchem dagegen die gänzliche Schmucklosigkeit der alten Seitenmauern zeugt. Es ist möglich, dafs jene Säulen und die Kuppel gleichzeitig mit dem übrigen Ausbau später hinzugefügt worden sind.

Nachdem wir die ältern Gebäude der Normannen, welche noch mehr oder weniger deutlich an die normannische Bauart in Frankreich erinnern, angeführt haben, gehen wir zu denjenigen Bauwerken über, bei welchen der arabische Einflufs überwiegend ist. Zunächst mag eines noch ältern Bauwerks aus der Zeit der griechischen Herrschaft gedacht werden, um nachzuweisen, dafs die byzantinischen Werke einen wesentlichen Einflufs, zunächst auf die Gestaltung der arabischen Baukunst in Sicilien, und demnach auf die der Normannen gehabt hat.

1. Es ist dies eine alte Capelle bei dem Dorfe Malvaqua. Sie ist ein kleines viereckiges Gebäude, mit einer Kuppel und an drei Seiten mit Absiden. Alle Bogen sind halbrund; auch die der vier kleinen Fenster. Mit Ausschlufs der Spitzbogenform der Bogen und ihrer Einfassungen sieht man hier ein deut-

liches Vorbild des oben beschriebenen arabischen Pavillons bei la Cuba, und zugleich ein entfernteres für die Anordnung der Kuppel auf vier innern Säulen, wie wir sie vorhin in S. Giovanni antrafen, und wie sie sich noch an einigen andern Kirchen zeigt.

2. Hier schliefst sich weiter zunächst die Kirche La Martorana in Palermo an; 1139—1143 erbaut. Ursprünglich war sie ein Viereck, im Mittelpunct mit einer von vier Säulen und Spitzbogen getragenen Kuppel. Sie ist nicht grofs, aber reich, und aus kostbarem Material gebaut; die Mauern sind mit Mosaik bedeckt; der Fufsboden ist reich ausgelegt. Das Äufsere ist nackt und es läuft sonderbarerweise in halber Höhe rundum die Kuppel eine eigenthümliche Gliederung. Der Glockenthurm, früher isolirt und erst durch eine neuere Erweiterung mit der Kirche verbunden, ist mit Characteren beschrieben; unten enthält er eine Halle mit Kreuzgewölben; das zweite Stockwerk ist ganz arabisch.

3. Ganz ähnlich in der Anlage und noch in ihrer urspünglichen Hauptgestaltung, ist die Kirche San Cataldo, unweit der vorigen, vor 1161 erbaut; sie hat drei Kuppeln.

4. Die Kirche La Badia unweit Messina ist eine grofse Basilica mit drei Absiden. Sie hat ebenfalls eine Kuppel, welche in den Ecken von einer Reihe kleiner Bogen unterstützt wird; die Spitzbogen des Schiffs ruhen auf vier verbundenen Rundstäben mit griechischen Capitälen; die Fenster sind einfache Spitzbogenfenster, das Hauptportal hat eine Mischung griechischer und normannischer Gliederungen und ist rund überwölbt.

5. Die Klosterkirche zu Maniace ist hier besonders deshalb zu nennen, weil sie, wie mehrere Kirchen in Deutschland, die kleinen rundgeschlossenen romanischen Fenster im Mittelschiff hat, während die Abseitenbogen daneben stumpf gespitzt sind; sie ruhen auf abwechselnd runden und sechseckigen Säulen und haben gegliederte Decksteine statt der Capitäle.

6. Ein anderes interessantes Bauwerk, welches Graf Roger errichtet haben soll, welches aber wahrscheinlich älter ist, findet sich bei Palermo. Es ist ein grofser, länglich viereckiger und sehr hoher Befestigungsthurm, mit aufserordentlich dicken Mauern von Gufswerk. Die kleine Thür befindet sich im zweiten Stockwerk; das folgende Stockwerk hat Doppelfenster, mit Rundbogen und Zwergsäulen; im vierten Stockwerk sind zwei Spitzbogen-Öffnungen, von einem Rundbogen umschlossen, in zwei entgegenstehenden Fronten angebracht. Innen befinden sich unten schlichte Gewölbe, im dritten Stockwerk mehrere

gewölbte kleine Gemächer, von welchen eins eine kleine Capelle gewesen zu sein scheint; das Hauptgemach ist eine Halle mit spitzbogigen Kreuzgewölben, oben mit Rippen, an den Wänden und in den Fensterblenden mit steinernen Bänken und mit einem grofsen Camine. Im vierten Stockwerk zieht sich eine noch gröfsere und höhere Halle, welche durch die oben gedachten Spitzbogenfenster erleuchtet wird, quer durch das Gebäude; zu beiden Seiten sind kleinere Gemächer. Es erinnert diese Einrichtung wieder an derartige deutsche Bauwerke.

Die wichtigsten Gebäude für die Kenntnifs der sicilisch-normannischen Bau-Art sind vornemlich die folgenden.

7. Die Cathedrale von Cefalu, 1132 begonnen. Sie ist von beträchtlichem Umfange, hat die Form eines lateinischen Kreuzes, mit drei Absiden, hat aber, wie gewöhnlich, keinen Mittelthurm, jedoch auch an dessen Stelle keine Kuppel; dagegen sind zwei westliche Thürme vorhanden, welche aber, im Gegensatz zu den Kirchen der Normandie (und auch Deutschlands), sowohl vor den Seitenfronten als vor der Westfront bedeutend vorspringen, so dafs sie fast nur durch die Ecken mit der Kirche zusammenhangen und so in ihrer weit gespreitzten Stellung unharmonisch aussehen, besonders wenn man sich die später zwischen ihnen vor die Westfront vorgebaute Halle weggenommen vorstellt. Die Abseiten sind zweistöckig und erreichen die Höhe des Mittelschiffs; so dafs dieses oben keine Fenster hat. Sämmtliche Bogen sind (mit wenigen Ausnahmen) Spitzbogen; die Hauptbogen des Schiffs jedoch sind nach maurischer Weise überhöht, indem auf den Capitälen erst noch lothrechte Fortsetzungen stehen, die ohne Absatz in den Bogen übergehen, oder, mit andern Worten: das Capitäl befindet sich nicht unter dem Bogen, sondern weiter herunter. Diese Bogen ruhen auf Säulen von früheren Gebäuden. Die mittlere Absis ist ganz mit Mosaik verziert. In der Westfronte, zwischen den Thürmen, ist ein sehr reiches Portal, dessen Halbkreisbogen sich der Hufeisenform nähert; darüber zieht sich eine Reihe Blenden, mit sich durchschneidenden, mit dem normannischen Zickzack verzierten Spitzbogen hin; darüber ist eine einfache Blendengalerie mit Zwergsäulen und Rundbogen. Die Thürme sind ganz glatt und haben keine Gurtgesimse mit Spitzbogenblenden und Öffnungen; oben ist ein Gesims und eine, theils volle, theils zinnenförmige Brustwehr, darüber ein stark zurücktretender viereckiger und niedriger Aufsatz, mit nicht hohem Spitzdache und vor dessen Rand eine Zinnenverzierung. Ungleich edler ist das östliche Ende gestaltet und verziert: namentlich die Haupt-Absis mit hinauf-

laufenden doppelten Rundstäben, auf welchen Spitzbogen stehen, und zwar zwei über jeder Zwischenweite, die in der Mitte auf Consolen ruhen. Die Neben-Absiden haben ebenfalls doppelte Rundstäbe, doch näher stehend und mit gekreuzten Spitzbogen; darüber ist noch der romanische Bogenfries mit starkem Relief. Auch der obere Theil der Kreuz-Arme zeigt die Blendenreihen mit durchkreuzten Spitzbögen.

8. Noch ungleich merkwürdiger und mehr arabisch ist die Kirche San Giovanni degli Eremiti zu Palermo. Sie ist nicht grofs, hat keine Abseiten und ist im Innern ganz einfach. Sie hat die Gestalt des lateinischen Kreuzes, oder eigentlich die Gestalt eines T, und fünf Kuppeln, die in der innern Wölbung etwas in die Hufeisenform übergehn; die kleinern Kuppeln über den Kreuz-Armen erheben sich thurmartig und stehen erst auf einem viereckigen Aufsatz, welcher an den Seiten weite Spitzbogen-Öffnungen hat, ganz ähnlich dem maurischen Pavillon bei la Cuba. Das Ost-Ende hat drei Absiden; die Öffnungen sind mit Spitzbogen geschlossen. Man könnte geneigt sein, diese Kirche für ein arabisches Bauwerk zu halten, wenn nicht die Geschichte ihrer Erbauung genau bekannt wäre; der König Roger hat sie gebaut und vor 1132 vollendet.

9. Ebenso, nur auf andere Weise interessant, sind die normannischen Überbleibsel des Königlichen Palastes zu Palermo, und darunter vorzüglich die berühmte Capelle Palatina (1132), welche die eine Seite des viereckigen Palastes einnimmt und in die man von einem offenen Corridor längs des innern Hofes eintritt. Sie hat alle Theile einer förmlichen Kirche: Abseiten (doch nur einstöckige), ein erhöhtes Mittelschiff, Kreuz-Arme, die Kuppel über der Vierung, und drei Absiden. Die Säulen zwischen Schiff und Abseiten sind ältern antiken Gebäuden entnommen, und theils von Granit, theils von Marmor, theils canelirt, theils glatt; die hinzugefügten Capitäle sind römischen nachgebildet. Die innern Bogen sind überhöhte Spitzbogen; die Fenster sind niedrig, aber auch mit Spitzbogen überwölbt. Die Decke ist von Holz und auf ächt arabische Weise mit Rosetten, hängenden Zapfen, Zacken und Spitzen, kurz stalaktitenartig und reich, aber sehr schwer verziert, am Rande mit kufischer Inschrift. Den reichsten Schmuck bilden die, dem bis dahin arabischen Bau hinzugefügten griechischen Mosaiken auf Goldgrund, mit welchen die Wände, die innern Seiten der Bogen u. s. w. bedeckt sind. Auf ähnliche, überreiche Weise ist das noch erhaltene Zimmer in dem einen aus der Normannenzeit stammenden Thurme, dergleichen sich ursprünglich in jeder Ecke einer befand,

an den Wänden und der gewölbten Decke verziert. Hier sieht man Leoparden, Löwen, Greife und andere Thiere; auf den Wänden Jäger mit ihren Bogen, Hirsche und mehrere Pfauen. In den Ecken stehen kleine normannische Säulen von Marmor.

10. Als das letzte, prächtigste und zugleich in dem am meisten vermischten Baustyl aufgeführte Bauwerk der Normannen in Sicilien ist die 1174 von Wilhelm II. begonnene Cathedrale zu Monreale zu nennen. Sie hat die Form des lateinischen Kreuzes, Kreuzarme, drei Absiden und zwei westliche Thürme; ähnlich der Cathedrale zu Cefalu. Das Äufsere ist im Allgemeinen einfach, nur die Absiden sind mit Reihen kleiner Säulen und in einander greifender Bogen verziert; innerhalb derselben befinden sich lange Spitzbogenfelder, in dem Bogen selbst wechseln weifse und schwarze Steine. Das Hauptportal ist mit Spitzbogen überwölbt und es wechseln byzantinische und normannische Gliederungen; die Pfeiler sind mit Mosaik verziert; die Thür ist von Erz, die Felder sind mit Reliefs verziert; ein breites arabisches Muster zieht sich in der Mitte herunter. Das Innere gleicht dem der Capelle Palatina, mit seinen Säulen, Spitzbogen, den nur einstöckigen Abseiten und den prachtvollen Mosaiken, womit alle Theile bedeckt sind; die Decke ist von Holz, bemalt und vergoldet.

So war denn die eigenthümliche Bauart der sicilischen Normannen ein Gemisch von Alt-römischem, Byzantinischem, Arabischem und Normannischem, und zwar so, dafs das arabische Element hervorherrschte. Die von den Normannen hinterlassenen Bauwerke sind zahlreich, grofsartig und prachtvoll, entbehren aber ebensowohl der edlen Einfachheit ihrer frühern, als der gefälligen Eleganz ihrer spätern Baue in Frankreich und England, und es scheint auch, so weit wir darüber urtheilen können, der arabische Baustyl selbst keineswegs durch die Veränderungen, welche die Normannen damit vornahmen, gewonnen zu haben. Die Normannenherrschaft dauerte nicht lange genug, dafs die verschiedenartigen Elemente ihres Baustyls harmonisch sich hätten verschmelzen können.

§. 137.

Baukunst in der Normandie nach der Eroberung Siciliens.

Die sicilisch-normannische Bau-Art hat sich nicht nach der Normandie übergesiedelt, obwohl das Beispiel schon der Pracht wegen lockend sein konnte: ein Beweis, dafs die ächt normannische Kunst im kräftigen Aufstreben war, und es dürfte nicht schwer zu erklären sein, weshalb die einzelnen auswandernden Abentheurer, in Folge ihres lebendigen, regsamen Wesens, bereitwillig die fremdartige Cultur annahmen und weshalb gleichzeitig die daheim gebliebenen Normannen mit alter germanischen Treue die einmal eingeschlagene Bahn beharrlich verfolgten. Dennoch läfst sich nicht annehmen, dafs die nähere Bekanntschaft mit arabischer Cultur, welche, wie wir gesehen haben, sogar in dem mehr isolirten Deutschland theilweisen Eingang fand, ohne allen Einflufs auf die fernere Entwickelung der normannischen Kunst geblieben sein sollte. Die nähere Nachweisung dieses Einflusses mag weiter unten folgen, nachdem wir die wichtigsten Gebäude der Normandie aus dem XII. Jahrhundert flüchtig werden betrachtet haben.

1. Im Jahre 1105 gründete der Sohn des Grafen Robert das Kloster Blanche; die genaue Zeit der Erbauung der Kirche ist ungewifs. Die Kirche hat theils Rund-, theils *Spitz*bogen; die im Hohenchor sind *stumpfwinklig* zugespitzt, die *zugespitzten Bogen unter* dem *Thurme* ruhen auf Säulenbündeln; auch die obern Gewölbbogen sind *zugespitzt;* alle Säulen haben normannische Capitäle.

2. Eins der rühmlichsten Beispiele von eigenthümlicher Ausbildung der normannischen Baukunst ist die Cathedrale zu Bayeux. Das Schiff der Kirche hat reich gegliederte Rundbogen, mit à la Grecque-Zügen, Zickzack und Nagelköpfen verziert; die Pfeiler dazwischen sind wenig schmaler als die Bogen, und nicht hoch, aber durch vielfache Einsprünge, Ecken und Rundstäbe in ihrer Form sehr erleichtert; die Capitäle sind den römischen nachgebildet; hinaufgehende Gurtträger fehlen. Die Wand über den Bogen ist mit einem feinen Niellomuster verziert. Die Kirche wurde 1106 zerstört und gleich darauf wieder aufgeführt; 1159 litt sie wieder durch Brand. Ihr Schiff wird für ein Überbleibsel des Baues nach 1106 gehalten, ist aber wahrscheinlich aus der Zeit kurz nach 1159. Die Abseiten und andere Theile sind jünger.

3. Auch der noch erhaltene Hohechor der Kirche des Klosters von S. Gabriel, welches 1128 gegründet wurde, ist ein Beispiel von der Blüthe normannischer Kunst.

4. Die Kirche zu Montbourg, 1152 geweiht, ist zwar zerstört, jedoch eine Zeichnung davon vorhanden, nach welcher der Rundbogen darin zwar vorherrschte, die Bogen unter dem Mittelthurm aber Spitzbogen sind; vielleicht aus späterer Zeit; sie erinnern jedoch an ähnliche Constructionen in Sicilien.

5. Im Jahre 1160 baute König Heinrich II. von England in der Mitte von Rouen ein Lusthaus und eine Priorei, von welcher sich die Capelle er-

halten hat. Sie bildet ein Schiff ohne Abseiten, mit halbkreisförmiger Absis; die Gurtträger an den Wänden bestehen aus drei Rundstäben mit Laubwerk-Capitälen. Bis unter die Fenster sind die Wände mit einer blinden Zwerggalerie geschmückt; alle Bogen sind rund. Unter dem Dache befinden sich groteske Köpfe.

6. 1154 wurde der Bau des Klosters Mortemer begonnen, in welchem der Rundbogen zwar vorherrscht, jedoch auch schon der *Spitzbogen* vorkommt.

7. Die Klosterkirche von Luzerne wurde 1164 gegründet und 1178 geweiht. Die Bogen zwischen Schiff und Abseiten sind *stumpfwinklig,* unter dem Thurme schärfer zugespitzt; erstere ruhen auf viereckigen Pfeilern, die in jedem Winkel kleine, zurücktretende Rundstäbe haben. Die Decke ist gewölbt und hat gegliederte Quergurte und glatte, runde Kreuzgurte. Fenster und das Portal sind rund gewölbt; über letzterem ist ein Spitzbogenfenster; darüber sind drei zugespitzte Blenden, mit gezahntem Muster. Der Chor ist gerade geschlossen, mit einem grofsen Spitzbogenfenster, welches jünger zu sein scheint.

8. Die Kirche des Klosters Lessai, wahrscheinlich die, welche 1178 geweiht wurde, hat einen einfachen aber grofsartigen Character und einen Mittelthurm in edlem Style. Das westliche Portal ist reicher verziert als das Übrige und hat die Hundszahnverzierung. Die Pfeiler haben Rundstäbe in den Winkeln. Die Decke ist gewölbt und über dem Chore und einem Theile des Schiffs befindet sich noch die ursprüngliche Decke; die Bogen der Galerie über den Abseiten werden von schlanken Säulen getragen.

9. Die Cathedrale von S. Lo wurde 1202 geweiht und ist schon ganz im Spitzbogenstyl gebaut.

10. Die Kirche zu Mortain ist eine von denjenigen, welche die normannische Gesellschaft der Alterthumsforscher zu der Behauptung veranlafst hat, dafs bereits im 11ten Jahrhundert der Spitzbogenstyl in der Normandie vorgekommen sei, indem sie die gegenwärtige Kirche für diejenige hielt, welche der Bruder Wilhelms des Eroberers erbaut hatte (1082). Diese Behauptung hat Widerspruch gefunden, weil sich überall an der Kirche, an den Gurten, Thüren und Fenstern, der Spitzbogen zeige, während an vielen jüngern Gebäuden noch der Rundbau herrsche und höchstens Rund- und Spitzbogen gemengt vorkommen. Es ist aber zu bemerken, dafs sich an diesem Gebäude wesentliche Abweichungen von andern normannischen und Übereinstimmungen mit sicilischen Bauwerken zeigen: die Kirche hat *keinen* Mittelthurm, *keine* Kreuz-Arme, ihre

Bogen ruhen auf *Säulen*, die auch um den Chor fortgehen, die kurz und dick sind und normannische Capitäle von älterer Form haben; die Bogen der Fenster und der westlichen Thür sind *zugespitzt*, einige sind mehr *stumpfwinklig*; der Thurm, der übrigens nicht mit der Kirche verbunden und vielleicht jünger ist, steht am östlichen Ende und hat sonderbarerweise von unten bis oben hinauflaufende, oben spitzbogig geschlossene Spalten oder Schlitze statt der Fenster. Jedenfalls characterisirt sich das Gebäude als eine Nachahmung sicilischer Bau-Art, welche um 1082 allenfalls schon herübergebracht worden sein konnte. Was hauptsächlich der Vermuthung eines frühern Alters widerstreitet, ist der Umstand, dafs sich im Äufsern Strebepfeiler zeigen, die, falls sie mit dem Mauerwerk der Kirche zusammenhängen, ein geringeres Alter des Baues verrathen würden. Dann ist auch noch eine rundbogige, ächt normannische Thür da, welche sich, constructionell, als Überbleibsel eines frühern Gebäudes bezeugt, die aber freilich, dicht zwischen zwei Strebepfeilern eingeklemmt, rücksichtlich der Zeit, mit den letztern um so weniger übereinstimmt. Jene Thür ist niedrig, hat keine Kämpfergliederung und eine sehr breite, mit Zickzack verzierte Einfassung. Da eine gründliche Entscheidung der Streitfrage nur an Ort und Stelle möglich sein würde, so mufs es hier genügen, darauf aufmerksam gemacht zu haben, dafs die Eigenthümlichkeiten der Kirche zu Mortain bestimmt auf Sicilien hinweisen: gleichviel, ob ihre Erbauung später oder früher zu setzen sein möchte.

11. Die schöne Kirche zu Carenton, mit hohem Thurme, zeichnet sich aus durch die bündelartigen Gurtträger, durch die tief und mannichfach gegliederten Bogen unter dem Mittelthurm, und durch die rund um den Chor gehenden *Rundstäbe*, ohne Capitäle, aber mit Fufsgliederungen. Auch an ihr zeigen sich mehrere Spitzbogen.

12. In der Kirche zu Martinvart zeigen sich an der Aufsenwand des halbrunden Chorschlusses schwach vortretende *Rund*stäbe, mit den, jonischen ähnlichen Capitälen, und die Bogen der gewölbten Decke *haben die Hufeisenform*. Die Kirche soll früh-normannisch sein; dies hindert indefs nicht, anzunehmen, dafs das Gewölbe erst nach der Bekanntschaft mit Sicilien gemacht sei.

13. Das Kloster von Hambye ist 1145 gegründet, soll aber den Annalen zufolge in den ersten Jahren des funfzehnten Jahrhunderts neu erbaut worden sein. Die Klosterkirche scheint jedoch einer ältern Zeit anzugehören. Sie ist eine Kreuzkirche, ohne Abseiten, mit einem getrennten hohen Chor und

einer Capelle hinter demselben; das Schiff ist lang und schmal, und ungewöhnlich hoch. Die Bogen des Mittelthurms ruhen auf vier achteckigen Strebepfeilern; die Fenster sind lang und zugespitzt; den Hohenchor umgeben Rundstäbe mit kleinen schmalen Bogen; die Bogen an der Capelle sind rund; am Ende jedes Kreuz-Arms ist ein grofses zugespitztes Fenster; an der Aufsenseite des Chors sind glatte, fliegende Strebebogen; diese gewifs aus späterer Zeit. Der vom Kloster erhaltene Kreuzgang hat Rundbogen; an einer Vorhalle sind zwei, *wenig zugespitzte* Bogen; darüber ist ein mit Nagelköpfen verzierter Rundstab.

14. An der Cathedrale zu Séez, wieder einem der Streit-Äpfel, d. h. ein Spitzbogenbau, dem das allerdings zu frühzeitge Alter von 1053 beigelegt ward, zeigt sich wieder die sicilische Construction der Spitzbogen auf Säulen.

15. Der Schlufs des südlichen Kreuzflügels in der Kirche S. Taurin zu Evreux hat eine Bogenstellung, mit *überhöhten,* scharf zusammenlaufenden, mit Zickzack und wirbelförmigem Muster verzierten Rundbogen, auf ziemlich schlanken Säulen, mit *keilförmigen* Capitälen; die Blenden sind in *Gitterform* gemustert; der Character erinnert an arabische Architektur. An der Aufsenseite des nördlichen Querschiffs befinden sich Verzierungen von gebrannter Erde, in mannigfaltigen Mustern, aus kleinen Ziegeln von verschiedener Form und Gröfse zusammengefügt (wie die alten Römer sie hinterlassen haben) die jedoch auch den Arabern entlehnt sein könnten.

16. An der Kirche von Graville, deren Erbauungszeit etwa in die Mitte des eilften Jahrhunderts gesetzt wird, die aber etwa dem 12ten Jahrhundert angehört, zeigt sich eine grofse Verschwendung von Verzierungen. An den Capitälen sieht man eine Menge roher Figuren. Merkwürdig ist die äufsere Ausschmückung an den Enden der Querschiffe. An jedem Ende sieht man halbrunde, sich durchschneidende Bogen (den Bogenfries, wie er häufig im spätern germanischen Styl vorkommt), darüber eine fortlaufende Reihe von Thieren, die sich auf monströse Balkenköpfe stützen. Selbst diese, vergleichsweise kleine Kirche, hat übrigens ihren Mittelthurm.

Sehen wir uns nun nach denjenigen Constructionen, Formen und Verzierungen um, welche aus Sicilien herübergekommen sein möchten, so dürften sich als solche folgende ergeben:

1. Vielleicht die Kuppelwölbungen in der §. 135. gedachten Kirche zu Bernai.
2. Die Stellung der Spitzbogen auf Säulen; wie zu Mortain und Séez.
3. Der Mangel eines Mittelthurms; wie zu Mortain.

4. Die Verzierung glatter Wände mit feinen Mustern; wie zu Bayeux und Evreux.

5. Vielleicht auch die oft vorkommende Verzierung der Tribunen, aufsen mit Rundstäben und Bogen, wie wir sie u. a. an der Cathedrale zu Cefalu fanden.

6. Die Hufeisenform in den Gewölben der Kirche zu Martinvart.

7. Die häufig vorkommenden stumpfwinkligen, zugespitzten, überhöhten und sonstigen Bogenformen.

8. Endlich auch die Anwendung der Spitzbogen. Es wird zwar eben der Spitzbogen allgemein als ein Beweis angenommen, dafs diese Gebäude jünger sind und der germanischen Periode angehören; es fragt sich indefs, ob man damit nicht zu weit gehe. Wenn wir in Sicilien den Spitzbogen (selten freilich in reiner Form) allgemein angewendet finden und wenn wir bedenken, dafs er noch im eilften Jahrhundert von dort her den Normannen nothwendig bekannt sein mufste, so ist, zumal da sich auch andere arabische Bogenformen finden, nicht abzusehen, weshalb die Normannen nicht auch den reinen Spitzbogen, wie es an den noch vorhandenen Überresten der arabischen Baukunst in Sicilien vorkommt, von da entlehnt und in ziemlicher Ausdehnung angewendet haben sollten. An Ort und Stelle würde sich die Frage leicht entscheiden lassen, ob die Bauwerke, an welchen sich der Spitzbogen zeigt, der normannischen oder der germanischen Periode angehören: denn nicht der Spitzbogen, sondern der ganze Geist der Architektur ist hier entscheidend. Es ist aber der Character der sicilisch-normannischen Bauwerke sehr weit von dem der germanischen verschieden, und die bestrittenen Gebäude tragen zum Theil deutliche Kennzeichen ihrer Abstammung aus Sicilien.

Mehr noch als an der theilweisen und ohne Erfolg gebliebenen Entlehnung einzelner bestimmter Formen läfst sich der arabische Einflufs auf die weitre Entwicklung der normannischen Kunst in Frankreich und England an der zierlichen Eleganz und Leichtigkeit wahrnehmen, zu welcher sich hier der Baustyl auf einmal erhob; diese Einwirkung war mehr geistiger Art und gestattete daher eine freie Entwicklung der urthümlichen Richtung. Ebendeshalb, weil die unmittelbare Nachahmung gerade das Gegentheil wirkte, konnte die sicilisch-normannische Baukunst sich nicht zu einer erheblichen Geltung in der Kunstgeschichte, nicht zu einem Stadium in dem ganzen Entwicklungsgange erheben.

§. 138.

Die normannische Baukunst in England.

Vor Ankunft der Normannen in England war dort die sächsiche Baukunst herrschend. Überreste davon (z. B. die Thürme von Barneck und Wittingham, die Kirche zu Baston in Lincolnshire und zu Earl-Baston in Northamptonshire) haben sich sehr wenige erhalten. Man nimmt jedoch nach diesen Beispielen, und mit Recht an, dafs dieser Styl eine rohe Nachahmung des römischen war. Die Sachsen kamen 449 unter Hengist und Horsa nach England, mithin zu einer Zeit, wo sie in ihrer Heimath noch in einem ganz uncultivirten Zustande waren; sie fanden dort Überreste römischer Cultur, welche Cultur aber in dem fernen Insellande, unter den fortwährenden Kriegen mit den Eingebornen und den Bewohnern von Schottland, eben nicht die blühendste sein mochte; also konnte die Bauart der Sachsen in England nicht anders als dürftig sein. Die Wohngebäude, selbst die der Häuptlinge, scheinen rohe Blockhäuser gewesen zu sein; Kirchen baute man indefs, seit der Einführung des Christenthums, aus Steinen; nur in Schottland pflegte man auch die Kirchen aus Holz zu bauen; wie es ***Heinrich von Huntingdon*** bezeugt. Andere alte Schriftsteller erzählen von bedeutenderen Kirchenbauwerken. In Lincoln wurde im 7ten Jahrhundert eine Kirche aus Stein und in guter Arbeit gebaut; der Abt Biscopius hatte Künstler aus Frankreich kommen lassen, um die Kirche des Klosters von Weymouth 675 in römischem Style bauen zu lassen. Die Klosterkirche von Ripon und die Cathedrale von Herham ruhten auf Pfeilern und Bogen; sie wurden von römischen und fränkischen Baumeistern aufgeführt. Die Kirche S. Peter zu York (780) wird beschrieben als mit Säulen, Bogen und Säulenhallen. Die Kirche des Klosters Ramsay (974), auch mit Pfeilern und Bogen, scheint die erste in der Gestalt des Kreuzes gewesen zu sein. Sie hatte zwei Thürme, deren einer auf Pfeilern und Säulen in der Mitte des Gebäudes ruhete, also ein Mittelthurm war. Ob diese Bau-Art aus Frankreich oder aus Deutschland entlehnt wurde, bleibt ungewifs; wahrscheinlicher möchte das letztere sein, da im nördlichen Deutschland dergleichen alte Thürme aus jener fernen Zeit noch erhalten sind (z. B. zu West-Gröningen). Der letzte angelsächsische Bau von Wichtigkeit war die von Eduard dem Bekenner aufgeführte und 1065 eingeweihte Klosterkirche zu Westminster. Ihre Bau-Art wird als ganz verschieden von der frühern geschildert; wahrscheinlich lag die Verschiedenheit in einer Annäherung an den normannischen Baustyl, da Eduard in der Normandie erzogen war und sich fortwährend bestrebte, normannische Sitten einzuführen. Einige Spuren von diesem Bau scheinen noch vorhanden zu sein: Säulen und Bogen von streng-römischer Art, von sehr alterthümlichem Character. Dafs man hier eine Verschiedenheit von der früheren Bau-Art fand, beweiset, dafs die letztere sehr roh gewesen sein mufs.

Schon 1066 war die Eroberung Englands durch die Normannen unter Wilhelm dem Eroberer vollendet: zu einer Zeit, wo die Baukunst in der Normandie schon einen festen Character angenommen und noch keine Einwirkung von Sicilien her erfahren hatte. Es ist natürlich, dafs bei der steten und innigen Verbindung, in welcher die Normannen in England mit den Ihrigen in Frankreich blieben, ihre heimathliche Bau-Art in England bald allgemein eingeführt werden und sich hier wie dort gleichmäfsig, wenn auch nicht gleichzeitig, ausbilden mufste, indem die Baukunst in der Normandie stets etwas im Voraus behielt. Dabei erfuhr sie indefs doch einige Abänderungen. Die Bauwerke Englands zeigen sich viel schwerer und massenhafter, in späterer Zeit zwar reicher, aber wieder mehr willkürlich verziert, weniger organisch durchgebildet. Hierzu mag zwar einerseits der übermüthige Stolz der Sieger beigetragen haben: eine weit nähere Ursach lag aber wohl in der Vermischung mit der alten sächsischen Bau-Art, und dann wieder in einer völlig entgegengesetzten Einwirkung von Sicilien her, wenn auch nur mittelbar durch die Normannen in Frankreich. Aus ersterer entstand das Schwere und Massige; wie es namentlich die bei den englischen Kirchen fast allgemein statt der gegliederten und emporstrebenden Pfeiler vorkommenden plumpen und dicken Säulen beweisen, welche dem Character nach der sächsischen und der Construction nach der sicilischen Bau-Art entsprechen und die daher auch später ohne Bedenken beibehalten wurden: der Reichthum der Verzierungen dagegen entsprang vielleicht zunächst aus dem Bestreben der stolzen Erbauer, es auch hierin, wie in allen feinern Lebensgenüssen, den verachteten Sachsen zuvorzuthun, und das Bestreben wurde genährt durch die in Folge sicilischer Einwirkung immer zunehmende Eleganz der Baukunst in der Normandie. Dafs unter diesen Umständen die Verzierungsweise eine willkürliche sein mufste und an eine innere organische Entwicklung vorerst nicht zu denken war, leuchtet ein; wenn gleich in späterer Zeit das Verhältnifs sich wesentlich änderte.

Der erste Bau, von welchem sich Einiges erhalten hat, ist der weifse Thurm im Tower zu London. Die Capelle darin hat die schon gedachten schwerfälligen Pfeiler; das Gewölbe ist ein Tonnengewölbe aus kleinen flachen

Steinen in Mörtelgufs; das Ganze ist unbeholfen und roh, und steht gegen die gleichzeitigen Bauwerke in der Normandie bedeutend zurück, obgleich einer der besten normannischen Baumeister die Oberaufsicht führte.

Von dem grofsen Saale des Palastes zu Westminster, welchen Wilhelm II. (1087 — 1100) baute, sind bei den neuerlichen Ausbesserungen einige Theile des ursprünglichen (unter Richard II. sehr veränderten) Baues sichtbar geworden. Es sind Überreste einer Galerie, welche in der halben Höhe umherlief; die Bogen sind rund; die Säulen haben glatte Würfel-Capitäle, und auch hier ist die Behandlung im Ganzen roh.

Die allgemeine Anlage der Kirchen war und blieb dieselbe, wie in der Normandie; nur ist es auffallend, dafs die Schiffe (aus einer Zeit, wo die Kirchen in der Normandie bereits überwölbt wurden), obwohl sie zierliche Gurtträger haben, dennoch gerade hölzerne Decken bekamen; es ist dies ein Beispiel von einer blinden, rücksichtslosen Nachahmung; die Träger werden hier zu bedeutungslosen Zierden. Möglich, wiewohl sehr unwahrscheinlich ist es, dafs man die Gurtträger nachträglich in der Absicht gemacht habe, ein Gewölbe darauf zu setzen, dessen Ausführung dann wegen der langjährigen kriegerischen Unruhen unterblieb. Die noch vorhandenen Kirchen haben auch häufig einen geraden Chorschlufs, wie er später allgemein wurde; man sieht aber noch die Spuren der ursprünglich vorhanden gewesenen Tribunen.

Die rohere und einfache Bau-Art erhielt sich bis zum Anfange des 12ten Jahrhunderts; wie es die Ruinen der Priorei S. Batolph zu Colchester beweisen. Damals aber bemühte sich der Bischof Roger Poor von Salisbury mit vielem Erfolge, eine reichere Bau-Art einzuführen; namentlich wird von ihm berichtet, dafs er die Mauern so glatt und die Fugen so fein habe machen lassen, als ob die Masse aus einem Steine bestände; bis dahin mufs man also noch sehr weite Fugen gemacht und ziemlich unregelmäfsig gebaut haben. Gleichzeitig entstanden auch in andern Theilen Vervollkommnungen: es wurden Verzierungen, namentlich an den Portalen angebracht, und die Baukunst erhob sich ungefähr auf die Stufe, auf welcher sie in der Normandie zur Zeit Wilhelms des Eroberers gestanden hatte. So blieb sie in stetem Fortschreiten und es fanden sich auch bald die Spitzbogen und die mannigfachen übrigen maurischen Bogenformen ein, unter welchen namentlich der flache Spitzbogen und der überhöhte Stichbogen von da ab in der englischen Baukunst heimisch geblieben sind. Auch die unmittelbare Stellung der Spitzbogen auf die schwerfälligen Säulenpfeiler findet sich an der Abteikirche zu Malmesbury (Portal und Triforium nebst der Galerie über den Abseiten sind aber rundbogig); in den Ruinen der sehr einfachen Cathedrale zu Jona; an der Heil. Grabkirche von Northampton in sehr roher Weise; an der Kirche S. Mary Magdalena bei Winchester u. s. w. Die letztere Kirche ist eine der wenigen (zu welchen z. B. auch die Klosterkirche zu Ely, S. Peter zu Northampton gehört), welche in Basilikenform gebaut sind und welche ein reich und zierlich ausgebildetes Detail haben; wie es auch besonders und in characteristischer Weise in dem Capitelhause bei der Cathedrale zu Bristol und in dem östlichen Theile der Cathedrale zu Canterbury (nach 1174) vorkommt.

Interessant sind die Beispiele bürgerlicher Baukunst aus dem Ende des 12ten Jahrhunderts, wo die Edelleute anfingen, Wohnungen zu bauen, die nicht zur Vertheidigung bestimmt waren. Der sich stets gleichbleibende Grundrifs dieser Gebäude bildet ein Parallelogram und sie haben zwei Stockwerke; das untere, wie es scheint für die Diener, ist gewölbt; das obere, zur Wohnung der Herrschaft bestimmt, hat keine Verbindung mit dem untern, sondern blofs einen Zugang von aufsen, wahrscheinlich eine bewegliche Treppe von aufsen; die einzige feste Treppe findet sich zu Canterbury. Jedes Stockwerk enthielt nur wenige Räume.

Die Regierungszeit Heinrich II. (1154 — 1189) war es, unter welcher sich die Bauwerke in England vor denen der Normandie durch Reichthum der Verzierungen auszeichneten. Mannigfache Gliederungen und jene aus Linien gebildeten ächt normannischen Verzierungen, zu denen wir die Vorbilder schon in den alten hölzernen Kirchen von Norwegen sahen, umgaben in reicher Abwechslung die Bogen; die Capitäle wurden mit Laubwerk überdeckt, auch wohl mit einzelnen Figuren verziert; jedoch fanden die in der Normandie zuletzt so überhand nehmenden monströsen Ungeheuer nur wenig Eingang. Eben so blieb, den Verhältnissen gemäfs, die Baukunst in England einerseits freier von einer zu grofsen Annäherung an die Antike: andererseits war der arabische Einflufs weniger entschieden und unmittelbar. Kuppeln, Hufeisenbogen und andere arabische Formen, welche auch in der Normandie nur als vereinzelte Versuche dastehen, scheinen nicht bis nach England hinüber gedrungen zu sein.

§. 139.

Allgemeiner Standpunct der normannischen Baukunst.

Wir sahen, dafs die Normannen zuerst dieselbe Bahn betraten, wie die Deutschen, aber auf derselben, in Folge der Verhältnisse, rascher und mit gröfserm Erfolge vorschritten; wie sie ferner in Sicilien diese Bahn gänzlich verliefsen und die ihrem romantischen Wesen zusagende, aber der christlichen Cultur fremde arabische Kunst annahmen, so dafs die sicilisch-normannische Baukunst, bei aller Gröfse und Pracht, aufserhalb des Entwicklungsganges stehen blieb. Wir sahen ferner, wie die Rückwirkung auf das Mutterland zwar nicht die Entwicklung der Kunst von der ursprünglichen Bahn ganz entfernte, doch aber zu einem lebendigeren Aufschwung sie erweckte und ihre Richtung etwas veränderte, indem der Ernst der frühern Zeit mehr und mehr verdrängt wurde und Zierlichkeit und Eleganz an dessen Stelle trat: eine Veränderung, die um so weniger zu bemerken war, da ein gleiches Resultat, nur freilich in weit geringerem Grade, die natürliche Folge einer fortschreitenden Entwicklung zu sein pflegt. Wir sahen endlich die Normannen in England durch die schwerfällige sächsische Bau-Art wieder um etwas in entgegengesetzter Richtung zurückgelenkt und durch gröfsere Entfernung von Sicilien dem dortigen Einflusse mehr entzogen, so dafs derselbe nun weniger in bestimmter Nachahmung als nur in Auffassung und Wiedergeburt der geistigen Elemente sich äufserte. Gerade dies Verhältnifs, obwohl es die Fortschritte verzögerte, mufste der englisch-normannischen Baukunst zuletzt den gröfsten Erfolg sichern, und es würde derselbe auch sicher eingetreten sein, d. h. es würde die normannische Baukunst in England sich noch mehr als es geschehen ist und noch mehr als in der Normandie, zu einem eigenthümlichen Styl ausgebildet haben, wenn nicht die germanische Kunst aufgetreten wäre, in welcher die normannische unterging.

Es waren hier dieselben Ursachen wie bei den Deutschen, nemlich der germanische Geist und der Übertritt zur christlichen Religion, welche die Normannen zu einem selbstständigen Kunstleben erweckten; es waren hier wie dort die von den Römern hinterlassenen Culturzustände und Bauwerke, welche dieses Streben auf einen bestimmten Punct hinwiesen, von welchem man ausgehen mufste; es war hier wie dort die Bekanntschaft mit arabischer Kunst, welche zu einem höhern Aufschwunge und zu einer eigenthümlichern Gestaltung führte: allein es kam bei den Normannen der arabische Einflufs zu früh und zu unmittelbar, um den christlichen Elementen ihre freie und volle Entwicklung zu gestatten.

So mufs man denn zwar unbedenklich der normannischen Baukunst unter allen romanischen Baustylen den Preis gröfserer Vollkommenheit zugestehen; sie steht der spätern germanischen oder echt-christlichen Baukunst am nächsten; sie ging historisch fast in dieselbe über, und es scheint daher auf den ersten Anblick der Anspruch der Engländer auf Erfindung der germanischen Baukunst nicht unbegründet: indessen ist immer eine scharfe Grenze zwischen der normannischen und germanischen Kunst nicht zu verkennen; und gerade die verhältnifsmäfsig vollendete Ausbildung der normannischen Kunst mufste verhindern, dafs sich eine neue christliche Kunst daraus entwickelte.

D. Die romanisch-christliche Baukunst in den übrigen Ländern.

§. 140.

Frankreich aufser der Normandie.

Frankreich, mehr als Deutschland in den Kreis der vorchristlichen römischen Gesittung, der erstehenden antiken Bildung hineingezogen, seit dem Schlufs des fünften Jahrhunderts christlich, unter Carl dem Grofsen auf kurze Zeit in dominirender Weise mit Deutschland vereinigt und auch noch ferner (durch die Normannen) dem Einflufs germanischer Cultur ausgesetzt, stellt sich in einen anziehenden Gegensatz zu Deutschland und Italien dar. Man darf weder eine so durchgreifende neue Culturrichtung erwarten, wie dort, noch ein so starres Festhalten an der antiken Richtung, wie hier. Die Gröfse des alten Roms erregte wehmüthig-stolze Erinnerungen, welche kaum zu irgend einer Zeit ihren Einflufs auf die Verhältnisse Italiens verloren haben; daher sich auch in der Baukunst, bei aller Einwirkung von aufsen, einzelne Versuche, den antiken Formen wiederum Geltung zu verschaffen, fast zu allen Zeiten erneuerten, bis sie zuletzt nur mit der Wiedererweckung der alten Kunst endeten. Nicht sehr unähnlich waren die äufsern Verhältnisse Frankreichs. Auch hier eine Jahrhunderte lange römische Cultur, und ein frühzeitiger Übertritt zum Christenthum; auch hier das hinzutretende germanische Element von geringerem Gewicht: doch es fehlte jener künstlerische Ahnenstolz, die Erinnerung an die antike Cultur, als sie ihrem Glanzpuncte noch näher war. Daher konnte die alt-römische Kunst zwar lange Widerstand leisten, aber endlich mufste sie doch ganz weichen; ihr Wiederaufleben war, ohne äufsere Übertragung, nicht zu fürchten. Auf der andern Seite konnte, aus denselben Gründen, die christliche Baukunst eine so selbstständige Bahn, wie in den von römischer Cultur nicht berührt gewesenen Ländern, nicht verfolgen; und wenn demungeachtet die neuen Ideen zuletzt das Übergewicht bekamen und die christliche Bildung auch hier sich dem Einflufs der antiken Richtung entzog, so mufste die Wirkung auf Bildung und Kunst mehr den Character einer ungeregelten Neuerung als den einer consequenten Entwicklung annehmen, bis die Zeit erfüllt war, in welcher die christliche Kunst sich auf günstigerem Boden ausgebildet hatte und demgemäfs eine unmittelbare Übertragung Statt fand. Man sollte glauben, dafs die Baukunst in Frankreich ungefähr denselben Gang habe nehmen können und müssen, wie in den Rheinlanden und dem südlichen Deutschland, welche ja auch römische Provinzen gewesen waren; es war indessen hier die Bevölkerung doch schon mehr germanisirt worden, und zugleich in Abhängigkeit vom nördlichen Deutschland, und die Einwirkung von dorther, zur Zeit der sächsischen Kaiser, also gerade in der ersten Entwickelungsperiode deutsch-romanischer Kunst, war stärker. Auffallender noch ist es, dafs die frisch aufstrebende normannische Kunst sich nicht über die nächste Umgebung der Normandie, und auch hier nur in beschränktem Maafse ausdehnte. Die ursprünglich feindliche Stellung der Normannen konnte kein dauerndes Hindernifs sein, vielmehr kann der Hauptgrund davon wohl nur in der oben geschilderten Anhänglichkeit an den alt-römischen Baustyl gesucht werden.

Aus den ersten christlichen Jahrhunderten haben sich in Frankreich noch einige Kirchen erhalten; nebst den Rundgebäuden zu Riez und Aix, einer Basilica zu Vaison u. a. m. Man sieht daran nichts Abweichendes von der allgemeinen spät-römischen Bau-Art, und wenn ja ein geringes Streben nach Veränderung Statt fand, so hatte es noch keinen sonderlichen Erfolg, sondern beschränkte sich nur auf die Decoration. Es läfst ein bestimmtes, wenn auch noch so fernes Ziel auf keine Weise erkennen, und man weifs nicht, ob man die Veränderungen einem neu erwachten Streben, oder nicht vielmehr dem damals eingetretenen allgemeinen Verfall der Kunst zuschreiben soll. So zeigen sich an der kleinen, angeblich dem 6ten Jahrhundert angehörigen Kirche S. Jean zu Poitiers, einer Basilica mit antiken Säulen, im äufseren Schmuck noch ganz römische Formen; jedoch auf die wunderlichste Weise zusammengefügt.

Aus der eigentlichen Entwickelungsperiode der romanischen Baukunst hat sich in Frankreich wenig erhalten; so viel uns bekannt geworden. Es ist indefs nicht schwer, aus den Bauwerken aus dem Ende des 11ten und aus dem 12ten Jahrhundert das fortwährende Schwanken und die Vor- und Rückschritte der Baukunst zu errathen. Eins der wenigen ältern Bauwerke ist die Kirche S. Front zu Perigueux; sie ist ausnahmsweise nach dem byzantinischen Grundtypus gebaut: ein griechisches Kreuz mit fünf Kuppeln, ziemlich geschmacklos; vielleicht ist sie nur das einzig übrig gebliebene Beispiel solcher Anordnungen. Eine ausgedehntere Anwendung byzantinischer Kunst in Frankreich würde durchaus nicht befremdend sein.

An den meisten spätern Bauwerken zeigt sich in der Hauptgestaltung, wie in der Decoration, noch immer eine ziemlich treue Nachahmung der Antike; selbst da, wo, wie an der Kirche S. Cernin zu Toulouse und wie bei Notre Dame-du-Port zu Clermont, eine reichere und brillantere Behandlungs- und Decorationsweise zu sehen ist. Neben diesen Bauwerken von fast alt-römischem Gepräge finden sich zwar auch andere (darunter besonders die Kirche S. Gilles in Languedoc, die Cathedrale zu Arles, Notre Dame-la-grande zu Poitiers, die Abteikirche zu Moissac u. s. w.), welche abweichend und auf das reichste, aber zugleich auf eine schwerfällige, willkürliche und so wüste Weise verziert sind, dafs weder von einem bestimmten Styl, noch auch nur von einer Hinneigung zu dergleichen, kaum einmal von eigentlicher Architektur die Rede sein kann. Es darf freilich nicht unbemerkt bleiben, dafs sich auch in Frankreich einzelne Gebäude finden, wie die Abteikirche zu Charlieu bei Roanne, welche den romanischen Baustyl in einer freiern und zierlichern Entfaltung zeigen; allein, abgesehen davon, dafs sich auch hier bei näherer Untersuchung wohl wesentliche Abnormitäten finden lassen möchten, können solche vereinzelte Erscheinungen aus der spätesten Zeit, zu denen die analogen Zwischenstufen fehlen, gegen die aus dem Überblick des Gesammtverhältnisses gefolgerte Ansicht nichts beweisen; und dann ist es ja auch weniger dieser zierliche, als der einfachere und ernstere romanische Styl der spätern Bauwerke Deutschlands und der frühern in der Normandie, welchen wir als den eigentlichen Fortschritt zum germanischen Style hin bezeichnet haben. Finden wir nun also auch in den Bauwerken Frankreichs ein ähnliches Suchen und Schwanken, wie in den deutschen Bauten des 12ten Jahrhunderts, so ist doch sehr zu bezweifeln, ob dort ein ähnliches ernstes Streben zum Grunde lag, oder ob wenigstens das Bedürfnifs eben so deutlich erkannt war, wie dort. So viel wir urtheilen mögen, lassen sich weder die einzelnen Richtungen so genau verfolgen, noch läfst sich im Allgemeinen in jener verworrenen Architektur irgend eine bestimmte Richtung auffinden; und wenn man schon in Deutschland das Ziel nicht sowohl erkannt als vielmehr nur geahnt zu haben scheint, so mag man in Frankreich nur von einem blofs blinden Gefühl zu den versuchsweisen Veränderungen getrieben worden sein.

Anders ist es im nördlichen Frankreich, in der unmittelbaren Nähe der Normandie, wo sich mehrere Gebäude (die Kirche S. Germain des-près zu Paris, angeblich aus dem 11ten Jahrhundert, die ältern Theile der Abteikirche von Vezelai, S. Germain zu Auxerre, die Cathedrale von Autun u. s. w.) entschieden als einzelne Nachahmungen der normannischen Bauart zeigen; jedoch ohne weitere freie und selbstständige Entwickelung. Im westlichen Frankreich findet sich vorzugsweise die oben bereits angeführte, von der antiken schon abweichende, aber noch rohe und verworrene Behandlungsweise; zugleich tritt uns hier (gleichsam auf dem Wege von Sicilien nach der Normandie) häufig der Spitzbogen unter einer übrigens entschieden romanischen Behandlungsweise entgegen.

Um nun auf die einzelnen wesentlichen Verschiedenheiten zwischen der Architektur in Frankreich, Deutschland und der Normandie einzugehen, so scheint zunächst die einfache Basilikenform in Frankreich länger festgehalten worden zu sein; die Thürme treten weniger mit dem Kirchengebäude in organischen Zusammenhang; namentlich ist der in der Normandie fast nie fehlende Mittelthurm im übrigen Frankreich sehr selten. Einzelne Beispiele von Kreuzkirchen mit Mittelthürmen (die schon angeführte Kirche S. Cernin zu Toulouse) finden sich allerdings, und vielleicht zahlreicher als wir es wissen; jedenfalls aber tragen sie mehr den Character der unmittelbaren Nachahmung, als der selbstständigen Entwickelung von innen heraus. Zu einer so consequenten Durchbildung der ursprünglich byzantinischen Grundform, welche, wie es die alte Kirche S. Front zu Perigueux beweiset, auch in Frankreich nicht unbekannt war, konnte sich die romanische Kunst in Frankreich nicht erheben. Die antike Säule behielt natürlich lange, und fast die ganze romanische Periode hindurch, ja noch darüber hinaus, ihre volle Geltung; das Capitäl ging selten in die eigenthümlich romanische Würfelform über, behielt vielmehr die römische oder eine derselben nachgeahmte Form, wie es freilich auch in der Normandie, mehr wie in Deutschland, der Fall war; die Säule blieb Bogenstütze und, wo sich Pfeiler statt derselben zeigten, fehlte ihnen doch in der Regel der Character der Bogenpfeiler. Die Bogen zeigten sich nicht wie in Deutschland *zwischen* die Pfeiler gespannt, sondern *auf* ihnen ruhend. Über die Gewölbe und wann sie zuerst über gröfsere Räume gespannt wurden, können wir nicht genau urtheilen; bemerkenswerth ist indefs ein Tonnengewölbe in dem zur Cathedrale zu Arles gehörigen Kreuzgange, welches ganz in antik-römischer Weise durch breite Gurte abgetheilt ist. Eine consequente Ausbildung der Kreuzgewölbe dürfte in Frankreich schwerlich zu finden sein. Im Äufsern vermifst man die eigenthümlichen Bogenfriese, die in Deutschland fast keinem Gebäude fehlen und auch in der Normandie gefunden werden: statt dessen wird den vortretenden Balkenköpfen mehr Aufmerksamkeit geschenkt (freilich auch in der Normandie); sie nehmen, an die Löwenköpfe der Alten erinnernd, nicht selten die Gestalt von Köpfen an, ohne jedoch, wie ihr Vorbild, den Zweck des Wasser-Ausgiefsens zu haben. In Übereinstimmung damit behalten die aufsen bis zum Dache emporsteigenden Wandpfeiler mehr den antiken Character als Träger, während die Lisenen der Deutschen nicht selten, in Rundstabformen, sich lediglich nur als eine lothrechte Felder-Abtheilung (allerdings nicht constructionell begründet) zeigen. Die eben so kräftigen als zierlichen offenen Zwerggalerien, welche so häufig die romanischen Gebäude von Deutschland oben dicht unter dem Dache, und hier ganz an ihrer Stelle, auf eine leichte und anmuthige Weise krönen, werden in Frankreich, als treueres Nachbild der römischen Arcaden en Relief, d. h. als blofse Blenden, auf halber Höhe quer über die ganze Façade fortlaufend angebracht: eine unverständige Anordnung, die unter den darauf ruhenden vollen Mauermassen nicht allein den beängstigenden Schein der Gebrechlichkeit erzeugt, sondern auch den Character des Emporstrebens, zu welchem die romanische Architektur sich hinneigt, entschieden aufhebt und dadurch auch der spätern germanischen Kunst in Frankreich sehr verderblich wurde. Der ausgedehnteste Mifsbrauch endlich wurde, wie dies in einer so characterlosen Architektur natürlich war, mit dem Schmuck durch Bildnerei getrieben. Chimären, Ungeheuer und Fratzen aller Art, bedeckten zuletzt alle Theile des Gebäudes; man findet nicht selten belastete Pfeiler, namentlich Thürstöcke, deren Schaft ganz aus in einander verschlungenen Thierfiguren zusammengesetzt ist: ein Unding, gegen welches die früher getadelten Atlanten der Alten noch sehr verständig genannt werden müssen. Ebenso sind die Bogen der Portale (was sich freilich auch in Deutschland nicht selten findet) reich mit Bildnerei auf höchst unverständige Weise beladen (z. B. mit Standbildern, welche der Bogenform folgen und also zuletzt eine fast liegende Stellung annehmen). Erfreulicher ist ein eigenthümlicher Schmuck der Portale an mehreren Kirchen in der Auvergne und eine reiche Mosaik-Ausfüllung der umlaufenden Bogenfläche, von der man nicht sieht, von wo sie hergekommen sein mag.

Schliefslich müssen wir noch einen nicht unwichtigen Umstand berücksichtigen. Man scheint nemlich jetzt ziemlich allgemein anzunehmen, dafs Frankreich, und zwar nicht etwa die Normandie, auf die früheste Benutzung des Spitzbogens Anspruch machen dürfe. Zum Beweise bezieht man sich auf ein gegen Ende des 10ten Jahrhunderts in Frankreich verfertigtes Evangelienbuch, welches unter seinen architektonischen Miniaturen einen, wenn auch noch gedrückten, Spitzbogen zeigt. Die Unsicherheit dieses Beweises leuchtet aber sogleich ein. Der Verfasser brauchte z. B. nur ein arabisches Gebäude (worauf die gedrückte Form ohnehin deutet) gesehen zu haben, an welchem ihm diese Form aufgefallen war; auch konnte sie ganz zufällig entstanden sein. Nur das Vorhandensein wirklicher Spitzbogen an Gebäuden könnte entscheiden. Dieses wird nun zwar ebenfalls behauptet, aber nicht eben mit mehr Grund, als mit welchem *Lepsius* in seiner Vorrede zu der Übersetzung von *Knights* Geschichte der normannischen Baukunst zu beweisen sucht, dafs die Spitzbogen schon am Ende des 10ten oder am Anfange des 11ten Jahrhunderts in Deutschland heimisch gewesen seien. Einstweilen spricht noch immer die gröfste Wahrscheinlichkeit dafür, dafs es die Normannen waren, welche den Spitzbogen zuerst aus Sicilien herüberbrachten, dafs er aber dann in den benachbarten Gegenden des nördlichen Frankreichs weit allgemeiner als in der Normandie benutzt wurde; und zwar aus dem sehr natürlichen Grunde, weil die derartige Bau-Art weniger bestimmt ausgebildet war, als der normannische Styl, und daher der Einführung einer fremden Form weniger widerstand.

§. 141.

Die Pyrenäische Halbinsel.

Spanien war mehr noch als Gallien von römischer Cultur durchdrungen; es fiel seit 411 den Westgothen anheim, die bereits Christen waren (erst Arianer, seit 557 katholisch), und ward 711 von den Mauren erobert, welche bis 1492 sich neben den Christen behaupteten und die arabische Bildung über den von ihnen beherrschten Theil Spaniens verbreiteten. Die Berührung beider Völker war von der Art, wie sie am erfolgreichsten auf Vermischung und gegenseitige Durchdringung ihrer Culturform einwirken konnte; denn erstlich war das Verhältnifs dauernder, als es irgend sonst wo in der Geschichte vorkommt; zweitens mufste die isolirte Lage des Landes die Verbindung beider Partheien mit glaubensverwandten äufsern Völkern erschweren; drittens folgten sich beide Völker, anfangs die Araber den Christen, später umgekehrt in der Besitznahme der verschiedenen Landstriche, und viertens kamen in den lange dauernden Zwischenräumen auch Zeiten der Ruhe vor, in welchen häufig ein friedlicher Verkehr sich bildete. Unter diesen Verhältnissen war eine innige Vermischung der Culturverhältnisse möglich. Leider sind uns von den ältern Bauwerken Spaniens nur sehr wenige bis jetzt bekannt geworden. Zu diesen gehören:

1. Die Cathedrale von Tarragona. Sie ist eine gewölbte Basilica, aufsen einfach und nackt, im Innern mit zierlich gegliederten Pfeilern.

2. Der dazu gehörige Kreuzgang hat mehrere Eigenthümlichkeiten; er hat weite Spitzbogen, zwischen Pfeilern mit Rundstäben, die zu dem reich geschmückten Gesimse emporsteigen; innerhalb der Spitzbogen sind je drei kleine Rundbogen, welche sich auf Säulen stützen, die theils den ältern maurischen gleichen, theils auch mit figürlichen Sculpturen verziert sind.

3. An den Arcaden des Kreuzganges von St. Paul in Barcelona zeigen sich leichte Säulchen und Zackenbogen, welche aber der Construction nach keine wirklichen Bogen, sondern aus überkragenden Steinen zusammengesetzt sind und so an uralte ähnliche Constructionen erinnern.

Läfst sich auch in keinem dieser Beispiele die Einwirkung der arabischen Kunst verkennen, so werden wir doch später sehen, dafs sich fast kein einziges germanisches Bauwerk in Spanien und Portugal findet, welches ganz frei von arabischen Elementen wäre, sollten sie auch nur in einer ungewöhnlichen Gröfse der frei emporsteigenden Spitzpfeiler-Endungen, durch welche diese ein minaretartiges Ansehen bekommen, oder in den gemusterten Mauerflächen, oder endlich auch nur in einem allgemeinen, kaum näher zu bestimmenden fremdartigen Wesen bestehen. Mit Sicherheit läfst sich rückwärts schliefsen, dafs ein solches Verhältnifs auch in der romanischen Periode allgemein Statt gefunden habe, wenn auch nicht gleich Anfangs, und nur in geringem Grade. Hieraus dürfte folgen, dafs man wahrscheinlich in keinem Lande so früh von der alt-römischen Formenbildung abwich, als in Spanien; es war ja viel leichter dort, die fremden und lockenden Vorbilder nachzuahmen, als, einem innern Triebe folgend, neue Formen von innen herauszubilden und zu schaffen. Es knüpft sich daran die interessante Frage, ob die Entwicklung der christlichen Kunst durch eine solche innige Vereinigung der romanischen und der arabischen Kunst gewonnen oder verloren habe?

Wäre es nur auf die Vernichtung der letzten Überreste der antiken Cultur angekommen, so wäre ohne Zweifel das vorhin angedeutete Verhältnifs höchst günstig gewesen: in Bezug auf die eigentliche Aufgabe aber, auf die

Entwicklung einer neuen christlichen Cultur und Baukunst, könnte der Vortheil höchstens danach bemessen werden, inwiefern die neue oder die alte Cultur-Richtung dem christlichen Geiste näher stand, oder, richtiger, inwiefern die eine oder die andere auf das Ziel am geradesten hinwies. Wenn wir im Voraus annehmen, dafs die germanische Baukunst die ächt-christliche sei: wenn wir sehen werden, dafs diese, so wie die ächte christliche Bildung überhaupt, durch die Bekanntschaft mit arabischer Kunst und Bildung wesentlich gefördert wurde: so dürfen wir annehmen, dafs sich in Spanien *zuerst* eine ächt-christliche Baukunst ausgebildet haben müsse. Allein schon bei den Normannen hatten wir Gelegenheit zu bemerken, dafs eine zu frühe und zu nahe Bekanntschaft mit den Arabern zwar schnell zu einem Resultate, aber nicht zu dem rechten; zwar schnell zu einem eigenthümlichen Baustyl, aber nicht zu einem ächt-chrichtlichen führte. Dieses Verhältnifs mufs aller Wahrscheinlichkeit nach, und wie sich aus den wenigen bekannten Beispielen schliefsen läfst, in Spanien noch schärfer hervorgetreten sein. Der arabische Baustyl ist allerdings dem germanischen nahe verwandt, aber je mehr dies der Fall ist und je ausgebildeter der arabische Baustyl war, um so weniger Veranlassung war zum weitern Fortschreiten da; und wahrscheinlich würde Spanien, nach der Vertreibung der Mauren sich selbst überlassen, nie zu einem christlichen Baustyl gelangt sein.

§. 142.

Scandinavien.

Die Normannen, welche im südlichen Europa so ungemein rasche Fortschritte machten, scheinen es in ihrem Vaterlande bei weitem weniger gethan zu haben. Erst spät fand das Christenthum Eingang in jene abgelegenen, unwirthbaren Gegenden, und es fehlte die äufsere Anregung zu einem lebendigen Kunststreben. So mochten sie lange an ihrem altherkömmlichen Holzbau festhalten und, wenn gleich fremde Traditionen von Byzanz und Rufsland her zu ihnen gelangten und von ihnen aufgenommen werden, so waren dieselben doch nicht häufig genug, um die heimische Baukunst zu verdrängen, oder einen höhern Aufschwung zu erregen. Wir haben die alten hölzernen Kirchen, die davon Zeugnifs geben, schon oben näher betrachtet; sie sind keinesweges roh zu nennen, und beweisen, dafs die Normannen von Alters her eine, verhältnifsmäfsig nicht gemeine Kunstbildung besafsen; sie beweisen, dafs auch christliche Elemente aufgenommen wurden; indessen können sie sich nicht mit den gleichzeitigen Bauwerken begünstigterer Völker messen. Ein reger Sinn für Verzierung, ein Ringen nach Ausdruck, ein Streben nach mannigfaltiger Gestaltung, ist nicht zu verkennen: nur fehlt der innere Organismus. Zumeist freilich mag hieran das Material Schuld gewesen sein: aber dafs man nicht entweder zum Steine griff, oder sich nach dem Holzmaterial richtete und eine Holz-Architektur auszubilden suchte, beweiset die Stufe der Kindheit, auf welcher die Baukunst damals in Scandinavien stand. Es war hier keine antike Richtung zu bekämpfen, und insofern hätte die christliche Kunst eine freie Entwicklung finden können; allein begreiflich war auch die gänzliche Abgeschlossenheit ungünstig. Dafs ein besserer Erfolg zu erwarten gewesen wäre, wenn in Norwegen der Steinbau üblich geworden wäre, ist nicht zu bezweifeln: jedenfalls aber würde der Entwicklungsgang sehr langsam gewesen sein.

In *Schweden* haben sich einige steinerne Bauwerke aus der romanischen Periode erhalten; darunter die Ruinen der Klöster Alwastra und Nydala, und die Kirchen zu Wreta und Upsala. Letztere, früher für einen Tempel des Odin gehalten, ist 1155 vollendet. Es sind dies rohe Granitbaue, mit glatten Wänden und einfachen rundbogigen Öffnungen; die viereckigen glatten Pfeiler haben weder Fufsgesims noch Capitäl, so dafs nur der Rundbogen und etwa die Grundform für ein Merkmal des romanischen Styls gelten kann. Eine andere, wenig spätere Kirche, die des Klosters Warnhem, zeigt dagegen eine reiche Ausbildung der architektonischen Anlage, ähnlich den niederrheinischen Bauwerken des 13ten Jahrhunderts.

In *Dänemark* ist zunächst die Kirche von Westerwig zu erwähnen; sie ist um 1110 gegründet und eine Basilica, in welcher schwere Säulen und Pfeiler wechseln. Ferner eine Crypta der Kirche von Viborg, mit Kreuzgewölben, die Säulen mit Würfelcapitälen; beide den Bauwerken Norddeutschlands verwandt. Die Kirche zu Bjerneda in Seeland, aus der zweiten Hälfte des zwölften Jahrhunderts, ist ein Rundbau mit Kreuzgewölben, auf vier mächtigen Säulen ruhend; die Capitäle der Säulen sind achteckig, nach oben sich geradlinig ausbreitend: eine rohe Capitälform, die sich auch auf Rügen und in Hinterpommern findet.

Merkwürdigerweise befinden sich drei ähnliche Rundgebäude (Baptisterien) in *Grönland*, und (noch interessanter) ist auf Rhode-Island, bei New-Port, ein Rundbau, der auf acht schweren Rundpfeilern mit rohen Deckplatten ruhet; darüber sind Rundbogen; früher wahrscheinlich mit einem Umgange. Alle diese Bauwerke tragen unleugbar den europäisch-romanischen Character:

ein Beweis, dafs die kühnen Bewohner Scandinaviens lange vor Columbus nach Nord-America hinübergeschifft waren.

§. 143.
Rufsland.

Rufsland bekam aus Griechenland seine Cultur und seine Kunst, und letztere hat sich, anders wie bei allen andern europäischen Völkern, daselbst erhalten, bis Peter der Grofse die moderne Cultur einführte. Hier dürfen wir also hoffen, Aufschlufs darüber zu erhalten, ob die byzantinische Baukunst, in welcher sich zuerst der neue christliche Geist deutlich auszusprechen versuchte (z. B. an der Sophienkirche) in weiterer Fortbildung fähig geworden wäre, diesen erhabenen Zweck vollständig zu erreichen. Leider aber lassen sich wenig oder gar keine eigentlichen Fortschritte an den Bauwerken Rufslands erkennen. Einestheils mag allerdings das wenig regsame und empfängliche Wesen der Nation daran Schuld sein, anderntheils aber liegt auch wohl die Ursach in der byzantinischen Baukunst selbst. Die Veränderungen, welche im Laufe der Zeit und ziemlich vom Anfang an damit vorgenommen wurden, bestehen in einer Vervielfachung, aber keinesweges in einer Veredlung der Formen; die Verschönerungen bestehen in einer Anhäufung barbarischer Pracht.

Die ersten Bauwerke, unter Wladimir d. Gr. (981—1015), wurden von griechischen Baumeistern ausgeführt, und die erste Kirche war der heil. Sophia gewidmet. Wahrscheinlich war diese, und mehr oder weniger waren alle andern unmittelbare Nachbilder der Sophienkirche zu Constantinopel; wie dies die noch vorhandene Kirche der heil. Sophie zu Nowgorod, welche 1040 gebaut wurde, zu beweisen scheint.

Zur Zeit der Mongolenherrschaft (1237—1477) blieb die kirchliche und künstlerische Beziehung zu Constantinopel unverändert; jedoch zeigt der Kreml, zu welchem 1326 der Grundstein gelegt wurde und welcher bis dahin von Holz gewesen war, dafs man schon damals anfangen mochte, von der frühern Einfachheit, wiewohl auf eine nicht lobenswerthe Weise, abzuweichen. Die zahllosen, in der verschiedensten Gröfse sich erhebenden Kuppeln haben zwar noch einfache und ziemlich immer dieselben Formen, sind aber schon stark ausgebaucht und oben zur Eselsrückenform gebogen, zum Theil auch glockenförmig, mit Aufsätzen; es kommen plumpe und dann wieder barokke Verzierungen vor; unter andern Fenster, die unten, wie oben, halbrund geschlossen sind; die Zinnen der Umfangsmauer sind ausgezackt u. s. w. Das

Ganze trägt, wahrscheinlich in Folge des mongolischen Einflusses, eine asiatische und barbarische Pracht zur Schau.

Später, nachdem Iwan III. die Mongolen vertrieben und sich zum Alleinherrscher gemacht hatte, wurde Moskau von ihm und seinen Nachfolgern mit zahlreichen und prachtvollen Bauwerken ausgestattet. Die Grundform und die Anordnungen des Innern blieben byzantinisch; jedoch schwerfällig, düster und eng. Im Äufsern zeigten sich die verschiedensten, immer aber schwerfälligen und ganz unharmonischen Gestaltungen, und es ist dabei mit Ornamenten, die theils der byzantinischen, italienischen oder arabischen Kunst entlehnt sind, theils gar keinem bestimmten Style angehören, überdeckt. An Stelle der einfachen byzantinischen Kuppeln erheben sich oft thurmartige Massen: bald breit, bald minaretartig schlank, oben kuppelförmig, aber in den abentheuerlichsten und ausschweifendsten Formen geschlossen. Alles ist mit grellen Farben bemalt; die Kuppeln sind meist vergoldet. Am auffallendsten zeigt sich die Ausartung der russisch-byzantinischen Architektur an dem Gebäude, um dessenwillen Iwan IV., der Schreckliche, dem Baumeister die Augen ausstechen liefs, damit er kein zweites ähnliches Wunderwerk schaffen solle. Es ist dies die unter dem Namen Wassily Blagennoi bekannte Kirche, vor dem heiligen Thore des Kreml zu Moscau, aus dem 16ten Jahrhundert. Aus dem flachen Dache eines weit ausgedehnten Gebäudes, verhältnifsmäfsig niedrig und von bedeutenden Treppenhäusern und sonstigen Anbauten umgeben, ragen zahlreiche riesige Thürme empor, unter deren Last das Gebäude selbst, das sich ganz als den Unterbau darstellt, jeden Augenblick erdrückt zu werden scheint. Der Hauptthurm in der Mitte, breit und schwerfällig, hat eine steile Spitze, die oben von einer einzigen Kuppel gekrönt ist; ihn umgeben acht gröfsere und kleinere Thürme mit ausgebauchten Kuppeln, die theils melonenartig gestreift sind, theils von dem Dach des Hauptthurms schuppenartig emporsteigen. Das Ganze, mit wenig architektonischen, aber desto mehr barbarischen Formen und Ornamenten, prangt in einem Gewande von roher, gelber und blauer Farbe; Dächer und Kuppeln in Kupfergrün oder in Goldglanz strahlend. Erfreulicher ist, wie gewöhnlich, das Innere. Die verschiedenen Schiffe, Chöre und Capellen sind mit byzantinischen Gemälden von Heiligen, auf Goldgrund, oder mit aus Silber- und Goldblechen getriebenen Basreliefs (zum Theil recht gute Arbeit) geschmückt.

Dieser barbarische Baustyl hat in Rufsland noch jetzt einige Geltung, wenn gleich er seit Peter d. Gr. mehr und mehr von moderner Architektur verdrängt ist. Namentlich ist zu bemerken, dafs Rufsland das einzige europäische Land ist, welches der germanischen Kunst verschlossen blieb. Rufsland liefert den Beweis, wie viel darauf ankomme, ob der natürliche Geist eines Volkes edel sei: ein germanisches Volk hätte sich, selbst unter der Mongolenherrschaft, nicht so vollständig der christlichen Kunstbildung verschliefsen können.

§. 144.

Character der romanischen Baukunst.

Nachdem wir die einzelnen, so verschiedenen und doch so verwandten romanischen Bau-Arten näher betrachtet haben, wollen wir versuchen, das verworrene Bild aus einem einzigen Gesichtspuncte zu überblicken.

Das Christenthum entstand und verbreitete sich zuerst unter den Völkern, welche damals die einzigen gesitteten waren, die aber zugleich tief im Alterthum wurzelten. In der ihnen angebornen Hinneigung zur antiken Bildung fanden sich gegen das Aufblühen einer eigenthümlichen christlichen Cultur wesentliche Hindernisse, welche erst dann überwunden wurden, als neue, jüngere Völker auftraten: Völker des Nordens, noch roh, doch unverdorben und bildungsfähig, voll inniger Gefühle (man erinnere sich der alten germanischen Dichtungen) und mit jener romantischen Geistesrichtung, die dem Christenthum so sehr entspricht. Aber auch diese Völker wurden zunächst in den Kreis der damaligen christlich-römischen Bildung hineingezogen; zumal in Rom, wo das geistige Haupt der Christenheit hausete, und es bedurfte Jahrhunderte stillen Fortschreitens, es bedurfte der gewaltsamen Aufregung und der Bekanntschaft mit einer fremden, einer aufserchristlichen aber edlen geistigen Bildung, um den geraden Weg zum Ziele zu finden.

Dieser allgemeine Bildungsgang spiegelt sich wieder genau in dem Entwicklungsgange der christlichen Baukunst ab. Überall finden wir das Bestreben, die neue Idee des Christenthums in der Baukunst auszusprechen, aber man mufste damit nothgedrungen von der antiken Kunst ausgehen, so viel davon noch übrig war, und Römer und Griechen waren es, welche zuerst den Versuch einer Umbildung machen sollten. Dabei war die Aufgabe zwiefach, da es nicht allein galt, eine christliche Baukunst zu schaffen, sondern überhaupt die lange und tief gesunkene Kunst wieder zu heben. Versetzen wir uns in jene Zeiten zurück, erinnern wir uns der dürftigen Mittel, die damals der Kunst zu Gebot standen! Es kam darauf an, ob man zunächst danach trachten sollte, der gänzlich verwahrloseten Kunst nur erst die verlorne Schönheit wieder zu geben, oder ob man zuerst streben sollte, den todten Formen einen neuen Geist einzuhauchen. Jenes Bestreben mufste nothwendig zur antiken und zuletzt zur alt-griechischen Kunst zurückführen: dieses mufste zu einer allmäligen Umänderung und zum endlichen Verlassen der aus der antiken Kunst abstammenden Formen führen. Der letztere Weg war der, den man einschlagen mufste, und den man auch wirklich einschlug; allein Römer und Griechen, gerade diejenigen Völker, welche die Traditionen der Blüthezeit antiker Kunst mit Stolz bewahrten, waren die ersten, welchen die Aufgabe zu Theil wurde; und sie am wenigsten konnten irgend merkliche Fortschritte auf der ungewohnten Bahn machen. Wir sahen, wie die Römer in Italien fest an den alten herkömmlichen Formen hielten, dem überwiegenden Einflufs von aufsen zwar nachgaben, aber, sobald derselbe schwächer wurde, auch immer wieder zum Alten zurückzukehren bemüht waren. Die Griechen, welche von der glorreichen Blüthezeit ihrer Kunst schon entfernter waren, konnten an römischer Kunst wohl weniger Interesse nehmen; und da durch die Übersiedelung des Kaisers, gleichzeitig mit seinem Übertritt zur christlichen Religion, ein plötzlicher äufserer Inpuls wirkte, so vermochte dieser zuerst eine passende und ausdrucksvolle Grundform für christliche Kirchen zu finden; aber auch diese Form konnte sich im Einzelnen von den alten Formen noch nicht genugsam losmachen; was freilich allerdings ungleich schwerer war; und so blieb der erste Schritt um so mehr ohne durchgreifenden Erfolg, als gerade die Einzelnheiten, mehr als die Form des ganzen Gebäudes, den Baustyl bestimmen.

Es traten nun die Germanen auf; aber auch sie mufsten sich mit der Bau-Art, welche sie vorfanden (zwar nicht mehr mit der römischen, aber doch mit der damaligen romanischen, noch wenig abweichenden), und zwar, wegen der Abhängigkeit von Rom, mehr mit der italienischen als mit der byzantinischen Bau-Art behelfen. Dennoch sehen wir die Normannen und Deutschen, erstere wie es scheint frühzeitiger, letztere mit dauernderem Erfolg, die überkommenen Bauformen, erst langsam, dann rascher ändern und zuletzt ganz umwandeln, so dafs vom antiken Kunstprinzip nichts mehr übrig blieb. Und zwar hatte zuletzt bei beiden Völkern die Bekanntschaft mit der vielgestalteten arabischen Baukunst (bei den Normannen noch innerhalb der romanischen Periode, bei den Deutschen erst am Schlusse desselben) darauf wesentlich eingewirkt.

Keineswegs ist aber die Um- und Ausbildung der romanischen Kunst der ruhig fortschreitenden Entwicklung früherer Baustyle zu vergleichen; dies gestatteten die Verhältnisse nicht. Religion und Kunst entwickelten sich jetzt nicht mehr wie früher aus und mit dem Volks-Character, und beide standen, so wie sie den Völkern überkommen waren, im Widerspruch. Daher auch in der ganzen romanischen Periode, vornemlich bei den Deutschen, ein unsicheres Schwanken, ein Vor- und Rückschreiten, ein fortwährendes Ringen, ein Auseinandergehen nach verschiedenen Richtungen, und zuletzt sogar eine Wiederannäherung an die Antike: eine Folge des gereifteren Schönheitssinnes; wie wir dies oben angedeutet haben.

Demnach characterisirt sich die romanische Baukunst als *der Kampf der christlichen Kunst gegen die antike:* begründet und hervorgerufen durch den Kampf der christlichen gegen die antike Cultur überhaupt, und als eine unmittelbare Fortsetzung von dem Kampfe des Bogenstyls gegen den Säulenstyl; wie wir oben die römische Kunst bezeichnet haben.

Der Kampf war insofern siegreich, als die antike Kunst vollständig vernichtet und dadurch das Aufblühen einer ächt-christlichen Kunst möglich wurde. Die letztere war vorbereitet, aber noch nicht vorhanden; denn die normannische Kunst war eine zu frühzeitige Blüthe, um reife Frucht zu bringen; wie dies später noch deutlicher werden wird.

Bevor wir nun zur germanischen Kunst übergehen, müssen wir die Kunst des Islam in Betracht ziehen, welche so wesentlich darauf eingewirkt hat.

(Die Fortsetzung folgt.)

2.
Von den Vicatschen Vervollkommnungen des Mörtels.

Diese Vervollkommnungen sind unstreitig für das gesammte Bauwesen ungemein bedeutend. In Frankreich hat man schon seit längerer Zeit die Verbesserungen, deren durch die *Vicat*schen Bemühungen die Bereitung des Mörtels fähig gemacht worden ist, in weiterem Umfange benutzt, und in Deutschland fängt man an, davon mehr und mehr Vortheil zu ziehen, obgleich an der *allgemeinen* Benutzung, überall wo sie möglich wäre, hier noch viel zu fehlen scheint; in den deutschen Lehrbüchern der Baukunst, selbst den neuern, findet man des wasserfesten Kalks nur noch erst wie im Vorbeigehen gedacht, gewöhnlich nicht den Gegenstand hervorgehoben und der Aufmerksamkeit und Benutzung nach Verdienst empfohlen. Sodann sind die *Vicat*schen Arbeiten auch noch deshalb bemerkenswerth, weil hier einmal das Verdienst, nicht wie es leider! oft geschieht, übersehen worden ist, um vielleicht erst von den Nachkommen gewürdigt zu werden, sondern schon von den Mitlebenden anerkannt wurde.

Es dürfte daher nicht unangemessen sein, eine Übersicht von dem Wesen der *Vicat*schen Arbeiten hier aufzunehmen; so wie von ihren Erfolgen in Frankreich. Eine solche Übersicht giebt der Bericht der Commission, welche die Französische Deputirten-Kammer im vorigen Jahre beauftragt hatte, zu untersuchen, ob dem Herrn *Vicat* die für ihn vorgeschlagene National-Belohnung zuzuerkennen sein dürfte. Die Commission bestand aus den Herren Baron *v. Chabaud-Latour, Felix Réal,* Baron *Roger, Tribert, Baumes, de Golbery, Dufaure, Salgues* und *Arago;* welcher letztere den Bericht verfafst hat. Dieser Bericht mufste zwar nothwendig fast die Form einer Lobrede annehmen, weil es darauf ankam, Etwas aus der Technik, hier nemlich das unzweifelhaft bedeutende Verdienst *Vicats,* auch Nicht-Technikern begreiflich zu machen: indessen sind doch die darin aufgestellten Thatsachen nicht anders als für authentisch anzuerkennen; und auf diese Thatsachen kommt es an. Wir theilen in Folgendem den Bericht des Herrn *Arago* aus dem „Annuaire du Bureau des longitudes" für 1846 wörtlich mit; Maafse und Geld, wie immer in diesem Journal, auf Preufsische reducirt.

Über die Kalke, Mörtel, wasserfeste Cemente und natürliche und künstliche Puzzolanen.

Bericht an die Deputirten-Kammer, im Namen der von ihr ernannten Commission zur Begutachtung des Gesetz-Entwurfs, dem Herrn Ober-Ingenieur und Wege- und Brücken-Director Vicat eine Rente auf Lebenszeit zuzuerkennen.

Meine Herren.

Die von ihnen ernannte Commission hat von ihrer ersten Sitzung an einhellig den Gedanken, welcher den Gesetz-Entwurf eingab, den sie zu begutachten hatte, in sich aufgenommen. Alle Mitglieder sind von der Überzeugung durchdrungen gewesen, dafs, wenn die *grofsen Entdeckungen* unserer Landsleute der genauen und sorgfältigen Prüfung aller drei Staatsgewalten unterworfen werden: mit allen den Förmlichkeiten, die das Gesetz bei der Bestimmung von National-Belohnungen vorschreibt: dafs dies im höchsten Grade und zum gröfsten Nutzen des Gemeinwesens den Eifer und die Beharrlichkeit der Leute von Genie anregen müsse. Wir sagen ausdrücklich: *grofse Entdeckungen,* denn, wie schätzbar auch sonst Bemühungen sein mögen: kommt ihnen nicht jene Bezeichnung unbestritten und nach allgemeiner Anerkennung zu, so gehören sie nicht vor die besondere Berathung der gesetzgebenden Kammern.

Diese Ansicht zeichnete der Commission mit Bestimmtheit ihren Weg vor. Sie sollte untersuchen, ob Herr *Vicat* unter den Männern eine Stelle eingenommen habe, deren sich die Nachkommen erinnern werden; ob seine Arbeiten zur Zeit ihrer Bekanntwerdung unzweifelhafte Zeichen der Neuheit hatten; ob sie von allgemeinem Interesse waren, und ob endlich Das, was sie lehrten, zu den Entdeckungen zu zählen sei, durch welche unser Land sich selbst ehrt.

Diese Vorbemerkung wird die hier folgende Entwicklung rechtfertigen. Wir haben auch geglaubt, dafs die *sehr strenge* und ins *Einzelne* gehende Prüfung, der wir das anerkannte Verdienst des Herrn *Vicat* unterwarfen, zugleich der Mittelmäfsigkeit zur Warnung dienen werde, die ebenfalls wohl gern ihre Namen in der Kammer ertönen hören möchte. Hat die Commission diesen Zweck erreicht, so wird sie ohne Zweifel dadurch einem der Wünsche der Kammer zuvorgekommen sein.

Bereitung künstlicher wasserfester Kalke (*chaux hydrauliques*).

Der Kalk, sei er rein, oder wie gewöhnlich noch andere Bestandtheile enthaltend, ist bekanntlich der Stoff, dessen man sich beim Bauen bedient, um die Steine, folglich die wesentlichsten Theile der Gebäude, mit einander zu verbinden.

Wenn gleich der ***Kalk*** so wie er gebraucht wird nirgend vorkommt, so findet sich doch der ***Kalkstein,*** aus welchem er sich durch ein einfaches Rösten oder Brennen gewinnen läfst, fast überall, und keine Stein-Art ist häufiger als der Kalkstein.

Selten kommt der Kalkstein rein vor; blofs noch Kohlensäure enthaltend. Gewöhnlich ist er mit Kiesel-Erde, Thon-Erde, Bitter-Erde, Eisen-Oxyd, Braunstein u. s. w. gemischt und heifst dann thonhaltig, eisenhaltig, braunsteinhaltig u. s. w.

Gebrannt giebt der Kalkstein sehr verschiedenartigen Kalk. Die Werkleute unterscheiden *fetten, magern* und *wasserfesten* Kalk [hydraulique. Die Bedeutung, welche dieses Wort *hier* hat, dürfte im Deutschen am besten durch *wasserfest* auszudrücken sein, weil gemeint ist, dafs dieser Kalk vom Wasser nicht aufgelöset wird, sondern vielmehr im Wasser erhärtet. D. H.]

Der *fette* Kalk *gedeiht* beim Löschen sehr, das heifst, er nimmt gelöscht mehr Raum ein als ungelöscht; zuweilen bis zu dem doppelten Raum. Dies würde für die Kosten sehr vortheilhaft sein, aber er bleibt dann dagegen auch sehr lange weich; besonders im Innern der Mauern und überall wo er nicht mit der Luft in Berührung kommt, er löset sich, in reines Wasser gebracht, immer wieder bis in seine kleinsten Theile auf, und dadurch zugleich endlich die Steine selbst; zum Beispiel in Ufermauern (Quais), die man fest gebaut glaubte. Es ist kaum nöthig, Beispiele zum Beweise hievon anzuführen. Wir wollen blofs des Falles gedenken, wo der General *Treussart* im Jahre 1822, beim Neubau eines im Jahr 1666 errichteten Festungs-Bastions zu Strasburg, den Mörtel im Fundament noch so frisch fand, als wäre er erst vor wenigen Stunden gelegt worden. Ähnliches fand sich zu Berlin beim Abbrechen eines der 30 F. dicken Pfeiler des vor 80 Jahren erbauten Thurms der Petrikirche [?]. Auch davon, dafs *fliefsendes* Wasser fetten Kalk in den Mauern sehr bald auflöset, giebt es viele Beispiele. Unter den vielen gedenken wir nur der alten Schleusen von Vilaine. Man fand beim Abbrechen derselben den Kalk dermafsen aufgelöset, dafs hinter den Futtermauern gleichsam nur noch ein Haufen trockener Steine lag.

Der *magere* Kalk hat ebenfalls den Fehler des fetten; und dabei gedeiht er nur wenig. Man wendet ihn deshalb so wenig als möglich an.

Zu dauerhaften Mauern ist durchaus *wasserfester* Kalk nöthig; besonders zur Fundamentirung auf feuchtem Boden. Wasserfester Kalk ist derjenige, welcher im Wasser bald erhärtet. Diese Eigenschaft hat dieser Kalk in sehr verschiedenem Grade. Der beste bindet schon in zwei bis vier Tagen nach der Eintauchung und ist nach einem Monat sehr hart und nicht mehr durch Wasser auflösbar. Nach sechs Monaten ist er dem Kalk*stein* ähnlich und springt beim Zerschlagen in Stücke mit muscheligem Bruch.

Die natürlichen Kalksteine unterscheiden sich im allgemeinen nicht durch ein besonderes Maafs der Schichtung, Härte, Schwere, Farbe u. s. w., aus welchem sich voraussehen liefse, welche Art von Kalk sie gebrannt geben werden. Fetter, magerer und wasserfester Kalk ist, ohne Unterschied, weifs, grau, fahl, röthlich u. s. w. Die innere Zusammensetzung und das Verhältnifs der Bestandtheile des Steins sind es, worin die Chemiker die Ursachen der Wasserfestigkeit gesucht haben.

Seit lange weifs man, dafs die reinsten Kalksteine, die zu Bildsäulen geeigneten zuckerartigen Marmor-Gattungen, der Marmor von Paros, von Carrara u. s. w., gebrannt *fetten* Kalk geben. Auch hat man schon frühe bemerkt, dafs der Kalk die Eigenschaft, im Wasser zu erhärten, durch besondere Bestandtheile erhält, die er einschliefst. Aber welches diese Bestandtheile seien, und in welchen Verhältnissen sie vorkommen müssen, um dem Kalk die Wasserfestigkeit bis zu einem gewissen Grade zu geben: darüber sind die Meinungen lange getheilt gewesen.

Berühmte Chemiker beschäftigten sich mit dieser Frage. ***Bergmann*** suchte die Ursach der Wasserfestigkeit des Kalks in einem kleinen Theil beigemischten Braunstein-Oxyds. ***Guyton-Morveau*** war der gleichen Meinung. Aber im Allgemeinen trafen diese beiden berühmten Chemiker die wahre Ursach nicht; denn es fand sich ***natürlicher*** wasserfester Kalk ohne eine Spur von Braunstein-Oxyd. Auch ist erwiesen worden, dafs dieses Oxyd die Wasserfestigkeit nicht hervorbringt. Man mufste in Schweden eine Schleuse, die man nach ***Bergmanns*** Angabe mit Mörtel, aus fettem Kalk und Braunstein gemengt, erbaut hatte, wegen der Unfestigkeit der Mauern bald wieder abtragen.

Die ältesten uns bekannten Untersuchungen über die Bildung wasserfester Mörtel gehen bis auf das Jahr 1756 zurück, nemlich bis auf den so kühnen Bau des Leuchtthurms von ***Edystone*** durch ***Smeaton***. Dieser berühmte

Ingenieur untersuchte dieses Baues wegen auf das genauste den natürlichen wasserfesten Kalk von *Aberthaw* in der Grafschaft *Glamorgan*, welcher in England eine gewisse Berühmtheit erlangt hatte. Mit Säuren behandelt gab dieser Kalk einen Bodensatz, *welcher ein bläulicher Thon zu sein schien;* ungefähr vom 8ten Theil des Gewichts der Masse. Da dieser Bodensatz beim Brennen röthlich wurde, so meinte *Smeaton*, der Kalk von Aberthaw, den man damals schon *Lias* nannte, sei *eisenhaltig*.

Saussure machte im zweiten Bande seiner berühmten Reisebeschreibung von 1786 einige Bemerkungen bekannt, in welchen er die Wasserfestigkeit des Kalks von *St. Gingulph* in Savoyen dem vereinten Einflusse von *Braunstein*, *Quarz*, und selbst *Thon*, deren sich in dem Stein befinden, zuschrieb. Wir müssen indessen hinzufügen, dafs der berühmte Naturforscher seine Äufserungen nur für *Vermuthungen* ausgab.

Noch ein Citat: und wir haben alle Untersuchungen über diesen Gegenstand, bis auf *Vicat*, berührt.

Der Berg-Ingenieur *Collet-Descostils* nemlich schrieb der Kiesel-Erde, deren er ein namhaftes Maafs in dem durch seine starke Wasserfestigkeit berühmten Kalk von *Senonches* gefunden hatte, diese Eigenschaft zu.

Aber den *Vermuthungen* von *Smeaton*, *Saussure* und *Descostils* fehlte der Beweis und die Bestimmtheit. Es fehlten ihnen die nähere Aufklärung, die Berichtigung und der Übergang vom Unbestimmten und Zweifelhaften zu der für die Anwendung nöthigen *Gewifsheit*.

Von seinen ersten Versuchen an bediente sich Herr *Vicat* der *Zusammensetzung* (synthèse). Niemand, dem es bekannt war, wie sehr der *krystallinische* Zustand der Bestandtheile einer Masse ihr Verhalten ändern kann, konnte von den Ergebnissen der chemischen *Zerlegung* (analyse) des Kalksteins viel Sicherheit für das Bauen erwarten. Deshalb ging Herr *Vicat* mit seinen Versuchen gerade auf das Ziel los.

Der natürliche wasserfeste Kalk von *Senonches* war als der vollkommenste zu betrachten: Herr *Vicat* setzte einen Kalk zusammen, dessen Wasserfestigkeit *noch stärker* war. Er gelangte zu diesem merkwürdigen Ziel durch Calciniren von Kreide oder Kalk, in einem bestimmten Verhältnifs mit Thon gemengt. Durch diesen Erfolg ging Licht aus dem Dunkel und Gewifsheit aus dem Zweifel hervor. Es war für das Bauen eine *grofse Entdeckung* gemacht.

Wir fürchten nicht, diese Behauptung werde bestritten werden und es werde Jemand suchen, wie es leider! nur zu gewöhnlich ist, auch hier einem Mitlebenden zu Gunsten Verstorbener sein Verdient streitig zu machen und den Werth der Versuche, Voraussetzungen und Vermuthungen, welche den Arbeiten des Erbauers der Brücke von *Souillac* vorhergingen, zu überschätzen. Wäre es, so würden wir durch unbestreitbare Thatsachen beweisen können, dafs Herr *Vicat* ebenso gewifs der Entdecker der Natur des wasserfesten Kalks ist, als *Newton* der Entdecker der Zusammensetzung des weifsen Lichtstrahls, und *Franklin* der Erfinder der Blitz-Ableiter. Der berühmte *Smeaton,* nachdem er vergebens versucht hatte, fetten Kalk durch Zusatz von Thon wasserfest zu machen, übersah bei seinen vielfach wiederholten Versuchen stets, dafs der Thon *gebrannt* werden müsse; und so war seine Bemerkung von der vollendeten Entdeckung noch weit entfernt.

Herr *Vicat* dehnte seine Untersuchungen mit Erfolg auf Alles aus, was Kalk und Mörtel betrifft. Durch diese Arbeiten ist die Kunst des Kalkbrennens und des sichersten und wohlfeilsten Austreibens der Kohlensäure aus dem Kalkstein, in welchem sie sich immer findet, vervollkommnet worden, und sie haben gelehrt, wie mit Sicherheit die Eigenschaft eines Kalksteins, von welchen seine Dienste beim Bauen abhangen, im Voraus zu erkennen sind. Auch darüber: wie am besten beim Löschen des gebrannten Kalks zu verfahren sei, finden sich in den Ergebnissen dieser Untersuchungen nützliche Belehrungen; die Wahl der dem Kalk zuzusetzenden Stoffe, um guten Mörtel daraus zu bereiten, bestimmen die Ergebnisse ebenfalls mit Sicherheit.

Des beschränkten Raums wegen können wir diesen Theil der Untersuchungen des Herrn *Vicat* nur andeutend berühren. So auch nur die theoretischen, sinnreichen Erwägungen, durch welche er die allmälige Wirkung des Kalks auf die ihm im Mörtel beigemischten Stoffe erklärt.

Wir bedauern, uns kurz fassen zu müssen, da es uns angenehm gewesen wäre, auch den schönen Versuchen des Herrn *Berthier,* eines der geschicktesten Chemiker unseres Landes, volle Gerechtigkeit wiederfahren zu lassen.

Cemente.

Auch mit diesen hat sich Herr *Vicat* mit Erfolg beschäftigt.

Die Werkleute unterscheiden die *Cemente* von den *Mörteln* nach ihrer äufsern Beschaffenheit. In dem *Mörtel* zeigt sich der Sand, in gröfsern oder kleinern Körnern beigemengt, mehr oder weniger sichtbar. Der *Cement*teig zeigt sich gleichartig, obwohl er aus Kalk, Kiesel und Thon-Erde zusammengesetzt ist.

Sehr berühmt bei den Werkleuten war stets und ist es noch der sogenannte ***Römische Cement.*** Diesen Cement, anfangs ***Wassercement*** genannt, verfertigten seit 1796 die Herren ***Parker*** und ***Wyatts*** durch Rösten gewisser kalkhaltiger eiförmiger Strandkiesel, die sich in Menge in der Nähe von London finden. Der Römische Cement, zu einem etwas dicken Teig angerührt, erhärtet an der Luft, oder im Wasser, in wenigen Minuten. Manche Bauwerke, z. B. der Tunnel unter der Themse, hätten ohne diesen Cement gar nicht ausgeführt werden können. Die sehr schnelle Erhärtung desselben ist sogar in andern Fällen ein Übelstand. Dann nimmt man statt des Cements den wohlfeilern wasserfesten Kalk.

Die Herren ***Parker*** und ***Wyatts*** verkauften ihren Cement nach allen Gegenden hin, und die Baumeister bedienten sich seiner in allen Ländern; aber weder sie, noch die Verfertiger, wufsten sich von der Ursache der seltsamen Eigenschaften dieses Bindungmittels Rechenschaft zu geben. Herr ***Vicat*** fand diese Ursachen. Wir lesen von ihm, da wo er im Jahre 1817 das Verhältnifs des ***gebrannten Thons*** bestimmt hat, welches fetten Kalk wasserfest macht, folgende bestimmte Bemerkung. „Verstärkt man den Zusatz an Thon bis auf „33 bis 40 pro cent, so erhält man einen Kalk, der sich nicht mehr löschen „läfst; aber er läfst sich leicht pulverisiren und giebt angerührt einen Teig, „der unter Wasser sehr schnell hart wird." Das oben genannte Verhältnifs des Thonzusatzes ist nun gerade das in dem Fabricat der Herrn ***Parker*** und ***Wyatts.*** Herr ***Vicat*** lieferte also seit 1817 nicht blofs wasserfesten Kalk, sondern auch ***Römischen Cement.***

Da unsere Aufgabe nicht blofs den wissenschaftlichen Theil des Gegenstandes betrifft, so beeilen wir uns, zu bemerken, dafs die Entdeckung des Herrn ***Vicat*** schon in sehr weitem Umfange in die Ausübung übergegangen ist. Die Geologie hat, eben wie auf den wasserfesten Kalk, von Herrn ***Vicat*** darauf aufmerksam gemacht, auch auf die stark thonigen Kalksteine ihre Aufmerksamkeit gerichtet, und die Französischen Baumeister, noch bis vor Kurzem England zinsbar, kennen jetzt eine Menge von Orten, wo sich Römischer Cement gewinnen läfst. Herr ***Vicat*** allein hat deren mehr als ***Vierhundert*** bezeichnet. Der neue Erwerbzweig wird jetzt in vielen Gegenden von Frankreich mit Vortheil ausgebeutet.

Wenn der Raum dieses Berichts es gestattete, so könnten wir eine Menge von Personen aufzählen, welche sich durch Auffinden von Steinbrüchen zu Römischem Cement verdient gemacht haben. Wir wollen nur den Herrn Ober-Ingenieur ***Lacordaire*** nennen, welcher auch Mitglied dieser Kammer war.

Puzzolane und Trafs.

Die ***natürliche Puzzolane*** spielte im Alterthum, und der ***Trafs*** im Mittelalter, beim Bauen eine zu wichtige Rolle, als dafs sich mit denselben Herr ***Vicat*** nicht ebenfalls hätte beschäftigen sollen. Auch hier hatten seine anhaltenden Bemühungen, ungeachtet der Schwierigkeit der Aufgabe, den besten Erfolg für die Ausübung.

Man versteht unter dem Wort ***Puzzolane*** eine Masse vulcanischen Ursprungs, die sich in grofser Menge bei ***Puzzoli*** und bei ***Rom*** findet. ***Trafs*** ist ein Mengnifs, ebenfalls vulcanischen Ursprungs, welches an den Ufern des Rheins, besonders bei ***Andernach***, gewonnen wird. Um fetten Kalk wasserfest zu machen, darf man ihm nur einen angemessenen Theil von Puzzolane oder Trafs zusetzen.

Dieses ist sehr einfach und bequem, aber auch in gröfserer Entfernung von dem Fundorte der beiden Stoffe sehr theuer. Daher hat man es sehr oft versucht, Massen von gleicher Wirkung ***durch Kunst*** hervorzubringen. ***Chaptal*** glaubte die Aufgabe gelöset zu haben, indem er gewisse Schiefer, oder okrigen Thon, ***sehr stark*** brannte. Aber würde auch dadurch das Ziel erreicht, so wäre doch nicht viel für Frankreich gewonnen gewesen, denn jene Schiefer finden sich bei uns wenig. Dann aber mufste das sehr starke Brennen, selbst von okrigem Thon, den Zweck nothwendig verfehlen.

Herr ***Vicat*** fand, dafs man eine Puzzolane, die noch wirksamer, wenigstens eben so wirksam ist als die beste natürliche, durch möglichst reinen Thon erlangen kann, den man leicht, und nur bis auf 600 bis 700 Centigrade Wärme, also nur so stark brennt, als nöthig ist, um ihm das Wasser, welches er enthält, zu entziehen.

Man verweilt mit grofser Genugthuung bei einer Lösung von technischen Aufgaben, wenn sie in solchem Grade einfach ist, und erstaunt, wenn man dadurch einem ganzen Lande, ja allen Ländern, einen nützlichen Stoff geschenkt sieht, der das ausschliefsliche Eigenthum einzelner vulcanischer Gegenden bleiben zu wollen schien.

Wir würden eine Pflicht unerfüllt zu lassen glauben, wenn wir hier nicht auch, neben den Entdeckungen des Herrn ***Vicat*** in Betreff der Puzzolane, der so nützlichen und wichtigen Bemerkungen gedächten, welche der Ingenieur-

General ***Treussart***, dessen frühzeitigen Verlust die ganze Armée betrauert, in einer seiner Schriften über diesen Gegenstand hinterlassen hat.

Was Herr ***Vicat*** bis dahin bekannt gemacht hatte, genügte für alle Bauwerke in *süſsem Wasser*, in Canälen, Flüssen und Strömen. Das ***Meerwasser*** aber machte neue Schwierigkeiten, die man nicht erwartet hatte. Herr ***Vicat*** wird auch hier das Verdienst haben, die Schwierigkeit bemerkt und das Mittel dagegen angegeben zu haben. Nach seinen ganz kürzlichen Untersuchungen hat das Meerwasser die Eigenschaft, alle möglichen Bétons zu zersetzen: sowohl die aus fettem Kalk, als wenn sich darin wasserfester Kalk, natürliche oder künstliche Puzzolane befindet. Diese Eigenschaft rührt von gewissen Säuren im Meerwasser her, welche eine starke Wahlverwandtschaft zum Kalk haben und ihn dem Béton entziehen. Herr ***Vicat*** hat das Gegenmittel gefunden und ist so eben im Begriff, diejenigen Kalke, Puzzolanen und Cemente zu ermitteln, welche, nach seinem alten Verfahren bereitet, der zerstörenden Wirkung des Meerwassers Widerstand leisten werden; desgleichen die Veränderungen, welchen andere Kalke zu unterwerfen sind, um ihnen dieses Vermögen mitzutheilen. Es ist leicht zu sehen, daſs Herr ***Vicat*** mit der Bekanntmachung Dessen was er gefunden in einem so schwierigen Falle sich nicht zu übereilen hatte. Wir können indessen anzeigen, daſs die Bekanntmachung in ganz Kurzem erfolgen werde. Zu bemerken ist, daſs schon in Folge der neuen Entdeckungen gewisse für den Hafen von Algier vorgeschlagenen Puzzolane, durch welche sehr groſse Schäden entstanden sein würden, vermieden worden sind. Der Rückhalt, welchen sich Herr ***Vicat*** wohlweislich auflegte, hat ihm die Gelegenheit verschafft, jetzt sein Verfahren auf eine gröſsere und entscheidende Erfahrung zu gründen. Die ***künstliche Puzzolane*** nemlich, welche von dem Herrn Ober-Ingenieur ***Nehou*** zu ***Calais*** so erfolgreich angewendet worden ist, erfüllt ***zufällig*** gerade alle die Bedingungen, welche Herr ***Navier*** für die Haltbarkeit des Bétons im Meerwasser bestimmt hat.

Statistik der wasserfesten Kalke.

Die von Herrn ***Vicat*** empfohlenen Bereitungs-Arten des Kalks hatten diesmal nicht das gewöhnliche Schicksal des Neuen. Die Vortheile waren so handgreiflich, daſs wohl das Gewohnte nachgeben muſste. Schon wenige Monate nach der Bekanntmachung der ersten Schrift des Herrn ***Vicat*** machte man zu Paris vom künstlichen wasserfesten Kalk bei dem Bau von Ufermauern an der Brücke von Jena, von vier grofsen Schlachthäusern, und bei dem Canal von St. Martin Gebrauch.

Später bediente man sich weniger des ***künstlichen*** wasserfesten Kalks. Man verwendet jetzt mehr den wohlfeilern ***natürlichen*** wasserfesten Kalk, welcher die nemlichen Eigenschaften hat. Aber auch bei diesem ist man gerade Herrn ***Vicat*** im ganzen Lande gar sehr verpflichtet.

Es entging offenbar seinem Scharfsinne nicht, dafs es, da nach seiner Entdeckung der fette Kalk blofs durch einen Zusatz von Thon wasserfest wird, ohne Zweifel unter der grofsen Menge von Kalkfelsen in Frankreich viele geben werde, aus welchen sich durch das Brennen unmittelbar wasserfester Kalk gewinnen lasse. Herr ***Vicat*** wurde gänzlich von diesem Gedanken beherrscht, und zwölf Jahre lang hat er, von demselben angetrieben, fast ganz Frankreich durchforscht. Die Mittheilungen, welche er von seinen Forschungen unter der bescheidenen Benennung „Statistik der wasserfesten Kalke" gemacht hat, haben grofse Reichthümer an vielen Orten aufgedeckt, wo man sie nicht ahndete. Die Departements, in welchen sich der natürliche wasserfeste Kalk im Überflufs findet, sind ***Lot, Lot et Garonne, Tarn, Dordogne, Gard, Ardèche, Drôme, Gers, Charente, Hérault, Cher, Alliers, Nievre, Yonne, Côte d'or, Ain, Isère, Jura, Doubs, Haut-Rhin*** etc. Unter 80 bis jetzt durchforschten Departements sind nur 6 oder 7, mit Urfelsen, wo der wasserfeste Kalk gänzlich fehlt.

Wir wollen zwei Fälle erwähnen, die auffallend zeigen werden, wie wenig die Baumeister das Vorhandensein von wasserfestem Kalk zu der Zeit kannten, wo Herr ***Vicat*** seine Forschungen begann. Man baute, als er sich nach Marseille begab, daselbst ein neues Hafenbecken. Die Unternehmer hatten mit grofsen Kosten viele Massen Kalkgestein fortgeschafft. Herr ***Vicat*** fand, dafs dieses Gestein allen zu dem Hafenbecken nöthigen wasserfesten Kalk hätte liefern können. Nachstehender zweite Fall ist durch seine Folgen noch bemerkenswerther. Als die Canäle in Bretagne gebaut wurden, war die Verwaltung wegen des sehr nöthigen wasserfesten Kalks sehr in Verlegenheit. Herr ***Vicat*** wurde dorthin gesendet. Er bemerkte sogleich in den Brüchen zu ***Ponpéan*** bei ***Rennes*** zwischen den Schichten fetten Kalks, die man seit undenklicher Zeit ausgebeutet hatte, eine grünliche Mergelbank, dort ***brûle-mort-vert*** genannt, welche die Kalkbrenner immer sorgfältig bei Seite schaffen. Diese verachtete Bank hat in Folge der Untersuchung nicht allein zu den Bauwerken von la Vilaine und zum Canal Isle-et-Rance allen nöthigen wasserfesten Kalk geliefert, sondern sie ist auch die einzige Quelle geworden, aus welcher man ferner in dortiger Gegend den nöthigen Kalk zum Wasserbau nahm.

Ersparungen an den Kosten.

Die Kosten des Kalks machen gewöhnlich einen nicht unbedeutenden Theil der Kosten des Mauerwerks aus, und von den verschiedenen Eigenschaften des Kalks hangt die Dauer der Bauwerke und die Art ihrer Ausführung ab. Da, wo Kalk in Menge und von guter Beschaffenheit zu haben ist, dauern die Gebäude Jahrhunderte, ohne dafs ihre Erbauung allzu kostbar gewesen wäre. Selbst die ärmsten Leute können sich dort Gebäude verschaffen, die gesund und weniger feuergefährlich sind und gegen Stürme, Regengüsse und Überschwemmungen Stand halten. Auf solche Anwendungen sollten die Arbeiten der Baumeister und der Chemiker besonders die Aufmerksamkeit der Verwaltung und der Gesetzgebung lenken. Sehen wir, welche Dienste, in Zahlen ausgedrückt, Herr *Vicat* hier seinem Lande geleistet hat.

In Paris wurden zunächst seine Rathschläge durch die lebhafte Einwirkung des Herrn *Bruyère* benutzt, und hier finden wir zuerst eine Schätzung der dadurch erzielten Ersparungen. Bis 1818 wurde zu den Wasserbauen in der Hauptstadt fast durchweg Gips, oder auch fetter Kalk genommen. So erforderten sie jährlich kostspielige Ausbesserungen. Seit 1818, der Zeit der ersten öffentlichen Mittheilungen des Herrn *Vicat*, hat man von wasserfestem Kalk Gebrauch gemacht; der nun den neuen Bauwerken eine fast unbegrenzte Dauer geben wird. Die gleiche Dauer würde auch durch den Kalk von Senonches zu erlangen gewesen sein. Dieser aber kostet in Paris 20 bis 22½ Sgr. der Cubik Fufs Pr., während der Cubik Fufs Kalk, den man früher in den Gipsbrüchen wegwarf, für 10 Sgr. zu haben ist. Dieser Unterschied der Kosten macht für die etwa 1 200 000 Cub. F. Kalk, welche seit 1818 bis 1841 zu den Wasserleitungen, Wasserbehältern, Canälen u. s. w. zu Paris verbraucht worden sind, eine Ersparuug von mehr als 400 000 Thlr.

Eines der Mitglieder Ihrer Commission hat den Bau eines Theils der Befestigungsmauer von Paris geleitet. Er hat sich beeilt, seinen Collegen die einzelnen Rechnungen vorzulegen, welche klar angeben, dafs, allein in der Abtheilung von Belleville, in den Jahren 1840 bis 1844 durch die Benutzung eines gewissen Kalks, der sich zur Stelle fand und auf welchen man sicherlich vor Herrn *Vicat* gar nicht geachtet haben würde, mehr als 130 000 Thlr. erspart worden sind.

Wir gehen zu Verzeichnissen über, aus welchen sich die Ersparnisse in Folge der *Vicat*schen Entdeckungen in gröfserem Maafsstabe ergeben werden.

Schleusen und Wehre.

In Folge der gesetzlichen Bestimmungen vom 5ten August 1821 und 14ten August 1822 sind in Frankreich folgende Schleusen und Wehre erbaut worden.

Auf dem Canal	Schleusen.	Wehre.
Von der Rhône nach dem Rhein	162	
Der Somme	24	
Der Ardennen	49	
Vom Isle Flufs	39	39
Von Burgund	191	
Von Nantes nach Brest	234	
Von Isle et Rance	28	
Von Blavet	28	28
Von Arles nach Bouc	4	
Von Nivernais	114	
Von Berry	115	
Zur Seite der Loire	45	
Vom Tarnflufs	9	
Von der Oise	7	
Ferner nach den Bestimmungen vom 3ten Juli 1838 und 8ten Juli 1840:		
Zwischen der Marne und dem Rhein	180	
Zur Seite der Garonne	50	
Zur Verbesserung der Flufsschiffahrt		
Zur Seite der Marne	14	
Der Charente	10	
An der Dordogne	9	6
Am Tarn	6	
Am Lot	30	47
Zusammen	1348 Schleusen u.	136 Wehre.

Früher liefsen sich Schleusen nur auf hölzerne Roste und durch Wasserschöpfen fest gründen. Man baute sie ganz aus Werkstücken, und dennoch waren öftere Ausbesserungen nöthig, weil der Mörtel in den Mauern zu unfest bleibt. Wegen jener Schwierigkeit des Bauens kostete eine Schleuse bis zu 35 000 Thlr. Im Durchschnitt waren die Kosten einer Schleuse etwa 26 bis 27 Tausend Thaler. Jetzt, wo man wegen des Bétons, der sich mit wasserfestem Kalk machen läfst, die Kosten des Wasserschöpfens und der Fangedämme erspart, kostet eine Schleuse nur noch 10 bis 13 Tausend Thaler. Die Ersparung an jeder der obigen 1348 Schleusen beläuft sich also wenigstens auf 13⅓ Tausend Thaler; was etwa 18 Millionen Thaler ausmacht.

Ein Flufswehr kostet, wenn der Flufs breit ist, wegen der Schwierigkeit des Baues öfters so viel als mehrere Schleusen. Rechnet man für jedes der obigen 136 Wehre im Durchschnitt 2 Schleusen, so giebt dies eine Ersparung von etwa 3½ Millionen Thaler.

Über die sonstigen Bauwerke zur Verbesserung der Flufsschiffahrt, bestehend in einzelnen Überfall- und Durchlafswehren, Buhnen u. s. w. können wir nichts bestimmtes angeben, aber es ist leicht zu erachten, dafs hier wohl eine Ersparung von 5⅓ Millionen Thaler zu rechnen sein dürfte.

Für die noch ferner zu bauenden Schleusen, 910 an der Zahl, nebst 41 Wehren, ergiebt sich nach den obigen Sätzen eine Ersparung von 13½ Millionen Thaler.

Gröfsere und kleinere steinerne Brücken.

Um schätzungsweise zu vergleichen, was Brücken, sonst auf Pfahlroste, jetzt auf Béton gegründet, kosten, mufs man auf ein von der Gröfse der Brücke unabhängiges Maafs rechnen, namentlich auf den Quadratfufs Grundfläche zwischen den Stirnpfeilern. Man hat berechnet, dafs der Quadratfufs Brücke, auf Rosten, da wo Béton anwendbar gewesen wäre, im Durchschnitt 34 Thlr. 4½ Sgr. kostete. Dagegen kostete der Quadratfufs Brücke über grofse Flüsse, unter ähnlichen Umständen, und auf Béton gegründet, etwa 16 Thlr. 12½ Sgr.; was von dem Obigen etwa 47 pr. c. beträgt. Demnach würden also die Kosten einer Brücke, wie die von Jena oder Sèvres, welche durchschnittlich 700 Tausend Thaler waren, mit der neuen Gründungs-Art nur etwa 326 Tausend Thaler, also 374 Tausend Thaler weniger betragen haben. Seit 1818 sind 19 dergleichen grofse Brücken auf Béton gebaut worden; was also eine Ersparung von etwa 7 Millionen Thaler gab. Minder grofse Brücken, mit Bogen von 48 bis 64 F. Spannung, sind 30 vorgekommen. Nach obigen Sätzen würde hier die Ersparung gegen 2 Millionen Thaler ausmachen. Kleinere Brücken, mit einem einzelnen Bogen von 48 bis 60 F. Spannung, sind auf den Staats- und Departementalstrafsen seit 25 Jahren mehr als 1000 erbaut worden, und die Ersparung durch den Béton statt der Werkstücke zur Gründung, und an Wasserschöpfkosten, ist zu 6⅔ Tausend Thaler für die Brücke, also auf 6⅔ Millionen Thaler anzuschlagen.

Hängebrücken.

Am 1ten Juli 1743 sind 327 Hängebrücken zu 1, 2, 3 und 4 Öffnungen zu bauen bestimmt worden. Um nicht zu viel zu rechnen, setzen wir nur 327 Brücken-Öffnungen zu 320 F. Spannung und 26⅔ Tausend Thalern *jetzige* Kosten, von welchen 8 Tausend Thaler auf die Brückenbahn und 18⅔ Tausend auf die Gründung und das Mauerwerk kommen. Der Erfahrung nach haben sich die Kosten, eben wie bei den Schleusen, auch bei den Brücken um mehr als die Hälfte vermindert. Rechnen wir nur die Hälfte, so ergiebt sich eine Ersparung, die den jetzigen Kosten gleich ist, also von etwa 6 Millionen Thaler.

Die hier geschätzten Ersparungen betragen zusammen:

Bei den Schleusen etwa	18	Millionen Thaler.
Bei den Flufswehren bei denselben etwa . .	3½	- - -
Bei den einzelnen Wehren, Buhnen u. s. w.	5⅓	- - -
Bei den grofsen Brücken etwa	7	- - -
Bei den minder grofsen Brücken	2	- - -
Bei den kleinern Brücken	6⅔	- - -
Bei den Hängebrücken etwa	6	- - -
Im Ganzen	48½	Millionen Thaler.

Fernere Ersparungen, welche wir wegen Mangel von Angaben nicht schätzungsweise in Zahlen ausdrücken können, kommen vor:

Bei den hölzernen oder eisernen Brücken mit gemauerten Pfeilern;
Bei den Brücken mit einem einzelnen Bogen von 20 bis 30 F. Spannung;
Bei den Ufermauern, Dämmen und Häfen am Meer;
Bei den Fundamenten der öffentlichen und Privatgebäude in den Städten;
Bei den Militairbauwerken.

Dann ist auch noch die Ersparung *an Zeit* in Anschlag zu bringen; und Zeit ist in solchen Dingen auch Geld. Nach dem neuen Verfahren läfst sich in 1 oder 2 Jahre ausführen, wozu sonst 5 bis 6 Jahre nöthig waren; und dies kommt einer bedeutenden Geld-Ersparung gleich.

Zusammengenommen ist es gewifs, dafs, wenn man noch so bauen müfste, wie vor 1818, vor Herrn *Vicat*, die meisten grofsen Bau-Unternehmungen, die jetzt im Werk sind, der langen Zeit und der Kosten wegen, völlig würden gelähmt worden sein. Und schliefst man weiter von den bisherigen Ersparungen auf die künftigen, die mit der Menge und dem Umfange der Werke immerfort zunehmen werden, so wird man Zahlen finden, die auch dem gleichgültigsten Beobachter auffallen müssen.

Bedächten wir nicht, meine Herren, dafs die vorgeschlagene Belohnung erst ihren Werth durch die feierliche Art bekommt, mit welcher sie ertheilt werden kann, so würden wir die obigen Zahlen und die obigen Bemerkungen nicht hergesetzt haben. Was ist in der That, vom Geldpunct aus betrachtet, eine Leibrente von 1600 Thlr. jährlich gegen die ungeheuren Summen, deren Ersparung das Land Herrn *Vicat* verdankt?!

[In der That müfste sie wohl eher ein Almosen als eine Belohnung genannt werden! Die obigen Berechnungen, oder vielmehr Schätzungen, können übrigens wohl nur zeigen, dafs *sehr bedeutende* Ersparungen, auch an Geld, durch den Béton und den wasserfesten Mörtel möglich sind. Die Berechnung des *Betrags* der Ersparung ist aber wohl mehr oder weniger unsicher. Denn erstlich wird es ohne Zweifel viele Fälle geben, wo Roste, und also auch Béton, nicht nöthig sind, und andere, wo Roste auch durch den Béton nicht vermieden werden können. Ferner wird wohl, wenn man näher und bestimmter die Kosten wirklich *berechnet*, die Ersparung in vielen Fällen sich geringer ergeben, so dafs von den oben berechneten 48½ Millionen Thalern ein *grofser* Theil abgehen dürfte. Bringt man dagegen die Ersparungen bei *künftigen* Werken und Das was durch die mehrere *Dauer* an Ausbesserungen erspart wird, in Anschlag, so ist die berechnete Summe wieder gewifs viel zu gering.

Eins, was aus den obigen Angaben folgt, ist für Deutschland merkwürdig. Wie nemlich aus den in dem Berichte angegebenen Thatsachen folgt, ist jetzt schon fast seit 20 Jahren die Benutzung des wasserfesten Mörtels und des Bétons in Frankreich sehr *allgemein* üblich; es scheint sich die Bau-Art bewährt zu haben und man scheint volles Vertrauen darin zu setzen. In Deutschland ist man dagegen von der *allgemeinen* Benutzung des wasserfesten Kalks, wie schon im Eingange bemerkt, noch weit entfernt, und er ist hier, obgleich nach Herrn *Vicat* überall so leicht und wohlfeil zu verfertigen, noch sehr theuer. Hier scheint also Deutschland einmal wieder in den seinen eigenen Nutzen bezweckenden Fortschritten vielleicht erst später nachzukommen.

Andererseits ist es auffallend, dafs die *Eisenbahnen*, bei welchen wieder Deutschland vor Frankreich den Vorsprung gewonnen hat, ungeachtet der dem obigen Bericht zufolge durch den wasserfesten Kalk zu erzielenden bedeutenden Ersparungen, die auch bei den Eisenbahnen gar sehr in Betracht kommen, im Durchschnitt in Frankreich fast gerade *doppelt* so hoch auf eine gleiche Länge zu stehen kommen, wie in Deutschland. Mag dies auch zum Theil in den höhern Kosten des Arbeitslohns und des Grund- und Bodens etc. liegen, so ist doch der Unterschied gar zu grofs, als dafs er nicht auch an den Entwürfen und an der Bau-Art liegen müfste. Wie glücklich und erspriefslich wäre es doch, wenn die verschiedenen Völker *wechselseitig* ihre Erfahrungen benutzen und *wechselseitig* von einander lernen wollten! D. H.]

Vergleichung der Arbeiten des Herrn Vicat mit denen der Alten.

Gewisse Gelehrte hegen eine leidenschaftliche und unbedingte Bewunderung für die Bauwerke der Alten. Nach ihnen hatten Griechen und Römer das Bauen zur Vollendung gebracht, und die Festigkeit noch stehender alter Gebäude beweiset, ihnen zufolge, dafs die neuen Baumeister wahre Schüler sind. Wäre das, nun so hat Herr *Vicat* die Bau-Art, welche in Egypten, Athen und Rom üblich und im Mittelalter verloren gegangen war, *wieder erfunden*.

Obgleich nicht zu leugnen ist, dafs auch nach dieser Ansicht dem Werthe der *Vicat*schen Arbeiten Unrecht geschehen würde, indem die Wieder-Entdeckung von etwas Verlorengegangenem eben so viel werth ist als eine neue Erfindung: so haben wir doch die behaupteten Vorzüge der Bau-Art der Alten vor der neuen etwas näher in Betracht gezogen, und besonders erwogen, ob sie auch noch den *Vicat*schen Entdeckungen gegenüber bestehen bleiben dürfte.

Man sagt: der Mörtel der Römer dauerte 1800 Jahre, und viele neue Bauwerke sind schon jetzt wieder in einem kläglichen Zustande. Dies ist in seiner Allgemeinheit unrichtig. Will man *richtig* vergleichen, so mufs man den alten grofsen Denkmälern auch aus der neuern Zeit nur die grofsen Denkmäler gegenüberstellen. Und dann ergiebt sich Wesentlich-Anderes.

Die Mauern der Bastille z. B. waren, selbst in der Mitte ihrer grofsen Dicke, so fest, dafs man sie mit Pulver sprengen mufste. Eben so mufste man Schiefspulver zu Hülfe nehmen, um zu *Agen* vor einigen Jahren die Überbleibsel einer im Jahre 1200 erbauten Brücke abzutragen. Herr *Vicat* selbst hat gefunden, dafs der Mörtel in den Mauern der im Jahre 1400 zu Cahors erbauten Brücke von Valentré noch härter war als in den Ruinen des alten Theaters in der nemlichen Stadt.

Die alten Baumeister bauten, eben wie die neuern, wie sie es gerade mit den vorhandenen Baustoffen und Geldmitteln vermochten, entweder unverwüstliche Gebäude, oder, von gleicher äufserer Gestalt, Tempel, Palläste und Privatgebäude von geringer Dauer. Die letztern gingen verloren, und nur die erstern trotzten der Zeit. Diejenigen, welche die Baukunst des Alterthums unbedingt bewundern, übersehen was *Plinius* sehr bestimmt sagt: „Der schlechte „Mörtel ist die Ursach, dafs in Rom so viele Gebäude zu Grunde gehen."

Hätten, wie man behauptet, die Römer ein sicheres Verfahren gekannt, festen Mörtel zu bereiten, so müfste man ihn in allen öffentlichen Denkmälern ungefähr von gleicher Art antreffen. Aber das ist nicht der Fall; selbst nicht in einem und demselben Gebäude. Die Commission hat in mehreren Aufsätzen des Herrn *Vicat* Bemerkungen darüber gefunden. Er hat mit Mörtel Versuche angestellt, der aus verschiedenen Theilen der Brücke du Gard genommen war. Die Festigkeit des Mörtels war verschieden, von 1 bis zu 3. Wer Vergleichungen bei diesem Gegenstande anstellen will, mufs in Erwägung ziehen, dafs die Härte des Mörtels in Grundmauern immerfort zunimmt. Auf welchem Wege der Mörtel erhärtet, und wie seine Bindung mit dem Stein zunimmt, ist noch ein Gegenstand des Streits unter den Gelehrten; aber alle sind darüber einig, dafs die Veränderung nicht Jahrhunderte lang fortwähren kann.

Man scheint zu vergessen, dafs wir über die Bau-Art der Alten keinesweges auf blofse Vermuthungen beschränkt sind. *Vitruv*, der Zeitgenosse und Architekt des Augustus, hat uns die üblichen Grundsätze der Griechischen und Römischen Baumeister genau überliefert. Diese Grundsätze rechtfertigen keinesweges die unbedingte Bewunderung der Alterthumsfreunde. Die Alten hatten unstreitig *keine* nähere Kenntnifs von der chemischen Veränderung, die der Kalkstein durch das Brennen erleidet und durch welche er in so hohem Grade zerreiblich wird; noch von der Wirkung, durch welche er die Härte und Festigkeit, die das Feuer ihm genommen hat, wieder bekommt. Die Bemühungen *Vitruvs*, diese Erscheinungen auf eine wahrscheinliche Art zu erklären, sind mifslungen. Eben so war es, bis zu den chemischen Entdeckungen *Blacks* über die Kohlensäure, mit den Bemühungen der berühmten Nachfolger *Vitruvs*, des *Scamozzi*, *Philibert Delorme*, *Perrault* etc. Es würde leicht sein, Diejenigen zu enttäuschen, welche der Meinung sind, dafs die theoretischen Irrthümer der genannten grofsen Baumeister keine Folgen hatten. *Philibert Delorme* z. B. glaubt, dafs man, um den Mauern die möglichste Festigkeit zu geben, den Kalk aus der nemlichen Kalksteinbank nehmen müsse, aus deren Steinen die Mauer gebaut wird. Dies würde, streng befolgt, ungemein kostbar sein.

Die Baumeister, welche ihren Kalk nach der Farbe des Steins wählten, welche keinen natürlichen wasserfesten Kalk kannten und welche an ihren Mörtel Dachsteine, zerstofsene Ziegel etc. verschwendeten, können ohne grofse Unbilligkeit den neueren Baumeistern nicht an die Seite gestellt werden. Wenn man die sehr guten Bemerkungen über die Eigenschaften der natürlichen Puzzolane und über die Möglichkeit, sehr grofse künstliche Blöcke daraus zu verfertigen, um sie ins Meer zu versenken, ausnimmt, so wird man finden, dafs uns die Römer in der Baukunst nichts eben Wesentliches gelehrt haben. [Mag man auch annehmen, dafs *jetzt*, nach den *Vicat*schen Entdeckungen, Mörtel sich machen lasse, der ebenso fest wird wie der Römische, so mufs man doch immer noch zugeben, dafs die Römer diese Kunst besser verstanden als Diejenigen, welche Mauern von ebenfalls für eine lange Dauer bestimmten Werken bauten, in welchen der Mörtel, wie oben im Eingange gedacht, nach 100 bis 180 Jahren noch eben so weich geblieben war, als wäre er eben erst gelegt worden. D. H.]

Übrigens gereicht Alles, was man versucht, um die Verdienste der Alten um die Baukunst hervorzuheben, nur in um so stärkerem Maafs zur Ehre *Vicats*. Der beste Römische Mörtel hat nach 2000 Jahren gerade die Härte, zu welcher der *Vicat*sche gute Mörtel in 1 bis $1\frac{1}{4}$ Jahren gelangt. Für die *mittlere* Härte ist also der neue Mörtel bei weitem im Vortheil.

Meinung der Chemiker und der Baumeister über die Arbeiten des Herrn Vicat.

Die Wichtigkeit der *Vicat*schen Entdeckungen ist handgreiflich. Seit 25 Jahren benutzen alle Baumeister sie: alle also müssen sie einsehen; und ihre Meinung ist nothwendig entscheidend. Um nichts zu übergehen, hat die Commission geglaubt, auch die Urtheile von Chemikern und Ingenieurs sammeln zu müssen, welche mit besonderem Geschick und Eifer die Wissenschaft auf die Technik anwenden. Wir haben nur Urtheile erhalten, die für Herrn *Vicat* vortheilhaft sind und Niemand hat seinen Entdeckungen die Neuheit bestritten.

Die erste Abhandlung des Hrn. *Vicat* über die Verfertigung des künstlichen wasserfesten Kalks wurde der Akademie der Wissenschaften vorgelegt. Dieselbe bestimmte auf den Vorschlag der Herrn *Prony, Girard* und *Gay-Lussac,* dafs die Abhandlung in das „Recueil des savans étrangers" aufzunehmen sei. Zu dieser Billigung, der bestimmtesten, welche die Akademischen Commissionen aussprechen, fügte die Akademie bald ein anderes Zeichen ihrer Hochachtung durch die Ernennung des Herrn *Vicat* zu einem ihrer Correspondenten.

Als das Conseil des ponts et chaussées im Jahre 1818 aufgefordert worden war, seine Meinung über die künstliche Verfertigung des wasserfesten Kalks zu sagen, äufserte es durch die Feder des strengen und sehr geschickten Ingenieurs Herrn *Bruyère:* „dafs die Vortheile des neuen Verfahrens unabsehbar „seien; es würden sich dadurch die grofsen Kosten der Puzzolane und der „ungeheuern Steinblöcke ersparen lassen, die man an den neuern Gebäuden, „ungeachtet der Römischen und Gothischen Vorbilder, verschwende. Man „könne vorhersagen," fährt Herr *Bruyère* fort, „dafs man bei öffentlichen Bau„werken in wenigen Jahren keines andern Mörtels mehr sich bedienen werde."

Als Herr *Vicat* den ersten Theil seiner statistischen Arbeiten über die natürlichen wasserfesten Kalke von Frankreich bekannt gemacht hatte, sprach ihm die Akademie eine der Monthyonschen Medaillen zu.

Herr *Berthier,* der competenteste Richter über die Entdeckungen des Herrn *Vicat,* sagt: „Die Arbeiten des Herrn *Vicat* über Kalk und Mörtel ge„hören zu den schönsten der Wege- und Brückenbaumeister. Seine Ent„deckung der Verfertigung künstlichen wasserfesten Kalks ist von der höchsten „Wichtigkeit. Durch die öffentliche Bekanntmachung derselben hat Herr *Vicat* „um so ehrenwerther gehandelt, da er durch den Verkauf der Entdeckung, „oder durch ein Patent, grofsen Gewinn daraus für sich hätte ziehen können."

Herr *Dumas* (und wir wollen nur berühmte Namen nennen) erklärt in seiner „Angewandten Chemie," „dafs man diese, so lange versuchte practische „Lösung der Aufgabe, wasserfesten Kalk zu machen, ganz allein den bemerkens„werthen Arbeiten des Herrn *Vicat* schuldig sei." Bei den künstlichen Puzzolanen sagt der berühmte Chemiker: „Es sind Versuche in der Scheidewerkstatt, „welche Herrn *Vicat* auf die wichtige Entdeckung führten, mit welcher er die „Technik bereichert hat. Der Zustand, in welchem er den Gegenstand fand, „macht seine Entdeckung noch um so merkwürdiger."

Wir könnten noch mehrere günstige Urtheile aus einer Menge von Schriften herbeiziehen, besonders aus zwei Aufsätzen von Herrn *Chevreul* in dem „Journal des savants." Aber alle diese Urtheile, aus so guter Quelle sie auch kommen mochten, durften die Commission nicht abhalten, die eigenen genauen Untersuchungen anzustellen, deren Ergebnisse hier die Kammer vernimmt. Nachdem wir nun durch eigene Überzeugung zu der gleichen Ansicht gelangt sind, welche die Akademie und *Gay-Lussac, Berthier, Chevreul,*

Dumas, Bruyère aussprachen, haben wir natürlich auch auf diese uns stützen mögen, als auf Beweise, dafs wir nicht irrten.

Schlufsfolge.

Herr *Vicat* hat zuerst bewiesen, dafs die Eigenschaften des natürlichen wasserfesten Kalks von den ihm beigemischten Thontheilen herrühren, das heifst, von der eigenthümlichen Wirkung der verbundenen Kiesel- und Thon-Erde auf den Kalk, welche entsteht, sobald diese Stoffe durch das Brennen in den dazu geeigneten Zustand gebracht worden sind.

Herr *Vicat* hat zuerst wasserfesten Kalk hergestellt, nicht blofs im Kleinen, in der Scheidewerkstatt, sondern im Grofsen, bei dem Bau der Brücke von *Souillac*. [Man findet über diese Brücke Nachrichten im 1ten Heft 5ten Bandes dieses Journals.] Die Pfeiler dieser schönen Brücke ruhen auf Bétonmassen, die mit künstlichem wasserfestem Kalk gemacht sind. Seit der Entdeckung des Herrn *Vicat* kann man sich überall, wo es nöthig ist, Kalk verschaffen, der schnell im Wasser bindet.

Herr *Vicat* hat uneigennützig seine Entdeckungen öffentlich bekannt gemacht. Es ist gewifs, dafs er, wenn er auf die Verfertigung des künstlichen wasserfesten Kalks ein Patent genommen hätte, einen ungeheuren Gewinn daraus für sich würde haben ziehen können.

Die erste Entdeckung des Herrn *Vicat* verschwindet so zu sagen, ungeachtet ihrer Wichtigkeit, gegen ihre fernern Folgen. Wir haben diesen unermüdlichen Ingenieur Frankreich Schritt um Schritt durchforschen sehen, um die Mergelkalklagen und die thonigen Kalkbänke aufzusuchen, welche Steine zu wasserfestem Kalk enthalten möchten. Wir haben ihn in dieser Unternehmung zwölf Jahre beharren sehen, und der Erfolg ist gewesen, dafs man jetzt, blofs durch Herrn *Vicat*, über 900 Steinbrüche kennt, aus welchen sich wasserfester Kalk gewinnen läfst, während vorher deren nur 8 oder 10 bekannt waren. Herr *Vicat* hat so sehr die Ehre gewürdigt, jene so reichen unbenutzten Bauschätze der Erde aufzudecken, dafs er, um nur sein Werk vollenden zu können, sogar auf die höhere Rangstufe verzichtete, auf welche sein Dienst-Alter und sein ausgezeichnetes Verdienst ihm unbestrittene und unbestreitbare Ansprüche gaben. Er wurde unter dem Ministerium *Dufaure* zum Divisions-Inspector ernannt, verlangte aber, Ober-Ingenieur zu bleiben, um die Forschungen fortsetzen zu können, die er mit so vielem Glück begonnen hatte.

Die Ergebnisse der Arbeiten des Herrn *Vicat* über Puzzolane sind ebenfalls klar und entscheidend gewesen. Er fand, dafs der reine Thon künstliche Puzzolane geben kann, die noch wirksamer, oder doch eben so wirksam ist, als die natürliche aus Italien. Und da es nun überall Thon giebt, so hindert jetzt nichts, überall und mit geringen Kosten die kräftigste Puzzolane verfertigen zu können.

Auch den Römischen Cement, für welchen bis dahin Frankreich den Engländern zinsbar war, kann es jetzt selbst verfertigen, und nöthigenfalls ganz Europa damit versorgen.

Die Art der Gründung der Bauwerke auf Béton datirt von den oben beschriebenen Entdeckungen her, und besonders von dem Bau der Brücke zu *Souillac*. Die einsichtigen und gewissenhaften Baumeister verfehlen niemals, den gebührenden Theil des Verdienstes um den Gegenstand Herrn *Vicat* zuzuerkennen; selbst wenn sie sich, den Umständen nach, nur des natürlichen wasserfesten Kalks oder der natürlichen Puzzolane bedienen können. So z. B. schrieb Herr *Noël*, der geschickte Baumeister des so schön gelungenen, 41½ F. tief unter dem Meeresspiegel gegründeten Docks zu Toulon, am 24ten April v. J. an den Herrn Unterstaatssecretair der Staatsbaue Folgendes: „In dem „Augenblick, wo man das Herrn *Vicat* betreffende Gesetz beräth, wird es, „glaube ich, nicht unnütz sein, eine Thatsache zu Ihrer Kenntnifs zu bringen, „welche, während sie zeigt, was sich durch den Béton erlangen läfst, von Neuem „die Wichtigkeit der Arbeiten jenes berühmten Ingenieurs beweiset, welchem „die Baukunst so grofse Fortschritte verdankt."

Der Arbeitsamkeit und Beharrlichkeit des Herrn *Vicat* verdanken wir es, dafs Bauwerke in vielen Theilen des Landes, die früher fast für *unausführbar* erachtet wurden, jetzt ohne zu grofse Kosten wirklich ausgeführt werden.

Wir wollen nicht der oben berechneten Geld-Ersparungen noch einmal gedenken, die in Folge der Entdeckungen des Herrn *Vicat* blofs bei den öffentlichen Bauwerken erzielt worden sind. Die Zahlen dabei werden Jedem in die Augen springen. Man wird nicht leicht eine Entdeckung nennen können, von welcher in dem kurzen Zeitraum von 26 Jahren die Folgen und der Nutzen so ungemein grofs gewesen wären.

Die Commission ist daher einhellig der Meinung, dafs man durch unbedingte Annahme des von dem Herrn Minister der öffentlichen Baue vorgelegten Gesetzvorschlages Herrn *Vicat* nur Gerechtigkeit wiederfahren lassen werde. Aber sie wünscht, dafs ihm die Rente von 1600 Thlr. jährlich, auf Lebenszeit, ausdrücklich *als eine Nationalbelohnung* zuerkannt werde. Nur dieses scheint uns an dem Gesetzvorschlag zu ändern nöthig. Wir hoffen, dafs die Kammer unsere Ansichten von dem Verdienste des Herrn *Vicat* um das Gemeinwesen theilen und die vorgeschlagene Änderung annehmen werde. Der Herr Minister des Bauwesens hat sie schon angenommen.

[In der That macht wohl erst der vorgeschlagene Zusatz die Rente zu einer *Belohnung*. Ohne denselben würde sie nur eine, des Gegenstandes und des Verdienstes des Empfängers, so wie der Geber wenig würdige Gabe sein; sie wäre nichts weiter als nur eine theilweise Zurückerstattung der von dem zu Ehrenden dem Gemeinwesen gebrachten *Opfer*. Denn wenn auch allerdings wohl vorausgesetzt werden darf, dafs man Herrn *Vicat* seine Bemühungen und 12 Jahre lang fortgesetzten Reisen nicht werde haben auf eigene Kosten machen lassen, sondern ihm Reisekosten und Tagegelder, vielleicht sogar reichlich, werde bezahlt haben, so bleibt doch immer die *Geldrente* nur eine blofs *schuldige*, und doch wohl nur noch erst theilweise Vergütigung von Opfern, und ist noch keine *Belohnung*, indem ja Herr *Vicat* ohne Zweifel entweder die dem Gegenstande gewidmete Zeit und Arbeit hätte anwenden können, um auf irgend eine andere, ganz ehrenhafte, aber vielleicht *weniger* nützliche Weise mehr *Geld* zu erwerben, oder aber durch ein Patent sich seine Arbeiten vom Publico, also vom Staat, weit höher hätte bezahlen lassen können. Erst der *Zusatz* macht die Rente zu einer angemessenen, grofsen und würdigen *Belohnung;* denn eine solche ist unstreitig die von Seiten eines ganzen grofsen Volks durch seine Vertreter und durch seine Regierung öffentlich ausgesprochene Anerkennung des Verdienstes. Das *Geld* kommt dabei gar nicht in Ansatz und vergröfsert die Gabe, *als Belohnung,* nicht; selbst nicht, wenn die Geldsumme auch noch viel beträchtlicher wäre; denn *Geld* wird wie bekannt auch wohl ohne alles Verdienst und selbst durch *schädliches* Thun und in viel gröfserem Maafs errungen: mit öffentlichen Anerkennungen in jener Form dagegen ist es nicht so.

Übrigens dürfte es hier weniger die *Entdeckung* sein, welcher die Belohnung zukommt und zu Theil wird, als vielmehr die Arbeitsamkeit, Ausdauer, Beharrlichkeit und Uneigennützigkeit des Betheiligten; denn die Priorität seiner *Entdeckung* könnte sogar Herrn *Vicat*, ungeachtet des darüber oben gesagten, noch einigermafsen streitig gemacht werden, indem der Chemiker Herr *John* zu Berlin, noch etwas früher, wenn nicht Gleiches, so doch Ähnliches, öffentlich bekannt gemacht hat. Alles Übrige, was Herr *Vicat* bei dem Gegenstande für Frankreich und für das Gemeinwesen überhaupt gethan hat, bleibt aber unbestreitbar und ungeschmälert sein Verdienst, und ist auch wohl, eben so unbestreitbar, der ihm zu Theil gewordenen Ehre werth. Auch in Fällen, wo die Priorität der Entdeckung völlig unbestritten ist (und diese sind wie bekannt selten, indem es ja nach jenem alten Worte „nichts Neues unter der Sonne giebt"), ist, so scheint es, das Maafs des Verdienstes und folglich der Belohnung verschieden. Ist eine Entdeckung, wie es oft vorkam, nur Folge eines augenblicklichen Gedankens, einer Eingebung gleich: so hat der Entdecker wohl nur mehr oder weniger wie durch einen Glücksfall Theil an der Ehre, die dem menschlichen Geiste überhaupt gebührt. Ist sie dagegen lange vorher vom Entdecker geahnt und von ihm durch Nachdenken und Arbeit mühsam dem Keime entrungen (und auch solche Fälle kommen vor; der gegenwärtige scheint mehr oder weniger ein solcher Fall zu sein): so hat er sein Theil an jener Ehre nicht blofs durch Begünstigung des Glücks erlangt, sondern er hat ihn durch eigene Kraft *erworben*, und dieser Theil ist dann, folglich auch sein Anspruch auf Belohnung, viel gröfser. Hat endlich der Entdecker zugleich Theil an der *Nutzbarmachung* Dessen, was er fand, und dies ist öfters die Hauptsache, und hier unbestritten der Fall des Herrn *Vicat*: so kann ihm dafür noch eben so viel Ehre und Belohnung gebühren, als für die Entdeckung selbst. Es giebt gar manche nützliche, öffentlich bekannt gemachte Dinge, die leider! lange unbenutzt blieben; entweder aus Gleichgültigkeit, Mangel an Einsicht am rechten Orte, Vorurtheil u. s. w., und die wohl sogar wieder vergessen werden und dann bis zu einer, vielleicht zufälligen abermaligen Entdeckung in günstigerer Zeit, verloren gehen. So sind z. B. die Vortheile, welche sich beim Bauen aus dem natürlichen und dem künstlichen wasserfesten Kalk und aus dem Béton ziehen lassen, jetzt bekannt und durch die, dem obigen Bericht zufolge, in Frankreich in so ungeheurem Umfange davon gemachten Anwendungen, wie es scheint, sattsam erwiesen. Gleichwohl werden sie noch nicht *allgemein* benutzt, z. B. wie oben bemerkt, nicht in Deutschland. Wenn Jemand Deutschland durchforschte, wie Herr *Vicat* Frankreich, um die Steinbrüche aufzusuchen, welche natürlichen wasserfesten Kalk liefern können, und dann den Muth und die Beharrlichkeit hätte, der Benutzung derselben, so wie der Verfertigung des künstlichen wasserfesten Kalkes allgemein *Eingang zu verschaffen*, was freilich wohl die Kräfte eines Menschen übersteigen dürfte: warlich, es würde ihm ebenfalls eine *National-Belohnung* gebühren! D. H.]

3.
Auswahl von Abhandlungen berühmter niederländischer Wasserbaukundiger über die Wasserbaue, welche in Holland an den Hauptströmen zum Schutze gegen Verwüstung nöthig sein werden.

(Aus dem Holländischen übersetzt und mit einer Einleitung und Anmerkungen begleitet von Herrn Dr. *Reinhold*, Königl. Hannöverschem Wasserbau-Inspector; so wie mit einigen Anmerkungen des Herausgebers dieses Journals.)

(Fortsetzung der Abhandlung No. 4. im 2ten und No. 11. im 4ten Heft 24ten Bandes.)

Fünftes Mittel.
Verstärkung und Erhöhung der Deiche zur Sicherung derjenigen Polder, welche nicht überströmt werden.

Obgleich ich eine Bedeichung zur Beschränkung der Ströme, über das höchste Stromwasser hinaus für schädlich halte und widerrathe, und es zu wünschen gewesen wäre, dafs die Deiche niemals bis über jenen Wasserstand erhöht worden wären; und obgleich man, wenn man einen Irrweg betreten hat, ihn verlassen mufs, ehe es zu spät ist, und ich die übermäfsige Erhöhung unserer Deiche für einen solchen zum Verderben führenden Irrweg halte: so verkenne ich doch nicht, dafs es Polder giebt, die in ihrer niedrigen, eingekellerten Lage wenig über und selbst unter der Ebbe des Meeres zu *Amsterdam* (dem bekannten Amsterdamer Peil *A. P.*) liegen und in einen Zustand gebracht worden sind, dafs sie nur noch durch *Kunstmittel* trocken erhalten werden können, die also der Überströmung *nicht* ausgesetzt werden *dürfen*.

Bedeichungen sind also bei uns nie mehr ganz zu vermeiden. Die Höhe der Polder und ihre Lage bestimmen wo sie nothwendig sind.

Da, wo die Bedeichung mufs beibehalten werden, mufs sie so hoch und so stark sein, dafs sie die möglichste Sicherheit gewähre, die eine Bedeichung geben kann. Hier ist es besser, zu viel als zu wenig zu thun. Die Kosten der stärksten Deiche stehen noch weit zurück gegen den kaum zu berechnenden Schaden eines unbedeutenden Durchbruchs. Aus diesem Gesichtspuncte betrachte ich die nöthigen Bedeichungen. Es sind folgende:

1. Am nördlichen Ufer des *Lek*. Obgleich dieser Deich einer der stärksten und am besten erhaltenen Stromdeiche ist, die ich kenne und durch

Überlässe am südlichen Ufer, bis zu dem Diefdeich hinab, erleichtert werden kann, so trete ich doch, wegen der Wichtigkeit des Gegenstandes aus dem obigen Grunde, hier gern den Vorschlägen der Commission bei, weiche indessen in Etwas wegen der Ausführung dieser Maafsregel von ihrer Meinung ab *).

Die Commission schlägt vor, den nördlichen *Lek*deich von *Amerongen* bis *Schoonhoven* überall 1 F. über den südlichen zu erhöhen. Bis gegenüber dem Diefdeiche wird diese Erhöhung nicht nöthig sein, da die am südlichen Ufer einzurichtenden Überlässe den *Lek* so sehr entlasten werden, dafs, selbst unter den ungünstigsten Umständen, das Anschwellen des Stroms bis zur Krone des nördlichen Deichs nicht mehr wahrscheinlich ist. Indessen würde ich die Deiche, mit einem regelmäfsigen Querschnitt, mit dem Gefälle des Stromes gleichlaufend legen und ihren jetzigen *höchsten* Punct zum Maafsstabe nehmen. Es scheint mir 24 F. Kronenbreite neben dem Sandpfad, und eine dreifüfsige innere und äufsere Böschung nothwendig. Von dem Puncte dem *Dief*deiche gegenüber, bei *Kuilenburg*, bis *Schoonhoven*, würde ich die Deiche nach dem Vorschlage der Commission um 1,6 F. über die Süderdeiche erhöhen und sie von da an mit einem regelmäfsigen Gefälle stromabwärts gehen lassen; mit der oben bezeichneten Kronenbreite, aber wo möglich mit vierfüfsigen Böschungen; auch dem ganzen Deiche stromseits an seinem Fufse eine Erdberme von 1,6 F. hoch und 22,3 F. breit geben.

Alle niedrigen Stellen, Pütten, Wiele, Kolke, Schlöte u. s. w., auf 160 F. Entfernung vom Fufs der Deiche, sind der Erfahrung zufolge dem Durchquellen stark unterworfen. Sie *auszufüllen* ist zu kostbar; sie müssen also mit Quellkaden oder Ringdämmen, $2\frac{1}{2}$ F. über dem Maifelde hoch, $12\frac{3}{4}$ F. in der Krone breit und mit 2füfsiger Böschung, umgeben werden. Das Wasser, welches sich innerhalb derselben sammelt, kann nicht eher weggeschafft werden, als bis der Strom in seine gewöhnlichen Ufer zurückgetreten ist.

Von *Schoonhoven* bis *Krimpen* mufs der Deich 1,6 F. höher, und zu *Krimpen* mit den Bedeichungen des südlichen Ufers gleich hoch und stromab mit einem regelmäfsigen Gefälle gebaut werden: 19. F. in der Krone ohne den Sandpfad breit, und mit $2\frac{1}{2}$füfsiger Böschung. Wo sich diese Böschung an der einen oder der andern Seite des Deichs nicht erlangen läfst, mufs der Deich an der andern Seite desto stärker gemacht werden, so dafs er überall gleich

*) Anm. des Verf. Nach Vollendung dieser Abhandlung höre ich, dafs die Verstärkung des *Lek*deichs bereits theilweise ausgeführt worden ist.

starken Widerstand leisten kann. Die Erde zum Deich darf nur aufserhalb oder aus den Werdern, aber nicht näher als 64 F. vom Fufse des Deiches genommen werden.

Die Süderdeiche, vom *Dief*deiche bei *Kuilenburg* an bis *Krimpen*, werden wohl nicht erhöht zu werden brauchen; doch mufs es gestattet sein, sie zu verstärken, wo es nöthig ist. Es dürfte auch vielleicht gut sein, sie streckenweise um einige Zoll niedriger zu machen und ihnen dann innerhalb flache Böschungen zu geben, damit, wenn die Überströmung dieser Süderdeiche unvermeidlich wird, dieselbe dann für die *Vyf-Heeren Lande* weniger gefährlich sei als die der jetzigen Deiche, welche dann bald durchbrochen werden würden. Die abgegrabenen Strecken könnten mit Erddämmen von der Höhe der übrigen Deiche geschlossen werden, welche, falls die Überströmung nöthig ist, leicht weggeräumt werden.

2. Die Erhöhung und Verstärkung der Deiche von *Werkendam* bis *Woudrichem* und von *Hardinxveld* bis *Gorcum* ist bereits für die Ausführung der neuen Ausmündung der *Merwede* vorgeschlagen und darf daher hier übergangen werden.

3. Die Verstärkung der *Dief-*, *Meer-Süder-* und *Norder-Linge-*Deiche am Canal von *Steenen-Hoek* wurde ebenfalls schon empfohlen, als von der Entwässerung des Polders zwischen dem *Rhein* und der *Waal* die Rede war.

Die beigefügte Carte wird den hier kurz entwickelten Plan zur Verbesserung der Ströme und der Polder versinnlichen. Die neuen Mündungen der *Merwede* und der Maas und die Geradeziehung derselben sind *grün*, der Theil der *Maas* von *Well* bis *Woudrichem*, welcher in einen stillstehenden Canal verwandelt werden soll, ist *gelb*, die Überlafsdeiche sind *roth* und die zu überströmenden Polder *blau* bezeichnet. Die Stellen der Überlafsdeiche sind nur oberflächlich angegeben, weil ich die dazu nöthigen Aufnahmen nicht besafs; die Andeutung derselben soll nur dazu dienen, das *System*, von welchem ich ausgehe, anschaulich zu machen.

Der Überschlag der Kosten ist ohne genaue Aufnahmen, die nicht in meinem Bereiche lagen, schwierig. Man wolle daher den hier folgenden Überschlag nur als eine ganz näherungsweise Berechnung der Bedürfnisse betrachten. Vieles, und so auch die dafür berechneten Summen, habe ich von der Commission übernommen; wie z. B. was die neue Mündung der *Merwede*, die Verstärkung der *Norder-*, *Lek-*, *Dief-* und *Meerdeiche* u. s. w. betrifft. Die

Überlafskaden habe ich nach den gewöhnlichen Preisen berechnet, und die Erd-Arbeiten werden, wenn man sie ausverdingt, für die angesetzten Summen ohne Zweifel ausgeführt werden können.

Die Ausführung des ganzen Projects würde 7 389 021 Thaler Preufsisch Cour. kosten.

Überschlag der Kosten der vorgeschlagenen Werke.

Erstes Mittel.

Verbesserung der Strombetten.

1. Zum Aufschütten eines Abschlufsdammes im Canal von ***St. Andries***, an der ***Waal***seite, von etwa 178 F. lang, 17¼ F. im Durchschnitt hoch, 16 F. in der Krone breit, mit 20füfsiger Böschung, sind nöthig 2892 Sch. R. Erde, zu 22¼ Sgr., thut, mit dem Reisbette im Fufse des Dammes zusammen,	6 666	Thlr.	20 Sgr.
2. Der Durchstich von vier Krümmen der ***Maas***, bei ***Maasbommel***, ***Alphen***, ***Kessel*** und ***Alem***, zusammen 2390 R. lang, 319 F. breit, im Durchschnitt 16 F. tief, mit 2füfsiger Böschung, beträgt 901 112 Sch. R. Erde, zu 22¼ Sgr., ...	675 000	-	— -
3. Für die Schiffbarmachung des Vorenschen Canals	8 333	-	10 -
4. Für eine Schiffahrtschleuse zu eben diesem Zwecke	222 222	-	7 -
5. Für die Abdämmung der abgeschnittenen Krümmen der ***Maas***, südlich von der benannten Schiffahrtschleuse, bei *l* in der Carte, ...	6 666	-	20 -
6. Zu der Ausgrabung eines neuen Bettes der ***Maas:***			
a. Von ***Helende***, bis an den ***Elshout***schen Deich, 1858½ R. lang, 494 F. breit, 7 F. unter dem Maifelde tief, 523 865 Sch. R., zu 22¼ Sgr.,	388 500	-	— -
b. Vom ***Elshout***schen Deiche bis oberhalb der Kastenschleuse, 1646 R. lang, sonst wie vorhin	344 100	-	— -
Bis hieher	1 651 488	Thlr.	27 Sgr.

		Thlr.	Sgr.
	Bis hieher	1 651 488 Thlr.	27 Sgr.
7.	Zu dem Süderleitdeich von ***Helende*** bis zum ***Elshout***schen Deiche, $1858\frac{1}{2}$ R. lang, 16 F. in der Krone breit, mit 5füfsiger Böschung, 203 777 Sch. R. Erde, zu 15 Sgr., ...	101 888 -	25 -
8.	Zur Veränderung des ***Pruimen***deichs in einen Banndeich, 903 R. lang, das Besteck wie vorhin, 100090 Sch. R. Erde, zu $22\frac{1}{4}$ Sgr., . .	74 233 -	10 -
9.	Für das Abtragen des ***Elshout***schen Deichs, der in die neue ***Maas*** trifft, etwa $212\frac{1}{2}$ R. lang, und für Wegräumung der ***Dover***schleuse, ungefähr	2 777 -	23 -
10.	Für das Besanden des Weges von ***Besooyen*** bis ***Kapel;*** ferner des Deichs von da bis ***Waspik,*** des Norderbanndeiches an der neuen ***Maas,*** von ***Heusden*** bis zur Heerstrafse No. 5., nebst dem neuen Süderbanndeich bei No. 6., zusammen etwa 8234 R. lang, zu 4 Thlr. $5\frac{1}{2}$ Sgr. die laufende Ruthe, ...	34 444 -	13 -
11.	Für eine neue Fähre über die ***Maas*** bei ***Heusden***	5 555 -	17 -
12.	Für die Wegräumung von 25 Häusern zwischen der Bedeichung, oder im Bette der neuen ***Maas***	13 888 -	27 -
13.	Für eine Brücke im Steinwege No. 3. südlich der ***Kaisersfähre,*** etwa	111 111 -	3 -
14.	Für zwei Abschlufsdämme in der ***Maas*** bei ***Heleinde*** und ***Woudrichem*** mit 19 F. Kronenbreite, am Strome mit 6füfsiger und am Canal mit 4füfsiger Böschung, in der Höhe des Banndeichs, etwa	111 111 -	3 -
15.	Für zwei Schiffahrtschleusen daselbst . . .	444 444 -	13 -
16.	Für die nöthige Vertiefung des Canals, etwa	27 777 -	23 -
17.	Für die neue Mündung der ***Merwede,*** mit allem Zubehör, nach der Angabe der Commission . .	1 111 111 -	3 -
	Zusammen für das Erste Mittel	3 689 833 Thlr.	— Sgr.

Zweites Mittel.

Überlaſsdeiche und Kaden.

18. Am *Süder-Rhein-* und *Lek-*Ufer für 6213 R. Überlaſskaden, im Durchschnitt 3⅛ F. über dem Maifelde hoch, 9½ F. in der Krone breit, mit 20füſsiger Böschung, thut auf die laufende Ruthe 21,2 Sch. R. Erde, zu 22¼ Sgr., und in runder Summe	104 000 Thlr.	—	Sgr.
19. Am *Norder-* und *Süder-Waal-Ufer* für 11 947 R. Überlaſskaden, durchschnittlich 5 F. hoch, von gleichem Besteck wie am *Rhein,*	400 000 -	—	-
20. Am *Norder-* und *Süder-Maas-*Ufer für 5251 R. Überlaſskaden, 3⅛ F. hoch, nach voriger Berechnung	83 743 -	20	-
21. Für das Abgraben des *Ooy*schen und *Erkelong*schen Deichs, etwa 1593 R. lang, bis auf die Höhe der Überlaſskaden an der *Waal,* oder 20,4 F. hoch am *Nymweger* Peil, einschlieſslich für die Abflachung der Böschung, ...	12 222 -	10	-
22. Für das Abgraben der Deichstrecken den Überlaſskaden gegenüber, für die Einrichtung derselben zu Wegen und für das Bekiesen der Oberfläche auf 16 F. breit, zu 2 Thlr. 2⅔ Sgr. die laufende Ruthe und 7½ Sgr. die Sch. R., so wie für das Verarbeiten der Erde, thut für die laufende Ruthe zusammen 12 Thlr. 16½ Sgr. und für etwa 19 912½ R.	250 000 -	—	-
Zusammen für das Zweite Mittel	849 966 Thlr.	—	Sgr.

Drittes Mittel.

Verbesserung der Entwässerungen und der Abführung des Fluthwassers.

23. Für eine Schleuse im alten Süder-*Linge-*Deich unterhalb *Aspern,* nach der Ermittelung der Commission, ...	16 666 Thlr.	20	Sgr.
24. Für Erweiterung der *Aspern*schen Schleuse .	55 555 -	17	-
25. Desgleichen der Schleuse im Canal von *Steenenhoek* bei *Gorinchem*	55 555 -	17	-
Bis hieher	127 777 Thlr.	24	Sgr.

	Bis hieher	127 777 Thlr.	24 Sgr.
26. Für Verstärkung des nördlichen *Steenenhoek*schen Canaldeichs (unbekannt).			
27. Für zwei Schleusen in *beiden Linge*deichen, zur Abführung des Fluthwassers, ...		83 333 -	10 -
28. Für eine neue Entwässerung der Dörfer *Marienwaard, Beest, Rhenoy* und *Acquooi*, nordwärts der *Linge*, ...		38 888 -	27 -
29. Desgleichen der Dörfer *Dalem, Vuren*, und ferner südlich an der *Linge*, etwa		38 888 -	27 -
30. Zur Verbesserung des Strombetts der *Linge, Korne* u. s. w., etwa		194 444 -	13 -
31. Zur Verbesserung der Entwässerung des Landes zwischen *Maas* und *Waal*		194 444 -	13 -
32. Für zwei Überlässe zur Ableitung des Fluthwassers in dieser Gegend, unterhalb *Alphen* und *Dreumel*, zusammen 504 R. lang, 3,19 F. niedriger als die Überlafskaden, mit 20füfsiger Böschung und mit einem Kehrdamm gegen das höchste Sommerwasser, für die laufende Ruthe 18 Thlr. 25 Sgr., ...		9 500 -	— -
33. Zur Ableitung des Fluthwassers im *Bommeler* Waard und der abgedämmten *Maas* sind drei Überlässe ober- und unterhalb *Aalst* und unterhalb *Ponderoyen* nöthig, zusammen 850 R. lang, von der eben bemerkten Art und Besteck, zu 18 Thlr. 25 Sgr. die Ruthe, ...		16 000 -	— -
34. Ebenso ist zur Abführung des Fluthwassers aus der abgedämmten in die neue *Maas* ein Überlafs unterhalb *Heusden* von etwa 133 R. lang nöthig; wie vorhin		2 500 -	— -
35. Für eine Entwässerungschleuse im Hauptwalle von *Heusden* zur Abführung des *Bommeler*waardschen Polderwassers aus der abgedämmten in die neue *Maas*		55 555 -	17 -
	Bis hieher	1 021 773 Thlr.	11 Sgr.

	Bis hieher 1 021 773 Thlr.	11 Sgr.	
36. Für eine dergleichen Schleuse im Lande von ***Heusden***, südlich der neuen ***Maas***, neben der jetzigen ***Alt-Heusden***schen Schleuse, zum Ersatze für die ***Doversche*** Schleuse, ...	22 222 -	7 -	
37. In derselben Gegend, für eine Wassermühle und für Geradeziehung der Wasserleitungen . .	8 333 -	10 -	
38. Zur Verstärkung der Wasser-Ableitungsmittel im Lande von ***Altena*** eine Mühle	8 333 -	10 -	
39. Zur Verbesserung der Wasser-Ableitung in ***Nordbrabant***, nach dem dritten Project der Provinzialstände vom 17ten Juli 1818, ...	666 666 -	20 -	
40. Zur Verbreitung des ***Baardwyk***schen Überlasses (unbestimmt).			
41. Für Aufräumung der ***Beer***schen Maas desgl.			
42. Zur Verbesserung der Entwässerungs-Anstalten in der ***Lymers***	55 555 -	13 -	
43. Zur Verbesserung der Wasser-Ableitung aus dem Polder der ***Vetuwe***	27 777 -	19 -	
Zusammen für das Dritte Mittel	1 550 222 Thlr.	— Sgr.	

Viertes Mittel.

Sicherung der Wohnungen.

44. Zur Sicherung der Wohnungen von 14 Dörfern im ***Tieler*** Waard, ***Büren*** und ***Cülenborg***, beim ***Maas***- und ***Waal***district, 10 im ***Bommeler*** Waard, zusammen von 30 Dörfern, das Dorf zu 22 222$\frac{2}{9}$ Thlr. gerechnet, ...	666 666 Thlr.	20 Sgr.
45. Zur Versetzung und Erhöhung einzelner abgesonderter Wohnungen in andern Dörfern der zu überströmenden Districte	138 889 -	— -
46. Für Schirmkaden zur Sicherung der Dörfer in der Nähe der Überlässe, 23 an der Zahl, jede Kade etwa 265$\frac{1}{2}$ R. lang, 6,37 F. über dem Maifelde hoch, mit 6,37 F. Kronenbreite und 5füſsiger Böschung, ...	61 333 -	10 -
Zusammen für das Vierte Mittel	866 889 Thlr.	— Sgr.

Fünftes Mittel.

		Thlr.	Sgr.
47.	Für Verstärkung der *Lek*deiche etc., nach dem Entwurfe der Commission (unbestimmt).		
48.	Zur Verstärkung der *Dief-*, *Meer-* und *Süder-Linge*deiche, nach dem Entwurfe der Commission,	36 666 Thlr.	20 Sgr.
49.	Für eine Deichstrecke zum Ersatze des alten Wehrs zu *Schoonhoven*	1 666 -	20 -
50.	Zur Wiederherstellung der Mauer zu *Wyk*, bei *Dürstede*, welche den Schlufs des rechten *Lek*-Ufers bildet, ...	16 666 -	20 -
	An Grund-Entschädigungskosten zu den vorgeschlagenen Werken.		
51.	Zu den Überlafskaden sind, angenommen, dafs die Erde 6,37 F. tief ausgegraben werden kann, etwa 1314 Morgen Bündersland nöthig, zu etwa 142½ Thlr., thut	186 666 -	20 -
52.	Zum Bette der neuen Maas sind 795 Morgen nöthig, zu 114 Thlr. im Durchschnitt, . . .	90 666 -	20 -
53.	Zu der Grundfläche für den neuen in No. 7. berechneten *Maas*deich, 140 Morgen Land, zu 114 Thlr., ...	16 000 -	— -
54.	Für die zur Erhöhung und Verstärkung des *Pruimendeichs* nöthige Erde, wie in No. 8. bemerkt, sind, wenn die Erde 3,19 F. tief ausgegraben wird, 172 Morgen Land nöthig und zu der Grundfläche des Deichs 66 Morgen; zusammen 238 Morgen, zu 114 Thlr., ...	27 111 -	— -
55.	Zum Durchstich von vier Krümmen der *Maas*, zusammen 2390 R. lang, 319 F. breit, sind 351 Morgen Land nöthig, zu 142½ Thlr., . .	50 000 -	— -
56.	Zu der Erde der Abschlufsdämme am *Heleind* und zu *Woudrichem*, 6,37 F. tief auszugraben, sind 46½ Morgen Land nöthig, zu 142½ Thlr.,	6 666 -	20 -
	Zusammen für das Fünfte Mittel	432 111 Thlr.	— Sgr.

Wiederholung.

1.	Zu dem ersten Mittel	3 689 833 Thlr.
2.	Zu dem zweiten Mittel . . .	849 966 -
3.	Zu dem dritten Mittel	1 550 222 -
4.	Zu dem vierten Mittel . . .	866 889 -
5.	Zu dem fünften Mittel	432 111 -
	Summe aller Kosten	7 389 021 Thlr.

Wenn man für die nicht in Rechnung gebrachten Positionen und für sonstige unvorhergesehene Ausgaben, so wie für die Untersuchungskosten, Aufsicht u. s. w. eine billige Summe von etwa einer Million Thaler annimmt, so werden sich sämmtliche Ausgaben auf etwa $8\frac{1}{3}$ Millionen Thaler belaufen. Für diese Summe, die man etwa in 10 Jahren, jährlich mit Fünfsechstheil Million Thaler, ohne Druck des Staats und Volks aufbringen und nach Bedürfnifs, wo es am nöthigsten ist, verwenden könnte, würde dann dem grofsen Übel, welches auf Holland seit so vielen Jahren lastet und auch auf die Deutschen, und namentlich die Preufsischen Rheinprovinzen höchst schädlich zurückwirkt, was ferner jährlich zunimmt und immer drohender wird, für immer abgeholfen und die Wohlfahrt des Landes erhalten und gehoben, auch für den Staat, wie für die betheiligten Gegenden ein nicht zu berechnender Nutzen gestiftet werden. Wäre aber die nöthige Summe auch noch gröfser, und doppelt so grofs, und erreichte sie selbst die von Herrn *Krayenhoff* berechnete Summe von $18\frac{1}{3}$ Millionen Thaler: sie wäre doch für den grofsen Zweck, das Vaterland, so wie dessen Deutsche Nachbarstaaten gegen den sie bedrohenden Untergang zu schützen und für immer dagegen sicher zu stellen, nicht zu grofs; wie es schon König Louis in der Instruction aussprach, die er am 6ten Februar 1809 dem Comité vom Waterstaat gab, indem er sagte:

„Wenn die Sicherheit meines Volks so nahe und so sehr bedrohet ist:
„dann sind keine Anstrengungen dagegen zu grofs."

Wer diese Wahrheit beherzigt, der wird, als Niederländer, gewifs Alles gern dazu beitragen, das Vaterland von der Gefahr zu befreien und sein Bestehen und seine Wohlfahrt dadurch zu befördern. Auch werden zuverlässig die Königl. Preufs. Behörden der Rhein-Ufer-Bezirke dazu mitwirken, dafs diesem Zustande der Gefahr abgeholfen werde.

Dritte Abtheilung.
Widerlegung der Beschwerden gegen die im Entwurfe vorgeschlagenen Mittel; und Vortheile der Mittel für die Zukunft.

Ich habe meine Meinung über die Mittel gesagt, die nach meiner Einsicht und nach Theorie und Erfahrung zur Verbesserung des übeln Zustandes unserer Polder und der schlechten Beschaffenheit der an denselben herfliefsenden Ströme dienlich sein würden. Es ist nun zu zeigen:

1. Dafs die Ableitung des Wassers zur Seite über die Polder den Durchbruch der Deichstrecken, welche in ihrem Zustande bleiben, verhüten werde.
2. Die Wahrscheinlichkeit ist zu beweisen, dafs die Überlässe, mittels welcher die Ströme von ihrem überflüssigen Wasser befreit werden sollen, das Überströmen des Wassers aushalten können.
3. Die Bedenken sind zu heben, welche man gegen die Überlässe aufgestellt hat.
4. Die Vortheile sind auseinanderzusetzen, welche ich von der veränderten Einrichtung des Zustandes der Ströme erwarte.

Unsere berühmtesten Wasserbaukundigen glauben durch Beobachtungen gefunden zu haben, dafs zum Beispiel die *Waal*, bei starkem Zuflufs von obenher, das *Vier-*, *Fünf-* und *Sechs*fache ihrer mittleren Wassermasse abführt. (Man sehe die Abhandlung des Herrn General-Inspecteurs *Goudriaan* S. 14.) Wir wollen das *Sechs*fache annehmen.

Sollen nun die Überlässe diejenigen Deichstrecken, welche in ihrem jetzigen Bestecke bestehen bleiben, gegen Durchbruch schützen, so müssen sie mehr Wasser als unter den Eisdämmen und zu beiden Seiten derselben durchfliefsen kann, ableiten. (Siehe *Goudriaans* Abhandlung S. 11 und den Bericht der Commission S. 13, wo es heifst): „Die Wassermasse, welche der „Strom mehr herbeiführt, als durch die Anstauung des Eisdammes dringen kann, „ist es, welche dann abgeleitet werden mufs, u. s. w."

Das durch und neben den Eisdamm abströmende Wasser möge die gewöhnliche *mittlere* Wassermasse des Stroms sein, so dafs Das, was dann nach seitwärts abgeleitet werden mufs, das *Fünffache* der gewöhnlichen Wassermasse beträgt. Nun beträgt der Ergufs des *Oberrheins*, von welchem Zweidrittheile durch die *Waal* abgeführt werden, 630 909 Cubikfufs in der Secunde

(S. *Gondriaan* S. 62), also der der *Waal* 420 606 Cubikfufs. Dies 5mal genommen giebt 2 103 030 Cubikfufs in der Secunde.

Aus den Beobachtungen ist bekannt, dafs die Deiche an der *Waal* etwa 28 Fufs hoch über dem *Nymweger* Peil liegen, also, über dem höchsten Stande des Sommerwassers, welches 18 Fufs 9 Zoll erreicht, 9 Fufs 3 Zoll hoch. Da ich vorgeschlagen habe, die Überlafskaden 1,27 Fufs über den höchsten Sommerwasserspiegel zu legen, so würde über die Überlässe das Wasser 7,96 Fufs hoch strömen, ehe es bis zur Krone der stehenbleibenden Deichstrecken gestiegen ist.

Nimmt man nun zum Beispiel an, dafs der Überlafs über die *Gent*schen und *Bommel*schen Werder, von 1500 Ruthen lang, auch nur 7,39 F. hoch überströmt werde, so würde derselbe zufolge des Coëfficienten 9,551 [für Holländisches Maafs 2,977. D. H.] für die Überlässe, welchen der General-Inspecteur *Conrad* auf Rheinländischem Boden durch die Beobachtungen beim Überströmen eines Slaperdeichs gefunden hat (wie *Goudriaan* S. 22 sagt), in der Secunde 1 270 528 Cub. Fufs Wasser abführen. Erwägt man ferner, dafs unterhalb *Nymwegen*, an der Seite des Landes zwischen der *Maas* und *Waal*, am rechten Ufer, eine beinahe *gleich grofse* Seiten-Ableitung Statt finden kann, welche dann mit der ebengenannten zusammen 2 541 056 C. F., also noch 438 026 C. F. mehr als den oben berechneten Zuflufs abführen wird und dafs sich zu den Ableitungen an den Hauptströmen längs der meisten Deiche Gelegenheit in nicht sehr grofsen Abständen von einander findet, so wie dafs, wenn man an passenden Stellen die Seiten-Ableitungen anbringt und so die Wassermasse über die Polder vertheilt, der Zuflufs auf *einen* Punct niemals so grofs als jetzt sein kann, wo die Ströme in enge Querschnitte eingeschlossen sind: so ergiebt sich die möglich-gröfste, an Sicherheit grenzende Wahrscheinlichkeit: „dafs die vorgeschlagenen Überlässe diejenigen Deichstrecken, welche „zwischen ihnen unverändert bleiben, gegen Überströmung und Durchbrüche „schützen werden."

Die Deichstrecken, welche zwischen den Überlässen bleiben, werden wohl an den meisten Stellen schon bewohnt sein, oder doch in Folge der vorgeschlagenen Maafsregeln mit Wohnungen bebauet werden. Durch Fürsorge der Deichstühle können sie noch erhöhet und verstärkt werden, je nachdem die Erfahrung es nöthig zeigt, oder die vorhandenen Geldmittel es zulassen werden. Die Sorge dafür kann den Bewohnern und Behörden der Polder, die am besten ihr Bedürfnifs kennen, überlassen werden.

Der *zweite* Punct, welcher erwiesen werden mufs, wenn die Ausführung der Überlässe als räthlich erkannt werden soll, ist der, dafs sie dem Überströmen des Wassers zu *widerstehen* vermögen werden. Dafs die Überlässe nie durchbrechen dürfen, ist klar; denn man legt sie grade in der Absicht an, um diesem Übel vorzubeugen. Wir wollen hier die Erfahrungen, welche wir in diesem Punct besitzen, und die allein als Leitfaden dienen können, zu Rathe ziehen.

Die Stromregulirungs-Commission spricht S. 34 ihres Berichts von der Wirkung der jetzt vorhandenen Überlässe. Ich verkenne nicht, dafs, wenn man weiter keine andere Erfahrungen hätte, dieselben auch mir nicht genügen würden.

Der *Lymer*sche Überlafs ist einmal durchbrochen, bei einer zweiten, aber nur kurzen Wirksamkeit jedoch erhalten worden. Allein dieser Überlafs liegt auch viel höher über dem Maifelde, als die, welche ich vorschlage. Er hat eine zu steile Böschung; die aufserdem in schlechtem Stande ist. Das Umpflügen des Landes bis an die Böschung, und selbst bis an seinen Fufs, das Befahren mit Wagen, das Setzen von Pfählen, sind die Ursachen, warum derselbe dem Überlaufe des Wassers nicht widerstehen und warum er nicht als Vorbild für oder gegen die Überlässe dienen kann.

Der *Snippelingsche* und der *Rheinländische* Überlafs haben die Probe mehrmals bestanden, und würden schon als Probe gelten können, wenn nicht die Lage des erstern zu günstig und die Zeit der Wirkung des letztern als zu kurz betrachtet werden müfste.

Hiervon abgesehen, glaube ich, dafs Nachfolgendes entscheidender sein und die Überzeugung geben werde, dafs die Erd-Arten in den meisten hohen Werdern, wo ich, wie Herr *Goudriaan*, die Überlässe vorzugsweise anlegen will (S. den Bericht S. 41), nicht so sandig und kiesig oder grandig gefunden werden dürften, dafs sie zur Ausführung und Erhaltung überströmtwerdender Überlässe unpassend sein sollten.

Es giebt glücklicherweise:

1. Verschiedene hohe Banndeiche,
2. Die Deiche und Kaden von *Heerewarden*,
3. Alle Aufsendeichskaden, welche auf 17, 18 und 19 Fufs *Thieler* Peil gelegt worden und die nur um einige Zoll niedriger sind, als die vorgeschlagenen Überlässe, und
4. Die Binnenkaden und Deiche.

Ich habe, ***erstlich,*** mehreremal stundenlang beim Eisgange die Banndeiche am Lande zwischen der ***Maas*** und ***Waal*** überströmt werden gesehen, ohne dafs sie durchgebrochen wären. Dies war unter andern im Jahre 1799 mit dem ganzen ***Alphenschen*** und ***Dreumelschen*** Deiche der Fall, über welchen sehr lange und wiederholt, bald der Strom, bald das Fluthwasser überströmten, und wobei zwar die ganze Krone durch den Wellenschlag weggespühlt wurde, aber kein einziger Grundbruch oder Kolk von Bedeutung entstand. Dieser Deich hatte an den stärksten Stellen keine flachere als 2½füfsige Böschung.

Im Jahre 1821 ist der ***Loenensche*** Deich, bei der Gelegenheit, als durch eine Versinkung die bekannten beiden Durchbrüche entstanden, stundenlang überströmt worden. Dieser Deich ist einer der höchsten in ***Geldern,*** und hatte nur eine 2 bis 2½füfsige Böschung. Im Jahre 1827 ist Dasselbe in der Linie unter ***Ochten*** geschehen. Der Deich daselbst brach durch; wahrscheinlich durch Versinken. Die Überströmung auf den übrigen Deichstrecken war sehr stark, aber sie brachen nicht durch. Und diese Deiche sind von Anfang an fast alle auf schlechten Grund und unregelmäfsig gebaut und hatten gewifs keine flachere Böschung als der oben genannte.

Wie oft haben nicht, ***zweitens,*** die Deiche und Kaden von ***Heerewarden*** die Überströmung aushalten müssen. Die Beschädigung bleibt nicht selten auf die Kronen beschränkt; welche dann mehr vom Wellenschlage beim Winde abgespühlt werden, als dafs sie durch den Übersturz litten. Der Schaden konnte nach dem Fall des Wassers schnell wieder hergestellt werden. Diese Werke haben nirgends auch nur eine dreifüfsige Böschung, und sind viel höher als die von mir vorgeschlagenen Überlässe.

Drittens bringe ich die Kaden oder Sommerdeiche auf den Aufsenwerdern zum Beweise bei, dafs Dämme von Erde gegen die Überströmungen Stand halten können.

Am ***Rhein,*** an der ***Waal*** und ***Maafs*** findet man mehrere Kaden um die Aufsenwerder herum, um sie gegen hohes Sommerwasser zu schützen. Viele dieser Sommerdeiche liegen quer in den Strom, andere gleichlaufend mit demselben; ihre Höhe ist verschieden und seit der unglücklichen Überströmung im Sommer von 1816 an der ***Waal*** hie und da bis auf oder über 17 bis 18 Fufs am Peil zu ***Tiel,*** an den meisten Orten 1 Fufs hoch über das höchste Sommerwasser, oder doch bis zu diesem gebracht worden; was nur um einige Zoll von der Höhe der vorgeschlagenen Überlässe verschieden ist. Diese Kaden halten nun fast ein um das andere Jahr den Übersturz der zwischen zwei

Deichen zusammengeprefsten Ströme aus, zwischen welchen diese ihre volle Kraft und Wirkung haben; die Böschungen betragen selten mehr als $2\frac{1}{2}$ bis 3 Fufs auf 1 Fufs Höhe, werden gewöhnlich durch Ausverdingung, ohne gehörige Aufsicht und oft zu spät im Jahre wieder hergestellt, und doch sind selten schwere oder tiefe Grundbrüche in denselben entstanden. Wären diese Kaden den Durchbrüchen sehr stark blofsgestellt, so würden die Bewohner sie gewifs längst aufgegeben und die Kosten dafür nicht länger getragen haben.

Die Kaden auf den Aufsenwerdern finden sich beinahe überall, wo Überlässe angelegt werden müssen, und geben also ebenfalls den Jahre lang wiederholten Beweis, dafs auf zweckmäfsig angelegte Überlässe mit Sicherheit zu rechnen ist.

Wäre noch ein näherer Beweis nöthig, so ist er, *viertens,* an den vielen Binnendeichen, Kaden, erhöheten Wegen u. s. w. zu finden, die fast alle wenig Böschung haben, während der Deichbrüche aber Wochen lang überströmt werden, und zwar Schaden leiden, aber niemals tiefe Grundbrüche erfahren. Endlich auch an den Fahrdämmen, welche alle quer in den Strom liegen, und also mehr leiden als mit dem Strome gleichlaufende Dämme.

Alle diese Wasserwerke können nicht in Vergleichung mit den Überlafskaden kommen, welche nur eine geringe Höhe über dem Maifelde und so flache Böschungen erhalten sollen, dafs sie mehr natürlichen Anhöhen als Kaden gleichen werden.

Diese Thatsachen, und eine sehr lange Bekanntschaft mit Allem, was in den *Gelder*schen und *Nordbrabant*schen Poldern vorgefallen ist, giebt mir die vollkommenste moralische Überzeugung, dafs es möglich sein wird, feste überströmende Überlässe auf den Aufsenwerdern oder andern hohen Gründen einzurichten, wenn nur dabei die gehörigen Vorsichtsmaafsregeln befolgt werden, so wie ich sie in der zweiten Abtheilung angegeben habe. Es werden diese Überlässe dem überströmenden Wasser vollen Widerstand leisten und wenigstens nur so geringe Beschädigung erleiden, wie alle von Menschenhänden gemachten Werke unterworfen sind und die sich dann in kurzer Zeit und mit geringen Mitteln nach Beendigung der Überströmung wieder herstellen lassen.

Eine durch *Erfahrung* bewährte Sicherheit wird auch hier der Polder von der *Oy* geben. Der wiederholte Schaden, welchen die Einwohner daselbst, besonders im letzten Winter, durch die Verwüstung der Deiche erlitten haben, hat sie zu dem Entschlusse gebracht, ihre Deiche auf 20 Fufs *Nymweger* Pegel, oder auf etwa die Höhe der von mir vorgeschlagenen Kaden zu bringen. Wenn dies unter guter Aufsicht ausgeführt wird und man der Binnen-Böschung 15 bis 20 Fufs und der Aufsenböschung 5 bis 10 Fufs Basis auf 1 Fufs Höhe giebt und die Böschungen fest mit Grassoden bedeckt, so wird dieser Polder bald zeigen, ob Überlässe gegen den Sturz des Wassers haltbar sind, oder nicht. Danach mufs dann der Plan, zu der Zeit, wo die Ströme eine mehr als gewöhnliche Höhe erreichen, an die Stelle einer unbedingten Wasserwehr die Überströmung der Polder zu setzen, stehen oder fallen.

Die Bedenken, welche gegen das Einlassen des Stromwassers in die Polder, wiederholt und zuletzt durch die Commission geäufsert sind (Seite 38 bis 64 des Berichts) und die ich zu widerlegen suchen werde, sind folgende.

„*Erstlich*, dafs mehr grofse Districte, als jetzt, der Überströmung blofs- „gestellt werden würden."

Dies ist wahr, aber es ist auch eben so wahr, dafs allmälige Überströmungen der Polder bei weitem nicht den Schaden, welchen Deichbrüche verursachen, anrichten können, indem das Wasser, wenn es über alle Polder vertheilt wird, nicht mehr die frühere Höhe erreichen kann, da das Einströmen des Wassers aufhört, sobald der Strom bis unter die Krone der Deiche gefallen ist, während Durchbrüche erst dann zu strömen aufhören, wenn sie mit einem Ringdamme umschlossen sind; und weil ferner, wenn auch die Überströmungen sechsmal öfter als jetzt erfolgten, dennoch der Schaden kleiner als jetzt sein würde. Selten werden die Überströmungen anders als bei Eisgängen Statt finden, während bei dem gegenwärtigen Stande der Dinge die Polder nicht selten durch Deichbrüche unter Wasser gesetzt werden; und sie werden den Schaden nicht verursachen, welchen man sich vorstellt. Eine seit vielen Jahren gemachte genaue Anmerkung der Tage, an welchen die Ströme die Peilhöhe der Überlafskaden erreicht haben, wird dies deutlich nachweisen. Die Last wird um so geringer sein, wenn gute Entwässerungsmittel das Wasser eben so schnell wieder entführen, als es durch die Überströmung zugeströmt ist.

Zweitens sagt man, „dafs es unter jenen Districten einige gebe, die „durch Mühlen entwässert werden."

Dieser Einwurf trifft mehr das Project des verstorbenen General-Inspectors *Goudriaan*, als das meinige, da nach jenem die Überlässe bis auf die *Fünfherrenlande*, den *Ablasser* Waard, die *Lopiker* und *Krimpener* Waarden und das Land von *Altena* ausgedehnt werden würden, welche sämmtlich wenig über dem *Amsterdamer* Peil (*A. P.*) liegen und daher nur durch Kunstmittel entwässert werden können; indessen mufs ich, da die Schwierigkeit für den untern Theil des *Tieler* Waards, *Büren* und *Cülenborg, Maas* und *Wahlland, Bommeler* Waard und den niedrigern Theil von *Nordbrabant*, wenn auch nur in geringerm Maafse, wirklich vorhanden ist, dieselbe ebenfalls zu heben suchen.

Wäre nicht die traurige Erfahrung der Jahre 1784, 1799, 1809 und 1820 in frischem Andenken, wären nicht in den niedrigeren Poldern während des Winters, und oft auch noch im Frühling und Sommer, die Felder mit unfruchtbarem Wasser bedeckt, so würde ich allerdings anstehen, Land, welches jetzt trocken und für die Cultur geignet ist, selbst auch nur einer allmäligen Hineinleitung von Stromwasser blofszustellen. Die traurigen und in ihrem vollem Umfange nicht genau bekannten Unfälle und das Übermaafs von Elend, welches noch zuletzt in den Jahren 1816, 1827 und 1829 in so vielen Districten Statt hatte, führen aber zum Gegentheil. Sie beweisen, dafs bei erhöhetem Wasserstande aus den genannten Poldern das Wasser sich nicht *wegrechnen* läfst, sondern dafs es frühzeitig und sicher *weggeschafft* werden mufs, und dafs auch bei tieferer Überströmung die Polder in einen bessern Zustand kommen werden, als der jetzige ist. In einem überströmten Polder thun einige Zoll mehr oder weniger Wasser wenig Schaden.

Da hier nicht der Ort dazu ist, so will ich nicht des Unterschiedes zwischen Quell- und Stromwasser gedenken. Aber auch die gröfsere Menge Wassers, welche die Überlässe in die Polder leiten werden, wird zum gröfsten Theile aus denselben wieder abfliefsen, wenn die von mir vorgeschlagenen Verbesserungen der Entwässerungs-Anstalten ausgeführt werden (wovon weiterhin das Nähere); wie es die Erfahrung bereits bei so vielen Deichbrüchen gelehrt hat; und nur das Wasser, welches unter dem Peil steht, den die Ströme fast alle im Frühling erreichen, und welches nicht viel von der Höhe der jetzigen Überschwemmung durch Quell- und Regenwasser verschieden ist, mufs *ausgemahlen* werden; wobei denn auch, seitdem die bewegenden Kräfte (gleich denen des Stroms) bis zu einem, alle andern weit übertreffenden Maafse vermehrt worden sind, weniger als jemals Schwierigkeiten sich finden werden.

Es ist bekannt, dafs die beiden Dampfmaschinen am *Arkelschen* Damm mehr Wasser ausmahlen als 22 Wassermühlen zuführen *). Durch die vor-

*) Anm. des Übers. Diese Erfahrung ist für Holland besonders wichtig. Es scheint, dafs Dampfmaschinen in vielen Fällen den Vorzug vor Windmühlen haben; besonders da sie nicht vom Winde abhängen. Es kommt nur darauf an, ob ihre Erbaunngs-

geschlagenen Veränderungen der Strombahnen wird aber die künstliche Entwässerung der Polder entweder ganz erspart, oder doch so vortheilhaft gemacht werden, dafs sie ihnen alle Sicherheit gewähren wird, um im Frühlinge zeitig trocken zu sein; worüber wir weiterhin ein Mehreres sagen werden.

Die Stromregulirungs-Commission setzt ferner voraus: „Dafs nicht blofs „Wasser, sondern auch eine grofse Eismasse durch die Überlässe in die Polder „werde gebracht werden und dafs dadurch Verstopfungen entstehen würden, „welche die erwartete Ableitung lähmen würden, während das einströmende „Eis Verwüstungen an Häusern, Mühlen, Kaden, Ländereien und Baumgärten verursachen würde." (S. S. 60 des Berichts.)

Die vorhandenen Überlässe, z. B. die zwischen *Heerewarden* und *Rossum*, beweisen, dafs Verstopfungen wenig zu fürchten sind. In den Strömen entstehen sie durch Sandplaten, Kribben, Krümmungen etc., und auf den Aufsenwerdern durch Hecken und Bäume. Diese Hindernisse sind auf den Überlässen nicht vorhanden, und dürfen es nicht sein. Durch geringe Wirkungen werden die Eisschollen nie aus dem Strombette nach den Überlässen getrieben werden, beim starken Überlaufen aber leicht über die sehr flache Böschung gleiten, indem das Gefälle auf der Deichkrone hinreichende Geschwindigkeit dazu hervorbringt.

Ein wichtigerer Einwurf, bei welchem wir etwas länger verweilen müssen, ist der, dafs die vom Strom mitgeführten Eisschollen in den Poldern Schaden anrichten würden; wovon wir bei Deichbrüchen bereits eine, stets sich erneuernde und üble Erfahrung hätten.

Ich mufs hierauf zuvörderst wiederholt bemerken, dafs, wenn die Polder jetzt von dergleichen Unheil befreit wären, und wenn die vorhandenen Bedeichungen dagegen sichere Bürgschaft leisteten, der Gegenstand aus einem andern Gesichtspuncte zu betrachten sein würde. Aber wir alle sind nur zu sehr mit dem Gegentheil bekannt. Und welche Voraussicht haben wir, ich frage es für die Folge, bei dem *verschlimmerten* Zustande der Strombetten, bei den entsetzlichen *Durchstichen*, die am *Oberrhein* gemacht worden sind

---

und Erhaltungskosten mit der Wirkung und dem Nutzen im Verhältnifs stehen; was die Erfahrung lehren wird, z. B. bei der Austrocknung des etwa 64 000 Morgen grofsen *Haarlemer* Sees, die beschlossen und im Werke ist und wozu, nach Angabe des Herrn von *Wiebeking*, in früheren Zeiten 28 Gänge, jeder von 4 Mühlen, also 112 Mühlen nöthig sein sollen, die jede etwa 5555 Thlr., also zusammen über 600 000 Thlr. kosten, so dafs sich dafür jetzt 10 Dampfmaschinen, jede von 112 Pferdekraft, anschaffen lassen, wenn die Pferdekraft 555 Thlr. kostet.

oder noch gemacht werden sollen; worüber wir sehr wichtige Berichte von den Herren *Mol* und *Goekoop* besitzen?

Nach meiner Einsicht wird der Schaden, welcher durch das in die Polder einstürzende Eis in 50 Jahren angerichtet werden kann, nach Ausführung des von mir vorgeschlagenen Entwurfs bei weitem nicht so grofs sein, als jetzt. Die letzten 30 Jahre liefern hierüber wichtige, aber traurige Erfahrungen. Mit wüster Gewalt bahnten sich die Ströme Wege durch die Polder. Ich sahe die meisten dieser Deichbrüche kurz nach ihrer Entstehung. Den letzten ausgenommen, wurde ein Theil des abströmenden Eises von dem Strome in die Polder geführt und richtete (besonders 1799) im Lande zwischen der *Maas* und der *Waal* und 1809 und 1820 in der *Betüwe* grofsen Schaden an; vorzüglich durch die grofse Geschwindigkeit des Stroms, welche die Eisschollen mit Heftigkeit forttrieb und Häuser und Bäume, die in der Strombahn standen, vernichtete oder beschädigte. Man bedenke, dafs damals die Ströme bis oben an und auf den Kronen der Deiche standen. Im Jahre 1799 stand das Wasser am Peil zu *Nymwegen* 25 Fufs 4 Zoll, 1805 24 Fufs, 1809 25 Fufs 3 Zoll und 1820 26 Fufs 8 Zoll hoch, und strömte also mit einem Gefälle von mehr als 22 Fufs in die Polder; wodurch denn die Gewalt des Stroms zu einer in unserer flachen Gegend nie gekannten Höhe stieg.

Erwägt man nun, dafs das Einströmen des Eises nothwendig sehr abnehmen oder aufhören mufs, in dem Maafse, wie das Gefälle des Wassers im Deichbruche abnimmt, wie z. B. bei den Deichbrüchen zu *Dreumel* im Jahre 1811, und zu *Ochten* im Jahre 1827, welche mit geringerem Gefälle wirkten, oder in den Poldern unterhalb vorkamen und nicht von Bedeutung waren: erwägt man, dafs die vorgeschlagenen Überlässe schon langsam anfangen zu wirken und überzufliefsen, wenn der Strom noch niedrig steht, dafs also keine bedeutende Geschwindigkeit entstehen kann; dafs das Einströmen in die Polder hauptsächlich dann geschieht, wenn das Eis in den Strömen noch nicht völlig gelöset ist und folglich noch keine Eisschollen abgeführt werden; dafs die Einströmung von vielen Seiten zugleich erfolgt, sowohl von unten herauf, als von oben nach unten, wodurch die eine Einströmung die andere mäfsigen wird; dafs das Eis, welches in den Poldern öfters einer bestimmten Strombahn folgt, durch zweckmäfsige Versetzung der Gebäude, durch das Aussuchen der für Baumgärten und Holzungen geeigneten Stellen, von welchen durch Binnen-, Kehr- und Schirmkaden der Strom noch mehr sich abhalten läfst, abgelenkt werden kann: so folgt, dafs nach wenig Jahren wenig oder kein Schaden mehr zu erwarten sein wird.

Stellt man nun Diesem gegenüber, welche betrübte Folgen die trügerische Sicherheit gehabt hat, die unsere Deiche den Unkundigen und Kurzsichtigen bisher bot, wozu noch kam, dafs zum Aufbau von Wohnungen, nach dem Urtheile der erfahrensten und sachkundigsten Landleute (unter welchen, besonders in der ***Betüwe,*** Männer von Bildung und Einsicht anzutreffen sind) gar oft höchst unpassende und vorher niemals dazu gebrauchte Stellen gewählt wurden, wodurch dann bei den stets sich wiederholenden Deichbrüchen der meiste Schaden entstand: so wird die Wahrscheinlichkeit zur Gewifsheit, dafs nach Ausführung der Überlässe die Polder durch einströmende Eisschollen viel weniger Schaden leiden werden, als jetzt.

Ein kleiner Deichbruch im Jahre 1821, im Canal zwischen der ***Maas*** und der ***Waal,*** bei ***Mook,*** war beinahe einem Überlasse gleich. Er würde, wenn die Entwässerungen dort nicht so sehr unzweckmäfsig gewesen wären, gar keinen Schaden von Bedeutung verursacht haben, so sehr auch die ***Maas*** in jenem Augenblicke eine aufserordentliche Höhe erreicht hatte. Wiewohl mir keine andern ähnlichen Beispiele bekannt sind, ist es doch aufser Zweifel, dafs der gröfste Schaden, der durch Deichbrüche in den Poldern angerichtet wird, in der ***Versandung*** besteht. Die Wiederherstellungskosten der Deiche, und vorzüglich der Mangel an Mitteln zur Herausschaffung des eingeströmten Wassers, sind nur die Folgen der unzureichenden und unzweckmäfsig angelegten Wasserableitungen.

Die Stromregulirungs-Commission sagt ferner:

„Dafs die Sinkstoffe, oder der Schlick, welche nach der Voraussetzung „durch die Überlässe auf das Land gebracht werden würden, um dasselbe zu „verbessern, gröfstentheils nur wenigen Ländereien zu gute kommen würden, „während andere wenig oder nichts davon bekommen und dagegen in Gefahr „gerathen würden, mit Sand bedeckt zu werden. (Hiebei wird das ***Velper-„brook*** und das ***Herzogenbuscher*** Feld als Beispiel angeführt, welches beinahe „jährlich von der ***Beerschen Maas*** überschwemmt werde und keinen Vor-„theil davon habe.) Auch werde die Erhöhung des Landes wenig bedeutend sein, „da das ***Münnekenland*** im ***Bommeler*** Waard durch Mühlen trocken erhalten „werden müsse, und folglich durch den Schlick nicht erhöhet worden sei."

Ich begreife kaum, wie man die Thatsache, dafs der Schlick der Ströme das Land erhöhe und fruchtbar mache, in Zweifel ziehen könne. Beweisen denn nicht die aufserhalb der Deiche liegenden Lande und die Polder, welche den Wirkungen der Ströme blofsgestellt sind, dafs es wirklich geschieht? Kann man sich nicht bei jeder Überströmung davon überzeugen? Wird es nicht als ein Axiom betrachtet? Weifs es nicht Jeder, der nur einige Zeit in den Gegenden zugebracht hat, die der Überströmung der Flüsse ausgesetzt sind? Ist es nicht bekannt, dafs nach einem Deichbruche die innerhalb der Polder liegenden Ländereien noch zwei bis drei Jahre lang bessere Früchte hervorbringen? Welcher Ursache verdanken denn unsere Polder ihre fruchtbaren Klailagen, und welcher die Aufsenwerder (Anwächse oder Aufsendeiche) ihre mehrere Höhe und gröfsere Fruchtbarkeit gegen das bedeichte Land, als der allmäligen Erhöhung durch Schlick und der fruchtbarmachenden Kraft desselben? Ich habe mehr als einmal die Krusten, welche nach einer Überströmung auf dem Aufsendeichslande liegen geblieben waren, einige Zoll dick gefunden. Bekanntlich ist oft die Lage so sehr dick, dafs das Gras Mühe hat, in einem Jahre hindurch zu wachsen.

„Aber das fette Wasser soll nicht auf *alle* Theile der Polder gelangen, „sondern nur auf die Grundstücke nahe bei den Überlässen, und den entfern- „teren soll es eher Nachtheil als Vortheil bringen." Zum Beweise davon wird das *Velper*bruch und das Feld bei *Herzogenbusch* angeführt.

Ein nur flüchtiger Blick auf die Carte wird aber zeigen, dafs diese Furcht ungegründet ist. Die Einlassung des Wasser geschieht *überall;* das Wasser fliefst nirgends eine Stunde Weges (1476 R.), ohne wieder Wasser zu begegnen und so die Wirkung weiter zu fördern, welche also viel gröfser sein wird, als bei Durchbrüchen an einzelnen Stellen der Polder; und dafs in Entfernungen von mehreren Stunden Weges der Grund und Boden verbessert worden ist, wissen die Landwirthe in den Poldern allgemein. Dafs das *Velper*-Bruch durch das Stromwasser nicht verbessert worden sein sollte, mufs ich, in der Nähe mit den Ländereien dieses Polders bekannt, bestimmt bestreiten. Die Commission scheint hierüber nicht gut unterrichtet worden zu sein. Das Bruch ist seit der regelmäfsigen Einlassung von Stromwasser thatsächlich verbessert worden. Die Verbesserung erstreckt sich sehr weit und wird durch eine kleine Schleuse von geringem Entwässerungsvermögen hervorgebracht; was in keinem Falle einer allgemeinen Überströmung über niedrige Deiche gleich gestellt werden kann. Eben so wenig kann das *Herzogenbuscher* Feld als Vorbild aufgestellt werden. Dieses niedrige Feld, welches eine nur sehr mangelhafte Entwässerung hat, steht jährlich verschiedene Monate und bis spät in den Frühling unter unfruchtbarem Moorwasser, welches es ausmergelt; und der Boden ist sandig. Das Bruch- oder Moorwasser, welches sich nicht mit dem Flufswasser mischt, weil letzteres schwerer ist als das Moorwasser, verhindert die Ausbreitung des Stromwassers und dessen gute Wirkungen.

„Das *Münnekenland* soll beweisen, weil es durch Mühlen trocken ge„halten wird, dafs der Schlick keine Erhöhung zu Wege bringe."

Ich glaube, dafs hier vielmehr bewiesen wird, das *Münnekenland* habe eine sehr mangelhafte Entwässerung. Die Erhöhung des Wasserspiegels der *Maas*, durch den Zusammenflufs mit der *Waal* dort bedeutender als anderswo, und die Versandung der vielen Neben-Arme in der Mündung dieses Stromes, ist gleichen Schritts der Erhöhung des Landes gefolgt, oder hat sie übertroffen, und *dadurch* sind die Mühlen nothwendig geworden. Warum sollte das *Münnekenland* von der allgemein bemerkten Erhöhung der Polder, besonders derjenigen an der Mündung der *Meerwede*, so wie des ganzen *Berg*schen Feldes, eine Ausnahme machen? Warum sollte das Wasser hier einen andern Einflufs haben, als einige Stunden Weges stromabwärts? Ich habe von Leuten, die in diesem Polder bekannt sind, die bestimmte Versicherung erhalten, dafs derselbe wirklich durch Schlick erhöht und verbessert wird.

„Die Ströme sollen, statt Schlick, öfters Sand über die Polder verbreiten. „Bei Deichbrüchen fänden gewöhnlich starke Versandungen um und bei den „Deichbrüchen und selbst in ansehnlichen Entfernungen davon Statt."

Dafs Versandungen bei Deichbrüchen entstehen, ist Thatsache, und durch eine Reihe von Unglücksfällen nur zu sehr erwiesen. Aber dafs der Sand, mit welchem die Grundstücke nahe beim Durchbruche bedeckt werden, aus dem Strombette durch den Strom mitgeführt sein oder aus den aufgelöseten Stoffen niedersinken sollte, was sein müfste, wenn es etwas gegen das Einlassen des Wassers beweisen sollte, ist mehr als unwahrscheinlich.

Wenn man trübes Wasser aus einem hoch angewachsenen Strom in einem Glase sich setzen und die schwimmenden Stoffe sich senken läfst, finden sich wenig sandige, vielmehr meist nur lehmige Stoffe. Da der Sand schwerer ist, so bleibt er länger in der Strombahn und bildet Sandbänke; wogegen die Schlickstoffe, die leichter sind und mehr Zusammenhang mit dem Wasser haben, weil sie sich in kleinere Theile auflösen und klebriger sind als Sand, vom Wasser mit fortgeführt werden und da niedersinken, wo die Geschwindigkeit des Wassers abnimmt; was um desto mehr der Fall ist, je weiter sich das Wasser vom Deichbruche entfernt, in welchem stets die gröfste Geschwindigkeit wegen des gröſseren Gefälles angetroffen wird *). Führten wirklich die Ströme so viel Sand mit sich, so würden schier alle Auſsenwerder damit bedeckt sein müssen; was nicht der Fall ist. Im Gegentheil findet sich der Sand nur an einzelnen Stellen, die der Wirkung des Stromes stark ausgesetzt sind, und die dicht bei Sandplaten liegen; und auch da gegen die Versandungen bei Durchbrüchen nur unbedeutend. Starke Versandungen bei Durchbrüchen entstehen durch den Sand, der unten aus dem Boden der Kolke mit Gewalt durch das Wühlen des Stroms mitgeschleppt und über das Land verbreitet wird. Das dem wirklich so sei, ist ganz sichtbar, weil die Versandungen stets dem Gange der Strombahn der Durchbrüche folgen, am stärksten um und dicht bei den Kolken sind und nicht oberhalb derselben, auf den Auſsenwerdern, sondern stromabwärts auf dem Lande unterhalb der Deichbrüche sich zeigen. Da der Untergrund aller Polder aus Sand besteht und die groſse Tiefe der Kolke Tausende von Schachtruthen dieser Erd-Art liefert, die doch irgendwo bleiben müssen und in der Strombahn des Durchbruchs nicht wieder gefunden werden, wo man die Versandung wahrnimmt: so beweiset dies schon meine Behauptung; wenn nicht eine Vergleichung der Erd-Arten in den Kolken und der, welche die Versandungen verursachen, auch noch ihre Verwandtschaft und frühern Fund-Ort anzeigte.

Die Stromregulirungs-Commission setzt voraus: „Daſs die Überlässe in „Folge der Erhöhung der Strombetten bald würden erhöht werden müssen und „bald die Höhe der jetzigen Deiche wieder erreicht haben würden."

Wenn die Erhöhung der Strombetten, und folglich des Wasserspiegels, so sehr zunähme, daſs eine Erhöhung der Überlässe bei allgemeiner Überströmung der Polder nothwendig werden könnte, so muſs ich fragen: bis zu welcher Höhe man denn wohl die Deiche, welche die Commission beibehalten will, bringen würde, und wie schnell dann die Polder in Landseen verwandelt sein würden? Glücklicherweise ist die Erhöhung der Strombetten, wenn auch bedenklich, doch nicht so bedeutend, daſs etwa sehr zu fürchten wäre, die Überlaſskaden, die nur einige Zoll höher als das höchste Sommerwasser angelegt wurden, würden in ***einem Jahrhundert*** sehr zu erhöhen nöthig sein, um das Sommerwasser abzuhalten. Es wird dies um so weniger nach

*) Anm. des Übers. Ein Cubikfuſs nasser Sand wiegt im Durchschnitt 127 Pfd., ein Cubikfuſs Fluſswasser 66 Pfd. Der Sand hat also ein Übergewicht über das Wasser von etwa 60 Pfd. und ist folglich beinahe doppelt so schwer als Fluſswasser. Lehm wiegt frisch 109 Pfd., erhärtet 100 Pfd., und ist also specifisch viel leichter als Sand.

Ausführung der neuen Mündung der *Meerwede* und nach zweckmäfsigen Verbesserungen, so wie bei guter Aufsicht auf die Ströme, der Fall sein. Kommt aber auch einst diese Zeit, so wird die Erhöhung der Überlafskaden, welcher dann erst die Erhöhung der Polderlande durch Aufschlickung vorangeht, nicht zu den unausführbaren Werken gehören. Wir wollen die Sorge dafür Denen überlassen, die uns für die Rückkehr zu weisern Grundsätzen danken und das Unheil, welches uns jetzt trifft, nur noch aus der Geschichte kennen werden.

„Die Ausführung der Überlässe würde, sagt man, die Wegräumung „vieler Gebäude nothwendig machen; was Kosten verursache und Dörfer der „Vernichtung blofsstellen werde."

Da unser Plan den Zweck von *Verbesserungen* hat, so berücksichtigt er auch die Sicherung des Eigenthums und des Lebens der Einwohner insbesondere. Vorsichtsmaafsregeln sind aber auch hier eben so gut ausführbar, als die kleinen Städte und Dörfer in *Nordbrabant* sie auf *eigene Kosten* gegen das Wasser des Überlasses zu *Beers* auszuführen vermochten. Die nähere Beschreibung dieser Sicherungsmittel kann erst gegeben werden, wenn der Entwurf, den ich in der zweiten Abtheilung vorgetragen habe, näher ausgearbeitet werden wird. Man kann schon aus der dazu angeschlagenen Summe von 866 889 Thlr. sehen, dafs dieser Punct nicht übersehen wurde.

Was die Kosten betrifft, so sind zufolge des Überschlages diejenigen der von mir vorgeschlagenen Werke weit unter der Berechnung der Commission geblieben, und ich glaube darauf die eigenen Worte ihres Berichts anwenden zu können: „Die Kosten werden gewifs sehr hoch sein (nemlich des „*Altenaschen* Überlasses S. 258): aber *grofse* Verbesserungen im Waterstaat „werden niemals, welchen Plan man auch befolgt, ohne grofse Kosten sich „erreichen lassen *). Die beiden einzigen Fragen wegen der Kosten sind „nur: ob man denselben Zweck durch ein anderes, weniger kostbares Mittel „erreichen könne, und ob die Kosten mit dem Nutzen, den man beabsichtigt, „im Verhältnifs stehen.

---

*) Anm. des Übers. Die übrigen Projecte sind nicht wohlfeiler, als das des Grafen *von Rechteren.* Darauf kann es aber auch nicht ankommen, sondern das *beste* Project ist immer das *wohlfeilste* für künftige Zeiten. Das Project des Herrn *Krayenhoff* ist auf 18$\frac{1}{3}$ Millionen, das des Herrn *de Beer* auf 7$\frac{1}{2}$ Millionen Thaler angeschlagen. Die beste Antwort darauf giebt immer König Louis, indem er sagt: „Lorsque la sûreté „d'une nation est si prochainement et si totalement menacée, il n'y a pas d'efforts trop „grands pour une telle entreprise" u. s. w. Dies vergesse man nicht!

Die Commission sagt ferner:

„Durch die Überlässe werde die Passage auf den Deichen und dadurch „die einzige Zuflucht für die Eingesessenen während der Überströmung, eben „so wie die Zufuhr der Materialien, Arbeiter, Lebensmittel und anderer Be„dürfnisse abgeschnitten werden."

Ich habe schon oben erinnert, dafs die stehenbleibenden Deichstrecken die Stellen in den Poldern sein werden, welche am meisten werden bewohnt werden und welche es auch jetzt schon sind. Für diese Deichstrecken müssen die Deichstühle vorab für Materialien sorgen; was durch Vertheilung der jetzt vorhandenen ohne neue Kosten möglich ist. Einem dazu geeigneten Mitgliede der Polderbehörde, dem ***Heemraad*** oder ***Nothheemraad,*** mufs die Aufsicht je auf eine solche Deichstrecke aufgetragen werden. Die Erfahrung hat gelehrt, dafs die ***bewohnten*** Theile der Deiche, schon in ihrem jetzigen mangelhaften Zustande, selten durchbrechen. Eine Zufuhr von Materialien wird dann unnöthig sein; und Arbeiter finden sich zur Stelle.

Der Verkehr in den Poldern während der Wirkung der Überlässe wird durch Schuiten und Nachen Statt finden. Indefs glaube ich nicht, dafs Die, welche mit dem Zustande der Einwohner unter solchen Umständen bekannt sind, dies als ein Unglück betrachten werden. In den Poldern haben fast alle Eigenthümer Schuiten. Die Dörfer haben Nachen, welche auch jetzt bei Deichbrüchen den Verkehr erhalten; bei Frost geschieht es durch Eisschlitten, oder durch Eisboote. Der Verkehr braucht also nicht aufzuhören; und würde er auch jährlich drei bis vier Wochen lang unterbrochen, so ist dies Übel nicht grofs. Die stehenbleibenden Deichstrecken werden sich bald in Weiler verwandeln, wo Bäcker und andere Gewerbtreibende sich niederlassen werden und selbst jetzt schon wohnen. Die umdeichten Dörfer bleiben in ihrem jetzigen Zustande, bekommen aber eine Sicherheit, die sie vorher nicht hatten. Sie finden Alles, was sie nöthig haben, in ihrem eignen Ort, oder verschaffen es sich bequemer mit der Schuite, als jetzt auf den beschwerlichen lehmigen Strafsen, die selten, auch mit der gröfsten Mühe, für den Winter in guten Stand zu bringen sind.

Durch die vorgeschlagenen Überströmungen werden keine andern Hauptstrafsen abgeschnitten, als die von ***Utrecht*** über ***Z. Bommel*** und ***Herzogenbusch,*** und die von ***Arnheim*** über ***Nymwegen*** nach ***Herzogenbusch,*** welche letztere jetzt schon, wenn der ***Beersche*** Überlafs wirkt, bei hohem Wasser nicht mit Wagen fahrbar ist, also nur ungefähr wie jetzt bleiben wird. Aufserdem bleibt die Verbindung zwischen ***Holland*** und den südlichen Provinzen über ***Meerdyk*** und ***Gorinchem*** offen, so wie die mit ***Deutschland, Gröningen*** und ***Vriesland*** über ***Arnheim*** und an der ***Süderseeküste*** unverändert.

Hiedurch glaube ich, werden die Bedenken gegen die Ausführung der Überlässe gehoben sein. Gegen den Schlufs dieser Abhandlung hoffe ich zu zeigen, dafs der etwaige Schaden ihrer Wirkung nicht in Vergleich mit den Vortheilen der Rückkehr zu einem weisen Systeme kommen kann, was, wie ***Velzen*** und ***Brünings*** sehr richtig sagen, nie hätte verlassen werden sollen, und welche Rückkehr unsere mit Recht so berühmten Wasserbaukundigen, ***Blanken*** und ***Goudriaan,*** wiewohl sie in den Mitteln der Ausführung verschiedener Meinung sind, als unvermeidlich darstellen *).

Aber man könnte fragen, warum denn der frühere Vorschlag von ***Luitjes,*** der 1821 zu ***Dordrecht*** im Druck erschien, welcher damals viel Beifall fand und auf den von mir angenommenen Grundsätzen beruht, nicht berücksichtigt worden sei: warum nicht *alle* Deiche bis auf die vorgeschlagene Höhe abgetragen und zu einer allgemeinen Überströmung durch verstärkte Böschungen vorbereitet worden seien, die nach ***Luitjes*** Vorschlage 8füfsig sein sollten? **)

So sehr ich von der Nothwendigkeit überzeugt bin, das gegenwärtige System der ***Wasserwehr*** durch die allgemeine, von mir vorgeschlagene Überströmung der Polder zu ersetzen, zur Zeit, wenn das Wasser über den höchsten Sommerwasserstand steigt; so sehr ich also den Grundsatz des Herrn ***Luitjes*** zu dem meinigen mache: so stimme ich doch darin mit der Commission überein (Bericht S. 25. u. s. w.), dafs die Art und Weise der Ausführung dieses Grundsatzes unannehmbar und zu beschwerlich in der Ausführung sein würde.

Ich will kürzlich die Gründe davon entwickeln.

Erstlich ist eine Verminderung der Deichhöhe in der ganzen Länge ***aller*** Deiche ***unnöthig.*** Ich glaube in der zweiten Abtheilung hinreichend

*) Anm. des Übers. In der Einleitung haben wir gesehen, dafs sowohl *Blanken* als *Goudriaan* Seiten-Ableitungen vorschlagen: Ersterer mittels der von ihm erfundenen Waayer- oder Fächerschleusen, Letzterer durch Überlasse; so dafs in beiden Fällen die Polder überströmt werden sollen. Herr *von Rechteren* nimmt das System *Goudriaans* an, mit welchem auch die frühern Wasserbaukundigen, *Velzen, Brünings* und *Luitjes* übereinstimmen. *De Beer* widerräth dieses System und schlägt bedeichte Seiten-Ableitungen, ohne Überströmung der Polder vor. Was Herr *von Rechteren* beibehält, hat die meisten Gründe und Stimmen für sich, und scheint das Beste; was also auch zu befolgen sein dürfte.

**) Anm. des Übers. Im Jahre 1827 und 1828 erschien eine Schrift bei Blüfse und von Braum unter dem Titel: „Ontwerp tegen yskaringen etc. Door *Luitjes* etc." (Entwurf gegen Eisgänge etc.)

gezeigt zu haben, dafs Überlässe, an den Stellen wo die höhere Grundfläche auf Aufsenwerdern die Gelegenheit dazu giebt, eine *hinreichende* Ableitung der Ströme über die Polder gewähren und den Durchbruch der zwischen zwei Überlässen befindlichen Deichstrecken verhindern wird. Da dies der Hauptzweck der Senkung der Deichhöhe ist, so halte ich die Senkung der Höhe *sämmtlicher* Deiche für *unnütz*.

Zweitens. Durch die Erniedrigung *aller* Deiche würden die Polder unbewohnbar werden. Wo wohnen jetzt bei weitem die meisten, vielleicht Dreiviertheil der Einwohner, anders, als an und auf den Deichen. Die Deiche sind meistens die einzigen Zufluchts-Örter der Einwohner. Durch eine allgemeine Senkung der Deiche würden also alle jetzigen Wohnungen aufhören; und wo sollen sie wieder aufgebaut werden, da nur hie und da eine Anhöhe oder ein Hügel in den Poldern trocken bleibt?

Drittens. Die Maafsregel ist in ihrem ganzen Umfange unausführbar. Wie sollte man zum Beispiel mit der Senkung der *Schaardeiche* verfahren, die wenig Vorland haben? Wenn die Deiche in ihrer ganzen Länge niedriger gemacht und in überströmende Überlässe verwandelt würden, so würde die Passage auf denselben aufhören. Es würden neue Wege angelegt und bekieset werden müssen. Zu welchen Beschwerden aber würde dies nicht Veranlassung geben!

Viertens. Auch in finanzieller Hinsicht ist die Abgrabung der Deiche zu widerrathen; denn dies würde sehr grofse Kosten machen; wie es die obige Veranschlagung der Überlässe deutlich zeigt. Die Kosten würden noch mehr erhöht werden, wenn man sämmtlichen Deichen, in ihrer ganzen Länge, um sie in überströmende Überlässe zu verwandeln, landwärts 25 bis 30füfsige Böschungen gäbe, statt einer 8füfsigen, die *Luitjes* vorschlägt, die aber des schlechten Bodens wegen nicht hinreichend ist. Und welche Kosten würde nicht der Abbruch von Dreiviertheil aller Häuser in den Poldern, die längs der Deiche gebaut sind und die daselbst sicher stehen, nebst dem Wieder-Aufbau derselben verursachen! Und dann haben wir gesehen, dafs dazu die passenden Baustellen fehlen. Welche unnöthige und grofse Ausgaben würde die Verlegung der Wege, die Bekiesung derselben u. s. w. machen. Dies Alles scheint hinreichend zu beweisen, dafs der Zweck nicht nach *Luitjes* durch Senkung der Deiche in ihrer *ganzen* Länge erreichbar ist. Er ist es auf eine minder kostbare und beschwerliche, aber sicherere und zweckdienlichere Weise, wenn man die Deiche fach- oder streckenweise in überströmende Überlässe verwandelt.

(Die Fortsetzung folgt.)

4.
Ein sicheres, verhältnifsmäfsig wenig kostbares und auch auf schon vorhandene Eisenbahnen anwendbares Mittel, zu verhüten, dafs die Wagenräder die Schienen verlassen.

(Vom Herausgeber.)

(Vorgelesen in der Königlichen Akademie der Wissenschaften zu Berlin in deren Gesammtsitzung vom 25ten Februar 1847.)

Die Erfahrung hat gelehrt, dafs auf den Eisenbahnen bei weitem die schrecklichsten Unglücksfälle daraus entstehen, *dafs die Wagenräder so leicht die Schienen verlassen.* Durch Achsen- oder Radbrüche, durch das Springen der Röhren oder Kessel der Dampfwagen, durch den Brand von Wagen u. s. w. entstehen zwar ebenfalls Unfälle, aber sie sind weniger grofs, und auch wohl selbst weniger häufig. Und erwägt man, wie *sehr leicht* es bei der jetzigen Einrichtung der Eisenbahnen ist, dafs die Räder aus den Schienen springen, so ist es fast zu verwundern, dafs es nicht *noch* häufiger geschieht. Denn der einzige Schutz gegen den Unfall liegt jetzt in den nur 1, höchstens $1\frac{1}{2}$ Zoll hohen Spurkränzen der Räder; und durch mannigfache kleine, leicht zu übersehende und übersehene Gebrechen der Bahn kann und mufs dieser Schutz unzureichend werden. Der Wagenzug nemlich rollt, auch auf schnurgerader Bahn, nie geradeaus, sondern beschreibt eine, mehr oder weniger lang gestreckte Schlangenlinie, so, dafs die Spurkränze der Räder abwechselnd die Schienen rechts und die Schienen links berühren. Gesetzt nun, bei einer Fuge zwischen den Enden zweier Schienen stehe die eine um etwas *höher* als die andere, was der Fall sein wird, wenn etwa das Quer-Unterlageholz schief gedrückt worden ist, oder auch, die eine Schiene stehe *seitwärts* etwas vor die andere vor, was ebenfalls leicht kommen kann, wenn etwa der Schienenkeil herausgefallen oder hinausgedrängt ist, und die Räder eines Wagens befinden sich dann auf ihrer schlangenförmigen Bahn, gerade bei der Fuge, in *schräger* Richtung auf die Schienen, so dafs ihr Spurkranz stark an die Schienen streift, so wird derselbe, vermöge der *schrägen* Richtung der Bewegung, nothwendig auf die vortretende Schiene ***hinaufspringen*** müssen. Ist aber einmal der ***Spurkranz*** auf den Kopf der Schienen hinaufgelangt, so kehrt er vermöge der schrägen Richtung des Wagens nicht wieder zurück, sondern rollt darauf in der schrägen Richtung weiter fort, mithin dann auch sehr bald von der nur schmalen Schiene an der andern Seite derselben wieder hinunter; und der Unfall ist da! Oder auch: sind etwa plötzlich, und ehe es bemerkt wurde, an einer Stelle die Querhölzer mit den Schienen um einige Zoll tief eingesunken, während die nächst vorhergehenden fest blieben, was ganz möglich ist, wenn sich z. B. Quellen im Damm befinden, oder sonst der Damm nicht fest ist, so haben dadurch die Schienen eine bedeutend ***abhängige*** Lage bekommen, die, gleich einer Abfahrt, von dem Stofs der Schienen ***plötzlich*** anfängt. Kommt dann der Wagen in seiner ***schrägen*** Richtung auf die Schienen zu an, so kann es sein, dafs der Spurkranz ***nothwendig*** auf den Kopf der Schienen gerathen ***mufs***. Verliert nemlich das Rad die z. B. ***horizontale*** Bahn der Schienen ***plötzlich***, so folgt es der auf einmal abhängenden Schiene keineswegs, sondern bewegt sich, nach den Gesetzen der Mechanik, so grofs auch das Gewicht des Wagens sein mag, ***frei in der Luft*** so lange weiter, bis die Kraft der Schwere den Wagen wieder auf die Schienen hinabgedrückt hat. Gesetzt die Geschwindigkeit des Wagens betrage $53\frac{1}{3}$ F. in der Secunde (8 Meilen in der Stunde), was häufig der Fall ist, so ist der Wagen in $\frac{1}{12}$ Secunde $4\frac{4}{9}$ F. fortgerückt. In dieser Zwölftelsecunde kann ihn aber die Kraft der Schwere nur um $\frac{1}{144} \cdot 15\frac{5}{8}$ F. $= 1{,}302$ Zoll hinabdrücken. Liegt nun die Schiene auf $4\frac{4}{9}$ F. lang noch um die Höhe des Spurkranzes, also zusammen um etwa $2\frac{1}{2}$ Zoll ***tiefer*** als ihr Anfang, und die schräge Richtung des Wagens lenkt ihn auf $4\frac{4}{9}$ F. lang auch nur um $\frac{1}{2}$ Zoll aus der Bahn, so mufs ***unfehlbar***, nicht die Rollfläche, sondern der Spurkranz des Rades die Schienen wieder erreichen; und dann rollt der Spurkranz wieder auf den Kopf der Schienen weiter fort und unausbleiblich an der andern Seite hinab. — In den ***Krümmen*** der Eisenbahnen sind alle diese Gefahren noch viel gröfser, und da ist es, in ***kurzen*** Krümmen und bei grofsen Geschwindigkeiten, sogar möglich, dafs, ***ohne*** alle Gebrechen der Bahn, die Wagen durch die blofse Schwungkraft aus den Schienen hinausgetrieben werden; besonders weil die Rundung, mit welcher die Spurkränze der Räder an die Rollfläche derselben sich anschmiegen, und eben so die Rundung der Schienenköpfe, öfters ziemlich stark sind. Auf der sogenannten atmosphärischen Eisenbahn bei Dublin findet dieser Fall mit den Krümmen wirklich Statt; man hat es gefühlt und hat Vorkehrungen gegen die Gefahr angeordnet. Nach dem Obigen ist es also wirklich zu verwundern, dafs die Unfälle auf Eisenbahnen durch das Ausweichen der Räder aus den Schienen nicht *noch viel häufiger* sind. In Frankreich hat man für dieses so verhängnifsvolle Ausweichen der Räder aus den Schienen ein neues Wort gemacht, was noch nicht in die Wörterbücher übergegangen ist; und neue Wörter entstehen bekanntlich im Französischen nicht leicht. Man nennt es *derailler.* Möge man doch aber, statt ein neues Wort für den schrecklichen Fall zu machen, lieber sich bemühen, ihm vorzubeugen!

Wäre ein solches Bemühen allem Absehen nach vergeblich; gäbe es *kein* Mittel zum Vorbeugen: nun so müfste man sich freilich mit der Unabwendbarkeit trösten, und die Eisenbahnen wären dann um so viel weniger werth; sie verschlängen dann *unvermeidlich* durchschnittlich so und so viel Menschen-Opfer *per Jahr und Meile.* Man müfste den Trost hinnehmen, welchen die Statistik durch die Berechnung giebt, dafs doch immer noch verhältnifsmäfsig weniger Menschen auf den Eisenbahnen verstümmelt und getödtet werden, als auf den Chausséen und bei der Schiffahrt. — Aber dem ist wohl *nicht so.* Es ist *zuverläfsig* möglich, jenem — *Derailliren* mit grofser Sicherheit *vorzubeugen.* Zwar kostet das Mittel einiges *Geld,* aber es gilt hier *Menschenleben* —; auch sind die Kosten nicht so bedeutend, dafs sie die Dividenden und die Procente merklich vermindern, oder andrerseits die Transportpreise irgend bedeutend erhöhen würden.

Das Mittel besteht in *hölzernen Schutzschienen,* die so hoch sind, dafs die Wagenräder nicht darüber hinwegspringen *können.* Auf der obengedachten Eisenbahn bei Dublin hat man, wie gesagt, gedrängt von der Gefahr, dafs ohne eine Gegenwehr die Unfälle *gar zu* häufig sein würden, wirklich dergleichen angebracht. Wie? ist dem Verfasser Dieses nicht bekannt. Er kennt nur die Thatsache aus dem officiellen Bericht, welchen der Französische General-Inspector der Brücken und Chausséen, Hr. *Mallet,* an seine Regierung über die Dubliner Eisenbahn erstattet hat; wo sich aber *die Art* der Anbringung der Schutzschienen (*contre-rails*) nicht weiter angegeben findet. Eben so wohl indessen, wie man die Art, die Schutzschienen anzubringen, *dort* fand, ist es auch wohl hier möglich. Es würde auf folgende Weise geschehen können. Wer Gelegenheit hatte, die Anordnung bei Dublin zu sehen, möge vergleichen und das Bessere wählen.

Die Bedingungen, welche die hölzernen Schutzschienen würden erfüllen müssen, sind folgende:

Erstlich müssen sie, wie gesagt, *so hoch* sein, dafs die Räder unmöglich darüber hinwegspringen können.

Zweitens müssen sie *nicht* so hoch sein, dafs die Theile der Bahnwagen oder des Tenders und des Dampfwagens, die am tiefsten auf die Schienen hinabreichen, die Schutzschienen etwa berühren und darauf aufstreifen können.

Drittens mufs die Erhaltung ihres Parallelismus eben so vollkommen gesichert sein, als die des Parallelismus der eisernen Schienen.

Viertens müssen sie so stark auf das Grundwerk der Bahn befestigt sein, dafs kein Druck nach der Seite, der hier jemals vorkommen kann, sie wegzuschieben vermag.

Fünftens dürfen die Räder, dann, wenn sie mit ihren Spurkränzen an die eisernen Schienen anstreifen, durchaus nicht auch *zugleich jedesmal* die hölzernen Schienen berühren; denn dies würde eine sehr starke Reibung und eine sehr bedeutende Erschwerung und Verzögerung der Fahrt zur Folge haben. Die Räder dürfen *nur erst dann* die hölzernen Schienen berühren können, wenn durch irgend einen Zufall, oder durch irgend ein Gebrechen der Bahn, die *Spurkränze* der Räder wirklich schon auf den *Kopf* der Schienen hinaufgelangt sind. Dann müssen sie die Räder verhindern, noch weiter und bis so weit auszuweichen, dafs der Spurkranz vom Kopf der Schienen an der andern Seite derselben hinabgleiten kann; so dafs die Räder durch die hölzernen Schienen gezwungen werden, wieder in die Bahn *zurückzukehren.*

Sechstens endlich müssen die hölzernen Schutzschienen möglichst *wohlfeil* und möglichst dauerhaft sein, leicht sich erneuern lassen und auch auf schon vorhandenen Bahnen möglichst ohne sonstige kostbare Abänderungen angebracht werden können.

Alle diese Bedingungen sind bei der auf Taf. I. Fig. 1. und 2. vorgestellten Anordnung hölzerner Schutzschienen berücksichtigt. In dieser Zeichnung ist die Eisenbahn zwischen Berlin und Potsdam (die älteste im Preufsischen Lande), welche der Verfasser Dieses selbst entworfen und gebaut hat, zum Beispiel angenommen.

Man lege auf eine um die andere Quer-Unterlage der Bahn, also etwa 6 Fufs von einander entfernt, kiehnene, oder besser eichene, 6 Zoll breite und $10\frac{1}{2}$ Zoll hohe Hölzer *Q, Q* und kämme sie bei *a* und *b* Fig. (1. und 2.) in die Unterlagen *U, U* $1\frac{1}{2}$ Zoll tief ein. Auf diese Querstücke lege man, nach der ganzen Länge der Bahn, die Schutzschienen *S, S,* in welche die Querhölzer *Q* ebenfalls, bei *c, c,* 1½ Zoll tief eingekämmt werden. Diese Schutzschienen, 6 Zoll breit und 8 Zoll hoch, können ebenfalls aus kiehnenem Holze sein; Eichenholz wäre freilich dauerhafter. Durch die Schutzschienen *S*, die Querhölzer *Q* und die Quer-Unterlagehölzer der Bahn *U, U* werden dann, ganz hindurchgehend, 19 Zoll lange und 1 Zoll dicke eiserne Schraubenbolzen *d, d* gezogen, von welchen die Spindel nebst der Mutter *ganz* in die Hölzer *S, S* versenkt ist. Die obere Fläche der Hölzer *S* und *Q* wird oben etwas abgedacht oder, wie es die Zimmerleute nennen, abgewässert. Die Hölzer zu den Schutzschienen kann man so lang nehmen, wie sie gerade am besten zu haben sind, z. B. 26 F. lang; mit welcher Länge sie dann über 4 Quer-Unterlagen *Q* und über 8 Bahn-Unterlagen *U* hinwegreichen. Wie sie an den Enden zusammenstofsen können, ist bei *s, s* in Fig. 2. zu sehen. Zu diesem Stofs ist die 2 F. *über* 24 F. Entfernung von 8 Bahn-Unterlagen hinausreichende Länge der Hölzer nöthig. *Sehr* kommt es darauf an, dafs die Entfernung der äufsern Flächen *r, r* und *r, r* der Schutzschienen von einander, genau die *richtige* sei. Gesetzt die Spurweite der Bahn, dafs heifst, die Entfernung der Mittellinien der Köpfe der eisernen Schienen von einander, betrage wie gewöhnlich 4 F. 8½ Zoll Preufsisch, der Kopf der eisernen Schienen sei 2 Zoll breit, die Radfelge *mit* dem Spurkranz 5 Zoll und ohne den Spurkranz 4 Zoll breit, wie es gewöhnlich der Fall ist, der Spielraum endlich zwischen dem Spurkranz und der eisernen Schiene betrage an jeder Schiene 1 Zoll: so mufs die *äufsere* Fläche *rr* der einen Schutzschiene von der *äufsern* Fläche *rr* der andern *genau* 3 F. 10¼ Zoll entfernt sein. Denn wenn die Räder so stehen, dafs ihre Spurkränze den richtigen Spielraum von 1 Zoll jedes neben der eisernen Schiene haben, so ist die *innere* Fläche der Räder von der Mittellinie des Schienenkopfs um dessen halbe Breite von 1 Zoll, um den Spielraum von 1 Zoll und um die Breite des Spurkranzes von 1 Zoll, also zusammen um 3 Zoll entfernt. Weichen nun die Räder um den Spielraum des Spurkranzes (von 1 Zoll) zur Seite, so dafs nun der Spurkranz des einen Rades, z. B. des Rades rechts, den Schienenkopf berührt (*so* ist es in Fig. 1. gezeichnet), so ist nunmehr die innere Fläche des Rades *links* 4 Zoll von der Mitte des Kopfs der eisernen Schiene entfernt. In dieser Lage darf das Rad *links* die hölzerne Schiene *S noch nicht* berühren. Es mufs noch 1 Zoll Spielraum bleiben, wie es Fig. 1. *links* vorstellt. Die innere Fläche des Rades links darf die Fläche *rr* der hölzernen Schiene *S* links erst dann berühren, wenn der Spurkranz des Rades *rechts* auf den Kopf der eisernen

Schiene rechts hinaufgesprungen ist, wie es die *punctirten* Linien in Fig. 1. vorstellen. Die äufsere Fläche *r r* der Schutzschiene *S* links mufs also *noch* um 1 Zoll *mehr* als die obigen 4 Zoll, folglich *um 5 Zoll* von der Mittellinie der eisernen Schiene links entfernt sein. Und eben so die äufsere Fläche *r r* der Schutzschiene *S* rechts von der Mittellinie der eisernen Schiene rechts. Die äufsern Flächen *r r* und *r r* der beiden Schutzschienen müssen also *um 10 Zoll weniger* von einander entfernt sein, als die Entfernung von 4 F. 8½ Zoll der Mittellinien der eisernen Schienen beträgt, mithin genau *um 3 F. 10½ Zoll.*

Bei den Übergängen von Querstrafsen über die Eisenbahnen fallen natürlich die Schutzschienen für die Breite des Überganges weg. Bei Ausweichungen und Kreuzungen der Eisenbahnen könnte man sie nur so weit ausschneiden, dafs die Räder hindurchgelangen können. Indessen können sie auch da füglich wegfallen, weil an solchen Stellen immer nur *langsam* gefahren werden darf.

Diese Anordnung der hölzernen Schutzschienen erfüllt nun alle die obigen Bedingungen.

Erstlich nemlich ragt die obere Fläche der hölzernen Schienen *6 Zoll* hoch über die Rollfläche der eisernen Schienen empor; wozu noch die Höhe des Spurkranzes der Räder von 1 Zoll kommt: und *Sieben Zoll* hoch können wohl die Räder *niemals,* durch *keinen* Zufall hinaufgesprengt werden.

Zweitens. Weder an den Bahnwagen, noch an den Dampfwagen, reicht irgend Etwas tiefer als bis auf 12 Zoll hoch über die Köpfe der eisernen Schienen hinab; so dafs also auf die hölzernen Schienen niemals irgend etwas aufstreifen kann.

Drittens. Der Parallelismus der hölzernen Schutzschienen wird, ganz ebenso wie der der eisernen Bahnschienen, durch die *Quer-Unterlagen der Bahn* gesichert; also eben so vollkommen, wie bei diesen.

Viertens. Die kräftige Befestigung der hölzernen Schutzschienen auf das Grundwerk der Bahn geschieht nicht etwa durch die Bolzen *d, d unmittelbar,* sondern durch dieselben nur *mittelbar;* aber so um so viel stärker. Zwei einzelne hohe Hölzer etwa, längsaus neben den eisernen Schienen hin auf die Unterlagen festgeschraubt, würden, so stark auch die Bolzen sein möchten, durchaus nicht zuverlässig und hinlänglich gegen die Gefahr sein; die Bolzen könnten sehr wohl durch den heftigen Seitendruck umgebrochen und die Schutzschienen zur Seite geschoben werden. Dagegen die, auf die Weise wie es die Zeichnung angiebt, unter einander und mit den Quer-Unterlagen der Bahn *verbundenen* Schienen zur Seite zu schieben, ist völlig *unmöglich*. Die grofse Festigkeit des Schutzes beruht hier bei weitem keinesweges auf den Bolzen *d, d* allein. sondern vielmehr auf die *Einkämmung* der Querhölzer *Q, Q* bei *a* und *b* (Fig. 1.) in die Quer-Unterlagen der Bahn, und die Bolzen *d, d* haben *blofs* den Zweck, zu verhindern, dafs die Querhölzer *Q, Q* nicht aus den Kämmen bei *a* und *b herausgehoben* werden können. Dies verhindern sie aber offenbar auf das vollkommenste; denn die Wagenräder, wenn sie zum Anstreifen an die Schienen *S, S* gelangen, *heben* dieselben nicht etwa, indem sie sich daran reiben, sondern sie *drücken* sie *hinab;* und so ist es denn ganz *unmöglich,* dafs die Schutzschienen durch irgend eine Gewalt zur Seite geschoben werden können. Auch ist nicht etwa zu fürchten, dafs die Hölzer *S, S* durch den Seitendruck würden *zerbrochen* werden, weil ein, nur auf 6 F. lang freiliegendes, 6 Zoll dickes, 8 Zoll hohes *elastisches* Holz schon einem ungeheuren Drucke auf seine Mitte widersteht. Sollte man dies aber ja fürchten, so dürfte man nur, statt wie nach der Zeichnung auf eine Quer-Unterlage um die andere, auf *jede* Quer-Unterlage *U* ein Verbindungsstück *Q* einkämmen; was aber wohl zuverlässig *überflüssig* sein würde.

Fünftens. Dafs die Räder, wenn ihre Spurkränze abwechselnd an die eisernen Schienen anstreifen, nicht auch zugleich jedesmal die hölzernen Schutzschienen berühren, sondern nur erst dann, wenn die Spurkränze auf die Rollfläche der eisernen Schienen hinaufgetrieben worden sind, wo dann die hölzernen Schienen die Räder verhindern, weiter zu gehen, an der *äufsern* Seite der eisernen Schienen hinabzugleiten und Unfälle zu verursachen, vielmehr in die Bahn sie zurücktreiben, folgt aus der obigen Beschreibung. In ihrem *gewöhnlichen* Lauf werden die Räder durch die hölzernen Schienen durchaus nicht gehemmt.

Sechstens. Für *möglichst* wohlfeil sind die hölzernen Schutzschienen zu erachten, weil es schwerlich ein *noch* wohlfeileres, *eben so zuverlässiges* Schutzmittel geben dürfte. Möglichst *dauerhaft* sind sie insbesondere dadurch, dafs die Hölzer *S, S* frei, ganz von der Luft umspielt werden und die Erde gar nicht berühren; so dauert selbst kiehnenes Holz recht lange. Wesentlich und wohl um die Hälfte verlängert wird noch die Dauer der Hölzer *S, S* und *Q, Q* durch die obengedachte Abdachung oder Abwässerung ihrer obern Flächen; die also nicht unterbleiben darf. Eine *noch* längere Dauer würde man den Hölzern geben, wenn man sie, nicht einmal ganz, sondern nur ihre *obere*

Fläche etwa jährlich mit Steinkohlentheer bestreichen liefse; was nicht theuer ist. Aber auch ohne diesen Anstrich dürften die Schienen *S, S,* aus kernigem Kiehnenholze, wohl 12 Jahre, und die Querstücke *Q,* aus eichenem Holze, wohl 20 Jahre vorhalten. Dafs sich die Schutzschienen, so wie die Querhölzer, so wie sie abgängig werden, auch einzeln leicht erneuern lassen, ist klar; auch werden sich die Schutzschienen, mit wenigen, etwa nöthigen kleinen Veränderungen in den Maafsen, an alle schon vorhandene Eisenbahnen, ***welche Quer-Unterlage-hölzer haben*** (und dies sind doch wohl die meisten) anbringen lassen. Für ganz anders gebaute Eisenbahnen würde sich die Art ihrer Anordnung freilich ändern. Aber ***Ähnliches*** wenigstens ist ohne Zweifel bei ***allen*** schon vorhandenen Eisenbahnen auch nachträglich ausführbar.

Es kommt nun darauf an, wie es sich mit der Ausführbarkeit der Schutzschienen in Rücksicht auf die ***Kosten*** verhalte.

Die Kosten, auf die ***Meile*** berechnet, würden nach ***hiesigen*** Preisen folgende sein. Höhere, als die hiesigen Preise werden wohl nur in wenigen Gegenden von Deutschland vorkommen.

Für 16 000 F. eichenes, 6 Zoll breites, 10½ Zoll hohes, von allen Seiten beschnittenes eichenes Holz zu 4000 Verbindungsstücken *Q, Q* der Schutzschienen, zu 7 Sgr., ...	3733 Thlr. 10 Sgr.	
Arbeitslohn für das Einkämmen dieser 4000 Verbindungstücke, zu 6 Sgr.,	800 - — -	
. . . .		4533 Thlr. 10 Sgr.
Für 52 000 F. laufende Fufs 6 Zoll breites, 8 Zoll hohes, von allen Seiten beschnittenes kerniges kiehnen Holz zu den Schutzschienen *S, S,*, zu 3 Sgr.,	5200 Thlr. — Sgr.	
Arbeitslohn für das Aufkämmen und Anschrauben derselben, zu 6 Sgr., .	866 - 20 -	
. . . .		6066 - 20 -
Für 8000 Schraubenbolzen, von 19 Zoll lang, 1 Zoll im Gevierte dick, unten mit einem Kopf, oben mit Spindel und Mutter, 5½ Pfd. schwer, zu 16½ Sgr., ...		4400 - — -
	Zusammen	15 000 Thlr. — Sgr.

Im *Durchschnitt* hat die Meile Eisenbahn in Deutschland etwa 300 000 Thlr. gekostet, denn die bis jetzt vollendeten 437 Meilen kosteten etwa 133 Millionen Thaler: also würden die Kosten einer Meile Eisenbahn durch die Schutzschienen gerade um *5 pro cent* erhöht werden.

Hiezu kommen noch die Erhaltungs- und Erneuerungskosten. Um zu diesen zu gelangen, mufs der Reservefonds, in welchem die zur *Erneuerung* der verschiedenen Theile der Eisenbahn je zeitweise auf einmal nöthigen Summen natürlich durch eine jährliche Einzahlung und durch Zins von Zinsen aufgesammelt werden müssen, verhältnifsmäfsig verstärkt werden.

	Thlr.	Sgr.
Um die 4533 Thlr. 10 Sgr. Kosten der eichenen Verbindungsstücke der Schutzschienen auf diese Weise in 20 Jahren aufzusammeln, ist, bei dem Zinsfufs zu 4 pr. c., eine *jährliche* Zahlung nöthig von . .	151 Thlr.	10 Sgr.
Um die 6066 Thlr. 20 Sgr. Kosten der Schutzschienen selbst, in 12 Jahren aufzusammeln, sind jährlich nöthig	404 -	20 -
Um die 4400 Thlr. Kosten der Bolzen, die wohl 50 Jahre vorhalten können, in dieser Zeit aufzusammeln, sind jährlich nöthig	29 -	— -
Thut zusammen	585 Thlr.	— Sgr.

Gesetzt nun der *reine* Ertrag einer Eisenbahn sei 5 pro cent oder 50 pro mille der Kosten, also 15 000 Thlr. auf die Meile, so würde derselbe durch die Erhaltungskosten der Schutzschienen um $\frac{585}{15000} \cdot 50$ oder nahe an 2 pro mille, und durch die ersten Anlagekosten derselben um $\frac{15000}{300000} \cdot 50$ oder um $2\frac{1}{2}$ pro mille, zusammen also um etwa $4\frac{1}{2}$ pro mille *vermindert* werden. Aber es ist nicht im entferntesten nöthig, dafs die Eigenthümer einer Eisenbahn wegen der Schutzschienen auch nur den kleinsten Theil ihrer Einkünfte opfern. Gewifs ohne im geringsten befürchten zu dürfen, die Benutzung der Eisenbahn werde abnehmen, können sie unbedenklich die *Transportpreise* um so viel *erhöhen,* dafs der Ertrag *nicht* abnimmt, nemlich um den $\frac{4\frac{1}{2}}{50}$ oder $\frac{9}{100}$ Theil oder um *9 pro cent:* denn wer jetzt z. B. $1\frac{1}{2}$ Thlr. Fahrgeld auf 20 Meilen Eisenbahn entrichtet, bezahlt auch gewifs noch mit Freuden 4 Sgr. *mehr,* wenn er dadurch eine starke *Sicherheit* bekommt, nicht schwer beschädigt oder gar getödtet zu werden. Die Benutzung der Eisenbahn würde warlich eher zu- als abnehmen. Und die Eigenthümer der Bahn hätten noch ihrerseits von den Schutzschienen den Vortheil, dafs ihnen dann weniger Bahn- und Dampfwagen zerbrochen werden und dafs nicht die Verstümmlung und Tödtung von Menschen, insoweit ihr durch die Schutzschienen vorzubeugen ***möglich*** und ***sicher möglich*** ist, ihr Gewissen belastet; während auch zugleich die für jedes Bauwerk allgemein Statt findende Pflicht erfüllt wird, dasselbe so einzurichten, dafs von den Schäden, die es möglicherweise veranlassen kann, diejenigen, welche sich abwenden lassen, wirklich abgewendet werden.

Die Schutzschienen beugen übrigens allerdings nur dem ***Deraillıren*** vollständig vor, nicht ***allen*** Unfällen auf den Eisenbahnen. Es bleiben zunächst die Achsen- und Radbrüche: aber von diesen werden die Gefahren durch die Schutzschienen ***bedeutend vermindert*** werden. Bricht nemlich ein Rad oder eine Achse, so fällt der Wagen jetzt weniger tief hinunter, als sonst, wird auf den hölzernen Schutzschienen weiter geschleift (deshalb müssen die Schrauben ***d, d*** oben ***ganz*** in die Hölzer ***S, S*** versenkt werden) und kommt bald zum Stillstand; denn er wird durch das Schleifen auf den Hölzern wie durch einen Hemmschuh aufgehalten. Ähnlich ist es, wenn Bahnschienen oder Schienenstühle etc. brechen sollten.

Es bleiben ferner die Gefahren, welche das ***Feuer*** auf den Eisenbahnen bringt: durch Zerspringen der Dampfkessel, durch Entzündung der Wagen von Funken aus der Esse der Dampfwagen u. s. w. Gegen diese Gefahren vermögen die Schutzschienen natürlich nichts. Man könnte vielmehr sogar fürchten, dafs die Schutzhölzer diese Gefahren vermehren würden, indem ***sie selbst*** von glühenden Kohlen aus der Esse des Dampfwagens in Brand gerathen könnten. Wahrscheinlich dürfte aber diese letzte Befürchtung ohne Grund sein; denn man hat z. B. noch nie gehört, dafs ***hölzerne Brücken***, obgleich sie auf manchen Eisenbahnen wohl mehrere Tausend Fufs lang sind, jemals von dem Feuer aus den Dampfwagen wären in Brand gesetzt worden. Sollte es sich dennoch wirklich ergeben, dafs die Befürchtung Grund habe, so würde es nicht an leichten Mitteln fehlen, die Gefahr abzuwenden. Das einfachste und nächste Mittel wäre, durch ein eisernes Gitter oder Sieb unter der Esse des Dampfwagens zu verhindern, dafs glühende Kohlen von irgend einiger Gröfse auf den Boden fallen können; wie schon Ähnliches gegen das Sprühen von Kohlen aus den Schornsteinen der Dampfwagen geschieht. Zeigte sich dies noch nicht hinreichend, so könnte man ferner den Hölzern der Schutzschienen irgend einen der bekannten, die Entzündbarkeit vermindernden, aus Lehm, Kalk, Alaun, Ammoniak, Kali, Natrum oder sonst passenden Salzen zusammengesetzten Anstrich geben. Scheute man aber entweder die Kosten davon, oder zeigte sich, dafs auch dies noch nicht hinreichend sei, so würde ein ***unfehlbar sicheres*** Schutzmittel darin bestehen, dafs man die Schutzschienen ***S, S*** nach unten noch um etwa 2 Zoll höher machte, so dafs sie bis auf die Quer-Unterlagehölzer ***U, U,*** die gewöhnlich schon ganz mit Erde bedeckt werden, hinabreichen, und dann den Raum zwischen ***S, S bis oben zu mit Erde füllte.*** Dann wäre es ***unmöglich***, dafs die Schutzhölzer in Brand gerathen könnten. Die Schienen ***S, S*** müfsten dann an der innern Seite, so wie oben, betheert werden. Die Querstücke ***Q, Q,*** nebst den Quer-Unterlagen ***U, U*** selbst, würden durch die höhere Bedeckung mit Erde sogar noch länger erhalten werden, als jetzt, wo letztere zuweilen halb an der Luft und halb in der Erde liegen. Die Kosten würden dadurch freilich noch um etwas mehr erhöht werden; aber nicht bedeutend. Die Fahrpreise, wenn der Ertrag der Eisenbahn nicht vermindert werden soll, würden, wie es eine Berechnung ergiebt, statt um 9 pr. c. (wie sich oben fand), um etwa 10 pr. c. zu erhöhen sein; was von keinem Belang ist.

Wir können übrigens nicht umhin, bei dieser Gelegenheit daran zu erinnern, dafs es ***ganz möglich*** ist, die Gefahren des Feuers, nicht blofs für die Schutzhölzer, sondern auch für die Wagen auf den Eisenbahnen selbst, und für die Nachbarschaft der Bahnen, ***vollständig*** zu entfernen: nemlich dadurch, dafs man das ***Feuer selbst*** von den Eisenbahnen wegschafft. Dies kann geschehen, wenn man sich statt der ***Dampfkraft,*** der ***Spannkraft zusammengeprefster atmosphärischer Luft,*** in Behälter eingeschlossen, die man statt der Feuermaschine mit fortbewegt, als bewegende Kraft bedient: also der ***Luftwagen,*** statt der ***Dampfwagen. Dafs*** dies möglich und ***wie*** es möglich sei, ist im 22ten Bande dieses Journals, in einer Abhandlung, die auch deutsch und französisch besonders abgedruckt zu haben ist, mit Gründen und ausführlich nachgewiesen. Wir wollen bei dieser Gelegenheit abermals und dringend hieran erinnern. Durch Benutzung der Spannkraft der Luft statt der Dampfkraft, vereint mit den Schutzschienen, würde es ***mit Sicherheit möglich*** sein, die Eisenbahnen ***fast vollkommen gefahrlos zu machen.***

So lange indessen die Dampfwagen auf den Eisenbahnen bleiben, würden jedenfalls die Schutzschienen schon den ***meisten*** und ***dringendsten*** Gefahren auf denselben vorbeugen. Und dafs sie dies wirklich und so vollständig und sicher thun würden, wie es nur irgend zu verlangen sein kann, ist, selbst schon ohne besondern Versuch, klar und unleugbar. Daher ist denn auch mit Zuversicht zu hoffen, dafs man, vielleicht auch angeregt durch die gegenwärtigen Auseinandersetzungen, den Gegenstand näher und durch die That berücksichtigen werde. Der Verfasser ist warlich weit entfernt, zu glauben, dafs grade ***nur*** durch die hier beschriebenen Schutzschienen der ***beste*** Schutz gegen das ***Deraillіren*** zu erlangen sei. Es ist leicht möglich, dafs es noch bessere Mittel dagegen gebe; und von den ***besten*** ist die Ausführung zu wünschen: aber der gegenwärtige Aufsatz enthält sicherlich den Beweis, dafs es ***möglich ist,*** auf eine zuverlässige und nicht unverhältnifsmäfsig kostbare Art den fürchterlichen Gefahren vorzubeugen, welche aus dem so häufigen Ausweichen der Räder aus den Schienen entstehen können und nur zu oft schon wirklich daraus entstanden sind.

Berlin, im Februar 1847.

Inhaltsverzeichnis des ersten Hefts fünf und zwanzigsten Bandes.

Berlin, gedruckt bei G. Reimer.

Journal

für

die Baukunst.

In zwanglosen Heften.

Herausgegeben

von

Dr. A. L. Crelle,

Königlich-Preufsischem Geheimen-Ober-Baurathe, Mitgliede der Königlichen Akademie der Wissenschaften zu Berlin, Correspondenten der Kaiserlichen Akademie der Wissenschaften zu St. Petersburg und der Königlichen Akademieen der Wissenschaften zu Neapel und Brüssel, auswärtigem Mitgliede der Königlichen Akademie der Wissenschaften zu Stockholm, Ehrenmitgliede der Hamburger Gesellschaft zur Verbreitung der mathematischen Wissenschaften.

Fünf und zwanzigster Band.

Zweites Heft.

Mit fünf Figurentafel.

Berlin.

Bei G. Reimer.

1847.

5.

Des Grafen v. Pambour „Theorie der Dampfmaschinen."

(Nach der zweiten Auflage dieses Werks von 1844; möglichst kurz; und mit einigen Anmerkungen des Herausgebers dieses Journals.)

(Fortsetzung der Abhandlung No. 8. im 3ten, No. 12. im 4ten Heft 23ten, No. 3. im 1ten, No. 5. im 2ten, und No. 9. im 4ten Heft 24ten Bandes.)

Siebenter Abschnitt.

Wattsche Maschinen von doppelter Wirkung, mit niedrigem Druck und Niederschlag, aber ohne Absperrung.

Erste Abtheilung.

Beschreibung der Maschinen.

I. Beschreibung einer solchen Maschine für Fabriken.

316.

Die Wattschen Maschinen sind doppeltwirkend, mit niedrigem Druck und Niederschlag, aber ohne Absperrung. Der Dampf wird im Kessel nur mit $1\frac{1}{2}$ bis 3 Pfd. auf den Quadratzoll Überschufs an Spannung über den Druck der Luft erzeugt. Diesen Dampf läfst man ununterbrochen und während des ganzen Kolbenlaufs in den Stiefel strömen. Ist der Kolben hinabgedrückt, so öffnet sich ihm ein Ausgang nach dem Niederschlaggefäfs; er strömt also dorthin und behält demnach *über* dem Kolben nur noch die sehr geringe Spannung des unvollkommen niedergeschlagenen Dampfs. Zugleich wechselt die Zuströmung, und der Dampf aus dem Kessel tritt *unter* den Kolben. Er treibt also nun den Kolben wieder in die Höhe und der *über* den Kolben eingetretene Dampf strömt in das Niederschlaggefäfs aus; und so abwechselnd weiter. Die auf- und absteigende Bewegung der Kolbenstange wird durch eine Kurbel in eine drehende verwandelt, welche man dann zu den bestimmten Zwecken weiter benutzt. So nennt man denn auch diese Maschinen kurzweg *drehende*, während sie indessen von denen wohl zu unterscheiden sind, wo der Dampf *unmittelbar* und ohne Kurbel die Umdrehung hervorbringt; wie solches im 4ten Abschnitt Abthl. 1. I. erinnert worden ist.

317.

Der Kessel einer Wattschen Maschine hat gewöhnlich die *Frachtwagenform* Fig. 11. und 12. Taf. No. 2. und befindet sich in einer von dem Maschinenraum durch eine Mauer getrennten Nebenkammer. Die Tafel No. 14. stellt eine von *W. Fairnbairn* zu Manchester erbaute *Watt*sche Maschine vor. Alle Theile der Maschine sind in den verschiedenen Figuren 77 *a.* 77 *b.* 77 *c.* mit gleichen Buchstaben bezeichnet. Herr *Fairnbairn* ist zu bekannt, um des Lobes zu bedürfen.

318.

C ist der Dampfstiefel. Der Dampf gelangt in denselben durch die Röhre *S* und durchströmt zuerst eine in der Büchse *a* (Fig. 77 *b.* und 77 *c.*) eingeschlossene Kehlklappe, welche durch die Schwungkugeln mittels einer kreisförmigen Scheibe mehr oder weniger geöffnet oder verschlossen wird. Hierauf durchströmt der Dampf die Klappe *a' a'* (Fig. 77 *c.*), mit doppeltem Auflager. Sie läfst sich mittels der Stange *a''* und der Schraube mit Handhabe *a'''* leicht mit der Hand öffnen. Diese Klappe dient, den Dampf ganz vom Stiefel abzuhalten, wenn man die Maschine stillstellen will, so wie die Durchströmung für den jedesmaligen Zweck zu regeln. Die *dauernden* Veränderungen der Dampfzuströmung werden also mittels dieser Klappe mit der Hand geregelt, die *vorübergehenden* Veränderungen regelt die Maschine selbst, durch die Kehlklappe. So kann man dem Dampf eine sehr geräumige Durchgangs-Öffnung geben, kann aber auch diese Öffnung während der Bewegung der Maschine nach Belieben verengen.

319.

Von der Stellklappe gelangt der Dampf in die Dampfröhre *A*, welche ihn nach den beiden Büchsen *b* und *b'* (Fig. 77 *a.*) für die Schiebeklappe führt. Diese Büchsen sind durch eine wagerechte Scheidung in zwei Fächer getheilt. *A* steht mit dem *obern* Fach der obern Büchse durch die Öffnung *x* (Fig. 77 *c.*) und mit dem *untern* Fach der untern Büchse durch die Öffnung *x'* in Verbindung. Das *untere* Fach der obern und das *obere* Fach der untern Büchse stehen gegenseits durch die Öffnungen *y* und *y'* mit der Röhre *E* für die Ausströmung nach dem Niederschlaggefäfs in Verbindung. Die Schiebeklappe ist aus zwei hohlen halben Röhren *d* und *d'* (Fig. 77. und 77 *c.*) zusammengesetzt, welche durch eine lothrecht stehende Stange *d''* mit einander verbunden sind und sich mit sanfter Reibung in den Öffnungen der Scheidung der beiden Schiebeklappenbüchsen bewegen. Diese beiden halben Röhren sind unten durch einen platten Boden verschlossen, so, dafs wenn die Schiebeklappe gehoben ist, wie es die Figur vorstellt, die *obere* halbe Röhre *d* die Verbindung zwischen der Mündung 1 des Dampfstiefels und der Eintritts-Öffnung x für den Dampf verschliefst und zugleich die Ausgangs-Öffnung y (Fig. 77 *c.*) für den Dampf offen hält, während in demselben Augenblick die untere halbe Röhre d', da sie höher als die Eintritts-Öffnung 2 steht, dieselbe offen läfst, so dafs der Dampf durch x' in den Dampfstiefel treten kann, und dann gegentheils die Ausgangs-Öffnung y' verschliefst. So also, wie die Schiebeklappe gezeichnet ist, tritt der Dampf durch 2 *unter* den Kolben in den Dampfstiefel, und zugleich strömt der *über* dem Kolben befindliche Dampf durch 1 aus dem Stiefel aus. Das Gegentheil erfolgt, wenn die Schiebeklappe unten angelangt ist; so dafs also der Dampfkolben vom Dampf abwechselnd nach unten und nach oben getrieben wird. Damit nicht der Dampf um die beiden halben Röhren d, d' herum entweichen könne, läfst sich durch die Schrauben d'', d'', d'', d'' die Wergverdichtung andrücken; wie man es in Fig. 77 *a.* und 77 *c.* sieht.

320.

Die Dampfkolbenstange, welche von Metall ist, hat oben bei *R* ein Gelenk, und fasset bei *T* den grofsen Wagebalken der Maschine. An das andere Ende desselben, bei *F*, ist die Bläuelstange *f* befestigt, welche in die Kurbel f' an der wagerechten Welle *G* greift; die also auf diese Weise durch die Auf- und Abbewegung des Dampfstiefels umgedreht wird. Das Schwungrad an der Welle *G*, dessen Wirkungen im 3ten Abschnitt VII. beschrieben sind, ist hier in diesem Falle gezahnt und greift in weitere Räder.

321.

Die Röhre *E* führt den Dampf, welcher seine Dienste gethan hat, aus dem Dampfstiefel in das Niederschlaggefäfs *H.* Dieses, schon weiter oben beschriebene Gefäfs ist luftdicht verschlossen, um die Luft aus seinem Innern abzuhalten. Durch einen Hahn, der nach Belieben mittels des Gestänges h', h'', h''' Fig. 77 *a.* mehr oder weniger geöffnet und verschlossen werden kann, so wie durch die Röhre *h*, läfst sich kaltes Wasser in das Kühlfafs zum Niederschlagen des Dampfs einspritzen. Das aus dem Dampf niedergeschlagene Wasser sammelt sich auf dem Boden des Niederschlaggefäfses, von wo es weiter fortgeschafft wird. Dazu dient die Pumpe *I* (Fig. 77 *c.*) in der Nähe des Kühlfasses, welche *Luftpumpe* genannt wird, weil sie zugleich die beim Kochen aus dem Wasser entwickelte Luft aushebt. Der Kolben der Pumpe hat Klappen *i* und bewegt sich in dem Pumpenstiefel senkrecht auf und nieder. Beim

Aufsteigen verdünnt er die Luft unter sich; dadurch öffnet sich die Klappe i'', und Wasser und Luft aus dem Niederschlaggefäfs treten in die Pumpe *unter* den Kolben. Wird der Kolben wieder hinunter getrieben, so drückt er die Luft unter sich zusammen, die Klappe i'' verschliefst sich, die Klappen i', i' öffnen sich, und Luft und Wasser treten *über* den Kolben. So wird abwechselnd weiter Luft und Wasser aus dem Niederschlaggefäfs aus- und in die Höhe gepumpt, bis sich die Klappe k öffnet und das Wasser in das Heifswassergefäfs K gelangt. Da die Klappen alle nur nach diesem hin sich öffnen, so kann das ausgepumpte Wasser nie zurückfliefsen. Die Pumpe hat den nöthigen Durchmesser, und ihre Kolbenstange, deren Durchgang durch die Decke der Pumpe mit Werg verdichtet ist, greift in den grofsen Wagebalken der Maschine, welcher also die Pumpe in Bewegung setzt. Man sieht noch in den drei Figuren eine Röhre oo, welche das Niederschlaggefäfs mit der Dampfröhre A in Verbindung bringt. Diese Röhre oo dient beim Anfange der Bewegung, Dampf in das Niederschlaggefäfs gelangen zu lassen, um dadurch, wie es in §. 197. beschrieben ist, die Luft aus demselben hinauszutreiben, welche sich darin während des Stillstandes der Maschine gebildet hat.

322.

Die Kolbenstangen des Dampfstiefels und der Luftpumpe werden durch das Vierseit $TtT't'$, dessen Wirkungen in §. 193. und 194. beschrieben worden sind, in ihren lothrechten Bahnen gehalten. Zu dem Ende haben sie an ihren beiden Enden Gelenke. Und dann wird der Winkel t' des Vierseits durch eine in der Figur hinter der Stange $t't$ versteckte Stange $t'R$, von gleicher Länge mit OT', an einem Zapfen R festgehalten, der an dem unbeweglichen Gerüst der Maschine fest ist. So verschiebt die Stange Rt' das Vierseit, wenn sich der Punct T' in Folge der Bewegung des Wagebalkens von dem Loth durch die Axe der Pumpe rechts oder links entfernt hat, und zieht den Punct t' um *eben so viel*, als die Verschiebung beträgt, nach der *entgegengesetzten* Seite; was daher die Folge hat, dafs nun die *Mitte* i'' der Stange, welche die Puncte t' und T' verbindet, im Loth bleibt. Ferner wird, wenn man durch O und i'' eine gerade Linie zieht, diese Linie die Stange Tt in t treffen, indem T' gerade in der Mitte zwischen O und T liegt. Dies wird für jede Stellung des Wagebalkens der Fall sein, weil immer $Tt:T'i''=OT:OT'$ ist. Also werden die beiden Dreiecke OTt und $OT'i''$ immer *ähnlich* sein, und folglich wird der Punct t eine der Bahn von i'' ganz ähnliche Linie beschreiben, mithin eine *lothrechte gerade* Linie. Folglich wird auch die in *t* angehängte *Dampfkolbenstange* sich immer in der Axe des Dampfstiefels bewegen.

323.

Nach (§. 321.) gelangt das durch die Luftpumpe aus dem Kühlfafs gepumpte heifse Wasser in das Gefäfs *K* (Fig. 77 *c.*). Von hier schöpft es weiter die *Heifswasserpumpe* *k'* (Fig. 77 *a.*), die ebenfalls durch die Stange *k''*, welche in *T'''* ein Gelenk hat, vom Wagebalken der Maschine in Bewegung gesetzt wird. Die Pumpe hebt das Wasser durch eine untere Klappe und prefst es durch eine obere Klappe in die Speiseröhre, welche es in den Dampfkessel treibt; so wie solches in §. 140. beschrieben und in Fig. 35. Taf. No. 5. vorgestellt ist. Die Röhre *z* (Fig. 77 *a.*) dient, das überflüssige Wasser abfliefsen zu lassen.

324.

Die nothwendige beständige Einströmung von kaltem Wasser in das Kühlfafs, zum Niederschlage des Dampfs, wird durch eine dritte Pumpe, die *Kalt*wasserpumpe hervorgebracht, welche das Wasser aus einem Brunnen in das Kühlfafs schafft. Auch diese Pumpe setzt der grofse Wagebalken der Maschine in Bewegung, gleich den andern. Ist etwa kaltes Wasser durch natürlichen Zuflufs zu haben, so fällt diese dritte Pumpe weg.

325.

Die Abwechselung der Einströmung des Dampfs in den Dampfstiefel, über und unter den Kolben, erfolgt nach der obigen Beschreibung durch die Auf- und Abbewegung der Schiebeklappe. Diese letzte Bewegung wird durch eine Scheibenkurbel *L* hervorgebracht, von welcher man in Fig. 77 *a.* einen Theil sieht, und die der in §. 167. und 168. beschriebenen und in Fig. 49. Taf. No. 7. vorgestellten Scheibe ähnlich ist. Sie ist eine kreisrunde Scheibe, welche so auf die Welle *G* befestigt ist, dafs ihr Mittelpunct *nicht* in die Axe von *G* trifft, so dafs sich also beim Umlauf der Welle der Mittelpunct der Scheibe hin- und herbewegt. Die Scheibe umgiebt ein Halsband, in welchem sie sich frei drehen kann. Das Halsband kann sich wegen der Stange, durch welche es mit der Schiebeklappe in Verbindung steht, *nicht* drehen, und wird also beim Umlauf der Welle und der Scheibe blofs rechts und links, hin- und hergeschoben. Diese wagerechte Hin- und Herbewegung wird durch die Stange *l* auf eine wagerechte Welle *l'* und von dieser durch die Stange *l''* auf eine zweite wagerechte Welle *m* mit dem Hebel *m'* übertragen, so dafs dieser auf- und absteigt. Mittels seines Gelenkes treibt er dann die Stange *n* der Schiebeklappe auf und ab; was nun die Abwechselung der Einströmung des Dampfs in den Dampfstiefel über und unter den Kolben zur Folge hat. Damit beim Eintritt der Stange *n* in die Dampfbüchse nicht Luft mit hineindringe, ist die Stange in eine mit Werg verdichtete Büchse oder Hülse *n'n'* eingeschlossen, die sich mit ihr bewegt und eine ins Innere führende Röhre umgiebt. Dem Gewicht der Schiebeklappe hält ein Gewicht *q* an der Achse *m* (Fig. 77 *a.*) die Wage, so dafs die Maschine nicht die Schiebeklappe zu *heben,* sondern nur ihre Reibung zu überwinden hat. An der Achse *m* sind noch Hebel, um die Schiebeklappe unabhängig von der Kurbelscheibe bewegen zu können, wenn die Scheibe ausgehakt ist.

326.

Die Steurung der Maschine geschieht durch sie selbst, vermittels der Schwungkugeln *p*. Die Schwungkugel-Achse wird mittels zweier Winkelräder von der Welle *G* umgedreht. Die Schwungkugeln haben eine gewisse Lage, wenn die Geschwindigkeit der Bewegung so stark ist, wie sie sein soll: nimmt sie darüber hinaus zu, so entfernen sich die Kugeln mehr von ihrer Achse: nimmt sie ab, so nähern sie sich ihr. Die Hebung oder Senkung der Kugeln an der Achse hebt oder senkt eine um die Achse *p* frei sich auf- und abbewegende Hülse, und die Auf- und Abbewegung derselben wird durch die Hebel p', p'', p''' (Fig. 77 *a.*) nach der Kehlklappe hingeleitet, welche die Zuströmung des Dampfs in den Stiefel regelt. So wie die Geschwindigkeit zunimmt, wird auf diese Weise die Kehlklappe etwas mehr verschlossen und folglich die Ursach der Beschleunigung der Bewegung gehoben, und umgekehrt; so dafs der Gang der Maschine immer möglichst gleichförmig bleibt; wie dies in §. 204. beschrieben worden ist.

II. Beschreibung einer Wattschen Maschine für Dampfschiffe.

327.

Da die *Watt*schen Maschinen für die *Dampfschiffahrt* am meisten gebräuchlich sind, so wollen wir hier die kurze Beschreibung einer in der berühmten Werkstatt von *Fawcett* und *Preston* zu *Liverpool* erbauten Dampfschiffmaschine geben. Die Figuren 81 bis 84. Taf. No. 17. und 18. stellen sie vor, und dieselben Theile sind immer durch die gleichen Buchstaben bezeichnet. Diese Maschine hat keinen Wagebalken; wovon wir etwas weiter unten den Vortheil für Dampfschiffe auseinandersetzen werden.

328.

AAA (Fig. 81.) ist die Grundschwelle der Maschine, ***B*** der Dampfstiefel, *b* sein Deckel, *C* der metallene Dampfkolben. Oben an der Kolbenstange *C* ist ein Kreuz ***DDDD*** (Fig. 83.), welches mit seinen vier Enden die vier senkrechte Stangen ***d, d, d, d*** fasset, die an den Seiten des Stiefels hinabgehen. Unten sind diese Stangen, zu je zweien an der gleichen Seite, durch ein Querstück *d′ d′* (Fig. 82.) verbunden, so dafs also an jeder Seite des Stiefels ein solches Querstück ist. Nach dem Stiefel hin hat jedes Querstück *d′* einen Knaggen (talon) *t* (Fig. 83.), welcher in eine längs dem Stiefel hinunterlaufende Rinne oder Leiste gleitet, so dafs beim Auf- und Absteigen des Kolbens der Knaggen dieser Rinne folgen mufs und dadurch die Stangen ***d, d*** und folglich die Kolbenstange selbst immer in ihrer senkrechten Bahn gehalten werden. In ihrer Mitte fasset jedes der beiden Querstücke *d′, d′* durch ein Gelenk eine Bläuelstange *e*, und diese beiden Bläuelstangen vereinigen sich durch das Querstück *e′* zu der einzigen Stange ***E***, welche mittels der Kurbel *g* die Welle ***G*** der Schiffsräder umdreht (Fig. 82. 83. 84.). So also setzt der Dampfkolben die Räder des Schiffs in Bewegung, und man sieht, dafs sich die Bläuelstange ***E*** nicht unmittelbar an die Kolbenstange *c* anbringen läfst, weil sie dann zu kurz sein, die Bewegung zu stofsweise vor sich gehen und die Reibung zu stark sein würde.

329.

Die Öffnungen zum Eintritt des Dampfs in den Stiefel sieht man in 1 und 2 (Fig. 81.). ***HH*** ist die Schiebeklappe. Die Stange *h* setzt sie in Bewegung, und *h* ist ihre Höhlung, aus welcher der Dampf vertheilt wird. ***hh*** selbst ist die hohle halbwalzenförmige Röhre, deren abgerundeter Theil in *h″, h″*, mit Werg verdichtet, angedrückt wird, so dafs der flache Theil luftdicht auf die beiden Dampf-Öffnungen schliefst; wie solches in §. 157. näher beschrieben ist. Die Büchse ***F*** der Schiebeklappe ist stets mit dem Niederschlaggefäfs ***I*** durch die an beiden Enden offene Röhre ***HH*** in Verbindung, so dafs also die Büchse ***F*** immer nur mit theilweise niedergeschlagenem Dampf gefüllt ist. Der Dampf aus dem Kessel tritt in den Raum *h*, aus welchem er abwechselnd über und unter den Dampfkolben gelangt. In der Stellung, welche die Schiebeklappe in der Zeichnung Fig. 81. hat, tritt der Dampf aus dem Kessel durch 2 *unter* den Kolben und treibt ihn nach *oben*, während zugleich der Dampf *über* dem Kolben, der seine Dienste gethan hat, durch 1 und ***HH*** nach dem Kühlfafs hin ausströmt. Beim Niedergang des Kolbens verhält es sich umgekehrt.

330.

Die Auf- und Abbewegung der Schiebeklappe wird durch die *Scheibenkurbel K* (Fig. 81. und 82.) hervorgebracht, welche auf der Welle der Schiffsräder steckt. Ihre Bläuelstange *k* greift mit einer gewöhnlichen Klaue in den Hebel *k'*, welcher die Achse *o* dreht. Diese setzt weiter den Hebel *o'* und die kleine Stange *o''* in Bewegung, so dafs dadurch die Schiebeklappenstange abwechselnd auf- und niedergetrieben wird. Die letztere Stange gleitet mit einem Querstück *h'''* zwischen gleichlaufenden Leitungen *u, u* (Fig. 81.), welche sie in ihrer Bahn halten. Das gezahnte Radstück *t'* dient, die Schiebeklappe beim Anfange der Wirkung des Dampfs unabhängig von der Scheibenkurbel in Bewegung zu setzen. Man hakt, wenn dies geschehen soll, die Bläuelstange der Scheibenkurbel durch die in Fig. 82. gezeichnete Vorrichtung aus. Es wird nemlich der Splint, welcher die Achse hält, zurückgezogen und der kleine Hebel *k''* zurückgedrückt; dann tritt die Achse o''' aus der Klaue heraus und wird in der Gabel *z* frei, so dafs nun die Scheibenkurbel nicht mehr auf die Schiebeklappe wirken kann. Dann setzt man mittels des Speichenrades *T* und des Getriebes *T* das gezahnte Rad *t'* in Bewegung, welches nun mittels des Hebels *o'* die Schiebeklappe nach Erfordern hebt oder senkt. Die festen Stangen *T, T'* tragen das Getriebe *t* für das Rad *T*.

331.

Das *Niederschlaggefäfs* sieht man in Fig. 81. in *I*, die *Luftpumpe* in *L* und das *Heifswassergefäfs* in *M*. Das aus dem Dampf niedergeschlagene Wasser sammelt sich am Boden des Kühlfasses und drückt dort auf die Klappe *i*. So wie der Kolben der Luftpumpe in die Höhe steigt, verdünnt sich unter ihm die Luft: also öffnet sich die Klappe *i*, und das Wasser, nebst der aus dem Dampf gekommenen Luft, dringt durch dieselbe aus dem Kühlfafs unter den Kolben der Luftpumpe. Bewegt sich hierauf der Kolben der Luftpumpe nach unten, so schliefst sich die Klappe *i*; dagegen öffnen sich die Klappen *l', l'* im Kolben, und Wasser und Luft dringen von unterhalb des Kolbens über denselben. Steigt weiter der Luftpumpenkolben wieder in die Höhe, so schliefsen sich die Klappen *l', l'*, der Kolben hebt das Wasser hinauf und treibt es durch die Klappen *m, m* in das Gefäfs *M*. Und so umgekehrt weiter. Alle Klappen der Pumpen öffnen sich nur nach einer Richtung, so dafs kein Wasser zurückfliefsen kann. Die Kolbenstange *l''* der Pumpe geht durch den festen Deckel der Pumpe und die Durchgangs-Öffnung ist mit Werg verdichtet.

332.

An jeder Seite der Luftpumpe ***L*** ist eine ***Heifswasserpumpe n*** (Fig. 82. und 83.). Die Kolbenstangen dieser beiden Pumpen liegen mit der Kolbenstange der Luftpumpe in einer Linie, so dafs alle drei zugleich durch das gemeinschaftliche Querstück ***N*** in Bewegung gesetzt werden. Dieses Querstück hat an jedem Ende eine kleine Bläuelstange ***p***, welche mit einem Gelenk in einen Wagebalken ***PP*** greift, dessen anderes Ende mittels einer andern Bläuelstange mit dem Eingangs gedachten Querstück ***d'*** in Verbindung steht. So also wird durch das Auf- und Absteigen des Dampfkolbens auch das Querstück ***N*** entgegengesetzt hinab- und hinaufbewegt, folglich auch der Luftpumpenkolben, so wie die Taucher ***n'***, ***n'*** der beiden Heifswasserpumpen. Um die Kolbenstangen dieser drei Pumpen stets in ihrer Bahn zu halten, haben die Kolbenstangen der Heifswasserpumpen Verlängerungen *q*, *q*, welche in Dillen an den Enden der Arme ***Q***, ***Q*** laufen. Die Heifswasserpumpen sind den in §. 140. beschriebenen ähnlich. Wenn der Stempel der Pumpe sich hinaufbewegt, tritt das heifse Wasser aus ***M*** durch die Röhre *x* in den Pumpenstiefel ***n***, und wenn der Stempel wieder hinabgetrieben wird, wird es durch die Röhre *y*, deren Klappe es aufdrückt, in den Kessel getrieben, weil alsdann die Klappe in *x* geschlossen ist und also das Wasser nicht nach ***M*** zurücktreten kann; ganz so wie es Fig. 35. Taf. No. 5. vorstellt. Bei einigen Schiffmaschinen findet man auch, statt der Lenkrinnen an den Seiten des Dampfstiefels, mit Vortheil ein gewöhnliches Vierseit zur Lenkung der Kolbenstangen, welches dann auch zugleich für die Luft- und die Heifswasserpumpen dient.

333.

Wie man in Fig. 83. und 84. sieht, befinden sich auf dem Schiffe ***zwei gleiche Maschinen***, nebeneinander, welche eine und dieselbe Radwelle in Bewegung setzen. Damit dies ***gleichförmiger*** geschehe, sind die Kurbelbuge aufeinander senkrecht gestellt. Die Maschinen haben keine regelnde Schwungkugeln. Die Stellung der Scheibenkurbeln zur Bewegung der Schiebeklappen zeigen die Figuren. [„Diese Maschinen sind also im wesentlichen ganz den „***Dampfwagen***maschinen ähnlich." D. H.]

334.

Die hier beschriebene Maschine hat *keinen Wagebalken,* und gehört also zu denen, welche man *unmittelbar-wirkende* nennt. Es giebt auch Schiffmaschinen mit zwei Wagebalken, die seitwärts neben den Dampfstiefeln und gegen den Boden derselben hin liegen, statt über den Stiefeln; wo dann den Bläuelstangen der Kurbeln eine bedeutende Länge gegeben werden kann, ohne das Lager der Wagebalken über das Deck des Schiffs zu legen. Da es aber eine wesentliche Bedingung ist, dafs Schiffmaschinen so wenig als möglich *schwer* seien, und möglichst *geringen Raum* einnehmen, so hat man längst sich bemüht, sie zu vereinfachen und die Wagebalken wegzulassen. Bei den ersten Maschinen dieser Art brachte man die Bläuelstangen der Kurbeln unmittelbar an das obere Ende der Dampfkolbenstangen an. Da sie aber auf diese Weise nur sehr kurz sein konnten, so wirkten sie unter einem zu spitzen Winkel auf die Kurbel; was die Maschinen angriff und die Reibung vergröfserte; weshalb man denn gezwungen wurde, den Kolben nur einen sehr kurzen Lauf zu geben. Man mufste also andere Abhülfen suchen. Eine war, *zwei* Stiefel zu machen und die Bläuelstangen in ein Querstück greifen zu lassen, welches unten lag und von den beiden Dampfkolben in wagerechter Lage bewegt wurde. Da indessen *zwei* Stiefel mehr Reibung haben und mehr Brennstoff erfordern, als einer, indem eine gröfsere Fläche der Abkühlung ausgesetzt und mehr Dampf niederzuchlagen ist, so haben andere Maschinenbauer wieder nur einen einzelnen Stiefel gemacht, aber die Bläuelstange in ein Querstück unterhalb des Stiefels greifen lassen. Die hier beschriebene Maschine ist von dieser Art, aber sie hat noch den Vorzug, dafs die Kolbenstange durch Vermittlung eines Kreuzes auf die untere Querstange wirkt; was eine noch weitere Verminderung der Breite des Raums für die Maschine gewährt und das Drehen des Querstücks verhindert, welches Statt finden kann, wenn nur ein einfaches Querstück an der Kolbenstange vorhanden ist. So genügt der Maschine der durch die Weglassung der Wagebalken verminderte Raum und man gewinnt den Vortheil so langer Bläuelstangen und so beträchtlicher Kolbenhube, als zu wünschen sind. Maschinen dieser Art erfordern ein Drittheil weniger Raum, als andere mit Wagebalken.

Zweite Abtheilung.

Practische Formeln zur Berechnung der Wirkung Wattscher Maschinen von doppelter Wirkung; mit einem Beispiel in Zahlen.

I. Entwicklung und Anwendung der Formeln.

335.

Da die *Watt*schen Maschinen von doppelter Wirkung ***keine Absperrung*** haben, so sind die dafür passenden Formeln die nemlichen wie die im 4ten Abschnitte für stehende Hochdruckmaschinen. Blofs die Dampfspannung P im Kessel ist hier geringer, und p drückt nicht den Druck der äufsern Luft, sondern die Spannung aus, welche noch der theilweise niedergeschlagene Dampf hat.

Wir werden daher auch die obigen Ausdrücke in Buchstaben nicht wiederholen, sondern sie sogleich in Zahlen geben und zu dem Ende die Werthe der darin vorkommenden unveränderlichen Gröfsen suchen.

336.

Wegen der *Spannung p* des niedergeschlagenen Dampfs ist zunächst folgende Bemerkung zu machen. In gutgebauten Maschinen, wohlversehen mit Wasser, welches nie über 15 Centigrade Wärme hat, zum Niederschlage der Dämpfe, beträgt die Spannung ***im Kühlgefäfs***, mit dem Spannungsmesser gemessen, gewöhnlich nur noch $1\frac{1}{2}$ Pfund auf den Quadratzoll (Engl.). Aber dies ist nicht der in Rechnung zu bringende Werth von p der Spannung des niedergeschlagenen Dampfs im Dampfstiefel und unter dem Kolben. Denn der Niederschlag des Dampfs erfolgt nur allmälig, auf seinem Wege von dem Dampfstiefel nach dem Niederschlaggefäfs hin, und da nun die Geschwindigkeit dieser Bewegung nur von dem Unterschiede der Spannung des Dampfs im Stiefel und der Spannung der verdünnten Luft im Kühlfafs abhängt, so folgt, dafs sich nur erst allmälig ein Gleichgewicht zwischen der Spannung im Stiefel und im Kühlfafs herstellen kann, und dafs der *mittlere* Betrag der Spannung während der Bewegung stärker sein mufs als die im Niederschlaggefäfs. Unmittelbare Versuche mit dem *Watt*schen Spannungsmesser haben gezeigt, dafs bei gewöhnlichen Geschwindigkeiten und Maafsen der Dampf-Öffnungen die mittlere Spannung unter dem Kolben $2\frac{1}{2}$ Pfd. auf den Quadratzoll (Engl.) *mehr* beträgt als im Kühlfafs. Es ist daher $1\frac{1}{2}+2\frac{1}{2}=4$ Pfd. (Engl.) auf den Quadratzoll anzunehmen und folglich $1=4\cdot144$ (Engl.), mithin:

$$237. \quad p = 4{,}105\cdot144 = 591 \text{ (Pr.)}$$

zu setzen. Inzwischen mufs man p in jedem besondern Falle von neuem messen.

337.

Zur Schätzung der ***Reibung*** bei dieser Art von Maschinen hat man practische Regeln. Es ist allgemein angenommen und durch eine Menge von Messungen bestätigt, dafs für die Reibung *Watt*scher Maschinen, unter mäfsiger Belastung arbeitend, $2\frac{1}{2}$ Pfund Druck auf den Quadratzoll (Engl.) ***Kolbenfläche*** anzunehmen sei, wenn die Maschinen nur klein sind und wenig sorgfältig behandelt werden, und $1\frac{1}{2}$ Pfd. für die gröfsten und am besten gebauten. Unter der Reibung wird die zur Bewegung der Luftpumpe und der Heifs- und Kaltwasserpumpe nöthige Kraft mitbegriffen.

Unter mäfsiger Belastung versteht man etwa 8 Pfd. Druck auf den Quadratzoll (Engl.) Kolbenfläche. Nach unsern Versuchen mit Dampfwagen läfst sich annehmen, dafs die aus der Belastung entstehende ***zusätzliche*** Reibung der Maschine etwa den ***siebenten*** Theil der Belastung, also etwa 1 Pfd. auf den Quadratzoll (Engl.) beträgt. Zieht man dies von den obigen $2\frac{1}{2}$ und $1\frac{1}{2}$ Pfd. ab, so kann man setzen, dafs die Reibung *Watt*scher Maschinen, wenn sie *leer* gehen, $1\frac{1}{2}$ bis $\frac{1}{2}$ Pfd. auf den Q. Z. (Engl.) Kolbenfläche beträgt, nemlich $1\frac{1}{2}$ Pfd. für die kleinen Maschinen von etwa $17\frac{1}{2}$ Zoll Stiefel-Durchmesser, und $\frac{1}{2}$ Pfd. für die grofsen, mit Stiefeln von $48\frac{1}{2}$ Zoll weit. Da nun $1\frac{1}{2}$ und $\frac{1}{2}$ etwa umgekehrt sich verhalten wie $17\frac{1}{2}$ und $48\frac{1}{2}$ Zoll, so läfst sich die Reibung ***mittelgrofser*** Maschinen durch eine Verhältnifszahl ausdrücken. Für eine Maschine, gerade von mittler Gröfse, also mit $\frac{17\frac{1}{2}+48\frac{1}{2}}{2}=33$ Zoll oder $2\frac{3}{4}$ F. weitem Stiefel wird die Reibung auf $\frac{3}{4}$ Pfd. für den Quadratzoll (Engl.) Kolbenfläche zu schätzen sein. Demnach kann man, da die Reibung φ, wie vorhin bemerkt, umgekehrt wie der Durchmesser der Stiefel sich verhalten wird, φ in Engl. Fufsen und Pfunden durch $\frac{3}{4}\cdot144\cdot\frac{2\frac{3}{4}}{d}$ [oder in Preufsischen Fufsen und Pfunden] durch

$$238. \quad \varphi = 0{,}77 \cdot 144 \frac{2{,}67}{d} = \frac{269}{d}$$

ausdrücken. Diesen Ausdruck werden wir annehmen; und nicht blofs für die *Watt*schen Maschinen, für welche er gefunden ist, sondern auch für andere, für welche noch nichts Anderes ausgemittelt wurde; für letztere indessen nur als ein einstweiliges und näherungsweises Maafs der Reibung.

338.

Für die von der Belastung herkommende ***zusätzliche Reibung*** δ werden wir, in Ermanglung unmittelbarer Messungen, das Nemliche setzen, was wir bei Dampfwagen fanden. In der That ist es wahrscheinlich, dafs in den verschiedenen Arten von Maschinen die Lastreibung in demselben Maafse sich ändern werde, wie die Reibung φ der leergehenden Maschinen, weil beide Reibungen nur durch die Art der Einrichtung der Maschinen bestimmt werden. Bei den Dampfwagen fanden wir, dafs die Reibung der Last 0,14mal den Widerstand des Kolbens beträgt, und dafs sich die Reibung, ohne Belastung, nach Abzug des Widerstandes der Maschine als *Wagen*, auf 1,52 Pfd. für den Q. Z. (Engl.) Kolbenfläche beläuft; nemlich für Maschinen mit 11zölligen Stiefeln, die beide zusammen einem Stiefel von 15,55 Z. (Engl.) Durchmesser gleichkommen. Andrerseits findet sich nach der obigen Regel, dafs die Reibung, ohne Belastung, in einer *Watt*schen Maschine auf 1,6 Pfd. auf den Q. Z. (Engl.) Kolbenfläche anzuschlagen sei; was, nach Abzug der Kraft für die Luftpumpe und die Kaltwasserpumpe, die bei Dampfwagen nicht vorkommen, bis auf 1,52 Pfd. sich vermindern dürfte. Es läfst sich demnach schliefsen, dafs die Reibung beider Arten von Maschinen ungefähr die nemliche sein dürfte. Wir setzen daher, bis auf Weiteres, Genaueres, auch für *Wattsche Maschinen*, wie (213.),

$$239. \quad \delta = 0{,}14.$$

§. 339.

Weiter ist zufolge (59. 1.) hier

$$240. \quad m = 4\,212\,576 \quad \text{und} \quad n = 257$$

zu setzen, und für den Spielraum des Kolbens im Stiefel wieder 5 pr. c., also

$$241. \quad c = 0{,}05\lambda.$$

[„Setzt man diese unveränderlichen Zahlenwerthe zunächst in die obigen all„gemeinen Formeln (110. 111. und 113.), die hier, wo keine ***Absperrung*** „Statt findet, also nach (108.) $k = \frac{\lambda}{\lambda + c}$ ist, in

242. $v = \frac{m\lambda S}{(\lambda+c)a[n+(1+\delta)r+p+\varphi]}$ (110.),

243. $ar = \frac{m\lambda S}{(\lambda+c)(1+\delta)v} - \frac{a(r+p+\varphi)}{1+\delta}$ (111.) und

244. $S = av\frac{n+(1+\delta)r+p+\varphi}{m\cdot\frac{\lambda}{\lambda+c}}$

„übergehen, so erhält man die Ausdrücke für den allgemeinen Fall; und setzt „man sie in die Formeln (126. 131. und 139.) für den Fall der *möglich-„größten Wirkung,* die hier in

245. $v_1 = \frac{mS\lambda}{a(n+P)(\lambda+c)}$ (126.),

246. $ar_1 = \frac{a}{1+\delta}\left[\frac{\lambda}{\lambda+c}\cdot\frac{\lambda+c}{\lambda}(n+P)-(n+p+\varphi)\right] = \frac{a}{1+\delta}(P-p-\varphi)$ (131.)

„und

247. $S_1 = av_1\frac{n+P}{m\cdot\frac{\lambda}{\lambda+c}}$ (139.)

„übergehen, so erhält man, wenn man bemerkt, dafs nach (240. und 241.)

248. $\frac{m\lambda}{\lambda+c} = \frac{4212576\cdot 1}{1{,}05} = 4001197$

„ist, Folgendes." D. H.]

Practische Formeln für Wattsche Maschinen von doppelter Wirkung.

A. Im Allgemeinen.

249. $v = \frac{4001197\,S}{a(257+(1+\delta)r+p+\varphi)}$ Fufs Pr. Weg des Kolbens in der Minute;

250. $ar = R = \frac{4001197\,S}{(1+\delta)\,v} - \frac{a(257+p+\varphi)}{1+\delta}$ Pfd. Pr. Nutzwirkung des Kolbens;

251. $S = \frac{av(257+(1+\delta)r+p+\varphi)}{4001197}$ Cub. F. Pr. in der Minute verdampftes Wasser;

woraus sich weiter W, $\frac{W}{\varepsilon}$, $\frac{W}{N}$, $\frac{W}{S}$, Q, O, $\frac{1}{Q}$ und $\frac{1}{O}$ auf dieselbe Weise finden, wie die Form. (223 — 230.).

B. Für die möglich-gröfste Wirkung.

252. $v_1 = \frac{4001197\,S}{a(257+P)}$ Fufs Pr. Weg des Kolbens in der Minute;

253. $a r_1 = R_1 = \frac{a(P-p-\varphi)}{1+\delta}$ Pfd. Pr. Nutzwirkung des Kolbens;

254. $S_1 = \frac{a v_1 (257+P)}{401197}$ C. F. Pr. in der Minute verdampftes Wasser.

340.

Um eine Anwendung von diesen Formeln zu geben, wollen wir die zu London von *Watt* bei den Mühlen, *Albion mills* genannt, erbaute Maschine zum Beispiel nehmen, mit welcher auch *Watt* selbst, bald nach der Errichtung der Maschine Versuche angestellt hat. Diese Maschine hat folgende Maafse:

255.
- Der Dampfstiefel hat 33 Z. Pr. Durchmesser, so dafs $a = 5{,}929$ Q. F. Pr. ist.
- Der Kolbenhub ist $\lambda = 7{,}77$ F. Pr.
- Der Spielraum des Kolbens am Boden des Stiefels ist $c = 0{,}05\,\lambda$.
- Die gesammte Dampfspannung im Kessel betrug 16,93 Pfd. Pr. auf den Quadratzoll Pr.; so dafs also $P = 144 \cdot 16{,}93 = 2438$ Pfd. ist.
- Die gesammte Wasser-Verdampfung betrug in der Minute 0,849 C. F. und nach Abzug von dem 20ten Theil für das vom Dampf mit fortgerissene Wasser, 0,807 Cub. F. *wirksame* Wasser-Verdampfung.
- Der Verbrauch an Kohlen in 1 Minute war $N = 6{,}58$ Pfd. Pr.

Die Maschine war bestimmt, regelmäfsig mit 248 F. Kolbenweg in der Minute zu arbeiten; aber bei den von *Watt* im Beisein von Sir *J. Rennie* damit angestellten Versuchen legte der Kolben 278 F. in der Minute zurück, während die oben angegebene Masse Wasser und Kohlen verbraucht wurden. (Man sehe *Farey* „On the steam-engine p. 515 etc.") Setzt man dies in die obigen Ausdrücke, so ergiebt sich [alles in Preufs. Maafs und Gewicht]

			Für die Kolben-Geschwindigkeit von		Für die möglich-größte Wirkung.	
256.	1.	$v =$	278 F. ...	248 F. ...	202 F.	Geschwindigkeit des Kolbens.
	2.	$R = ar =$	5223 Pfd. ...	6419 Pfd. ...	8840 Pfd.	Kraft des Kolbens.
	3.	$\frac{r}{144} =$	5,77 Pfd. ...	7,09 Pfd. ...	9,67 Pfd.	Druck auf den Q. Z.
	4.	$S =$	0,807 C. F. ...	0,807 C. F. ...	0,807 C. F.	Wasser-Verdampfung.
	5.	$W = Rv =$	1451994 ...	1591912 ...	1785680	Nutzwirkung in der Minute.
	6.	$\frac{W}{\varepsilon} =$	47 ...	51 ...	58	Pferdekräfte in der Minute.
	7.	$\frac{W}{N} =$	220668 ...	241932 ...	271379	Nutzwirkung von 1 Pfd. Brennstoff.
	8.	$\frac{W}{S} =$	1799249 ...	1972629 ...	2212738	Nutzwirkung von 1 C. F. Wasser.
	9.	$Q =$	0,139 ...	0,125 ...	0,113	Pfd. Brennstoff auf die Pferdekraft.
	10.	$O =$	0,019 ...	0,018 ...	0,016	C. F. Wasser auf die Pferdekraft.
	11.	$\frac{1}{Q} =$	7,19 ...	8,00 ...	8,85	Pferdekräfte auf 1 Pfd. Brennstoff.
	12.	$\frac{1}{O} =$	50 ...	56 ...	62	Pferdekräfte auf 1 C. F. Wasser.

Man sieht hieraus, dafs diese Maschine, je nach der Belastung und Geschwindigkeit des Kolbens, eine Kraft von 47 bis 58 Pferden hatte.

341.

Bei den obigen Ausdrücken ist zu bemerken, dafs sie nur gelten, wenn die verschiedenen vorausgesetzten Bedingungen erfüllt werden. Aber da mehrere Umstände, die man häufig nicht in Betracht zieht, gar verschieden sind, so ist noch Folgendes zu erinnern.

Erstlich. Da die Wirkung einer Maschine ganz von der Wasser-Verdampfung abhängt, so ist es unmöglich, diese Wirkung zu schätzen, ohne jedesmal die Verdampfung wirklich gemessen zu haben.

Zweitens. Eben so nöthig ist es, die Spannung des Dampfs im Kessel und im Niederschlaggefäfs zu messen, weil auch davon unmittelbar die Wirkung abhängt.

Drittens. Die Wirkung eines bestimmten *Gewichts* von Brennstoff ist sehr verschieden. Von den verschiedenen in England benutzten Arten von Kohlen schwankt die Wirkung nach *Smeatons* Versuchen in dem Verhältnifs von 86 bis 133; von gleichen Kohlen wirkten kleine Stücke gegen eigrofse in dem Verhältnifs von 80 zu 100. Und wenn die Kohlen in zu dicken Schichten aufgeschüttet, nicht genug gestochert werden und das Feuer nicht gehörig geleitet wird, kann die Wirkung bis auf Fünfsechstel abnehmen. Alle diese Umstände können also die Wirkung eines *gleichen Gewichts von Kohlen* bis auf

$$257. \quad \tfrac{86}{133} \cdot \tfrac{80}{100} \cdot \tfrac{5}{6} = \tfrac{43}{100}$$

vermindern, also bis auf weniger als die Hälfte.

Aufserdem hangt offenbar die Wirkung eines bestimmten Gewichts von Brennstoff von der mehr oder weniger angemessenen Einrichtung der Esse und des Kessels, so wie von der etwaigen Verstopfung der Züge und von dem Ansatz von Rinden im Kessel ab. Es ist daher völlig unmöglich, einen richtigen Vergleich der Wirkungen verschiedener Maschinen auf das Maafs des *Brennstoffs* zu gründen, der hie und dort diese oder jene Wirkung hervorgebracht hat.

[„Offenbar läfst sich immer nur mit Sicherheit berechnen, welche Wir- „kung die Maschine haben werde, wenn die *bewegende Kraft*, also die „Spannung des Dampfs im Kessel und im Niederschlaggefäfs gegeben, also „in der Wirklichkeit mit dem Spannungsmesser gemessen ist; so wie die „Masse des in einer bestimmten Zeit verbrauchten Dampfs. Welche Masse von „*Brennstoff* weiter nöthig sei, die bewegende Kraft *hervorzubringen*, können „einzig und allein Versuche in *jedem besondern* Fall lehren; aus den von „dem Herrn Verfasser aufgezählten Gründen; nemlich wegen der Verschie- „denheit der Art des Brennstoffs, der Bauart der Essen u. s. w. *Verglichen* „kann die Wirkung von *verschiedenartig* gebauten Maschinen nur werden, „wenn man für sie die *gleichen* bewegenden Kräfte voraussetzt." D. H.]

II. *Bemerkungen über die Anwendung der gewöhnlichen Rechnungs-Art auf Wattsche Maschinen.*

342.

Da die *Watt*schen Maschinen die bekanntesten sind und man auf dieselben die gewöhnliche Theorie mit dem meisten Vertrauen anzuwenden pflegt, so werden wir noch einen Augenblick bei denselben verweilen und zu unsern Bemerkungen weiter oben, die Vergleichung der alten und der neuen Theorie betreffend, noch Einiges hinzufügen.

Einige Ingenieurs sind der Meinung, dafs in den *Watt*schen Maschinen, weil ihre Bewegung niemals sehr langsam ist und die Durchgangs-Öffnungen für den Dampf ansehnlich weit sind, nothwendig die *volle* Dampfspannung auf den Kolben wirken müsse. Es scheint ihnen, dafs, wenn die Gröfse des Dampfstiefels so berechnet ist, dafs z. B. 30 Stiefel voll Dampf in der Minute von der Spannung im Kessel zu erzeugen sind, daraus nothwendig folge, dafs auch die Maschine 30 Kolbenschläge in der Minute machen müsse; was für 7,77 F. Pr. Kolbenhube eine Geschwindigkeit des Kolbens von 233 F. in der Minute giebt, und dafs dann der Dampf im Stiefel keine andere Spannung haben könne, als im Kessel. Sie schliefsen daraus, dafs es, möge auch unsere Theorie richtig sein, wenigstens nicht nöthig sei, sie hier in diesem Falle anzuwenden, weil hier die gewöhnliche Rechnungs-Art das Nemliche geben müsse. Wir bemerken hierüber Folgendes.

343.

Da in den *Watt*schen Maschinen die Weite der Durchgangs-Öffnungen für den Dampf etwa den 25ten Theil des Querschnitts des Stiefels beträgt, und die Geschwindigkeit des Kolbens 200 bis 300 F. in der Minute, so folgt aus Dem, was wir in §. 25. etc. gesagt haben, dafs sie etwa in dem Falle von Dampf*wagen* sind; in welchen jedoch die Spannung des Dampfs im Stiefel von der im Kessel gar sehr verschieden sein kann.

Dafs ferner die Berechnung der Gröfse des Kessels, die man auf die Voraussetzung der Gleichheit der Spannung des Dampfs gründen möchte, unrichtig sein würde, ist leicht zu sehen. Gesetzt nemlich, der Kessel sei im Stande, in der Minute 30 Stiefel voll Dampf von 16 Pfd. Spannung auf den Quadratzoll zu liefern, und man gebe nun der Maschine eine Ladung, die, mit Inbegriff der Reibung, nur 8 Pfd Spannung auf den Kolben erfordert (was man meistens gar nicht weifs), so wird offenbar, sobald die Maschine in regelmäfsiger Bewegung ist, die Spannung des Dampfs im *Stiefel* nur 8 Pfd. auf den Quadratzoll betragen können. Was wird nun geschehen? Der Maschinist wird, da er weifs, dafs 30 Kolbenschläge in der Minute für die Maschine die Regel sind, ihr nicht mehrere gestatten; auch wird er die regelmäfsige Spannung von 16 Pfd. im Kessel aufrecht zu erhalten suchen. Zu dem Ende wird er die Kehlklappe so stellen und das Feuer so mäfsigen, dafs nur 30 Kolbenschläge erfolgen. Die Folge davon ist offenbar, dafs jetzt die *Verdampfung* vermindert worden ist. Denn da der Kessel 30 Stiefel voll Dampf von 16 Pfd. Spannung zu liefern im Stande ist, so vermag er 60 Stiefel voll von 8 Pfd. Spannung herzugeben: aber er liefert jetzt nur 30 Stiefel voll *solchen* Dampfs, weil nur so viel verbraucht werden: also wird offenbar jetzt nur *die Hälfte* des Wassers in Dampf verwandelt, und man kann daraus, dafs der Kessel so viel Dampf erzeugt, als er vermag, durchaus nicht schliefsen, dafs die Spannung des Dampfs im Stiefel der im Kessel *gleich* sei.

344.

Es ist leicht, sich zu überzeugen, dafs die *Watt*schen Maschinen, gleich allen andern, öfters mit sehr verminderter Spannung des Dampfs im Stiefel arbeiten. Der *Watt*sche Dampfspannungsmesser, an die Stiefel mehrer dergleichen Maschinen angebracht, während sie im regelmäfsigen Gange waren, hat gezeigt, dafs die Spannung des Dampfs im Stiefel mehrere Pfund auf den Quadratzoll weniger betrug, als im Kessel. Ferner hat *Watt* durch die Erfahrung gefunden, dafs für seine Maschinen ein Cubik*zoll* verdampften Wassers einen Cubik*fufs* Dampf, dessen Spannung für die Arbeit der Maschine zureichend ist, hervorbringe. Er hat diese Erfahrung in seinen Bemerkungen zu der *Robison*schen Dampfmaschinen-Encyklopädie verzeichnet (S. The articles Steam and Steam-engines by *John Robison*, with Notes and Additions by *James Watt*. Edinburg 1818. p. 145.). Es tritt demnach in den Stiefel Dampf, welcher 1728 mal so viel Raum ausfüllt, als das Wasser, aus welchem er entstand. Aber dieser Dampf wurde im Kessel mit 16½ Pfd. Spannung auf den Quadratzoll (Engl.) erzeugt, und *solcher* Dampf nimmt nur 1530 mal so viel Raum ein, als das Wasser: also mufs nothwendig die Spannung des Dampfs bei seinem Übergange von dem Kessel in den Stiefel in dem Verhältnifs von 1728 zu 1530 *abnehmen*. Endlich vermögen bekanntlich die *Watt*schen Maschinen ihre gewöhnliche Wirkung noch um die Hälfte zu verstärken, ohne dafs etwas an der Maschine oder an der Geschwindigkeit ihrer Bewegung geändert wird. Also können sie in der Regel nicht mit der vollen Dampfspannung im Stiefel arbeiten; denn sonst wäre die Verstärkung unmöglich. Dafs diese Maschinen, eben wie andere, in der Regel nicht mit der vollen Spannung arbeiten, und selbst, dafs die Spannung des Dampfs im Stiefel abnehme und der Dampf dort sich stärker ausdehne, ist auch schon früher bemerkt worden; aber die Bemerkung, statt auf die richtige Theorie zu führen, benutzte man nur, um die *Coëfficienten* zu erklären.

345.

Hieraus läfst sich nun der Fehler erklären, welchen die Coëfficienten auch bei den *Watt*schen Maschinen zur Folge haben. Gesetzt die Spannung des Dampfs im Kessel betrage 16 und im Stiefel 12 Pfd. auf den Quadratzoll. (*Dafs* eine Verschiedenheit Statt finden kann, ist, wie gesagt, wirklich wahrgenommen worden.) Ferner mache die Maschine in ihrem regelmäfsigen Gange 30 Kolbenschläge in der Minute. Wer nun mit *Coëfficienten* rechnet, multiplicirt die Geschwindigkeit des Kolbens mit der Dampfspannung im Kessel, und dann mit der Kolbenfläche. Das Product betrachtet er als den *theoretischen* Betrag der Wirkung und schiebt die Abweichung von dem wirklichen auf die *Reibung*. Um diese Abweichung in Rechnung zu bringen, multiplicirt er mit einem bestimmten *Coëfficienten*.

Aber der so gefundene *theoretische* Betrag der Wirkung ist um Eindrittheil zu grofs. Denn der Kessel hat in der obigen Voraussetzung 30 Stiefel voll Dampf von 12 Pfd. Spannung geliefert. Im Kessel hatte der Dampf 16 Pfd. Spannung: der vom Kessel gelieferte Dampf füllte also, da sich die Ausdehnung des Dampfs ungefähr umgekehrt wie seine Spannung verhält, nur etwa 21 Stiefel voll. Will man also annehmen, der Dampf wirke mit 16 Pfd. Spannung im Stiefel, so kann er den Stiefel nur 21, nicht 30mal füllen, und folglich mufs man dann auch nur 21, nicht 30 Kolbenschläge in der Minute rechnen. Um den wirklichen theoretischen Betrag der Wirkung zu finden, mufs man entweder die Spannung im *Stiefel* mit der zugehörigen und beobachteten Geschwindigkeit des Kolbens, oder die Spannung im *Kessel* mit der *dieser* zugehörigen Geschwindigkeit, die nur Dreiviertel von der vorigen ist, multipliciren.

Die Berechnung des *theoretischen* Betrages der Wirkung ist also schon unrichtig; und ein zweiter Fehler ist es, die Abweichung des Ergebnisses von der Wirklichkeit, nächst der Reibung, dem Verlust an lebendiger Kraft und andern Verlusten bei dem Durchgange des Dampfs durch die Röhren zuzuschreiben.

346.

Dieser vorgebliche Verlust an lebendiger Kraft etc., aufser der Reibung, findet *gar nicht Statt.* Denn die Verengung der Durchgangs-Öffnungen hat blofs die Folge, den Unterschied der Dampfspannungen im Stiefel und im Kessel zu vergröfsern, das heifst, die Spannung im Kessel zu erhöhen: denn die Spannung im Stiefel ist durch die Ladung fest bestimmt. Die Verstärkung der Spannung des Dampfs im Kessel geschieht durch Anhäufung desselben beim Anfange der Bewegung mittels verstärkter Verdampfung. Ist diese Verstärkung erfolgt, so stellt sich der regelmäfsige Gang der Maschine her, und es findet nun weiter *kein* Verlust an lebendiger Kraft Statt. *Aller* erzeugte Dampf strömt jetzt in den Stiefel, und beim Eintritt in denselben dehnt er sich so weit aus, dafs seine Spannung dem Widerstande des Kolbens gemäfs ist. Durch die Ausdehnung füllt aber der Dampf einen gröfsern Raum und bringt also eine gröfsere Geschwindigkeit des Kolbens hervor: folglich findet *kein* Verlust an bewegender Kraft Statt.

347.

Die Rechnung mit den Coëfficienten bringt demnach schon von vorn herein einen Fehler in das Ergebnifs. Aber, auch abgesehen davon, kann der Coëfficient auch hier nicht auf irgend eine für die Ausübung hinreichend genaue Weise die richtige Theorie ersetzen. In dem obigen Beispiele (§. 340.) müfste man, um zu den wahren Ergebnissen zu gelangen,

258. { Für die drei Geschwindigkeiten von 278 248 und 202 F. (256. 1.)
mit den Coëfficienten 0,48 0,59 und 0,81

multipliciren. Diese Coëfficienten sind, wie man sieht, schon für die gar nicht bedeutende und oft vorkommende Verschiedenheit der Geschwindigkeiten, *sehr* von einander abweichend, und es ist also klar, dafs ein *unveränderlicher* Coëfficient durchaus trüglich ist. Es machen demnach auch die *Watt*schen Maschinen von den andern in diesem Puncte keine Ausnahme.

348.

Auch der oben gedachte Versuch von *Watt* würde, nach der gewöhnlichen Art in Rechnung gebracht, auf eben solche Widersprüche und Ungenauigkeiten führen, wie wir sie bei den fahrenden und den Hochdruckmaschinen nachgewiesen haben.

Bei diesem Versuch nemlich wurde 0,927 C. F. Wasser in der Minute verdampft. [„In diesem Paragraph ist das Englische Maafs und Gewicht bei-„behalten, weil es nur auf *Vergleichungen* ankommt. D. H."] Den Widerstand des Kolbens fand man 7 Pfd. auf den Q. Z., der Kolben hatte 6,287 Q. F. Fläche und legte 286 F. in der Minute zurück. Die Nutzwirkung war also

259. $6{,}287 \cdot 7 \cdot 144 \cdot 286 = 1\,812\,470$ Pfd., 1 F. hoch gehoben.

Nach der gewöhnlichen Art gerechnet wäre der *theoretische* Betrag der Nutzwirkung, da die Dampfspannung im Kessel 16,5 und im Kühlfafs 4 Pfd. betrug,

260. $6{,}287 \cdot (16{,}5 - 4) \cdot 144 \cdot 286 = 3\,236\,530$ Pfd., 1 F. hoch gehoben.

Um also aus derselben die *wahren* Wirkungen zu finden, müfste man sie mit dem *Coëfficienten 0,56* multipliciren. Hieraus folgt, da der Dampf von 16,5 Pfd. Spannung den 1530fachen Raum des Wassers einnimmt, Nachstehendes.

Erstlich. Die beobachtete Geschwindigkeit des Kolbens war 286 F., seine Fläche 6,287 Q. F.: also wurden 6,287·286 C. F. Dampf verbraucht. Diese erfordern $\frac{6,287 \cdot 286}{1530}$ Cub. F. Wasser und, mit dem Coëfficienten 0,56 dividirt, um den Verlust in Rechnung zu bringen, findet sich

$$261. \quad \frac{6,287 \cdot 286}{1530 \cdot 0,56} = 2,099 \text{ C. F. Wasser,}$$

welche in der Minute hätten verdampft werden müssen, während in der That nur 0,927 C. F. verdampft wurden.

Zweitens. Die wirklich verdampften 0,927 Cub. F. Wasser gaben 0,927·1530 C. F. Dampf. Dieser durch die Kolbenfläche 6,287 dividirt und dann den Quotienten mit dem Coëfficienten 0,56 multiplicirt, der doch auch dienen soll, die Geschwindigkeit zu finden, giebt

$$262. \quad \frac{1530 \cdot 0,927 \cdot 0,56}{6,287} = 126 \text{ F.}$$

für den Weg, welchen der Kolben in 1 Minute zu durchlaufen hätte, statt der 286 F., welche er wirklich durchlief.

Drittens. Zufolge des Coëfficienten 0,56 müfsten die Reibung und sonstigen Verluste 100—56 = 44 pro cent betragen. Ihr wirklicher Betrag ist aber nur höchstens folgender.

263. Für die Reibung 2 Pfd. auf den Q. Z. oder $\frac{1}{6}$ des Drucks auf den Kolben, thut . . . . 17 pr. c.
Für den Spielraum am Boden des Stiefels $\frac{1}{20}$ oder . . 5 - -
Zusammen 22 pr. c.,

statt 44. Also auch die Abweichungen der Ergebnisse des *Watt*schen Versuchs würden nach der gewöhnlichen Rechnungs-Art eben so unerklärlich sein, wie in allen andern Fällen.

349.

Ehe wir das gegenwärtige Beispiel verlassen, ist noch zu bemerken, dafs auch einige Schriftsteller für die Verdampfung und für die Nutzwirkung *nicht denselben* Coëfficienten annehmen; was wohl daher kommt, dafs sie die

Verschiedenheit der Spannung des Dampfs im Kessel und im Stiefel bemerkt haben. Aber da sie immer die Dampfspannung im Stiefel aus der im Kessel, nicht, wie es sein sollte, aus dem Widerstande des Kolbens ableiteten, so betrachteten sie die Abweichung nur als Etwas, was ihren Coëfficienten erkläre. Der zweite Coëfficient hebt nun zwar die Widersprüche *Erstlich* und *Zweitens* in §. 348., aber nicht den Widerspruch *Drittens*, und noch weniger alles das Übrige, was wir gegen unveränderliche Coëfficienten aufgestellt haben. Man berechnet so immer die Kraft der Maschine ohne Rücksicht auf die Verdampfung, und diese ohne Rücksicht auf den Widerstand des Kolbens. Man findet also, dafs die Kraft der Maschine für jede Geschwindigkeit *dieselbe* sei, und dafs folglich die Nutzwirkung der Maschine mit der Geschwindigkeit in geradem Verhältnifs *zunehme;* was der Erfahrung zuwider ist. Auf die Öffnung der Kehlklappe kann nicht ohne einen neuen Coëfficienten Rücksicht genommen werden u. s. w. Dieses Verfahren ist das, welches wir bei der Hochdruckmaschine zu Brighton angewendet haben; es ist also allen dort ausgesprochenen Einwendungen unterworfen.

Achter Abschnitt.
Cornwallissche Hochdruckmaschinen mit doppelter Wirkung, Absperrung und Niederschlag.

Erste Abtheilung.
Beschreibung der Maschinen.

350.

Die in Cornwallis gebräuchlichen Dampfmaschinen sind theils *doppelt-*, theils *einfach* wirkend. Die letztern sind eine Art *Watt*scher Maschinen von *einfacher* Wirkung; von welchen weiter unten. Hier soll zunächst von den *doppelt* wirkenden *Cornwallis*schen Maschinen die Rede sein.

Dieselben haben hohen Druck, Absperrung und Niederschlag. Es sind doppelt wirkende *Watt*sche Maschinen, mit etwa $3\frac{1}{2}$ Atmosphären Gesammtspannung des Dampfs im Kessel, und mit Absperrung, welche *Watt* nur bei seinen einfach wirkenden Maschinen benutzt hatte.

Die Figuren 78. 79. und 80. Taf. No 15. stellen eine solche Maschine vor. Sie ist für ein Erzpochwerk bei den Gruben von *Fowey-Consols* bestimmt und von den Herren *Petherwick* und *West*, zwei der berühmtesten *Cornwallis*schen Maschinen-Ingenieurs, erbaut. Fig. 80. stellt die ganze Maschine vor, und die Figuren 78. und 79. zeigen die einzelnen Theile nach einem gröfsern Maafsstabe.

351.

C ist der Dampfstiefel. Er ist von einer metallenen Hülle c' umgeben, die einen kleinen Raum zwischen sich und dem Dampfstiefel läfst, in welchen Raum der Dampf durch die Röhre i eindringen kann. Das aus diesem Dampf etwa niedergeschlagene Wasser fliefst durch die Röhre $c_{,}$ ab, welche es in den Kessel zurückleitet. c'' ist der Deckel des Stiefels und c''' ein zweiter Deckel. Der Raum zwischen beiden ist mit gesiebter Asche gefüllt, die das Ausstralen des Wärmestoffs verhindert. Der Boden $c_{,,}$ des Stiefels ist ebenfalls hohl, und zuweilen so eingerichtet, dafs in den hohlen Raum ebenfalls aus dem Kessel Dampf gelangen kann. Die äufsere metallene Hülle des Dampfstiefels, so wie die Dampfröhre und die Klappenbüchse, umgiebt weiter noch eine Hülle aus

Holz, mit einem Zwischenraum, der mit Asche gefüllt ist. Der Dampfstiefel ist auf solche Weise gegen jede Abkühlung von aufsen geschützt.

352.

Der ***Dampfkolben P*** ist hohl, damit er leichter sei, und mit Hanf umgeben. Die Kolbenstange p wird durch ein Vierseit $p'p''r'r''$ (Fig. 80.), wie es (§. 193. etc.) beschrieben ist, in ihrer Richtung erhalten. So wie p'' durch den Wagebalken seitwärts gezogen wird, zieht die um R sich drehende Stange Rr'' den Punct r'' nach der entgegengesetzten Seite, und p'' bleibt in dem Loth. Durch die Verbindungsstangen $t_{\prime}$ und $t_{\prime\prime}$ lenkt das Vierseit auch die Kolbenstange TT' der Luftpumpe.

353.

Der Dampf strömt aus dem Kessel zunächst durch die Röhre i in den Raum zwischen der Hülle des Dampfstiefels und dessen Wänden, und, nachdem er diesen Raum gefüllt hat, durch die Röhre s' und die Stellklappe h in die Röhre s. Die Stellklappe ist eine gewöhnliche kegelförmige Klappe, die mehr oder weniger Dampf durchläfst, je nachdem sie mehr oder weniger von ihrem Lager entfernt wird. Um sie lenken zu können, geht ihre Stange h' durch eine mit Werg verdichtete Öffnung aus der Dampfbüchse heraus und hat einen Handgriff h'', durch welchen man die Klappe nach Belieben stellen kann; wie es in (§. 206.) beschrieben ist. Durch die Stellklappe gedrungen, füllt der Dampf die Röhre s und die weitern Durchgänge bis zu den Einlafsklappen in den Stiefel, um durch dieselben, je nachdem diese oder jene Klappe offen ist, nach dieser oder jener Seite des Kolbens zu gelangen.

354.

Die obere und die untere ***Einlafsklappe*** sieht man in a und a' (Fig. 79.). In den andern Figuren ist ihre Ansicht durch die davor liegenden ***Auslafsklappen*** b und b' bedeckt. Diese Klappen sind alle vier ***Kronenklappen***, wie wir sie in (§. 165.) beschrieben haben. Die beiden ***Einlafsklappen*** stehen, wie wir sahen, durch die Röhre s mit der Dampfzuleitungröhre in Verbindung; die beiden ***Auslafsklappen*** ihrerseits haben durch die Auslafsröhre e (Fig. 79.) mit der Leitung E nach dem Niederschlaggefäfs hin Gemeinschaft. Zwischen den obern Klappen a und b' ist ein luftdicht verschlossener Raum d, der den Zugang zu der obern Mündung D des Stiefels ausmacht; wie man dies in (Fig. 78. und 79.) sieht. Eben so bildet zwischen den beiden untern Klappen a' und b der Raum d' den Zugang zu der untern Mündung D' des Stiefels. Die Räume d und d' sind stets offen. Ist nun die Klappe a offen und die b' verschlossen, so dringt der durch *s* anlangende Dampf durch *a* und *d* in den Stiefel *über* den Kolben, während die verschlossene Klappe *b'* ihn von der Auslafsröhre abschneidet. Ist im Gegentheil *a* verschlossen und *b'* offen, so kann zunächst kein Dampf *über* den Kolben gelangen: dagegen wird nun der *über* dem Kolben schon befindliche Dampf durch *d*, durch die offene Klappe *b'* und durch *e* und *E* nach dem Niederschlaggefäfs strömen. Eine ähnliche Wirkung werden die Klappen *a'* und *b* haben. Sind also z. B. die obere Zulafsklappe *a* und die untere Auslafsklappe *b* *zugleich* offen, und die beiden andern Klappen *a'* und *b'* *zugleich* verschlossen, so wird der Dampf aus dem Kessel in den Stiefel *über* den Kolben dringen, während gleichzeitig der *unter* dem Kolben im Stiefel befindliche Dampf frei nach dem Kühlfafs hin ausströmt. Der Kolben würde also vom Dampf von oben nach unten getrieben werden. Sind hierauf gegentheils die untere Einlafsklappe *a'* und die obere Ausgangsklappe *b'* zugleich offen, die andern beiden Klappen *a* und *b* aber verschlossen, so wird der Dampf *unter* den Kolben dringen und aus dem Raum *über* dem Kolben entweichen; also wird der Kolben nun zurück von unten nach oben getrieben. Und so abwechselnd weiter. Die *Steuerung* der Klappen ist folgende.

355.

Auf einer Schwelle *z* stehen zwei Ständer *MN* und *MN* (Fig. 78. und 79.), welche vier wagerechte Achsen 1, 2, 3 und 4 tragen.

A. Die Achse 1 dient zur Bewegung der *obern Zulafsklappe a*. Sie hat drei kleine Arme oder Knaggen. Der eine fasset die Stange *m*, die durch den Hebel *pr* auf die Klappe *a* wirkt. Der zweite trägt ein Gegengewicht *o*, welches, so wie es herabfällt, unmittelbar die Klappe *a* öffnet. Der dritte hat die Klaue *k*, die, wenn sie hinuntergedrückt wird, das Gegengewicht wieder aufhebt und dadurch die Klappe *a* verschliefst. Endlich befindet sich noch auf der Achse 1 ein kleiner *Kreis-Ausschnitt*, welchen man in (Fig. 78.) sieht. Wenn das Gegengewicht gehoben ist, wie in der Figur, so wird der obere Rand des Kreis-Ausschnitts durch eine Klinke α festgehalten, so dafs das Gegengewicht nicht hinunterfallen kann: so wie aber der Arm α der Klinke, die sich um einen an den Ständern *MN* festen Punct dreht, ein wenig gehoben wird, findet sich der Kreis-Ausschnitt von der Hemmung frei; das Gegengewicht *o* fällt hinunter und die Klappe *a* öffnet sich. Erfolgt hierauf ein Druck auf die Klaue *k*, so schliefst sich die Klappe wieder, das Gegengewicht wird gehoben und der Kreis-Ausschnitt, unter die Klinke herstreifend und sich drehend, gelangt bis über den Haken an derselben, welcher ihn hindert, sich zurückzudrehen.

B. Die ***untere Zulafsklappe a'*** wird mittels der Achse 4 gesteuert; und zwar auf ganz ähnliche Weise. Die Achse hat ebenfalls drei Knaggen. Der eine steht mittels der Stange *m'* mit der Klappe in Verbindung; der zweite trägt ein Gegengewicht *o'*, welches, hinunterfallend, die Klappe öffnet, und der dritte ist eine kleine Klaue ***k'***, die, nach oben getrieben, das Gegengewicht hebt und den zugehörigen Kreis-Ausschnitt an der Klinke *α'* einhakt.

C. Die Achse 2 dient zur Steuerung der ***obern Auslafsklappe b'***. Sie hat vier kleine Arme oder Knaggen. Der erste wirkt durch die Stange ***n'*** auf die Klappe; der zweite, welchen man in der Figur nicht sieht, trägt ein Gegengewicht, welches, hinunterfallend, die Klappe öffnet; der dritte ist der Handgriff ***P'***, der, nach oben gedrückt, das Gegengewicht hebt; der vierte *β'* endlich, trägt eine lothrechte Stange, die durch *g'* geht und auf die untere Klinke *α'* wirkt. So wie das Gegengewicht der Achse 2 hinunterfällt und dadurch die obere Auslafsklappe öffnet, drückt die Stange auf die Klinke, löset den Kreis-Ausschnitt der Achse und öffnet dadurch die untere Einlafsklappe. Es befindet sich aufserdem noch an der Achse 2 ein ***Viertelkreis***, welchen man in der Figur sieht und dessen Bestimmung wir sogleich angeben werden.

D. Die Achse 3 dient zur Steuerung der ***untern Auslafsklappe***. Sie hat, wie 2, vier Arme oder Knaggen. Der erste wirkt durch die Stange ***n*** auf die Klappe; der zweite trägt ein Gegengewicht *o''*, welches, hinunterfallend, die Klappe öffnet; der dritte ist die Handhabe ***P***, welche, niedergedrückt, das Gegengewicht hebt und die Klappe verschliefst; der vierte *β* greift in eine durch *g* gehende lothrechte Stange, die auf die Klinke *α* der obern Zulafsklappe wirkt. Wenn das Gegengewicht von 3 gelöset ist und die untere Auslafsklappe sich öffnet, so hebt die Stange die Klinke *α'*, enthakt das Gegengewicht von 1 und öffnet also die obere Zulafsklappe. Aufserdem hat die Achse 3 wieder noch einen ***Viertelkreis***.

E. Die beiden in (***C.*** und ***D.***) gedachten ***Viertelkreise*** dienen, die ***Gegenbewegung*** der beiden Achsen 2 und 3 hervorzubringen, und zwar dadurch, dafs, während der eine Viertelkreis das Gegengewicht der einen Achse ***aushakt***, der andere das andere ***einhakt***; wie dies leicht zu sehen ist. Ist z. B. das Gegengewicht von 3 ausgehakt, so dreht es die Achse und ihren Viertelkreis, der, wie in der Figur zu sehen, ***unter*** dem Viertelkreis von 2 hinstreicht. Dieser und die Achse können sich also, obgleich das Gegengewicht die Achse zieht, nicht drehen. Wird hierauf durch Hinunterdrücken der Handhabe *P* die Achse 3 wieder zurückgedreht, so wird, sobald der obere Winkel ihres Viertelkreises über den untern Winkel des Viertelkreises der Achse 2 hinausgelangt ist, dieser frei. Die Achse wirkt also jetzt, von ihrem Gegengewicht umgedreht, und die obere Auslafsklappe wird geöffnet. Dabei gelangt dann wieder der Viertelkreis von 2 seinerseits *unter* den von 3 und hindert ihn, sich zurückzudrehen und dem Gegengewicht nachzugeben, bis durch die Handhabe *P'* wieder der obere Viertelkreis gehoben und die Achse 3 gelöset worden ist. Dann fällt dieser ihr Gegengewicht herab und die untere Auslafsklappe öffnet sich. Auf diese Weise können demnach vermöge der gegenseitigen Wirkung der Viertelkreise die beiden Auslafsklappen *nie zugleich* sich öffnen, sondern die eine mufs sich schliefsen, wenn die andere sich öffnet, und umgekehrt. [„In Fig. 78. sind die beiden Viertelkreise so gezeichnet, dafs „sie mit der Spitze sich berühren: also in dem Augenblick, wo sie sich aus- „lösen und keiner den andern hält. Eben so in Fig. 47. Das Wesentliche „der Wirkung der Viertelkreise ist, dafs, so lange der eine mit seinem *Bogen* „an den gekrümmten *Halbmesser* des andern *hinstreicht*, dieser andere sich „nicht drehen kann; was für die beiden *wechselseitig* der Fall ist." D. H.]

356.

Man setze nun, die Maschine sei in Ruhe, die Gegengewichte seien festgestellt und alle Klappen verschlossen; *wie es die Figur vorstellt.* Alsdann hebe der Maschinist die Handhabe *P'* an der Achse 2, so dafs der Viertelkreis von 3 an den von 2 hinstreichen kann, so wird das Gegengewicht von 3 hinunterfallen 'und die *untere Auslafsklappe* wird sich öffnen. Aber in demselben Augenblicke hebt der kleine Hebel β die Stange der Klinke a von 1, also fällt das Gegengewicht *o* hinab und die *obere Zulafsklappe* öffnet sich. Mithin dringt nun der Dampf aus dem Kessel in den Stiefel *über* den Kolben, während er zugleich von *unter* dem Kolben ausströmt; folglich treibt der Dampf den Kolben *von oben nach unten.* In Folge dessen bewegt sich auch die Stange *TT* von oben nach unten. Sobald der Kolben *einen Theil* seines Weges zurückgelegt hat, stöfst der Knaggen *t*, hinab sich bewegend, auf die Klaue *k*, die durch den Fall des Gegengewichts sich gehoben hatte, und drückt sie hinab. Dadurch dreht sich die Achse 1, und ihr Gegengewicht wird wieder gehoben, und gehoben *festgehalten*, bis zu *Ende* des Kolbenlaufs, weil bis dahin der lange Knaggen *t* fortwährend die Klaue *k* andrückt. Während dessen bleibt also die obere Zulafsklappe verschlossen, die untere Auslafsklappe dagegen bleibt fortwährend offen. Also beendigt der Kolben seinen Lauf, nach der jetzt erfolgten *Absperrung*, nur unter der Einwirkung des in den Stiefel über den Kolben gelangten und sich ausdehnenden Dampfs. So wie der Kolben dem Ende seines Laufs nahe gekommen ist, trifft ein Knaggen an der Stange *TT*, den man in der Figur nicht sieht, auf die Handhabe *P*, die durch das Hinabfallen des Gegengewichts an der Achse 3 gehoben wurde, und drückt sie bis in die Stellung hinab, welche sie in der Figur hat. Dadurch wird die untere Auslafsklappe verschlossen, und der Kolben ist nun am Ziele seines Laufs nach unten. So wie die Handhabe *P* hinabgedrückt wird, geschieht das Gleiche auch mit dem kleinen Hebel β, und folglich fällt die Klinke α hinter dem Kreis-Ausschnitt der Achse 1 ein. Dieser wird demnach bis zum nächsten Aushaken der Klinke festgehalten, und der Knaggen *t* kann mit der Stange *TT* wieder hinauf sich bewegen, ohne dafs das Gegengewicht *o* zurückfallen könnte.

Aber wir haben oben bei der Beschreibung der Wirkung der Viertelkreise gesagt, dafs, so wie die eine der beiden Auslafsklappen sich öffnet, die andere verschlossen wird. So wie also der Dampfkolben am Boden des Stiefels angelangt ist und der Knaggen an der Stange *TT* die Handhabe *P* trifft, also die untere Auslafsklappe *verschliefst*, löset sich das Gegengewicht der Achse 2, und die *obere* Auslafsklappe wird *geöffnet*. Ferner, so wie die Achse 2 durch ihr Gegengewicht umgedreht wird, zieht der kleine Hebel β' die Stange der Klinke α' herab und löset dadurch das Gegengewicht der Achse 4, wodurch sich die untere Zulafsklappe öffnet. Der Dampf dringt also nun aus dem Kessel *unter* den Dampfkolben, während er von *oberhalb* desselben durch die obere Auslafsklappe ausströmt. Der Dampfkolben steigt folglich nun von *unten nach oben* zurück, und mit ihm die Stange *TT*. Hat er *einen Theil* dieses seines Weges zurückgelegt, so trifft der lange Knaggen *t'* auf die Klaue *k'*, hebt sie und hält sie in derselben Stellung fest, so lange er daran hinstreicht; also bis zum Ende des Kolbenlaufs. Die untere Zulafsklappe ist alsdann diese Zeit über verschlossen und der Kolben wird nur von dem sich ausdehnenden *abgesperrten* Dampf weiter fortgetrieben. Ist endlich der Kolben beinahe am Ende seines Laufs oben angelangt, so hebt ein Knaggen an der Stange *TT* die Handhabe *P'* auf und schliefst dadurch die obere Auslafsklappe; womit der Kolbenlauf nach oben endigt. Aber in demselben Augenblick, wo die *obere* Auslafsklappe verschlossen wird, öffnet sich die *untere* Auslafsklappe; der Kolben bewegt sich also nun wieder ***hinab;*** und so abwechselnd weiter. So wie die Handhabe ***P'*** am Ende des Aufsteigens des Kolbens gehoben wird, wird auch die Stange von dem Hebel β' gehoben: folglich steigt die Klinke α' hinauf und hemmt den Kreis-Ausschnitt der Achse 4; was zur Folge hat, dafs die untere Zulafsklappe nicht eher wieder sich öffnen kann, bis ihre Klinke von neuem gelöset ist.

357.

Damit man die Wirkung der Gegengewichte *o*, *o'* und *o''* nach Erfordern ***verstärken*** und ***schwächen*** könne, sind sie auf den um *y*, *y'* und *y''* sich drehenden Hebeln ***verschiebbar.*** An den Klinken α und α' sind ebenfalls kleine Gegengewichte, welche sie beim Einhaken andrücken. Die Knaggen an der Stange ***TT***, welche zur Steuerung der Klappen dienen, sind nur durch Schrauben an die Stange angedrückt, damit man ihre ***Stelle*** an der Stange ***ändern*** könne, um die ***Länge der Absperrung*** zu ***ändern***, oder die genaue Steuerung der Klappen zu regeln.

358.

Der aus dem Dampfstiefel durch die Auslafsklappe ausströmende Dampf gelangt durch die Röhre ***E*** in das ***Kühlfafs*** (Fig. 80.). ***H*** ist das ***Kaltwasserbecken.*** Das kalte Wasser aus demselben fliefst durch den Hahn *f'* und die Röhre *f* quer durch das Kühlfafs und gelangt auch ***in dasselbe***, weil die Röhre *f* in der Mitte durchbohrt ist; dadurch wird der Dampf ***niedergeschlagen.*** Die Klappe *f''* dient, den Eintritt des kalten Wassers in das Kühlfafs zu unterbrechen, wenn man die Maschine stillstellen und beim Anfange ihrer Bewegung sie ***ausblasen***, das heifst durch einen Dampfstrom die Luft austreiben will, die sich innerhalb angesammelt haben könnte; so wie dies in (§. 197.) beschrieben ist. *g''* ist eine Klappe, welche sich an dem Kühlfafs nach der Luftpumpe ***G*** hin und nur von innen nach aufsen öffnet, so dafs Luft und Wasser aus dem Kühlfafs aus-, aber nicht zurückströmen können. Der Kolben *g'* der Luftpumpe wird durch die an den grofsen Wagebalken der Maschine gehängte Stange ***TT*** in Bewegung gesetzt, und diese Stange wird, wie oben beschrieben, durch die Lenkstangen $t_{,}$ und $t_{,,}$ in ihrer lothrechten Richtung gehalten. Der Kolben *g'* saugt die Luft und das Wasser bei seinem Aufsteigen aus der Pumpe ***G*** auf; beim Niedergange drückt er das Aufgesogene durch seine Klappe über sich, und schafft es so in das ***Heifswassergefäfs Q***, aus welchem das Überflüssige durch die Röhre *q* abläuft. Aus ***Q*** wird das heifse Wasser weiter durch die ***Heifswasserpumpe L*** in den Kessel gehoben.

Diese Pumpe ist ein Saug- und Druckwerk. Ihr Kolben *l*, der keine Klappe hat, wird mittels der Stange *l* durch den Wagebalken der Maschine in Bewegung gesetzt. *l'* ist die Saugeklappe, und *l''* die Druckklappe, durch welche das Wasser in die Speiseröhre des Kessels getrieben wird.

359.

Diese Maschine, so wie fast alle *Cornwallis*schen Dampfmaschinen, hat keine Kaltwasserpumpe; denn da ein Theil ihrer Bestimmung darin besteht, das Wasser aus dem Bergwerk zu schöpfen, so leitet man einen Theil dieses Wassers unmittelbar in das Kaltwassergefäſs, ohne eine besondere Kaltwasserpumpe.

Endlich hat die Maschine *zwei Schwungräder*, eins dicht bei dem andern. In der Zeichnung deckt eins das andere. Der Wagebalken der Maschine wird von vier Säulen getragen, von welchen man in der Zeichnung auch nur zwei sieht. Seine beiden Arme sind ungleich lang; der längere befindet sich nach dem Dampfstiefel hin.

Wie oben bemerkt, können die Knaggen *t*, *t'* an der Stange *TT'* verschoben werden. Dadurch läſst sich die *Absperrung* des Dampfs im Stiefel verlängern oder verkürzen.

360.

Man findet auch an *Cornwallis*schen Maschinen mit Doppelwirkung, Absperrung, hohem Druck und Niederschlag, statt der *oben beschriebenen* Steuerung der Klappen durch Hebelwerk, *Schiebeklappen*, die durch *Scheibenkurbeln* in Bewegung gesetzt werden, und für die Absperrung ist zwischen der Kehlklappe und der Stiefelmündung eine Sperrklappe angebracht, durch welche sich die Zuströmung des Dampfs abschneiden läſst, nachdem der Kolben erst einen Theil seines Laufs zurückgelegt hat. Da sich weiter hin von dieser Einrichtung Beispiele finden werden, so zeichnen und beschreiben wir sie hier nicht besonders.

[„Die oben beschriebene Steuerung der Klappen ist, wie man sieht, so „künstlich und zusammengesetzt, daſs man die Maschine fast einem Uhrwerk ver-„gleichen könnte. Eine Vereinfachung ist also wohl hier noch sehr zu wünschen; „und es ist kaum zu zweifeln, daſs sie auch möglich sein werde." D. H.]

Zweite Abtheilung.

Practische Formeln zur Berechnung der Wirkung der Cornwallisschen doppelt wirkenden Maschinen.

361.

Da die *Cornwallis*schen Maschinen nur einen Dampfstiefel haben, in welchen unmittelbar der Dampf geleitet wird, um, darin abgesperrt, auch noch sich ausdehnend zu wirken, so sind sie dieselben, für welche wir im 4ten Abschnitt die für Absperrung und Niederschlag passenden allgemeinen Formeln aufgestellt haben. Wir werden daher hier nur noch die Zahlenwerthe der in den Ausdrücken vorkommenden unveränderlichen Gröfsen zu suchen haben.

362.

Wie in (§. 337.) bemerkt, kann die Reibung leergehender *Watt*scher Maschinen, für Dampfstiefel von mittlerer Gröfse, also von etwa $2\frac{3}{4}$ F. Durchmesser, auf 0,77 Pfd. Pr. auf den Quadratzoll Kolbenfläche angeschlagen werden, welches, wie in (238.),

264. $\varphi = \frac{296}{d}$ Pr. Pfd. auf den Quadratfufs Kolbenfläche

giebt, wo der Durchmesser d in Pr. Fufsen auszudrücken ist.

Auch die zusätzliche Reibung setzen wir, wie in (239.):

265. $\delta = 0{,}14$mal den Druck auf den Kolben.

Wie sich indessen weiter unten bei den *Cornwallis*schen Maschinen von *einfacher* Wirkung zeigen wird, beträgt, nach den Versuchen von *Wickstead,* die Reibung dieser Maschinen nur etwa *halb* so viel, als bei den einfach wirkenden *Watt*schen Maschinen; was den Vervollkommnungen der Bau-Art der Maschinen in *Cornwallis* scheint zugeschrieben werden zu müssen; und da sich nun diese Vervollkommnungen auch bei den *doppelt* wirkenden Maschinen finden, von welchen *hier* die Rede ist, so werden wahrscheinlich Versuche mit denselben einen geringeren Werth von φ als den (264.) ergeben. Wir setzen daher den obigen Werth von φ nur bis auf nähere Ermittlung an.

Ähnliches gilt für den obigen Werth von δ, da auch die *zusätzliche* Reibung durch die Vervollkommnung der Bau-Art der Maschinen sich vermindert.

Übrigens versteht es sich, dafs φ und δ sich nur auf die Reibung in der Dampfmaschine *selbst* beziehen, nicht die Reibung der weitern Räder,

Stangen etc. mit einbegreifen, durch welche die Wirkung der Maschine zu den jedesmaligen bestimmten Zwecken hingeleitet wird. Diese neue Reibung mufs hernach noch besonders von der hier zu berechnenden Nutzwirkung abgezogen werden. Diese Nutzwirkung ist diejenige, welche die Welle hat, an welcher das Schwungrad steckt.

363.

Die Spannung des niedergeschlagenen Dampfs auf den Kolben in *Cornwallis*schen Maschinen erfordert ebenfalls eine besondere Bemerkung. Offenbar wird nemlich für gleiche Spannungen des niedergeschlagenen Dampfs im *Niederschlaggefäfs* die dem Kolben entgegenwirkende Spannung dieses Dampfs im *Stiefel* um so geringer sein, je geräumiger die Durchgangs-Öffnungen für die Strömung des Dampfs vom Stiefel nach dem Kühlfafs sind, je schneller diese Öffnungen aufgethan werden, und je stärker die Luftpumpe in dem Niederschlaggefäfs wirkt. Nun beträgt in den *Cornwallis*schen Maschinen die Gröfse der Ausgänge für den Dampf aus dem Stiefel den 16ten, in den *Watt*schen Maschinen nur den 25ten Theil des Querschnitts des Stiefels: die Kronklappen öffnen die Ausgänge viel schneller, als die gewöhnlichen kegelförmigen Klappen, und zum Ausschöpfen der Luft und des Wassers aus dem Niederschlaggefäfs sind meistens *zwei* Pumpen vorhanden, statt einer. So wird die Spannung im *Stiefel* kaum mehr ein Übergewicht über die im Kühlfafs haben können. Andrerseits werden wir weiter unten sehen, dafs in *Cornwallis*schen Maschinen von *einfacher* Wirkung die Spannung des niedergeschlagenen Dampfs im Kühlgefäfs zuweilen bis auf 0,77 Pfd. auf den Quadratzoll Pr. hinabsinkt. Dieses geschieht besonders dadurch, dafs der Dampf je nur nach *zwei* Kolbenläufen in den Stiefel eingelassen wird, und selbst wohl noch nach Unterbrechungen der Kolbenbewegung durch den Wassersturz (cataracte), so dafs zum Niederschlagen des Dampfs mehr als doppelt so viel Zeit bleibt, als in Maschinen von doppelter Wirkung. Jene geringe Spannung des niedergeschlagenen Dampfs ist nun allerdings bei *doppeltwirkenden* Maschinen nicht zu erlangen: aber es läfst sich gewifs annehmen, dafs die Spannung, eben wie in guten *Watt*schen Maschinen, im *Kühlfafs* nur 1,28 Pfd. auf den Quadratzoll Pr. betragen werde; und auch nur *eben so viel*, dem Kolben entgegenwirkend, im Stiefel. Wir setzen daher für die Gegenwirkung des niedergeschlagenen Dampfs im Stiefel:

266. $p = 144 \cdot 1{,}28 = 184$ Pfd. Pr. auf den Q. Fufs Kolbenfläche; jedoch ist dieser Ansatz nur eine Schätzung, für den Fall, wo man nicht mit

dem *Watt*schen Spannungsmesser im Kühlfafs, oder besser im Stiefel, die gegenwirkende Spannung unmittelbar gemessen hat.

364.

Sodann mufs zwar, wegen der Gröfse der Durchgangs-Öffnungen und wegen der Kleinheit des für die Bildung des Dampfs vorhandenen Raums in den bei den *Cornwallis*schen Maschinen üblichen walzenförmigen Kesseln mit den Essen im Innern, eine Menge Wasser vom Dampf mit in den Stiefel fortgerissen werden: indessen wird dieses mitfortgerissene Wasser im Stiefel selbst wieder verdampft, weil der Dampf aus dem Kessel in den Raum zwischen den Stiefelwänden und der sie umgebenden Hülle strömt, also den Stiefel während der Absperrung umströmt, und ihn in starker Hitze erhält. Dieser Umstand wird sich weiter unten bei den *Cornwallis*schen Maschinen von *einfacher* Wirkung aus den unmittelbaren Messungen mit dem *Watt*schen Spannungsmesser ergeben. Dieselben haben gezeigt, dafs zwar allerdings, gleich nach dem Schlusse der Zulafsklappe, die Dampfspannung im Stiefel geringer ist, als wenn alles in den Stiefel gelangte Wasser die Dampfform hätte, dafs aber, so wie der Kolben seinen Lauf fortsetzt, die Spannung sich mehr und mehr diesem Maafse nähert, und es am Ende des Kolbenlaufs fast ganz erreicht. Man darf also annehmen, dafs in den *Cornwallis*schen Maschinen durch die starke Erwärmung des Stiefels selbst, wirklich *alles* Wasser verdampft wird. Daher läfst sich hier die *gesammte* Verdampfung der *wirksamen* gleich setzen, das heifst

$$267.\quad S = S'.$$

365.

Die auf das *Ausdehnungsmaafs* des Dampfs sich beziehenden unveränderlichen Zahlen sind hier, wie in (§. 339.),

$$268.\quad m = 4\,212\,576 \quad \text{und} \quad n = 257 \ (240.),$$

und der Spielraum für den Kolben am Boden des Stiefels kann auch hier, weil eine Kurbel mit Schwungrad vorhanden ist, wie in (241.),

$$269.\quad c = 0{,}05\,l$$

gesetzt werden. Endlich ist gemäfs (207.)

$$270.\quad k = \frac{\lambda}{\lambda_1 + c} + \log\text{nat}\frac{\lambda + c}{\lambda_1 + c}.$$

366.

Setzt man alles dieses in die obigen allgemeinen Formeln (Abschn. 4. Abth. 2. II.), so erhält man Folgendes [in Preufsischen Fufsen und Pfunden].

Practische Formeln für *Cornwallis*sche doppelt-wirkende Maschinen.

A. Für eine beliebige Ladung und Geschwindigkeit und für eine bestimmte Absperrung:

271. $v = \frac{4212576\,kS}{a(257+(1+\delta)r+p+\varphi)}$ (110.) F. Kolbenlauf in der Minute;

272. $ar = R = \frac{4212576\,kS}{(1+\delta)v} - \frac{a(257+p+\varphi)}{1+\delta}$ (111.) Pfund Nutzwirkung;

273. $S = \frac{av[257+(1+\delta)r+p+\varphi]}{4212576\,k}$ (113.) Cub. F. in 1 Minute verdampftes Wasser.

[„Die übrigen Ausdrücke von Pferdekräften, Brennstoff u. s. w. finden „sich aus diesen v, R und S ganz eben so, wie z. B. in (256.), und mögen „also, um den Raum zu sparen, nicht besonders hergesetzt werden." D. H.]

B. Für die möglich-gröfste Nutzwirkung und eine bestimmte Absperrung:

274. $v_1 = \frac{4212576\cdot S\lambda}{a(257+P)(\lambda_1+c)}$ (126.) F. Kolbenlauf in der Minute;

275. $R_1 = ar_1 = \frac{a}{1+\delta}\left[\frac{k(\lambda_1+c)(257+P)}{\lambda} - (257+p+\varphi)\right]$ (131.) Pfund Nutzwirkung;

276. $S_1 = \frac{av_1(257+P)(\lambda_1+c)}{4212576\,\lambda}$ (139.) Cub. F. in 1 Minute verdampftes Wasser;

277. $W = R_1 v_1$ Pfd. in der Minute 1 F. hoch gehoben.

C. Für die unbedingt-gröfste Nutzwirkung giebt die Formel (145.), ***nemlich***

278. $\frac{\lambda_1}{\lambda} = \frac{257+p+\varphi}{257+P}$, die Absperrung.

Den Werth von k, für eine bestimmte Absperrung $\frac{\lambda_1}{\lambda}$, giebt die Tafel in (§. 270.), und hat man sie nicht zur Hand, so ist k nach (270.) leicht zu berechnen; besonders wenn man rechts statt des natürlichen den Briggischen Logarithmen von $\frac{\lambda+c}{\lambda_1+c}$ nimmt und denselben mit 2,302585 multiplicirt.

367.

Wir haben oben gesagt, dafs die *Cornwallis*schen Maschinen gewöhnlich mit 40 bis 50 Pfd. gesammter Dampfspannung im Kessel auf den Quadratzoll (Engl.) arbeiten, dafs die Reibung der leergehenden Maschinen, wie in den *Watt*schen Maschinen, auf 0,75 Pfd. auf den Q. Z. (Engl.) Kolbenfläche, und die Gegenwirkung der Spannung des niedergeschlagenen Dampfs auf den Kolben auf 1,25 Pfd. auf den Q. Z. geschätzt werden kann. Setzt man also in (278.) $P = 40$, $p = 1{,}25$ und $\varphi = 0{,}75$, so würde sich [da für Engl. Maafse $n = 250$ ist,]

$$279. \quad \frac{\lambda_1}{\lambda} = \frac{250 + (1{,}25 + 0{,}75)144}{250 + 40 \cdot 144} = \frac{9}{100}$$

für die ***vortheilhafteste Absperrung*** ergeben [, „so dafs also die Zuströmung „des Dampfs in den Stiefel schon abgesperrt werden müfste, wenn der Kol„ben erst den $\frac{9}{100}$ oder etwa den ***11ten Theil*** seines Laufes zurückgelegt „hat." D. H.] Durch eine so starke Absperrung würde aber der Gang der Maschine gar zu ungleich werden. Alles was sich thun läfst, ist also nur, die Absperrung so stark zu machen, als sonst möglich ist. Selten beträgt sie in der Ausübung mehr als den ***dritten*** oder ***vierten*** Theil des Kolbenlaufs. Hierauf mufs man sich beschränken, bis die Ausführbarkeit einer stärkern Absperrung gefunden ist, und dann für das, practisch so bestimmte R nach (§. 366. *B.*) rechnen.

368.

[„Wenn man die Ausdrücke (271. 272. und 273.) für Maschinen ***mit Ab„sperrung,*** z. B. mit denen (249. 250. und 251.) für *Watt*sche Maschinen ***ohne „Absperrung*** vergleicht, so zeigt sich, dafs die Geschwindigkeit v, für ***dieselben*** „Maafse der Maschine, für ***denselben*** Widerstand r und für ***dieselbe*** Verdam„pfung S, bei erstern ***völlig*** und die Nutzwirkung R ***beinahe k mal so grofs*** „ist, als bei letztern; und da nun k nach der Tafel in (§. 270.) für die Ab„sperrung, z. B. auf ***ein Viertel*** oder 25 pr. c. des Kolbenlaufs, schon $= 2{,}085$ „beträgt, so zeigt sich daraus schon hier der ***grofse*** Nutzen der Absper„rung." D. H.]

(Die Fortsetzung folgt.)

6.

Versuch einer Theorie der Contraction der Bewegung des Wassers beim Ausflufs aus Öffnungen in dünnen ebenen Wänden, bei unveränderlichem Niveau im Behälter; mit besonderer Rücksicht auf practische Anwendungen.

(Von Herrn *J. Bayer,* Königlich-Preufsischem Obristlieutenant im grofsen Generalstabe.)

1.

Wenn an einen Wasserbehälter eine Ausflufs-Öffnung angebracht ist, so heifst im Allgemeinen der lothrechte Abstand der Oberfläche des Wassers von der Öffnung die ***Druckhöhe.*** Man unterscheidet horizontale und verticale Ausflufs-Öffnungen. Die horizontale Öffnung ist im horizontalen Boden des Behälters angebracht, und jeder Punct derselben hat einerlei Druckhöhe. Die verticale Öffnung befindet sich in der senkrechten Seitenwand des Behälters, und jeder Punct in dem verticalen Schnitt der Öffnung hat eine andere Druckhöhe. Man unterscheidet daher: Druckhöhe über dem obern Rande, Druckhöhe über dem Centrum, und Druckhöhe über dem untern Rande der Öffnung.

Die Geschwindigkeit V des unter der Druckhöhe H ausströmenden Wassers ist derjenigen gleich, welche ein Körper erreicht, der von der Höhe H frei herabfällt; es ist daher $V^2 = 4gH$, wo g die Fallhöhe in einer Secunde bedeutet. Diese Gleichung heifst der ***Torricellische*** Satz, der zuerst durch die Versuche von ***Michelotti*** seine Bestätigung fand, indem aus denselben hervorging, dafs die Sprungweite der Wasserstrahlen, wenn man den Widerstand der Luft nicht in Betracht zieht, dieser Geschwindigkeit entspricht.

Der Querschnitt des ausströmenden Wasserstrahls ist, nachdem er die Mündung verlassen hat, kleiner als die Öffnung. Diese Erscheinung wird die ***Contraction*** genannt. Wenn daher Q die Wassermenge bedeutet, welche in einer Secunde ausfliefst, und ω den Querschnitt (Inhalt) der Öffnung, und man setzt $C = \frac{Q}{\omega}$, so wird C stets kleiner als V gefunden werden. Nimmt man daher $C = kV$ an, so folgt $Q = \omega kV = \omega k\sqrt{(4gH)}$. Sobald für diese Gleichung Q, ω und H durch Beobachtung gefunden sind, läfst sich die Constante k, welche der Contractions-Coëfficient heifst, bestimmen. Solcher Ableitungen der Werthe von k aus Versuchen giebt es eine grofse Zahl: allein an einer genügenden und naturgemäfsen Erklärung der Contractions-Erscheinung fehlt es; und diese soll in dem Folgenden versucht werden.

Seit der Mitte des 17ten Jahrhunderts, wo *Torricelli* (1644) zuerst den obigen Satz aufstellte, nemlich dafs die Geschwindigkeiten des ausfliefsenden Wassers sich wie die Quadratwurzeln aus den Druckhöhen verhalten, haben sich die Gelehrten viel mit Untersuchungen über die Contraction beschäftigt.

Im Anfange des vorigen Jahrhunderts richteten die Versuche von *Poleni* die Aufmerksamkeit auf die Unterschiede der Ausflufsmengen, welche unter sonst gleichen Umständen aus Öffnungen in dünnen Platten, aus conischen und aus cylindrischen Ansatzröhren Statt finden; und gleichzeitig bemühte man sich, den Durchmesser des zusammengezogenen Strahles näher zu bestimmen. *Poleni* selbst giebt ihn $= \frac{41}{52}$ des Durchmesers der Öffnung an. *Newton* hatte ihn durch wirkliche Messung $= \frac{47}{80}$ gefunden. *Daniel Bernoulli* leitete ihn aus eigenen Versuchen $= \frac{1}{\sqrt{2}}$ ab, und *Borda* bestimmte ihn durch directe Messung $= 0{,}802$ u. s. w. In neuern Zeiten haben *Bossut, Langsdorf, Vince, Michelotti, Dubuat, Eytelwein, Hachette, Bidone, Smeaton* und *Brindley, Christian, Poncelet* und *Lesbros* etc. Versuche über den Ausflufs des Wassers angestellt.

Bidone, Rudberg und *Navier* haben versucht, auf verschiedene Voraussetzungen gestützt, eine Theorie der Zusammenziehung des Wasserstrahls aus kreisförmigen Öffnungen zu begründen; allein ihre Voraussetzungen halten nicht immer Stich und ihre Resultate stimmen mit den Versuchen nicht genügend überein.

2.

Wenn Wasser aus einer Öffnung in einer verticalen Seitenwand eines Behälters ausströmt, so bemerkt man, dafs sich die Wassertheilchen innerhalb des Behälters von allen Seiten, d. h. von rechts und links, von unten und oben, mit einer zunehmenden Geschwindigkeit nach der Öffnung hinbewegen.

Diese Erscheinung führt auf die einfache Hypothese: *dafs die Geschwindigkeiten der Wassertheilchen im Behälter sich umgekehrt verhalten könnten wie die Quadrate ihrer Entfernungen von dem Centrum der Öffnung.*

Wenn mit Hülfe dieser Hypothese sich alle bei dem Ausflufs vorkommenden Erscheinungen vollständig erklären lassen, so wird man berechtigt sein, dieselbe als wahr anzuerkennen.

Aus der Hypothese folgt, wenn e und e' die Entfernungen zweier Wassertheilchen von dem Centrum der Öffnung, und v und v' ihre Geschwindigkeiten bedeuten, die Proportion:

$$A. \quad e^2 : e'^2 = v' : v.$$

Für $e = e'$ wird $v = v'$, d. h.: in gleichen Entfernungen vom Centrum der Öffnung haben alle Wassertheilchen die gleiche Geschwindigkeit.

Stellt man sich nun innerhalb des Behälters, mit einem Radius $= e$, vom Centrum der Öffnung aus, eine Halbkugel beschrieben vor, so werden alle in dieser Kugelfläche befindlichen Wassertheilchen gleiche Geschwindigkeiten besitzen.

Um die obige Voraussetzung zur möglichst klaren Anschauung zu bringen, soll sie an einer Figur noch näher erläutert werden.

Es sei Fig. 1. Taf. VI. AB die Projection der senkrechten Wand eines Wasserbehälters auf die horizontale Ebene des Papiers, welche man durch das Centrum c der Öffnung ab gelegt annimmt; ab der horizontale Durchmesser und Fm die horizontale Axe dieser Öffnung. Damit die freie Bewegung nicht gehemmt werde, wird angenommen, dafs der Rand der Öffnung vom Boden und von den Seitenwänden hinreichend abstehe, damit in dieser Beziehung kein störender Einflufs Statt finde.

Alle Wassertheilchen, welche sich in der horizontalen Ebene AFB befinden, erleiden einen und denselben Druck, weil diese Ebene mit der Oberfläche des Wassers im Behälter parallel ist. Nimmt man nun an, dafs bei dem Ausflufs die Richtung ihrer Bewegung im Allgemeinen nach dem Centrum der Öffnung c gehe, so folgt, dafs ihre Geschwindigkeit in allen vom Centrum gleich weit entfernten Puncten gleich sein müsse, weil der Druck, aus dem die Bewegung hervorgeht, überall gleich ist, oder, mit andern Worten: dafs bei dem Ausströmen alle Wassertheilchen in der Peripherie des Halbkreises AFB die gleiche Geschwindigkeit gegen das Centrum der Öffnung besitzen müssen.

Dreht man den Halbkreis AFB um seine Axe Fm, bis er sich in der Vertical-Ebene befindet, so ist der Druck oberhalb Fm kleiner, und unterhalb gröfser als in Fm selbst. Bedeuten nun H die Druckhöhe über dem Centrum der Öffnung oder über Fm, $+a$ den Abstand von Fm für einen tiefer, und $-a$ den Abstand für einen höher gelegenen Punct, so ist $\frac{1}{2}(H + a + H - a) = H$, und da Fm den Halbkreis halbirt, so ist die mittlere Druckhöhe aller Puncte in der um 90° gedrehten oder verticalstehenden Peripherie des Halbkreises ***AFB***, ebenfalls $=H$. Was aber von der um 90° gedrehten Peripherie des Halbkreises gilt, gilt auch für jeden andern Drehungswinkel. Läfst man daher den Halbkreis ***AFB*** um seine Axe ***Fm*** eine volle Umdrehung machen, so beschreibt er die Oberfläche einer Halbkugel, deren Centrum das Centrum der Öffnung ist, und der mittlere Werth aller Pressungen, welche die Wassertheilchen in dieser Oberfläche erleiden, wird, aus den eben entwickelten Gründen, gleich sein dem Druck, den ein Punct in der Axe ***Fc*** erleidet, d. h. er wird $=H$ sein.

Wenn aber der mittlere Druck aller in der Halbkugelfläche befindlichen Wassertheilchen gleich ist dem Druck, welcher im Centrum der Öffnung in der Richtung fc Statt findet, so wird auch die mittlere Bewegung aller dieser Wassertheilchen derjenigen gleich gesetzt werden können, welche in dieser Richtung vorhanden ist (vorausgesetzt dafs die Öffnung nicht sehr grofs ist); woraus dann folgt, dafs alle Wassertheilchen, welche sich in der Oberfläche einer um das Centrum der Öffnung beschriebenen Halbkugel ***AFB*** befinden. die gleiche mittlere Geschwindigkeit besitzen müssen.

Die Halbkugelflächen vermindern sich gegen die Öffnung hin in dem Verhältnifs der Quadrate ihrer Radien; die Geschwindigkeiten der Wassertheilchen in denselben müssen aber zunehmen, in dem Verhältnifs wie die Fläche abnimmt: folglich stehen, wie oben vorausgesetzt wurde, die Geschwindigkeiten der concentrisch um die Öffnung gelagerten Wasserschalen im umgekehrten Verhältnifs der Quadrate ihrer Entfernungen vom Centrum der Öffnung; und wenn $e=Fc$, und $e'=fc$ gesetzt wird, so erhält man, wie oben:

$$(Fc)^2 \cdot v = (fc)^2 \cdot v'.$$

Nach diesem Gesetz geht die Bewegung fort, bis der Radius der letzten Wasserschale gleich dem Radius der Ausflufs-Öffnung wird; alsdann tritt, sowohl in der Richtung, als auch in der Geschwindigkeit, eine plötzliche Änderung ein. Das Wassertheilchen, welches sich von B nach b gegen das Centrum c hin bewegte, wird in dem Augenblick, wo es in die Öffnung tritt, in der Richtung bk, parallel mit cf fortgetrieben; es besitzt aber bereits eine gewisse Geschwindigkeit nach dem Centrum c hin, und geht daher in der Richtung bp fort. Ein anderes Wassertheilchen, welches sich von G nach g bewegt, wird in der Richtung gi fortgetrieben; u. s. w. Auf diese Weise werden, vor der Öffnung angekommen, plötzlich alle Wassertheilchen, welche sich in der Halbkugelfläche afb befinden, in einer mit cf parallelen Richtung fortgetrieben und ändern sämmtlich ihre Geschwindigkeit; bis auf das Wassertheilchen in f, welches sich in der Axe bewegt, aber deshalb weder Richtung noch Geschwindigkeit ändert, und sich folglich mit der *gröfsten* Geschwindigkeit bewegt, die nach dem Theorem von *Torricelli* $= \sqrt{(4gH)}$ ist. Bezeichnet man daher die Geschwindigkeit, welche der Druckhöhe H entspricht, durch V, so hat man:

$$V = \sqrt{(4gH)}.$$

V ist die gröfste Geschwindigkeit der Ausströmung, und übertrifft diejenige Geschwindigkeit, welche in der Ebene der Öffnung Statt findet um einen gewissen Factor, den man den Coëfficienten der Contraction nennt. Die mittlere Geschwindigkeit in der Ausflufs-Öffnung werde ich mit C bezeichnen; welches also der mittlere Werth aller der Geschwindigkeiten ist, mit denen die einzelnen Wassertheilchen die Öffnung passiren. Um diesen Werth finden zu können, mufs für eine gleiche Geschwindigkeit aller Wassertheilchen ihr mittlerer Abstand von der Axe ab in allen durch die Axe gehenden Schnitten gesucht werden. Nach dem Vorhergehenden haben aber die Wassertheilchen in der Peripherie des Kreises afb, also auch in der durch die Umdrehung desselben erzeugten Halbkugelfläche, die gleiche Geschwindigkeit; ihre Abstände in dieser Peripherie von der Öffnung ab sind daher Perpendikel, wie gi, oder, was dasselbe ist, es sind die Ordinaten y in der Gleichung des Kreises $y^2 = 2rx - x^2$, in welcher ab die Axe der Abscissen ist. Dies gilt auch für jede Lage des um die Axe cf gedrehten Halbkreises.

Die Summe aller dieser Ordinaten ist aber der Fläche des Halbkreises afb gleich, oder $= \int y \partial x$. Nun kann der mittlere Werth von y, den ich durch y' bezeichnen will, als eine Function von derselben Form und demselben Werth angesehen werden, in welcher y unveränderlich ist: folglich erhält man dafür $y' \int \partial x$, und wenn man beide Ausdrücke einander gleich setzt, so ergiebt sich

$$y' \int \partial x = \int y \partial x$$

und folglich

$$y' = \frac{\int y \partial x}{\int \partial x}.$$

Die beiden Integrale, zwischen den Gränzen $x = 0$ und $x = 2r$ genommen, geben

$$y' = \tfrac{1}{4} r \pi,$$

und nun folgt nach der Proportion (*A.*)

$$B. \quad c : V = (\tfrac{1}{4} r\pi)^2 : r^2$$

oder

$$C. \quad c = (\tfrac{1}{4}\pi)^2 V = (\tfrac{1}{4}\pi)^2 \sqrt{(4gH)} = 0{,}617..\sqrt{(4gH)}.$$

Der Coëfficient k ist daher $= (\tfrac{1}{4}\pi)^2 = 0{,}617...$

Die Beobachtungen von ***Bossut*** geben diesen Coëfficienten = 0,617.
Eytelwein fand ihn . . . . = 0,6176.
D'Aubuisson . . . . = 0,617.
Andere Versuche geben ihn . . . . = 0,619.

Die Übereinstimmung der Theorie mit den Versuchen ist daher so vollständig, dafs sie Nichts zu wünschen übrig läfst.

3.

Für die Geschwindigkeit, senkrecht auf die Axe cf (Fig. 1.), findet man den ihr entsprechenden Abstand gleich gs, und wenn man die zugehörige Geschwindigkeit durch z bezeichnet, so erhält man nach der Proportion (*A.*)

$$z : c = (gs)^2 : (gi)^2 = (1 - (\tfrac{1}{4}\pi)^2) : (\tfrac{1}{4}\pi)^2,$$

oder

$$z = c\left(\left(\frac{4}{\pi}\right)^2 - 1\right),$$

und wenn man beide Geschwindigkeiten nach dem Parallelogramm der Kräfte zusammensetzt, so findet sich für ihre Richtung:

$$\operatorname{tang}\gamma = \frac{z}{c} = \left(\frac{4}{\pi}\right)^2 - 1,$$

was $\gamma = 31^\circ\, 51'\, 6''$ giebt.

Hieraus folgt nun für den Winkel, den die Tangente des ausfliefsenden Strahls mit dem Radius der Öffnung macht,

$$90^\circ - \gamma = 58^\circ\, 8'\, 54''.$$

Poncelet und ***Lesbros*** (Expériences hydrauliques sur les lois de l'écoulement de l'eau. Paris 1832. Tafel 5.) haben bei ihren Versuchen in ***Metz*** eine möglichst genaue Messung von einem aus einer quadratischen Öffnung ausfliefsenden Strahl veranstaltet, und so viel sich aus der Zeichnung entnehmen läfst, sehr nahe denselben Winkel gefunden, der überdies, wie wir später aus den Coëfficienten sehen werden, für die quadratischen Öffnungen nicht ganz gleich, sondern im Mittel etwas kleiner gefunden werden mufs, als für eine kreisförmige Öffnung.

4.

Wir haben gesehen, dafs die mittlere Geschwindigkeit, mit welcher die Wassertheilchen die Öffnung passiren, ihrer nachgewiesenen Zerlegung wegen, kleiner ist als V. Da sie aber in der Ebene der Öffnung selbst, alle einen Druck H erleiden, welcher die Geschwindigkeit V hervorbringt, so müssen sie aufserhalb der Öffnung beschleunigt werden; und zwar bis zu einem Punct, wo sie diejenige Geschwindigkeit erlangt haben, welche der Druckhöhe H zugehört. Nennen wir daher diese Entfernung x, so folgt nach der Proportion (*B.*):

$$C:V = (\tfrac{1}{4}r\pi)^2 : x^2$$

und, wenn wir für C seinen Werth aus (§. 2.) setzen, so findet sich $x = r$; d. h. alle Wassertheilchen erlangen aufserhalb der Öffnung die gröfste Geschwindigkeit V erst in der Entfernung r von der Öffnung; woraus denn folgt, dafs ***der Punct der gröfsten Zusammenziehung des Wasserstrahls in einer Entfernung von der Öffnung Statt findet, welche ihrem Halbmesser gleich ist.***

5.

In der Proportion B (§. 2.) ist $(\tfrac{1}{4}r\pi)^2 : r^2$ zugleich das Verhältnifs der normalen Querschnitte des Strahls, und daraus folgt: ***Wenn r der Radius der Öffnung ist, so ist $\tfrac{1}{4}r\pi = \varrho$ der Radius des Strahls im Puncte der gröfsten Zusammenziehung.***

Denn die durch die verschiedenen Querschnitte der Öffnung ausströmende Wassermenge ist immer dieselbe, und wenn man die den Geschwindigkeiten c und V correspondirenden Querschnitte durch ω und ω_1 bezeichnet, so mufs

$$Q = \omega c = \omega_1 V$$

sein, also

$$\omega_1 = \frac{\omega \cdot c}{V}.$$

Es ist aber $\omega = r^2\pi$; $c = (\tfrac{1}{4}\pi)^2 V$, folglich

$$\omega_1 = r^2\pi(\tfrac{1}{4}\pi)^2 = (\tfrac{1}{4}r\pi)^2 \cdot \pi = \varrho^2\pi$$

und daher

$$\varrho = \tfrac{1}{4}r\pi \cdot = r \cdot 0{,}7854$$

Poleni's Versuche (Nuova raccolta d'autori, che trattano del moto dell'acque — delle pascaje III. Parma 1766.) geben $\varrho = r \cdot 0{,}7884$ und

Borda (Mém. de Paris 1766.) fand durch directe Messung $\varrho = r \cdot 0{,}802$.

6.
Vergleichung der in (§. 4. und 5.) gefundenen Resultate mit andern Versuchen.

Namen der Beobachter.	Druckhöhe.	Durchmesser der Öffnungen.	Entfernung der gröfsten Zusammenziehung von der Öffnung		Durchmesser des zusammengezogenen Strahls	
			beobachtet	berechnet	beobachtet	berechnet
Bossut	11,736 Par. Fufs	12 Par. Lin.	$6\frac{1}{2}$ Par. Lin.	6 Par. Lin.	$9\frac{4}{5}$ Par. Lin.	9,43 Par. Lin.
- -	11,736 - -	24 - -	$12\frac{1}{2}$ - -	12 - -	$19\frac{1}{2}$ - -	18,85 - -
- -	11,736 - -	36 - -	18 - -	18 - -	$29\frac{1}{4}$ - -	28,27 - -
- -	9,000 - -	6 - -	$4\frac{1}{2}$ - -	3 - -	$4\frac{8}{9}$ - -	4,71 - -
- -	9,000 - -	12 - -	$6\frac{1}{2}$ - -	6 - -	$9\frac{4}{5}$ - -	9,43 - -
Venturi	2,708 - -	18 - -	11 - -	9 - -	14,3 - -	14,14 - -
Eytelwein	3,000 Rheinl. Fufs	15 Rheinl. Lin.	8 Rheinl. Lin.	7,5 Rheinl. Lin.	12,0 Rheinl. Lin.	11,78 Rheinl. Lin.

Die Beobachtungen von *Michelotti* geben für den Durchmesser des zusammengezogenen Strahls nahe dasselbe Resultat; die Entfernung der gröfsten Zusammenziehung von der Öffnung wird aber von ihm kleiner angegeben, so dafs sie besser mit dem Radius der gröfsten Zusammenziehung als mit dem der Öffnung übereinstimmt; allein es scheint, dafs die genaue Messung dieses Abstandes mancherlei Schwierigkeiten hat, und dafs der Unterschied wenigstens nicht ganz aufser den Gränzen der Unsicherheit der Messung liegen kann.

7.
Verschiedene Bemerkungen und Folgerungen.

1. Die Contraction entsteht nach der obigen Betrachtung aus dem plötzlichen Wechsel der Richtung und Geschwindigkeit, welchen die Wassertheilchen unmittelbar in der Ebene der Öffnung erleiden. Sie hangt (so viel sich aus den vorhandenen Versuchen mit Sicherheit entnehmen läfst) nur von dem Radius der Öffnung ab, und daraus folgt: dafs *die contrahirende Kraft dem Radius der Öffnung proportional ist.*

2. Bei den kreisförmigen Öffnungen sind alle diametralen Contractionen gleich, aber entgegengesetzt; woraus folgt, dafs *die Querschnitte des zusammengezogenen Strahls der Öffnung ähnlich sind.*

3. Sind dagegen die verschiedenen Durchmesser der Öffnung ungleich, so ändern die Querschnitte des Strahls ihre Form, weil die Entfernungen der

gröfsten Zusammenziehung von der Öffnung den verschiedenen Durchmessern oder den Secanten der Öffnung proportional sind (1.) und deswegen nicht gleich weit von der Öffnung abstehen, also auch nicht in einer Ebene liegen; welches als Bedingung einer *ähnlichen* Form der Querschnitte der Strahlen angesehen werden mufs.

4. Die obige Theorie der Contraction setzt ferner voraus, dafs das Reservoir grofs, die Bewegung des Wassers in demselben frei und die Öffnung von dem Boden und den Seitenwänden vollständig isolirt sei; auch dafs ferner die Druckhöhe so grofs sei, dafs keine Depression des Niveaus über der Öffnung Statt findet. Ohne diese Bedingungen wird die regelmäfsige Wirkung der Contraction unterbrochen, und man wird sich in diesem Falle, da die Gesetze dieser Unregelmäfsigkeiten noch nicht ermittelt sind, vorläufig mit einer näherungsweisen Bestimmung derselben begnügen müssen.

5. Die gröfste mittlere Geschwindigkeit V bestimmt die Sprungweite des Strahls, und findet im Punct der gröfsten Zusammenziehung Statt; man hat daher die Gleichung:

$$D. \quad V = \frac{Q}{(\frac{1}{4}\pi)^2 \cdot \omega} = \frac{C}{(\frac{1}{4}\pi)^2},$$

weil $Q = C \cdot \omega$ (§. 5.).

6. Die genaue Bestimmung der Ausflufsmenge einer Öffnung hangt von der richtigen Ermittlung der Geschwindigkeit V ab. Gewöhnlich bestimmt man dieselbe vermittels der Druckhöhe über dem Centrum der Öffnung durch die Formel

$$V = \sqrt{(4gH)}$$

und vernachlässigt den Einflufs, welchen die Höhe und die Figur der Öffnung ausüben. Dieser Einflufs ist beträchtlich, wird aber mit der Gröfse der Druckhöhe geringer, und kann daher für grofse Druckhöhen allerdings vernachlässigt werden. Bei einer allgemeinen Behandlung der Aufgabe ist aber eine genauere und allgemeinere Bestimmung der Geschwindigkeit nothwendig.

7. Die Reibung an den Wänden der Öffnung, der Unterschied des Luftdrucks zwischen dem Wasserspiegel im Behälter und der Ausflufs-Öffnung, der Widerstand der Luft gegen den ausströmenden Strahl, und der Einflufs der Temperatur auf die Ausflufsmenge, müssen fur jetzt noch unberücksichtigt bleiben, weil die vorhandenen Versuche zur Bestimmung dieser verschiedenen kleinen Einflüsse unzureichend sind.

8.

Bestimmung der mittleren Geschwindigkeit des durch Öffnungen in dünnen Platten ausfließsenden Wassers.

Nach dem Theorem von *Torricelli* sind die Druckhöhen die Abscissen und die durch sie erzeugten Geschwindigkeiten die Ordinaten einer Parabel, deren Parameter $= 4g$ ist.

Wenn daher in der Parabel (Fig. 2.) AB die Axe der Abscissen ist, so hat man die Gleichung:

$$z^2 = px.$$

Nach dem Theorem von *Torricelli* ist

$$V^2 = 4gH$$

und daher $z = V$; $p = 4g$ und $x = H$.

Befindet sich die Ausflufs-Öffnung im Boden eines Behälters, und ist ihre Fläche horizontal, so ist die Wasserhöhe über derselben, oder ihre Druckhöhe, für alle Puncte der Öffnung gleich. Bezeichnet man daher die Druckhöhe durch H, so findet man die Ausflufsgeschwindigkeit für horizontale Öffnungen direct aus der obigen Gleichung, nemlich

$$V = \sqrt{(4gH)}.$$

Ist die Ausflufs-Öffnung dagegen vertical, also in einer Seitenwand angebracht, so hat jeder horizontale Querschnitt der Öffnung eine andere Tiefe unter dem Wasserspiegel, also auch eine andere Ausflufsgeschwindigkeit, und es kommt darauf an, aus allen, in den verticalen Ausdehnungen der Öffnung verschiedenen Geschwindigkeiten, die mittlere Ausflufsgeschwindigkeit zu bestimmen.

Wenn ACF (Fig. 2.) einen verticalen Schnitt durch das Centrum einer Öffnung bezeichnet, und $eF = b$ ihren Durchmesser oder ihre Höhe, $Ae = H$ aber ihre Druckhöhe über dem obern Rande vorstellt, so ist die Geschwindigkeit für die Druckhöhe Ae gleich ed und die Geschwindigkeit für die Druckhöhe AF (über dem untern Rande der Öffnung) $= Fc$. Die mittlere Geschwindigkeit zwischen e und F, in dem verticalen Schnitt der Öffnung, ist daher der mittlere Werth der Ordinaten der Parabel zwischen den Gränzen ed und Fc, den man wie y' in (§. 2.) leicht findet, nämlich

$$z' = \frac{\int z\,\partial x}{\int \partial x} = \frac{\sqrt{(4g)}\int x^{\frac{1}{2}}\partial x}{\int \partial x},$$

indem $z^2 = 4gx$ ist.

Werden diese Integrale zwischen den Gränzen $x = H$ und $x = H + b$ genommen, so findet sich:

$$E. \quad z' = V = \tfrac{2}{3}\sqrt{(4g)}\left\{\frac{(H+b)^{\frac{3}{2}} - H^{\frac{3}{2}}}{b}\right\}.$$

Dieser Ausdruck giebt die mittlere Geschwindigkeit in dem verticalen Schnitt einer Öffnung *eF*, unter einer Druckhöhe *H*.

9.

Ein Wasserstrahl kann so angesehen werden, als bestände er aus einer zahllosen Menge *Scheiben*, die parallel mit dem verticalen Schnitt gehen, und jede Scheibe kann man sich wieder als aus einer sehr grofsen Anzahl von *Wasserfäden* zusammengesetzt vorstellen. Giebt man nun jedem *Wasserfaden* eine Länge, die seiner Geschwindigkeit gleich ist, so erhält man einen prismatischen Körper, dessen mittlere Länge oder Höhe die gesuchte Geschwindigkeit giebt.

Um diese Länge näher zu bestimmen, verlege ich den Anfangspunct der Abscissen nach *e* (Fig. 2.) und erhalte dann für die Länge eines jeden Wasserfadens, oder, was Dasselbe ist, für seine Geschwindigkeit, die Gleichung:

$$z^2 = 4g(H + x).$$

Bedeutet nun y die unbestimmte Ordinate der Öffnung, so ist ihre Oberfläche $= \int y\,\partial x$ und der Inhalt des prismatischen Körpers $= z\int y\,\partial x$, oder vielmehr $= \int z y\,\partial x$, weil z veränderlich und eine Function von x ist. Um die mittlere Länge (oder Höhe) dieses Prismas zu finden, hat man seinen Inhalt durch die Summe aller Wasserfäden oder durch die Fläche der Öffnung, das heifst, durch $\int y\,\partial x$ zu dividiren. Auf diese Weise erhält man ganz allgemein:

$$F. \quad z' = V = \frac{\int z y\,\partial x}{\int y\,\partial x}.$$

Substituirt man für z seinen obigen Werth, so ergiebt sich

$$G. \quad V = \frac{\sqrt{(4g)}\int y\,\partial x\,\sqrt{(H + x)}}{\int y\,\partial x};$$

und dies ist der Ausdruck für die mittlere Geschwindigkeit, mit welcher das Wasser aus irgend einer verticalen Öffnung in einer dünnen Platte hervorströmt.

Ist aber die Geschwindigkeit bekannt, so läfst sich die Ausflufsmenge aus einer solchen Öffnung leicht angeben. Denn es sei die Ausflufsmenge $= Q$

und k der Coëfficient der Contraction, so erhält man:

$$Q = kV\int y\,\partial x,$$

und wenn man für V seinen vorhingefundenen Werth substituirt, so folgt:

$$H. \qquad Q = k\sqrt{(4g)}\int y\,\partial x\sqrt{(H+x)}.$$

Befindet sich die Ausflufs-Öffnung im Boden des Behälters, und ist also horizontal, so ist $V = \sqrt{(4gH)}$ und man erhält

$$I. \qquad Q = k\sqrt{(4gH)}\int y\,\partial x.$$

10.

Ausflufsmengen durch verticale elliptische und kreisförmige Öffnungen.

Die Gleichung zwischen den Coordinaten y und x einer Ellipse ist

$$y^2 = \frac{4b^2}{a^2}(2ax - x^2).$$

Substituirt man diesen Werth von y in der Gleichung ($H.$ §. 9.), so erhält man:

$$a. \qquad Q = k\sqrt{(4g)}\cdot\frac{2b}{a}\int\partial x\sqrt{[(2ax-x^2)(H+x)]}.$$

Die Integration dieser Gleichung ist nur in dem Fall vollständig ausführbar, wenn $H = 0$ ist, und die Reihen-Entwicklung hat ebenfalls Schwierigkeiten, weil sich keine Reihe finden läfst, die für jeden Werth von H hinreichend convergirte. Aus diesem Grunde mufs man den Ausdruck umformen. Ehe ich dazu übergehe, werde ich das Integral suchen, welches dem Werth von $H = 0$ entspricht. In diesem Fall geht die Gleichung ($a.$) in

$$b. \qquad Q = k\sqrt{(4g)}\cdot\frac{2b}{a}\int x\,\partial x\sqrt{(2a-x)}$$

über. Setzt man $\sqrt{(2a-x)} = z$, so ist:

$$\int x\,\partial x\sqrt{(2a-x)} = 2\int z^4\partial z - 4a\int z^2\partial z = \tfrac{2}{5}z^5 - \frac{4a}{3}.z^3.$$

Substituirt man für z seinen Werth und nimmt

Erstlich das Integral zwischen den Gränzen

$$x = 0 \quad \text{und} \quad x = 2a,$$

so ergiebt sich:

$$\int_0^{2a} x\,\partial x\sqrt{(2a-x)} = (2a)^{\frac{5}{2}}\cdot 2(\tfrac{1}{3}-\tfrac{1}{5}) = \frac{a^{\frac{5}{2}}\cdot 16\sqrt{2}}{15};$$

Zweitens, das Integral zwischen den Gränzen

$$x = 0 \quad \text{und} \quad x = a,$$

so ist

$$\int_0^a x\partial x\sqrt{(2a-x)} = a^{\frac{5}{2}}\left\{\tfrac{4}{3}(2^{\frac{3}{2}}-1)-\tfrac{2}{5}(2^{\frac{5}{2}}-1)\right\} = 2\cdot a^{\frac{5}{2}}\left(\frac{8\sqrt{2}-7}{15}\right);$$

Drittens, das Integral zwischen den Gränzen

$$x = a \quad \text{und} \quad x = 2a,$$

so ist

$$\int_a^{2a} x\partial x\sqrt{(2a-x)} = a^{\frac{5}{2}}(\tfrac{4}{3}-\tfrac{2}{5}) = a^{\frac{5}{2}}\tfrac{14}{15}.$$

Substituirt man diese drei Werthe successive in der Gleichung (6.), so erhält man:

I. Für die Ausflufsmenge durch eine elliptische Öffnung, deren höchster Punct im Wasserspiegel liegt,

$$c. \quad Q = k\sqrt{(4ga)}\cdot ab\cdot\frac{32\sqrt{2}}{15}.$$

II. Für die Ausflufsmenge, wenn die Öffnung eine halbe Ellipse ist, wie (Fig. 3.) und der Punct a im Wasserspiegel liegt:

$$d. \quad Q = k\sqrt{(4ga)}\cdot ab\cdot\tfrac{4}{15}(8\sqrt{2}-7).$$

III. Für die Ausflufsmenge durch eine halbe Ellipse in umgekehrter Lage (Fig. 4.) und unter der Druckhöhe $cf = a = cb$:

$$e. \quad Q = k\sqrt{(4ga)}\cdot ab\cdot\tfrac{28}{15}.$$

Die Summe der beiden Gleichungen (*d.* und *e.*) giebt wieder die Gleichung (*c.*).

Um für den variabeln Theil der Gleichung (*a.*) eine für die Reihen-Entwicklung vortheilhaftere Function zu finden, werde ich den Anfangspunct der Coordinaten nach dem Centrum der Öffnung verlegen. Man erhält dann die Gleichung

$$y^2 = \frac{4b^2}{a^2}(a^2-x^2).$$

Führt man nun als Druckhöhe $H' = H + a$ ein, so verwandelt sich für diese Werthe die Gleichung (*H.* §. 9.) in:

$$f. \quad Q = k\sqrt{(4g)}\,\frac{2b}{a}\int\partial x\sqrt{((H'+x)(a^2-x^2))}.$$

Wird jetzt $\sqrt{(H'+x)}$ in eine Reihe verwandelt, so erhält man:

$$\int \partial x \sqrt{((H'+x)(a^2-x^2))}$$
$$= \sqrt{(H')} \int \partial x \sqrt{(a^2-x^2)} \left\{1 + \frac{x}{2H'} - \frac{1\cdot 1\cdot x^2}{2\cdot 4 H'^2} + \frac{1\cdot 1\cdot 3 x^3}{2\cdot 4\cdot 6 H'^3} + \dots\right\}.$$

Integrirt man theilweise und nimmt das Integral

1. Zwischen den Gränzen $x=0$ und $x=a$, so ergiebt sich:

$$\int_0^a \partial x \sqrt{(a^2-x^2)} = \tfrac{1}{2}\cdot\frac{a^2\pi}{2}; \qquad \int_0^a x\,\partial x \sqrt{(a^2-x^2)} = \frac{a^3}{3},$$
$$\int_0^a x^2\,\partial x \sqrt{(a^2-x^2)} = \frac{1\cdot 1}{2\cdot 4}\cdot\frac{a^4\pi}{2}; \qquad \int_0^a x^3\,\partial x \sqrt{(a^2-x^2)} = \frac{1\cdot 2}{3\cdot 5}\cdot a^5,$$
$$\int_0^a x^4\,\partial x \sqrt{(a^2-x^2)} = \frac{1\cdot 1\cdot 3}{2\cdot 4\cdot 6}\cdot\frac{a^6\pi}{2}; \qquad \int_0^a x^5\,\partial x \sqrt{(a^2-x^2)} = \frac{1\cdot 2\cdot 4}{3\cdot 5\cdot 7}\cdot a^7,$$

also

$$\int_0^a \partial x \sqrt{((H'+x)(a^2-x^2))}$$
$$= \sqrt{H'}\left\{\frac{a^2\pi}{2}\left(\tfrac{1}{2} - \frac{1\cdot 1}{2\cdot 4}\cdot\frac{1\cdot 1}{2\cdot 4}\cdot\frac{a^2}{H'^2} - \frac{1\cdot 1\cdot 3\cdot 5}{2\cdot 4\cdot 6\cdot 8}\cdot\frac{1\cdot 1\cdot 3}{2\cdot 4\cdot 6}\cdot\frac{a^4}{H'^4}\right.\right.$$
$$\left. - \frac{1\cdot 1\cdot 3\cdot 5\cdot 7\cdot 9}{2\cdot 4\cdot 6\cdot 8\cdot 10\cdot 12}\cdot\frac{1\cdot 1\cdot 3\cdot 5}{2\cdot 4\cdot 6\cdot 8}\cdot\frac{a^6}{H'^6} - \dots\right)$$
$$\left. + a^2\left(\frac{1\cdot 1}{2\cdot 3}\cdot\frac{a}{H'} + \frac{1\cdot 1\cdot 3}{2\cdot 4\cdot 6}\cdot\frac{1\cdot 2}{3\cdot 5}\cdot\frac{a^3}{H'^3} + \frac{1\cdot 1\cdot 3\cdot 5\cdot 7}{2\cdot 4\cdot 6\cdot 8\cdot 10}\cdot\frac{1\cdot 2\cdot 4}{3\cdot 5\cdot 7}\cdot\frac{a^5}{H'^5} + \dots\right)\right\}$$
$$= a^2\sqrt{H'}\{S_1\};$$

2. Nimmt man es zwischen den Gränzen $x=0$ und $x=-a$, so erhält man

$$\int_0^{-a} \partial x \sqrt{((H'+x)(a^2-x^2))}$$
$$= \sqrt{H'}\left\{\frac{a^2\pi}{2}\left(\tfrac{1}{2} - \frac{1\cdot 1}{2\cdot 4}\cdot\frac{1\cdot 1}{2\cdot 4}\cdot\frac{a^2}{H'^2} - \dots\right) - a^2\left(\frac{1\cdot 1}{2\cdot 3}\cdot\frac{a}{H'} + \frac{1\cdot 1\cdot 3}{2\cdot 4\cdot 6}\cdot\frac{1\cdot 2}{3\cdot 5}\cdot\frac{a^3}{H'^3} + \dots\right)\right\}$$
$$= a^2\sqrt{H'}\{S_2\}.$$

Der erste Werth des Integrals, in die Gleichung ($f.$) gesetzt, giebt für die Ausflufsmenge durch eine Öffnung wie (Fig. 5.):

$$g. \qquad Q = k\sqrt{(4gH')}\cdot 2ab\{S_1\}.$$

Der zweite Werth giebt für die Wassermenge durch eine Öffnung wie (Fig. 6.)

$$h. \qquad Q = k\sqrt{(4gH')}\cdot 2ab\{S_2\}.$$

Die Druckhöhe H' ist hier $=ec$.

Addirt man die beiden Gleichungen ($h.$ und $g.$), so erhält man die Wassermenge für die vollständige Ellipse (Fig. 7.); nämlich:

$$i.\quad Q = k\sqrt{(4gH')}\cdot 2ba\pi\left\{\tfrac{1}{2}-\frac{1\cdot 1}{2\cdot 4}\cdot\frac{1\cdot 1}{2\cdot 4}\cdot\frac{a^2}{H'^2}-\frac{1\cdot 1\cdot 3\cdot 5}{2\cdot 4\cdot 6\cdot 8}\cdot\frac{1\cdot 1\cdot 3}{2\cdot 4\cdot 6}\cdot\frac{a^4}{H'^4}\right.$$
$$\left.-\frac{1\cdot 1\cdot 3\cdot 5\cdot 7\cdot 9}{2\cdot 4\cdot 6\cdot 8\cdot 10\cdot 12}\cdot\frac{1\cdot 1\cdot 3\cdot 5}{2\cdot 4\cdot 6\cdot 8}\cdot\frac{a^6}{H'^6}-\dots\right\}.$$

Diese Gleichung beweiset, dafs die Formel

$$Q = k\sqrt{(4gH')},$$

von der man gewöhnlich Gebrauch macht, nur in dem Falle nahe richtig ist, wenn die Summe der Reihe in der Parenthese sich dem Werth $\frac{1}{2}$ nähert, d. h. wenn die Druckhöhe so grofs ist, dafs alle Glieder mit H' im Nenner verschwinden.

Für $H=0$ ist $H'=a$; und führt man diesen Werth in die Gleichung ($i.$) ein, so erhält man für die Ausflufsmenge, in dem Fall, wenn der Scheitel der Öffnung im Wasserspiegel liegt:

$$k.\quad Q = k\sqrt{(4ga)}\cdot 2ab\pi\left\{\tfrac{1}{2}-\frac{1\cdot 1}{2\cdot 4}\cdot\frac{1\cdot 1}{2\cdot 4}-\frac{1\cdot 1\cdot 3\cdot 5}{2\cdot 4\cdot 6\cdot 8}\cdot\frac{1\cdot 1\cdot 3}{2\cdot 4\cdot 6}-\dots\right\}.$$

Dieselbe Ausflufsmenge giebt aber schon die Gleichung ($c.$). Setzt man daher beide einander gleich, so findet sich

$$l.\quad \frac{16\sqrt{2}}{15}=\pi\left\{\tfrac{1}{2}-\frac{1\cdot 1}{2\cdot 4}\cdot\frac{1\cdot 1}{2\cdot 4}-\frac{1\cdot 1\cdot 3\cdot 5}{2\cdot 4\cdot 6\cdot 8}\cdot\frac{1\cdot 1\cdot 3}{2\cdot 4\cdot 6}-\frac{1\cdot 1\cdot 3\cdot 5\cdot 7\cdot 9}{2\cdot 4\cdot 6\cdot 8\cdot 10\cdot 12}\cdot\frac{1\cdot 1\cdot 3\cdot 5}{2\cdot 4\cdot 6\cdot 8}-\dots\right\};$$

also ist die Summe der Reihe in der Parenthese $=\dfrac{16\sqrt{2}}{15\pi}=0{,}48018.$

Setzt man in der Gleichung ($h.$) die Druckhöhe $H'=a$, so erhält man dieselbe Ausflufsmenge, welche schon die Gleichung ($d.$) giebt. Aus der Vergleichung beider folgt

$$m.\quad \tfrac{4}{15}(8\sqrt{2}-7)=2\{S_2\}=2\left\{\begin{array}{l}\tfrac{1}{2}\pi\left(\tfrac{1}{2}-\frac{1\cdot 1}{2\cdot 4}\cdot\frac{1\cdot 1}{2\cdot 4}-\frac{1\cdot 1\cdot 3\cdot 5}{2\cdot 4\cdot 6\cdot 8}\cdot\frac{1\cdot 1\cdot 3}{2\cdot 4\cdot 6}-\dots\right)\\ -\left(\frac{1\cdot 1}{2\cdot 3}+\frac{1\cdot 1\cdot 3}{2\cdot 4\cdot 6}\cdot\frac{1\cdot 2}{3\cdot 5}+\frac{1\cdot 1\cdot 3\cdot 5\cdot 7}{2\cdot 4\cdot 6\cdot 8\cdot 10}\cdot\frac{1\cdot 2\cdot 4}{3\cdot 5\cdot 7}+\dots\right),\end{array}\right.$$

also

$$\{S_2\}=\tfrac{2}{15}(8\sqrt{2}-7)=0{,}5752.$$

Substituirt man aber für die erste Reihe in ($m.$) ihren Werth aus der Gleichung ($l.$), so erhält man:

$$\frac{14-8\sqrt{2}}{15}=\tfrac{1}{3}\left\{\tfrac{1}{2}-\frac{1\cdot 1\cdot 3}{2\cdot 4\cdot 6}\cdot\tfrac{2}{5}+\frac{1\cdot 1\cdot 3\cdot 5\cdot 7}{2\cdot 4\cdot 6\cdot 8\cdot 10}\cdot\frac{2\cdot 4}{5\cdot 7}+\dots\right\}=0{,}17907 \text{ oder}$$

$$\tfrac{2}{5}(7-4\sqrt{2})=\tfrac{1}{2}+\frac{1\cdot 1\cdot 3}{2\cdot 4\cdot 6}\cdot\tfrac{2}{5}+\frac{1\cdot 1\cdot 3\cdot 5\cdot 7}{2\cdot 4\cdot 6\cdot 8\cdot 10}\cdot\frac{2\cdot 4}{5\cdot 7}+\dots$$

Setzt man in der Gleichung ($g.$) die Druckhöhe $H = a$, und vergleicht sie mit der Gleichung ($e.$), so erhält man:

$$n. \quad \tfrac{28}{15} = 2\{S_1\} = 2\begin{Bmatrix} \frac{1}{2}\pi\left(\frac{1}{2} - \frac{1\cdot1}{2\cdot4}\cdot\frac{1\cdot1}{2\cdot4} - \frac{1\cdot1\cdot3\cdot5}{2\cdot4\cdot6\cdot8}\cdot\frac{1\cdot1\cdot3}{2\cdot4\cdot6} - \ldots\right) \\ + \frac{1\cdot1}{2\cdot3} + \frac{1\cdot1\cdot3}{2\cdot4\cdot6}\cdot\frac{1\cdot2}{3\cdot5} + \frac{1\cdot1\cdot3\cdot5\cdot7}{2\cdot4\cdot6\cdot8\cdot10}\cdot\frac{1\cdot2\cdot4}{3\cdot5\cdot7} + \ldots \end{Bmatrix},$$

folglich

$$\{S_1\} = \tfrac{14}{15}.$$

Wenn in der Gleichung ($f.$) die Druckhöhe $H' = 0$ gesetzt wird, so findet man für die Ausflufsmenge durch eine Öffnung wie (Fig. 8.), deren oberer Rand ab im Wasserspiegel liegt:

$$Q = k\sqrt{(4g)}\cdot\frac{2b}{a}\int\partial x\sqrt{(x(a^2 - x^2))}.$$

Es ist aber

$$\partial x\sqrt{(x(a^2 - x^2))} = a\,\partial x\left\{x^{\frac{1}{2}} - \tfrac{1}{2}\cdot\frac{x^{\frac{5}{2}}}{a^2} - \frac{1\cdot1}{2\cdot4}\cdot\frac{x^{\frac{9}{2}}}{a^4} - \frac{1\cdot1\cdot3}{2\cdot4\cdot6}\cdot\frac{x^{\frac{13}{2}}}{a^6} - \ldots\right\},$$

und wenn man die Integrale zwischen den Gränzen $x = 0$ und $x = a$ nimmt, so folgt:

$$\int_0^a \partial x\sqrt{(x(a^2 - x^2))} = 2a^{\frac{5}{2}}\left\{\tfrac{1}{3} - \tfrac{1}{7}\cdot\tfrac{1}{2} - \tfrac{1}{11}\cdot\frac{1\cdot1}{2\cdot4} - \tfrac{1}{15}\cdot\frac{1\cdot1\cdot3}{2\cdot4\cdot6} - \ldots\right\}$$
$$= a^{\frac{5}{2}}\cdot0{,}4793$$

und daher

$$o. \quad Q = k\sqrt{(4ga)}\cdot ba\cdot0{,}9586.$$

Vergleicht man die Gleichungen ($o.$ und $d.$), so findet man für das Verhältnifs der Ausflufsmengen durch zwei Öffnungen, welche gleiche Halb-Ellipsen sind, aber in umgekehrter Lage sich befinden:

$$Q_d : Q_0 = 1{,}1504 : 0{,}9586 \quad \text{oder} \quad Q_d = 1{,}200\,Q_0.$$

Anmerkung. Die Fläche der halben Ellipse ist $= \frac{1}{2}(ab\pi)$ und daher $ab = \frac{1}{2}(ab\pi)\cdot\frac{2}{\pi}$. Substituirt man diesen Werth von ab in der Gleichung ($o.$) und schafft die Fläche der Öffnung und den Coëfficienten weg, so erhält man für die Geschwindigkeit:

$$V_0 = \sqrt{(4ga)}\cdot\frac{1{,}9172}{\pi}.$$

Durch ein ähnliches Verfahren finden sich die Geschwindigkeiten für alle andern Öffnungen.

Wenn man in sämmtlichen Formeln $a = b$, gleich dem Radius der Öffnung setzt, so findet man die Ausflufsmengen und Geschwindigkeiten für kreisförmige Öffnungen.

Gewöhnlich berechnet man die Ausflufsmengen durch diese Öffnungen nach der Formel

$$p.\qquad Q = 0{,}617\sqrt{(4gH')}\cdot\omega = c\sqrt{(4gH')}\cdot\omega,$$

wo ω die Fläche der Öffnung und H' die Druckhöhe über dem Centrun derselben bedeutet. Um die Abweichung dieser Formel von der strengen Durchführung des *Torricelli*schen Satzes besser zu übersehen, werde ich in einer kleinen Tabelle die Coëfficienten der Ausflufsmengen, durch kreisförmige Öffnungen bei verschiedenen Druckhöhen zusammenstellen. Ich benutze dazu die Gleichung (*i.*), und um sie für diesen Zweck bequemer einzurichten, setze ich darin $a = b = r$ und für die Druckhöhe über dem Scheitel der Öffnung $H = mr$; was $H' = H + r = (m+1)r$ giebt.

Wird dieser Werth in der erwähnten Gleichung substituirt, so findet man

$$q.\qquad Q = (\tfrac{1}{4}\pi)^2\sqrt{(4gH')}\cdot r^2\pi\cdot 2\left\{\frac{1}{2} - \frac{1\cdot 1}{2\cdot 4}\cdot\frac{1\cdot 1\cdot 1}{2\cdot 4(m+1)^2} - \frac{1\cdot 1\cdot 3\cdot 5}{2\cdot 4\cdot 6\cdot 8}\cdot\frac{1\cdot 1\cdot 3}{2\cdot 4\cdot 6}\cdot\frac{1}{(m+1)^4}\right.$$
$$\left. - \frac{1\cdot 1\cdot 3\cdot 5\cdot 7\cdot 9}{2\cdot 4\cdot 6\cdot 8\cdot 10\cdot 12}\cdot\frac{1\cdot 1\cdot 3\cdot 5}{2\cdot 4\cdot 6\cdot 8}\cdot\frac{1}{(m+1)^6}\cdots\right\}.$$

Ist $H = 0$, so liegt der Scheitel der Öffnung im Wasserspiegel, und es ist $m = 0$ und $H' = r$; woraus sich für diesen Werth von H', wenn man die letzte Gleichung mit der vorhergehenden vergleicht,

$$Q = 0{,}5924\sqrt{(4gr)}\cdot r^2\pi,\ \text{also}$$
$$C = 0{,}5924\ \text{ergiebt.}$$

Setzt man successive für m die Zahlen $\frac{1}{4}$, $\frac{1}{2}$, $\frac{3}{4}$, 1, ..., so findet man für die zugehörigen Werthe des Coëfficienten c Folgendes:

Werthe von m	Druckhöhe über dem Centrum, oder H' =	Coëfficient C
0	r	0,5924
$\frac{1}{4}$	$\frac{1}{4}r$	0,6031
$\frac{1}{2}$	$\frac{3}{2}r$	0,6076
$\frac{3}{4}$	$\frac{7}{4}r$	0,6102
1	$2r$	0,6118
2	$3r$	0,6147
3	$4r$	0,6156
4	$5r$	0,6163
⋮	⋮	⋮
.	$(m+10)r$	$(\frac{1}{4}\pi)^2$
⋮	⋮	⋮

Die blofse Ansicht dieser kleinen Tafel zeigt, dafs der Coëfficient c in der Gleichung (p.) nur alsdann nahe als constant und gleich $(\frac{1}{4}\pi)^2$ angesehen werden kann, wenn die Druckhöhe über $10r$ beträgt. Zur Berechnung der Wassermenge mufs daher für Druckhöhen unter $10r$ die vollständige Gleichung (q.) angewendet werden; für Druckhöhen über $10r$ kann man aber

$$Q = (\tfrac{1}{4}\pi)^2 \sqrt{(4gH')} \cdot r^2\pi$$

setzen. In der Gleichung (q.) bleibt der Coëfficient für grofse und kleine Druckhöhen gleich $(\frac{1}{4}\pi)^2$, und daraus folgt, dafs die Contraction unabhängig von der Geschwindigkeit ist.

Es mufs hier noch bevorwortet werden, dafs die obigen Werthe von c in der Praxis nur dann eine directe Anwendung finden können, wenn keine Senkung des Niveaus im Reservoir Statt findet. Bei den bisherigen Untersuchungen wurde nämlich das Niveau im Reservoir durchgängig als constant betrachtet; denn ohne diese Bedingung wäre die Integration der Gleichung (H. §. 9.) nur schwerer möglich gewesen. Die Versuche dagegen zeigen bei sehr kleinen Druckhöhen eine Senkung des Niveaus über der Öffnung, die zwar nur gering ist, die aber doch in aller Strenge nicht mehr mit der theoretischen Voraussetzung übereinstimmt. Aus diesem Grunde bedürfen die Formeln, wenn sie auf kleine Druckhöhen, die unmittelbar über der Ausflufs-Öffnung gemessen sind, angewendet werden, einer, von der Senkung des Niveaus abhängigen Correction. Wird dagegen die Druckhöhe auf den ungesenkten Wasserspiegel bezogen, d. h. wird die Druckhöhe in grofsen Behältern 1 bis $1\frac{1}{2}$ Ruthen oberhalb der Öffnung gemessen, so fällt diese Correction weg. Bei kreisförmigen Öffnungen ist die Senkung aber wahrscheinlich viel geringer, als bei rectangulären; denn wenn die obern Ränder der Öffnungen im Wasserspiegel liegen, so ist bei den ersten nur ein Punct, bei den zweiten aber die ganze Breite der Öffnung ohne Druckhöhe.

Die ältern Versuche geben zwar, im Widerspruch mit der obigen Tabelle, für kleine Druckhöhen eine Vermehrung des Coëfficienten c; allein es ist sehr wahrscheinlich, dafs die Druckhöhen unmittelbar über den Ausflufs-Öffnungen gemessen und daher um die Senkung des Niveaus zu klein gefunden wurden, und dafs aus diesem Grunde die Vermehrung des Coëfficienten eine einfache Folge des um die Senkung zu kleinen Maafses der Druckhöhe ist.

Die ältern Versuche eignen sich überhaupt wenig zur Bestätigung theoretischer Folgerungen, weil sie theils in zu engen Gränzen ausgeführt, theils unter einander gar nicht vergleichbar sind; wegen einer zu grofsen Verschiedenheit, die sich in der Beobachtungsweise, in den Apparaten, und überhaupt in allen Anordnungen zeigt.

Es ist daher sehr wohl möglich, dafs ungeachtet solcher Versuche, die für kleine abnehmende Druckhöhen wachsende Coëfficienten geben, die Coëfficienten der kreisförmigen Öffnungen dennoch mit den Druckhöhen abnehmen und ein analoges Gesetz befolgen, wie das, welches wir später bei den quadratischen Öffnungen sehen werden. Zu heben sind diese Zweifel aber nur durch eben so genaue und vollständige Versuche, wie sie ***Poncelet*** und ***Lesbros*** für rechtwinklige Öffnungen angestellt haben.

11.
Berechnung der Ausflufsmenge durch vierseitige Öffnungen.

Es sei $efcd$ (Fig. 9.) eine Ausflufs-Öffnung von der Form eines Trapezes, dessen parallele Seiten horizontal liegen. Es sei ferner

$$ab = H;\quad ef = m;\quad cd = l;\quad bn = b;\quad bo = x;\quad st = y;\quad bg = z,$$

so ist

$$st : ef = og : bg,$$

also

$$st = \frac{ef \cdot og}{bg} \quad \text{oder} \quad y = \frac{m(z-x)}{z},$$

indem $og = z - x$ ist.

Wenn $x = bn = b$ wird, so ist y oder $st = cd = l$ und daher

$$l = \frac{m(z-b)}{z}.$$

Nimmt man aus dieser Gleichung den Werth von z und setzt ihn in den obigen Ausdruck von y, so erhält man

$$y = \frac{mb - mx + lx}{b}.$$

Setzt man diesen Werth von y in die Gleichung (*H.* §. 9.) und bezeichnet den Coëfficienten der vierseitigen, und davon abhängigen Öffnungen durch k', so findet man allgemein für die Ausflufsmenge:

$$a.\quad Q = k'\sqrt{(4g)}\int\left(\frac{mb - mx + lx}{b}\right)\partial x\sqrt{(H+x)}\ ^{*}).$$

---

*) Der Zahlenwerth von k' ist nur für das Quadrat und bei gleichen Druckhöhen eine constante Gröfse; er ändert sich, wie wir später sehen werden, für die übrigen rectangulären Figuren der Öffnungen, nach einem von den Höhen (verticalen Seiten) dieser Öffnungen abhängigen Verhältnifs.

Setzt man jetzt $\sqrt{(H+x)} = u$ und $\int u\,\partial x = \omega$, so wird

$$\int y u\,\partial x = \omega y - \int \omega\,\partial y.$$

Es ist aber

$$\int u\,\partial x = \int \partial x\sqrt{(H+x)} = \tfrac{2}{3}(H+x)^{\frac{3}{2}} \quad \text{und} \quad \partial y = \left(\frac{l-m}{b}\right)\partial x;$$

man erhält daher:

$$\int y\,\partial x\sqrt{(H+x)} = y\cdot\tfrac{2}{3}(H+x)^{\frac{3}{2}} - \tfrac{2}{3}\left(\frac{l-m}{b}\right)\int \partial x(H+x)^{\frac{3}{2}}.$$

Da aber

$$\int \partial x(H+x)^{\frac{3}{2}} = \tfrac{2}{5}(H+x)^{\frac{5}{2}}$$

ist, so wird endlich, wenn man für y seinen Werth substituirt,

$$\int y\,\partial x\sqrt{(H+x)} = \tfrac{2}{3}\left(\frac{mb-mx+lx}{b}\right)(H+x)^{\frac{3}{2}} - \tfrac{2}{3}\cdot\tfrac{2}{5}\left(\frac{l-m}{b}\right)(H+x)^{\frac{5}{2}}.$$

Wird dieses Integral zwischen den Gränzen $x=0$ und $x=b$ genommen und in die Gleichung (a.) gesetzt, so ergiebt sich für die Ausflufsmenge:

$$b. \quad Q = k'\sqrt{(4g)}\cdot\tfrac{2}{3}\left\{l(H+b)^{\frac{3}{2}} - mH^{\frac{3}{2}} + \tfrac{2}{5}\left(\frac{l-m}{b}\right)[H^{\frac{5}{2}} - (H+b)^{\frac{5}{2}}]\right\}.$$

Ist in dieser Gleichung $H=0$, so liegt der obere Rand m der Ausflufs-Öffnung im Wasserspiegel und man findet nach gehöriger Reduction:

$$c. \quad Q = k'\sqrt{(4gb)}\cdot\tfrac{2}{3}b\{l - \tfrac{2}{5}(l-m)\}.$$

Ist in der Gleichung (b.) $m=l$, so verwandelt sich das Trapez in ein Rectangel und die Ausflufsmenge ist

$$d. \quad Q = k'\sqrt{(4g)}\cdot\tfrac{2}{3}l\{(H+b)^{\frac{3}{2}} - H^{\frac{3}{2}}\}.$$

Wird hier $H=0$, so liegt der obere Rand der Öffnung im Wasserspiegel und es wird

$$e. \quad Q = k'\sqrt{(4gb)}\cdot\tfrac{2}{3}lb.$$

Macht man die Höhe dieser Öffnung zur Grundlinie und die Grundlinie zur Höhe, so wird

$$f. \quad Q = k'\sqrt{(4gl)}\cdot\tfrac{2}{3}lb.$$

Aus den beiden Gleichungen (e.) und (f.) folgt, dafs bei gleich grofsen rechtwinkligen Öffnungen, wenn die obern Seiten im Wasserspiegel liegen, die Ausflufsmengen sich verhalten wie die Quadratwurzeln aus den Höhen der Öffnungen.

Ist in diesen letzten Gleichungen auch noch $b=l$, so ist die Ausflufs-Öffnung ein Quadrat und man erhält

$$g. \quad Q = k'\sqrt{(4g)}\cdot\tfrac{2}{3}l\{(H+l)^{\frac{3}{2}} - H^{\frac{3}{2}}\}.$$

Dividirt man diese Gleichung durch k'mal die Fläche der Ausflufs-Öffnung, d. h. durch $k'l^2$, so findet man die Geschwindigkeit, oder die Gleichung (*E.* §. 8.).

Ist $H=0$, so liegt der obere Rand dieser Öffnungen im Wasserspiegel, und es wird

$$h. \quad Q = k'\sqrt{(4gl)}\cdot\tfrac{2}{3}l^2.$$

Entwickelt man in der Gleichung (*d.*) die Potenz $(H+b)^{\frac{3}{2}}$ in eine Reihe, so erhält man

$$\tfrac{2}{3}\left\{(H+b)^{\frac{3}{2}}-H^{\frac{3}{2}}\right\} = b\left(H^{\frac{1}{2}}+\frac{b}{4H^{\frac{1}{2}}}-\frac{b^2}{24H^{\frac{3}{2}}}+\frac{b^3}{64H^{\frac{5}{2}}}\dots\right)$$
$$= b\left(\sqrt{(H+\tfrac{1}{2}b)}-\frac{b^2}{96H^{\frac{3}{2}}}+\frac{b^3}{128H^{\frac{5}{2}}}\dots\right).$$

Vernachlässigt man hier die letzten Glieder, so erhält man näherungsweise

$$i. \quad Q = k'bl\sqrt{(4g)}\sqrt{(H+\tfrac{1}{2}b)}.$$

Dies ist die Formel, welche gewöhnlich angenommen wird; sie giebt aber die Wassermenge im Allgemeinen zu grofs, und ist nur dann anwendbar, wenn die Werthe von b und H so beschaffen sind, dafs die weggelassenen Glieder verschwinden; in der Praxis ist sie indessen ausreichend, wenn der Werth von H nicht sehr klein ist.

Wenn in der Gleichung (*b.*) $m=0$ gesetzt wird, so ist die Ausflufs-Öffnung ein Dreieck (Fig. 10.), dessen Höhe $b=ad$ und dessen Grundlinie $l=ef$ ist und man erhält alsdann für die Ausflufsmenge:

$$k. \quad Q = k'\sqrt{(4g)}\cdot\tfrac{2}{3}l\left\{(H+b)^{\frac{3}{2}}+\frac{2}{5b}\left[H^{\frac{5}{2}}-(H+b)^{\frac{5}{2}}\right]\right\}.$$

Ist $H=0$, so liegt der Scheitel des Dreiecks im Wasserspiegel und es ist

$$l. \quad Q = k'\sqrt{(4gb)}\cdot\tfrac{2}{3}\cdot\tfrac{3}{5}bl.$$

Aus den Gleichungen (*l.* und *e.*) folgt, dafs die Ausflufsmenge durch ein Dreieck $\frac{3}{5}$ so grofs als die durch ein Rectangel ist, welches mit dem Dreieck gleiche Grundlinie und gleiche Höhe hat; wenn nämlich der Scheitel des Dreiecks und die obere Seite des Rectangels im Wasserspiegel liegen.

Wird in der Gleichung (*b.*) $l=0$ angenommen, so wird die Öffuung ebenfalls zu einem Dreieck; aber in umgekehrter Lage wie vorhin (Fig. 11.). Die Höhe desselben b ist alsdann $=a''d''$, und die Grundlinie $m=op$; die Ausflufsmenge aber

$$m. \quad Q = k'\sqrt{(4g)}\cdot\tfrac{2}{3}m\left\{\frac{2}{5b}\left[(H+b)^{\frac{5}{2}}-H^{\frac{5}{2}}\right]-H^{\frac{3}{2}}\right\}.$$

Ist wieder $H = 0$, so liegt die Basis m im Wasserspiegel und man hat

$$n. \quad Q = k'\sqrt{(4gb)}\cdot\tfrac{2}{3}\cdot\tfrac{2}{5}mb.$$

Vergleicht man diesen Ausdruck mit der Gleichung ($l.$), unter der Voraussetzung, dafs $m = l$ ist, so folgt, dafs sich die Ausflufsmengen durch beide Dreiecke zu einander verhalten wie 3 zu 2

Macht man in Fig. 10. und 11. $ef = op$ oder $l = m$ und addirt die Gleichungen ($k.$) und ($m.$), so erhält man für die Ausflufsmenge durch ein Parallelogramm $eapf$ (Fig. 13.), dessen Höhe $ad = b$ und dessen Grundlinie $ef = ap = m$ ist:

$$o. \quad Q = k'\sqrt{(4g)}\cdot\frac{2m}{3}\left\{(H+b)^{\frac{3}{2}} - H^{\frac{3}{2}}\right\}.$$

Vergleicht man die Gleichungen ($d.$ und $o.$), so folgt, dafs die Ausflufsmenge durch ein Rectangel gleich ist der Ausflufsmenge durch ein Parallelogramm von derselben Höhe und von derselben Grundlinie.

Vermehrt man in der Gleichung ($m.$) die Druckhöhe H um b, so dafs man statt H den Werth $H + b$ setzt, so findet sich für die Ausflufsmenge durch eine Öffnung wie $e'f'g$ (Fig. 12.):

$$p. \quad Q = k'\sqrt{(4g)}\cdot\frac{2m}{3}\left\{\frac{2}{5b}\left[(H+2b)^{\frac{5}{2}} - (H+b)^{\frac{5}{2}}\right] - (H+b)^{\frac{3}{2}}\right\}.$$

Addirt man jetzt die Gleichung ($k.$) zu der Gleichung ($p.$) und setzt $l = m$, so findet man die Ausflufsmenge durch ein Parallelogramm $afge$ (Fig. 14.), in welchem die eine Diagonale ag vertical und $= 2b = d$, die andere Diagonale ef aber horizontal und $= m$ ist; nämlich:

$$q. \quad Q = k'\sqrt{(4g)}\cdot\frac{8m}{15d}\left\{(H+d)^{\frac{5}{2}} - 2(H+\tfrac{1}{2}d)^{\frac{5}{2}} + H^{\frac{5}{2}}\right\}.$$

Ist in dieser Gleichung $d = m$, so ist die Öffnung ein Quadrat, in welchem die eine Diagonale $ag = m$ vertical steht, und man erhält für die Ausflufsmenge:

$$r. \quad Q = k'\sqrt{(4g)}\cdot\frac{8}{15}\left\{(H+m)^{\frac{5}{2}} - 2(H+\tfrac{1}{2}m)^{\frac{5}{2}} + H^{\frac{5}{2}}\right\}.$$

Wenn hier $H = 0$ ist, so liegt der Scheitel der quadratischen Öffnung im Wasserspiegel und die Ausflufsmenge ist:

$$s. \quad Q = k'\sqrt{(4gm)}\cdot\frac{2m^2}{15}\{4 - \sqrt{2}\}.$$

Ist die Seite des Quadrats $= l$, so ist $m^2 = 2l^2$.

Setzt man diesen Werth von l in die vorhergehende Gleichung, so erhält man für die Wassermenge aus den Seiten des Quadrats, für den Fall, wenn eine Diagonale lothrecht steht:

$$t. \quad Q = k'\sqrt{(4gl)}\cdot l^2 \cdot \frac{4\sqrt[4]{2}}{15}\{4-\sqrt{2}\}.$$

Aus den Gleichungen (*g.* und *r.*), (*h.* und *t.*) läfst sich das Verhältnifs der Ausflufsmengen durch ein- und dasselbe Quadrat finden, wenn einmal die Seiten und das anderemal die Diagonalen vertical oder horizontal stehen.

Will man die Druckhöhen vom Wasserspiegel bis zum untern Rande der Öffnungen rechnen, so hat man nur $H+b$ oder $H+l$ oder $H+m=H'$ zu setzen und diese Werthe einzuführen. Z. B. die Gleichung (*r.*) geht in diesem Fall über in:

$$Q = k'\sqrt{(4g)}\tfrac{8}{15}\left\{H'^{\frac{5}{2}} - 2(H'-\tfrac{1}{2}m)^{\frac{5}{2}} + (H'-m)^{\frac{5}{2}}\right\} \text{ u. s. w.}$$

12.

Contractions-Coëfficienten für quadratische Ausflufs-Öffnungen.

Um die Ausflufsmenge aus einer quadratischen Öffnung berechnen zu können, mufs noch der Werth des Coëfficienten k' bestimmt werden. Da die Gröfse der Contraction nach (§. 7.) abhängig ist von der Gröfse der diagonalen oder der centralen Schnitte der Ausflufs-Öffnung, so mufs auch der Coëfficient für verschiedene Formen der Öffnung sich im Verhältnifs der Gröfse dieser Schnitte oder Secanten ändern. Der Coëfficient für die quadratische Öffnung mufs daher merklich verschieden sein von dem für die kreisförmige; er wird sich aber bestimmen lassen, sobald man den mittleren Werth aller Secanten eines Quadrats kennt.

Es müssen alsdann zunächst die Coëfficienten für eine quadratische und eine kreisförmige Öffnung bei übrigens gleichen Umständen im umgekehrten Verhältnifs ihrer contrahirenden Kräfte stehen. Nun verhalten sich aber die contrahirenden Kräfte (nach §. 7.) wie die Radien oder Secanten, folglich auch wie der Radius des Kreises zur mittleren Secante des Quadrats. Mittlere Secante nenne ich den mittleren Werth aller Secanten, wie ci (Fig. 15.), welche man zwischen cd und ce ziehen kann.

Zur Auffindung dieses Werthes werde ich das Verfahren in (§. 2.) zur Bestimmung von y' anwenden.

Es sei $di=x$, $ic=y$, $cd=\frac{1}{2}l=\frac{1}{2}(eb)$, so ist:

$$y = \sqrt{((\tfrac{1}{2}l)^2+x^2)} \text{ und}$$

$$\int y\,\partial x = \int \partial x\sqrt{((\tfrac{1}{2}l)^2+x^2)} = \frac{x\sqrt{((\frac{1}{2}l)^2+x^2)}}{2} + \frac{(\frac{1}{2}l)^2}{2}\log[x+\sqrt{((\tfrac{1}{2}l)^2+x^2)}].$$

Nimmt man dieses Integral zwischen den Gränzen $x = 0$ und $x = \frac{1}{2}l$, so wird

$$\int_0^{\frac{1}{2}l} y\,\partial x = (\tfrac{1}{2}l)^2\{\tfrac{1}{2}\sqrt{2} + \tfrac{1}{2}\log(1+\sqrt{2})\},$$

und dividirt man jetzt mit $\int \partial x = \frac{1}{2}l$, so findet man für die mittlere Secante:

$$a. \quad y' = \tfrac{1}{4}l\{\sqrt{2} + \log(1+\sqrt{2})\}.$$

Das Quadrat aber, dessen Seite $= l$ ist, soll gleichen Flächen-Inhalt haben mit dem Kreise, dessen Radius $= r$ ist: daraus folgt:

$$r^2\pi = l^2 \quad \text{und} \quad l = r\sqrt{\pi}.$$

Substituirt man diesen Werth in den obigen Ausdruck, so findet sich:

$$b. \quad y' = \tfrac{1}{4}r\sqrt{\pi}\{\sqrt{2} + \log(1+\sqrt{2})\}.$$

Nennt man nun die contrahirenden Kräfte in der kreisförmigen Öffnung f_0, und in der quadratischen f_q, so ist

$$f_0 : f_q = r : y' \quad \text{und}$$

$$c. \quad \frac{f_0}{f_q} = \frac{r}{y'} = \frac{4}{\sqrt{\pi}\{\sqrt{2} + \log(1+\sqrt{2})\}}.$$

Wir haben in (§. 10.) bei den kreisförmigen Öffnungen gesehen, dafs der Contractions-Coëfficient bei Anwendung der wahren Ausflufsgeschwindigkeiten für alle Druckhöhen constant und $= (\frac{1}{4}\pi)^2$ ist. Bei Vergleichung der quadratischen Öffnungen mit den kreisförmigen ist dies aber nicht mehr der Fall, weil die Geschwindigkeiten in beiden Öffnungen in einerlei Tiefe unter dem Wasserspiegel weder gleich sind, noch bei verschiedenen Druckhöhen ein constantes Verhältnifs behalten. Hieraus folgt, dafs die Abhängigkeit dieser Coëfficienten von einander nicht blofs von den contrahirenden Kräften, sondern auch von den Geschwindigkeiten bedingt wird. Da diese Geschwindigkeiten aber nach den verschiedenen Stellungen der Öffnungen gegen einander verschiedene Resultate geben, so kommt alles darauf an, zur Vergleichung solche Puncte zu ermitteln, die in Rücksicht auf die Geschwindigkeiten in einer bestimmten Beziehung zu einander stehen. Sind solche Puncte gefunden, so werden die Geschwindigkeiten, welche in denselben Statt haben, zu einer nähern Bestimmung der Coëfficienten dienen können. Unter allen Puncten, die hierbei in Betracht gezogen werden können, stellen sich sogleich diejenigen, in welchen die Pressungen, die das Wasser gegen die Öffnungen ausübt, im Gleichgewicht sind, oder die Mittelpuncte des Drucks, als die geeignetsten dar.

Nächstdem ist zu ermitteln, in welcher Relation die Coëfficienten der quadratischen und der kreisförmigen Öffnungen zu ihren Geschwindigkeiten stehen.

Betrachtet man den Ausdruck $Q = kFV$, durch welehen die Wassermenge Q als ein Product des Coëfficienten k, der Fläche der Öffnung F und der Geschwindigkeit V dargestellt ist, so ergiebt sich, wenn Q unverändert bleiben soll, dafs das Product kV constant sein mufs, dafs also k nach demselben Verhältnifs wächst, nach welchem V abnimmt; und umgekehrt. Hieraus folgt, dafs die Coëfficienten im umgekehrten Verhältnifs zu den Geschwindigkeiten stehen; sie stehen aber auch im umgekehrten Verhältnifs zu den contrahirenden Kräften. Bedeuten daher V_0 und V_q die Geschwindigkeiten in den Vergleichungspuncten oder in den Mittelpuncten des Drucks, und k und k' die Contractions-Coëfficienten der kreisförmigen und der quadratischen Öffnungen, so erhält man:

$$k : k' = f_q V_q : f_0 V_0,$$

und daher für den Coëfficienten der quadratischen Öffnungen:

$$d. \quad k' = \frac{k f_0 V_0}{f_q V_q}.$$

Bezeichnet man nun für die kreisförmigen und die quadratischen Öffnungen die Abstände der Mittelpuncte des Drucks unter der Oberfläche des Wassers im Behälter mit H_0 und H_q; die Druckhöhen über den obern Rändern der Öffnungen mit h_0 und h_q; den Radius der kreisförmigen mit r, und die Seite der quadratischen Öffnung mit l, so ist bekanntlich

$$H_0 = h_0 + r + \frac{r^2}{4(h_0 + r)}, \qquad H_q = h_q + \tfrac{1}{2}l + \frac{l^2}{12(h_q + \frac{1}{2}l)}.$$

Bis jetzt ist über die Stellung der Öffnungen gegen einander noch nichts entschieden; sie wird aber so angenommen werden müssen, dafs von den gegenseitigen Beziehungen der Geschwindigkeiten zu einander nichts vernachlässigt werde. Dieser Zweck wird erreicht, wenn man die untern Ränder in einerlei Wassertiefe bringt, und daraus folgt

$$h_0 + 2r = h_q + l \quad \text{oder} \quad h_0 + 2r - l = h_q.$$

Setzt man diesen Werth in den obigen Ausdruck von H_q, so ergiebt sich

$$H_q = h_0 + 2r - \tfrac{1}{2}l + \frac{l^2}{12(h_0 + 2r - \frac{1}{2}l)}.$$

Da beide Öffnungen gleich grofs sein sollen, so ist $r^2\pi = l^2$ oder $r = \frac{l}{\sqrt{\pi}}$. Führt man diesen Werth von r ein und setzt $h_0 = ml$, so findet sich:

$$e. \quad H_0 = \left\{ m + \frac{1}{\sqrt{\pi}} + \frac{1}{4\pi\left(m + \frac{1}{\sqrt{\pi}}\right)} \right\} l,$$

$$f. \quad H_q = \left\{ m + \frac{2}{\sqrt{\pi}} - \tfrac{1}{2} + \frac{1}{12\left(m + \frac{2}{\sqrt{\pi}} - \frac{1}{2}\right)} \right\} l.$$

Da nun V_0 und V_q die Geschwindigkeiten in den Mittelpuncten des Drucks bezeichnen, so ist $\frac{V_0}{V_q} = \sqrt{\frac{H_0}{H_q}}$, und da $k = (\frac{1}{4}\pi)^2$ ist, so erhält man nach (Gl. *c.*)

$$\frac{kf_0}{f_q} = \frac{kr}{y'} = \frac{4(\frac{1}{4}\pi)^2}{\sqrt{\pi}\{\sqrt{2}+\log(1+\sqrt{2})\}} = 0{,}6064.$$

Setzt man diese Werthe in die Gleichung (*d.*), so findet man für den allgemeinen Ausdruck des Coëfficienten für quadratische Öffnungen:

$$g.\quad k' = 0{,}6064 \left\{ \frac{m+0{,}564190+\frac{1}{4\pi(m+0{,}564190)}}{m+0{,}628379+\frac{1}{12(m+0{,}628379)}} \right\}^{\frac{1}{2}}.$$

Für $m=0$ ist die Druckhöhe $=0$ und man findet $k'=0{,}5836$. Für $m=$ einer sehr grofsen Zahl nähert sich der Ausdruck in der Klammer der Einheit und k' wird $=0{,}6064$. Z. B. für $m=1000$ ist die Druckhöhe $H=1000\,l$ und $k'=0{,}60638$. In der folgenden Tabelle sind die Coëfficienten für quadratische Öffnungen für verschiedene Werthe von m von 0 bis 1000 zusammengestellt.

Tafel I.

Werthe von m	Coëfficienten k'	Werthe von m	Coëfficienten k'	Werthe von m	Coëfficienten k'
0	0,5836	2,5	0,6001	18	0,6053
0,1	0,5849	3	0,6010	19	0,6054
0,2	0,5863	4	0,6022	20	0,6055
0,3	0,5877	5	0,6029	25	0,6056
0,4	0,5890	6	0,6034	30	0,6058
0,5	0,5903	7	0,6038	40	0,6059
0,6	0,5913	8	0,6041	50	0,6060
0,7	0,5923	9	0,6044	60	0,6061
0,8	0,5932	10	0,6046	70	0,6061
0,9	0,5939	11	0,6047	80	0,6062
1,0	0,5946	12	0,6048	90	0,6062
1,2	0,5959	13	0,6049	100	0,6062
1,4	0,5968	14	0,6050	200	0,6063
1,6	0,5977	15	0,6051	300	0,6063
1,8	0,5984	16	0,6052	500	0,6064
2,0	0,5990	17	0,6053	1000	0,6064

Die Senkung des Niveaus (§. 10.), senkrecht über der Öffnung im Behälter, fängt an bemerklich zu werden für Werthe von $m = \frac{H}{l} = 5$, und nimmt zu, je kleiner m wird. Wir wollen daher diejenigen Druckhöhen, für welche m gröfser als 5 ist, bei denen also die Senkung des Niveaus, ohne erheblichen Fehler aufser Acht gelassen werden kann, ***gröfsere Druckhöhen***, und die, bei denen m kleiner als 5 wird, wo also die Senkung in Rechnung gebracht werden mufs, ***kleinere Druckhöhen*** nennen.

Die Berechnung der Wassermenge für gröfsere Druckhöhen geschieht dann in folgender Weise. Wenn H die Druckhöhe über dem obern Rande der Öffnung und l die Seite der quadratischen Öffnung bedeutet, so suche man zuerst $m = \frac{H}{l}$. Für diesen Werth von m findet man in Tafel I. den zugehörigen Coëfficienten k', und kann nun nach den Gleichungen (g.) oder (i.) (§. 11.) die Wassermenge berechnen. Für practische Zwecke reicht die Gleichung (i.) und die senkrecht über der Öffnung gemessene Druckhöhe, die wir mit H'' bezeichnen wollen, vollständig aus. Z. B. es sei $H'' = 1^{\text{mtr}},2148$; $l = 0^{\text{mtr}},2$, so ist $\frac{H''}{l} = m\,6,074$, und für diesen Werth von m findet man in Tafel I. $k' = 0,6034$, und nun nach Gleichung (i.):

$$\begin{aligned}
\log\sqrt{(H''+\tfrac{1}{2}l)} &= 0,05943,\\
\log l^2 &= 0,60206-2,\\
\log\sqrt{(4g)} &= 0,64633,\\
\log k' &= 0,78061-1,\\
\hline
\log Q &= 0,08843-1, \text{ d. h. } Q = 0,12258 \text{ Cubik-Meter},
\end{aligned}$$

oder = 122,580 Liter. Der Versuch (Siehe unten Taf. III. No. 4.) gab 122,659 Liter.

Tafel II.

Zusammenstellung der Coëfficienten für gröfsere Druckhöhen, aus Versuchen mit quadratischen Ausflufs-Öffnungen.

Namen der Beobachter	Seiten der Öffnungen l	Druckhöhe H	Argument m	Aus den Versuchen gefundene Coëfficienten k'
Poncelet . . .	0^{mtr},2	1,1250	5,625	0,6024
- - . . .	- -	1,2150	6,075	0,6040
- - . . .	- -	1,3323	6,661	0,6030
- - . . .	- -	1,3720	6,860	0,6028
Michelotti . .	2 Par. Zoll	6 F. 9″ 10‴,1 Par.	40,915	0,6033
- - . . .	- - -	21 8 10,7 -	130,442	0,6056
- - . . .	1 - -	6 8 11,2 -	80,933	0,6086
- - . . .	- - -	11 9 8,0 -	141,666	0,6061
- - . . .	- - -	21 9 8,8 -	261,733	0,6047

Vergleicht man die hier aus den Beobachtungen ermittelten Coëfficienten vermittels des Arguments m mit den in Tafel I. berechneten, so ergiebt sich, dafs der gröfste Fehler noch nicht $\frac{1}{2}$ pr. c. beträgt. Bei der Berechnung der Wassermenge für kleinere Druckhöhen mufs die früher schon erwähnte Senkung des Niveaus mit in Betracht gezogen werden. Dies kann am einfachsten dadurch geschehen, dafs man nach Tafel I. für $m = 5$ den Coëfficienten $k' = 0{,}6029$ unverändert beibehält, als Druckhöhe den mitleren Werth des gesenkten und des ungesenkten Wasserspiegels annimmt, und die Rechnung nach Gleichung (g. §. 11.) ausführt. Bedeutet daher H die Druckhöhe des ungesenkten und H'' die Druckhöhe des gesenkten Wasserspiegels, so erhält man für kleinere Druckhöhen:

$$h.\quad Q = 0{,}6029\sqrt{(4g)}\cdot\tfrac{2}{3}l\left\{\left(\frac{H+H''}{2}+l\right)^{\frac{3}{2}} - \left(\frac{H+H''}{2}\right)^{\frac{3}{2}}\right\}.$$

Da bei gröfsern Druckhöhen, sobald keine Senkung des Niveaus mehr Statt findet, $H = H''$ ist, so geht diese Gleichung in die Gleichung (g. §. 11.) über, und erlangt allgemeine Gültigkeit, wenn man sie für gröfsere Druckhöhen mit der Modification anwendet, dafs man alsdann den der Zahl m zugehörigen Coëfficienten aus der Tafel I. nimmt.

Um eine ausgedehntere Anwendung von der Gleichung (h.) zu machen, folgt hier die Berechnung von 24 Versuchen mit einer quadratischen Öffnung von 0^{mtr},2 Seite, welche *Poncelet* in Tafel IV. seines Werks mittheilt.

Tafel III.

	No. der Versuche	Druckhöhe des gesenkten Wasserspiegels H''	Druckhöhe des ungesenkten Wasserspiegels H	$m = \frac{H}{l}$	Zu m gehörige Coëfficienten, nach Taf. I. k'	Wassermenge beobachtet	Wassermenge berechnet	Fehler.
		mtr	mtr			liter	liter	liter
Gröſsere Druckhöhen.	1	1,3718	1,3720	6,860	0,6037	129,527	129,736	—0,209
	2	1,3321	1,3323	6,661	0,6037	127,475	127,974 (2–3)	—0,499
	3	-	-	-	- -	128,158		+0,184
	4	1,2148	1,2150	6,075	0,6034	122,659	122,555	+0,104
	5	1,1248	1,1250	5,625	0,6032	117,906	118,243 (5–6)	—0,337
	6	-	-	-	- -	118,249		+0,006
				5,000	0,6029			
Kleinere Druckhöhen.	7	0,8522	0,8525	. .	. .	104,542	104,183 (7–9)	+0,259
	8	-	-	. .	. .	104,081		—0,102
	9	-	-	. .	. .	104,879		+0,696
	10	0,4686	0,4690	. .	. .	80,589	80,456 (10–15)	+0,133
	11	-	-	. .	. .	80,631		+0,175
	12	-	-	. .	. .	80,294		—0,162
	13	-	-	. .	. .	80,170		—0,286
	14	-	-	. .	. .	80,373		—0,083
	15	-	-	. .	. .	81,057		+0,601
	16	0,2999	0,3005	. .	. .	67,289	67,396	—0,107
	17	0,1407	0,1420	. .	. .	51,924	52,088 (17–19)	—0,164
	18	0,1407	0,1420	. .	. .	51,882		—0,206
	19	-	-	. .	. .	51,852		—0,236
	20	0,0567	0,0600	. .	. .	41,639	41,737	—0,098
	21	0,0136	0,0220	. .	. .	35,658	35,346 (21–24)	+0,312
	22	0,0136	0,0220	. .	. .	35,475		+0,129
	23	-	-	. .	. .	35,372		+0,026
	24	-	-	. .	. .	35,378		+0,032

Der mittlere Fehler beträgt hier 0,274 liter;
Der wahrscheinliche . . . . 0,185.

Da die Messung der Druckhöhe in Bezug auf den ungesenkten Wasserspiegel mancherlei Schwierigkeiten hat, so ist es für den practischen Gebrauch nöthig, die Wassermenge aus der Druckhöhe des gesenkten Wasserspiegels, die sich senkrecht über der Öffnung unmittelbar messen läſst, bestimmen zu können. Wenn man die Gleichung (*i.* §. 11.) zu diesem Zweck benutzt und den zugehörigen Coëfficienten mit *c* bezeichnet, so erhält man:

$$i. \quad Q = cl^2\sqrt{(4g(H'' + \tfrac{1}{2}l))}.$$

Es kommt hierbei nur auf die Bestimmung des Coëfficienten c an. Derselbe ergiebt sich aus Tafel I. sehr leicht, wenn man statt m das Argument $m+1$ setzt. Z. B. es sei $H''=0{,}0136$, so ist $\frac{H''}{l}=0{,}068=m$, also $m+1=1{,}068$; und für dieses Argument giebt Tafel I. den Werth von $c=0{,}5950$. Um die Übereinstimmung dieses Verfahrens mit den Beobachtungen in Tafel III. zu zeigen, sind in der folgenden Tafel die aus den Versuchen ermittelten und die auf obige Weise berechneten Coëfficienten zusammengestellt.

Druckhöhe H''	$m=\frac{H''}{l}$	Coëfficienten c beobachtet	Coëfficienten c berechnet
0,0136	0,068	0,5941	0,5950
0,0567	0,2835	0,5937	0,5963
0,1407	0,7035	0,5969	0,5981
0,2999	1,4995	0,6008	0,6001
0,4686	2,3430	0,6027	0,6014
0,8522	4,2610	0,6045	0,6030

Der gröfste Unterschied von den Beobachtungen beträgt noch nicht $\frac{1}{2}$ pr. c.

Für gröfsere Druckhöhen ist, wie oben gezeigt wurde, die Gleichung (*i.*) schon direct anwendbar. Dieselbe reicht daher für practische Zwecke für alle Druckhöhen aus, wenn man für kleinere Druckhöhen den Coëfficienten nach dem Argument $m+1$ und für gröfsere Druckhöhen nach dem Argument m bestimmt.

Hat man nach der Gleichung (*i.*) die Wassermenge Q gefunden, so kann man dieselbe in die Gleichung (*h.*) setzen und daraus H oder die Druckhöhe des ungesenkten Wasserspiegels finden.

13.
Contractions-Coëfficienten für rectangulaire Öffnungen.

Wenn k'' den Coëfficienten für rectangulaire Öffnungen und k', wie früher, den für quadratische bezeichnet, so erhalten wir, analog der Gleichung (*d.*) des vorigen Paragraphs:

$$k''=\frac{k' f_q V_q}{f_r V_r}=\frac{k' f_q}{f_r}\sqrt{\frac{H_q}{H_r}}.$$

Da aber jedes Rectangel, dessen Grundlinie $l=np$ und Höhe $b=pq$ (Fig. 16.) ist, als ein Theil eines auf dieser Grundlinie errichteten Quadrats $npoi$ angesehen werden kann, so werden die contrahirenden Kräfte in der rectangulairen und der quadratischen Öffnung einander gleich sein müssen, sobald die contrahirende Kraft in jedem Theile des Quadrats dieselbe ist, wie in dem Ganzen; und es werden sich alsdann die Coëfficienten für die rectangulairen Öffnungen aus den Coëfficienten für die quadratischen lediglich durch die gehörige Stellung der Öffnungen gegen die Oberfläche des Wassers im Behälter bestimmen lassen. Unter dieser Voraussetzung erhält man:

$$a.\quad k'' = k'\sqrt{\frac{H_q}{H_r}}.$$

Wenn nun zunächst die Druckhöhe über den obern Rändern, für beide Öffnungen gleich grofs, etwa $=h_r$ angenommen wird, so findet man für die Mittelpuncte des Drucks:

$$1.\quad H_q = h_r + \tfrac{1}{2}l + \frac{l^2}{12(h_r+\frac{1}{2}l)},$$

$$2.\quad H_r = h_r + \tfrac{1}{2}b + \frac{b^2}{12(h_r+\frac{1}{2}b)}.$$

Nach dem vorigen Paragraph sollen sich aber bei einer Vergleichung der Coëfficienten die untern Ränder der Öffnungen in einerlei Tiefe befinden: man erhält daher, wenn die Druckhöhe über dem Quadrat $=h_q=ed$ (Fig. 16.) gesetzt wird, zwischen $h_r=ba$ (Fig. 16.) und h_q die Gleichung

$$ab+pq = ed+op \text{ oder}$$
$$h_r+b = h_q+l,$$

und hieraus folgt

$$h_r = h_q+l-b.$$

Setzt man diesen Werth von h_r in die obigen Ausdrücke (1. und 2.) und nimmt $h_q=ml$ und $l=nb$, so ergiebt sich

$$H_q = \left\{(m+\tfrac{1}{2})n-1+\frac{1}{12[(m+\frac{1}{2})n-1]}\right\}b,$$

$$H_r = \left\{(m+1)n-\tfrac{1}{2}+\frac{1}{12[(m+1)n-\frac{1}{2}]}\right\}b.$$

Werden diese Ausdrücke in die Gleichung (a.) gesetzt, so erhält man allgemein für die Coëfficienten der rectangulairen Öffnungen:

$$b.\quad k'' = k'\left\{\frac{(m+\frac{1}{2})n-1+\frac{1}{12[m+\frac{1}{2})n-1]}}{(m+1)n-\frac{1}{2}+\frac{1}{12[m+1)n-\frac{1}{2}]}}\right\}^{\frac{1}{2}};$$

wo $ml=H$ die Druckhöhe über dem obern Rande des Quadrats und des Rectangels, und $n=\frac{l}{b}$ das Verhältnifs der Grundlinie zur Höhe ausdrückt. Für $n=2$ ist also die Grundlinie doppelt, für $n=4$ viermal so grofs als die

Höhe, u. s. w. In der folgenden Tafel sind die Coëfficienten für 6 verschiedene rectangulaire Öffnungen, nach der Gleichung (*b.*) berechnet, zusammengestellt.

Tafel IV.

Druckhöhe $m = \frac{H}{l}$	Coëfficienten k'' für					
	$n = 2$	$n = 4$	$n = 6$	$n = 8$	$n = 10$	$n = 20$
0	0,6687	0,6964	0,7034	0,7066	0,7083	0,7117
1	0,6352	0,6513	0,6560	0,6583	0,6597	0,6623
2	0,6255	0,6369	0,6404	0,6421	0,6430	0,6451
3	0,6207	0,6294	0,6321	0,6335	0,6343	0,6359
4	0,6178	0,6249	0,6272	0,6283	0,6289	0,6303
5	0,6159	0,6219	0,6238	0,6247	0,6253	0,6264
6	0,6145	0,6197	0,6214	0,6222	0,6227	0,6237
7	0,6135	0,6180	0,6195	0,6203	0,6207	0,6216
8	0,6127	0,6168	0,6181	0,6187	0,6191	0,6199
9	0,6121	0,6157	0,6169	0,6175	0,6179	0,6186
10	0,6116	0,6149	0,6160	0,6165	0,6169	0,6175
20	0,6091	0,6109	0,6115	0,6117	0,6119	0,6123
30	0,6082	0,6094	0,6098	0,6100	0,6102	0,6104
40	0,6078	0,6087	0,6090	0,6092	0,6092	0,6094
50	0,6075	0,6082	0,6085	0,6086	0,6087	0,6088
60	0,6073	0,6079	0,6082	0,6083	0,6083	0,6084
70	0,6072	0,6077	0,6079	0,6080	0,6080	0,6082
80	0,6071	0,6076	0,6077	0,6078	0,6078	0,6079
90	0,6070	0,6074	0,6076	0,6076	0,6077	0,6078
100	0,6070	0,6073	0,6075	0,6075	0,6077	0,6076
200	0,6067	0,6069	0,6069	6,6070	0,6070	0,6070
1000	0,6064	0,6065	0,6065	0,6065	0,6065	0,6065
⋮	⋮	⋮	⋮	⋮	⋮	⋮
⋮	0,6064	0,6064	0,6064	0,6064	0,6064	0,6064

Es ist hier noch zu bemerken, dafs l stets die grofse und b die kleine Seite des Rectangels bedeuten: wenn also die kleine Seite horizontal ist, wird die gröfsere verticale l genannt.

Bei Berechnung der Wassermenge der rectangulairen Öffnungen müssen nun, eben so wie bei den quadratischen, gröfsere und kleinere Druckhöhen unterschieden werden, deren Gränze jedesmal da zu suchen ist, wo die Senkung des Wasserspiegels im Behälter anfängt einen bemerkbaren Einflufs zu erlangen. Für das Quadrat hatten wir diese Gränze bei einem Werth von $m = 5$ angenommen, der einer Druckhöhe von $H = 5\,l$ entspricht: für rectangulaire Öffnungen finden wir die Gränze bei der Druckhöhe $H = 4b + l$; welcher Ausdruck für $b = l$ in den vorigen übergeht. Da nun $m = \frac{H}{l} = \frac{4b+l}{l}$ ist, so ist, wenn man $n = \frac{l}{b}$ setzt und b die Höhe der Öffnung bedeutet, $m = \frac{4+n}{n}$. Für die zusammengehörigen Werthe von m und n findet man in der obigen Tafel IV. den Coëfficienten für kleinere Druckhöhen, der, eben so wie bei den quadratischen Öffnungen, unveränderlich bleibt. Für gröfsere Druckhöhen ändern sich die Coëfficienten und man findet sie für die Argumente $m = \frac{H}{l}$ und $n = \frac{l}{b}$ in der Tafel IV.

Die allgemeine Gleichung zur Berechnung der Wassermenge bei rechtwinkligen Öffnungen ist nach (§. 12. *h.*)

$$c. \quad Q = (k'')\tfrac{2}{3}\sqrt{(4g)}\cdot l\left\{\left(\frac{H+H''}{2}+b\right)^{\frac{3}{2}} - \left(\frac{H+H''}{2}\right)^{\frac{3}{2}}\right\}.$$

Dieser Ausdruck gilt für alle Druckhöhen, und es kommt lediglich nur auf den Zahlenwerth des Coëfficienten (k'') an, der, wie eben gesagt, für die gröfseren Druckhöhen variirt, für die kleinern aber zwischen den Gränzen $m = 0$ und $m = \frac{4+n}{n}$ constant bleibt. Setzt man in letztern Ausdruck für m, $n = 2$, so erhält man $m = 3$; für $n = 4$ ist $m = 2$; für $n = 6\frac{2}{3}$ ist $m = 1{,}6$; für $n = 10$ ist $m = 1{,}4$ und für $n = 20$ ist $m = 1{,}2$ u. s. w. Für diese verschiedenen Werthe von m und n giebt die Tafel IV. die respectiven Coëfficienten $(k'') = 0{,}6207$; $0{,}6369$; $0{,}6460$; $0{,}6530$; $0{,}6589$. Aus den Werthen von m ergiebt sich die Druckhöhe $H = ml$, in dem Maafs, nach welchem l gemessen ist; z. B. ist $l = 0^{\text{mtr}},2$ und $m = 3$, so ist $H = 0^{\text{mtr}},6$.

In der folgenden Tafel sind die Versuche, welche *Poncelet* in seinem Werke (Tab. V., VI., VII., VIII. und IX.) mittheilt, zusammengestellt und mit der obigen Gleichung (*c.*) verglichen.

Versuche von Poncelet und Lebros mit rectangulairen Ausflufs-Öffnungen von gleicher horizontaler Grundlinie l, aber verschiedenen Höhen b. l war durchgängig = 0,2 Meter.

Anzahl der Beobachtungen	Druckhöhe über dem obern Rande: des ungesenkten Wasserspiegels H *)	Druckhöhe über dem obern Rande: des gesenkten Wasserspiegels H''	Argument $m = \frac{H''}{l}$	Coëfficienten, berechnet nach Taf. IV. (k'')	Ausflufsmengen: beobachtet	Ausflufsmengen: berechnet	Differenzen.
	mtr	mtr					
I. Mündung von 10 Centimeter Höhe $= b$; $n = \frac{l}{b} = 2$.							
2	1,5054	1,5053	7,527	0,6131	67,510	67,730	−0,220
2	0,9572	0,9571	4,786	0,6163	54,691	54,784	−0,093
3	0,4318	0,4315	. .	0,6207	37,951	38,142	−0,191
2	0,0640	0,0622	. .	. .	18,185	18,335	−0,150
2	0,0130	0,0025	. .	. .	13,174	12,715	+0,359
II. Mündung von 5 Centimeter Höhe; $n = 4$.							
1	1,6651	1,66506	8,325	0,6164	35,596	35,493	+0,103
1	1,6650	1,66496	8,325	0,6164	35,533	35,491	+0,042
1	1,6646	1,66456	8,323	0,6164	35,530	35,479	+0,051
1	1,6614	1,66136	8,307	0,6165	35,536	35,459	+0,077
2	1,0558	1,05574	5,279	0,6213	28,780	28,608	+0,172
6	0,4520	0,4519	2,260	0,6349	19,214	19,418	−0,204
6	0,1875	0,1870	. .	0,6369	12,867	12,989	−0,122
3	0,0808	0,0788	. .	. .	9,058	9,110	−0,052
3	0,0216	0,0186	. .	. .	5,897	5,909	−0,012
2	0,0113	0,0060	. .	. .	5,138	5,040	+0,098
III. Mündung von 3 Centimeter Höhe; $n = 6\frac{2}{3}$.							
2	1,3660	1,36596	6,830	0,6200	19,451	19,363	+0,088
2	1,0790	1,07894	5,395	0,6230	17,443	17,316	+0,127
2	0,4615	0,4614	2,307	0,6379	11,582	11,701	−0,119
2	0,4501	0,4500	2,250	0,6385	11,415	11,572	−0,156
2	0,1925	0,1912	. .	0,6460	7,658	7,815	−0,157
4	0,0417	0,0393	. .	. .	4,045	4,032	+0,013
IV. Mündung von 2 Centimeter Höhe; $n = 10$.							
1	1,3902	1,3901	6,951	0,6208	13,033	13,243	−0,210
1	1,3641	1,3640	6,820	0,6211	12,985	12,898	+0,087
1	1,3425	1,3424	6,712	0,6213	12,866	12,799	+0,077
3	0,9752	0,97507	4,875	0,6257	11,140	11,003	+0,137
2	0,3820	0,3819	1,910	0,6445	7,127	7,148	−0,021
2	0,1014	0,1003	. .	0,6530	3,871	3,851	+0,020
2	0,0103	0,0060	. .	. .	1,667	1,538	+0,129
V. Mündung von 1 Centimeter Höhe; $n = 20$.							
1	1,3970	1,39697	6,985	0,6216	6,507	6,520	−0,013
2	1,3213	1,32126	6,606	0,6229	6,316	6,355	−0,039
2	0,9879	0,98785	4,939	0,6266	5,562	5,529	+0,033
3	0,4929	0,49280	2,464	0,6409	4,017	4,006	+0,011
2	0,1900	0,18975	. .	0,6589	2,556	2,577	−0,021
4	0,0540	0,05264	. .	. .	1,454	1,409	+0,045
3	0,0124	0,00961	. .	. .	0,813	0,735	+0,078

*) Der ungesenkte Wasserspiegel wurde im Behälter 3,5 Meter oberhalb der Mündung gemessen.

Da die Messung des ungesenkten Wasserspiegels zuweilen schwierig sein kann, so kann man sich in gewöhnlichen Fällen mit genügender Annäherung der Gleichung (*i.* §. 11.) in der Art bedienen, dafs man die Druckhöhe des gesenkten Wasserspiegels H'' in die Formel einführt. Man erhält alsdann

$$Q = k'' b l \sqrt{(4g(H'' + \tfrac{1}{2}b))}.$$

Der Coëfficient k'' wird für die Argumente $m = \frac{H''}{l}$ und $n = \frac{l}{b}$ aus Tafel IV. entnommen.

14.
Oben offene, rechtwinklige Ausflufs-Öffnungen.

Nach (§. 12. Gleichung *d.*) ist

$$a. \quad k' = \frac{k f_0 V_0}{f_q V_q} = 0{,}6064 \sqrt{\frac{H_0}{H_q}}.$$

Eben so findet man daselbst für h_0 und $h_q = 0$, d. h. wenn die Druckhöhen über den obern Rändern der kreisförmigen und der quadratischen Öffnung = Null werden, für den Mittelpunct des Drucks:

$$b. \quad H_0 = r + \frac{r^2}{4r} = l - r + 2r - l + \frac{r^2}{4(l - r + 2r - l)} \text{ und}$$

$$c. \quad H_q = \tfrac{1}{2}l + \tfrac{1}{6}l = \tfrac{2}{3}l,$$

folglich

$$d. \quad \frac{H_0}{H_q} = \frac{3}{2l}\left\{l - r + 2r - l + \frac{r^2}{4(l - r + 2r - l)}\right\}.$$

$2r - l$ ist der Unterschied der Höhe der beiden Öffnungen, oder der Unterschied der Wassertiefen in denselben, wenn sie bis zu den obern Rändern angefüllt sind. Bringt man daher die obern Ränder beider Öffnungen in eine horizontale Ebene, so wird dieser Unterschied in Bezug auf die Druckhöhe = 0; folglich $2r - l = 0$, und man erhält, wenn beide Öffnungen voll ausströmen:

$$e. \quad \frac{H_0}{H_q} = \frac{3}{2l}\left\{l - r + \frac{r^2}{4(l - r)}\right\}.$$

Lafst man bei der angegebenen Stellung der Öffnungen den Wasserspiegel in beiden um l sich senken, so hört das Fliefsen in der quadratischen Öffnung auf, denn die Wassertiefe in derselben ist dann Null; in der kreisförmigen Öffnung dagegen ist sie noch $=2r=l$. Führt man daher den Werth der Gleichung (*e.*) in (*a.*) ein, so erhält man den Coëfficienten $k'''=k'$ (in Tafel I. für $m=0$) für den vollen Ausflufs oder für eine Wassertiefe l in der quadratischen Öffnung. Führt man dagegen den Werth der Gleichung (*d.*) in (*a.*) ein, so erhält man den Coëfficienten k''' für eine Wassertiefe 0 in der Öffnung. Für alle übrigen Wassertiefen liegen folglich die Werthe der Coëfficienten zwischen diesen Gränzen und es kommt bei ihrer Bestimmung nur darauf an, dem Ausdruck $2r-l$ in der Gleichung (*d.*) die richtige Form so zu geben, dafs er für die Wassertiefe l in der Öffnung gleich Null wird und für die Wassertiefe Null seinen vollen Werth behält. Nennt man die zwischen den Gränzen 0 und l veränderliche Wassertiefe im Allgemeinen h, so leistet die einfache Function $(2r-l)\left(1-\frac{h}{l}\right)$ dieser Bedingung Genüge; wobei jedoch h nicht gröfser als l genommen werden darf. Ist hier $h=l=$ der Breite der Öffnung, so ist, wie verlangt, dieser Ausdruck gleich Null; und ist $h=0$, so ist der Ausdruck $=2r-l$. Setzt man daher wie früher $\frac{l}{h}=n$, so ist $1-\frac{h}{l}=1-\frac{1}{n}$. Multiplicirt man demnach $2r-l$, in der Gleichung (*d.*), mit diesem Factor und setzt dann $\frac{H_0}{H_q}$ in die Gleichung (*a.*), so erhält man, wenn man noch für r seinen Werth $=\frac{l}{\sqrt{\pi}}$ schreibt, den allgemeinen Ausdruck für die Coëfficienten der oben offenen rechtwinkligen Ausflüsse, für Druckhöhen die gleich oder kleiner als die Breite der Öffnung sind, wie folgt:

$$f.\quad k'''=0{,}6064\sqrt{\tfrac{3}{2}}\left\{1-\frac{1}{\sqrt{\pi}}+\left(\frac{2}{\sqrt{\pi}}-1\right)\left(1-\frac{1}{n}\right)+\frac{1}{4\pi\left[1-\frac{1}{\sqrt{\pi}}+\left(\frac{2}{\sqrt{\pi}}-1\right)\left(1-\frac{1}{n}\right)\right]}\right\}^{\frac{1}{2}},$$

$$g.\quad =07427\cdot\left\{0{,}43518+0{,}12838\left(1-\frac{1}{n}\right)+\frac{1}{4\pi\left[0{,}43518+012838\left(1-\frac{1}{n}\right)\right]}\right\}^{\frac{1}{2}}.$$

Nach dieser Gleichung sind für die verschiedenen Werthe von $\frac{l}{h}=n$ die Coëfficienten k''' berechnet und in der folgenden Tafel zusammengestellt.

Tafel V.

Argument n	Coëfficienten k'''	Argument n	Coëfficienten k'''
1	0,5836	3	0,6096
1,1	0,5871	4	0,6130
1,2	0,5899	5	0,6151
1,3	0,5923	6	0,6163
1,4	0,5944	7	0,6175
1,5	0,5962	8	0,6182
1,6	0,5979	9	0,6188
1,7	0,5993	10	0,6193
1,8	0,6006	12	0,6200
1,9	0,6018	.	. .
2,0	0,6028	∞	0,6275

Bemerkung. Der kleinste Coëfficient findet Statt, wenn die Wassertiefe der Breite der Öffnung gleich ist. Ist die Wassertiefe gröfser als die Breite der Öffnung, so nehmen die Coëfficienten wieder zu; man hat daher in diesem Fall $\frac{h}{l} = n$ zu setzen.

Die Berechnung der Wassermenge bei dem Ausflufs aus oben offenen quadratischen oder rectangulairen Öffnungen, deren Grundlinie gröfser als die Höhe ist, kann nach Gleichung (*e.* §. 11.) gemacht werden, wenn man dort für b seinen hier angenommenen Werth h setzt und den richtigen Coëfficienten einführt. Man erhält alsdann:

$$h. \quad Q = \tfrac{2}{3} k''' h l \sqrt{(4gh)}.$$

Der Coëfficient k''' wird entweder nach der Gleichung (*g.*) berechnet, oder für $n = \frac{l}{h}$ aus der obigen Tafel V. genommen.

Die Senkung des Niveaus im Behälter, welche in und vor der Ausflufs-Öffnung Statt findet, ist bisher nicht berücksichtiget worden; es bezieht sich daher h auf den ungesenkten Wasserspiegel.

Unter der Voraussetzung, dafs die Senkung des Wasserspiegels in der Öffnung den Geschwindigkeiten, d. h. den Quadratwurzeln aus den Wassertiefen proportional ist, erhält man:

$$\sqrt{h'} : \sqrt{h} = h' - h'' : h - h'',$$

und wenn man alle Gröfsen in Theilen der Grundlinie l ausdrückt:

$$\sqrt{\frac{h'}{l}} : \sqrt{\frac{h}{l}} = \frac{h' - h''}{l} : \frac{h - h''}{l}.$$

Ist demnach die Senkung des Wasserspiegels für die Wassertiefe $h' = l$ durch Versuche gefunden, so läfst sie sich für alle übrigen Wassertiefen leicht bestimmen.

Nach dem ersten Versuch in der folgenden Tafel ist $h' = 0^m,2079$; $l = 0,2$; $h' - h'' = 0,0167$. Setzt man diese Werthe in die obige Proportion und nimmt dabei $\frac{0,2079}{0,2} = 1$ an, welches näherungsweise geschehen kann, so erhält man:

$$1 : \sqrt{\frac{h}{l}} = 0,0835 : \frac{h-h''}{l},$$

und hieraus folgt die Senkung des Wasserspiegels für die Wassertiefe h, nämlich:

$$i. \quad h - h'' = 0,0835\sqrt{(hl)}.$$

Dieser Ausdruck gilt aber natürlich nur für Werthe von h, die beinahe gleich, oder kleiner als l sind, und setzt überdies voraus, daſs das Wasser im Behälter in Ruhe sei, und nicht schon eine namhafte Geschwindigkeit besitze.

Tafel VI.

Vergleichung der Versuche von Poncelet mit den vorhergehenden Formeln.

Wassertiefe über dem untern Rande		Beobachtete			Berechnete		Werthe von n
des ungesenkten Wasserspiegels h	des gesenkten Wasserspiegels h''	Wassermengen	Coëfficienten $\frac{3}{2}k'''$	Senkung des Niveaus $h-h''$	Coëfficienten nach der Gl. (g.) $\frac{3}{2}k'''$	Senkungen nach der Gl. (i.) $h-h''$	
mtr	mtr	liter		mtr		mtr	
0,2079	0,1912	32,643	0,3888	0,0167	0,3900	0,0167	1,0395*)
0,1631	0,1470	22,929	0,3930	0,0153	0,3933	0,0150	1,2256
0,1029	0,0909	11,528	0,3943	0,0120	0,4012	0,0120	1,9436
0,0605	0,0514	5,263	0,4003	0,0091	0,4071	0,0092	3,3058
0,0446	0,0368	3,382	0,4053	0,0078	0,4093	0,0079	4,4843
0,0235	0,0176	1,324	0,4149	0,0059	0,4125	0,0057	9,0213

15.
Verschiedene Formen der Wasserstrahlen.

Die contrahirende Kraft ist nach (§. 7.) dem Durchmesser oder den diametralen Schnitten der Ausfluſs-Öffnung proportional. Hieraus folgt, daſs bei einer quadratischen Öffnung die Contraction in den Schnitten kh und fi (Fig. 17. *A.*) am kleinsten und in den Schnitten ae und db am gröſsten ist. Da nun die Contraction als eine Kraft angesehen werden kann, die senkrecht

*) Da hier h gröſser als l ist, so wird nach der Bemerkung unter Tafel V. $\frac{h}{l} = n$ gesetzt.

auf die Axe des Strahls wirkt, so geht daraus hervor, dafs die Wassertheilchen in *a, b, e, d,* durch eine gröfsere Kraft getrieben, sich dem Centrum *c* mehr nähern, als die Wassertheilchen in *f, h, i, k,* auf welche eine geringere Kraft wirkt: diese müssen daher nachgeben und sich bis zu einem gewissen Punct vom Centrum entfernen, während die andern sich dem Centrum nähern. Hieraus entstehen nach und nach diejenigen Formen des Strahls, wie sie *Poncelet* und Andere beschreiben und von welchen Fig. 17. *B.* einen Querschnitt darstellt. Wenn die Puncte *f, h, i, k* in *l, m, n, o* ihr Maximum erreicht haben, nähern sie sich wieder dem Centrum; und wenn endlich diese wiederholten Undulationen allmälig zerstört werden, so nähert sich der Strahl der runden Form (Fig. 17. *C.*), wenn nicht die Beschleunigung der Schwere und der Widerstand der Luft die Wassertheilchen trennt und die bestimmte Form unkenntlich macht.

Aus den eben angeführten Gründen wird der Strahl aus einer rectangulairen Öffnung *abcd,* deren gröfste Seiten horizontal sind, auf verschiedene Entfernungen von der Öffnung die Formen haben, von welchen Fig. 18. Querschnitte darstellt. Stehen die grofsen Seiten des Rectangels vertical, so giebt die Gestalt des Strahls Querschnitte wie Fig. 19. Solche Formen der Strahlen sind von *Weisbach* *) beobachtet worden.

Ebenso wird der Querschnitt des Strahls einer elliptischen Öffnung *ab* wieder eine Ellipse sein; wenn aber die grofse Axe der Öffnung vertical steht, wird die grofse Axe des Querschnitts des Strahls in einer gewissen Entfernung von der Öffnung horizontal liegen; und umgekehrt (Fig. 20. und 21.).

Berlin, im August 1846.

---

*) Versuche über den Ausflufs des Wassers durch Schieber, Hähne, Klappen und Ventile. Leipzig 1842.

7.

Auswahl von Abhandlungen berühmter niederländischer Wasserbaukundiger über die Wasserbaue, welche in Holland an den Hauptströmen zum Schutze gegen Verwüstung nöthig sein werden.

(Aus dem Holländischen übersetzt und mit einer Einleitung und Anmerkungen begleitet von Herrn Dr. *Reinhold*, Königl. Hannöverschem Wasserbau-Inspector; so wie mit einigen Anmerkungen des Herausgebers dieses Journals.)

(Fortsetzung der Abhandlung No. 4. im 2ten, No. 11. im 4ten Heft 24ten und No. 3. im 1ten Heft dieses Bandes.)

Es bleibt nun noch übrig, die Bedenken gegen die Scheidung der *Waal* und *Maas* zu heben, welche mir eine höchst nothwendige Verbesserung dieser beiden Hauptströme zu sein scheint: dienlich zur Vermeidung des Überlasses durch das Land von *Altena*, und zweckmäfsig zur Verbesserung der Entwässerungen an der *Maas*, *Waal* und den *Bommeler* Waart.

Die Bedenken, welche die Commission S. 94 u. s. w. ihres Berichts gegen die Scheidung der *Waal* und *Maas* beim Fort St. *Andries* aufstellt, zielen alle auf die Dichtung des natürlichen Überlasses zwischen *Rossum* und *Dreumel* hin, welcher mehr als 1248 Ruthen lang ist. Da es in meinem Plane liegt, diesen Überlafs beizubehalten, und ich ferner alles Wasser über die Polder abfliefsen lassen will, so kann ich die Dichtung der verschlammten Öffnung bei der Schanze St. *Andries* nicht für schwierig halten und werde die Aufmerksamkeit meiner Leser damit nicht ermüden; besonders da wohl Niemand bezweifeln wird, dafs ein Überlafs von 1248 Ruthen lang an diesem Puncte fernerhin eine hinreichende Wirkung haben würde. Die Mündung bei *St. Andries*, oder das sogenannte *Schanz-Gat*, ist während der Überströmung dieses Überlasses mehrentheils durch Eis verstopft, und kann so keinen bedeutenden Ausflufs haben. Die grofsen Vortheile, welche die Schliefsung der unzweckmäfsigen Vereinigung der *Maas* und *Waal* für die Consumtion beider Ströme, so wie für die Entwässerung des Landes zwischen *Maas* und *Waal* und den *Bommeler* Waard haben würde, bewegen mich, auf die Verschliefsung derselben zu dringen und dieselbe als ein unbedingt nöthiges und höchst wünschenswerthes Werk, was keinen Aufschub leidet, zu betrachten.

„Die Erhöhung des Wasserspiegels der *Waal* bei *Z. Bommel*, durch „die Scheidung verursacht, welche nach Angabe von *Krayenhoff* 1,434 F. bei

„mittlerm Wasserstande beträgt, sollte schädlich für die Entwässerung der Aufsen-„werder sein."

Bei hohen Wasserständen werden alle Aufsenwerder auch jetzt überströmt. Bei mittlerem Wasserstande kann, bei der ansehnlichen Höhe, die sie der Aufschlickung verdanken, ein um 1,434 F. höherer Wasserstand in der *Waal* keinen Nachtheil bringen; und endlich werden die meisten Aufsenwerder innerhalb der Überlafskaden fortan mit dem Binnenlande entwässert werden müssen. Die Aufsen- und Binnenlande werden alsdann gleichen Nutzen ziehen und gleichen Werth bekommen. Beide werden gewinnen: die erstern gröfsere Sicherheit gegen das Sommerwasser, die letztern alle die nicht zu berechnenden Vortheile, welche ich näher entwickeln werde.

Ein wichtiges Bedenken gegen diese Scheidung besteht nach meiner Meinung (S. Bericht Seite 102) darin, dafs die Senkung des Wasserspiegels der *Maas* bei mittlerem Wasser, welche von *Krayenhoff* in dessen „Proeve van een Ontwerp tot Scheiding etc. S. 106 und 132" bei *Bockhoven* zu 5. F. angegeben ist, die *Schiffbarkeit* dieses Flusses vermindern werde. *Krayenhoff* nimmt an, dafs die Senkung des Wasserspiegels bis *Grave* hinauf bemerkbar sein werde.

Nehmen wir an, dafs dies Statt finden werde, und betrachten wir die seichten Stromstrecken aus dem Gesichtspuncte *Krayenhoffs* „Proeve S. 134", so ergiebt sich Folgendes:

1. Die oberste Strecke bei *Niederasselt*, an der Brauerei daselbst, welche bei mittlerem Wasserstande 4 F. unter Wasser liegt, wird fast eben so bleiben, weil sie nahe unterhalb *Grave* liegt.
2. Eine Untiefe zu *Neerloon*, auf welcher jetzt 4 F. hoch Wasser steht, wird etwa 0,32 F. Wasser verlieren; worauf es nicht ankommt.
3. Auf einer dritten Untiefe bei *Neerlangel*, auf welcher jetzt 4,78 F. Wasser steht, wird dasselbe 0,45 F. sich senken; wobei aber diese Untiefe immer noch eben so fahrbar bleibt, wie die beiden vorigen.
4. Auf einer Untiefe bei *Alphen*, mit 4,78 F. Wasser, wird sich dasselbe um 2,39 F. senken.
5. Auf zwei andern zu *Lith* und *Lithoyen*, mit 4,78 F. Wasser, um 1,53 F.
6. Zwei unmittelbar unterhalb der Schanze *St. Andries*, und eine andere Untiefe bei *Driel*, die jetzt 4,78 F. Wasser haben, werden beinahe trocken werden. Da ich aber vorgeschlagen habe, die Stromkrümmen hier abzuschneiden, so fallen diese Untiefen weg.

7. Eine Untiefe neben ***Kastermeshoef,*** mit 3,50 F. Wasser, wird trocken werden, da sich der Wasserspiegel dort um 4,66 F. senken wird.

8. Eine andere Untiefe vor der Mündung der ***Dieze,*** bei ***Crevecoeur,*** auf welcher jetzt 7 Fufs Wasser steht, wird noch 2,37 F. Wasser behalten, weil sich der Spiegel daselbst um 4,63 F. senken wird.

9. Eine Untiefe unterhalb der Kornmühle zu ***Amersoden,*** mit 7,86 Wasser, wird, nach Abzug von 4,94 F., noch 2,92 F. Wasser behalten.

10. Die Untiefe in der ***Hadikhäuser Maas*** unterhalb ***Bockhofen,*** mit 7,31 F. Wasser, wird, nach Abgang von 4,84 F., noch 2,47 F. Wasser behalten.

Wenn man nun die Untiefen bei ***Grave*** zum Maafsstabe annimmt, welche 4 F. tief unter Wasser liegen, so werden die obigen No. 7. um 5. F., No. 8. um 1,62 F., No. 9. um 1,05 F., No. 10. um 1,53 F. ***vertieft*** werden müssen; was sich nach meiner Meinung durch zweckmäfsige Einschränkung des Strombettes, also durch Reibung und Abnagung, so wie durch gröfseres Gefälle, mittels mehrerer Geschwindigkeit des Wassers hervorbringen läfst, die durch Kribben und andere Faschinenwerke hervorgebracht wird. Eine Stromrinne oder Fahrbahn von 48 bis 80 F. breit, welche für die Schiffahrt hinreichend ist, läfst sich durch Handbagger oder andere Vertiefungswerkzeuge herstellen *).

*) Anmerk. des Übers. Über die zur Abspülung oder Abnagung (Corrosion) verschiedener Erdarten vom Stromboden und den Ufern und zur Wegführung derselben nöthigen Geschwindigkeiten führe ich bei dieser Gelegenheit folgende Erfahrungen an.

1. Im 1ten Bande der „Beiträge zur hydraulischen Architektur S. 175" giebt *Woltmann* folgende Versuche an, die *Du Buat* angestellt und beschrieben hat:

Brauner Töpferthon (Pottklai) widersteht nur einer Geschwindigkeit des Wassers von 3 Zoll in der Secunde. Grober Sand 8 Zoll. Kiessand, Grand, vom kleinen bis zum groben, 4, 7 bis 12 Zoll. Abgerundete Kiesel von 1 Zoll Durchmesser 24 Zoll. Eckige Feuersteine von der Gröfse eines Hühner-Eies 36 Zoll. Die folgenden Versuche zeigen aber, dafs *Du Buat* die Geschwindigkeiten zu klein angegeben hat; was vielleicht daher rührt, weil er seine Versuche in hölzernen Rinnen und nicht in wirklichen Strombetten anstellte.

2. Der verstorbene Geheime Oberbaurath *Funk* theilt in seinen „Beiträgen zur allgemeinen Wasserbaukunst etc. S. 155 etc." folgende, in den Jahren 1802 und 1803 in der *Weser* und *Werra* bei Preufsisch-Minden gemachten Versuche und Beobachtungen mit, an welchen der Übersetzer dieser Abhandlung unter der Leitung des Herrn *Funk* oft Theil nahm, so dafs er hier zugleich auch aus eigener Erfahrung sprechen kann. Feiner, mit Thonschiefer vermischter Triebsand auf dem Flufsbette machte bei 2,4... Fufs Rheinl. in der Secunde nicht die geringste Bewegung. Eben so wenig Grand von der Gröfse einer Bohne, eines Eies und einer Faust, bei 4,3... und 6,1... Fufs Geschwindigkeit. Aber bei 6,3... und 6,6... Fufs Geschwindigkeit vertiefte sich das Flufsbette, aus dergleichen Grande, um 3½ Fufs. Bei 5,3... und 6,4... Fufs vertiefte sich das Flufsbette der *Werra,* aus faustgrofsen Steinen bestehend, ebenfalls. Bei 9,5... Fufs führte das Wasser Steine von 10 bis 12 Pfd. schwer mit fort. Bei 7 und 9 Fufs Geschwindigkeit in der Secunde, unter der steinernen *Weser*brücke bei *Preufsisch-Minden,* vertiefte sich das Flufsbett, bestehend aus Grand und Steinen von der Gröfse der Bohnen, Eier und Fäuste, nicht.

Doch, wie dem auch sein möge: die Schiffbarkeit der Ströme, von so grofsem Belange sie auch sein mag, scheint mir nur ein secundairer Punct zu sein, und besonders bei der *Maas* weniger zu beachten, da die meisten Schiffe lieber die *Waal* als die *Maas* befahren, und die *Südwillmes*fahrt, wo sich nur bei niedrigem Wasser Hindernisse für die Schiffahrt finden würden, eine viel bessere und bequemere Verbindung als der Strom selbst darbietet.

Aber bei 10,6 ... Fufs vertiefte es sich bis auf das Thonschieferlager. Die Geschwindigkeit wurde mit dem *Woltmann*schen hydrometrischen Flügel mehrmals und genau beobachtet. Mehre andere Versuche, die damals in einem durch eine Grandbank durchgepflügten Canal in der *Weser* angestellt wurden, der vom Strom selbst ferner vertieft wurde, gaben ähnliche Resultate.

3. *Lempe* sagt in seinem „Lehrbegriffe der Maschinenlehre 1. Th. S. 304 etc.", dafs eine Lehmsohle einer Geschwindigkeit von 1,75 ... Fufs bis 1,83 ... Fufs widerstanden habe; wogegen *Du Buat* bemerkt, dafs brauner Töpferthon, der noch mehr Klebrigkeit und Cohäsion hat, als Lehm, bei 3 Zoll Geschwindigkeit mobil werde.

4. Als ich im Jahre 1811, unter der damaligen Westphälischen Regierung, die Aufsicht über die Schiffbarmachung der *Fulda* zwischen *Cassel* und Hannöverisch-*Minden* als Ingenieur führte, habe ich durch mehrere Beobachtungen mich überzeugt, dafs wenigstens 2 Fufs Geschwindigkeit in der Secunde dazu gehören, gewöhnlichen Flufssand fortzuschwemmen; zu Kies oder Grand 3 bis 5 Fufs u. s. w.

In den Jahren 1817 und 18 habe ich als Localdirigent die *Ems* von der Ostfriesischen bis zur Preufsischen Grenze, auf 22 Postmeilen lang, wegen Schiffbarmachung derselben, nivellitisch und hydrometrisch in mehr als 400 Querprofilen gemessen, und gefunden, dafs feiner Flufs-, Trieb- oder Wellsand bei 3,6 bis 8 Zoll Geschwindigkeit gar nicht, bei 1 Fufs Geschwindigkeit nur wenig und bei $1\frac{1}{2}$ bis 2 Fufs Geschwindigkeit, und darüber, mehr oder weniger auf dem Stromboden in Bewegung gesetzt wird, und dafs die Querprofile dadurch auf eine fahrbare Wassertiefe von 3 Fufs gebracht werden.

5. *Woltmann* sagt in seinen „Beiträgen zur Schiffbarmachung der Flüsse etc. Hamburg 1826. S. 128 etc." über die Versandungen in den Mündungen der *Elbe*, dafs nur die schwimmende (rollende) Bewegung der Sandkörner es sei, durch welche die Strombetten gereinigt und einige Sände oft in wenigen Tagen vertrieben und zerstreut werden; dafs aber diese Bewegung eine Geschwindigkeit des Stroms von 2 bis 3 Fufs in der Secunde, je nachdem der Sand feiner oder gröber ist, erfordere.

Da diese letzten Beobachtungen von Wasserbaukundigen in Strömen und nicht in hölzernen Rinnen gemacht worden sind, so sind sie dem practischen Hydrotekten nützlich; weshalb ich sie hier mittheile.

Da die in *Holland* beabsichtigten Stromregulirungen von grofsem Umfange sind, so wird es dort gewifs zweckmäfsig und vortheilhaft befunden werden, sich zum Vertiefen der Strombetten, z. B. in der Mündung der *Merwede*, der *Dampfbagger* mit eisernen Eimern zu bedienen, die alle Erdarten, welche sich *graben* lassen, vom Stromboden heraufschöpfen, so dafs man sie in Fahrzeugen ans Land bringen kann. *Hand*bagger sind zwar in geringer Tiefe ebenfalls anwendbar; bei grofsen Arbeiten aber und in tiefern Strömen, mit Ebbe und Fluth, sind die Dampfbagger, hinsichtlich der schnellern Förderung grofser Erdmassen und der geringern Arbeitskosten, vortheilhafter. Da es in Holland an allen Strömen eine hinreichende Zahl von Dampfboot- und Dampfmaschinen-Fabriken giebt, so sind dort die Bagger-Dampfmaschinen ohne Schwierigkeit anzuschaffen. Sind erst durch diese Maschinen die gröfsten Untiefen schnell weggeschafft worden, so läfst sich dann die Stromtiefe durch Uferwerke für die Zukunft leicht erhalten, ohne dafs weiter Vertiefungswerkzeuge nöthig wären.

Die Commission äufsert endlich (Seite 97) Bedenken gegen das Abschneiden von Stromkrümmen, die durch ***Wiebeking*** und andere Wasserbaukundige so sehr angepriesen worden sind.

Ich stimme hierin gern der Commission bei, und halte im Allgemeinen Durchstiche in unsern Strömen nicht für zweckmäfsig; aber auch bei dem von mir angenommenen Systeme für unnöthig. Indessen nehme ich damit nicht den obigen Vorschlag der vier Durchstiche der ***Maas,*** in Verbindung mit der Scheidung derselben von der ***Waal,*** so wie des Durchstichs der ***Waal*** oberhalb ***Nymwegen*** zurück; die ich vielmehr für nöthig halte. Auch sind diese Durchstiche nicht von dem Belange, dafs daraus grofse Nachtheile entstehen könnten; um so weniger, da, wie ein Blick auf die Carte zeigt, die ***Maas*** noch reich an Krümmen ist und noch gar weit entfernt von dem Zustande eines Bergstroms bleiben wird.

Die Erfahrung lehrt auch hier wieder, dafs die Durchstiche ohne Schaden gemacht werden können; denn der Strom selbst hat sich zu ***Apeltern*** einen kürzern Weg, als er bei ***Dieden*** und ***Megen*** hatte, gebahnt; und neben ***Hedikhuizen*** und ***Heusden*** sind ansehnliche Krümmen, theils durch die Natur, theils durch Menschenhände abgeschnitten worden.

Es sind nun noch die ***Vortheile*** näher zu entwickeln, welche ich von dem vorgeschlagenen hydrotechnischen System erwarte.

An die Spitze stelle ich die grofse Sicherheit, welche den nördlich am ***Lek*** liegenden Gegenden (dem Herzen von ***Holland*** und ***Utrecht***) dadurch gegeben werden wird, und die in dem Maafse auf keine andere Weise erreicht werden kann.

Durch die vorgeschlagene stellenweise Senkung der Deiche am ganzen südlichen Ufer des ***Leks,*** bis an den ***Dief***deich zwischen ***Leerdam*** und ***Külenburg,*** und durch die Verstärkung und Erhöhung der Deiche am nördlichen Ufer, werden ohne Zweifel die nördlichen ***Lek***deiche ganz entlastet werden; die Überströmung derselben wird unmöglich und Durchbrüche werden bei guter Aufsicht höchst unwahrscheinlich werden.

Der Werth dieser Sicherheit wird in dem Bericht der Commission (S. 182 bis 192) lebendig geschildert; worauf ich mich also beziehe und hier nur die Worte von ***Melchior Bolstra*** aus seinem Bericht an die Committirten des ***Pannerden***schen Canals vom 30ten März 1755 anführe. Er sagt: „Durch „einen Durchbruch des Norder-***Lek***deiches wird das Land nicht allein inundirt, „sondern vermittels der vielen Landseen oder Meere, Vehnplätze, könnte das

„trocken gelegte und tief eingekellerte Land für immer ruinirt werden; wovon „gleichwohl die Erhaltung, nicht allein der Provinz ***Holland,*** und des Stifts „***Utrecht,*** sondern auch der vereinigten Provinzen selbst abhangt; was also „höchst nothwendig zur Sicherheit des Landes ist und was man demnach wohl „beherzigen mufs."

Lülofs sagt in einem Bericht an dieselben Committirten vom 9ten April 1755: „Dafs der gröfste Theil von Holland und die fruchtbarsten Theile des „Stifts ***Utrecht*** so sehr bei der Erhaltung dieser Deiche betheiligt seien, dafs „diese beiden Provinzen ihres besten Einkommens für eine lange Reihe von „Jahren beraubt werden würden, wenn die Deiche am nördlichen Ufer des „***Lek*** bei einem anhaltend hohen Wasserstande durchbrächen."

Der mit Recht berühmte Herr ***Brünings*** sagt in seinen gedruckten Betrachtungen S. 15 über dieses Unheil Folgendes: „Aufser den ansehnlichen „Städten, die alle, mehr oder weniger, bei einem gefährlichen Durchbruche des „benannten Deiches Schaden leiden würden, würde auch die Überströmung sich „über eine Fläche von 22 000 Morgen erstrecken und mehrere Entwässerungs- „Anstalten unwiederbringlich verderben. Die fernern Folgen einer solchen „Überströmung brauche ich nicht zu beleuchten. Ich habe genug gesagt, um „zu zeigen, dafs die Wohlfahrt der Republik mit der Sicherstellung eines so „wichtigen Theiles derselben in genauer Verbindung steht."

Hätte man die Einrichtung des südlichen Ufers des ***Leks*** weiter als auf den ***Dief***deich und über die ***Fünf-Herrenlande*** erstrecken können, so würde für diesen Theil des Norder ***Lek***deiches dieselbe Sicherheit erreicht worden sein, wie oberhalb. Wegen der niedrigen Lage des Bodens in diesem Polder, wegen der geringern Gefahr, welcher dieser Theil des Norder ***Lek***deiches ausgesetzt ist, und zur Ersparung grofser Kosten, schien es mir rathsamer, die Sicherstellung der Provinz ***Holland*** und ***Utrecht***, der ***Fünf-Herrenlande*** und des ***Ablasserwaards*** an diesem Puncte, in der Verbesserung und Verstärkung ihrer Bedeichungen beider Ufer zu suchen und dort das jetzige, obwohl sonst schädliche System der Wasserwehr beizubehalten.

Als einen ***zweiten Vortheil*** betrachte ich die gröfsere Sicherheit für die Lande unterhalb der Diefdeiche.

Die ganze Abschliefsung zwischen ***Gorinchem*** und ***Everdingen,*** von der ***Meerwede*** bis zum ***Lek***, mufs nach meinem Vorschlage nachgesehen und noch mehr als bisher verbessert werden; so, dafs diese Wasserwehr auch gegen Fluthen bestehen kann, wie die von 1809 und 1820.

Da das Wasser im ***Tieler*** Waard, ***Büren*** und ***Külenborg,*** wenn das System der Überströmung ausgeführt sein und der Wasserspiegel sich in Folge dessen gesenkt haben wird, desgleichen die ***Meerwede***-Mündung verbessert, die ***Maas*** und ***Waal*** geschieden und die Seiten-Ableitung des Fluthwassers bei ***Dalem*** vervollkommnet sein wird, niemals zu der vorigen Höhe wieder anwachsen kann: so glaube ich, dafs dann die gröfsere Sicherheit als erwiesen betrachtet werden darf. Ich finde dieselbe mit in der oft erwähnten Erscheinung des Wassers vor den ***Dief***- und Süder ***Linge***-Deichen, da es in der Natur der Sache liegt, dafs ein Deich, der alljährlich Gefahren blofsgestellt ist, besser erhalten und bewacht wird, als ein Slaperdeich, der seine betrügliche Sicherheit von andern Deichen entlehnt. Den einen kann man mit einem Heere vergleichen, das durch Krieg gegen alle Gefahren und Strapazen abgehärtet ist: den andern mit einer durch Frieden und Ruhe geschwächten Garnison.

Zum Dritten ersehe ich von diesem Plane gröfsere Sicherheit für Menschen, Vieh und Habe und Gut in allen Poldern am ***Rhein,*** der ***Waal*** und ***Maas,*** als sie gegenwärtig haben. Jetzt verlassen sich die Bewohner der Polder auf die Deiche; man wartet bis zum letzten Augenblick und verläfst sich auf trügerische Rettungsmittel, bis endlich die Lärmkanonen, deren wiederholtes Krachen dann ängstlich gezählt wird, das Läuten der Sturmglocken, das Streichen der Signale, die traurige Nachricht verkündet, dafs die Deiche durchgebrochen sind und dafs nun Jeder einen Zufluchtsort suchen mufs *). Wüthend stürzen dann die zwischen den Deichen gethürmten Wellen in den Abgrund: in kurzer Zeit ist der Polder ein See, und alle die Unglücksfälle, die 1784, 1795, 1799, 1805, 1809, 1811, 1820 und 1827 so schrecklich unsere Polder verwüsteten, sind die traurigen Folgen davon **). Der Vorsichtigere denkt, sobald die Ströme mit Eis bedeckt sind, nicht ohne Schaudern an die Schäden,

---

*) Anm. des Übers. C'est tout comme chez nous! „Hier ruhen sie und sind im Frieden, und leben ewig sorgenlos!" kann man von so manchen Gegenden sagen, die erst das Jahr 1825 belehrt und bekehrt hat.

**) Anm. des Übers. Über die in ältern und neuern Zeiten in Holland und Deutschland Statt gehabten hohen Sturmfluthen findet man in folgenden Schriften nähere Auskunft:

1. *Wiebcking,* allgemeine etc. Wasserbaukunst. 2ter Bd. S. 91—125.
2. *Krayenhoff,* Verzameling van hydrographische en topographische Waarnemingen in Holland. 1813. Korte aantekeningen etc. S. 1—62.
3. *Gerhardus Outhoff* verhaal van alle hooge Watervloeden. Emden 1718.
4. Gemälde der Sturmfluthen vom 3ten bis 5ten Februar 1825 von *Friedrich Arends.* Bremen 1826.
5. Beschreibung der Sturmfluthen etc. am 3ten und 4ten Februar 1825 von *W. Müller.* Hannover 1825.

die ihn und Andere beim Eisgange mehr als wahrscheinlich erwarten. Er berechnet die Vermehrung der Lasten, die daraus entstehen wird, die Versandung des Landes, die ihn eben so wie Andere treffen kann, die Voraussicht, lange im Wasser zu bleiben, nicht säen und folglich auch nicht erndten zu können. Eine traurige Erfahrung ist seine Rathgeberin.

Wir wollen jetzt den Stand der Dinge *nach* Ausführung des vorgeschlagenen Systems betrachten.

Jeder in dem eingedeichten Lande, an den unverändert bleibenden Deichstrecken entlang, auf wasserfreien Höhen, in Weilern, oder in umdämmten Dörfern Wohnende wird ohne Besorgnifs von Gefahr sein Land *allmälig* durch die Überlässe überströmen sehen. Er wird seine Wohnung nicht wie jetzt verlassen, oder sein Vieh bergen dürfen und befürchten müssen, dafs die Fluthen die aufserordentliche Höhe erreichen, wie in den genannten Jahren. Er wird ruhig in seiner Wohnung bleiben und seine Geschäfte ohne Störung verrichten. Schüten und Nachen werden den Verkehr befördern zwischen den Weilern, Dörfern und Städten. Er weifs nun, dafs der Polder beim Eisgange (denn bei offenem Wasser erreicht der Strom, wie vorhin gesagt, nur selten die Höhe der Überlafskaden) sehr wahrscheinlich überströmt werden wird, und hat Alles zuvor darauf eingerichtet. Hecken, Zäune und Anderes, was jetzt bei Deichbrüchen oft verloren geht, hat er geborgen und für Lebensmittel, Feuerung u. s. w. gesorgt. Sobald die Überströmung der Überlässe aufhört, wird er sicher sein, dafs das Wasser durch die guten Entwässerungsmittel (von welchen weiter unten das Nähere) schnell fallen und dafs gegen die zum Pflügen geeignete Zeit sein durch das Stromwasser gedüngter Acker trocken und für eine gute, ja reiche Erndte geeignet sein wird. Keine Kosten für Erhöhung und Verstärkung der Deiche oder für Schliefsung der Durchbrüche kommen mehr in Rechnung, und keine Äcker werden mehr durch Versandung verdorben werden.

Viertens sehe ich in der Rückkehr zu dem frühern, so unvorsichtig verlassenen, natürlichen Zustande die Gewifsheit, dafs, wenn gleich die Strombetten nach der allgemeinen Überzeugung der kundigsten Männer stets, wenn auch langsam, vorzüglich in ihren Ausmündungen, sich erhöhen, doch auch den Poldern durch die Überströmung eine gleiche Erhöhung zu Theil werden wird, und dafs daher dieselben wenigstens in keinen schlimmern Zustand kommen können, als sie bei der Ausführung der vorgeschlagenen Anlagen waren. Ich sehe durch die Überströmung der Polder, durch die zweckmäfsige Scheidung der *Waal* und *Maas,* durch die verbesserte Ausmündung der *Meerwede,* durch eine weisere Verwaltung und Zügelung der Ströme, regelmäfsigere Gefälle und Geschwindigkeit, mehr Reibung, weniger Losreifsen von Stoffen und, bei einer verminderten Erhöhung der Strombetten, eine mehre Erhöhung der Polder entstehen. Die Rückkehr zu diesem natürlichen Zustande ist nach meiner Einsicht das *einzige* Mittel, den gänzlichen Untergang dieser fruchtbaren Lande zu verhüten, und zu verhindern, dafs sie in ihren frühern Zustand, in welchem sie waren, ehe die Ströme sie durch ihre Sinkstoffe aus dem Nichts hatten hervorsteigen machen, früher oder später zurückkehren und sich wieder in Landseen verwandeln. Hat uns denn nicht der Einbruch des *Dortrechter* Werders, der Untergang Tausender von Menschen, mit Habe und Vieh, abschreckende und heilsame Lehren gegeben? Und ist das Loos des tief eingekellerten *Ablasser* Waards, der so oft unter den Wellen begraben und für lange Zeit überströmt blieb, etwa beneidenswerth?

Der *fünfte*, unberechenbar grofse Nutzen der vorgeschlagenen Anlagen, der mit mathematischer Gewifsheit vorherzusehen ist, ist die so nöthige und vor allem Andern nützliche Verbesserung der Entwässerung der Polder, von welcher ihr fortwährendes Bestehen abhangt, und gegen welche alle andern Mittel zu Verbesserung als minder bedeutend zu betrachten sind. Ich habe in verschiedenen Schriften früherer und späterer Wasserbaukundiger, so wie auch in dem Bericht der Commission wenig gefunden, was einigermaafsen dem Übel der Bedeckung des Landes durch Wasser, dem gröfsten von allen, abhelfen dürfte. Es ist nicht zuviel gesagt (und die unglücklichen Sommerfluthen von 1816 und 1829 haben es bewiesen), dafs alle Polder, ohne Ausnahme, in gröfserem oder geringerem Maafse durch fehlerhafte Entwässerungen leiden und dafs die niedrigsten ihrem gewissen Untergange entgegen sehen können, wenn keine abhelfenden und kräftigen Hülfsmittel angewendet werden.

Die *Betüwen*, obgleich die *Linge* bis *Steenenhoek* verlängert worden und diese Entwässerung denen der andern Polder bei weitem vorzuziehen ist, haben doch noch jetzt ihre grofsen Mängel, welche sich in den Sommern 1816 und 1819 zeigten *). Das Bett der *Linge* ist versandet und verengt, der Abflufs des Wassers dadurch sehr behindert, und das Profil des Wasser-

---

*) Anm. des Übers. In der Abhandlung des Herrn *Blanken*: „Beschouwing over die uitstrooming der opper Rhyn en Maas-wateren etc." ist das Project der Verlängerung der *Linge* von *Gorinchem* nach *Steenenhoek* mit enthalten und auf der dabei befindlichen Carte „Rivier- en Kanaal-Kaart" abgebildet, auch das Project der neuen *Merwede*-Mündung, welches weiterhin mitgetheilt werden wird, angedeutet.

spiegels höchst unregelmäfsig geworden. Wenn die nothwendigste Aufräumung und Ausgrabung, und hier und dort die Abschneidung der Krümmen ausgeführt sein wird, werden die *Asperenschen* und die Schleusen ober- und unterhalb des Canals von *Stenenhoek* zu wenig Entwässerungsvermögen haben. Die nördlichen Leitdeiche an diesem Canale waren zu niedrig und schwach (sie sollen indessen nächstdem verstärkt worden sein); weshalb die Wirkung des Canals für den *Ablasser*-Waard, die auch für die *Betüwe,* den *Tieler*-Waard und *Cülenborg* vom gröfsten Belange ist, gefährlich wurde. Wenn dieser Canal Nutzen haben und die grofsen Kosten, welche er den Poldern verursacht hat, vergüten soll, müfste er mehr dazu eingerichtet werden, das Überströmungswasser der oberhalb der *Dief*- und *Süderlinge*deiche liegenden Lande, welches nicht seitwärts durch die *Dalem*- und *Vürensche* Verlate und Schleusen in die *Meerwede* geleitet werden kann, wegzuschaffen. Die Dörfer im *Tieler*-Waard, *Büren* und *Cülenborg* haben jetzt nur eine, oft mangelhafte Entwässerung, und ihre Lage im Polder ist zu niedrig, als dafs ihr Wasser in dem durch das von oben herkommende Wasser erhöheten Spiegel abfliefsen könnte. Der traurige Zustand, in welchen diese Districte dadurch gebracht worden sind, wird Niemand bestreiten.

Ich glaube in der zweiten Abtheilung alle Mittel vorgeschlagen zu haben, die diesen Mängeln abhelfen und diesen Landstrichen nach den Umständen die möglich-gröfste Verbesserung verschaffen dürften.

Durch die Schliefsung der *Merwede* bei *Hardinxveld* wird die Entwässerung bei *Steenenhoek* von aller Einwirkung des Stroms befreit, und die Ebben werden bis auf 42 Zoll, und noch niedriger, unter den Wasserstand oder Peil der *Zederik* sinken; welchen Stand dieses Wasser jetzt nur selten erreicht. Ich überlasse es den Bewohnern der *Betüwe,* zu beurtheilen, welche Vortheile hieraus, so wie aus der Gradeziehung, Ausgrabung und Verbreitung der *Linge*, für sie zu erwarten sind.

Dafs der Zustand der Polder südlich der *Waal* und nördlich der *Maas* jetzt beinahe hoffnungslos ist, wiewohl ihre Deiche in den letzten Jahren seltener als die an der gegenüberliegenden Seite durchbrochen sind, und dafs dieser Zustand allein die Folge ist von der höchst unzweckmäfsigen Art der Wegschaffung des Quell- und Regenwassers, ist allgemein bekannt und in den vorigen Abtheilungen auseinandergesetzt worden. Hier ist zu zeigen, welche Vortheile diese Polder durch die vorgeschlagenen Entwässerungen erlangen werden.

Die Halbinsel zwischen *Waal* und *Maas*, deren niedrig gelegene Polder jetzt nur mangelhaft entwässert werden, sendet ihr Regen- und Quellwasser durch die *Heumen*-, *Balgoy*-, *Nistrik*-, *Neue*-, *Blaue*-, *Ryk*-, *Leeuwen*-, *Alphen*- und *Dreumel*sche Schleusen in die *Maas*, die aber im Frühlinge zu hoch steht, um diese Entwässerung, die nur wenig Gefälle hat, zuzulassen. Das Übel wird aufserdem noch durch ein System von binnenländischen Stauwerken zerstört. Der Mühlenpolder von *Dreumel*, *Wamel* und *Alphen* hat vier Wassermühlen, welche aber diese Dörfer nicht gegen Überströmung des Niederschlag- und Quellwassers sichern, indem der hohe Wasserstand des Stroms die Mühlen zu oft unwirksam macht; so dafs diese Gegend, eben wie die übrigen Districte dieses Landes, zu Wasserpfühlen geworden sind.

Durch die Scheidung der *Maas* und *Waal* wird sich der Wasserspiegel der erstern um 5 F. senken: also wird sich der Abflufs in dieselbe in demselben Verhältnisse verbessern, und mehr als hinreichend sein, um alle Polder frühzeitig im Jahre vom Wasser zu befreien.

Der *Bommeler* Waard, oberhalb des Maideichs, sendet sein Wasser jetzt bei diesem Deiche in die *Maas*, deren Wasserstand, besonders im Frühling, durch die Einwirkung der *Maas* erhöht wird. Die vielen Klagen über die Entwässerung von *Brakel*, *Pouderoyen* und *Münnekeland*, etwas weiter abwärts nach *Woudrichem* zu, sind der Regierung bekannt, und die vorgeschlagenen Verbesserungen zeigen hinreichend (wie es auch die Lage beweiset), dafs dieser Polder, mit Ausnahme der höhern Grundstücke, sich in sehr schlechtem Zustande befindet, und dafs keine bedeutenden Verbesserungen der Entwässerung ohne kräftige Hülfsmittel, die aufser dem Vermögen der Bewohner liegen, ausgeführt werden können.

Nach dem von mir vorgeschlagenen Plane wird der *Bommeler* Waard sein Wasser, so wie jetzt, in die alsdann zwischen *Woudrichem* und *Well* abgedämmte *Maas* senden, die dadurch in einen stillstehenden Busen verwandelt wird, und mittels der neu anzulegenden *Heusden*schen Schleuse (wie oben bemerkt) in die neue *Maas*, und zwar so, dafs alsdann 3,89 F. Gefälle dazu vorhanden ist. Hierdurch wird dieser Polder ohne allen Zweifel zeitig genug in jedem Frühjahre trocken werden. Das Gefälle wird durch die Senkung von 5 F. erlangt, die der Wasserspiegel bei *Bockhoven* erfährt, von welchem das jetzige Gefälle der *Maas*, von jenem Dorfe bis an den Auswässerungspunct des *Bommeler* Waards, mit 2,94 F. abzuziehen ist, während zu dem Reste wieder das Gefälle der neuen *Maas* von *Bockhoven* bis zu dem Puncte.

wo die neue ***Heusden***sche Entwässerungsschleuse das Polderwasser in die *Maas* schaffen wird, mit 1,91 F. hinzukommt.

Die unberechenbaren Vortheile für die ganze Gegend zwischen der *Maas* und den hohen Gründen auf *Nordbrabant*schem Gebiete, die aus einer allgemeinen Wasserleitung nach der *Amer* entspringen werden, bedürfen keines besondern Beweises. Das aufsergewöhnliche Gefälle zeigt hinreichend, dafs diese jetzt so oft beschädigten und auch noch im Sommer mit unfruchtbarem Quellwasser bedeckten Lande alsdann für ihre Entwässerung nichts mehr zu wünschen übrig behalten werden. Wenn man dabei noch die Vermehrung des Abzugsvermögens der ***Baardwyk***schen Überlässe berücksichtigt, und dafs ein Theil des Fluthwassers schon bei ***Bokhoven*** in die gesenkte Maas abfliefsen, oder durch die neue Entwässerung auf einem andern Wege nach der ***Donge*** und der ***Amer*** geleitet werden wird: so folgt, dafs die jetzt so mangelhaften Mittel zur Wegschaffung des Niederschlag- und Quellwassers vollständig werden verbessert werden.

Für die ***Lymers,*** östlich am Oberrhein, die jetzt ebenfalls an mangelhafter Entwässerung leidet (obgleich weniger als andre Gegenden) sind oben, wie für die ***Velüve,*** nördlich von der Yssel und dem Rhein, und für das Land von ***Heusden*** und ***Altena,*** Verbesserungsmittel vorgeschlagen.

So glauben wir bei den vorgeschlagenen Verbesserungen, die gröfstentheils aufserhalb des Bereichs der Polder liegen und daher auf keine andre Weise zu erreichen sind, und die ich also als den zu erreichenden Hauptzweck betrachte, keine Polder vergessen zu haben, die der Hülfe bedürfen.

Ein ***sechster*** Nutzen des vorgeschlagenen hydrotechnischen Systems ist die gröfsere Fruchtbarkeit, welche die Polder dadurch bekommen werden; so wie die Verbesserung ihres Landbaues. Nach der Ausführung der Überlässe wird man zur Zeit, wenn die Ströme das höchste Sommerwasser überstiegen haben, in den niedrigen Theilen der Polder zwischen ***Rhein*** und ***Waal,*** in dem untern Theile zwischen ***Maas*** und ***Waal,*** und in den niedrigen Gegenden des ***Bommeler*** Waards, wahrscheinlich nicht Winterkorn säen können, ohne Gefahr, es zu ersäufen, obgleich erst die Erfahrung die Wirkung der verbesserten Entwässerung näher zeigen mufs. Sie hat bereits gezeigt, dafs Winterkorn, welches oft 2 bis 3 Wochen und länger unter Wasser gestanden hat, unter günstigen Umständen ***nicht*** ertrunken ist; auch dafs das Stromwasser weniger schädlich ist, als unfruchtbares Quellwasser. Das Dorf ***Heerewarden*** liefert den Beweis, dafs das Korn, wenn es zeitig genug im Frühling vom Wasser befreit wird, selbst ohne durch eine verlängerte Überströmung Schaden zu leiden, sehr üppig aufwächst. Auch ist es nicht wahrscheinlich, dafs in gelinden Wintern, oder bei geringerem Eisgange, das Wasser jährlich den Nullpunct der Überlafskaden erreichen und der Überlauf derselben die Überströmung aller Polder zur Folge haben wird.

Ich nehme aber den ungünstigsten Fall an, und setze, dafs die Überlässe *jährlich* wirksam sein sollen, dafs ihre Wirkung von der Art sei, dafs die Polder mit Wasser überdeckt werden, und dafs *kein* Winterkorn in den genannten Strecken gebaut werden könne: dennoch glaube ich, dafs sie durch die Ausführung des neuen Systems, auch selbst bei *Entbehrung des Winterkorns,* keinen Schaden leiden werden. Denn die Polder bestehen grofsentheils aus sehr niedrigen Gründen, meist Weideland, die jetzt bis spät im Frühling unter Wasser bleiben, dadurch versauern und selbst in guten Jahren wenig einbringen. Werden sie nicht beweidet oder gemähet, so sind sie zuweilen für den Anbau von Hafer oder Gerste geeignet. Auf den höhern Grundstücken werden vortreffliche Erdäpfel, Erbsen, Hanf, Flachs und andre Sommerfrüchte gebaut, welche alle eben so viel als Winterkorn einbringen. Inzwischen wird auch dieses noch stets gesäet. Man verläfst sich auf die trüglichen Deiche, sieht sich aber dann wegen der schlechten Entwässerungsmittel bald durch Überströmungen, bald durch Quellwasser getäuscht, so dafs man wohl ein Jahr um das andere die Ackerbaukosten nebst Einsaat verliert. Wenn nun die Landwirthe den Gewinn von Winterkorn mit dem Schaden durch das Ertrinken desselben von Jahr zu Jahr vergleichen, werden sie finden, dafs ihnen wenig übrig bleibt. Dieser Lage der Dinge stelle man diejenige *nach* Ausführung der vorgeschlagenen Anlagen gegenüber.

Dafs alles Polderland nach einigen Jahren den jetzigen Aufsenwerdern gleich werden wird, liegt auf der Hand. Viele werden in trockenen Sommern besser daran sein, da sie in einer geringern Wasserstandshöhe liegen und Unglücksfälle wie die von 1816 und 1829 nicht mehr zu befürchten sind. Die unerschöpfliche Fruchtbarkeit der der Überströmung unserer Flüsse ausgesetzten Lande ist bekannt. Viele Aufsenwerder werden zweimal geheuet, andre Jahr um Jahr gebaut. Dafs sie mehr denn das Doppelte des Binnenlandes einbringen und für doppelten Preis verkauft werden, weifs man. Sollte nun nicht diese gröfsere Fruchtbarkeit, die den Poldern, den jetzt binnendeichsliegenden Landen gleich, zu Theil werden wird, die Sicherheit, zeitig genug im Frühling einen gut gedüngten Acker bauen, um das gesäete erndten zu können, den Verlust, kein Winterkorn säen zu können, zehnfach aufwiegen? Ich überlasse es dem Urtheile Sachkundiger, fernere Vergleichungen zwischen dem gegenwärtigen Zustande der Polder und demjenigen zu machen, in welchem sie sich einige Jahre nach Einführung eines Systems befinden werden, das der Natur gemäfser ist. *Heerewarden* und *Ooy* können dabei als Vorbild dienen.

Der *siebente* Vortheil, welcher von der vorgeschlagenen Veränderung zu erwarten ist, besteht in Verminderung der Lasten, welche künftig die Polder und der Staat zu tragen haben werden. Dafs diese Lasten in den letzten Jahren in einem betrübenden Verhältnisse zugenommen haben, ist nicht zu läugnen; und eben *so* wenig, dafs die Polder an diesem Krebsschaden untergehen werden, wenn keine Abänderung erfolgt.

Die Ursachen davon sind dreierlei Art.

Erstlich haben die Deichbrüche die Polder in schwere Schulden gebracht. Man sehe nur in der *Ober*- und *Niederbetüwe,* im *Maas*- und *Waal*-district und in einer Menge anderer Polder auf die Reihe von Anleihen, und man wird sich davon bald überzeugen. Es ist dies auch kein Wunder, wenn man die stets sich mehrenden Deichbrüche und die zunehmende schreckliche Wirkung derselben erwägt und die kostbaren Ringdeiche und Wiederherstellungen der Deichbrüche sieht. Dazu kommt, dafs alle Deichbehörden nach der Natur der Sache geneigt sind, ihre Deiche beständig zu verstärken und zu erhöhen, um den Schäden durch die Deichbrüche zu entgehen, und diese Deiche zur Erhaltung lieber ihren Nachfolgern zu überlassen, als sich selbst blofszustellen. Daraus entsteht dann, wie die Commission sich ausdrückt, ein höchst verderblicher *Deichkrieg,* zum Schaden der Polder, da bei Eisgängen der Deich doch auf die eine oder die andre Seite durchbrechen *mufs,* und der Durchbruch von hohen Deichen schädlicher als von niedrigen ist, so dafs die Lasten durch die nie aufhörenden Verstärkungen und Erhöhungen immer weiter vermehrt werden.

Eine *zweite* Ursache der vielen Kosten sind die unzweckmäfsigen Entwässerungs-Anstalten in den Poldern; und zwar dadurch, dafs sie nicht zureichende Gefälle haben, oder nicht nach den niedrigsten Puncten der Polder geleitet sind, oder auch, dafs, wie im Lande zwischen *Maas* und *Waal,* bei dem dortigen Aufstauungssysteme, eine Menge Kaden, Dämme, Stauschleusen und Wassermühlen nothwendig geworden sind, welche grofse Kosten verursachen. Durch die Verbesserung der Wasserableitung, besonders durch die Senkung des Wasserspiegels der *Maas*, die man durch die Scheidung von der *Waal* erreicht, werden die in die *Maas* zu entwässernden Polder nicht allein zeitig genug vom überflüssigen Wasser befreit werden, sondern auch auf die Dauer viel weniger Ausgaben zu bestreiten haben. Im *Tieler* Waard, *Büren* und *Cülenborg* wird dies auch der Fall sein, weil verschiedene Dörfer nicht mehr, wie jetzt, nach dem erhöhten Wasserspiegel der *Linge* oder nach oberhalb der *Aspernschen* Schiffschleuse, sondern nach dem Canal von *Steenenhoek* ihr Wasser senden und so weniger Kraft zum Aufmahlen des Wassers nöthig haben werden. Die unberechenbaren Verbesserungen, welche *Nordbrabant* auch hinsichtlich der Lasten auf die Dauer erlangen wird, sind ohne besondre Auseinandersetzung klar.

Eine *dritte* ansehnliche Ersparung erlangen die Polder durch das Unnöthigwerden der Deichwachen, mit allem Zubehör, welche jetzt grofse Kosten machen. Die Vertheidigung der bleibenden Deichstrecken kann mit den Ausgaben in keine Vergleichung kommen, die jetzt an die Deiche gewendet werden müssen. Die *Geldernschen* und *Nordbrabantschen* Polder werden nicht, wie jetzt, oft die Mildthätigkeit ihrer Landsleute anzusprechen brauchen, die, wie bekannt, eben so unerschöpflich ist, als das Bedürfnifs grofs war. Sie werden vielmehr nach einigen Jahren aus ihrem schlechten Zustande wieder erstehen und ihre *Dankbarkeit* beweisen können.

Der Staat wird gewifs einmal erst zur Ausführung der Anlagen grofse Summen hergeben müssen, aber auf die Dauer wird er durch die vorgeschlagenen Veränderungen gewinnen. Wieviel Hülfsgelder, Nachlafs von Abgaben und Geschenke an Nothleidende sind nicht in den letzten Zeiten bewilligt worden. Welche Kosten verursachst nicht alsdann die Correspondenz an den Hauptströmen. Aber warum sollte ich hierüber mehr sagen? Hat nicht der Staat den gröfsten Gewinn bei der Wohlfahrt, dem Emporkommen und der Sicherheit so vieler Tausende seiner Einwohner: ist der vermehrte Werth ihres Capitals und die Verdoppelung des Einkommens nicht unberechnenbar?!

Zum *Achten* wird die *Schiffahrt* im Allgemeinen durch eine verbesserte Aufsicht über die Ströme und durch zweckmäfsige Scheidung derselben wesentlich gewinnen, sobald die Fahrt von der *Waal* in die *Maas* durch den *Voorn*schen Canal sichergestellt ist und neue Wege für den Wasserverkehr nach der *Amer* längs *Laagstraat* und dem Lande von *Altena* durch das neue Bett der *Maas* eröffnet worden sind. Die Fahrbarkeit der *Waal* wird durch ihre Scheidung von der *Maas* gewinnen. Die Fahrbarkeit der *Maas* kann bis oberhalb der Abdämmung bei *Well* durch zweckmäfsige Einrichtungen genugsam erhalten werden. Stromabwärts ist sie nicht zweifelhaft. Sie wird alsdann besser als jetzt Statt haben, da das Bett der *Maas* bis *Woudrichem* abgeschlossen werden wird. Durch die Verbindung der abgedämmten *Maas*, z. B. bei *Heusden* und der *Südwillmes*fahrt bei *Herzogenbusch*, mittels eines neuen Canals durch das Land von *Heusden*, wird eine sehr nützliche Verbindung eröffnet werden. Durch die Aufräumung und Vertiefung der *Linge* wird sich deren Fahrbarkeit vermehren; was schon lange der Wunsch der dortigen Einwohner war, und was von gröfstem Nutzen sein wird.

Neuntens wird eine neue Quelle des Verkehrs und der Industrie für alle Orte eröffnet werden, die an der *kleinen Maas* liegen; sowohl durch die Zurückführung des Flusses in sein altes Bett, als durch die Bekiesung der Deichkronen an diesem Flusse, Behufs der Passage. Der Stadt *Heusden*, die jetzt aller frühern Hülfsquellen beraubt und besonders seit der Einführung der Dampfboote von allem Verkehr abgeschnitten ist, wird neuer Wohlstand zu Theil werden.

Zum Schlusse dieser Abhandlung spreche ich den Wunsch aus, dafs in derselben nichts Anderes gesucht werden möge, als nur die Skizze eines Entwurfs zur Verbesserung des hydrotechnischen Zustandes eines ansehnlichen Theils unseres Vaterlandes. Ich habe mich bemüht, die Vorschläge unserer berühmtesten Wasserbaukundigen durch eignes Nachdenken und nach Erfahrung zu prüfen und, von festen Grundsätzen ausgehend, sie so zweckmäfsig als möglich anzuwenden.

Beim Durchlesen dieser Schrift wird man finden, dafs ich, obgleich ich dem ausgezeichneten Werke der Commission alle Gerechtigkeit wiederfahren liefs, da es ein helles Licht über Niederlands Waterstaat verbreitet, und obgleich ich von dieser Commission die allmälige Verbesserung der Strombetten, die Erhöhung und Verstärkung der *Norder-Lek-*, *Dief-*, *Meer-* und *Süder-Linge-Deiche*, den neuen Mund der *Merwede*, die Erweiterung der *Bardwyk-* und *Beerschen* Überlässe annahm, ferner aus den über alles Lob erhabenen Schriften des Herrn General *Krayenhoff* die Scheidung der *Waal* und *Maas* entlehnte, auch die von dem verdienstlichen Mitgliede der Commission, dem weiland Herrn General-Inspecteur *Goudriaan*, vorgeschlagene Senkung einzelner Deichstrecken und die Anlage von Überlässen billigte, und in den an Erfahrung und geprüfter Kenntnifs so reichen Schriften des Herrn General-Inspecteur *Blanken* die Mifsbilligung der Ableitung nach der *Yssel* und durch die *Geldersche Valley*, so wie die Gewifsheit von der Unzweckmäfsigkeit unsers jetzigen Systems der Wasserwehr und die bündigsten Beweise für die Nützlichkeit einer neuen *Meerwede*-Mündung fand, doch mit keinem der in genannten Werken gemachten Vorschläge unbedingt mich habe vereinigen können, sondern genöthigt war, durch Entwicklung meiner Ideen mehrere derselben zu bestreiten. Man wird aber hoffentlich finden, dafs dies auf eine bescheidene Weise geschehen ist; so, wie es Männer von mir erwarten durften, deren Einsicht und Kenntnifs ich bei weitem höher halte, als die meinigen.

Meine Arbeit werde ich für belohnt erachten, wenn sie dazu beiträgt, einen so ansehnlichen Theil unseres Vaterlandes aus dem bedauernswerthen Zustande zu ziehen, in welchem er sich befindet. Aber wenn dies geschehen soll, mufs man kleine Beschwerden übersehen, um das grofse Gute zu erreichen. Kleinere, besondere Wünsche und Vortheile müssen dem allgemeinen Besten weichen; die öffentliche Meinung, die sich wohl einmal dabei aufhält, Das zu bestreiten, was sie für schädlich hält, mufs auch Dasjenige gutheifsen, was nach ihrem Urtheile nützlich ist, und es bekannt machen. Das Gegenstreben gegen wesentlich zweckmäfsige Maafsregeln mufs zur Seite gestellt und der goldne Spruch, mit dem unser Vaterland entstanden, erblüht und emporgekommen ist, mufs auch hier vor Augen bleiben, nemlich der Spruch:

„Eintracht giebt Kraft!"

Anmerkung des Übersetzers. Nachdem nun hier auch einer der namhaftesten Staatsmänner der Niederlande, der bisherige Gouverneur der Provinz *Ober-Yssel*, jetziges Mitglied der ersten Kammer im *Haag*, aus tiefer Kenntnifs der Sache und aus Überzeugung von der Nothwendigkeit abhelfender Mittel, so wie aus Liebe und Achtung für sein Vaterland sein Urtheil über den gefahrdrohenden Zustand desselben so dringend ausgesprochen hat, ist es wohl auch die höchste Zeit, dafs die jetzt hinreichend bekannten Mittel zur Rettung Hollands möglichst bald *ausgeführt* werden. Nicht allein ganz Holland hat das gröfste Interesse dabei: sondern auch die oberhalb, an den beiderseitigen Ufern des *Rheins* und dessen Nebenflüssen liegenden Regierungsbezirke des Preufsischen Staates sind wegen der Rückwirkungen, mit welchen der schlechte und gefahrvolle Zustand der Ströme in den Niederlanden ihnen in physischer, volks- und staatswirthschaftlicher Hinsicht über kurz oder lang droht, sehr dabei betheiligt, dafs dem Haupt-Übel baldigst abgeholfen werde. Es schien dem Übersetzer dieser und der folgenden Abhandlungen daher nicht überflüssig, sondern nützlich zu sein, dafs durch die vorliegende Übersetzung diese, auch für Deutschland und namentlich für das Preufsische Rheinland-Westphalen so wichtige Sache bekannter werde, als es durch das Holländische Originalwerk möglich war, und dafs die Baubehörden, auch in den Preufsischen Rhein-Ufer-Landen, so wie die oberste Baubehörde des Preufsischen Staates, von Neuem auf diesen Gegenstand aufmerksam gemacht werde.

(Die Fortsetzung dieser Auswahl von Abhandlungen folgt.)

Buchhändler-Anzeige.

Bei *C. W. Leske* in Darmstadt ist so eben erschienen und in allen Buch- und Kunsthandlungen zu haben:

Die

BAUWERKE IN DER LOMBARDEI

vom

7ten bis zum 14ten Jahrhundert,

gezeichnet und durch historischen Text erläutert

von

FRIEDRICH OSTEN,

Architekt in Rom.

Erste und zweite Lieferung. Preis einer Lieferung 4 Thlr. oder 7 fl. 12 kr.

Von diesem für Architekten, Archäologen und Kunstliebhaber höchst interessanten Werke erscheinen jährlich drei Lieferungen in grofs Median-Folio, jede zu sechs Stahltafeln, mit erläuterndem Texte. Der Stich der Stahlplatten, so wie die übrige Ausstattung, ist zu dem Elegantesten, was in dieser Art erschienen ist, zu rechnen.

Inhaltsverzeichniſs des zweiten Hefts fünf und zwanzigsten Bandes.

Berlin, gedruckt bei G. Reimer.

Journal für die Baukunst.

In zwanglosen Heften.

Herausgegeben

von

Dr. A. L. Crelle,

Königlich-Preufsischem Geheimen-Ober-Baurathe, Mitgliede der Königlichen Akademie der Wissenschaften zu Berlin, Correspondenten der Kaiserlichen Akademie der Wissenschaften zu St. Petersburg und der Königlichen Akademieen der Wissenschaften zu Neapel und Brüssel, auswärtigem Mitgliede der Königlichen Akademie der Wissenschaften zu Stockholm, Ehrenmitgliede der Hamburger Gesellschaft zur Verbreitung der mathematischen Wissenschaften.

Fünf und zwanzigster Band.

Drittes Heft.

Mit einer Figurentafel.

Berlin.

Bei G. Reimer.

1847.

8.

Über Pfahl-Ramm-Maschinen, welche durch die Spannkraft der atmosphärischen Luft und des Dampfs in Bewegung gesetzt werden.

(Vom Herausgeber.)

I. *Die Luftspannungs-Ramme.*

So wie man in England die Spannkraft der Luft als bewegende Kraft auf Eisenbahnen, nemlich zu sogenannten atmosphärischen Eisenbahnen, wie deren eine zuerst bei Dublin erbaut worden ist, zu benutzen gesucht hat: so sind auch dort jetzt die Herrn *Clarke* und *Varley* auf den Gedanken gekommen, ganz auf ähnliche Weise wie bei der atmosphärischen Eisenbahn, die Spannkraft der Luft zum Pfahl-Einrammen zu benutzen; nemlich den Klotz einer Ramm-Maschine von ihr heben, nachdem er herabgefallen ist, wieder heben zu lassen u. s. w. Sie haben darauf ein Patent genommen und eine solche Ramme erbaut. Das Märzheft 1847 des „Civil Engineer and Architects Jonrnal" giebt auf S. 91 von dem Patent eine kurze Nachricht.

So glücklich *bei Eisenbahnen* der Gedanke *überhaupt* ist, die Spannkraft der Luft auf denselben als bewegende Kraft zu benutzen, und so fruchtbringend und erspriefslich seine *richtige* Ausführung hoffentlich dereinst noch sein wird: so ist doch diejenige Art der Anwendung, welche man bisher davon gemacht hat, nemlich in einer Röhre, so lang als die Eisenbahn, *vor* einem Kolben die Luft zu verdünnen, damit die atmosphärische Luft *hinter* dem Kolben das Übergewicht bekomme und ihn nebst den Wagen auf der Bahn forttreibe, *wenig angemessen* und kann und wird zuverlässig nur selten und nur geringen practischen Nutzen haben. Erst wenn man, auf die *andere* Art, die Luft, statt sie in einer langen Röhre zu *verdünnen,* vielmehr in einzelnen Behältern *zusammenprefst,* und diese Behälter, ganz wie jetzt eine Dampfmaschine, auf einem vordern Wagen mit sich führt, um durch die Spannkraft der Luft, statt der jetzigen des Dampfs, die Triebräder des vordern Wagens umtreiben zu lassen, wird die Anwendung der Luft-Elasticität auf Eisenbahnen nützlich sein, und dann *sehr bedeutende* Vortheile gewähren;

wie sich dies ausführlich in der, im 21ten und 22ten Bande dieses Journals enthaltenen Abhandlung „Über die sogenannten atmosphärischen Eisenbahnen etc.", die auch deutsch und französisch besonders ausgegeben wird, nachgewiesen und mathematisch bewiesen findet. Wir erinnern hieran *im Vorbeigehen,* weil sich an diesen, für die Vervollkommnung und die ganze Zukunft des Eisenbahnwesens so höchst wichtigen Umstand nicht oft genug erinnern läfst.

Hier, bei der Benutzung der Luftkraft zum *Rammen,* ist es anders. Hier ist die *erste* Art, die Kraft, wie bei den atmosphärischen Eisenbahnen, durch *Verdünnung* der Luft *vor* einem Kolben hervorzubringen, gerade die bessere und die richtige, weil hier nur eine kurze Röhre und in derselben kein Schlitz der Länge nach nothwendig ist. Hier ist es weder nöthig, noch würde es ohne Schwierigkeit möglich sein, die bewegende Kraft *zusammengeprefster* statt *verdünnter* Luft zu benutzen. *So* werden sich durch Benutzung der Luftkraft, wie es scheint, hier unter Umständen wesentliche und bedeutende Vortheile und Kosten-Ersparungen erzielen lassen.

Doch wir wollen erst die kurze Nachricht mittheilen, welche das obengenannte Englische Journal von dem Patent der Herrn *Clarke* und *Varley* giebt. Es heifst daselbst wörtlich wie folgt:

„Diese Pfahlramme Taf. III. Fig. 1. und 2., mit Luftkraft (pneumatic pile-„driver), nach den Angaben der Erfinder erbaut, hat ihre volle Wirkung. „Sie ist 35 F. Preufs. hoch; die Triebröhre ist 16½ Z. Preufs. im Durchmesser, „und der Rammklotz wiegt 16 Centner Pr. Die Maschine und die Luftpumpe „bei der erbauten Ramme sind der mächtigen Wirkung dieser Ramme wenig „angemessen, denn die Pumpenstiefel haben nur 9¾ Zoll im Durchmesser; doch „selbst mit dieser schwachen Pumpe wird die Luft in *einer Minute* schon so „verdünnt, dafs der Rammklotz ganz hinaufsteigt, und sobald man unten die „Klappe *s* öffnet, um die Luft wieder in die Triebröhre einzulassen, fällt er „augenblicklich wieder hinunter. Man hat den Klotz so völlig in der Ge-„walt, dafs er sich durch die Handhabung der Zulafsklappe selbst an jeder „Stelle seiner Bewegung *aufhalten* läfst. Beim Hinunterfallen des Klinkhakens „geht keine Zeit verloren, wie sonst nach der gewöhnlichen Art, indem die „Zugkette immer daran fest bleibt, auch sich verlängern und verkürzen läfst, „je nachdem man ein höheres oder niedrigeres Fallen des Klotzes verlangt. „Der Querschnitt der 16½ Zoll im Durchmesser haltenden Triebröhre beträgt „214 Q. Zoll Pr., und wenn das Übergewicht der Spannkraft der äufsern Luft „auch nur auf 9¾ Pfd. Pr. auf den Quadratzoll gebracht wird, so kann schon

„ein Rammklotz gehoben werden, der [2069 Pfd. wiegt, also] beträchtlich „schwerer ist, als der vorhandene."

Diese sehr kurze Nachricht ist zwar nicht hinreichend, um alle Fragen bei dieser Maschine zu beantworten, und auch die Zeichnungen (Holzschnitte im Original) sind nicht sehr deutlich, indefs reicht beides zusammen aus, um eine deutliche Vorstellung von dem Hauptgedanken zu der Maschine zu geben. Wir wollen hier den Gegenstand, der in der That für das Bauen ganz wichtig sein kann, näher und weiter untersuchen.

1.

Zuerst ist zu bemerken, dafs wenn man nur wenige Pfähle einzurammen hat, der etwaige Gewinn gegen gewöhnliche Rammen, insofern es nicht etwa unbedingt auf eine sehr grofse Kraft, also auf einen sehr schweren Rammklotz und eine sehr bedeutende Hubhöhe ankommt, verhältnifsmäfsig nur gering sein dürfte, und sogar vielleicht gar nicht Statt finden würde, indem der Transport und das Aufstellen der Maschine, nebst der Luftpumpe, immer nicht unbeträchtliche Kosten machen wird; auch dann die Luftpumpe wohl nur durch die Kraft von Menschenarmen wird in Bewegung zu setzen sein. Sind dagegen eine Menge Pfähle einzurammen, innerhalb eines nicht zu sehr ausgedehnten Raumes, wie bei einer Schleuse, Brücke oder zu einem andern Grundbaue, so kann die Maschine *sehr bedeutende* Kosten und viel Zeit ersparen; denn dann kann man sich, wenn nicht etwa *Wasserkraft* vorhanden ist, wie dies z. B. bei Brücken und Schleusen der Fall sein kann, der *Dampfkraft* zur Bewegung der Luftpumpe bedienen; und alle diese Kräfte sind *bei weitem* wohlfeiler, als die Kraft von Menschenarmen: um so mehr, da die *Art*, wie die letztere Kraft, gerade beim gewöhnlichen Rammen benutzt wird, eine der allerunvortheilhaftesten ist. Wenig vortheilhafter ist auch nur die Kraft von Menschen in Treträdern, für sogenannte Kunstrammen, die nöthig sind, wenn der Rammklotz sehr schwer und der Hub sehr hoch sein soll.

2.

Sodann ist zu bemerken, dafs es in dem einen und dem andern Fall, die Luftpumpe mag durch Menschenarme, oder durch irgend eine unorganische Kraft in Bewegung gesetzt werden (ganz eben wie bei den sogenannten atmosphärische Eisenbahnen) durchaus unangemessen sein würde, durch die Pumpen die Luft *unmittelbar* aus der Triebröhre ziehen zu lassen; denn geschieht dies, so kann offenbar die Pumpe *nicht ununterbrochen* arbeiten, sondern mufs während des Herabfallens des Klotzes ruhen; ferner steigt der Klotz nicht eher, als bis die Pumpe die Verdünnung der Luft in der Triebröhre wieder bis auf das zureichende Maafs gebracht hat; und endlich hat die Luftpumpe eine bedeutend *verschiedene* Kraft nöthig: von Null an, bis zu der Kraft, die den Rammklotz hebt. Es würde also auf diese Weise offenbar viel Zeit und Kraft verloren gehen. Es müssen wieder, ganz eben wie bei den Eisenbahnen, *nothwendig* mit der Luftpumpe *luftdichte Behälter* verbunden werden, von einem Raum-Inhalt, der möglichst *vielmal* so grofs ist, als der Raum-Inhalt der Triebröhre. Aus diesen *Behältern, nicht aus der Triebröhre,* mufs die Pumpe die Luft ziehen und sie in denselben verdünnen. Soll der Rammklotz steigen, so öffnet man die Klappe zwischen der Triebröhre und den Behältern, damit die in der Röhre befindliche atmosphärische Luft in den *ganzen* Raum der Röhre und der Behälter sich *verbreite* und dadurch verdünnt werde; was augenblicklich geschehen wird und worauf dann auch der Klotz augenblicklich steigen wird. Soll der Klinkhaken dem Klotz nachfallen, um ihn wieder zu ergreifen, so mufs die Verbindung der Triebröhre mit den Behältern durch die Klappe verschlossen und die Triebröhre wieder voll äufsere Luft gelassen werden; was füglich durch *denselben* Hahn oder dieselbe Klappe geschehen kann, durch welche die Luft verdünnt wird. So wie der Klinkhaken hinabgefallen ist, öffnet man von neuem die Verbindung der Triebröhre mit den Behältern, verschliefst zugleich die Verbindung mit der äufsern Luft und läfst die in die Triebröhre eingetretene äufsere Luft wieder in den *ganzen* Raum der Triebröhre und der Behälter sich verbreiten; und so weiter. Der Raum der Behälter mufs so grofs sein, dafs, nachdem die Verbreitung geschehen ist, die Luft immer noch so verdünnt sei, dafs das Übergewicht der Spannung der äufsern Luft über die der verdünnten Luft, den Rammklotz heben kann; was *sogleich* geschehen wird, so dafs durchaus *keine* Zeit weiter verloren geht, als die, welche zum Steigen des Klotzes, zum Hinabfallen des Klinkhakens und zur Handhabung der Klappe nöthig ist, und dafs also sowohl die Bewegung der Luftpumpe, als auch das Rammen selbst, keiner *Unterbrechung* bedarf, mithin sehr gut auch Dampf- oder Wasserkraft zur Bewegung der Luftpumpe sich benutzen läfst. Die Luftpumpe aber, und die Kraft, welche sie in Bewegung setzt, mufs so stark sein, dafs sie in der Zeit der Auf- und Abbewegung des Rammklotzes die in die Triebröhre eingetretene äufsere Luft aus dem Gesammtraume der Röhre und der Behälter wieder hinausschaffen kann. Dabei hat die Luftpumpe, wenn nur die Behälter grofs genug sind, noch den Vortheil, dafs sie nie unter einem *sehr verschiedenen* Druck arbeitet. Der stärkste Druck findet

Statt, wenn die Luft am meisten werdünnt ist: der schwächste, wenn die Luft in den Behältern durch den Zutritt der äufsern Luft aus der Triebröhre um etwas verdichtet worden ist; und diese Änderung ist, wenn die Behälter *vielmal* so grofs sind als die Triebröhre, nicht bedeutend. Es sind, soll die Maschine vortheilhaft sein, wie gesagt, Behälter für die verdünnte Luft bei der Luftpumpe durchaus nöthig. Ohne sie würde die Maschine *viel* weniger nützlich sein.

3.

Sehen wir jetzt in Zahlen, wie es sich damit verhält.

Die Spannung der atmosphärischen Luft auf den Quadratfufs sei $=\sigma$ Pfund;

Der Querschnitt der Triebröhre sei $=a$ Quadratfufs; ihre Länge $=\lambda$ Fufs;

Der Raum-Inhalt der Behälter und der etwaigen Zuleitungsröhre sei $=b=\varepsilon a\lambda$ Cubikfufs;

Die Kraft, welche der Triebkolben haben soll und welche durch das Gewicht des Rammklotzes und Schliefshakens nebst der Reibung etc. bestimmt wird, sei $=P$ Pfunde;

Die Spannung der verdünnten Luft in den Behältern und in der Zuleitungsröhre, in dem Augenblick, wo der Rammklotz steigt, sei $\mu\sigma$ Pfunde auf den Quadratfufs.

Dann ist die Spannung der Luft *von aufsen* auf den Triebkolben $=a\sigma$ und von *innen* $=a\mu\sigma$, also mufs zunächst

$$1.\quad a\sigma-a\mu\sigma \text{ oder } a\sigma(1-\mu)=P$$

sein, und dies giebt

$$2.\quad a=\frac{P}{\sigma(1-\mu)},\text{ wenn } \mu \text{ vorausbestimmt ist, und}$$

$$3.\quad \mu=1-\frac{P}{a\sigma},\text{ wenn } a \text{ bestimmt ist.}$$

Da in den Behältern die Luft schon in dem Augenblick, wo der Rammklotz zu steigen anfängt, so weit verdünnt sein mufs, dafs die nöthige Kraft vorhanden ist, den Klotz zu heben, so mufs ihre Spannung alsdann $\mu\sigma$ Pfund auf den Quadratfufs betragen; woraus folgt, dafs sich dann *in den Behältern*, nach dem *Mariotte*schen Gesetz, nur $\mu b=\mu\varepsilon a\lambda$ Cub. F. atmosphärische Luft befinden müssen.

Schon während des Emporhebens des Rammklotzes verdünnt die Luftpumpe die Luft *in der Triebröhre und in den Behältern*, und fährt damit in den Behältern weiter fort während des Herabfallens des Klinkhakens, wo die Verbindung der Behälter und der Triebröhre verschlossen ist und äufsere Luft in die Triebröhre eingelassen wird.

Öffnet man die Verbindungsklappe, damit der Rammklotz, welcher den Klinkhaken ergriffen hat, wieder gehoben werde, so werden sich die in die Triebröhre eingetretenen $a\lambda$ Cub. F. atmosphärische Luft augenblicklich in den ganzen Raum der Triebröhre und der Behälter, also in den Raum $a\lambda + \varepsilon a\lambda = (1+\varepsilon)a\lambda$ verbreiten. *Nachdem* dies geschehen, darf die Spannung der verdünnten Luft nicht stärker sein, als $\mu\sigma$ Pfunde auf den Quadratfufs, damit der Rammklotz gehoben werden könne. Es dürfen sich also in dem *ganzen* Raume $(1+\varepsilon)a\lambda$ nur $\mu(1+\varepsilon)a\lambda$ Cub. F. atm. Luft befinden. Steigt nun der Rammklotz empor, indem der Luftkolben hinab sich bewegt, so wird der Raum für die verdünnte Luft um $a\lambda$ Cub. F. kleiner. Dadurch darf aber die Spannung der verdünnten Luft *nicht* zunehmen; sie darf am Ende des Laufs des Luftkolbens ebenfalls nur $\mu\sigma$ Pfund auf den Quadratfufs betragen, so dafs in den *Behältern* wieder nur $\mu\varepsilon a\lambda$ Cub. F. atm. Luft sich befinden dürfen. Daraus folgt, dafs die Luftpumpe *während* des Absteigens des Luftkolbens oder des *Aufsteigens* des Rammklotzes $\mu(1+\varepsilon)a\lambda - \mu\varepsilon a\lambda = \mu a\lambda$ Cub. F. atmosphärische Luft wegzuschaffen im Stande sein mufs. Während des *Herabfallens* des Rammklotzes und des Klinkhakens dagegen, wo die Verbindungsklappe verschlossen ist, mufs die Luftpumpe von den in den Behältern befindlichen $\mu\varepsilon a\lambda$ Cub. F. atmosphärischer Luft noch ferner so viel wegschaffen, dafs, nachdem die in die Triebröhre eingetretenen $a\lambda$ Cub. F. Luft in den ganzen Raum $a(1+\varepsilon)\lambda$ sich verbreitet haben, dennoch die Spannung nicht höher steige, als auf $\mu\sigma$ Pfund auf den Quadratfufs. Es betrage die Spannung der Luft in den *Behältern,* unmittelbar *vor* dem Eintritt oder *vor* der Verbreitung der $a\lambda$ Cub. F. Luft aus der Triebröhre, $\nu\sigma$ Pfund auf den Quadratfufs, so dafs $\nu\varepsilon a\lambda$ Cub. F. atm. Luft in den *Behältern* sich befinden: so sind *nach* dem Eintritt der Luft aus der Triebröhre zusammen $a\lambda + \nu\varepsilon a\lambda = (1+\nu\varepsilon)a\lambda$ Cub. F. Luft in den Raum $a\lambda + \varepsilon a\lambda = (1+\varepsilon)a\lambda$ verbreitet. Die Spannung dieser Luft beträgt also $= \frac{(1+\nu\varepsilon)a\lambda}{(1+\varepsilon)a\lambda}\cdot\sigma = \frac{1+\nu\varepsilon}{1+\varepsilon}\cdot\sigma$. Diese Spannung darf nicht stärker sein als $\mu\sigma$, also mufs

$$4. \quad \frac{1+\nu\varepsilon}{1+\varepsilon}\cdot\sigma = \mu\sigma$$

sein, woraus

$$5. \quad \nu = \frac{(1+\varepsilon)\mu - 1}{\varepsilon} = \mu - \frac{1-\mu}{\varepsilon}$$

folgt. Dies ist die Spannung, bis auf welche die Luftpumpe während des *Herabfallens* des Rammklotzes und des Klinkhakens die Spannung μ in den

Behältern zu vermindern hat. Um dies zu leisten, mufs sie die in den ***Behältern*** befindlich gewesenen $\mu \varepsilon a \lambda$ Cub. F. Luft bis auf $\nu \varepsilon a \lambda = (\mu \varepsilon - (1-\mu)) a \lambda$ (5.) Cub. F. ***vermindern*** und folglich $(1-\mu) a \lambda$ Cub. F. atmosphärische Luft ausschöpfen.

Zusammen also mufs die Luftpumpe,

Erstlich, während des ***Aufsteigens*** des Rammklotzes $\mu a \lambda$ Cub. F. und

Zweitens, während des ***Niederfallens*** des Rammklotzes und des Klinkhakens $(1-\mu) a \lambda$ Cub. F.,

Im Ganzen $\mu a \lambda + (1-\mu) a \lambda = a \lambda$ Cub. F. atmosphärische Luft, das heifst, die gesammte, in die Triebröhre eingetretene atmosphärische Luft auszuschöpfen im Stande sein (welches letztere an sich offenbar ist); und zwar unter einem Übergewicht des Drucks der äufsern Luft auf den Luftpumpenkolben, der von

6. $1-\mu$ bis auf $1-\nu = 1-\mu + \frac{1-\mu}{\varepsilon}$ (5.) $= \frac{1+\varepsilon}{\varepsilon} \cdot (1-\mu)$ wechselt.

Man sieht hieraus sogleich den Vortheil der ***Behälter***, und zwar ***möglichst grofser*** Behälter, für die Luftpumpe. Denn $1-\nu$ kommt $1-\mu$ (6.) um so näher, je gröfser ε ist, und der Wechsel der Kraft, unter welcher die Luftpumpe zu arbeiten hat, ist um so geringer.

4.

Wir wollen jetzt die der Luftpumpe nöthige Kraft berechnen.

Es sei

$\varkappa$ Q. F. die Fläche des Luftpumpenkolbens;
h F. die Hubhöhe, also
$k = h\varkappa$ C. F. der Raum-Inhalt des Luftkolbens;
n_1 die Zahl der Kolbenschläge in der Minute, beim Aufsteigen des Rammklotzes,
n_2 desgleichen beim Niederfallen desselben;
τ_1 die Zahl der Minuten, welche das ***Aufsteigen*** des Rammklotzes währt;
τ_2 diejenige für das ***Niederfallen*** desselben und des Klinkhakens;
$\tau = \tau_1 + \tau_2$ die Zahl der Minuten von einem Schlage bis zum andern;
M_1 das Moment der nöthigen Kraft beim ***Aufsteigen;***
M_2 dasjenige beim ***Niederfallen*** des Rammklotzes;
p das Moment einer Pferdekraft auf die Minute;
m die Zahl der nöthigen Pferdekräfte.

Dann verhält es sich wie folgt.

A. Beim *Aufsteigen* des Rammklotzes.

Hier soll die Luftpumpe in τ_1 Minuten, also durch $n_1\tau_1$ Kolbenschläge, $\mu a\lambda$ Cub. F. atmosphärische Luft ausschöpfen. Die Luft in der Triebröhre und in den Behältern hat hier *unverändert* die Spannung $\mu\sigma$ Pfd. auf den Q. F.; denn diese Spannung mufs Statt finden vom Anfange bis zum Ende des Aufsteigens. Von innen drückt also auf den Luftkolben die Spannung $\mu\sigma$, von aufsen die Spannung σ, also ist der Druck auf den Kolben $\varkappa(1-\mu)\sigma$ Pfd., und das Moment der nöthigen Kraft für *einen Kolbenschlag* ist $= h\varkappa(1-\mu)\sigma = k\sigma(1-\mu)$, und *für die Minute*

$$7. \quad = n_1 k\sigma(1-\mu).$$

Mit jedem Kolbenschlage nimmt die Luftpumpe k Cub. F. Luft von der Spannung $\mu\sigma$ weg, also μk Cub. F. *atmosphärische* Luft, folglich mufs sie, um die $\mu a\lambda$ Cub. F. atmosphärische Luft auszuheben, $\frac{\mu a\lambda}{\mu k} = \frac{a\lambda}{k}$ Kolbenschläge machen. Demnach ist, weil die Pumpe $n_1\tau_1$ Kolbenschläge zu machen hat,

$$8. \quad n_1\tau_1 = \frac{a\lambda}{k}.$$

Das Moment *für die Minute* war $= n_1 k\sigma(1-\mu)$ (7.), folglich ist dasselbe, da aus (8.) $n_1 = \frac{a\lambda}{k\tau_1}$ folgt, für die *Minute* $= \frac{a\lambda}{k\tau_1}\cdot k\sigma(1-\mu) = \frac{a\lambda\sigma(1-\mu)}{\tau_1}$, und für die τ_1 Minuten der Dauer der Bewegung:

$$9. \quad M_1 = a\lambda\sigma(1-\mu) = P\lambda \ (1.).$$

B. Beim *Niederfallen* des Rammklotzes und des Klinkhakens.

Hier soll die Luftpumpe in τ_2 Minuten, also durch $n\tau_2$ Kolbenschläge $(1-\mu)a\lambda$ Cub. F. atm. Luft ausschöpfen. Beim Anfange des Auspumpens hat die Luft in den Behältern die Spannung $\mu\sigma$ und es befinden sich in den Behältern μb Cub. F. atm. Luft. Der *erste* Kolbenschlag nimmt davon μk Cub. F. atm. Luft hinweg, also bleiben in den Behältern $a(b-k)$ Cub. F. atm. Luft übrig, welche in den Raum b verbreitet sind. Nach dem ersten Kolbenschlage hat demnach die Luft in den Behältern nur noch die Dichtigkeit $\mu\cdot\frac{b-k}{b}$. Von ihr nimmt der *zweite* Kolbenschlag $\mu\cdot\frac{b-k}{b}\cdot k$ Cub. F. atm. Luft hinweg und es bleiben noch $\mu(b-k)-\mu\cdot\frac{b-k}{b}k = \mu(b-k)\frac{b-k}{b} = \mu\cdot\frac{(b-k)^2}{b}$ Cub. F. atm. Luft übrig, die in dem Raum b verbreitet ist und also die Dichtigkeit $\mu\cdot\frac{(b-k)^2}{b^2}$

hat. Folglich nimmt der *dritte* Kolbenschlag $\mu\cdot\frac{(b-k)^2}{b^2}\cdot k$ Cub. F. atm. Luft hinweg und es bleiben noch $\mu\cdot\frac{(b-k)^2}{b}-\mu\cdot\frac{(b-k)^2}{b^2}\cdot k=\mu\cdot\frac{(b-k)^3}{b^2}$ Cub. F. übrig, welche in den Raum b verbreitet ist und also die Spannung $\mu\cdot\left(\frac{b-k}{b}\right)^3$ hat. Und so weiter.

Nun soll durch die $n_2\tau_2$ Kolbenschläge, während des Herabfallens des Rammklotzes und des Klinkhakens, die Spannung der Luft in den Behältern von μ auf ν gebracht werden, also mufs nach (5.)

$$10.\qquad \nu=\mu\left(\frac{b-k}{b}\right)^{n_2\tau_2}=\frac{(1+\varepsilon)\mu-1}{\varepsilon}\ (5.)$$

sein.

Vor dem βten Kolbenschlage beträgt die Spannung der Luft in den Behältern noch $\mu\left(\frac{b-k}{b}\right)^{\beta-1}$. Von *innen* also drückt die Luft auf den Luftkolben mit der Kraft $\varkappa\sigma\mu\left(\frac{b-k}{b}\right)^{\beta-1}$, von *aufsen* mit der Kraft $\varkappa\sigma$, also ist, um den Kolben zu heben,

$$11.\qquad \varkappa\sigma\left(1-\mu\left(\frac{b-k}{b}\right)^{\beta-1}\right)\text{ Pfd. Kraft}$$

nöthig, folglich für den βten Kolbenschlag das Moment

$$12.\qquad h\varkappa\sigma\left(1-\mu\left(\frac{b-k}{b}\right)^{\beta-1}\right)=k\sigma\left(1-\mu\left(\frac{b-k}{b}\right)^{\beta-1}\right).$$

Die *Summe* der Momente während der $n_2\tau_2$ Kolbenschläge findet sich demnach, wenn man in (12.) der Reihe nach $\beta=1, 2, 3, \ldots\ n_2\tau_2$ setzt und von den einzelnen Beträgen die Summe nimmt. Dieses giebt für diese Summe, welche durch M_2 bezeichnet werden sollte:

$$M_2=k\sigma\left[n_2\tau_2-\mu\left(1-\left(\frac{b-k}{b}\right)^{n\tau_2}\right):\left(1-\frac{b-k}{b}\right)\right]\text{ oder}$$

$$13.\qquad M_2=k\sigma\left[n_2\tau_2-\mu\cdot\frac{b}{k}\cdot\left(1-\left(\frac{b-k}{b}\right)^{n\tau_2}\right)\right]$$

und da aus (10.)

$$14.\qquad \left(\frac{b-k}{b}\right)^{n_2\tau_2}=\frac{(1+\varepsilon)\mu-1}{\varepsilon\mu}\text{ ist,}$$

$$M_2=k\sigma\left[n_2\tau_2-\mu\cdot\frac{b}{k}\left(1-\frac{(1+\varepsilon)\mu-1}{\varepsilon\mu}\right)\right]\text{ oder}$$

$$15.\qquad M_2=k\sigma\left[n_2\tau_2-\frac{b}{k}\cdot\frac{1-\mu}{\varepsilon}\right]=k\sigma\left[n_2\tau_2-\frac{\varepsilon a\lambda}{k}\cdot\frac{1-\mu}{\varepsilon}\right]$$
$$=k\sigma\left[n_2\tau_2-\frac{a\lambda(1-\mu)}{k}\right].$$

Soll, wie es gut sein wird, die Luftpumpe während des Niederfallens des Rammklotzes sich *eben so geschwind* bewegen, als beim Aufsteigen desselben, so ist nach (8.) $n_2 = n_1 = \frac{a\lambda}{k\tau_1}$ und folglich in (15.)

$$16. \quad M_2 = k\sigma\left[\frac{a\lambda\tau_2}{k\tau_1} - \frac{a\lambda(1-\mu)}{k}\right] = a\lambda\sigma\left[\frac{\tau_2}{\tau_1} - (1-\mu)\right].$$

Die beiden Momente M_1 und M_2 (9. und 16.) zusammen betragen für die ganze Zeitdauer $\tau_1 + \tau_2$ eines Auf- und Absteigens des Rammklotzes:

$$17. \quad M_1 + M_2 = a\lambda\sigma\cdot\frac{\tau_2}{\tau_1}.$$

Dies giebt *im Durchschnitt* für die Minute

$$18. \quad \frac{M_1+M_2}{\tau_1+\tau_2} = \frac{a\lambda\sigma\tau_2}{\tau_1(\tau_1+\tau_2)}.$$

Damit zum Verdünnen der Luft während des *Niederfallens* des Rammklotzes nicht eine *bedeutend* gröfsere Kraft nöthig sei, als beim Aufsteigen, kann man das *durchschnittliche* Moment auf die Minute beim Niederfallen, welches $\frac{M_2}{\tau_2}$ ist, dem beim *Aufsteigen* $\frac{M_1}{\tau_1}$ gleich setzen. Die Ungleichheit der Kraft läfst sich durch ein Schwungrad ziemlich ausgleichen. Dies würde nun aus (9. und 16.)

$$\frac{a\lambda\sigma(1-\mu)}{\tau_1} = \frac{a\lambda\sigma}{\tau_2}\left[\frac{\tau_2}{\tau_1} - (1-\mu)\right], \text{ also}$$

$$\tau_2(1-\mu) = (\tau_2 - \tau_1(1-\mu)), \text{ folglich}$$

$$19. \quad \tau_2 = \tau_1\cdot\frac{1-\mu}{\mu} \quad \text{und} \quad \tau_1 = \mu(\tau_1+\tau_2) = \mu\tau$$

geben, und durch die Verbindungsklappe läfst sich die Bewegung jedenfalls so handhaben, dafs τ_1 und τ_2 in diesem Verhältnifs stehen.

Dann ist beim Aufsteigen, eben wie beim Niederfallen des Rammklotzes, das nöthige Kraftmoment *für die Minute:*

$$20. \quad \frac{M_1}{\tau_1} = \frac{a\lambda\sigma(1-\mu)}{\tau_1} = \frac{M_2}{\tau_2}.$$

Setzt man hierin endlich aus (1.) $1-\mu = \frac{P}{a\sigma}$, so ergiebt sich

$$21. \quad \frac{M_1}{\tau_1} = \frac{P\lambda}{\tau_1} = \frac{M_2}{\tau_2} = \frac{P\lambda}{\mu\tau}.$$

Das Moment p einer Pferdekraft beträgt, weil ein Pferd in der *Secunde* 150 Pfd. $3\frac{1}{3}$ F. hoch zu heben vermag, *auf die Minute*

$$22. \quad p = 60\cdot150\cdot3\tfrac{1}{3} = 30\,000,$$

also sind zu der Ramme an der Luftpumpe

$$23. \quad m = \frac{M_1}{\tau_1 p} = \frac{P\lambda}{\tau_1 p} = \frac{P\lambda}{\mu\tau p} \text{ Pferdekräfte nöthig.}$$

Hieraus folgt, dafs es vortheilhaft ist, μ, und mithin zufolge (2.) den Querschnitt a der Triebröhre, *so grofs* anzunehmen, als möglich.

6.

Die Frage, wie sich die *Wirkung* der Luftdruckramme zu der einer gewöhnlichen Ramme verhalten werde, ist gewissermaafsen dieselbe, wie bei den sogenannten Kunstrammen überhaupt, und es ist dies einer der vielen Fälle in der Technik, wo die Rechnung, falls sie sich nicht an sehr zahlreiche und mannigfaltige unmittelbare Erfahrungen halten kann, nicht ohne Hypothesen zum Ziele kommt. Es giebt bekanntlich vielerlei Ansichten über das Maafs der *Wirkung* eines Rammklotzes auf einen von ihm in die Erde getriebenen Pfahl. Die Resultate z. B. bei *Woltmann, Gerstner, Eytelwein* sind alle mehr oder weniger verschieden. Eine sehr einfache und wie es scheint ziemlich naturgemäfse Ansicht von der Wirkung des Rammens überhaupt dürfte folgende sein.

Es sei

P_1 das Gewicht des Rammklotzes in Pfunden;

P das Gewicht des Rammklotzes und des Schliefshakens zusammen, eben so;

G das Gewicht des Pfahls desgleichen;

W der Widerstand der Erde gegen den Pfahl desgleichen;

h F. die Fallhöhe des Rammklotzes;

c F. die Geschwindigkeit, mit welcher er den Pfahlkopf trifft;

e F. die Tiefe, um welche der Pfahl durch *einen* Schlag in die Erde eingetrieben wird.

Vom Widerstande der Luft abgesehen, kann man setzen:

$$24. \quad h = \frac{c^2}{4g}.$$

Läfst man nun die Elasticität des Rammklotzes und des Pfahlkopfs aufser Acht, so ist die Gröfse der Bewegung des Rammklotzes, in dem Augenblick wo er den Pfahl trifft, $= Pc$, und wenn der Widerstand W der Erde nicht da wäre, so würde sich Klotz und Pfahl mit einer gemeinschaftlichen Geschwindigkeit weiter fortbewegen, welche $= c_1$ sein mag. Die Gröfse dieser gemeinschaftlichen Bewegung würde $c_1(P_1 + G)$ sein, und da dieselbe der vorigen cP gleich sein mufs, so wäre $c_1(P_1+G)=cP$, also

$$25.\quad c_1=\frac{cP_1}{P_1+G}.$$

Nun besteht die Wirkung des Widerstandes W der Erde darin, dafs er die Geschwindigkeit c_1 auf dem weiteren Wege e, den der Rammklotz mit dem Pfahl gemeinschaftlich zurücklegt, bis auf Null vermindert.

Bezeichnet man die Geschwindigkeit des mit dem Pfahl zugleich sich weiter bewegenden Rammklotzes nach Verlauf der Zeit t und nachdem beide den Raum x durchlaufen haben, durch v, und durch q die aus der *bewegenden* Kraft W hervorgehende *beschleunigende* Kraft, so ist nach den Gesetzen der Dynamik:

$$26.\quad v\,dt=\partial x \quad \text{und} \quad -\partial v=2gq\partial t, \text{ also}$$

$$27.\quad -\frac{v\partial v}{2g}=q\partial x.$$

Da W von den beiden Massen P und G in der Zeit ∂t die Geschwindigkeit um ∂v zu vermindern oder, was dasselbe ist, ihnen die Geschwindigkeit $-\partial v$ beizubringen hat, so ist

$$28.\quad q=\frac{W}{P+G},$$

also in (27.)

$$29.\quad -\frac{v\partial v}{2g}=\frac{W}{P+G}\cdot\partial x.$$

Dieses giebt, integrirt, $-\frac{v^2}{4g}=\frac{Wx}{P+G}+\text{Const.}$ und da $v=c_1$ ist, für x und $t=0$, $\text{Const.}=-\frac{c_1^2}{4g}$, also

$$30.\quad \frac{c_1^2-v^2}{4g}=\frac{Wx}{P+G}.$$

Für $x=e$ ist v bis auf *Null* gebracht, also ist für $x=e$:

$$31.\quad \begin{cases} \frac{We}{P+G}=\frac{c_1^2}{4g}=\frac{c^2}{4g}\cdot\frac{P_1^2}{(P_1+G)^2}\,(25.)=h\cdot\frac{P_1^2}{(P_1+G)^2}\,(24.), \text{ und folglich} \\ e=\frac{hP_1^2}{W(P_1+G)}. \end{cases}$$

Die Kraft W des Widerstandes der Erde ist *unbekannt;* aber für *einen und denselben Pfahl* ist sie *dieselbe.* Bezeichnet man daher das Gewicht eines *andern* Rammklotzes durch P_2, eine *andere* Fallhöhe durch h_1, und das Eindringen des Pfahls in die Erde für diesen *andern* Fall durch e_1, so ist

$$32.\quad e_1=\frac{h_1P_2^2}{W(P_2+G)}.$$

Dann folgt aus (31. und 32.)

$$33. \quad \frac{e_1}{e} = \cdot\frac{h_1}{h}\cdot\frac{P_2^2}{P_1^2}\cdot\frac{P_1+G}{P_2+G}.$$

Dieses giebt an, das Wievielfache die Wirkung von P_2 und h_1 von der von P_1 und h sei, und *ein* Schlag des von der Höhe h_1 F. herabfallenden, P_2 Pfund schweren Rammklotzes wirkt auf den G Pfd. schweren Pfahl so viel, als $\frac{h_1}{h}\cdot\frac{P_2^2}{P_1^2}\cdot\frac{P_1+G}{P_2+G}$ Schläge eines P_1 Pfd. wiegenden, h F. hoch herabfallenden Klotzes.

7.

Wir wollen nun ein Beispiel geben.

A. Die Spannung σ der atmosphärischen Luft auf den Quadratfufs Fläche kann man setzen

$$34. \quad \sigma = 2200 \text{ Pfd.}$$

Für die Verdünnung der Luft in der Triebröhre wird man, da μ *so grofs* sein soll als möglich (5.),

$$35. \quad \mu = \tfrac{1}{2}$$

setzen können.

Soll nun ein 20 Ctr. schwerer Rammklotz gehoben werden, und wiegt der Schliefshaken 2 Ctr., so dafs

$$36. \quad P = 22\cdot 110 = 2420 \text{ Pfd.}$$

ist, so mufs zufolge (2.) der Querschnitt der Triebröhre

$$37. \quad a = \frac{2420}{2200\cdot(1-\frac{1}{2})} = 2{,}2 \text{ Q. F.}$$

sein, also die Röhre 20 Zoll im Durchmesser haben; was ganz ausführbar ist.

Soll die Röhre

$$38. \quad \lambda = 30. \text{ F.}$$

lang sein, so dafs der Rammklotz nahe eben so hoch gehoben werden kann. so enthält sie

$$39. \quad a\lambda = 30\cdot 2{,}2 = 66 \text{ C. F. Raum.}$$

Giebt man nun den Behältern den *6fachen Raum* der Triebröhre, so dafs

$$40. \quad \varepsilon = 6$$

ist, so ist die *stärkste* Verdünnung der Luft nach (5.)

$$41. \quad v = \tfrac{1}{2} - \tfrac{1}{2}:6 = \tfrac{5}{12};$$

was recht gut zu erlangen ist.

Soll die Ramme in jeder Minute *einen* Schlag machen, so dafs $\tau = 1$ ist, was eine nur langsame Bewegung sein würde, da der Rammklotz zum Hinabfallen noch nicht $1\frac{1}{2}$ Sec. bedarf, und der Klinkhaken etwas mehr: so ist nach (19.)

$$42. \quad \tau_1 = \tfrac{1}{2}\cdot 1 = \tfrac{1}{2},$$

also sind dann nach (23. 22. 42. und 38.)

$$43. \quad m = \frac{P\lambda}{\tau_1 p} = \frac{2420\cdot 30}{\frac{1}{2}\cdot 30\,000} = 4{,}84 \text{ Pferdekräfte}$$

an der Luftpumpe nöthig, statt deren man, wegen der Reibung und der übrigen Hindernisse, um reichlich zu rechnen,

$$44. \quad m = 6 \text{ Pferdekräfte}$$

annehmen mag.

B. Bei einer gewöhnlichen, durch Menschen in Bewegung gesetzten Ramme wird der Rammklotz gewöhnlich nur $4\frac{1}{2}$ Fufs hoch gehoben. Nimmt man einen 10 Ctr. schweren Pfahl und einen 10 Ctr. schweren Rammklotz an, so ist

$$45. \quad G = 10\cdot 110, \quad P = 10\cdot 110, \quad h = 4\tfrac{1}{2}, \quad P_1 = 20\cdot 110, \quad h_1 = 30,$$

also nach (33.)

$$46. \quad \frac{e_1}{e} = \frac{30}{4\frac{1}{2}}\cdot\frac{20^2}{10^2}\cdot\frac{20}{30} = 17\tfrac{7}{9}.$$

Die Luftspannungsramme thut also mit *einem* Schlage so viel, als die gewöhnliche Ramme mit $17\frac{7}{9}$ Schlägen. Bei der gewöhnlichen Ramme sind zu 20 Schlägen, mit den nöthigen 3 Minuten Ruhezeit der Arbeiter, 5 Minuten nöthig, also erfolgen in 1 Minute 4 Schläge, mithin thut die Luftdruckramme in 1 Minute $\frac{17\frac{7}{9}}{4} = 4\frac{4}{9}$ mal so viel, als die gewöhnliche Ramme. Um den 10 Ctr. schweren Klotz der gewöhnlichen Ramme zu heben, sind mindestens 30 Menschen nöthig: also leisten die 6 Pferdekräfte der Luftspannungsramme so viel als $4\frac{4}{9}\cdot 30 = 133$ Menschen, und 1 Pferdekraft leistet so viel als etwa 22 Menschen. An Kosten der 6 Pferdekräfte der Dampfmaschine kann man für Heizung, Schmier, Aufsicht und kleine Ausbesserungen der Maschine rechnen . . . . 8 Thlr. — Sgr. täglich.

Die Dampfmaschine selbst, nebst der Luftpumpe, den Behältern, der Leitröhre und Ramme dürfte 8000 Thlr. kosten. Dies thut, mit Amortisation zu 5 pr. c. Zinsen gerechnet, jährlich 400 Thlr., also . . . . 1 - 3 - täglich.

Zusammen 9 Thlr. 3 Sgr. täglich.

Für die 133 Menschen an der gewöhnlichen Ramme ist zu rechnen, nur zu 10 Sgr. Tagelohn,	44 Thlr. 10 Sgr.
Erhaltungs- und Erneuerungskosten der Ramme	1 - — -
Zusammen	45 Thlr. 10 Sgr.

Also kostet das Rammen mit der Luftspannungsramme nur . . . . $\frac{9\text{ Thlr. } 3\text{ Sgr.}}{45\text{ Thlr. } 10\text{ Sgr.}} = 20$ pr. c.. oder nur den *fünften* Theil dessen mit der gewöhnlichen Ramme.

Dabei hat die Luftspannungsramme noch den sehr bedeutenden practischen Vortheil vor der gewöhnlichen Ramme, dafs man sich durch die starken Schläge viel sicherer überzeugen kann, der Pfahl werde *fest genug* eingetrieben, als durch die schwachen Schläge der gewöhnlichen Ramme. Die Luftspannungsramme kann daher, in mehr als einem Betracht, einen sehr bedeutenden Nutzen haben.

8.

Es fragt sich nun, wie die Vorrichtung am besten *practisch* auszuführen sein dürfte.

Die Lufttriebröhre an der Ramme mufs natürlich von *Eisen* sein; und zwar von *gegossenem Eisen.* Sie braucht nicht ausgebohrt zu werden; denn selbst die Röhre der atmosphärischen Eisenbahn bei Dublin, mit dem *Schlitz längsaus,* ist nicht ausgebohrt. In dem obigen Beispiel wird die 20 Zoll im Durchmesser haltende Röhre etwa ½ Zoll dicke Wände haben müssen; dann wird der laufende Fufs etwa 1 Ctr. und die 30 F. lange Röhre, nebst dem Kolben, etwa 30 Ctr. wiegen. Der Rammklotz wird ebenfalls am besten von gegossenem Eisen sein, und statt des Zugseils wird man sich einer eisernen Kette bedienen können, die sich leicht verlängern und verkürzen läfst. Oben lasse man sie über ein 2 bis 3 F. im Durchmesser haltendes Rad gehen. Sie wird verkürzt, wenn der Pfahl noch hoch steht, und verlängert, so wie er allmälig tiefer eindringt. Die Anordnung des Luftkolbens und der Luftklappe, oder des Lufthahns, so wie des Fallhakens, ist bekannt und hat keine Schwierigkeit. Das Fortrücken der Ramme von einem Pfahl zum andern, so wie das Heben und Einstellen des Pfahls, geschieht auf die gewöhnliche Weise.

9.

Die Dampfmaschine mufs natürlich für einen und denselben Bau möglichst an derselben Stelle stehen bleiben. Auch die Luftpumpe bleibt an derselben Stelle, dicht bei der Dampfmaschine, und sogar mit ihr unmittelbar verbunden. Die Dampfmaschine wird am besten hohen Druck und Absperrung bekommen, und die Luftpumpe kann ebenfalls doppeltwirkend sein. Auch die Behälter müssen dicht bei der Dampfmaschine und der Luftpumpe fest stehen bleiben; es mufs also eine Röhre von den Behältern nach der Ramme hin sich erstrecken, die sich ganz nach Erfordern, so wie die Ramme ihre Stelle ändert, verkürzen und verlängern und nach jeder Richtung hin biegen läfst.

10.

Die Behälter könnte man von *Eisen* machen; und zwar, ähnlich der Lufttriebröhre an der Ramme, von *gegossenem Eisen*, weil der Druck von aufsen nach innen gerichtet ist, welchem dickes gegossenes Eisen besser widersteht, als dünnes gewalztes Blech, was gegentheils den Vorzug haben würde, wenn die Luft im Innern, statt verdünnt, zusammengeprefst wäre und statt von aufsen nach innen, von innen nach aufsen drückte. Aber die eisernen Behälter würden sehr schwer werden, und wenn man, wie in dem obigen Beispiel, den Behältern den 6fachen Inhalt der Lufttriebröhre giebt, würden sie fast 6mal so viel wiegen als die Lufttriebröhre, also an 180 Ctr. Zwar ist dies noch gerade kein wesentlicher Übelstand, da die Behälter an derselben Stelle bleiben und also, gleich der Dampfmaschine und der Luftpumpe, bei jedem Bau *nur einmal* zu transportiren sind: indessen würde man wahrscheinlich noch leichter und auch *wohlfeiler* den Zweck erreichen, wenn man die Behälter *aus Holz* machte; und zwar auf folgende Weise. Eine Kufe, oben um etwas weniges weiter als unten, und im Durchschnitt von $4\frac{1}{2}$ F. im Lichten Durchmesser und $4\frac{1}{2}$ F. zwischen dem obern und untern Boden hoch, hält ungefähr 64 C. F., also etwa so viel Raum als die Lufttriebröhre der Ramme. Macht man daher 6 bis 7 solcher Kufen, so fassen sie den verlangten Behälterraum. Die Wände und die Böden müssen wenigstens $1\frac{1}{2}$ Zoll dick sein und nach inwendig, besonders die Böden, durch Spreizen auseinandergehalten werden, denn auf jeden Quadratfufs Fläche drücken an $\frac{7}{9}\cdot 20 = 15\frac{5}{9}$ Ctr. Sonst können die Kufen auf die gewöhnliche Weise vom Böttcher gemacht und mit eisernen Bändern beschlagen werden. Solche Kufen an sich würden aber noch nicht mit Sicherheit auf die Dauer (was durchaus nöthig ist) *luftdicht* sein, weil das Holz in der Hitze zusammentrocknet. Dieserhalb setze man jede Kufe in eine *zweite*, die *nur* unten einen Boden hat und oben *offen* und etwas höher ist, und deren innere Fläche von der äufsern Fläche der ersten Kufe überall 1 bis 2 Zoll absteht. Den Zwischenraum *fülle man mit Wasser*, was auch den obern Boden der innern Kufe noch einige Zoll hoch bedecken mufs. Dann wird die innere Kufe im hohen Grade ***luftdicht*** sein; denn sie ist nun ringsum, im eigentlichen Sinne, wie man es nennt, ***hermetisch*** verschlossen. Auch wird sie ***dauernd*** luftdicht ***bleiben,*** weil nun das Holz nicht ***trocken*** werden kann. In jeder innern Kufe mufs eine kleine messingene Pumpe gestellt sein, um das wenige ***Wasser,*** welches etwa in sie eingedrungen sein möchte, auszuheben. Dieses Wasser thut übrigens weiter keinen Schaden, als dafs es den innern Raum für die verdünnte Luft um eine Kleinigkeit vermindert. Die inneren Kufen müssen durch kurze eiserne Röhren, von etwa 2 Zoll im Durchmesser, miteinander verbunden werden. Diese Röhren bedürfen keiner Hähne, da die Verbindung stets offen bleiben kann, und sogar offen bleiben ***mufs;*** auch kann man die Röhren, wenn man sie an den Böden anbringt, dazu benutzen, das etwa in die Kufen eingedrungene Wasser nach einer einzigen Kufe hinzuleiten, die etwas niedriger gestellt ist; in welchem Falle dann ***nur*** in dieser einen Kufe eine kleine Wasserpumpe nöthig ist.

11.

Die Leitröhre von den Behältern nach der Ramme hin wird man am besten aus etwa 5 bis 6 F. langen eisernen gegossenen Röhrenstücken von 2 bis 3 Zoll im Durchmesser zusammensetzen können, mit luftdichten Doppelgelenken in den Stöfsen, so dafs sich die Leitröhre nach allen Richtungen biegen läfst. Und zwar wird man der zusammengesetzten Röhre am besten gleich Anfangs die ***gröfste*** Länge geben, welche sie für die entferntesten Pfähle nöthig hat; selbst wenn das Rammen dicht bei der Dampfmaschine begonnen würde; denn der innere ***Raum*** der Röhre kommt zu dem innern Raume der Behälter hinzu, vergröfsert ihn also (z. B. wenn die Röhre 3 Zoll weit und 300 F. lang wäre, um 14 C. F.), und ist folglich nur vortheilhaft.

Die Doppelgelenke würden auf folgende Weise gemacht werden können. Zu jedem Doppelgelenke gehören zwei rechtwinklige Kniestücke G_1 und G_2 (Fig. 3.), von gegossenem Eisen und von demselben innern Durchmesser wie die zusammenzusetzenden 5 bis 6 F. langen Röhrenstücke R_1 und R_2. Auf 6 Zoll lang ist an beiden Enden des einen und an einem Ende des andern Kniestücks der Durchmesser um so viel gröfser, dafs in a_1 das aufsen abgedrehte Ende der Röhre R_1 und in b_1 das aufsen abgedrehte Röhrenstück a_2 gemächlich hineinpafst. a_1, b_1 und b_2 haben an den Enden vortretende Ränder p, p, und R_1, R_2 und a_2 an den in der Figur angezeigten Stellen vortretende Ränder q, q. Um R_1, a_2 und R_2 werden Ringe r, r gelegt, die jeder aus zwei Halbkreisen bestehen können. Nun werden R_1 in a_1, a_2 in b_1 und R_2 in b_2, nachdem in alle Fugen zwischen p und q, q und r, R_1 und a_1, a_2 und b_1, R_2 und b_2 Talg gebracht worden, hineingesteckt und dann die Ränder p mit den Ringen r durch mehrere kleine Schraubenbolzen s, s leicht zusammengeschraubt. Auch wird man in die Fugen zwischen p und q und q und r Werg mit Talg bringen können. So werden die Zusammensetzungen Z_1, Z_2 und Z_3 *luftdicht* werden, während an allen drei Stellen jede die andere umfassende, oder jede von der andern umfafste Röhre rundum gedreht werden kann.

Mit dieser Art der Zusammensetzung der 5 bis 6 F. langen Röhrenstücke kann nun die ganze Röhre *in jede beliebige Richtung gebogen werden.* Gesetzt z. B. die zwei Röhrenstücke R_1 und R_2 lägen, wie es die Zeichnung vorstellt, horizontal und in paralleler Richtung verbunden neben einander, und man wollte, dafs, während R_1 fest liegen bleibt, dem Röhrenstücke R_2 eine andre Richtung gegeben werde, in welcher es sowohl gegen den Horizont als gegen R_1 bestimmte *Winkel* macht, so drehe man G_1 und a_1, mit b_1, a_2 und G_2 zusammen, um Z_1, und darauf R_2, mit b_2, G_2 und a_2 zusammen, um Z_2: so wird sich dadurch R_2 in die verlangte Richtung bringen lassen. Gesetzt, das Rammen beginne von dem von der Dampfmaschine *entferntesten* Puncte, so dafs die ganze Röhre ausgestreckt ist, und man wolle nun zu einem andern, etwas nähern und seitwärts liegenden Ort übergehen: so wird es vielleicht hinreichen, blofs von dem einen, *letzten* Röhrenstück R die Lage zu verändern, während alle übrigen liegen bleiben. Ist das nicht, so verändere man die Lage der *zwei* letzten Röhrenstücke. Und so weiter.

Man könnte auch die Leitröhre aus starkem Leder machen, welches dann inwendig durch eiserne Ringe, nahe bei einander, ausgespreitzt werden müfste, damit die Luft die Röhre nicht zusammendrücke; und wenn man nun um diese Röhre eine zweite, ähnliche legte, mit einem kleinen Zwischenraume, der mit Wasser anzufüllen wäre, so könnte man, ähnlich wie bei den hölzernen Kufen, die innere Röhre dadurch *hermetisch* luftdicht machen; indessen dürfte wohl eine Röhre, aus kurzen eisernen Stücken znsammengesetzt, besser befunden werden.

12.

Übrigens dürfte sich auch die Leitröhre *ganz sparen* lassen, und man würde noch besser und leichter den Zweck erreichen, wenn man (von der Anordnung des Herrn *Clarke* und *Varley* abweichend) und blofs den Grundgedanken beibehaltend, die Lufttriebröhre nicht mit der ***Ramme,*** sondern mit der ***Dampfmaschine,*** der ***Luftpumpe*** und den ***Behältern*** fest verbände und sie, statt sie an der Ramme *aufrecht* hinzustellen, *wagerecht* ausgestreckt in dem Maschinenhause unmittelbar bei den Behältern befestigte. Dies gäbe sonst weiter keine Veränderung, als dafs dann (statt der Leitröhre) eine längere ***Zugkette*** nöthig wäre: so lang, dafs sie bis zu dem entferntesten Puncte vom Maschinenhause, wo noch ein Pfahl einzurammen ist, ausreichte. Statt der Kette könnte man auch ein weniger wiegendes ***Seil*** nehmen; was den Vortheil haben würde, dafs sowohl die bewegende Kraft, beim Hinaufziehen des Rammklotzes, als der Schliefshaken beim Hinabfallen, weniger Masse bei jedem Zuge in Bewegung zu setzen haben würde, also der Schliefshaken weniger schwer nöthig sein und überhaupt an Kraft erspart werden würde. Wenigstens die Ramme auf und ab würde aber jedenfalls eine ***Kette*** besser sein, weil sie sich leichter verlängern und verkürzen läfst, als ein Seil. Von der Ramme bis zur Maschine hin kann dagegen ohne Bedenken ein ***Seil*** genommen werden; denn es läfst sich bekanntlich eine wohl noch stärkere Zugkraft, als hier vorkommt, durch ein ***Seil*** auf sehr weite Entfernungen fortpflanzen; z. B. beim Schiffziehen, beim Aufziehen von Balken und andern schweren Hölzern zum Dach eines neuen hohen Gebäudes u. s. w. Freilich würde ***immer,*** mag man ein ***Zugseil,*** oder auf die *ganze* Länge eine ***Zugkette*** nehmen, etwas mehr Kraft nöthig sein, als wenn man eine Leitröhre macht: aber der Unterschied würde wenig bedeuten, da das Gewicht des Zugseils oder der Zugkette nicht zu ***heben,*** sondern nur meist wagerecht auf Rollen hin- und herzuziehen ist. Am Fallen. und folglich an der Wirkung und Kraft des Rammklotzes (was die Hauptsache ist) ändert sich bei dieser andern Einrichtung nichts.

Vor der andern Mündung der festliegenden Lufttriebröhre müfste das Seil oder die Kette zwischen vier ***Rollen,*** zwei wagerechten und zwei lothrechten, oder besser zwischen vier dergleichen ***Rädern,*** von 2 bis 3 F. im Durchmesser, hindurchgehen; damit so der Kette oder dem Seile nach der Ramme hin jede nöthige ***Richtung*** gegeben werden könnte. An der Ramme selbst müfste die Kette ebenfalls über zwei Rollen oder Räder gehen, eins unten, eins oben an der Ramme. Zwischen dem Maschinenhause und der Ramme müfste man das Seil etwa alle 20 F., oder auch alle 10 F., wiederum durch eine Rolle oder ein Rad unterstützen; welche Räder auf leicht versetzbaren kleinen Gestellen stehen könnten.

13.

Diese andre Einrichtung der Luftspannungsramme würde vor der ersten den Vortheil haben, dafs,

Erstlich, die immer etwas schwierige Leitungsröhre und ihr öfteres Verlegen ganz erspart werden; was auch die Anlagekosten sowohl, als die Betriebskosten, nicht unbedeutend vermindern würde.

Zweitens, dafs sich die Wirkung der Maschine auch wohl noch auf weitere Entfernungen, selbst bis auf 300 oder 400 F., fortpflanzen lassen und also eine etwaige Versetzung des Maschinenhauses noch viel weniger nöthig sein würde, auch für die Maschine mit geringerer Schwierigkeit jede bequeme und passende Stelle benutzt werden könnte.

Drittens, dafs die luftdichte Verbindung der Triebröhre und der Behälter viel sicherer und vollkommner ausführbar wäre.

Viertens, dafs die Ramme um das Gewicht der Lufttriebröhre, also um ein sehr Ansehnliches, ***leichter*** würde und folglich viel bequemer sich fortrücken und versetzen liefse. Die Ramme selbst wäre dann von einer gewöhnlichen Kunstramme fast gar nicht verschieden und könnte folglich auch zugleich zum gewöhnlichen Gebrauch dienen.

Diese zweite Abänderung dürfte daher in vielem Betracht besser und bequemer sein, als die erste.

14.

Jedenfalls wird sich die Luftspannungsramme auf die eine oder die andre Art, wie aus dem Obigen erhellet, unbedenklich sehr wohl practisch ausführen lassen, und sie wird, wenn sehr viele Pfähle und unter schwierigen Umständen einzurammen sind, ganz bedeutende Kosten gegen das Rammen mit der Kraft von Menschenarmen ersparen. Sie wird anwendbar sein, sobald die Kosten des Hin- und Hertransports und des Aufstellens und Wieder-Abnehmens der Maschine nicht mehr betragen, als die Ersparung an den Kosten, welche durch die Maschine bei dem Rammen selbst zu erzielen sind, und die nach der obigen Berechnung bis zu 80 pr. c. steigt. Kostete also z. B. der Transport nebst der Aufstellung und dem Wieder-Abnehmen der Maschine 200 Thlr., so würde die Maschine schon anwendbar sein, wenn die Pfähle auf die gewöhnliche Art einzurammen zusammen 250 Thlr. kosteten; denn das Rammen *selbst* kostet dann mit der Maschine nur 50 Thlr. Und obgleich in diesem Falle im Ganzen *keine* Kosten gespart werden, würde die Maschine doch den

Vorzug haben, dafs man an Zeit gewinnt und vollständiger die Sicherheit erlangt, dafs die Pfähle *fest genug* eingeschlagen werden.

II. Die Dampfspannungs-Ramme.

15.

An den Gedanken der Herrn *Clarke* und *Varley,* die ***Luftspannung*** als bewegende Kraft für Ramm-Maschinen zu benutzen, schliefst sich ganz nahe, und wie von selbst, der andre: die ***Dampfspannung,*** anstatt erst durch sie mittels der Luftpumpe die Luftspannung wirksam zu machen, ***unmittelbar*** die bewegende Kraft sein zu lassen. Es ist nicht abzusehen, was der Ausführung davon entgegenstehen sollte; denn die Triebröhre wäre hier nichts anderes als ein Dampfstiefel an jeder Dampfmaschine; nur länger, gegen seinen Durchmesser, nemlich so lang, als die gröfste Höhe ist, auf welche der Rammklotz gehoben werden soll, z. B. 30 F., und nur so weit, dafs die Dampf- oder die Luftspannung hinreicht, das nicht sehr grofse Gewicht des Klotzes und des Schliefshakens zu heben.

16.

Die Dampfspannung unmittelbar würde sich auf folgende verschiedene Arten benutzen lassen. In allen Fällen liegt die, z. B. 30 F. lange Triebröhre dicht bei dem Dampfkessel fest, und horizontal.

Erste Art. Die Triebröhre ist an dem Ende *hinter* dem Kolben *offen,* an dem vordern Ende ***vor*** dem Kolben aber verschlossen, und durch den ***vordern*** Boden geht die etwas über 30 F. lange Kolbenstange luft- und dampfdicht hindurch. Man läfst, um den Rammklotz sammt Schliefshaken zu ***heben,*** Dampf ***vor*** den Kolben in die Triebröhre ein und läfst ihn den Kolben bis an das hintere, offene Ende treiben, wo dann der Rammklotz bis oben angelangt ist, der Schliefshaken den Klotz losläfst und der Klotz hinunterfällt. Damit der Schliefshaken wieder nach dem Klotze hinunterfallen und ihn von neuem erfassen könne, läfst man durch eine zu öffnende Klappe den vor den Kolben eingetretenen Dampf, der die ***ganze*** Röhre ausgefüllt hat, ins Freie ausströmen, wodurch die Spannung der ***Luft*** auf ***beiden*** Seiten des Kolbens gleich und der Kolben frei wird, so dafs der Schliefshaken herabfallen und den Kolben zurückziehen kann; worauf man neuen Dampf in die Röhre vor den Kolben treten läfst u. s. w.

Zweite Art. Die Triebröhre ist an dem Ende *hinter* dem Kolben nicht offen, sondern *verschlossen*; mit dem ***vordern*** Ende und der Kolbenstange verhält es sich wie vorhin. Man läfst vom Anfange, um den Rammklotz sammt Schliefshaken zu heben, *vor* den Kolben Dampf in die Röhre strömen, während man zugleich am hintern Boden eine Klappe öffnet, damit die Luft ausströmen könne. Nachdem der Dampf den Kolben bis an das hintere Ende der Röhre getrieben und den Rammklotz sammt Schliefshaken hinaufgehoben hat, verschliefst man die Luftklappe und öffnet eine Dampfklappe, welche die *beiden* Räume der Röhre vor und hinter dem Kolben *in Verbindung setzt,* so dafs der vor den Kolben eingetretene Dampf auch *hinter* den Kolben treten kann. Dadurch wird die Dampfspannung auf beiden Seiten des Kolbens *gleich,* der Kolben wird frei und der Schliefshaken kann hinabfallen, den Kolben zurückziehn und den Rammklotz wieder erfassen. Damit jetzt der Rammklotz sammt Schliefshaken von neuem gehoben werde, läfst man den hinter dem Kolben befindlichen Dampf ins Freie ausströmen und *vor* den Kolben so viel neuen Dampf hinzutreten, dafs der Kolben wieder bis ans Ende der Röhre getrieben wird; worauf man wieder die *Verbindungsklappe* öffnet. Und so weiter.

Dritte Art. Alles wie bei der zweiten Art, nur dafs man, wenn der Rammklotz sammt Schliefshaken zum zweitenmal gehoben werden soll, den *hinter* dem Kolben befindlichen Dampf nicht ins Freie ausströmen läfst, sondern ihn *niederschlägt.* Dann wird zum zweiten Heben des Rammklotzes weniger Dampf vor dem Kolben zusätzlich nöthig sein, weil nicht mehr die Spannung der Luft dem Kolben entgegenwirkt, sondern nur die viel geringere Spannung des niedergeschlagenen Dampfs. Es ist leicht zu sehen, dafs bei der Fortsetzung der Bewegung überhaupt *vor* dem Kolben nur Dampf von geringerer Spannung als bei der ersten und zweiten Art nöthig sein wird, nemlich nur Dampf, von dessen Spannung der Überschufs über die Spannung des hinter dem Kolben niedergeschlagenen Dampfs hinreicht, den Rammklotz zu heben, und dafs von diesem Dampf jedesmal nur der *Theil* niedergeschlagen wird und verloren geht, welcher sich hinter dem Kolben befindet.

Vierte Art. Die Triebröhre ist am *vordern* Ende *offen* und am *hintern* Ende *verschlossen.* Soll zum ersten Mal der Rammklotz sammt Schliefshaken gehoben werden, so läfst man Dampf *hinter* den Kolben ein, welcher die Luft austreibt und schlägt ihn gleich darauf nieder. Dadurch bekommt die Spannung *der Luft* auf die *vordere* Fläche des Kolbens das Übergewicht, treibt den Kolben bis ans hintere Ende der Röhre und hebt den Rammklotz in die Höhe. Er fällt darauf herab und, damit der Schliefshaken ihm nachfallen und ihn wieder erfassen könne, läfst man *hinter* den Kolben Dampf von einer solchen Spannung ein, dafs sie die *einer* Atmosphäre erreicht. Dadurch wird die Spannung auf beiden Seiten des Kolbens *gleich*, der Kolben wird frei, der Schliefshaken fällt herab und erfafst von neuem den Rammklotz. Jetzt schlägt man wieder den *hinter* den Kolben eingelassenen Dampf nieder, und das Spiel beginnt von Neuem.

17.

Zuerst ist noch zu bemerken, dafs, da die Hube des Rammklotzes *nicht immer gleich hoch sind*, sondern niedriger, wenn der Pfahlkopf noch hoch steht, der Kolben in der Triebröhre nicht immer die *ganze* Länge der Triebröhre zu durchlaufen hat, sondern nur so viel davon, als die Höhe des Klotzhubes beträgt. Nur wenn der Pfahlkopf seinen *tiefsten* Punct erreicht hat, mufs der Kolben die *ganze* Länge der Röhre durchlaufen. *Immer* mufs indessen der Kolben bis ganz an das *hintere* Ende der Röhre gelangen, weil der Rammklotz *immer* bis ganz oben zu gehoben werden mufs. Alles dieses findet auch weiter oben bei der Luftspannungsramme Statt. Die Verschiedenheit der Fallhöhe des Rammklotzes ist übrigens nicht nachtheilig; denn wenn der Pfahlkopf noch hoch steht und das Einrammen des Pfahls erst beginnt, ist auch nur eine geringe Fallhöhe *nöthig*, weil dann der Pfahl noch leichter in die Erde eindringt. So wie er tiefer getrieben wird, dringt er schwerer ein, und dann wird auch die Fallhöhe und folglich die ihn eintreibende Kraft stärker. Auch dürfte die Verschiedenheit der Fallhöhe weder die obige Rechnung wesentlich ändern, noch erschwert sie die Ausführbarkeit weder der Luftspannungsramme nach der Dampfspannungsramme. Wird bei beiden Maschinen in gleichen Zeiten immer ungefähr gleich viel bewegende Kraft erzeugt, so ist nur die Folge davon, dafs die Schläge mit geringerer Fallhöhe *schneller* erfolgen, als bei gröfsern. Blofs, wenn wegen des tieferen Eindringens des Pfahls die Zugkette verlängert werden mufs, was doch immer nur erst nach mehreren Schlägen nöthig ist, mufs die Kraft-Erzeugung der Maschine *unterbrochen* werden. Wenn die Veränderung der Länge der Kette *rasch geschieht*, kann man die Maschine auch fortwirken und Kraft ansammeln lassen; worauf dann die nächsten Schläge wieder schneller erfolgen.

18.

Nach dieser Vorbemerkung wollen wir nun sehen, wie es sich mit den obigen vier Arten der Benutzung der Dampfspannung zum Rammen verhalte.

Es sei

λ Fufs, wie weiter oben, die *ganze* Länge der Triebröhre, also die Höhe des *höchsten* Hubes;

λ_1 Fufs die Höhe irgend eines andern, geringern Hubes;

a Q. F., wie oben, der Querschnitt der Röhre;

φ Atm. der Überschufs der nöthigen Dampfspannung über die Gegenwirkung auf den Kolben; so dafs die nöthige bewegende Kraft

47. $\boldsymbol{P} = a\varphi$ ist.

ψ Atm. sei die Spannung des niedergeschlagenen Dampfs.

Dann ergiebt sich Folgendes.

Erste Art. Hier mufs der Dampf die Spannung $1+\varphi$ Atm. haben, weil die Spannung 1 der Luft ihr entgegenwirkt. Bei jedem Hube, er sei hoch oder niedrig, geht die *ganze* Röhre voll solchen Dampfs verloren, also $(1+\varphi)a\lambda$ Cub. F. Dampf von der Spannung $1+\varphi$, folglich

48. $(1+\varphi)^2 a\lambda = \frac{(1+\varphi)^2}{\varphi}\cdot \boldsymbol{P}\lambda$ (47.) Cub. F. Dampf von der Spannung 1.

Zweite Art. Da auch hier die Luftspannung der Dampfspannung entgegenwirkt, so mufs der Dampf wieder die Spannuug $1+\varphi$ Atm. haben. Es geht aber von demselben nur der *hinter* dem Kolben befindliche Dampf verloren, also nur $(1+\varphi)a\lambda_1$ Cub. F. Dampf von der Spannung $1+\varphi$, oder

49. $(1+\varphi)^2 a\lambda_1 = \frac{(1+\varphi)^2}{\varphi}\cdot \boldsymbol{P}\lambda_1$ Cub. F. Dampf von der Spannung 1.

Dritte Art. Hier ist, wie aus der Beschreibung erhellt, nur Dampf von der Spannung $\psi+\varphi$ Atm. nöthig, und es werden davon $a\lambda$ Cub. F. bis zur Spannung ψ niedergeschlagen, also gehen vorloren

50. $\varphi(\psi+\varphi)a\lambda_1 = (\psi+\varphi)\boldsymbol{P}\lambda_1$ Cub. F. Dampf von der Spannung 1.

Vierte Art. Der hinter dem Kolben einzulassende Dampf mufs die Spannung $1-\psi$ haben, und es werden davon $a\lambda$ Cub. F. bis zur Spannung ψ niedergeschlagen, also gehen $a\lambda_1(1-\psi)(1-2\psi)$ Cub. F. Dampf von der Spannung 1 verloren. Damit die Luftspannung den Rammklotz heben könne, mufs

51. $1 = \varphi+\psi$, also $\psi = 1-\varphi$

sein und der Verlust an Dampf bei einem Hube ist

52. $a\lambda_1\varphi(2\varphi-1) = (2\varphi-1)\boldsymbol{P}\lambda_1$ Cub. F. Dampf von der Spannnng 1.

Da nicht φ, sondern $\boldsymbol{P}$ (47.) vorausbestimmt ist, so kann a nach φ eingerichtet werden und φ ist *willkürlich.* Dagegen die Spannung ψ des *nie-*

dergeschlagenen Dampfs hat ein bestimmtes Maafs. Man kann daher, um eine Vergleichung anzustellen, dem φ dasjenige Maafs geben, welches es für die *vierte* Art haben *mufs*, nemlich

$$53.\quad \varphi = 1 - \psi.$$

Dann beträgt der Verlust an Dampf bei jedem Hube:

$$54.\quad \frac{(2-\psi)^2}{1-\varphi}\cdot P\lambda \text{ Cub. F. bei der } \textit{ersten} \text{ Art;}$$

$$55.\quad \frac{(2-\psi)^2}{1-\varphi}\cdot P\lambda_1 \text{ Cub. F. bei der } \textit{zweiten} \text{ Art;}$$

$$56.\quad P\lambda_1 \text{ Cub. F. bei der } \textit{dritten} \text{ Art und}$$

$$57.\quad (1-2\psi)P\lambda_1 \text{ Cub. F. bei der } \textit{vierten} \text{ Art.}$$

19.

Hieraus erhellet, dafs bei der *ersten* Art der Verlust an Dampf entschieden gröfser ist, als bei der *zweiten;* ferner bei dieser, da ψ gewöhnlich etwa nur $= \frac{1}{10}$ und noch weniger beträgt, gröfser als bei der *dritten,* und bei dieser wieder gröfser, als bei der *vierten.* Der Verlust ist also bei der *vierten* Art am kleinsten. Aber die drei andern Arten haben auch noch eine technische Schwierigkeit. Da nemlich die Triebröhre, wegen ihrer Länge, nicht wohl anders als *horizontal* liegen kann, so müfste die 30 F. lange Kolbenstange, damit sie sich nicht senke und einbiege, ungemein stark sein; denn unterstützen läfst sie sich bei den drei ersten Arten nicht wohl, weil die Triebröhre vorn *verschlossen* sein soll. Bei der *vierten* Art dagegen ist die Triebröhre *vorn offen,* und es ist gar keine lange, sondern nur eine ganz kurze Kolbenstange nöthig, welche unmittelbar von dem Zugseile erfafst wird.

Von den obigen vier Arten ist, fast schon wegen der ebengedachten technischen Schwierigkeit, nur die *vierte* ausführbar. Und da sie aufserdem die *vortheilhafteste* ist, so dürfte jedenfalls *nur* diese *vierte* Art in Betracht kommen.

20.

Bei der *vierten* Art ist, aufser dem Dampfkessel und der Triebröhre, nichts weiter nöthig als ein Niederschlaggefäfs, mit der Heifs- und der Kaltwasserpumpe. Die Triebröhre bekommt zwei Klappen: eine zum Einlassen des Dampfs aus dem Kessel, die andre zum Auslassen des Dampfs nach dem Niederschlaggefäfs hin. Die Steuerung der Klappen könnte allerdings, eben wie bei den Dampfmaschinen, durch die Maschine selbst verrichtet werden, allein wegen der *ungleichen* Hubhöhe des Rammklotzes und der öftern, kürzern und längern Unterbrechungen, wovon man das erstere nicht auf die Feurung des Kessels sich ausdehnen lassen darf, wird es *hier* besser sein, die Klappen durch den *Maschinisten* handhaben zu lassen, der dabei auch noch recht wohl die Feuerung leiten kann, so dafs nur noch zum Heizen ein zweiter Mann nöthig ist. Der Maschinist hat dann durch die Klappen die Bewegung sehr vollkommen in der Gewalt. Das *Heben* des Rammklotzes erfolgt nemlich nicht durch die Spannkraft des *Dampfs*, sondern durch die der *Luft*, sobald der Dampf *hinter* dem Kolben niedergeschlagen wird, und folglich, wenn sonst nur der Maschine Kraft genug gegeben worden, das heifst, die Kolbenfläche grofs genug angenommen ist und der Dampf gehörig niedergeschlagen wird, *sehr sicher*, und für jede beliebige Hubhöhe des Rammklotzes *gewifs*, bis ganz oben. Durch das Einlassen von neuem Dampf wird blofs das Wiederhinabfallen des Schliefshakens möglich gemacht, und der Maschinist kann also dasselbe durch die Einlafsklappe nach Belieben schnell oder langsam, früh oder spät geschehen lassen. Man wird sogar, um die Vortheile der Absperrung, die bei den Dampfmaschinen so bedeutend sind, zu benutzen, dem Dampf im Kessel eine *höhere* Spannung geben können, als in der Triebröhre nöthig ist, und denselben, ganz wie bei den Dampfmaschinen, in der Triebröhre hinter dem Kolben allmälig sich ausdehnen lassen können; zu welchem Ende der Maschinist nur die Einlafsklappe *eher* zu verschliefsen hat, als der Klinkhaken unten angelangt ist. Er hat das Fallen des Hakens durch die Klappe ganz in der Gewalt. Hätte er etwa die Klappe *zu früh* verschlossen und der Haken bliebe auf seinem Wege stehen, so dürfte er nur die Klappe noch wieder auf einen Augenblick öffnen. Für das *Heben* des Klotzes hat er weiter keine Beobachtung nöthig, als dafs er die Auslafsklappe *nicht eher* verschliefst, als bis der Klotz wirklich oben angelangt ist; was sich dann auch dadurch ankündigt, dafs der Klotz augenblicklich wieder hinabfällt, also durch den *Schlag*, und folglich schon durch das *Gehör*. Der Maschinist mufs also die Auslafsklappe *nicht eher* verschliefsen, als bis der *Schlag* erfolgt ist. Dies ist zwar noch etwas später, als nöthig, aber das längere Offenstehen der Auslafsklappe ist nicht nachtheilig. In demselben Augenblick, wo der Maschinist die Auslafsklappe verschlossen hat, kann er dann auch wieder die Einlafsklappe öffnen und diese ihrerseits wieder verschliefsen und die Auslafsklappe öffnen, sobald der Schliefshaken herabgefallen ist, den Klotz wieder erfafst hat, und dieser wieder in die Höhe gehoben werden soll. Soll letzteres etwa aufgeschoben werden, so deutet es der Aufseher *bei der Ramme* dem Maschinisten durch ein Zeichen an. Deshalb mufs der Maschinist stets nach der Ramme hin *sehen* können. Der Maschinist lenkt das Rammen vollständig mittels der Maschine *blofs durch die Klappen*.

So also wird sich auch die Spannung des Dampfs *unmittelbar* recht gut practisch zum Rammen benutzen lassen.

21.

Die Frage, ob das Rammen mit der *Dampf*spannungsramme wohlfeiler oder theurer sein würde, als das Rammen mit der *Luft*spannungsramme, läfst sich im Allgemeinen ohne besondere Berechnung beantworten.

Was nemlich die Luftpumpe thut, geschieht hier durch das *Niederschlagen* des hinter den Kolben eingelassenen Dampfs. Die Dampfkraft dient hier nicht, den Rammklotz zu *heben*, was vielmehr das Übergewicht der Luftspannung über die des niedergeschlagenen Dampfs thut, sondern sie dient, die Luftspannung auf den Triebkolben zurückzutreiben, damit der Kolben frei werde und der Schliefshaken herabfallen könne. Diese Luftspannung gegen den Kolben mufs so stark sein, dafs sie den Rammklotz, sammt Schliefshaken, zusammen P Pfd. an Gewicht, zu heben vermag: also ist hier das nöthige Moment der Wirkung des Dampfs für *einen* Schlag von der ganzen Höhe nichts anderes als $P\lambda$; und nicht einmal ganz so viel, weil die Spannung des niedergeschlagenen Dampfs derjenigen des neu eingelassenen Dampfs noch zu Hülfe kommt. Dasselbe Kraftmoment mufs aber zufolge (9.) die Luftpumpe während der τ_1 Minuten Zeit des *Aufsteigens* des Rammklotzes haben, und der Dampf, welcher in den Stiefel der Dampf*maschine* während dieses Aufsteigens des Klotzes eingelassen wird, mufs es hervorbringen. Hier freilich mufs die Dampfkraft *dasselbe* Kraftmoment $P\lambda$ ebenfalls in den τ_2 Minuten, die für das Niederfallen des Schliefshakens bestimmt sind, hervorbringen, und in dem obigen Beispiele, das heifst für $\mu = \frac{1}{2}$ (35.), ist $\tau_2 = \tau_1 = \frac{1}{2}$ (42.), also ist *insofern* die nöthige Dampfkraft *dieselbe*. Aber der Unterschied ist, dafs die Luftpumpe und die Dampf*maschine* auch in der *andern* Hälfte der Zeit mit ungefähr *gleicher* Kraft fortarbeiten und folglich auch dazu Dampfkraft aus dem Kessel ziehen mufs, während hier in der *zweiten* Hälfte der Zeit *kein* Dampf weiter nöthig ist. So betrachtet, würde also die Luftspannungsramme zu derselben Wirkung etwa *doppelt* so viel Dampfkraft bedürfen, und es würde für sie doppelt so viel Wasser zu verdampfen und folglich doppelt so viel Brennstoff nöthig sein, als für die Dampfspannungsramme.

Freilich läfst sich dagegen sagen, dafs bei der Dampf*maschine* die Dampfkraft durch Absperrung und Niederschlag möglichst vortheilhaft benutzt werden könne: allein der Gewinn durch den Niederschlag wird auch hier benutzt, und auch der Vortheile der Absperrung kann man sich, wie in (§. 20.) bemerkt, bedienen. Desgleichen wird sich die Triebröhre, eben wie der Stiefel einer Dampfmaschine, recht gut mit einer Hülle von Holz umgeben und der Zwischenraum zwischen dieser Hülle und der Röhre mit Asche, Holzspänen oder einem andern schlechten Wärmeleiter füllen lassen, um zu verhüten, dafs der Dampf beim Eintritt in die Röhre nicht durch Erkältung an Kraft verliere. Also alle Vortheile zur guten Benutzung der Dampfkraft, die bei Dampf*maschinen* zu erreichen sind, lassen sich auch hier erlangen, und folglich dürfte das obige Ergebnifs, dafs die bewegende Kraft bei der Dampfspannungsramme sogar nur noch etwa *halb so viel* kosten würde, als bei der Luftspannungsramme, wohl so ziemlich das richtige sein.

Doch wie dem auch sei, so ist jedenfalls so viel *gewifs*, dafs die bewegende Kraft hier *nicht mehr* kosten wird, als bei der Luftspannungsramme. Dann aber hat die Dampfspannungsramme gegen jene immer noch den grofsen Vorzug, dafs sie *viel einfacher* ist: denn man erspart bei ihr die ganze Luftpumpe, nebst den Behältern und dem gröfsten Theile der die Luftpumpe in Bewegung setzenden Dampfmaschine. Zu der Dampfspannungsramme ist aufser der für beide gleich erforderlichen Triebröhre, nichts weiter nöthig, als der Dampfkessel und das Niederschlaggefäfs, nebst den Pumpen für das heifse und für das kalte Wasser. Ihre Anlage- und Erhaltungskosten sind daher viel geringer, und folglich wird auch schon deshalb das Rammen selbst entschieden *noch* wohlfeiler sein, und, da die Maschine einfacher ist, so wird sie *zuverlässiger* sein und es werden weniger Stockungen und seltner Ausbesserungen vorkommen, als bei der Luftspannungsramme.

22.

Für die Benutzung der Dampfkraft zum Rammen, sei es mit oder ohne die Luftpumpe, giebt es auch noch mehrere andere Vortheile. So z. B. können die Abgänge von den Pfählen und den andern Bauhölzern, die sonst fast verloren gehen, mit zur Heizung des Dampfkessels benutzt werden. Auch kommt man nie in Verlegenheit etwa durch Mangel an Arbeitern; und auch in nicht gar zu schlechtem Wetter kann eher das Rammen fortgesetzt werden, als mit Menschenkräften u. s. w. Besonders beim Bauen am Wasser wird es nie an kaltem Wasser, im Überflufs, zum Niederschlagen des Dampfs fehlen; welches für die gute Benutzung der Dampfkraft sehr wesentlich ist.

Kämen die Dampframmen erst allgemeiner in Gebrauch, so würden die Bau-Unternehmer nicht ermangeln, eben wie jetzt die gewöhnlichen Rammen, auch Dampfkessel und die übrigen nöthigen Maschinentheile in Vorrath zu halten, so dafs man sie *miethen* könnte und nicht erst das Geld und die Zeit aufwenden dürfte, die Maschine neu machen zu lassen, um sie hernach wieder zu verkaufen.

Manche werden vielleicht auch hier wieder das alte Klagelied anstimmen, dafs durch die Dampframme nun abermals wieder so vielen hundert Hand-Arbeitern der Verdienst entzogen werden würde. Die Antwort darauf ist bekannt. Wer aber dennoch den Einwand macht, dem mufs sie ins Gedächtnifs gerufen werden. Sie ist einfach die, dafs, wenn sich mit weniger Aufwand von Geld und Kraft von Menschenarmen nützliche Werke ausführen lassen, mit dem ersparten Gelde und den ersparten Menschenkräften dann *um so mehreres* Nützliche sich herstellen läfst; so dafs es keinesweges nöthig ist, dafs die ersparten Menschenkräfte müfsig und unbenutzt bleiben. Der Gewinn, auch für die gewöhnlichen Hand-Arbeiter, ist aber dann *zwiefach:* denn wahrhaft nützliche Werke sind für das *ganze Volk* nützlich, und Jeder, auch der Geringste, hat, während ihm sein bisheriger gewöhnlicher Verdienst bleibt, an dem Nutzen auf irgend eine Weise seinen Theil. Die Erfahrung mit dem Maschinenwesen hat dies im Grofsen längst bewiesen.

Die Benutzung der so wichtigen und schon so vielseitig ungemeine Vortheile gewährenden *Dampfkraft,* auch zum Einrammen der Pfähle, ist daher in dem oben (§. 13.) gedachten Umfange mit Grund zu empfehlen, und es ist zu hoffen, dafs die Baumeister auch allgemeiner sie berücksichtigen werden. Nicht einer der geringsten Vortheile davon für ihre Bauwerke ist, wie schon oben gesagt, auch der, dafs sie durch die kräftigere Ramme eine gröfsere *Sicherheit* für die Festigkeit der Gründung und folglich für die Dauer ihrer Werke erlangen.

Berlin im März 1847.

9.
Übersicht der Geschichte der Baukunst, mit Rücksicht auf die allgemeine Culturgeschichte.

(Von Herrn Regierungs- und Baurath *C. A. Rosenthal* zu Magdeburg.)

(Fortsetzung der Abhandlung No. 2. im 1ten, No. 6. im 2ten, No. 8. im 3ten Hefte 13ten, No. 1. im 1ten, No. 7. im 2ten, No. 8. im 3ten, No. 12. im 4ten Hefte 14ten, No. 1. im 1ten, No. 9. im 2ten, No. 11 im 3ten, No. 15. im 4ten Hefte 15ten, No. 10. im 3ten Hefte 16ten, No. 3. im 1ten, No. 5. im 2ten, No. 10. im 3ten Hefte 17ten, No. 4. im 2ten Hefte 18ten, No. 2. im 1ten Hefte 20ten, No. 9. im 2ten Hefte 22ten und No. 1. im 1ten Hefte dieses Bandes.)

II. Die arabische Baukunst.

§. 145.
Einleitung.

Obgleich die Baukunst der Araber, in ihrer weitern Entwicklung, in die Zeit der germanischen und bis in die neuere Zeit hinübergreift, und obwohl sie im Einzelnen von der abendländischen Kunst vielleicht mehr Einwirkung empfangen, als auf sie ausgeübt hat, so war doch ihr Einflufs auf die Entstehung des germanischen Baustyls, wenn auch nur allgemein, doch zugleich entscheidend, und wir müssen daher zu einer richtigen Würdigung der Verhältnisse noch die Zeit ihrer Entstehung zwischen die beiden christlichen Baustyle einschieben. *Kugler* hat in seinem Handbuche der Kunstgeschichte die arabische Baukunst vor der romanischen abgehandelt und deshalb vor dem romanischen noch einen altchristlichen Baustyl angenommen, und hiezu den byzantinischen gerechnet. Diese Eintheilung ist in vieler Hinsicht vorzuziehen, doch möchte die Abtrennung des byzantinischen Styls vom romanischen in der Baukunst auch Manches gegen sich haben.

Arabien, mitten zwischen den ältesten Culturländern gelegen, im frühesten Handelsverkehr mit Phönikien und Indien, und doch wieder durch Meer und Wüsten in einer glücklichen Abgeschiedenheit sich befindend, mit seinen edeln Erzeugnissen, seinen reich-wechselnden climatischen und Bodenverhältnissen, von nördlicher Kälte bis zu südlicher Hitze, vom Sande der Wüste bis zum blühenden Fruchtlande, war ganz dazu geeignet, die kindlich einfache Cultur der frühern Zeit mehr als irgend ein anderes Land in seinem Schoofse zu bewahren. Freilich mochte die erste Bevölkerung bei weitem nicht mehr in ihrem ursprünglichen Zustande sein, und der Verkehr nach aufsen war lebhaft genug, um diesen Zustand wesentlich zu verändern: immer aber war weder eine so hohe Ausbildung, noch eine so tiefe Entartung, sodann nur ein treueres Festhalten an der ursprünglichen Geistesrichtung zu erwarten. Die Bewohner von Arabien führten, bei weitem der Mehrzahl nach, in den früheren Zeiten, wie noch jetzt, ein patriarchalisches Nomadenleben. Frei in der freien Natur, unter dem gestirnten Himmel und der leichten Zeltdecke, mufsten sie wohl jene glühende Freiheitsliebe einsaugen, mit welcher sie ihre Unabhängigkeit durch alle Zeiten und selbst gegen die welterobernden Römer glücklich vertheidigten. Ihre Religion (dem Thierdienst gegenüber immer schon veredelt) mufste sich zu einer Anbetung der Gestirne ausbilden und ihre Bildung eine entschieden poetische Richtung annehmen. Bereits im fünften Jahrhundert wurden zu Mecca poetische Wettkämpfe angestellt und die gekrönten Dichtungen mit goldnen Buchstaben auf Byssus geschrieben und in dem Nationalheiligthum der Kaaba aufgehängt. Zwar kommt es hier auf die höhere Bildung in den zerstreuten Städten um so weniger an, als nicht die Städter, sondern die weit zahlreichern Wüstenbewohner (Beduinen) es waren, welche später zu Anhängern und Streitern *Muhameds* wurden und dem Volke seine Nationalität gaben: aber auch unter diesen war die Neigung zu Gesang und Poesie allgemein, und die Poesie war, obwohl roh, doch sicher tief ins innere Leben eingedrungen. Wie man es noch jetzt hört, ertönte die stille Wüste Abends vor den Zelten vom Gesange improvisirter Lieder.

Die Lehre, mit welcher *Muhamed* als Prophet des einzigen Gottes (608) auftrat, war ganz auf die Character-Eigenthümlichkeit seines Volks und auf augenblickliche Wirkung berechnet. Die allen Morgenländern angeborne und in dem einsamen Wüstenleben noch gesteigerte Neigung zu einem beschaulichen Leben fand in dem abstracten Theile seiner Lehre, in der rein geistigen Darstellung der Gottheit, mit strenger Verbannung aller Bilder und Symbole, reiche Nahrung. Der morgenländischen Üppigkeit und den sinnlichen Neigungen der unwissenden, so leicht erregbaren Beduinen entsprach die Verheifsung eines Himmels voll sinnlicher Genüsse, und ihrer wilden Kampfeslust und Raubsucht war das Gebot, die Welt zu bekehren und zu unterjochen, willkommen. Eine solche Lehre mufste also wohl ein solches Volk zu glühender Begeisterung erwecken, mit fanatischem Eifer erfüllen und es, als es sich nun todesmuthig um die Fahne des Propheten gesammelt hatte, unbesiegbar machen. So war es denn, zumal bei der Altersschwäche der gegenüberstehenden Völker kein Wunder, dafs die Araber innerhalb etwa hundert Jahren Syrien, Palästina, Ägypten, Persien, Sicilien, die Nordküste von Afrika, Spanien, und später Indien und Griechenland unterjochten.

Schnell gingen die rohen, aber geistig bildsamen Sieger zu der verfeinerten Lebensart der Besiegten über, und bald entwickelte sich das geistige Leben der Araber, auf eine eigenthümliche Weise nicht selten zu den herrlichsten Blüthen sich entfaltend, in den Wissenschaften, wie in den Künsten, und auch in der Baukunst; die ja für die Behaglichkeit des täglichen Lebens der Reichen zunächst in Anspruch genommen wird. Daher ist auch, im entschiednen Gegensatze zu den christlichen Völkern, die Baukunst der Araber vorzugsweise eine Baukunst der Paläste.

In ihrer Heimath hatten die Araber, der Mehrzahl nach, unter Zelten gelebt und besafsen fast gar keine Baukunst; es blieb ihnen also nur übrig, die Baukunst, welche sie in den eroberten Ländern fanden, anzunehmen; ihr regsamer Geist und das Bewufstsein innerer Kraft litten aber weder langes Festhalten an derselben, noch eine allmälige Umbildung. Eine gänzliche Umänderung der Hauptgestaltungen und der Constructionen war jedoch nicht schnell möglich. Auch wirkte die poetische Richtung des Geistes vorzugsweise nur auf die äufserliche Darstellung. Dies Verhältnifs konnte nicht ohne Nachtheile bleiben; wir sehen überall einen eigenthümlichen arabischen Baustyl sich entwickeln, während immer einige Haupt-Elemente aus der frühern Bauart des Landes zu erkennen sind, oder richtiger: es bildeten sich, je nach der Verschiedenheit der eroberten Länder, verschiedene arabische Baustyle aus, die indefs alle einen verwandten, und zwar entschieden arabischen Character trugen.

Ein zweiter wesentlicher Punct, worin sich die arabische Baukunst von jeder andern unterscheidet, ist der Mangel an Sculpturen; in Folge religiöser Vorschriften. Der vortreffliche *Kugler* (Handbuch der Kunstgeschichte S. 394) hält diesen Mangel für so bedeutend, dafs gerade durch ihn alle höhere und wahrhafte Vollendung der muhamedanischen Kunst im Keime erstickt worden sei. „Und wenn nun," fährt er fort, „solchergestalt der muhamedanischen Kunst „die individuell-bedeutsame Blüthe fehlte, so mufste dieser Mangel auch auf „die Architektur zurückwirken. Ohne ein solches Ziel vermochte die Archi„tektur aber kein Streben nach invidualisirender Gestaltung auszudrücken; „d. h. sie vermochte nicht, zu jener organischen Gliederung sich durchzubilden, „welche die allgemeinen Kräfte, die in den Werken der Architektur dargestellt „sind, zugleich als Einzelkräfte gestaltet, und in welcher überhaupt die Vollendung

„der architektonischen Kunst beruht." Ich kann diesem Ausspruche nicht überall beistimmen, halte jedoch das Urtheil *Kuglers* für zu wichtig, um meine abweichende Meinung ohne nähere Begründung hinzustellen.

Allerdings stehen die Künste sämmtlich in Wechselverbindung, und es kann die Vernachlässigung der einen nicht ohne nachtheiligen Einflufs auf die Entwicklung der andern bleiben, wenn auch die Wechselwirkung nur eine entferntere und allgemeinere ist. Es möchte ferner freilich scheinen, dafs es, da hier die Natur die unmittelbare Lehrerin ist, leichter sei, den plastischen Formen einen bestimmten Ausdruck zu geben, als den architektonischen, und dafs deshalb die Bildhauerkunst mit dem Beispiele vorangehen müsse: dem aber widerstreitet die Erfahrung, indem in der Wirklichkeit fast überall die Baukunst der Bildhauerkunst um etwas voreilte; wie denn z. B. bei den durch und durch plastischen Griechen die Baukunst bereits unter *Perikles* ihren Wendepunct und schon da die gröfste Schärfe in der individualisirenden Gestaltung erreicht hatte, als die Bildhauerkunst noch erst im Entstehen war und namentlich nur erst die hervorstechenden Character-Eigenschaften der Würde, Erhabenheit u. s. w. darzustellen vermochte. *Das* freilich mufs zugegeben werden, dafs die Baukunst bei der Darstellung der speciellen Bestimmung der Gebäude oft der Hülfe der Sculpturen schmerzlich entbehren mag; dies kann jedoch eher als ein Vortheil für die Baukunst selbst, denn als Nachtheil angesehen werden, indem ihr dadurch eine höhere Aufgabe gestellt und sie auf den richtigen Weg geleitet wird. Es kann auch nicht gebilligt werden, dafs die Araber zu der völlig unkünstlerischen Anwendung der Inschriften ihre Zuflucht nahmen; allein, abgesehen davon, dafs sie dazu nicht durch den Mangel der Bildhauerkunst geradezu gezwungen wurden, hatte dieser Mifsgriff, wie wir später sehen werden, vielleicht einen nähern Grund. Jedenfalls mufs anerkannt werden, dafs die geistigere Auffassung des Göttlichen, welche sich in der Verwerfung bildlicher Darstellungen desselben ausspricht, sehr wohl zu einer geistigen Gestaltung der Kunst hinführen konnte.

Dazu, dafs der arabischen Baukunst die höhere Vollendung fehlt, mag jener Mangel in etwas mitgewirkt haben; die eigentliche Grundursache aber liegt tiefer; sie liegt im National-Character und in der übereilten Ausbildung, die aus demselben hervorging. Anstatt zunächst die Constructionen und Hauptformen den eigenthümlichen Bedürfnissen entsprechend festzustellen, schufen die Araber, in ihrer übersprudelnden Phantasie, unbekümmert um Harmonie und Bedeutung, immer neue und neue Formen, und überhäuften damit und mit einem übergrofsen Reichthum von Verzierungen ihre Bauwerke. Bei einem solchen Bestreben mufsten wohl jene wunderlichen Formen, die überschlanken, zerbrechlichen Säulen, die hufeisenförmigen, gebrochnen und ausgezackten Bogen, die stalactitenartigen hölzernen Decken, die widerlich ausgebauchten Kuppeln, die tapetenartig-gemusterten Wände und Filigran-Ausfüllungen u. s. w. entstehen; es mufsten die Hauptformen und Details in Widerspruch gerathen; die Architektur selbst mufste mager bleiben und statt ihrer eine reich ausgebildete, aber willkürliche Verzierungskunst entstehen.

Die arabische Architektur ist nicht ohne Geist, Anmuth und Reiz; es fehlt ihr jedoch Ernst und Kraft; sie ist mehr eine blofse Verzierungskunst, eine mehr auf Bauwerke angewandte allgemeine Formenkunst, als eine eigentliche Baukunst.

§. 146.

Ägypten.

Ägypten (640 erobert) zeigt uns einige der ältesten arabischen Bauwerke. Wir heben davon hervor: den ***Nilmesser*** auf der Insel Rodali bei Alt-Cairo (719 erbaut, 821 erneut, 1107 mit einer Kuppel überdeckt); die Moschee ***Amra*** (643 gegründet, bis 714 erweitert, 897 restaurirt); die Moschee ***el Azhar*** (von 981); die Moschee ***Tuloun*** (885—887); die Moschee ***Burkank*** (1149); sämmtlich in Cairo.

Der ***Nilmesser*** ist ein weiter, viereckiger Brunnen, mit hinunterführenden Treppen; in der Mitte ist eine achteckige, zum Pegel dienende freistehende Säule mit römischem Capitäl. Am merkwürdigsten sind hier die in den Mauern angebrachten grofsen und tiefen Nischen, in ihren geraden Theilen mit antiken Säulen eingefafst und mit ***Spitzbogen*** überwölbt. Es ist dies das Bauwerk, durch welches die Erfindung, oder die früheste Anwendung des Spitzbogens bei den Arabern, begründet wird.

Die ***Moscheen*** Ägyptens sind der Haupt-Anlage nach gar keine eigentlichen Gebäude, sondern viereckige Höfe; von glatten, mit Zinnen gekrönten Mauern umschlossen. An der innern Seite zieht sich ein Säulen- oder Pfeilergang hin; der hintere, dem Eingange gegenüberliegende Gang ist gemeiniglich breiter und hat demnach mehrere Reihen Säulen. Hier befindet sich, stets gen Mekka gerichtet, die reich verzierte Nische, in welcher der Koran aufbewahrt wird. Diese Gänge und Hallen haben bei den alt-arabischen Moscheen Ägyptens stets gerade Balkendecken, und die Pfeiler oder Säulen sind durch ***Spitzbogen*** verbunden. Eine weitere Entwicklung scheint die zu sein, wo die hintere Halle noch breiter und durch eine Mauer vom Hofe abgeschlossen ist. Auf dem Hofe, gewöhnlich im Mittelpuncte, fehlt es, ähnlich der alt-christlichen Anordnung, nie an dem zum Reinigen vor dem Gebet dienenden Brunnen, der, in einem pavillonartigen Bau, mit einer Kuppel überbaut ist. Aufsen erhebt sich neben der Umfangsmauer das Minaret, von welchem aus der Muezzin die Stunde des Gebets abruft; es ist dies ein überschlanker Thurm; gewöhnlich mit mehreren Absätzen, unten viereckig, oben achteckig, auch wohl rund emporsteigend, mit Galerieen umgeben, mannigfach verziert und oben mit einer kleinen Kuppel, auch wohl mit einem spitzen Dache bedeckt. In späterer Zeit verband man häufig mit der Moschee das Mausoleum des Erbauers; welches sich dann in Kuppelform über das Bauwerk erhob und dem Ganzen eine mehr architektonische Form gab. Eine zweite, wesentlich verschiedene Anordnung der Moscheen wird sich später zeigen.

Die oben genannten Moscheen haben sämmtlich noch eine sehr einfache Architektur, und es ist von ihnen im Einzelnen noch Folgendes zu bemerken:

An der Moschee *Amru* sind noch die Spitzbogen niedrig und ruhen mit dem beliebten hufeisenförmigen Ansatz zunächst auf hohen würfelförmigen Aufsätzen, welche auf die Capitäle der, antiken Gebäuden entnommenen Säulen aufgestellt sind.

Die Moschee *el Azhor* hat eine noch rohere Architektur; die Würfel-Aufsätze sind hier sehr breit und statt der Bogenwölbung sind die Quadern nach einer völlig urthümlichen Constructions-Art übergekragt und nach geraden Linien abgeschrägt, so dafs die Dreiecksform entsteht.

An der Moschee *Backank* zeigt sich das Princip jener würfelförmigen Bogenstützung in mehr architektonisch-ausgebildeter Weise. Statt der Säulen finden sich Pfeiler, welche oben viereckig, unten achteckig sind.

Weit bedeutender als die bisherigen ist die *Moschee Tuloun:* angeblich, aber nicht wahrcheinlich, von einem christlichen Architekten erbaut. Sie ist an drei Seiten noch von einer zweiten, äufsern, ganz schmucklosen Mauer umschlossen. Die innere Mauer hat nach aufsen hin gehende niedrige Spitzbogenfenster, und dazwischen kleine Nischen, welche sternartig überwölbt sind. Oben zieht sich ein Fries hin, in quadratische Felder abgetheilt, in deren jedem eine runde Öffnung ist. Die Gesimse über und unter dem Friese sind kleine einfache Platten. Darüber ist die Mauer, statt mit Zinnen, mit einer durchbrochnen steinernen Galerie gekrönt, die an den Ecken mit kleinen Pfeilern eingefafst ist. Die innern Hallen haben statt der Säulen sehr breite Pfeiler, ohne Capitäl, so dafs sich nach dem Hofe zu eine Mauer darstellt, die mit häufigen Spitzbogen-Öffnungen durchbrochen ist. In die viereckigen Pfeiler sind (ein seltenes Beispiel) an den Ecken plumpe Säulen eingelassen, ohne Basen, unverjüngt und mit sonderbaren, an einige alt-ägyptische erinnernden Capitälen, ohne Ausladung und mit flachen Ornamenten bedeckt. Die Spitzbogen darüber sind mit Arabesken eingefafst und in den Zwickeln zwischen ihnen hat die Mauer kleine Öffnungen, mit Säulchen und in der Eselsrückenform überwölbt; daneben sind kleine Arabesken-Rosetten in die Mauer eingelassen. Oben ist die umlaufende Mauer ohne Zinnen; sie endigt in dem oben gedachten Friese, unter welchem noch ein zweiter liegt, ist in achteckige Façetten getheilt und mit Rosetten verziert. Während Vieles, theilweise auch in der Gestaltung der Arabesken, an die alt-ägyptischen Formen erinnert, scheinen doch der Façettenfries und die Rosetten die Nachbildung eines römischen Bauwerks zu sein. Der Pavillon über dem Brunnen ist unten viereckig und mit zackigen Zinnen gekrönt; ein zweiter niedriger Absatz führt in die achteckige Form über, und hierauf ruht die runde, ganz schlichte Kuppel: erst lothrecht emporsteigend, dann in sehr niedriger Spitzbogen- (fast Halbkreis-) Form sich schliefsend. Die Eingänge und die dreifachen Fenster im zweiten Aufsatze sind spitzbogig überwölbt; die kleinern Öffnungen unten in der Kuppel sind dreieckig geschlossen. Im Innern ist die runde Mauer zwischen den Fenstern mit einer vierfachen Reihe kleiner, dreieckig geschlossener Nischen bedeckt. Das Minaret erhebt sich aus einem quadratischen Treppenbau an der innern Seite der Aufsenmauer. Es ist unten viereckig, dann höher hinauf rund, dann achteckig, und mit einer halbrunden Kuppel bedeckt. Der Rundbau ist mit kleeblattförmigen Zinnen gekrönt; der achteckige Aufsatz hat in der Mitte eine herausgekragte Galerie und wunderlich ausgezackte Öffnungen. Neben dem Minaret, zwischen ihm und der innern Mauer, ist eine Pforte mit völlig kreisförmigen Hufeisenbogen. Sie ist vielleicht später gebaut.

Von andern und spätern Bauwerken in Ägypten gedenken wir Folgendes.

Die Ruine einer Moschee bei *Bâb el Nashr* hat ebenfalls Spitzbogen, auf glatten viereckigen Pfeilern, ohne alle Verzierung; in den Mauerzwickeln sind kleine, halbrund geschlossene Nischen. Das Minaret erhebt sich auf einem glatten und breiten, nach alt-ägyptischer Art etwas verjüngten Unterbau, in einer reichen Gestaltung. Die birnenförmige Kuppel ist melonenartig gestreift. Mit Ausnahme des Minarets scheint der Bau alt zu sein. Bemerkenswerth sind die, hier und an andern arabischen Bauwerken in der Kämpferlinie der

Bogen als Anker eingelegten Latteihölzer: ein Beweis, dafs die Araber das Wesentliche der Bogenconstruction nicht kannten; oder wenigstens nicht in der Darstellung hervorzuheben bemüht waren.

Die sogenannte ***Josephshalle*** zu Cairo, aus dem XII. Jahrhundert, hat den würfelförmigen Aufsatz über den Capitälen nicht; vielmehr stehen die Spitzbogen unmittelbar auf letztern.

Die mit einem Hospital und dem Grabmal des Erbauers verbundene Moschee ***Kalaun*** zu Cairo (1305) ist bei weitem reicher als die vorgenannten geschmückt. Das Äufsere soll sich, sehr abweichend von der gewöhnlichen Art, in einer dem romanischen Style des Occidents verwandten Form darstellen.

Einfacher angelegt, doch ebenfalls reich verziert, sind die Moscheen ***Mir-ackhar*** (1362) und ***Kaïthaï*** (1492).

Eine in der Haupt-Anlage von der bisherigen ganz abweichende Gestaltung zeigt sich an der Moschee ***Hassan*** (1379). Der innere Hof ist quadratisch und an allen Seiten unregelmäfsig von Gebäuden umgeben. Die umlaufenden Säulengänge fehlen und es ist statt ihrer an jeder der vier Seiten eine sehr hohe und weite, nach dem Hofe zu ganz offne, so wie auch im Innern ganz freie bedeckte Halle angebaut, die an drei Seiten quadratisch, an der vierten oblong und mit weiten spitzbogigen Tonnengewölben überwölbt ist; ihr Grundrifs hat auf diese Weise fast die Form des lateinischen Kreuzes. An die gröfsere Halle schliefst sich aufsen das quadratische und fast thurmartige Mausoleum des Erbauers. Neben demselben steigen symmetrisch zwei Minarets empor, von schlanker, achteckiger Form, mit vielen Absätzen und Galerieen, oben mit einer ausgekehlten Spitze, mit grofsem birnenförmigem Knopf. Dem Äufsern nach ist die Moschee selbst ein hohes Gebäude, mit vollkommen glatter Mauer, von zahllosen kleinen viereckigen Fenstern in streifenartig hinauflaufenden Nischen durchbrochen und oben mit einem hohen, stufenweise ausgekragtem Gesimse bedeckt, welches an die ägyptische Hohlkehle erinnert. Eigenthümlich ist der schräg vorgeschobene Haupt-Eingang, mit einer vorn offnen, fast die ganze Mauerhöhe erreichenden Vorhalle, die oben kegelförmig zuläuft. Obwohl in der alt-ägyptischen Architektur Dergleichen nicht vorkommt, so macht es doch hier ziemlich denselben Eindruck. Andrerseits finden sich in dem Mausoleo Spitzbogenfenster, je zwei durch ein Säulchen getheilt und darüber in der gemeinschaftlichen Öffnung mit einer einfach (mit zwei kleinen Spitzbogen und einer runden Öffnung darüber) durchbrochnen Steinplatte ausgefüllt: ganz wie es in der abendländischen Architektur gegen

1300 vorkommt; desgleichen finden sich kleeblattförmig geschlossene Öffnungen (am Minaret) und rund geschlossene Doppel-Öffnungen, mit einem runden Loche über dem Bogenwinkel (am Brunnen-Pavillon); etwa so, wie sie im italisch-romanischen Styl zu sehen sind. Im Innern ist die quadratische Grundform in die runde Kuppel durch die aus lauter kleinen, in sich abgeschlossenen Gewölbstückchen bestehende Eck-Ausfüllung hinübergeführt; auf die Weise, wie man später ganze Überwölbungen construirte, die dann einen, in der That sinnverwirrenden Eindruck machen. Die reichen Verzierungen bestehen aus eingerahmten Feldern und Nischen und in der Anwendung buntfarbiger Stein-Arten, in eingelafsnen Rundstäbchen, Inschriftstreifen, magern Arabesken, Rosetten u. s. w.

Noch abweichender ist die grofse Moschee von ***Boûlak*** gestaltet. Wir übergehen das Weitere davon, da wir diese Anordnung bei den arabischen Bauwerken in Palästina und Constantinopel wiederfinden werden, und bemerken nur, dafs sie wahrscheinlich in ziemlich später Zeit erbaut und den dortigen Gebäuden nachgebildet ist, dabei aber den ägyptisch-arabischen Character, in der einfachern Gestaltung mit nur einem Minaret, nicht ganz verläugnet.

Dagegen finden sich in andern Gegenden von Ägypten noch viele Moscheen von der oben beschriebenen Form; darunter auch die bedeutenderen zu Alexandrien, von denen die der ***Tausend-Säulen*** und die des heiligen ***Athanasius*** zu nennen sind. Bei der erstern sind schon statt der hölzernen Decken die Säulengänge mit Reihen kleiner Kuppeln überwölbt; die letztern haben die gedrückte Eselsrückenform der Bogen: beides Zeichen einer ziemlich späten Zeit.

Von den sonstigen Bauwerken wollen wir folgender gedenken.

Das Thor ***Bâb el Foutouh*** zu Cairo wird von zwei Thürmen gebildet, welche nach vorn zu halbrund sind, während die drei hintern Seiten gerade Flächen bilden, so dafs im Grundrifs jeder aus einem Quadrate und einem Halbkreise zusammengesetzt ist. Die Mauer der Thürme ist ganz glatt und die weitläufig stehenden glatten und oben abgerundeten Zinnen treten unmittelbar aus derselben heraus; ohne irgend eine absondernde Gliederung. In jede Front, auch in die runde, ist unten eine flache Rundbogennische und darüber eine mit Gliederungen umrahmte Füllung eingelegt. Die tief zurückliegende Thormauer ist so hoch wie die Thürme; das Thor selbst hat einen geraden Sturz, liegt aber in einer halbrund überwölbten und verzierten Nische. Auch in den Befestigungsthürmen von Alexandrien kommt der Rundbogen neben dem Spitzbogen vor; einige davon haben eine eigenthümliche innere Einrichtung. Eine nahe vor dem Thore ***Garâ Meydân*** gelegene Wassertränke ist ein oblonges Gebäude, vorn mit zwei weiten, halbkreisförmig geschlossenen Bogen-Öffnungen, mit einer einfachen Säule dazwischen; daneben sind zwei Pforten, welche auf die erhöhte Galerie um das Wasserbecken führen; feine Gliederungen umrahmen die Felder über den Bogen; oben hat die Mauer sägenförmig gezackte Zinnen und die Dachung besteht aus zwei flachen Kuppeln. Reicher gestaltet ist die Cisterne *Sibil-Aly-Aghâ* zu Cairo. Sie ist ein zweistöckiges Gebäude, vorn flach gerundet, in jeder Etage mit drei Bogen-Öffnungen; die flachen Stichbogen sind zwischen Pfeiler gespannt, und diese stehen auf reich verzierten Säulen; die Öffnungen sind mit Gitterwerk ausgesetzt: die untern mit feinem Netzwerk, die obern mehr auf moderne Weise. Der verzierte Dachrand tritt wie gewöhnlich weit vor. Sonderbarerweise ist das ausgekragte, wie Bienenzellen aussehende Gesims, welches wir als Mauerkrönung bei der Moschee *Hassan* antrafen, hier als Brüstung unmittelbar auf die Plinte aufgesetzt. An den Nebenmauern, welche mit kleeblattförmigen Verzierungen gekrönt sind, kommt der Kleeblattbogen als Überdeckung einer breiten und hohen Nische vor.

Von den Wohngebäuden, welche indefs einer noch neuern Zeit angehören mögen, mag nur, als auch in der alten Zeit üblich, erwähnt werden, dafs sie nach aufsen hin gewöhnlich nackte Mauerflächen haben und dafs Pracht und Zierlichkeit (natürlich jetzt in einem weit geringern Grade als sonst) sich auf das Innere beschränken. In der äufsern Ansicht treten nur die oft angebrachten Kuppeln und die zahllosen Erker, in welchen aufschliefslich die Fenster sich befinden, bedeutsam hervor.

§. 147.
Fortsetzung.

Bei näherer Betrachtung der oben beschriebenen ältern Moscheen springt sogleich die grofse Ähnlichkeit der Haupt-Anlage mit der der alt-ägyptischen Tempel in die Augen; es zeigt sich im Wesentlichen ganz die Einwirkung dieser: nemlich der mit Säulen- oder Pfeilergängen umgebne Vorhof, mit dem vielsäuligen Raume im Hintergrunde. Die frei sich erhebenden Obelisken können ferner sehr wohl entfernt die Idee zu den Minarets gegeben haben; so wie es auch nicht unmöglich ist, dafs der Gebrauch der Inschriften, namentlich der ältern und mehr monumentalen kufischen, eine Nachahmung der Hieroglyphen ist. Nimmt man dazu die offenbar den ägyptischen Tempeln entlehnten würfelförmigen Aufsätze auf die Capitäle und die übrigen, mehr oder weniger deutlichen Reminiscenzen an alt-ägyptische Formen, auf welche wir oben aufmerksam machten, so ist wohl nicht zu zweifeln, dafs die Araber bei dem Hauptplane der Moscheen die alten ägyptischen Tempel zum Vorbilde nahmen, wenn sie gleich kein Bedenken trugen, bei der Gestaltung im Einzelnen ihren eigenen Ideen zu folgen und die Säulen aus römischen Gebäuden zu entnehmen. Auf die Frage, wie es gekommen sei, dafs die Araber die damals in Ägypten herrschende byzantinische Bauart, welche sie doch in andern Gegenden annahmen, hier nicht berücksichtigten, läfst sich nur vermuthungsweise antworten. Es kann sein, dafs die römische und die byzantinische Baukunst in das Innere von Ägypten nie so vollständig eingedrungen ist und sich nicht so lebendig entfaltet hat, wie in andern Ländern, und dafs sich daher die urthümliche Bauart fortwährend, wenn nicht in Übung, so doch frisch im Gedächtnifs erhalten hat. Es ist wahrscheinlich, dafs die phantasiereichen, zum Abentheuerlichen geneigten Araber sich von den prachtvollen ältern Bauwerken mehr angezogen fanden, als von den, vermuthlich dürftigeren neueren Gebäuden; es neigte sich auch vielleicht in ihrem Geiste eine undeutliche Richtung dunkel nach frühern Zuständen zurück, aus welchen die ägyptische Baukunst ja ebenfalls hervorgegangen war; und jedenfalls mufste die freie Gestaltung der unbedeckten Heiligthümer dem freien Geiste und den frühern Gewohnheiten der Beduinen sehr zusagen. Der düstere Ernst der alt-ägyptischen Denkmäler, welcher freilich ihnen nicht behagen konnte, schreckte sie aber nicht zurück, weil sie ihn bei ihrer geringen Ausbildung nicht erkannten, und weil er auch bei den ägyptischen Bauwerken seit ***Psammetich*** sich merklich vermindert hatte. Dann war es ja auch nicht der finstere Tempel selbst, welchen sie nachbildeten, sondern der heitrere Vorhof. Demungeachtet konnte die Nachahmung der Hauptgestaltung der Tempel nicht ohne Einflufs auf die Entwicklung der arabischen Kunst bleiben. Zwar verschwanden nach und nach die unwillkürlich mit herübergenommenen einzelnen Formen, und die Character-Eigenschaften gingen unter den Händen der lebenskräftigen Söhne Ismaels bald in die entgegengesetzten über: aber der architektonische Ernst, welcher sich in der einfachen Hauptgestaltung der parallelepipedischen scharfkantigen Massen ausspricht, ging nie ganz verloren und schützte die westlichen Araber, welche dieser Richtung folgten, vor der verworrenen Vielgestaltigkeit, in welche sich die Bauwerke der östlichen Gegenden des Araberreichs auflöseten. Andrerseits begünstigten die geraden glatten Flächen die Vorliebe der Araber für Verzierungen, und sie mifsbrauchten sie auch zum Nachtheile der Kunst bald zu den zwar sehr zierlichen aber bedeutungslosen tapetenmusterartigen Verzierungen und Inschriften, eben so wie die Ägypter sie zu Bilder- und Hieroglyphen-Tafeln gemifsbraucht hatten.

Eine eigenthümliche Form haben die Araber allerdings von vorn herein in die Architektur eingeführt, welche dann zwar nicht für ihre, wohl aber für die Architektur des Abendlandes bedeutend geworden ist; wenn auch nicht in dem Grade, wie man es gewöhnlich annimmt: den *Spitzbogen* nämlich. Woher der Spitzbogen auf einmal gekommen, ist noch nicht entschieden. *Caumont* (*Kugler* Handbuch der Kunstgeschichte S. 398) will in Persien aus der Zeit der Sassaniden (226—651) einen ausgebildeten Spitzbogenstyl gefunden haben. Von hier konnten ihn die Araber, welche Persien eroberten, leicht entlehnen, und es sprechen einige Wahrscheinlichkeitsgründe für *Caumonts* Behauptung; jedoch wird erst noch die Bestätigung davon abgewartet werden müssen.

Der Spitzbogen hat unter allen Bogenformen constructiv die vortheilhafteste Gestalt; er nimmt, wegen der Mannigfaltigkeit seines Höhenverhältnisses, den verschiedenartigsten Ausdruck an; er entspricht mit seiner emporstrebenden Form am natürlichsten der Grund-Idee alles Bauens und mufste durch allmäliges Überkragen wie von selbst entstehen. Daher ist auch seine Form uralt; wir trafen sie bereits bei den Indern, Pelasgern u. s. w., wenn auch anscheinend nur zufällig an; es kommt daher auch eben so viel nicht darauf an, wo und wie man den Spitzbogen als Bogen zuerst systematisch angewendet haben möge.

§ 148.

Die Nordküste von Afrika, und Sicilien.

Seit 647 suchten die Araber die Nordküste von Afrika heim, bis sie dieselbe 709 dauernd in Besitz nahmen. Nach Sicilien gingen sie schon 669 hinüber. Was sich in Sicilien von arabischer Baukunst erhalten hat, haben wir bereits oben näher betrachtet; nämlich die beiden Schlösser *Zipa* und *Cuba*. Sie zeigten uns, ähnlich den arabischen Bauten Ägyptens, nach aufsen hohe Mauern mit schlanken Spitzbogennischen, im Innern reichgeschmückte offne Hallen und Höfe; nächstdem einen Brunnen-Überbau mit einer einfachen Kuppel über Spitzbogen. Es zeichnen sich diese Bauwerke durch Einfachheit und gute Verhältnisse aus, jedoch dürfen wir nach den von den Normannen, die Araber nachahmend, ausgeführten Bauwerken nicht zweifeln, dafs sich die arabische Baukunst auch hier der gewöhnlichen Ausschweifung nicht wird enthalten haben; wie es unter andern die in der normannischen Capelle Palatino zu Palermo nachgeahmte stalactitenartige hölzerne Decke vermuthen läfst.

Von bedeutenden Bauwerken auf der Nordküste von Afrika haben wir keine näheren Nachrichten. Nach einzelnen Abbildungen ist indefs eine ähnliche Ausbildung wie in Sicilien und in Äpypten (vor der spätern Einwirkung von Constantinopel her) zu vermuthen, indem die stete Verbindung mit Spanien wohl eine grofse Ähnlichkeit der Bauart zur Folge haben mufste. In *Marocco* und *Tetuan* kommen Thürme vor von einfacher quadratischer Form, mit kleinen Aufsätzen und pyramidalen Spitzen, in reinen, gefälligen Verhältnissen; die Wandflächen sind mit glatten Lisenen und Friesen eingerahmt, in der Füllung gemustert, und haben kleine Spitzbogen-Öffnungen. Kuppeln scheinen wenig gebräuchlich gewesen zu sein.

§. 149.
Spanien.

In Spanien (711—1492) hat sich eine eigenthümliche, und wohl die edelste Blüthe der arabischen Cultur entfaltet; hauptsächlich in Folge des steten und oft friedlichen Verkehrs mit den abendländischen und christlichen Völkern, welche im Ganzen mehr Einflufs auf die arabische Cultur ausübten, als diese auf sie. Diese Einwirkung, welche so bedeutend war, dafs die vornehmen Araber ganz das romantische Wesen der christlichen Ritter annahmen, ist auch in der Entwicklung der Baukunst nicht zu verkennen; eben so wenig jedoch auch die Abstammung von der einfachen Bauart der Araber in Ägypten.

Die grofse Moschee zu *Cordova*, aus der letzten Zeit des VIII. Jahrhunderts, ist im Allgemeinen ganz nach dem Plane der ältern Moscheen entworfen, nur dafs die hintere Säulenhalle, als ein förmliches Gebäude, vom Vorhofe durch eine Mauer mit 19 Thüren, zu eben so vielen Säulenreihen führend, abgeschieden ist und dabei, mit den spätern Erweiterungen, die sehr bedeutende Tiefe von 350 Fufs und 450 Fufs Breite erhalten hat. Man stelle sich einen so bedeutenden Raum voll lauter sich durchschneidender und durch Bogen vorbundener Säulengänge vor. Die Zahl der Säulen im ganzen Gebäude wird auf nicht weniger als Zwölf- bis Funfzehnhundert angegeben. Dabei betrug indefs die Höhe bis unter die gerade Decke nur 35 F., und diese Höhe wurde noch scheinbar vermindert durch eine doppelte Bogenreihe übereinander. Die obern, die Decke tragenden Bogen ruhen nämlich auf viereckigen Pfeilern, welche aber nicht vom Fufsboden an aufsteigen, sondern auf kleinen Säulen von antiker Form, jedoch ohne Basen, ruhen, zwischen welchen frei schwebende Hufeisenbogen gespannt sind: ein Bauwerk, welches wohl phantastisch, aber nicht grade grofsartig aussehen kann, und wahrscheinlich daraus entstanden ist, dafs man die Säulen aus alten antiken Gebäuden nahm und, um mehrere Höhe zu gewinnen, noch einmal Pfeiler aufsetzte, zu deren nothwendig scheinender Verbindung dann Bogen geschlagen wurden, welche sich nun, ganz im arabischen Character, frei von einer Säule zur andern hinüberschwangen. Bemerkenswerth ist, dafs hier die Bogen *nicht* Spitzbogen sind; die obern haben die Halbkreis-, die untern die Hufeisenform: wahrscheinlich nach den romanischen Vorbildern, welche man in Spanien antraf. Die Architektur ist hier noch ziemlich einfach, und blofs die Portale und der Raum vor der Kebla oder der Capelle, in welcher der Koran aufbewahrt wurde, sind reicher geschmükt; jedoch immer noch in der ältern strengen Art. Dagegen ist, wie es im Geiste der damaligen Zeit lag, prachtvolles Material nicht gespart. Die Thorflügel der Portale waren von Erz, mit Goldplatten belegt; die Thürflügel der Kebla waren ganz aus Gold, und der Fufsboden der letztern war mit Silber ausgelegt; prachtvolle Lampen und Leuchter standen im Innern.

Berühmter noch, und von den arabischen Schriftstellern als das Höchste von Pracht und Glanz bezeichnet, war der 936 bis 976 erbaute Pallast *Zeru* unweit Cordova, von welchem sich jedoch nichts erhalten hat. Derselbe soll nicht weniger als 4312 Säulen enthalten haben.

Unter den kleinern ältern arabischen Bauwerken in Spanien ist ein Bad zu *Girona* zu nennen. Es ist ein kleiner viereckiger Raum; im Innern ist eine Säulenstellung von 8 Säulen in zwei Stockwerken. Die Säulencapitäle sind sehr zierlich und erinnern (was besonders zu bemerken ist) an ägyptische Formen. Oben ist das Bauwerk mit einer Kuppel bedeckt, welche sonst bei den arabischen Bauwerken in Spanien selten vorkommt.

Das bedeutendste Denkmal der arabischen Architektur in Spanien ist die weltberühmte *Alhambra:* der Palast der maurischen Herrscher in Granada, in der letzten Hälfte des XIII. und während des XIV. Jahrhunderts erbaut. Nach aufsen hat dieses Bauwerk nur den Anschein von schlichten Mauern und Befestigungsthürmen. Wegen der fortwährenden Kämpfe mit den Christen, und mehr noch wegen der häufigen Empörungen des eignen Volks, war die Festigkeit ein Bedürfnifs; dennoch würde man dem Äufsern dieses Königspalastes eine reichere Gestaltung haben geben können, wenn nicht die schlichte Anordnung desselben althergebrachte Sitte gewesen wäre. Das Innere dagegen entfaltet, in einer nicht sehr bedeutenden Ausdehnung (der ganze Palast mit seinen fünf innern Höfen ist nur 450 F. lang und 250 F. breit) eine wahrhaft feenhafte Zierlichkeit und Pracht. Mit seinen Gärten und Höfen, seinen vielen Springbrunnen und Bädern, Säulen, Hallen, Arcaden und Pavillons, Erkern und Balconen, leichten, in wunderlichem Wechsel phantastisch spielenden Formen und seinen überreichen, in Gold und Farben glänzenden Ornamentenschmuck, macht das Ganze einen Eindruck, „der, gleich der Poesie eines Mär„chens, die Sinne des Beschauers befängt," und giebt ein klares Bild von dem üppigen, anmuthig träumerischen Lebensgenusse, welchem sich hier die muhamedanischen Herrscher überliefsen. Mag aber auch das Urtheil des Beschauers von dem überwältigenden Eindrucke noch so sehr befangen werden: der früher ausgesprochne Tadel, dafs der arabischen Baukunst die höhere Entwicklung, die statische Formenbedeutung und mithin die eigentliche Basis fehle, trifft auch dieses Wunderwerk der Kunst, und zwar in sehr hohem Grade. Zwar werden wir weiterhin in den östlichen Ländern noch weitere Ausschweifungen kennen lernen, und sehen, wie gröfsere Massen und Haupttheile sich in völlig willkürliche Formen auflösen: indefs ist doch auch hier schon, wenn gleich die ursprüngliche einfache Bau-Art, mit rechtwinkligen Hauptformen, glatten Mauern und Pfeiler- oder Säulen-Arcaden, noch erkennbar ist, die Construction unter Zierden völlig versteckt und hat oft den Schein des Gebrechlichen; jedenfalls ist hier nicht die Architektur, sondern lediglich die Verzierungskunst zur Ausbildung gelangt.

Unter den noch vorhandenen einzelnen Theilen der Alhambra verdient zunächst der berühmte Löwenhof eine nähere Beschreibung. Er ist oblong, 123 F. lang, 73 F. breit und rings von Arcaden umgeben, aus welchen an den beiden kurzen Seiten Pavillons vortreten. Die nur 10 F. hohen schlanken Säulen mit Würfel-Capitälen stehen, ohne besondere Ursache, abwechselnd einzeln und paarweise; auf den Capitälern liegen niedrige Würfel und darauf stehen viereckige Pfeiler, ohne Base und Capitäl, welche bis zum Friese reichen; die Bogen zwischen den Pfeilern sind überhöhete Rundbogen, die Mauerfelder darüber sind mit einem durchbrochnen Zellengewebe ausgefüllt. Über dem ersten Friese, mit Inschrift, ziehen sich noch drei andere gemusterte Streifen hin; darüber tritt der Dachrand, mit vortretenden Balkenköpfen, bedeutend vor. Die Pfeiler und Würfel, so wie die innere Bogen-Ansicht, sind zart gemustert. Das Innere der Galerie ist mit einem zarten Filetgespinnst bedeckt, und unten sind die Wände mit glänzend farbigen Fayançelambrieen bekleidet. Dabei ist alles mit bunten Farben bemalt, unter welchen Blau und

Gold hervortritt. Die Kuppeln der beiden Pavillons sind durch schwebende Bogen stalactitenartig gebildet und werden von einer Zwerggalerie von höchster Eleganz getragen. In der Mitte des Hofes steht eine Vase von Alabaster, von 6 F. im Durchmesser, die von zwölf Löwen getragen wird.

Der Gerichtssaal, neben dem Löwenhofe, besteht aus fünf offenen Theilen. Hier befindet sich das schon früher erwähnte und als Ausnahme zu bemerkende Deckengemälde, zehn Männer in arabischer Kleidung vorstellend, die Hand an das Schwerdt legend.

An der andern Seite führt aus der Galerie des Löwenhofes eine grofse Bogen-Öffnung und dann eine zweite zu dem Saal der zwei Schwestern. Die Bogen haben die schwach markirte Hufeisenform und sind oben etwas zugespitzt und mit reicher Arabeskenverschlingung eingefafst. Der Fufsboden des Saales ist aus polirtem Marmor, worunter zwei Platten von 13. F. lang und 7 F. breit; darüber an den Wänden sind wieder Fayençelambrieen. Weiter oben ziehen sich goldene Gürtel mit kufischen Inschriften herum. Silbernetze und Blumenguirlanden winden sich in den Ecken und am Friese durch schimmernde Sternen-Allegorieen, und über jedem Bogen ist ein Fenster mit Filigran-Ausfüllung. Die auf Säulen ruhende Kuppel ist aus einer unendlichen Menge kleiner Höhlungen und Tropfstein-Verzierungen zusammengesetzt, welche mit ihren phantastischen Verschlingungen und mit ihrer bunten Malerei einen fast sinnverwirrenden Eindruck machen.

Ein anderer Saal ist durch die Ermordung des edeln Geschlechts der Abencerragen berüchtigt. Es ist eine Halle, die sich wieder mit einem weiten Bogen nach der Galerie des Löwenhofs öffnet; die gegenüberstehende Seite ist eine gemusterte Wand, zu beiden Seiten mit je zwei Bogen auf Säulen; darüber ist eine umlaufende Galerie, mit vielen dünnen Säulchen, auf welche sich Auskragungen stützen, welche die sternförmig vortretende Brüstung einer zweiten Galerie tragen. Wieder erheben sich Säulchen für die Kuppel, welche, wie die untern Auskragungen, dem Zellengewebe der Bienen nachgebildet scheinen. In der dritten Halle befindet sich der gewöhnliche Springbrunnen.

Noch ist des sogenannten Thronsaales in dem Thurme des Comares zu erwähnen. Seine Decke ist aus Holz geschnitzt und stellt mit versilberten und vergoldeten, mit Elfenbein, Perlmutter und Speckstein ausgelegten Verzierungen in Kreisen, Kronen, Flammen und Sternen, das Bild des Himmelszeltes vor. Neun doppelte Fenster, mit zierlichen Marmorsäulen, erleuchten den Saal; sie reichen bis zum Fufsboden hinunter und führen auf Balcone, welche über eine schwindelnde Höhe hinausragen.

Die Souterrains der Alhambra enthalten die den Garten der Lindaraxa umfassenden Marmorbäder und die dazu gehörenden Ruhegemächer, um welche doppelte Reihen Tribunen angebracht sind. Die Badezimmer, welche, gleich den Wannen, aus weifsem Marmor sind, erhalten von oben ein mattes Licht mittels durchbrochner Kuppeln.

Reizender noch als alle bisher beschriebenen Gemächer, durch Lage, Aussicht, Schmuck der Farben und zierliche Bau-Art, ist das Boudoir der maurischen Sultaninnen; auf der Höhe eines viereckigen Thurmes schwebend, der sich aus einer tiefen, vom Darro durchströmten Schlucht erhebt. Eine Galerie von arabischen Marmorsäulen umschliefst rings das Local und eine ähnliche Galerie führt vom Thurme des Comares hinüber.

Zur Vervollständigung dieser Beschreibung ist noch zu bemerken (und zwar gilt dies mehr oder weniger von der arabischen Bau-Art in Spanien überhaupt), dafs Alabaster, Marmor, Porphyr u. s. w. nur zu den Säulen und andern dergleichen freistehenden Theilen, so wie zu dem Fufsboden genommen wurden: die Mauern dagegen sind mehrentheils von Backsteinen aufgeführt und mit Stuck bekleidet; was um so mehr anging, da die Arabesken und musterartigen Verzierungen überall nur ein äufserst flaches Relief haben, so dafs die Figuren nur mehr durch die verschiedenartige Färbung, als durch das Relief sichtbar werden konnten: ein Umstand, der auch hier wieder an die altägyptischen Monumente erinnert, wenn auch, wegen der entfernten Zeit, eine unmittelbare Nachahmung nicht soll behauptet werden.

Noch sind verschiedene andre arabische Bauwerke, sowohl in Granada (z. B. der Pavillon auf dem *Generalife,* welcher denselben brillanten Styl wie die Alhambra hat, und das interessante Haus *Casa del carbou*), als in andern Städten vorhanden; welche wir indefs übergehen können. Wahrscheinlich sind auch noch manche unbekannte Reste arabischer Baukunst über Spanien zerstreut; und viele von den Bauwerken, welche den Christen zugeschrieben werden und die ein entschieden maurisches Gepräge tragen, wie der goldne Thurm der Alcazar und der Pallast Median-Coeli zu Sevilla, mögen vielleicht arabischen Ursprungs und von den Christen nur umgebaut sein; mindestens da, wo sich die Ähnlichkeit nicht auf den geistigen Ausdruck beschränkt, sondern bestimmte Formen trifft; denn die stille Einwirkung des arabischen Baustyls, oder vielmehr des arabischen Geistes auf den christlichen Baustyl, führte, wie wir später sehen werden, zu eigenthümlichen Erscheinungen, bei welchen sich dann der germanische Styl zwar phantastischer wie gewöhnlich gestaltete, aber keineswegs ganz zur Ornamenten-Architektur ausartete, wie bei den oben angeführten und andern Gebäuden.

§. 150.

Syrien, Palästina und Klein-Asien.

Wir haben bisher diejenige Richtung der arabischen Baukunst verfolgt, welche, bei den Moscheen von der Nachahmung alt-ägyptischer Bauwerke ausgehend, die einfache vierseitige Gestaltung der Gebäude festhielt und den arabischen Geist hauptsächlich nur in der Detailbildung und in den Verzierungen aussprach. In Syrien und Palästina, welche noch einige Jahre früher als Ägypten unterjocht wurden, treffen wir einen andern Ausgangspunct an, und eine wesentlich verschiedene Richtung. Von der urthümlichen Bauart dieser Länder war, im Gegensatz zu Ägypten, wenig mehr vorhanden; früh schon war griechische, dann römische, dann byzantinische Baukunst eingedrungen; und so mufsten die eindringenden Araber die letztere annehmen.

Das älteste uns bekannt gewordene Gebäude ist die von Omar um 640 (also noch früher, als die erste Gründung der Moschee Amru) auf der Stelle des Salomonischen Tempels erbaute Moschee zu *Jerusalem*. Statt eines mit Säulengängen umgebenen Hofes erblicken wir hier ein förmliches Gebäude, und offenbar eine Nachbildung der Kirche des heiligen Grabes. Es ist eine hohe Rotunde, mit einer Kuppel, umgeben von einer achtseitigen, flach bedeckten Abseite. Die Mauern sind durch bandartige Friese und Lisenen in Felder getheilt, und diese sind, wie der Fufsboden umher, mit Marmortafeln belegt, einfach gemustert und haben goldene Inschriften aus dem Koran. An vier Seiten führen Säulen-Portale in das Innere, welches von acht runden, bunt verglaseten Fenstern sanft erleuchtet wird und dessen Wände mit polirtem weifsem Marmor bekleidet sind. Die Kuppel wird von einer doppelten Säulenreihe getragen; die Schäfte der Säulen sind mit Mosaik aus gediegenem, mehrfarbigem Golde verziert. Aufsen ist die Kuppel mit Metall bedeckt, und oben thront, wie immer, der halbe Mond, aus gediegenem Silber.

Wir haben hier offenbar ein nachgeahmtes byzantinisches Bauwerk, sogar noch mit römischer Grund-Anlage vor uns, an welchem sich jedoch in den durch bandartige Streifen eingerahmten, gemusterten Mauerfeldern, in dem Mangel kräftiger Gesimse, in dem angebaueten Minaret und (wenn die vorliegende Zeichnung richtig ist) in den Spitzbogen, mit welchen die hohen schmalen Mauerfelder der Abseite dicht unterm Friese schliefsen, schon der arabische Einflufs bemerklich macht. Ist dieser Einflufs in so früher Zeit, nämlich wenige Jahre nach der Eroberung, auch zweifelhaft, und wird namentlich die obige Hypothese der Entlehnung des Spitzbogens aus Persien und der Entstehung der Minarets aus der Nachahmung der Obelisken dadurch verdächtigt, indem die Araber damals Persien und Ägypten noch nicht im Besitz hatten: so ist doch einerseits zu erwägen, dafs manche der oben gedachten Eigenthümlichkeiten möglicherweise auch in dem byzantinischen Baustyl heimisch sein konnten und dafs die Annahme wegen der Spitzbogen und Minarets nur Vermuthungen sind; andrerseits aber kann es auch sehr wohl sein, dafs die Moschee funfzig Jahr später erbaut oder doch vollendet ist; namentlich möchte wohl das Minaret jünger sein, da die byzantinische Baukunst kein Muster dazu darbot.

Neben dem eben beschriebenen Bauwerke haben wir noch von *Pockock* einen Grundrifs der grofsen Moschee zu Damascus. Diese Moschee hat wieder genau die hofartige Gestaltung der ägyptischen Moscheen, und es fragt sich, ob beide Arten neben einander ausgebildet wurden, oder ob die eine, und welche von ihnen, als vereinzelter erfolgloser Versuch anzusehen sei? Diese Fragen lassen sich noch nicht mit Gewifsheit beantworten. Da wir indefs sehn, dafs bei dem weitern Vordringen der Araber nach Griechenland die Gestaltung der Moscheen als förmliche Gebäude allgemein wurde, so dürfte es wahrscheinlich sein, dafs die Moschee zu Damascus eine vereinzelte Nachahmung der ägyptischen Moscheen gewesen sei; gewifs ist es, dafs sie, wenn sie auch vielleicht in Syrien einige Nachfolge gehabt, ohne weitern Einflufs auf die Entwicklung der arabischen Baukunst in den östlichen Provinzen blieb. Bekanntlich verwandelten die Araber häufig christliche Kirchen in Moscheen; dies konnte nur da geschehen, wo die letztern nicht jene hofartige Anlage hatten. Es kann aber auch eben sowohl sein, dafs die Kirchen der Griechen benutzt wurden, weil in diesen Gegenden die erste Moschee eine ihnen ähnliche Gestalt erhalten hatte, als dafs man umgekehrt die Form der griechischen Kirchen bei neueren Moscheen um deswillen nachahmte, weil man schon vorher mit derselben durch Benutzung zu Moscheen vertraut geworden war.

Durch die Annahme der vielgestaltigen und nach aufsen hin reich und kräftig sich entwickelnden Gebäudeform der griechischen Kirchen, und durch Annahme des byzantinischen Baustyls, war der arabischen Kunst ein andrer Weg vorgezeichnet. Namentlich fand jetzt die Verzierungskunst einen weniger freien Spielraum und die Phantasie mufste sich mehr auf die Gestaltung der gröfsern Gebäudetheile werfen; es mufste eine kräftigere Gestaltung der Massen nach aufsen entstehen. Durch Annahme des byzantinischen Baustyls war den Arabern die Gelegenheit zu einer wirklichen Baukunst gegeben; zugleich aber wurden sie in die Versuchung geführt, die phantastische Willkür, welche sich in den westlichen Gegenden hauptsächlich nur auf die Verzierungen beschränkte, zum gröfsern Nachtheile der Kunst, auch auf die Gestaltung der eigentlich constructionellen Theile zu richten; wozu namentlich die Kuppeldecke, im Verein mit den daneben hoch sich erhebenden Minarets, den nächsten Anlafs gab.

Wie sich die Baukunst der Araber in den östlichen Gegenden stufenweise entwickelt habe, können wir, leider! aus Mangel näherer Kunde nicht prüfen; es lassen sich nur einige Gebäude hier anführen.

Das anscheinend ziemlich alte Bauwerk über den Gräbern der Patriarchen bei Hebron (El Uhalill) ist ein viereckiges Gebäude, mit vier stark vortretenden quadratischen Thürmen an den Ecken, welche oben eine ausgekragte Galerie und einen kleinen, runden, in eine Kuppel endigenden Aufsatz haben. Die Galerie ist mit einem an den Rundbau sich anschliefsenden flachen Dache, auf vier hölzernen Stützen ruhend, überdeckt; nach einer sehr gewöhnlichen Anordnung. Die Architektur ist einfach; die ziemlich hohen Mauern sind mit Zinnen gekrönt und ohne alle Gesimse. Dagegen zeigen sich auch, sowohl an den Thürmen, wie an den dazwischen liegenden Mauern, hohe Nischen, welche oben, innerhalb der rechtwinkligen Einrahmung, mit Spitzbogen geschlossen sind. Innerhalb dieser Ummaurung befinden sich die einzelnen Grabgemächer Abrahams, Isaaks, Jakobs, der Sarah, Rebekka, Lea, des Joseph und mehrerer seiner Brüder. Alle sie umschliefsenden Räume sind auf das kostbarste verziert: die Wände sind mit edeln Metallen, die Thüren mit dicken Silberplatten benagelt; die Grüfte selbst sind mit kostbaren Teppichen ausgeschlagen; meist Geschenke der Kalifen, da die Erzväter, besonders Abraham und Joseph, von den Türken hoch verehrt wurden.

Die grofse Moschee zu ***Brussa***, der Hauptstadt des Reichs vor der Eroberung Constantinopels, von Murad I., Bajesid I. (1360 — 1402) und Mohamed I. (1413 — 1421) erbaut und verschönert, hat nach einer vorliegenden perspectivischen Ansicht des Innern eine grofse Ausdehnung. Die breiten Schwibbogen sind niedrige Spitzbogen und ruhen auf einfachen Pfeilern von kreuzförmigem Grundrifs, ohne Sockel, doch mit scharf vortretendem Kämpfergesimse; die Gewölb-Ecken sind durch Kleeblattbogen unterstützt; in der Mitte der Wölbungen läuft ein Rand und darunter ein Bogenfries herum. Das Innere ist von Marmor und der Hauptraum wird von einem in der Kuppel liegenden Fenster erleuchtet; um die Hauptkuppel herum liegen neunzehn kleinere Kuppeln. Ist die Zeichnung richtig, so möchte man bei diesem Bau abendländischen Einflufs erkennen.

Einfacher als die vorige ist die mit dem Mausoleo Mohamed II. des Eroberers von Constantinopel verbundene Moschee zu Brussa. Sie hat nur eine Kuppel und zwei glattrunde kleine Minarets, mit einer Galerie darüber, kegelförmig bedeckt; ähnlich denen, wie sie häufig in Antiochia vorkommen. Die Mausoleen der Herrscher selbst, von denen sich sechs in Brussa und achtzehn in Constantinopel befinden, haben alle ziemlich dieselbe Einrichtung. Von dem Mausoleo Mohamed I. (1421), in Brussa, liegt eine, freilich unvollständige Zeichnung des Innern vor. Es ist ein einfaches, hohes, achteckiges Gemach, dessen glatten Wände bis zur Kämpferhöhe der Fenster mit einer Art Medaillons geziert sind. Die Fenster, mit Spitzbogen geschlossen, sind ringsum mit einer breiten Arabeske eingefafst, welche in der Kämpferhöhe an den Wänden und auch auf den Latteihölzern der Fenster hinläuft. Die hohe Thür, mit wagerechtem Sturz, ist reich und breit mit Arabesken eingefafst und gekrönt; auch die Spitzbogen der Fenster sind gekrönt. In der Mitte steht der Sarkophag; zu den Häupten liegt der Turban des Verstorbenen.

Die Bauwerke in diesen Gegenden, von welchen wir sonst noch einzelne Zeichnungen besitzen, gehören der neuern Zeit an. Manches davon zeichnet sich durch schöne Verhältnisse aus, und wenn die arabische Baukunst, wie jede andre, in neuster Zeit ausgeartet ist, so gilt dies von ihr doch nur in minder hohem Grade, wenigstens in diesen Gegenden; es wird nicht mehr so reich und so eigenthümlich gebaut; immer aber ist der arabische Baustyl noch deutlich erkennbar und die Wohngebäude haben im Ganzen durch freiere Entfaltung nach aufsen noch gewonnen, so dafs sie nicht selten den Ausdruck der Behaglichkeit einladend gewähren.

§. 151.
Constantinopel.

Im Jahre 1453 wurde nach langen Kämpfen die Hauptstadt des griechischen Kaiserstaats von Mohamed II. erobert und alsbald von demselben aus einer europäischen in eine asiatische Stadt umgewandelt, obwohl er sich zu seinem Bauen christlicher Baumeister bedient haben soll. Die Eroberer waren nicht mehr die alten Araber; die Blüthen ihrer Bildung waren schon längst verwelkt; dennoch machte das beharrliche Festhalten des Morgenländers am Alten, dafs selbst unter der Herrschaft der Seldschucken die arabische Baukunst im Wesentlichen bis auf die neuere Zeit sich erhielt, und wir mögen daher immerhin die Bauart Constantinopels als die letzte, wenn auch theilweise zurückgegangene Entwicklung der arabischen Baukunst, wie sie sich in Syrien und Palästina zuerst entfaltete, betrachten. Freilich ist nicht zu vergessen, dafs von den Zeiten der Kreuzzüge und namentlich der christlichen Niederlassungen im Orient an, und neuerdings wieder seit dem nähern friedlichen Verkehr mit Constantinopel vom Abendlande her, von der wechselnden abendländischen Cultur die mannichfaltigste Einwirkung Statt fand und dafs wir uns über einzeln vorkommende fremdartige Formen nicht wundern dürfen.

Das erste Bau-Unternehmen nach der Einnahme von Constantinopel war die Umwandlung der Sophienkirche und der andern Kirchen in Moscheen. Die Sophienkirche wurde zugleich zum Muster aller neuen Moscheen genommen; was um so näher lag, da man bisher schon, wenn nicht dieselbe, doch eine ganz ähnliche Form ins Auge gefafst hatte. Im Allgemeinen tritt uns bei diesen Nachbildungen ein unorganisches Gewirr mannichfach getheilter Massen und grofser und kleiner Kuppeln etc. entgegen, wie es aus der byzantinischen Bauart unter den Händen der phantastischen Araber nothwendig hervorgehen mufste; häufig sind es nur die Minarets und die Verzierungen, die den Gebäuden den bestimmten arabischen Character geben. Wir wollen unter den zahlreichen Bauwerken Constantinopels die ältesten und dann die wichtigsten näher betrachten.

Das äufsere Eingangsthor des Serails, die *Hohe-Pforte* (Babi Hummajun), welche der Regierung den Namen gab, von Mohamed II. erbaut, ist ein einfaches Gebäude von viereckiger Form. Glatt und ohne Verzierungen und Fenster erheben sich die Mauern bis zu einem bandartigen Streifen, und bis zu einer bedeutenden Höhe. In der Mitte tritt ein Risalit hervor, in welches eine hohe und tiefe, mit einem Spitzbogen überwölbte Nische ist, auf deren und des Risalits Ecken unterwärts vier Säulen eingesetzt sind. Innerhalb jener Nische ist eine engere und niedrigere Pforte mit flachem Stichbogen eingebaut; darüber ist die Hinterwand der Nische mit Inschriften und Arabesken verziert. In jedem der beiden zurückspringenden Flügel ist eine kleine Spitzbogennische angebracht. Das Gebäude hat ein alterthümliches Ansehen, und mufste es früher noch mehr haben, als es noch Thürme hatte. Die obere Etage, mit einer Reihe vergitterter Fenster und einer zweiten Reihe ganz kleiner Lucken darüber, ist vielleicht ein späterer Zusatz.

Einen wesentlich verschiedenen Eindruck macht das darauf folgende zweite Thor, mit seinen wellenförmig gebogenen Dachrändern und den Rococo-artigen Thor- und Nischen-Einfassungen; es kann unmöglich aus derselben Zeit sein und verräth einen fränkischen Baumeister; obgleich nicht wohl abzusehen ist, dafs man zu der Zeit, wo der Rococostyl in Europa herrschte, einen solchen zu Hülfe gerufen, oder auch nur eine solche Nachbildung des verhafsten Fremden gestattet haben sollte.

Entschieden arabisch, obwohl ebenfalls mit einigen Rococoverzierungen, ist dagegen das dritte, zum Empfangzimmer führende Thor. Die Front wird fast ganz von einer hohen und weiten, in Eselsrückenform überwölbten Öffnung, rings mit reichem Arabeskenwerk umgeben, eingenommen. Innerhalb desselben (der Zwischenraum mit Filigranwerk ausgefüllt) ist, vermuthlich später, eine kleine rundbogige Pforte in Rococoform eingebaut. Dieses kleine Gebäude ist von einem Porticus umgeben; die ziemlich kurzen Säulen, mit Sockeln und Basen und glattrundem Schaft, haben stalactitenartig verzierte Würfelcapitäle. Die Decke der Säulenhalle und des wie gewöhnlich sehr weit vortretenden Dachrandes ist reich mit zellenartigem Gewebe und Stabwerk besetzt; der Dachrand wird in der Mitte durch verzierte Streben getragen, welche sich unten über den Säulen gegen die Mauer stützen; die Bogen sind halbrund und mit Arabesken verziert.

Von sehr einfacher Form, obgleich innen mit Marmor bekleidet und nur mit einer einzigen Kuppel bedeckt, ist die Moschee, welche Mohamed II. zugleich und in Verbindung mit dem Mausoleo des Heiligen ***Ijub*** errichtete, der bei der ersten Belagerung Constantinopels (672) seinen Tod fand, dessen Grabstelle aber erst nach fast 800 Jahren durch eine Vision aufgefunden wurde. Das Mausoleum ist ganz aus Marmor erbaut und die Fenster sind mit goldnen Gittern ausgesetzt. Es ist diese Moschee diejenige, in welcher alle spätern Sultane mit dem Schwerdte umgürtet wurden.

Der von Mohamed II. angelegte, von seinen Nachfolgern aber erweiterte ***Bazar*** besteht in seinem neuen Theile aus langen, mit Tonnengewölben aus Backsteinen in gedrückter Spitzbogenform bedeckten Gängen, die von oben das Licht erhalten und nach verschiedenen Richtungen hinlaufen. Zu beiden Seiten sind Waarentische und Läden und das Innere ist mannigfach mit Zierrathen bemalt.

Soleiman II. liefs 1550 die berühmte Kirche der heiligen *Euphemia* zu Chalcedon abtragen und aus den Materialien eine Moschee erbauen, die sich durch Gröfse und Pracht auszeichnete. Sie ist ebenfalls, nach dem Muster der heiligen Sophia, ein Viereck, von 234 F. Länge und 227 F. Breite, mit zahlreichen Vorsprüngen und stufenweisen Erhöhungen. Die ziemlich flache Hauptkuppel, auf einem Tambour, mit vortretenden Pfeilern und kleinen Fenstern dazwischen, wird zu beiden Seiten von zwei eben so geformten aber niedriger stehenden Hauptkuppeln eingefafst. Jeder Flügel hat vier kleinere Kuppeln. Eine breite marmorne Treppe führt zum Hauptportale, welches durch sechs Pfeiler von ägyptischem Porphyr von ungemeiner Gröfse und seltener Schönheit ausgezeichnet ist. Die nicht grofsen Fenster sind mit Spitzbogen geschlossen. An den Ecken erheben sich vier runde cannelirte Minarets mit hohen kegelförmigen Spitzen; zwei davon sind höher, mit drei Galerieen und drei Absätzen, die andern beiden haben nur zwei Absätze und Galerieen. Verbunden mit der Moschee sind wie gewöhnlich zwei Vorhöfe; die äufsern sind mit Bäumen bepflanzt, und daneben erheben sich die kleinen, aber prachtvollen und zierlichen Mausoleen Mohameds und seiner Sultana, in der Gestalt von Kuppel-Pavillons.

Eine zweite Moschee, *Schahjade-Dschamesi,* liefs Soleiman II. zum Andenken seiner beiden von ihm ermordeten Söhne zugleich mit ihren Mausoleen errichten. Dieses Bauwerk zeichnet sich dadurch vortheilhaft aus, dafs es weit deutlicher als die grofse Moschee den zierlichen arabischen Character hat. Die Kuppeln wachsen hier nicht so unorganisch aus dem viereckigen Körper heraus, sondern es reihen sich die einzelnen, mit Kuppeln bedeckten Gebäudetheile, in verschiedenen Höhenstufen und in den Mauern vieleckig emporsteigend, an den mittleren, mit der Hauptkuppel bedeckten Gebäudetheil an; von unten bemerklich davon abgesondert. Die sonst gebräuchlichen viereckigen verkröpften Pilaster finden sich hier nur in beschränkterem Maafse; und namentlich zeichnet sich unter den einzelnen Gebäudetheilen eine vielseitige Rotunde mit Eckrundstäben und einem stark eingezogenen gerippten Tambour aus. Die Fenster sind sämmtlich mit Spitzbogen überwölbt und stehen zum Theil, nach arabischer Art, paarweise nebeneinander in rechtwinkliger Einrahmung. Alle Gesimse, mit Ausnahme dessen unter der Hauptkuppel, sind mit zierlichem durchbrochenem Blumenwerk gekrönt. Vorn erheben sich zwei Minarets, ähnlich denen an der grofsen Moschee.

Die Moschee *Achmeds* (1603) sollte die der heiligen Sophia und die grofse von Soleiman noch übertreffen. Achmed liefs ihr daher sechs Minarets geben und bediente sich, als der Mufti Einspruch dagegen machte, weil die Moschee zu Mekka nur vier Minarets habe, der List, dafs er der zur Erkundigung dieses Umstandes abgesandten Caravane einen Eilboten mit dem geheimen Befehle voraussandte, schnell noch zwei Minarets am Heiligthume zu Mekka zu erbauen. Das Gebäude, mit seinen sechs hoch und schlank emporsteigenden Minarets, mit der imposanten Hauptkuppel, umgeben von vier Halbkuppeln und dreifsig kleinen Kuppeln, besonders aber in seiner einfachern, mehr organischen Gestaltung, macht einen imposanten Eindruck. Die Hauptkuppel ruht auf vier mächtigen runden cannelirten Pfeilern, von Schriftbändern umgeben; die vier Schwibbogen dazwischen haben die gedrückte, die übrigen Schwibbogen, nach den Abseiten hin, die gewöhnliche Spitzbogenform. Die aufsergewöhnlich zahlreichen, bunt verglaseten Fenster sind grofsentheils halbkreisförmig, theilweis auch mit Spitzbogen geschlossen. Die Wände sind mit Frescomalereien geschmückt und mit goldenen Inschriftentafeln behangen.

An der Moschee *Bujuk-Dschami* in Scutari, mit nur zwei Minarets, ist der nach aufsen offenen Arcadengalerie, welche das untere Viereck über einem hohen Unterbau umgiebt, als einer nicht gewöhnlichen Anordnung zu erwähnen; sie hat indefs einen sehr modernen Character.

Bei der Moschee *Osmans* ist die umlaufende Säulenhalle des Vorhofs zu bemerken. Die schlanken Säulen haben glatte Capitäle, mit geschweiften Platten und Knollen auf den Ecken; dazwischen sind hufeisenförmige Bogen aus bunten Steinen gespannt, und über den Säulen treten Pilaster aus der Mauer hervor, um welche das Gesims, von fast römischem Profil, herumgekröpft ist. Die Gesimse und die geschwungenen Linien an der Moschee selbst erinnern stark an den Rococostyl.

Deutlicher noch zeigt sich der letztere als ein europäischer Einflufs an den neuesten Moscheen von *Selim III.* (1789—1807) und *Muhamed II.* (1808 bis 1839). Schon die Anlage ist ärmlich; von umlaufenden geschlossenen Galerieen, deren winzig kleine Kuppelreihen sich ganz verlieren, erhebt sich der vierseitige Bau mit Eckpfeilern, welche in barock gestaltete kleine Pavillons oder Hauben enden; zwischen dieselben ist in jeder Front ein grofser halbkreisförmiger Bogen gespannt, mit schwerer Gliederung von sehr unangenehmem Eindruck; darüber erhebt sich der eingezogne runde Tambour mit flacher Kuppel. Die Fenster sind mit Rundbogen überwölbt, mit Archivolten, Schlufssteinen u. s. w. Alle Details sind schwerfällig und barock. Nur die Minarets, deren sich zwei vor dem Gebäude befinden, haben noch die alte arabische Form.

In Folge der grofsen Vorliebe aller Morgenländer für den heilsamen Gebrauch des Wassers, pflegten die Araber die Quellen sorgsam zu umhegen und nicht selten Gebäude darüber zu setzen. Diese Brunnenhäuschen sind ungemein zierlich und haben den eigenthümlichen Character der arabischen Architektur am treuesten bewahrt. Unter denen zu Constantinopel ist der Brunnen bei der hohen Pforte und am Marktplatze von Tofana besonders berühmt.

Der erstere ist ein vierseitiges Gebäude mit rund hervortretenden Ecken, durch Rundstäbe, Lisenen und Friese felderweise eingerahmt; die Thür ist mit flachen Spitzbogen überwölbt. Der Dachrand ragt weit vor; er ist ausgeschweift und das flache Dach ist mit fünf Kuppeln verziert und ganz mit Arabesken, Nischen, Filetgeweben und dergleichen bedeckt.

Noch zierlicher und (mit Ausnahme der Ballustrade am Dachrande) noch strenger im alt-arabischen Character ist der kleinere und einfach viereckige Brunnen zu *Tofana* aus dem Jahre 1732. Hier kommt über der Thür wieder der eingerahmte Spitzbogen vor, und unter den reichen und zierlichen Arabesken sind unzählige Inschriften angebracht, auf die Wohlthätigkeit des Wassers anspielend.

Ähnlich-zierlicher Bauwerke, darunter auch Wohngebäude mit reicher innerer Ausschmückung, liefsen sich noch mehrere nennen; sie bieten indefs kein besonderes Interesse dar und stehen bei aller Zierlichkeit den ähnlichen Bauwerken in Klein-Asien und in den Städten der Barbarei bedeutend nach; denn hier sind es weniger die leichten gefälligen Formen, als eben nur die Verzierungen, welche sich aus besserer Zeit erhalten haben, und sehr häufig geben die unarchitektonischen Wellenlinien und Muschelformen des Rococostyls den abendländischen Einflufs zu erkennen, wenn anders nicht ein besonderes und einheimisches arabisches Rococo anzunehmen sein sollte; was bei dieser Richtung des arabischen Baustyls, und zumal in dem erst spät dazu übergegangenen Constantinopel, nicht so ganz von der Hand zu weisen sein möchte. Jedenfalls stehen die Bauwerke der europäischen Türkei denen der übrigen muhamedanischen Länder an eigenthümlichem Character wie an Schönheit bedeutend nach.

§. 152.

Indien und Persien.

Wiederum nach einer neuen Richtung und zugleich am grofsartigsten, zumal in der äufsern Gestaltung, entwickelte sich die arabische Architektur in Indien; wovon die Ursache nicht schwer zu finden ist. Einerseits hatten die Araber das Land erst später (999—1031) erobert, nachdem sich ihr Nationalcharacter schon mehr consolidirt hatte; andrerseits fanden sie dort eine Baukunst vor, die zwar längst von ihrer früheren Höhe herabgesunken war, immer aber doch noch einen weit bedeutendern Stand behaupten mochte, als die dürftigen Reste der römischen und die ärmlichen Anfänge der romanischen Kunst; endlich hatte diese Baukunst im Wesentlichen einen ganz ähnlichen Character, wie ihn die arabische Kunst in andern Ländern angenommen hat; d. h.: die indische Baukunst, so sehr sie gegen frühere Zeiten verarmt sein mochte, liebte eine reiche phantastische Verzierung; auch sie war, wie wir im ersten Bande sagten, und zwar von Anfang an, mehr eine allgemeine Formenkunst als eine eigentliche Baukunst. Es konnte nun zwar unter diesen Umständen die indisch-arabische Architektur um so weniger dem Vorwurfe des Mangels an statischer Formenbedeutung und an einer sichern Grundlage entgehen; allein dieser Fehler zeigt sich hier weniger deutlich; er artet nicht in eine sehr auffallende Disharmonie aus, weil in der indischen Baukunst das constructionelle Princip sich von jeher weniger geltend gemacht hatte. So war es denn der ausschweifenden Phantasie der Araber leichter, sich mehr in der Gestaltung der Massen zu äufsern; sie brauchte sich nicht, wie in Spanien, auf die blofse Verzierungskunst zu beschränken, noch war sie gezwungen, wie in Constantinopel, die ursprünglich aus der Construction hervorgegangenen Architekturtheile in abentheuerliche barocke Formen zu zwängen. Lassen sich auch die unmittelbar den indischen Monumenten entlehnten, wunderlich ausgebauchten Kuppeln im Vergleich zu der einfachen Kuppelform in Constantinopel nicht billigen, so sind doch hier die ausgeschweiften Linien weniger zu tadeln, als bei den Dachrändern, wo sie sich häufig an den Gebäuden in der Türkei finden. Die widerlichen Besetzungen mit schwerfälligem Pfeilerwerk fallen in Indien weg, und statt der sinnverwirrenden Zusammenstellung einer zahllosen Menge gröfserer und kleinerer Kuppeln findet sich in Indien fast immer nur eine einzelne Kuppel, die sich auf dem quadratischen Unterbau erhebt. Dafs die Araber endlich in Indien weit schönere Denkmale hinterlassen haben, als die damaligen Inder selbst, war die gewöhnliche Folge der sich frisch entwickelnden Thatkraft eines jugendlichen Volks von reineren Religonsbegriffen, der absterbenden Cultur eines alternden Volkes gegenüber. Vielleicht auch hat hier grade der häufig getadelte Umstand, dafs die Araber sich bildlicher Darstellungen enthielten, vortheilhaft gewirkt, denn grade hierin war von Anfang an die Kunst der Inder übertrieben ausschweifend, und es läfst sich nur günstig anerkennen, dafs die Araber sich von einer Nachahmung dieser Unsitte abgehalten fanden.

Von den, ungeachtet der Zerstörung durch die Mongolen, noch zahlreich vorhandenen arabischen Bauwerken in Indien heben wir folgende hervor.

Cutub Minar, „die Triumphsäule des Islam," welche Cutub zu *Delhi* aus Marmorblöcken errichten liefs. Es ist ein minaretähnlicher Bau, ohne die Dachspitze, welche fehlt, an 250 F. (nach Andern 350 F.) hoch, in Form eines stark verjüngten abgekürzten Kegels, unten vielleicht 50 F., oben nur 12 F. im Durchmesser haltend, rundstabförmig cannelirt und mit Bändern umgeben, von welchen fünf, weit hervorragende, in Verzierung aufgelösete Wulste bilden, welche die Stelle der sonst üblichen, hier entbehrlichen Galerieen zu vertreten scheinen. Die wesentliche Abänderung der Form gegen die der Minarets in *Ägypten* und in der *Türkei* (ohne Galerie, nicht absatzförmig, von gröfserer Höhe, stärkerer Verjüngung und besonders von bedeutenderer Grundfläche) ist unstreitig dem Einflusse der indischen Architektur zuzuschreiben. Sie ist eine Nachbildung der Pagodenform.

Das Minaret ist von weitläuftigen Ruinen umgeben, welche einem Pallaste angehört haben sollen. Man bemerkt darunter Mauern mit Lisenen und Fries, die einzelnen Felder mit Spitzbogen-Öffnungen, auf dem Gesimse eine zinnenartige Krönung. Dicht neben dem Minaret steht eine Halle (vielleicht ein Mausoleum) und der eigentliche Gebäudekörper, mit Gesims und freistehender Krönung darauf. In der Mitte der Front ist ein breites, die ganze Höhe erreichendes Spitzbogenportal, in einer rechtwinkligen Nische. Kleinere, ebenso eingerahmte Spitzbogenfenster oder Nischen, in zwei Reihen übereinander und ein verziertes Band dazwischen, bilden die Verzierung der Seitentheile, die nicht breiter sind als die mittlere Nische. Das Dach bildet eine einfache Kuppel, die oben abgeschnitten ist und in eine kleinen Kuppel endigt. Daneben steht noch ein kleinerer Kuppel-Pavillon mit einem Säulen-Umgange.

Ähnliche kleinere Denkmale finden sich noch mehrere in den Ruinen von *Delhi;* sämmtlich aus der Zeit vom Ende des XII. bis zum Schlusse des XIV. Jahrhunderts.

Der spätern Zeit gehören die gerühmtesten Werke der Regierung Schah Akbars des Grofsen und seines Sohnes Ychan (1556—1658) an; sie finden sich zu *Delhi* und *Agra* und in dessen Umgebung.

Das Grabmal *Akbars* zu Secundra, bei Agra, zeichnet sich durch seine einfache Anordnung, durch schöne Verhältnisse und dadurch aus, dafs es eine entfernte Verwandtschaft mit den spanischen Denkmälern hat. Es ist wieder ein Gebäude von quadratischem Grundrifs. Die Hauptfront ist mittels vier schmaler, in gemusterte Felder getheilter Pfeiler, ohne Sockel und Capitäl, in drei gleiche Theile getheilt, welche in einer Flucht liegen und unmittelbar in die decorirten Friese übergehen. Der mittlere Theil erbebt sich über die Seitentheile und wird ganz von der tiefliegenden, mit einem Eselsrücken überwölbten Nische eingenommen, in welcher die kleinere Pforte und darüber ein Fenster sind. Die Haupt-Einfassung, mehremal zurückspringend, ist mit feiner Gliederung und mit kleinen Rosetten reich verziert; die Bogenzwickel oben sind mit Arabesken ausgefüllt. Die Seitentheile sind in der halben Höhe durch ein flaches Band getheilt und haben oben und unten eine in flachen Eselsrücken überwölbte Öffnung, die hinten anscheinend mit Brettwerk geschlossen ist. Auch die Seitenfronten sind mit eben solchen Öffnungen, in zwei Reihen, zu je dreien, durchbrochen. Das Dachgesims ist ein ganz kleines Plättchen, mit freistehenden rautenförmigen Verzierungen darauf. An den vier Ecken erheben sich kegelförmige Minarets. Eine Kuppel fehlt dem Gebäude ausnahmsweise; dagegen finden sich auf dem flachem Dache einzelne, ganz kleine oblonge Aufbaue mit sattelförmiger Abdachung. Anscheinend ist übrigens das beschriebene Bauwerk nicht das Mausoleum selbst, sondern der in den geheiligten Raum führende Portalbau; woraus sich der Mangel der Kuppel erklären würde; nach *Kugler* hat jedoch auch das Mausoleum selbst keine Kuppel.

Moti-Murjed, die Moschee im Pallaste des Akbar zu Agra, hat im Wesentlichen die ägyptische Moscheenform, nemlich die eines umschlossenen Hofes; die eigentliche Moschee bildet ein förmliches Gebäude. Dasselbe erhebt sich bedeutend über die Galerieen der Seiten und ist mit einem stark vortretenden Schutzdache umgeben, über welches der Gebäudekörper aber noch attikenartig hinüberragt. Aus dem ganz flachen Dache erhebt sich in der Mitte eine ausgebauchte und in eine Spitze auslaufende Kuppel; zwei dergleichen etwas kleinere stehen zur Seite. An den Ecken der Dachfläche stehen kleine Kuppel-Pavillons und dazwischen eine Reihe dergleichen kleinerer. Die Dachform ist so wenig als das Schutzdach zu loben; beide sind völlig unorganisch und unarchitektonisch. Die Galerieen der übrigen drei Seiten haben statt der Säulen einfach-viereckige starke Pfeiler, mit Base und Kämpfergesims; darüber erheben sich ausgezackte Bogen in geschwungener Spitzbogenform und mit rechtwinkliger Einrahmung.

Schah Yehar errichtete in dem nach der Zerstörung durch Erdbeben wiedererbauten Delhi einen prachtvollen Herrscherpallast, in dessen Audienzsaal der berühmte Pfauenthron stand, aus Gold und Edelsteinen gearbeitet. Er liefs vierzig grofse Moscheen und seiner geliebtesten Gemalin *Nurjehan* ein eben so prachtvolles als grofsartiges Grabmal errichten, welches unter dem Namen *Taje-Mahal* (Wunder der Welt) bekannt ist.

Dieses Bauwerk, von 1600 F. Umfang, liegt in der Nähe von Agra und ist ganz aus blendend weifsem polirtem Alabaster mit feinster Eleganz erbaut. Der Hauptbau hat eine ähnliche Anordnung wie das Mausoleum Akbars, nur dafs die Minarets fehlen, statt welcher eine grofse Kuppel, von der gewöhnlichen ausgebauchten und geschwungenen Form, und auf den Ecken vier bedeutend kleinere Kuppeln aus dem würfelförmigen Gebäudekörper sich erheben. Das Mausoleum ist von einem ummauerten Hofe umgeben, an dessen Ecken kegelförmige, jedoch die Höhe der Kuppel nicht erreichende Minarets aufsteigen. Zwei ähnliche, nur etwas kleinere Bauwerke (vielleicht die Portale oder auch besondere Mausoleen), stehen in der Nähe und bilden mit dem Hauptbaue eine grofsartige Gruppe für die Fernsicht.

Unter den spätern Bauwerken zeichnet sich das *Mausoleum Muhamed-Chans* zu Deigh, 12 Meilen von Agra, durch Zierlichkeit und Eleganz aus: es zeigen sich hier aber bereits sehr ausschweifende Formen und man vermifst ebensowohl die Gröfse der frühern Monumente, als deren kostbares Material, da das Gebäude nur aus Sandstein erbaut ist. Die den heiligen Raum umgebende Mauer ist von einem doppelten, reich verzierten Friese eingefafst und in rechtwinklige Felder getheilt, welche wieder mit Spitzbogenfüllungen ausgesetzt sind; oben mit einzelnen Blumen gekrönt. Ein kleines quadratisches Gebäude, an welches sich die Mauer zu beiden Seiten mit rechtwinkligen Kröpfungen nach oben anschliefst, ist ebenfalls in drei Felder getheilt; darüber erhebt sich ein reich verziertes Gesims, etwa Einviertel so hoch wie der eigenthümliche Gebäudekörper und fast eben so weit ausladend. Damit aber noch nicht genug, steht auf der Gesims-Ausladung ein noch höherer, flach verzierter Kranz, mit Blumen gekrönt und mit hinunterhängenden glockenartigen Verzierungen an den Ecken. Über diesen Kranz erhebt sich die Kuppel glockenförmig, und dann wieder eine ausgebauchte und geschweifte kleinere Kuppel darüber. Ähnliche Bauwerke wiederholen sich in geringerer Gröfse an den Ecken. Die Fenster im Hauptbau haben Säulen und eine schwerfällige Brüstungsverzierung und sind innerhalb des Spitzbogens halbrund geschlossen.

Die Spitzbogen in der Umfangsmauer sind muschelartig ausgezackt und werden von Säulen getragen. In der Mitte des Hofes steht ein Pavillon mit einer gewundenen Kuppel von einfacher Bauart und mit vortretender Verdachung unter einer Attika. Minarets sind hier nicht vorhanden; man müfste denn einzelne, auf der Mauer freistehende kurze gewundene Säulen, mit kleinen Kuppelchen auf dem Capitäl, für Nachbilder davon ansehen.

Grofsartiger, aber ebenfalls schon in weniger reinem Styl, ist das Mausoleum *Mokduh-Schah's* in Monea (ebenfalls 12 Meilen von Agra). Das quadratische Hauptgebäude, von roheren Verhältnissen, hat das früher beschriebene Spitzbogenportal, ein kleines Gesims mit Bogenfries, darauf eine runde Attika, und die gewöhnliche gebauchte Kuppel, schachbrettartig verziert. An der Ecke des Hofraums erhebt sich ein zweistöckiger Pavillon, oben und unten mit Spitzbogengalerieen zwischen den Ecklisenen; darüber sind die vortretenden Verdachungsränder; über dem obern ist eine runde Attika, mit spitzigen Zacken darauf, und dann die Kuppel. An diesen Pavillon schliefst sich eine Mauer mit kleinen viereckigen Fenstern und mit einer Krönung von Bogengurten und darauf stehenden grofsen Knöpfen mit Spitzen. An der andern Ecke dieser Mauer erhebt sich ein thurmartiger Bau von kreuzartig verkröpftem Grundplan, der fast gar nichts Arabisches mehr hat. In der Nähe finden sich die Ruinen einer Caravanserei, unter welchen ein Säulengang aus Marmor ist, mit zwei reich verzierten Portalen, oben dreieckig geschlossen, wie gewöhnlich von Lisenen und Fries eingerahmt; zwischen diesen und den Öffnungen mit Arabesken neben dem Friese tritt ein Gesims auf Kragsteinen vor.

Am ausgeartetesten, weit ohne die sonstige feine Eleganz, finden wir die arabische Architektur an dem weitläufigen Grabmal der Sultane von *Mysore.* Hier zeigen sich ausgebauchte Säulen, kleine breite rechtwinklige Füllungen, schwerfällige geländerartige Attiken mit unzähligen viereckigen Pfeilern, mit birnenartigen Knöpfen, und gröfsere freie Pfeiler, die wie gedrechselt aussehen; als schwache Erinnerung an die früheren Minarets.

Edler, obgleich als ein sonderbares Gemisch ernster und spielender Formen, zeigt sich die indische Architektur am Pallaste *Sahedul Ali's* zu *Ghazipore.* Auf einem Unterbau erheben sich weitläufige Säulenhallen, deren Säulen kandelaberartig sind, mit Blattwerk verzierte Füfse und wulstförmige, melonenartig gestreifte Capitäle haben, Polstern gleich, wie in der alten indischen Architektur. Auf diesem Säulenwalde ruhen, wie bei einem Kreuzgewölbe, nach allen Richtungen hinlaufende schlichte Rundbogen, mit Füllungen darüber; dann folgt ein einfaches Plattengesims mit verziertem Wulst; darauf ein hoher Fries, mit kleinen Lisenen und pfeifenartig verzierten Füllungen; dann ein zweites, dem vorigen gleiches Gesims, und endlich ein Geländer von Stein, mit schwerfälligen Pfeilern und rautenförmig durchbrochenen Geländerplatten. Diese Hallen, welche zum Theil zweistöckig sind, dehnen sich weithin und ohne allen Verschlufs aus. Der Unterbau hat dasselbe, oben beschriebene Gesims und ist, den obern Säulen weiter entsprechend, mit halbkreisförmigen, unmittelbar auf der Erde aufstehenden Nischen besetzt, in welchen sich rechtwinklige Öffnungen befinden. Über diesen Bogen sind wieder Füllungen, welche in die Bogenzwickel spitz hinuntergreifen und oben gekröpft sind. Der Fufs des Gebäudes scheint verschüttet zu sein. Während die Säulen entschieden an alt-indische und gleichzeitig, wegen ihrer Schlankheit, an persische Formen erinnern, scheint der obere Bau, mit den Rundbogen, der römischen Baukunst anzugehören. Die Anordnung von Bogen auf Säulen ist übrigens selten; in der Regel sind die Arcaden mit Pfeilern verbunden, während die Säulenhallen, analog der indischen Bauart, gerade Gebälke mit mannigfacher Ausbildung des alt-indischen Consolensystems tragen.

Dieser indisch-arabische Baustyl war auch gleichzeitig über Persien verbreitet; wo besonders die Bauwerke *Schah-Abbas* (1585—1629) in *Ispahan* als Beispiele des höchsten Glanzes zu bemerken sind, und darunter besonders der grofse *Maidar,* ein Platz zu kriegerischen Übungen, von 2000 F. lang und 700 F. breit, rings von Hallen und prachtvollen Gebäuden umgeben, so wie der königliche Pallast. „In den Verzierungen des letztern entfaltet sich der „ganze mährchenhafte Reichthum einer orientalischen Phantasie, die durch keine „Schranke mehr gehemmt wird.“

§. 153.
Standpunct der arabischen Baukunst im allgemeinen Entwicklungsgange.

Die Baukunst der Araber hat es, wie wir gesehen haben, nie zu einer höhern Entwicklung gebracht; sie war deren nicht fähig, weil ihr die allgemeine Basis der Baukunst fehlte. Die romanischen christlichen Völker dagegen hatten, gleich dem gröfsten Theile der Muhamedaner, ebenfalls die letzte römische Bauart angenommen, aber sie hatten, im Gegensatze von jenen, längere Zeit Construction und Form unabgeändert beibehalten und nur allmälig und dann beide gleichzeitig geändert. Lag hier auch keineswegs eine bestimmte Absicht zum Grunde, so war es doch ein grofser Vortheil für die Kunst, dafs die Construction, wenn auch unbewufst, ihre Geltung behielt, und dadurch Das, was die Griechen für den allgemeinen Entwicklungsgang geleistet hatten, erhalten wurde. Andrerseits aber verhinderte dieser Umstand das Gelingen des der romanischen Baukunst zum Grunde liegenden Bestrebens nach dem geistigen Ausdruck der Idee des Christenthums; denn es konnte nimmermehr und durch noch so viele einzelne Abänderungen ein ganz neuer Character geschaffen werden; vielmehr mufste man sich, nachdem das Kunstgefühl weiter ausgebildet war, nothwendig wieder der Antike nähern; wie dies denn auch wirklich in der letzten romanischen Zeit theilweise geschehen ist. Es war eine gänzliche Umgestaltung nöthig, und diese konnte nur durch eine kräftige äufsere Anregung, wie sie auch zu rechter Zeit dem innern Ringen zu Hülfe kam, hervorgerufen werden. Keine andere Anregung aber konnte schneller und tiefer wirken, als die Bekanntschaft mit dem arabischen Baustyl, der alle die Eigenschaften hatte, welche dem romanischen fehlten, und zwar grade deshalb hatte, weil ihm die guten Eigenschaften desselben fehlten, und der mit Hintenansetzung der statischen Formenbedeutung und so mit Leichtigkeit und Schnelligkeit der Architektur den aus dem Character des Volks und seiner Religion hervorgegangenen geistigen Ausdruck gab.

In dieser Einwirkung auf das Entstehen eines ächt-christlichen Baustyls finden wir die tiefere Bedeutung der arabischen Baukunst und ihren Standpunct in dem allgemeinen Entwicklungsgange. Schon einmal, und zwar beim Beginn der Kunst, trafen wir auf ein ähnliches Verhältnifs. Auch der Baukunst der alten Inder fehlte es, in Folge des vorangegangenen Höhlenbaues, an der architektonischen Grundlage der statischen Formenbedeutung; auch sie war mehr eine Formenkunst, als eine eigentliche Baukunst; auch dort fanden wir dies Verhältnifs nothwendig, um zuvörderst der Kunst Geltung zu verschaffen, vor dem Bedürfnifsbau. So wie es ohne die indische Kunst eine höhere Ausbildung der Baukunst als Kunst vielleicht gar nicht oder doch erst viel später gegeben haben würde: so würde ohne die arabische Baukunst kein ächt-christlicher Baustyl entstanden sein.

Wie kommt es nun aber, dafs der germanische Baustyl erst mit dem XIII. Jahrhundert ins Leben trat, während die griechischen Christen in Ägypten und Syrien schon 640, die Westgothen in Spanien 711, die Normannen in Sicilien 1072 und die Europäer überhaupt durch die ersten Kreuzzüge seit 1096 mit der arabischen Kunst bekannt geworden waren und so manche einzelne Formen, namentlich der Spitzbogen, auf den man so viel Gewicht gelegt hat, sich seit dem XI. Jahrhundert in Frankreich und dann auch in Deutschland verbreiteten? Die Antwort darauf ist schon in Obigem enthalten: es mufste der rechte Augenblick kommen, der innere Sinn erst reif werden; einzelne unmittelbare Nachahmungen konnten nicht helfen. Aufser den uns nicht genugsam bekannten romanischen Baustylen in Spanien und Frankreich, haben wir hier besonders drei romanisch-christliche Baustyle, die unter der Einwirkung der Araber entstanden, ins Auge zu fassen: den der Normannen in Sicilien, in welchem die arabischen Elemente überwiegend sind; den normannischen in Frankreich und England, welcher nur mehr einen geistigen Ausdruck vom arabischen Styl entlehnte und sich ziemlich frei und eigenthümlich entwickelte, und den letzten romanischen Baustyl in Deutschland, z. B. (am Limburger Dom), der nur Einzelnheiten, hauptsächlich den Spitzbogen, in consequenter Anwendung aufgenommen hatte. Alle diese Baustyle aber sprechen keineswegs die Idee des ächten Christenthums aus.

Der innre Sinn mufste erst gereift sein; die Idee des Christenthums selbst mufste erst rein aufgefafst werden. Die frühern politischen und gesellschaftlichen Zustände Europa's hatten, um nur erträglich zu sein, das Übergewicht der geistlichen Macht über die weltliche möglich und nothwendig gemacht. Es konnte aber nicht ausbleiben, dafs auch das gestörte Gleichgewicht wiederum nach der andern Seite nachtheilige Folgen haben mufste. Unter dem stets zunehmenden Drucke der Hierarchie nahm das Christenthum eine einseitige Gestaltung an, welche es seinem göttlichen Ursprunge völlig entfremdete; die damalige Cultur, und somit auch die Baukunst, mufste denselben unheimlichen Character annehmen, um so mehr, da beide ausschliefslich in den Händen der Mönche waren. Durch die Kreuzzüge (1096—1291), ursprünglich vom Pabste als ein Mittel zur Vergröfserung seiner Macht eifrig angeregt, geriethen Abendland und Morgenland, christliche und muhamedanische Bildung, mit einander in Conflict; sie durchdrangen sich gegenseitig, besonders im Anfange des XIII. Jahrhunderts und durch die abendländischen Niederlassungen im Orient, und die welthistorische Folge davon für das Abendland war eine der erwarteten ganz entgegengesetzte: eine reinere, geistigere Auffassung des Christenthums, eine freiere Entwicklung der Kirche, ein Kampf auf Tod und Leben gegen die Hierarchie und, dann in Übereinstimmung damit, die Entstehung eines ächt-christlichen Baustyls —. Es sei mir erlaubt hier Worte aus einem der gediegensten, wenn auch weniger bekannten Werke über das Mittelalter anzuführen. (*Leo* Lehrbuch der Geschichte des Mittelalters, Halle 1829, S. 274.)

„Wenn wir nun sehen, wie nach dem Aufhören der Kreuzzüge beide „Welten, *so weit es der Natur der Länder und Völker nach überhaupt „möglich ist,* den Character vertauscht haben, wie der gröfste Theil der an„gegebenen Characterzüge im XV. Jahrhundert von dem andern Theile be„hauptet werden kann, als von welchem er im XI. galt: wird man dann zu „weit gehen, wenn man die welthistorische Bedeutung des Kampfes beider Wel„ten (die Kreuzzüge nämlich) so bezeichnet, dafs man behauptet, sie seien „dadurch neutralisirt worden? die europäisch-christliche Welt, an deren Ent„wicklung sich die ganze welthistorische Bedeutung anknüpft, habe in den „Kreuzzügen diejenigen Motive einer höhern Bildung, welche bis dahin dem „Orient allein aufbehalten waren und deshalb eine einseitig äufserliche Rich„tung nahmen, in sich aufgenommen und dadurch zu der gröfsern sittlichen „Tiefe, welche schon früher in dem Christenthum gewonnen war und sie auch „fortwährend auszeichnete, noch die gröfsere Gelenkigkeit des Lebens, den „gröfsern Reichthum, die schönere Form der Äufserung, und in Folge da„von die höhere Freiheit des Gedankens gewonnen und eben dadurch das „Weiterbestehen *jener* Hierarchie, wie sie Rom entwickelt hatte, völlig unnöthig „gemacht? Wird man zu weit gehen, wenn man behauptet, die römische Kirche „habe in der Beförderung der Kreuzzüge gegen sich selbst gewüthet und, wie „einst das alte Rom durch Carthago's Unterliegen weit innerlichere Wunden als „durch dessen Widerstand erlitt, so habe das neue Rom sich durch diese Pu„nischen Kriege des Mittelalters, die Kreuzzüge, selbst geschlagen? *Wird „man zu weit gehen, wenn man behauptet, durch die Kreuzzüge sei „allerdings das heilige Land erobert worden und bis auf den heutigen „Tag in guten Händen geblieben, aber nicht jenes irdische heilige Land „in Palästina, und nicht gegen die Türken, sondern jenes heilige Land „des Geistes, die wahre Freiheit christlichen Denkens und gegen die strenge „Fessel und Form der römischen Hierarchie, welche vor den Kreuzzü„gen die Möglichkeit der Fort-Erhaltung geistiger Bildung lange in eben „dem Grade allein gewährte, als sie nach denselben einer freiern Weiter„Entwicklung überall allein im Wege stand?*

Und (S. 391)

„Die Gedanken, welche die Kreuzzüge zuerst veranlafst und möglich „gemacht hatten, waren damals (in der Mitte des XII. Jahrhunderts) zwar noch „vorhanden, hatten aber eine geistigere Gestalt angenommen. Dafs das locale „Jerusalem und die körperliche Anwesenheit in dem Lande, wo der Heiland

„gelitten hatte, nicht viel helfe, hatte man zur Genüge gesehen. Man fafste „also die heilige Stadt Jerusalem, mit ihrem Tempel, wo man sonst einen „religiös befriedigten Seelenzustand gehofft hatte, als diesen Seelenzustand selbst „auf, den man allen Heiden, d. h. allen Leidenschaften und Verführungen dieser „Welt zum Trotz, erreichen und vertheidigen müsse. Die Thätigkeit der Frommen ging nun nicht sowohl darauf aus, ein weltliches Reich mit hierarchischen „Formen, wie das Königreich Jerusalem hatte werden sollen, zu gründen, „sondern ein geistiges; und das Terrain für dieses Reich erschien nun wahrhaft nicht blofs in Palästina, sondern in jeder Kirche. Deshalb fing in diesen Zeiten (mit Erfolg erst etwas später) eine hohe Begeisterung an für diese „Baue, die nun gewissermaafsen die Welt symbolisirten, und deren Einrichtung „Gelder, Kräfte und Interessen an sich zog und sie dem heiligen Lande entzog."

(Die Fortsetzung folgt.)

10.
Auswahl von Abhandlungen berühmter niederländischer Wasserbaukundiger über die Wasserbaue, welche in Holland an den Hauptströmen zum Schutze gegen Verwüstung nöthig sein werden.

(Aus dem Holländischen übersetzt und mit einer Einleitung und Anmerkungen begleitet von Herrn Dr. *Reinhold*, Königl. Hannöverschem Wasserbau-Inspector; so wie mit einigen Anmerkungen des Herausgebers dieses Journals.)

(Fortsetzung der Abhandlung No. 4. im 2ten, No. 11. im 4ten Heft 24ten, No. 3. im 1ten Heft und No. 7. im zweiten Heft dieses Bandes.)

Zweite Abhandlung.
Freimüthige Gedanken über den Bericht, welchen die zur Untersuchung der holländischen Ströme angeordnete Commission erstattet hat.

Von

E. de Beer,

Ingenieur und Wasserbaumeister.

Vorwort des Übersetzers.

Helvetius sagt irgendwo Folgendes, was sich, leider! auch auf Holland anwenden läfst:

„Lorsque les peuples croyent les mers constamment enchainées dans leur „lit, le sage les voit successivement découvrir et submerger de vastes con„trées, et le vaisseau sillonner les plaines que n'agueres sillonnoit la charue."

Man sieht aus den vorliegenden Abhandlungen, dafs die holländischen Wasserbaukundigen die Gebrechen und Gefahren ihrer Ströme sehr wohl kennen; so wie die Mittel dagegen; so dafs man von einem so erfahrnen, thatkräftigen und vaterlandliebenden Volke, wie die Niederländer es sind, mit Gewifsheit erwarten darf, dafs es auch im vorliegenden Falle es bestätigen werde, was der Wahlspruch sagt:

„Deus mare, Batavus littora fecit."

Vorwort des Verfassers.

Es hat dem Könige der Niederlande gefallen, den Bericht, welchen die zur Untersuchung unserer Ströme angeordnete Commission erstattet hat, dem Urtheile und der Untersuchung des ganzen Volks unterwerfen zu lassen. Durch den Beschlufs vom 15. März 1821 wurde die Commission ernannt, und sie hat ihr ehrenvolles und wichtiges Geschäft vollendet, und zwar auf eine Weise, über welche ich mich nicht befugt halte, ein dem Werthe des Berichts angemessenes Urtheil zu fällen.

Es werden in dem Bericht die Mittel und die Art und Weise angegeben, wie die Gewässer des ***Rheins***, ***Lecks***, der ***Waal*** und ***Maas***, entweder nach dem holländischen ***Diep***, oder nach andern mehr oberhalb gelegenen Puncten so zu leiten sein dürften, dafs die Unglücksfälle abgewehrt werden, welche die fruchtbaren Gegenden unsers Vaterlandes jedes Jahr beim Austreten der Ströme bedrohen.

Dieser öffentlich bekannt gemachte Bericht ist jedem Niederländer zur Untersuchung und Beurtheilung empfohlen worden.

Es ist demnach keine Vermessenheit, wenn ich hier Gedanken äufsere, die nicht überall mit den Ideen und Entwürfen des Berichts übereinstimmen. Es wird dadurch nur dem Verlangen des Königs entsprochen werden.

Ich werde mich ganz unverhüllt erklären, um eines Bessern belehrt zu werden, wenn ich irre.

Gegen die Vorschläge zur Ableitung des Oberwassers der ***Maas*** habe ich keine Bedenken, und werde also von diesem Strome nicht weiter sprechen, als insofern er mit dem Rhein in Verbindung kommt. Dagegen scheinen mir die zur Ableitung des hohen Wassers des ***Rheins*** vorgeschlagenen Mittel schwierig; und darüber werde ich freimüthig meine Gedanken sagen.

Ich wünsche, dafs Das, was ich zu sagen habe, nützlich sein möge. Ist dies, gereicht es zum Nutzen meines Vaterlandes, so werde ich mich hinreichend belohnt finden.

Brielle, den 22ten Mai 1828.

Der Verfasser.

§. 1.

Die Fluthen des *Rheins* haben in frühern und neuern Zeiten in den Niederlanden viel Unheil angerichtet, und es ist zu fürchten, dafs dies in der Zukunft noch zunehmen werde.

Es ist nöthig, die Wirkungen des Rheins, eines der Hauptströme Europas, näher zu erforschen, um seine Wirkungen auf die Niederlande richtig beurtheilen zu können.

Der *Rhein* hat seine Quellen im *Rhätischen* Gebirge, östlich vom *St. Gotthard.* Der *Vorderrhein* kommt theils vom *Crispalt,* theils aus dem *Tammetsthale,* theils aus kleinen Seen des *Ursener* Thals her und vereinigt sich bei *Disentis* mit dem *Mittelrheine.* Der *Hinterrhein,* der gröfsere Stromarm, stürzt sich bei dem ungeheuren *Rheinwald-Gletscher* in das *Rheinwaldthal,* wird durch dreizehn verschiedene Zuflüsse verstärkt und vereinigt sich bei *Reichenau* mit den andern Strom-Armen. Der vereinigte Strom fliefst nun durch *Graubünden* in den *Bodensee,* von da durch Deutschland und fällt bei *Lobith* in das Niederländische Gebiet, nachdem er die *Aar, Thur, Tofs, Nahe* und *die Mosel* aufgenommen hat, welche ihrerseits die *Meurthe, Seille, Orne, Saar, Alf* und *Rüver* aufnimmt; ferner den *Neckar, der den Kocher, die Jaxt, Elz, Glatt, Nagold, Fels, Lauter, Murr* und *Zober* aufnimmt; den *Main,* mit der *Rodach, Kronach, Haslach, Regnitz, Ebrach, Sale, Itz, Kinzig, Aschaff, Lohr* und *Tauber;* und die *Lahn, Sieg, Wupper, Ruhr, Emster* und *Lippe.*

Hieraus schon ist die ungeheure Landfläche zu erachten, deren Gewässer der Rhein abführt, und dabei ist die grofse Höhe zu berücksichtigen, aus welcher jene Gewässer nach den Niederlanden herabströmen. Der Ursprung des Rheins auf dem St. Gotthard liegt nahe an 6400 F. hoch über der Krone der Niederländischen Deiche. Auch die Nebenflüsse kommen von ansehnlichen Höhen herab; z. B. der Main, dessen Quellen auf dem *Fichtelgebirge* mehr als 3500 F. hoch über dem Niederländischen Boden liegen.

Der Rhein führt seine Wassermassen *ungetheilt* dem Niederländischen Gebiete zu. In früherer Zeit theilte er sich bei seinem Eintritte in *Holland* in zwei Arme. In der Reisebeschreibung des Herzogs Friedrich von *Würtemberg* wird bemerkt, dafs der *Rhein* in Batavien oder dem Bataver-Lande mit grofser Geschwindigkeit ströme, bis er bei *Katwyk* in die Nordsee falle, und dafs die *Waal* nur eine träge und geringe Fluth habe. *Tacitus* sagt, der *Rhein*, welcher von seiner Vertheilung an längs *Germanien* hinströme, behalte seinen Namen und starken Lauf, sei aber nicht so breit, als am *Gaulischen* Ufer. Demnach scheint es, dafs vormals die Gewässer des *Rheins* in zwei Strombetten, deren eines seinen Anfang an der Grenze des *Bataverlandes* hatte, ins Meer strömten, und dafs der eigentliche *Rhein* (Rheni Medium), welcher bei *Wyk* bei *Düürstede* (Batavodurum, oder Dorestadurum), *Utrecht* (Trajectum vetus), *Leiden* (Lugdunum Batavorum) und bei dem Hause zu *Britten* vorbei flofs und in die *Nordsee* mündete, die gröfste Wassermasse geführt habe; während die *Waal* oder *Whaal* (Vahalla) nur weniger Wasser aus dem Rhein abzog und durch die grofse Mündung der *Maas*, Helium genannt, ins Meer flofs *).

Dafs seit jener Zeit bis heute grofse Veränderungen mit den Strombahnen des *Rheins* vorgegangen sind, bedarf keines Beweises. Aber die Untersuchung, ob die Ursachen dieser Veränderungen zu finden sind, um daraus für die jetzige und künftige Zeit Schlüsse zu ziehen, ist nicht überflüssig.

In der Natur ist keine Wirkung ohne Ursachen. Also sind auch Ursachen vorhanden, warum der natürliche und stärkste *Rhein*-Arm ganz aufgehört, die von *Drusus* gegrabene *Yssel* nur wenig Wasser aufgenommen, die *Whaal* zugenommen hat, der *Leck* aber stehen geblieben ist und jetzt vom Oberwasser öfters zu sehr belastet wird. Die meisten Ursachen davon können aus der Veränderung hergeleitet werden, welche im Laufe der in die Nordsee mündenden Ströme nach dem Durchbruche der Land-Enge zwischen *England* und *Frankreich* entstanden.

Zur Erforschung dieser Veränderungen mufs man einen Blick in die Geschichte der frühern Jahrhunderte werfen. Sie meldet, dafs die *Cimbern*, ein uraltes Volk, von den Skythen Asiens abstammend, viele Jahrhunderte vor Christi Geburt, Deutschland und die Ufer des Rheins bewohnten und dafs ihre erste Wanderung nach *Italien* 613 Jahre vor Christus Statt fand; zur Zeit als *Tarquinus Priscus* römischer König war **). *J. Meyer* weiset nach,

---

*) Anm. des Übers. Siehe *von Wiebeking's* Allgemeine Wasserbaukunst. Theil 2. S. 41 etc. „Geschichte des holländischen Wasserbaues bis zu Ende des vorigen Jahr-„hunderts etc."

**) Anm. des Übers. Im 1ten Bande der Allgemeinen Wasserbaukunst S. 140 und im 2ten Bande S. 44 setzt Herr *von Wiebeking* die cimbrische Wasserfluth und den Durchbruch der Land-Enge zwischen England und Frankreich oder des jetzigen Canals zwischen *Dover* und *Calais*, in das Jahr 110 vor Christus.

dafs die *Cimbern* vor der cimbrischen Fluth nicht allein *Batavien*, sondern auch *Seeland*, *Brabant* und *Flandern* bewohnten.

Nun strömte eine ungeheure Wasserfluth über die an die Nordsee grenzenden Länder (nach *Cluverius* 350 Jahre vor Christus; also 240 Jahre eher, als nach Herrn *von Wiebeking*). *Schotanus* sagt, dafs ein fürchterlicher Sturm und eine schreckliche Wasserfluth längs allen Seeküsten Deutschlands gewüthet haben solle, dafs diese Sturmfluth wahrscheinlich alle jetzigen Inseln vom festen Lande *Frieslands* abgerissen und viele binnenländische Meere oder Seen an den Mündungen der Ströme hervorgebracht habe. Das Bedeichen des Landes war damals noch unbekannt und es gab nur aufgeworfene Erdhaufen und Hügel, die wenig bedeuteten, zur Rettung der Bewohner bei Wasserfluthen. Endlich, dafs nach dieser Wasserfluth die *Cimbern* nebst den *Teutonen* die *batavischen, friesischen* und die anliegenden Seeküsten mit Habe und Gut verliefsen und *Germanien, Gallien* und *Italien* durchzogen, bis sie mit den Römern in Krieg geriethen und durch *C. Marius*, nachdem sie Rom in Schrecken gesetzt hatten, zurückgeschlagen wurden. Es ist eine allgemeine Meinung, dafs durch diese Sturmfluth eine Land-Enge, die zwischen England und Frankreich sich befand, auf der Höhe von *Dover* und *Calais* durchbrochen und überströmt worden sei.

Dafs ehemals in diesen Gegenden aufserordentliche Ereignisse Statt gehabt haben müssen, läfst sich noch heutiges Tages nachweisen; entweder durch die Veränderungen in dem Zustande der Länder durch den Einbruch der Land-Enge zwischen Frankreich und England, oder aus andern Ursachen. Es ist deutlich sichtbar, dafs vormals die Oberfläche dieser Lande viel niedriger war, als sie jetzt ist; denn man findet ganze Wälder unter dem Boden. Zu beiden Seiten der *Amstel*-Ufer, etwa 60 R. davon entfernt, fand man Waldungen von Baumstämmen 6 bis 7 F. tief unter dem Boden. Von nahe bei *Amsterdam* bis *Ouderkerk* erstreckte sich weithin ein Wald, der aus Eichen bestanden zu haben scheint. Die längsten und dicksten Baumstämme finden sich in der Richtung von Südwesten übergestürzt; die kleinen dünnstämmigen Bäume, welche die Bewohner des Landes seit Jahrhunderten zu Dachlatten gebrauchten, stehen grade auf. In dem niedrigen *Ablasserwaard* und in vielen Veenlanden (Torfgräbereien) werden noch jetzt von Zeit zu Zeit Baumstämme 6, 9, bis 13 F. tief unter dem Boden ausgegraben. Vor wenigen Jahren wurde nahe bei *Steenbergen* in *Brabant* ein Wald von stehenden Baumstämmen ausgegraben, und beim Graben der Baustellen zu den Schiffsdocken der Marine am ***Helder*** wurden stehende Baumstämme 6 bis 10 F. tief unter dem Boden gefunden.

Auf einer grofsen Fläche jener Gegenden findet sich durchgehends fruchtbarer Klaiboden in ungleichen Tiefen. Der Boden des etwa 3¼ Quadratmeilen grofsen *Haarlemer* Sees besteht aus gutem Klaigrunde, welcher 13 bis 17½ F. tief unter der gewöhnlichen Meeresfluth liegt, und 1½ bis 3 F. mächtig oder dick ist *).

Ist diese durchgehende Klailage der Boden gewesen, auf welchem jene Wälder wuchsen, die man jetzt unter der Oberfläche des Bodens und dem Fluthspiegel des Meeres findet, so wird vormals der Wasserstand der Nordsee niedriger gewesen sein müssen; denn die ***Cimbern*** bewohnten vor der cimbrischen Fluth das Land, ohne dafs es eingedeicht war. Ich glaube auch nachweisen zu können, dafs die ***Cimbern*** für ihren niedrigen Boden gegen das Wasser und die Fluthen der Nordsee keine Deiche *nöthig hatten.*

Als eine Merkwürdigkeit und ein Beweis, dafs der Boden des Landes ehemals niedriger war, ist zu erwähnen, dafs in der ***Nordsee,*** weit aufserhalb dem Ringe der Dünen und des Strandes der Insel *Walchern,* nahe bei ***Domburg,*** am 5ten Januar 1647 vor diesem Strande bei niedriger Ebbe rothe und graue Sandsteine (arduinsteenen) aus dem Boden gegraben wurden, die das Bild der heidnischen Göttin ***Nehalenia*** zeigten, und dafs man demnächst die Fundamente eines Tempels, mit Resten von Menschenwohnungen entdeckte, nebst einem Kirchhof mit mehreren Särgen, in welchen Gerippe waren, mit messingenen Ketten und Medaillen um den Hals, und mit Piken, krummen Schwerdtern und silbernen Trinkschalen neben sich; auch wurde daselbst im Jahre 1807, bei ungewöhnlich niedriger Ebbe, hinter dem Landgute ***Duinvliet*** im Seestrande ein Kirchhof gefunden. Vielleicht stehen diese Kirchhöfe in Beziehung zu den Hünengräbern der Alten, die man in der Provinz ***Drenthe*** findet.

Vor dem Durchbruche der Land-Enge zwischen England und Frankreich waren die Gewässer des ***atlantischen*** Oceans und die Nordsee nicht durch den jetzigen Canal verbunden; sondern die täglichen Fluthen strömten längs ***Irland,*** den ***Orkadischen*** und ***Hitlandischen*** Inseln und zwischen ***Island*** hin-

---

*) Anm. des Übers. Der schon lange entworfene Plan der Austrocknung des *Haarlemer* Sees ist, wie der Übersetzer im Jahre 1841 an Ort und Stelle gesehen hat, seit drei Jahren in der Ausführung begriffen, die jährlich fortgesetzt wird und wodurch dann eine der grofsartigsten Unternehmungen dieser Art endlich zu Stande kommen wird. Die Kosten dieser Trockenmachung werden auf 4½ Millionen Thaler angeschlagen.

durch, aus dem ***Atlantischen*** Ocean durch die ***Nordsee*** nach den Mündungen des ***Rheins,*** wo nur ein geringer Höhen-Unterschied zwischen Ebbe und Fluth ist (bei Amsterdam nur etwa 36 Zoll), und von da bespühlte das Meer die Ufer jener Gegenden. An der ***Schottischen*** und ***Norwegischen*** Küste steigen die gewöhnlichen Springfluthen: an ***Fairisland*** 3,8 F., an ***Foulisland*** 6,4 F., an den ***Orkadischen*** Inseln 6,4 F., an den ***Hitlandischen*** Inseln 7,3 F., zwischen ***Norwegen*** und ***Bergen*** aber nur etwa 3,8 bis 4,8 F. hoch, so dafs die Fluthen, welche zwischen der Nordspitze von ***Schottland*** und den Küsten von ***Norwegen*** nach den diesseitigen Gegenden strömten, bei gewöhnlicher Anschwellung oder in den Tyen (tyen) nur wenig Unterschied im Wasserstande hervorbringen konnten, indem sie an 150 deutsche Meilen durchlaufen mufsten und bis an die Land-Enge im Canal etwa 180 Meilen. Hieraus läfst sich schliefsen, dafs der Unterschied zwischen Ebbe und Fluth in der ***Nordsee,*** längs den ***Niederländischen*** und ***Vlaamschen*** Küsten bis an die Land-Enge zwischen England und Frankreich, nur geringe gewesen sein wird. Dagegen steigen die Springfluthen an den Küsten und in der Mündung des ***Canals*** ansehnlich hoch und waren vor dem Durchbruche der Land-Enge nur 30 Meilen von der hiesigen Küste entfernt.

An der ***englischen*** Küste steigen die Springfluthen zu ***Ostwale*** 17,5 bis 21,0 F., zu ***Düins*** 16,0 F., zu ***Blackney*** 20,0 F., zu ***Wells*** 17,8 bis 19,1 F., zu ***Lynwell*** 23,9 F., zu ***Humber*** 20,0 bis 23,0 F., bei ***Flamboroughhead*** 19,7 F.; an den ***französischen*** und ***Vlaamschen*** Küsten: zu ***Calais*** 17,8 F., zu ***Dünkirchen*** 15,9 bis 19,1 F., zu ***Nieuwpoort*** 14,0 bis 16,9 F., zu ***Ostende*** 14,0 bis 16,0 F. hoch.

Ehe wir aus dem Unterschiede der Wasserstände an den ***Orkadischen*** und ***Hitlandschen*** Inseln und im Canal einen Schlufs ziehen, wollen wir sehen, ob der Stand des Fluth- oder der des Ebbewassers für den natürlichen Höhenstand zu halten sei.

Die Fluthen werden durch die Anziehungskraft der Sonne und des Mondes hervorgebracht. Der Mond übt seine Anziehungskraft auf die Wassermasse aus, die sich gerade ***unter*** ihm befindet, und stärker, als auf die, welche nicht unmittelbar ***unter*** ihm steht, sondern weiter oder mehr seitwärts von ihm entfernt ist. Es folgt also dem Laufe des Mondes ein Wasserberg, der sich an die Küsten verbreitet, und die Fluthen strömen in die Mündungen der Flüsse ein. Da nun immer an zwei, um 180 Grade der Länge von einander abstehenden Puncten zu gleicher Zeit Hochwasser sein würde, wenn die Oberfläche der Erde ganz mit Wasser bedeckt wäre, indem die geradeüber befindliche Wassermasse weniger angezogen wird, als die seitwärts befindliche, und also Hochwasser hat: so beträgt der Abstand zwischen dem hohen und niedrigen Wasser 90 Grad. Daraus folgt, dafs der *mittlere* Stand zwischen dem hohen und niedrigen Wasser des Meeres oder der Ebbe und Fluth als der *natürliche* Stand anzunehmen ist.

Den mittlern Stand zwischen der gewöhnlichen Ebbe und Fluth, als den natürlichen Wasserstand angenommen, über und unter welchen die Fluth und Ebbe bei jeder Tye steigt und fällt, fand nun ein bedeutender Unterschied zwischen den Wasserständen an beiden Seiten der Land-Enge vor dem Durchbruche derselben Statt.

Den oben aufgezählten Beobachtungen zufolge beträgt der höchste Stand der Fluthen nördlich von *Schottland* an den *Hitlandschen* Küsten 7,3 F., und im Canal an der englischen Küste im *Lynn Well* 23,9 F. Hat nun auch die Fluth in der *Nordsee* bis an die Land-Enge im Canal eine Erhöhung von 7,3 F. erlangt, was nicht vorauszusetzen, so bleibt doch noch ein Höhen-Unterschied von 16,6 F. zwischen den beiden Wasserständen, die durch die Land-Enge von einander geschieden waren, während der höhere Wasserstand *nach* dem Durchbruche der Land-Enge sich nothwendig in die *Nordsee* erstrecken mufste. Daraus ergiebt sich die jetzige mehrere Höhe des Wassers in der Nordsee; was sehr gut mit dem Klaiboden stimmt, der unter der jetzigen Bodenfläche unserer Küstengegenden gefunden wird. Der Durchbruch jener Land-Enge ist es also, was in der *Nordsee* den höhern Wasserstand hervorgebracht hat, und diesem Ereignisse ist die Ursache beizumessen, dafs diese Gegenden überströmt und unbewohnbar wurden *).

Nach der Überströmung blieben jene Gegenden eine geraume Zeit unbewohnt, und die erste Bevölkerung derselben, deren die Geschichte gedenkt, geschah durch einen Volksstamm aus *Hessen*, der an der *Edder* wohnte, die *Batavieren*, oder *Bataver*, 60 bis 100 Jahre vor Christus. Daraus ergiebt

*) Anm. des Übers. An dem Ereignifs und den Folgen des Durchbruchs der Land-Enge ist nicht zu zweifeln; auch daran nicht, dafs damals der Wasserstand der *Nordsee* dadurch erhöht wurde. Die Erhöhung hat aber nothwendig in kurzer Zeit ihren Beharrungsstand erreicht und bis jetzt nicht weiter zugenommen. Nach der Bedeichung Hollands im 11ten Jahrhundert, bis jetzt, sind viele Gegenden nach und nach *gesunken* und der Wasserspiegel der *Nordsee* hat sich nicht erhöht; wie es *Lülofs*, *L'Epie* und mehrere andere Holländische Hydrotekten bewiesen haben. Man sehe hierüber *v. Wiebekings* Wasserbaukunst Bd. II. Seite 86—90. Dieselben Erfahrungen habe ich auch in *Ostfriesland* gemacht und in meiner „Physiographisch-hydrographischen Übersicht" nachgewiesen.

sich, dafs der Boden des Landes durch den vom *Rhein* und der *Maas* herbeigeführten Sand und Schlamm so hoch wieder erhöht worden sein mufs, dafs er wieder bewohnbar wurde. Dafs die Auf- und Anschlämmung in den Sinkstoffen und den Sand- und Schlammtheilen des *Rheins* und der *Maas* zu suchen sei, werden wir näher nachweisen.

Es giebt über die Erhöhung und Anschlickung der Lande und Ströme verschiedene Ansichten, nemlich:

Erstlich, dafs die Stoffe zu der Erhöhung von dem *Meere* herbeigeführt werden;

Zweitens, dafs die *Ströme* das Material zu der Erhöhung bringen.

Gegen die Ansicht, dafs das *Meer* die Sinkstoffe zur Anlandung bringe, habe ich das Bedenken, dafs *erstlich* die Aufschlammung oder Aufschlickung und Verlandung oder Landbildung weit über die Puncte hinaus wahrgenommen wird, welche die Meerfluthen in den Strömen durch Aufströmung erreichen können, und dafs man *zweitens*, sobald man $\frac{3}{4}$ bis $1\frac{1}{2}$ Meilen, je nach der Beschaffenheit des Meeres und der Winde, aufserhalb den äufsersten Seetonnen und aufserhalb der Sandbänke ins Meer gelangt ist, nur helles grünes Seewasser findet, unvermengt mit fremdartigen Stoffen. Man kann in mehre Faden (zu 6 Fufs) tief ins Wasser hinab sehen; was beweiset, dafs das Meerwasser an den Niederländischen Küsten keine eignen selbstständigen Stoffe zu Verlandungen enthält *).

Dafs der *Rhein* und die *Maas* viele Sinkstoffe herabführen, kann man täglich, von der Quelle dieser Ströme an, bis zu ihren Mündungen ins Meer wahrnehmen.

Die in den Strömen herabkommenden, mit Sand und Schlamm oder Schlick vermischten Gewässer werden bei der Ebbe aus den untern Stromstrecken ins Meer geführt, und verbreiten sich aufserhalb der Mündungen (Zeegaten) an den Küsten auf Bänken und Untiefen bis in einige Entfernung von den Ufern, wo eine Scheidung zwischen Strom- und Seewasser zu bemerken ist, welche die Seeleute *Nath* nennen und wo helles Seewasser dem trüben Stromwasser ohne Vermengung gegenübersteht. Diese *Nath* erstreckt

*) Anm. des Übers. In meiner Abhandlung „Übersicht der physiographisch-hydrographischen Beschaffenheit Ostfrieslands" bin ich aus eigner Erfahrung dieser Meinung beigetreten, und habe dargethan, dafs die in der Schrift des Kammerrath *Freese:* „Ostfries- und Harrlingerland (Aurich 1796)" aufgestellte Hypothese, der klaihaltige Stoff, sogenannter Schlick, entstehe durch Vermischung des See- mit dem Moorwasser in der Mündung der Ströme, was auch *Wiebeking* annimmt, aus Gründen und Versuchen nicht haltbar sei und dafs die See-Anwächse also dadurch nicht entstehen, wie es Einige glauben.

sich von Süden nach Norden, nimmt in einiger Entfernung ab, und endlich vereinigt sich das helle mit dem trüben Wasser längs den Küsten.

Das trübe Strom- und Meerwasser führt die Fluth in die Strom-Mündungen. Zuweilen, wenn sich das Fluthwasser mit grofser Kraft in die Strom-Mündungen stürzt, wird das helle Meerwasser an den Strom-Mündungen bemerkt, während das mit Schlammtheilen geschwängerte Stromwasser aus dem Meere an den Ufern der Ströme her mit weniger Geschwindigkeit wieder aufwärts strömt. Diese Wirkung der Ströme sieht man bei Frost am deutlichsten, wenn das Eis, welches durch die Ebbe aus den Strömen aufserhalb der Mündungen ins Meer geführt worden ist, zum Theil von den Fluthen durch die Seegaten in die Mündungen der Ströme wieder hineingetrieben wird.

Aus diesen Umständen geht hinreichend hervor, dafs die Erhöhung des Landes und der Ströme durch die stromab kommenden Sinkstoffe des *Rheins* und der *Maas* hervorgebracht worden ist. Woher sonst könnte noch heutiges Tages die Erhöhung der Werder oder Aufsendeiche, der Inseln und Sandbänke in den obern Stromstrecken, und die Erhöhung der Strombetten an Stellen entstehen, wo die Wirkung des Meeres ganz unmöglich ist? Bei der Untersuchung der Sinkstoffe, welche der *Rhein*, aufser Schlamm oder Schlick, ins Meer führt und welche den Stromboden bilden, bemerkt man schon bei *Hulhuizen* feinen aber scharfen Plaatsand, mit vielen kleinen Kieselsteinen gemengt; und diese Stoffe sind sehr beweglich. Ferner findet man weiter seewärts verschiedene Arten von Sand und kleine, an einigen Stellen auch gröfsere Kiesel. Zu *Bommel* finden sich schon keine Kiesel mehr auf dem Boden, und zu *Brielle* nur noch sehr feiner Sand, ganz ohne kleine Steine; aufserhalb der Seegaten, auf dem Strande, ist nichts als sehr feiner Dünensand.

Nun werfe man noch einen Blick auf die Zeiten der mannigfaltigen Eindeichungen von Landstrichen, die dadurch nach und nach dem Wasser entrungen wurden; und zwar in dem Zeitraume von Sieben Jahrhunderten.

Im Jahre 1097 (also im 11ten Jahrhundert) entstand die Bedeichung des *Krimpener* Waards;

1253 die Bedeichung von *Rheinland;*

1255 die Bedeichung von *Delftland;*

1273 die Bedeichung von *Schieland;*

1277 die erste Bedeichung des *Ablasser* Waards;

1366 die Bedeichung der Lande von *Schelluinen, Hardinxveld, Papendrecht,* u. s. w.

Im Jahre 1303 wurde der 1421 wieder ertrunkene *Süd-Hollandsche* Waard (das sogenannte *Bergsche* Feld- und *Biesbosch* etc.) wieder eingedeicht;

1322 die Waterschap *Woerden;*

1355 *Quedenhorn*, im Lande von *Voorne;*

1373 und 1394 *Nieüw Helvoet*, im Lande von *Voorne;*

1415 *Dirksland*, im Lande von *Flakké;*

1420 die Herrlichkeit *Greysoord*, genannt *Oude* und *Nieüwe Tonge*, im Lande von *Flakké*.

Im Jahr 1473 *Zuidland*, in dem Lande von *Voorne*, und das Wasser *„de Gooten"* genannt, welches sich von *Brielle* nach *Hellevoet-Sluis* erstreckt, wurde abgeschlossen;

1475 die *Quail* und *Streuyten*, im Lande von *Voorne;*

1480 *Metiszand*, im Lande von *Flakké;*

1482 *Ooltgensplaat*, daselbst;

1494 *West-Nieüwland*, im Lande von *Goedereede*.

1572, zur Zeit der Einnahme der Stadt *Brielle* durch die *Watergeusen*, war die Insel *Rosenburg* noch nicht vorhanden;

1591 wurde *Oud-Westerloo* auf der Insel *Goedereede* eingedeicht;

1593 wurde der neue Ostdeich auf der Insel *Goedereede* geschüttet;

1605 wurde *Roxenisse*, im Lande von *Flakké*, eingedeicht;

1611 *Nieüw Westerloo*, auf der Insel *Goedereede;*

1621 *Rooklaars*-Plaat, daselbst;

1625 *Groot-Kromstreyen*, in den *Beyerlanden;*

1653 der grofse und kleine *Zuiderpolder* auf der Insel *Goedereede;*

1669 *Krayerspolder*, im Lande von *Flakké;*

1728 zwei Inseln, die *Krabbe* und die *Rosenburg*, durch zwei mit einander vereinigte Deiche, von welchen Inseln 1572 noch nichts bekannt war.

1751 fand die erste Abschliefsung von *Scharrezee* und *Hals* zwischen *Goedereede* und *Flakké* Statt;

1762 wurde *Kraayenisse* und *Kraayenstein*, im Lande von *Flakké*, eingedeicht;

1769 der *Adrianpolder* auf *Goedereede;*

1780 der *Endragtspolder* daselbst;

1803 der *Hals* und *Scharrezeepolder* zwischen *Goedereede* und *Flakké*, wodurch diese beiden Inseln vereinigt wurden. *)

---

*) Anm. des Übers. Es ist auch noch der bedeutenden Eindeichungen seit der

Erwägt man aufserdem noch die Verlandungen und die Vereinigung mehrerer Inseln mit einander und dem Festlande: des ***Prinsenlandes,*** der ***Fynaard, Klundert, Korendyk, Piershil, Tollen, Strimondergorzen*** und mehrer andrer Inseln, während der gröfste Theil der ***Beyerlande*** nach Einbruch und Überströmung des grofsen ***Südholländschen*** Waards (1421) noch unbedeicht und mit Rohr und Schilf bedeckt war, fügt dann hinzu, die Aufschlickung des ertrunkenen ***Südholländschen*** Waards (Siehe die Carte Taf. XII. Bd. 24.), welcher nach dem Durchbruch und der Wegspühlung der Deiche einem unübersehbaren See gleich war, indem sich zwischen ***Dortrecht*** und ***Geertruidenburg*** kein Fufs breit Land über Wasser befand und die Thürme mehrerer versunkener Dörfer zu Anfange des 16ten Jahrhunderts noch aus dem Wasser emporragten, und erwägt endlich, dafs dieser See jetzt gröfstentheils wieder weit über die Fluthhöhe aufgeschlickt und zu Land geworden ist: so giebt dies den vollständigsten Beweis und die Übersicht von der Wirklichkeit und Gröfse der durch die Ablagerung der Sinkstoffe des ***Rheins*** und der ***Maas*** entstandenen Anwächse und cultivirten Lande.

Wenn nun so ansehnliche Aufschlickungen und Erhöhungen von Landstrichen (die hier bei weitem noch nicht alle genannt sind) allein in den letzten sieben Jahrhunderten entstanden sind: welche bedeutende Aufschlickungen und Erhöhungen müssen dann nicht von der cimbrischen Wasserfluth (350 vor Christo) bis zu der Zeit Statt gehabt haben, wo die Eindeichung des Landes anfing, welches sich über das Wasser erhoben hatte! *)

Man sieht aus der obigen Aufzählung der bedeichten Grundflächen, dafs die Eindeichung des Landes stufenweise immer weiter seewärts erfolgt ist, so dafs also die mehr landwärts gelegenen Grundstücke zuerst der Bedeichung fähig geworden waren. Die Deiche würde man nicht gemacht haben, ehe nicht das Land so hoch über dem Wasserspiegel der Ströme war, dafs das Regenwasser in die Ströme abgeführt werden konnte; denn die Entwässerungs-***Mühlen*** waren vor dem Anfange des 15ten Jahrhunderts noch nicht bekannt, und die Bedeichungen sind viel früher ausgeführt. Mit dem Austrocknen der Dinnen-Seen ist nicht eher begonnen worden, bis die Wasserschöpfmühlen bekannt waren.

Entstehung des ***Dollarts,*** von 1277 bis jetzt, an der Küste der Provinz *Gröningen* und am Dollart zu gedenken, die etwa 4 Quadratmeilen betragen. Im Jahre 1818 und 1819 wurden etwa $1\frac{1}{4}$ Quadratmeilen von der Stadt *Groningen* am ***Dollart*** eingedeicht.

*) Anm. des Übers. Nemlich vor 1097, bis wohin seit der cimbrischen Wasserfluth 1447 Jahre verflossen waren und in welcher Zeit also eine doppelt so grofse Oberfläche als von 1097 bis 1803 in 700 Jahren angewachsen sein mag.

Von 1440 bis 1820 sind 82 Seen und Wasserplätze in Süd- und Nordholland trocken gelegt und dadurch über 12 Quadratmeilen Land dem Wasser entzogen worden *).

Bedenkt man nun, dafs von dem Lande zur Zeit der Bedeichung ohne Maschinen das Regenwasser in die Ströme abflofs, und dafs heutiges Tages das Regen- und Quellwasser von den nemlichen Lande durch ein-, zwei- bis dreifach, also 4, 8 bis 12 F. hohe Aufmahlung gehoben werden mufs, so ist es offenbar, dafs die ***Strombetten*** des ***Rheins*** und der ***Maas*** durch die herabwärts geführten Sinkstoffe erhöhet worden sind.

Dafs diese Erhöhung der ***Strombetten*** der Niederländischen Ströme in der Zukunft fortdauern wird, folgt aus der Natur der Sache und aus den obigen Erfahrungen.

---

*) Anm. des Übers. *Wiebcking* giebt im 2ten Bande seiner Wasserbaukunst S. 84—85 Seen an, die allein in *Nordholland* von 1598 bis 1803 bedeicht und trocken gelegt sind, zusammen etwa 5 Quadratmeilen grofs, worunter das ***Haarlemer*** Meer von 3¼ Quadratmeilen, welches bis jetzt noch nicht trocken gelegt, aber schon seit lange bedeicht ist. Zur Austrocknung des ***Haarlemer*** Sees werden 28 Gänge, jede von vier Mühlen erfordert, die jeder Gang 4 Fufs hoch, also zusammen 16 Fufs hoch das Wasser aufmahlen, wenn sie Wurfräder haben; mit Schrauben, die 8 Fufs hoch mahlen, ist nur die Hälfte nöthig. So wie zu der in Arbeit befindlichen Austrocknung des ***Haarlemer*** Sees Dampfmaschinen angewandt werden sollen, so würde es auch, hinsichtlich des Zeit- und Geldgewinns, zweckmäfsiger sein, überall statt der Windmühlen Dampfmaschinen anzuwenden; wie es schon am *Arkel*schen Damm mit Nutzen geschieht, wo zwei Dampfmaschinen mehr Wasser heben, als 22 Mühlen. (Siehe die vorige Abhandlung.) Die Benutzung von Dampfmaschinen am Haarlemer See ist seit 1843 wirklich im Werk. In No. 3606. des allgemeinen Amsterdamer Handelsblattes vom 2ten Juni 1843 wird vom 30ten Mai aus dem Haag gemeldet: „Es wird jetzt in der Nähe vom ***Kaag,*** auf der „Höhe von ***Sassenheim,*** mit Eifer an einer colossalen Dampfmaschine, „Leeghwater" ge„nannt, gearbeitet, mit welcher die erste Probe zur Trockenlegung des ***Haarlemer*** Sees „gemacht werden soll, dessen Bedeichung schon 1840 in Arbeit war." (Der Name „Leeghwater," den man dieser grofsen Dampfmaschine gegeben hat, rührt von dem Mühlenbaumeister ***J. A. Leeghwater*** her, welcher 1643, nach Andern 1641, also etwa vor 200 Jahren, zuerst den Vorschlag, das Haarlemer Meer trocken zu legen, durch den Druck öffentlich bekannt machte. Schon 1635 bot ***Leeghwater*** sein Project dem Prinzen Friedrich Heinrich an.) „Sollte diese erste Probe gelingen, wie man mit Recht erwartet, so werden noch „zwei dergleichen Maschinen gebaut werden, deren vereinigte Wirkung diesen über 3 Qua„dratmeilen grofsen Wasserplatz trockenlegen und in urbares Land umschaffen wird. Die „Anlage besteht aus einem gemauerten Thurm, in welchem die Dampfcylinder aufgestellt „und um welche herum 11 Pumpen errichtet werden. Die Wagebalken dieser Pumpen „werden auf der Mauer des Thurms ruhen, und sämmtliche Pumpen zusammen müssen „mit jedem Hube 1408 Cubikfufs Wasser heben und ausstürzen. Die beiden Dampfcylinder „werden ineinandergesetzt. Der innere Cylinder, von etwa 7 Fufs Durchmesser, soll ein „schweres Gegengewicht bekommen, um die Wagebalken im Innern des Thurms nieder„zudrücken und die Saugklappen der Pumpen zu heben. Der äufsere Cylinder wird etwa „12 Fufs im Durchmesser sein und den Dampf von dem innern Cylinder empfangen, um „niederdrückend die Wirkung des Gegenwichts zu befördern. Aufserdem ist noch Meh„reres an der Maschine, was den Scharfsinn des Erfinders beweiset."

Worin sollte sonst die Ursach liegen, dafs das eingedeichte Land, welches, je nach seiner gröfsern Entfernung von den Ausmündungen der Ströme, verhältnifsmäfsig mehr Überlast von Polderwasser hat, als in der Zunahme des hohen Wasserstandes der Ströme, welche die natürliche Folge der Erhöhung ihrer Betten ist? Wegen der natürlichen Lage des Landes dicht am Meer wird der Wasserspiegel weniger erhöht, weil das Wasser bei jeder Tye von der Ebbe durch die Mündungen abgeführt wird und mit dem niedrigen Seewasser bei jeder Ebbe in näherer Verbindung steht.

Es giebt auch die Meinung, dafs das Land *sinke* und dafs *daher* seine niedrige Lage komme. Aber, wenn dem so wäre, so würde sich das Sinken nicht blofs auf das Land innerhalb der Deiche beschränken, da die Lage der Deiche in Bezug auf die Oberfläche des Bodens etwas Willkürliches ist: es müfste sich auch auf die Ströme und Deiche selbst erstrecken, und dann würde kein Unterschied in der Höhe des Wasserstandes der Ströme im Vergleiche mit der Höhe des Landes in alter oder jetziger Zeit wahrgenommen werden, weil sich dann die Senkung über die *ganze* Oberfläche mit Deichen und Strömen erstreckte *). Etwas ganz Anderes ist es, dafs Vehn-, Moor- und leichter Boden, ja selbst Klaiboden, zusammenschwindet, oder einkrimpt, und dafs dergleichen Land, welches sonst über dem Sommerwasserstande lag, niedriger geworden ist. Hier werden die Wassertheile durch Sonne und Luft aus dem Boden gezogen und die Oberfläche der schwammigten Erdarten vertrocknet und krimpt ein; was aber kein Sinken des Bodens ist **).

---

*) Anm. des Übers. Der Behauptung des Herrn Verfassers, dafs das eingedeichte Polderland entweder gar nicht, oder mit den Deichen und Strömen gleichförmig gesunken sei, widerspricht die Erfahrung; in welcher Hinsicht ich mich auf die oben angeführten Angaben der Niederländischen Hydrotekten *Lülofs, L'Epie* und Anderer beziehe, die *Wiebeking* im 2ten Bande seiner Wasserbaukunst mittheilt. Gleiche Erfahrungen habe ich durch mein eigenes Nivellement in *Ostfriesland* an der Küste des *Dollarts* hart an der holländischen Grenze gemacht und in meiner „Kurzen Übersicht der physiographisch-hydrographischen Beschaffenheit *Ostfrieslands*" mitgetheilt, wonach die eingedeichten Polder, je mehr sie nach dem Innern zu liegen, desto mehr im Vergleich mit den nicht bedeichten See-Anwüchsen gesunken sind. Die Strombetten haben sich aber verhältnifsmäfsig weit mehr erhöht, als dieses Sinken beträgt, mithin auch der Wasserspiegel derselben eben so; und hierin liegt das Übel.

**) Anm. des Übers. Der Herr Verfasser giebt doch also zu, dafs nach der Bedeichung auch selbst Klaiboden, woraus alle Polder bestehen, sich gesenkt habe. In *Ostfriesland* hat man Beispiele, deren ich in meiner „Übersicht" erwähnt habe, dafs der Klaiboden der seit 1645 bis 1705 am Dollart eingedeichten Polder sich stufenweise nach innen zu um $1\frac{1}{2}$ bis 5 F. gesenkt hat, und dafs jetzt ein Theil davon durch Mühlen entwässert werden mufs, der früherhin auf natürlichem Wege sein Wasser verlor. Der Boden mag nun durch Senkung oder Einkrimpen niedriger geworden sein: der Erfolg ist derselbe.

Nachdem ich meine Ansichten über die Ursachen der Erhöhung jener Landstriche, soviel mir davon bekannt und durch Thatsachen zu erweisen ist, mitgetheilt habe, werde ich jetzt eine Übersicht der Veränderungen folgen lassen, welche mit den beiden Hauptströmen, dem *Niederrhein* und der *Waal,* auf Niederländischem Gebiete Statt gehabt haben.

Die erste bekannte Veränderung des Zustandes der Ströme ist durch die Vereinigung der im *Münsterschen* entspringenden *Yssel* mit dem *Rheine* entstanden, nachdem etwa 12 Jahre vor Chr. auf Befehl des römischen Feldherrn *Claudius Drusus* ein Canal aus dem *Rheine* oberhalb *Arnheim* nach *Doesburg* zu gegraben worden war, der dem *Rheine* eine neue Strombahn, die *Ober-Yssel* genannt, nach dem Meerbusen *Flevo*, dem jetzigen *Südersee*, öffnete.

Diese neue Strombahn scheint bald nach ihrer Eröffnung sehr wirksam gewesen zu sein; was sich aber in der folgenden Zeit vermindert hat.

Slichtenhorst und *Pontanus* sagen in der *Gelderschen* Geschichte, so wie *Valkenier,* von der *Yssel* Folgendes.

„Durch den Canal des *Drusus* hat ehemals der *Rhein* der *Yssel* sein „Wasser nur mäfsig mitgetheilt, aber dadurch, dafs man den Stromschlauch „der *Yssel* vertiefte und verbreitete, kam dieser Strom mit der *Waal,* dem „*Leck* und *Rheine* in Vergleich, wiewohl er wegen seiner vielen Krümmen „sehr unregelmäfsig und durch eine Menge von Einbauen sehr beengt war."

„Man hat im Jahre 1672 gesehen, wieviel daran liege, die *Yssel* fahr„bar zu erhalten, indem man genöthigt war, die Schiffe mit Kriegsbedürf„nissen, welche im Anfange jenes Jahres vor die *Yssel* angekommen waren, „zu entladen und in den Grund zu bohren, damit der Feind sie nicht benutzen „konnte. Damals hatte sich das Wasser aus der *Yssel* nicht allein so verlaufen, „dafs der Strom unfahrbar war, sondern er war durch Schlick und Grand so „verlandet, dafs man trocknen Fufses hindurchgehen konnte."

Bei gewöhnlichen Wasserständen verhält sich der Ergufs des *Pannerdenschen* Canals zu dem der *Waal* wie 1 zu 2, und der der *Yssel* zu dem des *Pannerdenschen* Canals wie 3 zu 10, also der Ergufs der *Yssel* zu dem der *Waal* wie 3 zu 20 und zu dem *ungetheilten Rhein* wie 1 zu 10; wie es *Krayenhoff* in seinem Werke „Proeve van een Ontwerp tot afsluiting van den Nederryn en Lek enz." nachweiset. (M. s. das Vorwort.)

Hieraus folgt, dafs die *Yssel* nach vor mehr als 1800 Jahre geschehener Ableitung eines Theils des *Rheinwassers* nach dem *Südersee*, bis jetzt nur noch immer erst den *zehnten* Theil des Rheinwassers in den *Südersee* abzuführen im Stande ist.

Der *Lekstrom*, aus kleinen Zusammenflüssen entstanden, aber grofs geworden, ist heutiges Tages im Range der zweite unter den Strömen, die das *Rheinwasser* ableiten. Er ist bei *Wyk* by *Düürstede* mit dem *Rheine* vereinigt, und sein Wasser fliefst in die *Maas* oberhalb *Rotterdam*. Über die Entstehung des *Leks* giebt es verschiedene Ansichten. Viele glauben, dafs der *Lek* ein kleiner Flufs (Lekwasser, Tröpfelwasser) gewesen sei. Auch wird behauptet, der *Lek* sei auf Befehl des *Domitius Corbulo,* Feldherrn des Kaisers *Claudius,* gegraben worden *).

Beides kann wahr sein und gut nebeneinander bestehen. Dafs der *Rhein* nicht plötzlich an seinem Wasser verloren habe und nicht verstopft worden sei, läfst sich aus der Beschaffenheit des Landes in der Nähe der Rheinmündungen folgern.

Julius Cäsar meldet, dafs sich der *Rhein* da, wo er sich dem Ocean nähert, in viele Arme theile, viele Inseln bilde, und also durch viele Mündungen ins Meer ströme. Die Zeit, wo die Haupt-Rheinmündung bei Katwyk aufgehört hat, liegt im Dunkeln. Zufolge der Bemerkung auf einer Zeichnuug von den Fundamenten und Denkmälern des Hauses zu *Britten* wurde dieser Rheinmund im Jahre 860 bei einem heftigen Sturme verstopft; also erst 1200 Jahre nach der cimbrischen Fluth.

Bei der zunehmenden Verschlammung und Versandung des *Rheins* ist das Wasser in seinem Laufe gehindert und aufgestauet worden; und dafs diese Versandungen bedeutend gewesen sind, ist jetzt noch sichtbar und aus der Menge groben Flufssandes zu schliefsen, welcher in der Gegend von *Woerden* etwa 1 F. tief unter der Oberfläche des Bodens gefunden wird. Auch ist es merkwürdig, dafs die grofse Sandbank in der Nordsee, *Breede veertien* genannt, in ihrer gröfsten Breite, gerade vor der Stelle des Rhein-Auslaufs sich befindet, sich nordwärts erstreckt und bei den *Texelschen* Seegaten vorbei in eine scharfe Spitze endigt, so dafs sich vermuthen läfst, dieser Sand sei durch den Rhein ausgeworfen.

---

*) Anm. des Übers. Im 2ten Bande seiner „Allgemeinen Wasserbaukunst," Seite 50—52, sucht *Wiebeking* aus mehreren Gründen zu beweisen, dafs Corbulo 47 Jahre nach Chr. durch die römischen Soldaten einen Theil des *Leks*, von etwa 4¼ Meilen lang, von *Wyk* bei *Dürstede* bis etwa nach *Leksmonde,* als Canal habe graben und zu beiden Seiten eindeichen lassen, und dafs *Paulinus Pompejus* diese Arbeiten vollenden liefs. Diese Ansicht scheint auch, den angeführten Gründen zufolge, die wahrscheinlichste zu sein.

Das Wasser des ***Rheins,*** durch die Versandungen in seinem Laufe aufgehalten, suchte sich über die niedrigsten Stellen hin einen Ausweg ins Meer, da das Land nicht bedeicht war. Dieser Ablauf wird denn auch durch die Vertiefungen, Strombetten und Wasserleitungen, von ***Wyk*** bei ***Düürstede*** hindurch bis in die ***Maas*** bei ***Ysselmonde*** oberhalb ***Rotterdam,*** Statt gefunden haben. *Corbulo,* der diesen Lauf des Wassers durch jene Gegend bemerkte und vortheilhaft für seine Operationen hielt, mag ihm einen regelmäfsigeren und stärkeren Zug haben geben lassen, wie es ***Wiebeking*** obenbemerktermaafsen nachgewiesen hat. In Folge der Zeit hat der ***Lek*** an Wasser zugenommen und 1706 durch den ***Pannerdenschen*** Canal (zwischen ***Pannerden*** und ***Westervoort***) eine neue Vereinigung mit dem Rheine erhalten; wodurch nun der ***Lek*** zu dem zweiten Haupt-Arme des Rheins geworden ist.

Die ***Waal,*** welche um oder vor Christus der kleinste Seiten-Arm des „zweizackigen oder zweigehörnten (bicornis)" Rheins war und vormals ***Vahalis,*** ***Walen*** oder ***Wenden*** hiefs (wie ***Tacitus*** sagt, „der *abwendende **Rhein***"), ist jetzt der stärkste Strom-Arm, durch welchen das Wasser des ***Rheins*** ins Meer gelangt, und führt jetzt Zwei-Drittheile der gesammten Wassermasse ab.

Alle diese Veränderungen der jetzigen und frühern Strombahnen des ***Rheins*** dürften aus sehr wahrscheinlichen Gründen von den Veränderungen in Folge des Durchbruchs der Land-Enge zwischen ***England*** und ***Frankreich*** herrühren. *Vor* diesem Durchbruche strömte die ***Ebbe*** von den Mündungen des Rheins nach der Nordspitze von Schottland (***Dungsby Cap, Pentland*** Strait) in den atlantischen Ocean. Die Fluthen, welche von dorther in den ***Rhein*** strömten, steigen jetzt bei Springfluthen etwa 6,4 F. hoch und mufsten 150 deutsche Meilen durchströmen, um an die Mündungen des Rheins zu gelangen. *Nach* dem Durchbruche haben die Strömungen in der *Nordsee* eine Veränderung erlitten, die heute noch besteht, indem die Ebbe in entgegengesetzter Richtung nach dem Canal hinströmt. Es ist bemerkenswerth, was in Beziehung auf diese Strömungen vor den Mündungen der ***Maas*** wahrgenommen und durch Fischer bezeugt wird; nemlich: dafs man, wenn man aufser dem Gesichtsbereiche der Küste ist, bei stillem Wetter an der Wendung der Strömung bemerken kann, ob man südlich oder nördlich von der ***Maas*** sich befinde, weil südlich der ***Maas*** die Tyen *gegen* die Sonne und *nördlich* dieses Flusses *mit* der Sonne, also im ersten Fall von Norden nach Westen, im zweiten von Süden nach Westen, umkehren. In voller See, aufserhalb der Bänke der ***Schelde,*** strömt die durchgehende Fluth N.O. und die durchgehende Ebbe S.W. nördlich der *Maas;* längs der Küste von *Holland* strömt die Vorfluth nördlich und N.N.O., und indem sie mit der Sonne umwendet von N.N.O. bis N.O. und Ost. Wenn der Strom Ost und O. g. S. zu laufen anfängt, ist die Fluth zu Ende und die Vor-Ebbe strömt noch an dem Walle um O.S.O. und wendet sich mit der Sonne um bis S.O. und S., so dafs die Nach-Ebbe sich wieder mit der Vorfluth vereinigt.

Diese Wirkungen der Ströme in der *Nordseë* geben zu dem Schlusse Anlafs, dafs das Wasser, welches aus dem atlantischen Ocean durch den Canal kommt, demjenigen, welches von der Nordspitze von *Schottland* bei Fluthen in die Nordsee strömt, auf der Höhe der *Maas* begegne, und dafs hier die verschiedenen Richtungen der Strömungen in der Nordsee entstehen. Die Begegnung dieser Strömungen vor der *Maas* wird nun den Wasserstand verursachen, der heutiges Tages wahrgenommen wird, welcher höher ist, als der *vor* der cimbrischen Fluth und der gewissermaafsen aus dem Begegnen der Fluthen und des Wassers der untern Stromstrecken hergeleitet werden kann, durch deren Zusammenflufs ein höherer Wasserstand in den Strömen hervorgebracht wird, als Statt haben würde, wenn allein eine Einströmung der Fluthen aus dem Meere in die Ströme Statt fände.

Die Meinung, dafs das Wasser der Ströme während der täglichen Meeresfluth stets ins Meer abfliefse und vielleicht *unter* das See- und Fluthwasser sich *hindurchschiebe,* läfst sich nicht wohl rechtfertigen; denn das Stromwasser ist specifisch leichter als das Meerwasser, und eine schwerere Flüssigkeit kann nicht auf einer leichteren schwimmen. Bemerkenswerther ist es, dafs der Grund, warum die Meerfluthen das Wasser in den untern Stromstrecken bei jeder Fluth nicht auf eine ungewöhnliche Höhe aufstauen, darin liegt, dafs die Fluthen im Meer und an den Küsten bei gewöhnlichen Tyen auf eine gewisse bestimmte Höhe steigen und bis auf diese Höhe durch die Seegaten und Mündungen in die untern Stromstrecken einlaufen, aber sogleich, wie jene Höhe erreicht ist, auch wieder fallen; wobei dann hauptsächlich die Dauer der Strömung zu berücksichtigen ist. Es sei zum Beispiel vor dem Hafen von *Goedereede* Hochwasser, so ist das Wasser auf den Untiefen schon gefallen; und wenn am *Spui* Hochwasser ist, so ist das Wasser zu *Helvoetsluis* schon gefallen. So wechseln Ebbe und Fluth in den untern Stromstrecken ab, und es können dort nach dem Gesetze der Natur, unter gewöhnlichen Umständen keine aufserordentliche hohe Aufstauungen entstehen; sondern nur allein durch Sturmfluthen.

Die Veränderungen im Laufe der *Strömungen* in der *Nordsee,* dem Unterschiede zwischen Fluth und Ebbe gemäfs, *vor* und *nach* dem Durchbruche der Land-Enge, haben nothwendig einen bedeutenden Einflufs auf die Strombahnen gehabt, die vormals das *Rhein*wasser abführten, und wirken noch jetzt auf diese Strombahnen. Aus der obigen Erläuterung geht hervor, warum der Hauptstrom-Arm aufgehört hat, und warum die *Yssel* während 1800 Jahre nicht zugenommen hat, während die *Waal* und der *Lek* so ansehnlich sich vergröfsert haben. Diese Ströme, deren Mündungen am meisten nach dem Canal gerichtet oder demselben am nächsten sind und südlich der *Maas* liegen, führen mehr Wasser und mit stärkerem Gefälle ins Meer, als diejenigen, deren Mündungen vom Canal entfernter sind und nördlich der *Maas* sich befinden.

Ich werde nun aus den bisher geschilderten Umständen Folgerungen in Betreff der Niederländischen Ströme aufstellen, um die Gefahren zu untersuchen, welchen die Niederlande durch ihre Ströme unterworfen sind. Es zeigt sich Folgendes.

1. Das Land lag in vorigen Zeiten niedriger, als heutiges Tages.

2. Schon vor dem Durchbruche der Land-Enge zwischen England und Frankreich war es bewohnbar und durch die *Kelten* und *Cimbern* bewohnt.

3. Der Wasserstand in der Nordsee war vor dem Durchbruche der Land-Enge niedriger, als jetzt. Als die Fluthen aus dem atlantischen Ocean nördlich um *Schottland* herum nach diesen Gegenden strömten und die Höhe zwischen Ebbe und Fluth nur gering war, während die Fluthen 150 Meilen zu durchlaufen hatten ehe sie unsere Küsten erreichten, waren die Bewohner dieser Küsten von aufserordentlichen Meeresfluthen wenig bedroht.

4. *Nach* dem Durchbruche der Land-Enge stieg die Nordsee höher, indem die Fluthen im Canal höher anschwollen, als an den *Schottischen* und *Nordischen* Küsten, indem der Canal nur 30 Meilen entfernt ist, so dafs der Durchbruch die Ursache der Überströmung unserer Küsten ist.

5. Der *Rhein* und die *Maas* sind durch unaufhörliche Herbeiführung von Sand und Sinkstoffen, welche mit dem Wasser stromabwärts kommen, die Ursach der Wieder-Erhöhung und Wieder-Bewohnbarwerdung dieses Landes; aber auch der Erhöhung des Bettes seiner Ströme.

6. So lange der *Rhein* und die *Maas* ihr Wasser über das Niederländische Gebiet ins Meer abführen, wird dieses mit Sand und Schlick geschwängerte Wasser fortwährend viele Sinkstoffe in den Strömen absetzen,

weil wegen der Bedeichung des Landes die Schlicktheile sich nicht mehr über das Land verbreiten können, sondern zwischen den Deichen in den Strombahnen bleiben müssen.

7. Deshalb werden die Ströme der Niederlande immer mehr mit Sand und Schlick angefüllt, erhöht und verstopft werden *).

8. Durch den grofsen Unterschied zwischen den Wasserständen im Canal und an den Nordseeküsten und durch die dadurch entstandene Veränderung im Laufe der Strömungen und Wendungen derselben auf der Höhe der *Maas* in die Nordsee, nehmen die Stromstrecken des *Rheins*, welche die Richtung von Osten nach Westen haben, an Ergufsvermögen zu, dagegen nehmen die Strecken des *Rheins*, in der Richtung von Süden nach Norden, ab, und selbst ein bedeutender Strom-Arm hat aufgehört, zu bestehen.

9. Die Bedeichung des Landes hat in frühern Zeiten, vor dem Trockenlegen der Binnenseen Statt gefunden, und zur Zeit der Bedeichung war das Land so hoch über den gewöhnlichen Stand des Stromwassers aufgeschlickt, dafs das gewöhnliche Regen- und sonstige überflüssige Wasser ohne Maschinen abfliefsen konnte. Damals waren noch keine Entwässerungsmühlen bekannt; wenigstens nicht in *Holland* und *Deutschland*. Die archimedische Schnecke war nur den *Egyptern*, *Griechen* und *Römern* bekannt und bei ihnen im Gebrauch. Das Trockenmahlen der Seen begann erst im Jahre 1440. Die jetzt üblichen Entwässerungsmühlen sind erst im 15ten Jahrhundert erfunden.

10. Wegen der vorbemerkten Bedeichung des Landes nimmt die Erhöhung der Strombetten über dasselbe stets zu. Jetzt mufs von vielen eingedeichten Landstrichen und Poldern das Regen- und Quellwasser durch ein-, zwei-, ja dreimalige Aufmahlung weggeschafft werden, während von demselben Lande vormals das Wasser von selbst auf natürlichem Wege in die Ströme abflofs.

In demselben Maafse, wie die Strombetten sich erhöhen, mufs auch der Wasserspiegel steigen, da der *Rhein* und die *Maas* keine andern Ab-

*) Anm. des Übers. Es ist gewifs, dafs die Betten der Niederländischen Ströme verhältnifsmäfsig bei weitem mehr erhöhet werden, als das eingedeichte Binnenland, und dafs also, wenn auch das Land, nebst Deichen und Strombetten zusammen, gleichförmig sinken, diese letztern doch durch stärkere Aufschlickung eine absolut gröfsere Erhöhung erfahren: dafs also das von *Lülofs* und *L'Epie* behauptete Sinken des Landes sehr wohl bei der Erhöhung der Strombetten und ohne Widerspruch bestehen kann; dafs dagegen die Nordsee in den letzten Jahrhunderten ihren Wasserstand nicht erhöhet habe, wie gleich nach der cimbrischen Wasserfluth.

leitungscanäle bekommen haben und sie jetzt Wasser, Sand und Schlick, eben wie vor 20 und mehren Jahrhunderten, in derselben Menge in die Ströme herabwärts führen; woraus man denn auch im Voraus sicher schliefsen kann, dafs keine Senkung, wohl aber eine Erhöhung der Strombetten und Wasserspiegel der Ströme, jetzt und künftig fortwährend erfolgen werde. Es folgt ferner, dafs das eingedeichte Land immer mehr wie ein Keller vertieft oder eingekellert, und dafs das Polder- und Quellwasser immer mehr durch Maschinen in die Ströme wird aufgemahlen werden müssen, damit das Land bebaut und bewohnt werden könne.

Noch Eins ist von den Niederländischen Strömen zu bemerken, nemlich: dafs diejenigen, welche von Norden nach Süden fliefsen und also eine schräge Richtung gegen die Hauptströme haben, mehr der Versandung und Verschlammung unterworfen sind, als die Hauptströme, deren Lauf von Osten nach Westen gerichtet ist. Der Strom, *de Gooten* genannt, welcher durch das Land von *Voorne,* von *Brielle* nach *Helvoetsluis,* von Norden nach Süden fliefst, ist durch Aufschlickung unbrauchbar geworden, im Jahre 1473 eingedeicht und in Bauland verwandelt worden. Der Strom, Namens *Staaldiep,* von der Insel *Rozenburg,* von Norden nach Süden fliefsend, ist 1728 eingedeicht und in Bauland umgeschaffen. Der Strom, die *Scharrezee* genannt, welcher die Inseln *Goedereede* und *Flakké* von einander trennt, ist zugeschlickt, 1751 mit Deichen umgeben und in Bauland verwandelt; eben so die *Bernisse,* das *Strimonder Diep, Stoutgen* und mehrere andere Querströme im *Beyerlande.* Ein Blick auf die Carte von den Niederlanden zeigt, dafs die Querströme, z. B. die *Noord,* das *Spui,* die *Keeten,* das *Sloe* und andere Querströme viel schwächer sind, als die Ströme von Osten nach Westen. Die Ursach davon mufs in ihrer schrägen Richtung gegen die Hauptströme, den *Rhein,* die *Waal* und *Maas* etc. liegen, indem die Richtung des Canals nach dem atlantischen Ocean, der die Gewässer der Ströme durch die niedrigere Ebbe anzieht, stärker auf die Hauptströme wirkt. Die Querströme zwischen den untern Strecken der Hauptströme werden fortwährend, wie bisher, schwächer werden; weshalb denn auch auf ein dauerndes Bestehen derselben nicht zu rechnen und es rathsam ist, die Mittel zur Verbesserung dieser Ströme nach den obigen Bemerkungen einzurichten.

§. 2.

Aus den oben entwickelten Umständen scheinen Bedenken hervorzugehen, ob die Ausführung einiger der Vorschläge in dem Berichte der Commission der Erwartung entsprechen würde. Diese Bedenken werde ich freimüthig aussprechen und darüber meine Ansicht äufsern.

Die Commission schlägt in ihrem Bericht S. 281 etc. vor:

„Die Anlegung eines neuen *Merwede*-Bettes und den Abschlufs des „sogenannten *Norderdieps*, oder der Strombahn von *Hardinxveld* nach „*Dortrecht*, mittels eines Deiches, der *Norder neue Merwede* Deich ge-„nannt, längs dem Kopfe der Insel *Dortrecht*, bis zu dem bedeichten Polder „des Hauses *Merve* *)."

Ferner soll

„Der neue Deich längs dem wilden Stromarme (Kil), *Biesbosch* ge-„nannt, nach der Meinung der Commission so weit von dem Deiche auf der „Insel *Dortrecht* entfernt geschüttet werden, dafs man stets im Stande sei, „diesen wilden Stromarm nach Erfordern zu verbreitern und für die Schiffahrt „bequem zu machen. Das *Steurgat* und andere wilde Stromarme im *Bies-„bosch* (deren es viele giebt, die man *Killen* nennt und welche südlich von „der projectirten *Merwede* (Merwe) bis zum Kopfe der Insel *Dortrecht* gegen-„über abströmen) sollen insoweit geschlossen werden, dafs man sicher sei, „der Strom werde sich hierher nicht wieder einen neuen Auslauf suchen; „bei dem neuen *Norder Merwede*-Deich aber soll die neue *Merwede*, vom „*Ouden Wiel* bis an den Kopf der Insel *Dortrecht*, soviel als möglich die „bestimmte Breite von 1180 F. erhalten und jedenfalls bis auf den Wasser-„spiegel der Ebbe ausgegraben werden, damit der Stromschlauch (geul) „soviel als möglich fertig gebildet werde und man der Erweiterung des Stro-„mes auf natürlichem Wege, die demnächst durch Ausbaggerung befördert „werden soll, möglichst sicher sei. Während der Ausführung dieser Werke „sollen zur Abführung des Wassers und Eises, welches in der ungetheilten „*Merwede* herabkommt, von den wilden Stromarmen noch die *Westkille*, das „*Steurgat*, die *Backers*-Kille, die *Bruine*-Kille, die *Groote*-Kille oder das „*Salmgat*, und die andern Äste, welche aus der West-Kil südwärts abgehen, für „den gewöhnlichen Wasserstand einstweilen offen bleiben. Für das hohe Wasser „soll zur Abführung des Wassers und Eises das ganze südliche Ufer der *Mer-„wede* offen bleiben; so wie besonders eine neue Schleuse bei *Werkendam* „und vor Allem ein Überlafs durch das Land von *Altena* gebaut werden,

*) Anm. des Übers. Man sehe hier die Karte „Kaart van den loop der Rivieren," so wie die in der Einleitung gedachten Vorschläge der Herren *Blanken*, *van Rechteren* u. s. w., welche die Commission beibehalten hat.

„ehe man die neue *Merwede* zu graben anfängt. In dem Maafse, wie die neue „*Merwede* sich selbst vertieft und an Querschnitt zunimmt, soll stufenweise mit „der fernern Beschränkung der Killen fortgefahren werden, in der auf der „Carte angegebenen Richtung des, wenn es nöthig, 400 Ruthen von dem Norder-„deiche entfernt zu schüttenden *Süder-Merwede*deichs. Hierbei soll die nöthige „Vorsicht beobachtet werden, dafs sich der Wasserspiegel bei *Hardinxveld* „nicht zu sehr erhöhe; auf die Weise, dafs man allmälig nach dem Maafse „der Erweiterung des Stromschlauchs, der endlichen Schliefsung aller Killen „südlich von der neuen Merwede sich nähern könne. Diese Schliefsung soll „nicht höher aufgeführt werden, als die jetzigen Kaydämme (Kaden oder Som-„merdeiche) der Polder im *Biesbosch* sind, weil die Ausführung des *Süder-„Merwede*deichs unbestimmt ist und so lange aufgeschoben werden soll, bis „die Umstände sie erfordern, um alsdann noch mehr Wasser in die alsdann „erweiterte *Merwede* zu leiten."

Die Bedenken gegen die Vorschläge sind folgende.

Erstlich. Am 18ten November 1421 ist durch eine Sturmfluth der grofse *Südholländische* Werder (Waard) überströmt worden, wobei 72 Dörfer und Höfe in den Fluthen begraben wurden und die Deiche, von unterhalb *Dortrecht* an bis nach der *Laage Zwaluwe* und *Geertruidenberg,* an der Seite des *Hollandschen Dieps,* so wie die Deiche zwischen *Dortrecht* und *Werkendam,* an der Seite der *Merwede,* gänzlich zerstört wurden. 32 Dörfer, welche meistens in der Strecke und Richtung der jetzt projectirten *Merwede* lagen, von unterhalb *Werkendam* bis zum *Hollandschen Diep,* blieben, bis der Sturm sich gelegt hatte und das Wasser auf seinen gewöhnlichen Stand zurückgekehrt war, überschwemmt.

Dieses fürchterliche Naturereignifs hat also eine *neue Merwede,* gerade in dem Sinne gebildet, wie sie jetzt nach dem Entwurfe geschaffen werden soll, und das Wasser der *Waal* und *Maas,* welches zwischen *Werkendam* und *Hardinxveld* hindurchströmte, hat eine freie Gemeinschaft mit dem Wasser des *Hollandschen Dieps* mit ansehnlicher Tiefe auf dem ertrunkenen Landstriche bekommen. Zu Anfange des 16ten Jahrhunderts waren noch die Spitzen einiger Thürme der ertrunkenen Dörfer über Wasser sichtbar.

Was hat nun die Zeit gelehrt, und was ist geschehen, seitdem das Abströmen der *Waal* und *Maas* durch die neue Strombahn ungehinderten Fortgang hatte? Ein grofser Theil des ertrunkenen Landes, besonders in der Richtung der Strombahn, ist durch Versandung und Aufschlickung weit über die

Meeresfluth erhöhet worden; einige Killen und deren Seiten-Äste (Kreken) sind übrig geblieben, nehmen aber täglich ab. Hierüber sagt Herr ***Blanken*** in seiner Denkschrift über den Zustand der Ströme Folgendes. „Die ehemals „tiefen und weiten Killen sind, nebst der ***Nieder-Merwede,*** beinahe trocken „geworden und werden bei jedem Eisgange verstopft, während der ganze, im „Jahre 1421 überströmte ***Biesbosch*** so verlandet und bedeicht worden ist, „dafs über und durch denselben aller Abflufs von hohem und gefährlichem „Wasser der obern Stromstrecken, wie er ehemals Statt hatte, gehindert wird." (M. s. das Vorwort.)

Dagegen zeigt die tägliche Erfahrung, dafs die alte Strombahn, welche das Wasser der ***Waal*** und ***Maas*** von den frühesten Zeiten an ins Meer führte, und die durch die Veränderung im Laufe der Ströme viel an Ableitungsvermögen verloren hat, jetzt wieder daran zunimmt; und Das ungeachtet der Erhöhung des Bettes dieser Ströme; woraus folgt, dafs die Erhöhung der Betten jener Killen verhältnifsmäfsig gröfser ist, als die der ***Merwede,*** durch welche jetzt mehr Wasser abgeführt wird, als vor einigen Jahren.

In der vorhin gedachten Denkschrift sagt Herr ***Blanken*** S. 24: „man „habe im Jahre 1805 gefunden, dafs bei einer nicht durch Eis beschränkten „Durchströmung Zehn-Elftheile des ungetheilten ***Waal***- und ***Maas***wassers „durch den Strom-Arm, den ***Oude Wiel*** genannt, oder den Durchbruch des „Jahres 1421, von der Seite der obern Stromstrecke her, nach dem ***Holland-„schen Diep*** abflossen, während, ungeachtet der stärksten Beengung und „Schliefsung des ***Ouden Wiel's*** und der Killen, nur der Elfte Theil durch „das sogenannte ***Norderdiep,*** nemlich durch die alte ***Nieder-Merwede,*** nach „***Dortrecht*** hin träg abzog."

Baron ***Krayenhoff*** sagt in seiner Schrift „Proeve van een ontwerp tot scheiding der rivieren de Waal en de Boven-Maas S. 47" „Der Strom" (nemlich die ***alte Merwede***) „habe 1822 grade doppelt so viel Wasser der Stadt „***Dortrecht*** zugeführt, als 1804." (S. das Vorwort.)

Daraus nun geht hervor, dafs die Natur den Weg über und durch den ***Südholländischen*** Werder, von der ***Merwede*** unterhalb ***Werkendam*** nach dem ***Hollandschen Diep, nicht*** zur Strombahn erwählt hat, obgleich dieser Weg geöffnet war und das Wasser der ***Waal*** und ***Maas*** einen geräumigen und tiefen Durchzug dorthin hatte.

Zweitens habe ich keine geringern Bedenken gegen den Vorschlag, die neue ***Merwede*** durch natürliche Erweiterung oder durch Abspühlung ihres Bettes und der Ufer, sich zum Hauptstrome ausbilden zu lassen. Nach dem Bericht der Commission „soll die neue *Merwede* soviel als möglich auf die bestimmte „Breite von 1180 F. bis auf den Ebbespiegel ausgegraben werden, damit der „Stromschlauch dadurch soviel als möglich gebildet werde."

Seit der unglücklichen Überströmung des grofsen *Zuidhollandschen* Waards, bis jetzt, sind ungeachtet der Abströmung der Gewässer der *Waal* und *Maas*, hier nur Versandung und Aufschlickung wahrgenommen worden; und zwar grade da, wo jetzt die neue Strombahn durch Abspühlung des Bodens und der Ufer hervorgebracht werden soll. Nach den oben gedachten Beobachtungen ist die alte Strombahn der *Merwede* wirksamer geworden, indem 1805 nur Ein-Elftel des Wassers durch den Strom abgeführt wurde, 1822 dagegen doppelt soviel. Ob durch Beobachtungen ermittelt worden sei, dafs die Zunahme des Wasser-Abflusses noch ferner Statt finde, ist mir nicht bekannt. Nach dem Abschlufs der *alten Merwede* (Oude Merwe), beim *Steenenhoekschen* Canal, würden Zwei-Elftel Wasser mehr durch den *Ouden-Wiel* nach dem *Hollandschen Diep* abgeführt werden, und dieses mehrere Wasser würde dann die Kraft besitzen müssen, in Vereinigung mit dem übrigen abströmenden Wasser die Strombahn auszuspühlen; denn in der Nähe dieser Stromstrecke werden, wie gesagt, keine Vertiefungen und Erweiterungen, wohl aber Versandungen und Aufschlickungen im Strombette und auf der ganzen Oberfläche dieses überströmten Landstrichs wahrgenommen.

In der ersten Abtheilung dieses Aufsatzes ist gezeigt worden, dafs die Strombetten des *Rheins* und der *Maas* durch die Sand- und die Schlickstoffe nach und nach sich erhöht haben, dafs fernerhin die Erhöhung des Bettes der Ströme zunehmen wird, und dafs keine Vertiefung durch die abströmenden Wassermassen hervorgebracht werden dürfte.

Vorzüglich mufs aber die Verschlammung und Erhöhung da Statt finden, wo das Fluthwasser des Meeres dem Stromwasser entgegenkommt und jede Tye zum Stillstand gelangt, so dafs der strom-ab geführte Sand und die Sinkstoffe Zeit zum Sinken bekommen. Die meisten Erhöhungen werden grade da wahrgenommen, wo dieses Statt hat, und die Stromstrecke von *Dortrecht* bis *Werkendam*, mit den Killen und den noch übrig gebliebenen überschwemmten Landstrecken, macht davon keine Ausnahme. Diese Thatsache werde ich näher nachweisen.

(Die Fortsetzung folgt.)

Buchhändler-Anzeige.

Im Verlage der Hahn'schen Hofbuchhandlung in Hannover ist so eben erschienen und an alle Buchhandlungen versandt:

Ardant, P., (Ingenieur-Capitain, Professor der Baukunst und Constructionslehre an der Artillerie- und Ingenieur-Schule, Mitglied der Königl. Akademie zu Metz.) Theoretisch-praktische Abhandlung über Anordnung und Construction **der Sprengwerke von großer Spannweite,** mit besonderer Beziehung auf **Dach- und Brücken-Constructionen** aus geraden Theilen, aus Bögen, oder aus der Verbindung beider. Für praktische Baumeister, so wie für Vorträge über Ingenieur-Mechanik. Auf Befehl des französ. Kriegsministeriums gedruckte Abhandlung. Deutsch herausgegeben von *A. v. Kaven.* Mit einer Vorrede von Dr. *Moritz Rühlmann*, (Professor an der Bau- und höheren Gewerbeschule zu Hannover). gr. 4. Mit einem **Atlas** von 28 Tafeln in Fol. und in den Text gedruckten Holzschnitten. geh. 1847. Preis 3 Thlr.

Inhaltsverzeichnifs des dritten Hefts fünf und zwanzigsten Bandes.

Berlin, gedruckt bei G. Reimer.

Journal

für

die Baukunst.

In zwanglosen Heften.

Herausgegeben

von

Dr. A. L. Crelle,

Königlich-Preufsischem Geheimen-Ober-Baurathe, Mitgliede der Königlichen Akademie der Wissenschaften zu Berlin, Correspondenten der Kaiserlichen Akademie der Wissenschaften zu St. Petersburg und der Königlichen Akademieen der Wissenschaften zu Neapel und Brüssel, auswärtigem Mitgliede der Königlichen Akademie der Wissenschaften zu Stockholm, Ehrenmitgliede der Hamburger Gesellschaft zur Verbreitung der mathematischen Wissenschaften.

Fünf und zwanzigster Band.

Erstes Heft.

Mit einer Figurentafel.

Berlin.

Bei G. Reimer.

1847.

11.
Des Grafen v. Pambour „Theorie der Dampfmaschinen."

(Nach der zweiten Auflage dieses Werks von 1844; möglichst kurz; und mit einigen Anmerkungen des Herausgebers dieses Journals.)

(Fortsetzung der Abhandlung No. 8. im 3ten, No. 12. im 4ten Heft 23ten, No. 3. im 1ten, No. 5. im 2ten, No. 9. im 4ten Heft 24ten und No. 5. im 2ten Heft dieses Bandes.)

Neunter Abschnitt.
Maschinen von Woolf von doppelter Wirkung, mit hohem Druck, Niederschlag und Absperrung in zwei Stiefeln.

Erste Abtheilung.
Beschreibung der Maschine.

369.

Diese Maschinen sind von den im vorigen Abschnitte beschriebenen nur darin verschieden, dafs bei ihnen der Dampf, statt in einem einzelnen, in *zwei* Dampfstiefeln von ungleicher Gröfse, die er nach einander durchströmt, abgesperrt wird, um auf diese Weise mehr und mehr sich auszudehnen. Zuerst strömt Dampf aus dem Kessel mit einer Gesammtspannung von 3 bis 4 Atmosphären *über* den Kolben eines kleineren Dampfstiefels, und zwar bis zum *Ende* des Kolbenlaufs, wo ihm der Zutritt abgeschnitten wird. Darauf öffnet sich ihm ein Weg von dem obern Theile des kleineren nach dem untern Theil des gröfsern Stiefels, in welchem er sich nun *ausdehnt* und den Kolben dieses gröfsern Stiefels von unten nach oben zu treiben anfängt. In demselben Augenblick öffnet sich dem Dampf auch wieder ein Weg aus dem Kessel nach dem *untern* Theile des kleineren Stiefels, und es strömt neuer Dampf ein, der den Kolben des kleineren Stiefels von unten nach oben treibt. Es steigen also jetzt die Kolben *beider* Stiefel in die Höhe: der kleinere Kolben vom Dampf aus dem *Kessel,* der gröfsere von dem sich *ausdehnenden* Dampf getrieben, welcher vorher im kleineren Stiefel seine Dienste that. Ist das Aufsteigen der beiden Kolben zu Ende, so wird wieder Dampf aus dem Kessel *über* den Kolben des kleineren Stiefels gelassen, während der Dampf, welcher den kleineren Kolben in die Höhe getrieben hat, in den gröfseren Stiefel *über* dessen Kolben tritt. Dann werden wieder beide Kolben *zugleich* nach *unten* getrieben; und so abwechselnd weiter. Nachdem der Dampf auch im gröfsern Stiefel seine Dienste gethan hat, strömt er in einen abgesonderten Behälter hinein, in welchem er niedergeschlagen wird.

370.

Die Figuren 85. 86. 87. und 88. Taf. No. 18. und 19. stellen eine von den Herren ***Hick*** und ***Bolton*** in Lancashire erbaute sehr schöne Maschine vor, die ein Gebläse treibt.

Die Maschine hat vier Kessel, mit *Kochern,* von der Art, wie sie in (§. 133.) beschrieben und (Fig. 23. und 24.) vorgestellt sind. Die obern Röhren der Kessel sind 34 F. (Pr.) lang und 3 F. 10⅝ Z. im Durchmesser weit; die untern sind 40 F. lang und 14½ Zoll weit. Zwei Kessel sind für die Maschine hinreichend; die beiden andern sind nur für die Fälle vorhanden, wo die beiden ersten ausgebessert werden müssen.

371.

Der *kleinere* Dampfstiefel ist in sämmtlichen Figuren mit A bezeichnet. Er hat 22½ Zoll (Pr.) im Durchmesser und der Kolbenlauf ist 70 Zoll lang. Der mit B bezeichnete *gröfsere* Dampfstiefel hat 38⅝ Z. im Durchmesser und 93¼ Zoll Kolbenhub. Der gröfsere Stiefel enthält also *vier* mal so viel Raum als der kleinere. Die Scheidung A' (Fig. 85.) im kleineren Stiefel ist sein wahrer Boden; der Raum darunter ist nur da, damit die beiden Stiefel aufsen gleich hoch sein mögen.

Der Dampf kommt aus dem Kessel durch die Röhre aa (Fig. 86. und 87.) herbei, welche an dem kleineren Stiefel lothrecht emporsteigt. Bei a' begegnet der Dampf einer *Stellklappe,* wie sie in (§. 206.) beschrieben und in (Fig. 57.) vorgestellt ist, mittels welcher mehr oder weniger Dampf in den Stiefel gelassen werden kann. Die Stellklappe wird durch eine Handhabe a'' (Fig. 87.) in Bewegung gesetzt, deren Welle an ihrem Ende eine Schraube hat, welche mittels des Armes a''' die Klappe dreht. Dadurch kann die Klappe sehr genau gestellt werden. Die Maschine hat keine *Schwungkugeln,* weil der Luftstrom durch andere Mittel geregelt wird.

Durch die Stellklappe geströmt, gelangt der Dampf mittels der Verbindungsröhre C (Fig. 87.) und der beiden Leitungen c, c, die den Dampfstiefel umkreisen, nach der Schiebeklappenbüchse D, in welche er durch die Mündungen c', c' eindringt. Diese Büchse ist also immer mit Dampf gefüllt, und aus ihr tritt nun der Dampf in den Stiefel, mittels der Schiebeklappe, abwechselnd über und unter dessen Kolben. Die Schiebeklappe ist von der gewöhnlichen Art (§. 156.). Sie besteht aus einem hohlen Schieber *d* (Fig. 87.), welcher sich über die drei Mündungen, über und unter dem Kolben des Stiefels und in der Mitte zwischen beiden nach der Röhre von dem kleinen nach dem gröfsern Stiefel hin bewegt. Wenn der Schieber *oben* steht, wie in (Fig. 88.), so ist die untere Mündung 2 offen und der Dampf dringt *unter* den Kolben des Stiefels. Zugleich öffnet der Schieber, da er über der obern und der mittlern Mündung zugleich steht, in seinem Innern eine Verbindung zwischen beiden Mündungen, und der *über* dem Kolben des kleineren Stiefels befindliche Dampf, der dort seine Dienste gethan hat, strömt in den *gröfsern* Stiefel. Wenn nun weiter der Schieber nach unten sich bewegt, so öffnet er die *obere* Mündung und bedeckt die *untere*, so dafs alsdann der Dampf aus dem Kessel *über* den Kolben des kleineren Stiefels und derjenige, welcher *unter* dem Kolben seine Dienste gethan hat, in den *gröfsern* Stiefel strömt.

Die Schiebeklappe wird durch die Stange *d'* (Fig. 86. und 88.) in Bewegung gesetzt. An derselben befindet sich, damit kein Dampf verloren gehe, eine mit Werg verdichtete Büchse *d''d''*, welche mit der Stange zugleich auf- und absteigt. Diese Büchse umgiebt eine innere Röhre, in welcher sich die Stange frei bewegt (Fig. 88.). Die Büchse vertritt die Stelle der gewöhnlichen Durchgangsverdichtung, hat aber den Vortheil, dafs ihr Deckel mit den Schrauben *oben* sein kann, während dieselbe sonst, für die hinuntergehende Bewegung der Stange, *unten* sein müfste.

372.

Der Übergang des Dampfs aus dem kleineren in den gröfsern Stiefel geschieht durch die Röhre *f* (Fig. 87.), deren Mündung man in *f'* (Fig. 88.) sieht. Der Dampf, in die Röhre *H* gelangt, füllt dieselbe gänzlich an, bis zu den beiden Einlafsklappen, durch welche er abwechselnd über und unter den Kolben des Stiefels dringt. Da die Kolben der beiden Stiefel *zugleich*, z. B. von unten nach oben, sich bewegen sollen, so mufs der Dampf, wenn er zu dem Ende von *oberhalb* aus dem kleineren Stiefel kommt, in den gröfsern nach *unterhalb* gelangen, um dessen Kolben in die Höhe zu treiben. So stellt es Fig. 88. vor. Beim Hinabsteigen der beiden Kolben mufs gegentheils der Dampf, welcher im kleineren Stiefel *unter* dem Kolben seine Dienste gethan hat, nach dem gröfsern Stiefel *über* dessen Kolben treten, um, sich ausdehnend, diesen Kolben nach unten zu treiben.

Oben und unten am gröfsern Stiefel ist eine *Dampfbüchse,* jede aus drei Fächern bestehend. Die äufsern Fächer *H'* und *H''* sind die Enden der *Zuleitungsröhre H;* die andern äufsern Fächer *E'* und *E''* sind die Enden der *Ableitungsröhre E,* und die mittlern Fächer *I'* und *I''* führen in das Innere des Stiefels. Diese mittlern Fächer enthalten die Klappen *h', h''* und *e', e'',* welche die Verbindung des Stiefelraums mit der Zu- und der Ableitungsröhre öffnen und verschliefsen. Diese Klappen haben, wie die Figur es zeigt, doppelte Scheiben; was sehr vortheilhaft ist, da sie sich so, ganz ohne vom Dampfe Widerstand zu finden, öffnen lassen. In der Figur 88. ist die *untere Zulafsklappe h''* und die *obere Auslafsklappe e'* offen, so dafs also der durch *H* aus dem kleineren Stiefel kommende Dampf *unter* den Kolben des gröfseren Stiefels tritt, während der bei der vorhergegangenen Kolbenbewegung *über* denselben gelangte Dampf durch *e'* und *E* nach dem Niederschlaggefäfs hin ausströmt.

373.

Die Schiebeklappen des kleineren Stiefels und die Deckelklappen des gröfsern werden durch eine *Scheibenkurbel* (§. 167.) (excentrische Scheibe) *K* (Fig. 85.) in Bewegung gesetzt. Dieselbe zieht die Stange *k* hin und her, und so mittels der Hebel *k''* und *k'''* (Fig. 86. und 88.) die Klappen der Dampfstiefel auf und nieder. In (Fig. 88.) hält der Hebel *k''* die Schiebeklappe *d* oben fest, so dafs der Dampf *unter* den Kolben des kleineren Stiefels dringt. Wie man in (Fig. 86. und 88.) sieht, hält zugleich der Hebels-Arm *k'''*, da er die Kolbenstange *m* gehoben hat, die untere Zulafsklappe mittels des Arms *m''*, und die obere Auslafsklappe mittels des Arms *m'* offen. Bei der folgenden, entgegengesetzten Bewegung, welche den Arm *k'''* zurückdreht, wird die Stange *m* heruntergezogen und die beiden vorhin genannten Klappen werden verschlossen. Zu gleicher Zeit steigt die Stange *l* hinauf und die obere Zulafs- nebst der untern Auslafsklappe des gröfsern Stiefels werden durch die Arme *l'* und *l''* geöffnet. Damit sich die Auslafsklappen ein wenig früher als die zugehörigen Zulafsklappen öffnen mögen, haben die Querstücke der Stange *l'* und *m'* oben ein wenig Spielraum; wie man es in (Fig. 86.) bei der Verbindung der Arme mit den Querstücken sieht. Durch dieses Mittel öffnen die Stangen *l* und *m* die Auslafsklappen ein wenig eher, als die Zulafsklappen.

374.

Der Dampf, durch die Auslafsklappe getreten, strömt durch die Röhre *EE* in das Niederschlaggefäfs *G* (Fig. 88.). Dasselbe ist grofs und walzenförmig.

Durch den Hahn g wird kaltes Wasser hineingespritzt, um den Dampf niederzuschlagen. Dieser Hahn wird durch die Stange g' (Fig. 86.) gedreht, welche einen Arm hat, der an dem Ende der Achse g'' befestigt ist. Die Achse g'' hat oben eine eingetheilte Scheibe, deren Theile genau die zugehörige Stellung des Hahns anzeigen.

Das zur Einspritzung bestimmte kalte Wasser befindet sich in dem Behälter PP (Fig. 85. und 88.), in welchem es mittels einer Kaltwasserpumpe p stets auf gleicher Höhe erhalten wird. Diese Pumpe, von gewöhnlicher Art, zieht das Wasser durch eine Röhre p' aus einem Brunnen und schafft es durch ihren obern Theil in das Kaltwassergefäfs. Der Kolben der Pumpe ist mit Hanf belegt und trägt einen Ring $p''p''$, der während der Arbeit der Pumpe mit Schrauben befestigt ist, aber wenn es nöthig abgenommen werden kann, um den Kolben neu zu verdichten, ohne ihn herauszunehmen. Die Kaltwasserpumpe wird, wie es die Figur zeigt, von dem grofsen Wagebalken der Maschine in Bewegung gesetzt. Die kleine Klappe x (Fig. 86. und 87.) dient, die Maschine *auszublasen*, das heifst, den Dampf aus dem Kessel unmittelbar in das Kühlfafs und in die Luftpumpe zu lassen, um die Luft, die sich während der Unterbrechung der Arbeit darin angehäuft haben möchte, aus denselben auszutreiben. Zu dem Ende steht die Klappe x durch die gebogene Röhre $x'x'$ mit der Dampfröhre a in Verbindung, und um den Dampf in das Kühlfafs zu lassen, darf man nur mit der Hand mittels x'' oder des Hebels x''' die Klappe x öffnen.

375.

Das Wasser, welches sich am Boden des Niederschlaggefäfses aus der Einspritzung und aus dem niedergeschlagenen Dampf gesammelt hat, wird, nebst der Luft und den Gasen, die sich aus dem Wasser beim Sieden desselben im Kessel entwickelt haben, durch die Luftpumpe N (Fig. 85. und 88.) aus dem Kühlfafs gezogen. Sie ist in (§. 198.) beschrieben worden. Ihr Kolben n hat Klappen und wird von dem Wagebalken der Maschine auf und nieder bewegt; wie man es in der Figur sieht. Wenn der Kolben sich nach oben bewegt, so dringt Luft und Wasser durch die Klappen im Boden in die verdünnte Luft unter den Kolben. Wird darauf der Kolben niedergedrückt, so wird Das was sich unter ihm befindet durch die sich öffnenden Klappen n', n' über ihn getrieben; und wenn er nun wieder in die Höhe steigt, hebt er, da sich seine Klappen durch den Druck des Wassers verschliefsen, Dasselbe mit sich in die Höhe, bis es endlich bei n'' anlangt, von wo es durch eine, nur nach aufsen sich öffnende Klappe, also so, dafs es nicht zurückfliefsen kann, in das Heifswasserbecken *O* getrieben wird. Aus dem Heifswasserbecken, welches man theilweise in der Figur sieht, wird es durch die Heifswasserpumpe *o*, welche hinter der Luftpumpe liegt, gezogen und durch die Röhre o' in den Kessel gebracht; wie es des weiteren in (§. 140.) beschrieben ist. Das etwa überflüssige heifse Wasser läuft durch die Röhre o'' ab.

376.

Die Stangen der Dampf- und Pumpenkolben werden durch ein *Vierseitgelenk*, wie es in (§. 192.) beschrieben ist, in lothrechter Richtung erhalten. Dieses Gelenk besteht aus drei Stangen, welche mit einem Theile des Wagebalkens das Vierseit $rr''ss''$ bilden, dessen gegenüberliegende Seiten gleich lang sind, und welches in allen vier Ecken Gelenke hat. Die Ecke s' des Vierseits ist durch die Stange $s'R$ mit dem an dem Gerüst der Maschine *festen* Punct *R* verbunden. In der Zeichnung bedeckt der Wagebalken das Gerüst theilweise. Sodann befindet sich noch an dem Vierseit eine Stange $t't''$ mitten zwischen ss'' und rr''. Der Punct s'' liegt in der Mitte des Hebelarms Yr'' des Wagebalkens. Die Kolbenstange der Luftpumpe ist an den in der *Mitte* zwischen s' und s'' liegenden Punct *s* gehängt; die Kolbenstange des kleineren Dampfstiefels an den Punct *t*, welcher *dreimal* so weit von t'' als von t' entfernt ist; die Kolbenstange des gröfsern Dampfstiefels an den *untern* Punct *r* der Stange rr'''. Auf diese Weise werden alle drei Kolbenstangen in lothrechter Richtung erhalten. Denn während sich der Punct s'' des grofsen Wagebalkens bei dessen Auf- und Absteigen nach rechts und nach links bewegt, wird zugleich der Punct s', vermöge der um *R* sich drehenden Stange $s'R$, grade *entgegengesetzt* getrieben, und so bleibt, da $s'R = s''Y$ ist, die *Mitte* *s* der Stange ss'' ohne merkliche Abweichung im *Loth*. Stellt man sich hierauf durch *s* und *Y* eine gerade Linie gezogen vor, so wird dieselbe die Stange rr'' in *r* selbst, $t't''$ aber in *t* so schneiden, dafs $tt'' = 3tt'$ ist; denn es ist $t'r = \frac{1}{2}sr$, also $tt' = \frac{1}{2}s's = \frac{1}{4}s's'' = \frac{1}{4}tt''$. Und da nun die gerade Linie *Ys* die Stangen tt'' und rr'' *immer* in diesen selben Verhältnissen schneidet, welche Stellung auch der Wagebalken haben möge, so werden die Puncte *t* und *r* Linien beschreiben, die mit der Bahn von *s* nahe *gleichlaufend* und folglich ebenfalls *Lothe* sind; so dafs also alle drei Kolbenstangen sich nahe in lothrechter Richtung bewegen.

377.

An dem andern Ende des Wagebalkens der Maschine ist die Kolbenstange des Gebläses befestigt, dessen Stiefel 7 F. $3\frac{1}{2}$ Zoll im Durchmesser hat und 7 F. $9\frac{1}{4}$ Zoll hoch ist. Der Stiefel hat unten und oben Klappen q', q', q'', q'', die sich von aufsen nach innen öffnen. Wird der Kolben q von dem Wagebalken der Maschine nach unten getrieben, so öffnen sich die obern Klappen q', q' und die Luft dringt von aufsen *über* den Kolben. Zugleich treibt der Kolben die *unter* ihm befindliche Luft, indem er sie zusammendrückt, durch die Klappe u'' und die Düse u in das Feuer des Hochofens. Steigt hierauf der Kolben wieder nach oben, so saugt er die äufsere Luft durch die untern Klappen q'', q'' unter sich an und treibt die *über* ihm befindliche Luft, sie zusammendrückend, in die Düse u. Die Kolbenstange des Gebläses wird ebenfalls durch ein Vierseitgelenk in der lothrechten Richtung erhalten. Die Bewegung der Maschine möglichst *gleichförmig* zu machen, ist das Schwungrad XX bestimmt.

378.

In der hier beschriebenen Maschine strömt der Dampf aus dem Kessel in den kleineren Dampfstiefel während des *ganzen* Laufs seines Kolbens; so dafs also die *Absperrung* hier *unveränderlich* durch das Verhältnifs der Räume des kleineren und gröfsern Stiefels bestimmt ist. Aber es hindert nichts, die Zuströmung des Dampfs in den *kleineren* Stiefel auch schon abzuschneiden, ehe dessen Kolben seinen *ganzen* Lauf vollendet hat; so dafs sich also auch die Absperrung nach Belieben *verändern* läfst. Dieses müssen wir hier voraussetzen, um die Theorie dieser Art von Maschinen in ihrer *Allgemeinheit* aufstellen zu können.

Zweite Abtheilung.

Theorie der *Woolf*schen Dampfmaschinen.

379.

Wie man sieht, wirkt in den *Woolf*schen Maschinen der Dampf im Wesentlichen so, wie wir es im vierten Abschnitt bei der Aufstellung der allgemeinen Theorie vorausgesetzt haben. Es ist hier blofs deshalb eine Veränderung in den Formeln nöthig, weil sich die *Kolbenfläche* während der Absperrung *verändert*.

Es sei P die Spannung des Dampfs im Kessel und P_1 seine Spannung im kleineren Dampfstiefel *vor* der Absperrung. Ferner seien A und a die

Flächen der beiden Dampfkolben, L und λ die Längen ihres Laufs und C und c ihre Spielräume am Boden. Endlich sei λ_1 die Länge des Kolbenlaufs *bis zur Absperrung.*

Sobald die Bewegung die Gleichförmigkeit erreicht hat, ist die bewegende Kraft dem Widerstande *gleich.* Die *bewegende Kraft* ist der Druck des Dampfs aus dem Kessel auf den Kolben des kleineren Stiefels, zusammen mit dem Druck des Dampfs aus dem kleineren Stiefel auf den Kolben des gröfsern. Der *Widerstand* ist der Gegendruck des den grofsen Kolben treibenden Dampfs auf den kleineren, zusammen mit dem Druck des unvollkommen niedergeschlagenen Dampfs auf den gröfseren Kolben, und mit dem Widerstande des Werks, welches die Maschine treiben soll. Diese verschiedenen Kräfte und Widerstände sind also in Rechnung zu bringen.

380.

A. Die Rechnung in (§. 241.) pafst gänzlich hier auf den *kleineren* Stiefel und die Wirkung des Dampfs auf dessen Kolben ist nach (91.)

$$280. \quad = a(\lambda_1+c)(n+P_1)\left[\log\text{nat}\frac{\lambda+c}{\lambda_1+c}+\frac{\lambda_1}{\lambda_1+c}\right]-n\lambda a.$$

B. Um die Wirkung des Dampfs auf den Kolben des *gröfsern* Stiefels zu finden, ist zu erwägen, dafs *derselbe* Dampf, welcher den λ_1+c langen Theil des *kleineren* Stiefels mit der Spannung P_1 eingenommen hatte, jetzt theils in den kleineren, theils in den gröfsern Stiefel verbreitet ist, mit einer dem gröfsern Raume angemessenen Spannung.

Nach (§. 238. Formel 85.) nimmt Dampf, welcher mit der Spannung p_1 den Raum M_1 ausfüllt, wenn er sich in den Raum M ausbreitet, die Spannung

$$281. \quad p = \frac{M_1}{M}(n+p_1)-n \quad \text{an.}$$

Da hier die Längen L und λ der beiden Stiefel *gleichzeitig* durchlaufen werden, so wird, wenn z. B. der Kolben des kleineren Stiefels den Weg x zurückgelegt hat, der Kolben des gröfsern durch die Länge

$$282. \quad \frac{L}{\lambda}\cdot x$$

gelangt sein. Also wird dann der sich ausdehnende Dampf *über* dem *gröfsern* und *unter* dem *kleineren* Kolben zusammen den Raum

$$283. \quad A\left(\frac{L}{\lambda}\cdot x+C\right)+a(\lambda-x+c) = \frac{AL-a\lambda}{\lambda}\cdot x+a(\lambda+c)+AC$$

einnehmen, welches wir einstweilen

$$284. \quad Ox+Q$$

schreiben wollen, so dafs

$$285. \quad \begin{cases} 1. \quad O = \frac{AL-a\lambda}{\lambda} \text{ und} \\ 2. \quad Q = AC+a(\lambda+c) \text{ ist.} \end{cases}$$

Mit der Spannung P_1 nahm der Dampf im kleineren Stiefel den Raum $a(\lambda_1+c)$ ein. Bezeichnet man die Spannung, welche er hat, nachdem der kleinere Kolben, wie oben vorausgesetzt, den Weg x zurückgelegt hat, durch π, so ergiebt sich aus (281.), wenn man dort $a(\lambda_1+c)$ statt M, $Ox+Q$ statt M, P_1 statt p_1 und π statt p setzt,

$$286. \quad \pi = \frac{a(\lambda_1+c)}{Ox+Q}(n+P_1)-n,$$

für den Druck des Dampfs auf die Einheit der Fläche des *gröfsern* Kolbens.

Die Fläche dieses Kolbens ist $=A$, und da in der Zeit ∂t der kleinere Kolben den Weg ∂x zurücklegt, so durchläuft der gröfsere Kolben in eben dieser Zeit nach (282.) den Weg $\frac{L}{\lambda}\cdot\partial x$: also erhält man das Differential des Moments der Wirkung auf den gröfsern Kolben, wenn man π (284.) mit A und mit $\frac{L}{\lambda}\cdot\partial x$ multiplicirt. Dasselbe ist demnach

$$287. \quad \pi A\cdot\frac{L}{\lambda}\cdot\partial x = \frac{ALa(\lambda_1+c)(n+P_1)}{\lambda(Ox+Q)}\cdot\partial x - \frac{nAL\partial x}{\lambda}.$$

Das Integral hiervon, nach x genommen, ist

$$288. \quad = \frac{ALa(\lambda_1+c)(n+P_1)}{O\lambda}\cdot\log\text{nat}(Ox+Q) - \frac{nALx}{\lambda} + \text{Const.}$$

Dasselbe ist $=0$ für $\frac{L}{\lambda}\cdot x = 0$ oder beim *Anfange* des Laufs des gröfsern Kolbens, also für $\lambda=0$; mithin ist

$$289. \quad 0 = \frac{ALa(\lambda_1+c)(n+P_1)}{\lambda}\cdot\log\text{nat}\,Q + \text{Const.};$$

welches den Werth von Const. giebt. Seinen vollen Werth hat das Integral für $\frac{L}{\lambda}\cdot x = L$ oder beim *Ende* des Laufs des gröfsern Kolbens, also für $x=\lambda$. Dieses giebt in (288.) für den vollen Werth des Integrals, mit Rücksicht auf (289.):

$$\frac{ALa(\lambda_1+c)(n+P_1)}{O\lambda}\cdot\log\text{nat}(O\lambda+Q) - \frac{nAL\lambda}{\lambda} - \frac{A\lambda a(\lambda_1+c)(n+P_1)}{\lambda}\cdot\log\text{nat}\,Q$$

oder

$$290. \quad \frac{ALa(\lambda_1+c)(n+P_1)}{O\lambda}\cdot\log\text{nat}\frac{O\lambda+Q}{Q} - nLA.$$

Dies ist das Moment der Wirkung des Dampfs auf den gröfsern Kolben während eines Kolbenlaufs.

C. Die Wirkung des dem kleineren Kolben *entgegenstrebenden* Dampfs findet sich auf ganz ähnliche Weise. Seine Spannung ist ebenfalls π (284.), aber dieselbe ist hier, statt mit $\frac{AL\partial x}{\lambda}$, wie in (*B.*), mit $a\partial x$ zu multipliciren, denn sie wirkt hier auf die Fläche *a* des *kleineren* Kolbens, und der Weg, welchen derselbe in der Zeit ∂t zurücklegt, ist $=\partial x$. Das Integral von $\pi a \partial x$ ist übrigens auch hier innerhalb derselben Grenzen zu nehmen, wie dasjenige von $\frac{\pi AL\partial x}{\lambda}$ in (*B.*), nemlich von $x=0$ bis $x=\lambda$. Also ergiebt sich das Moment der Wirkung auf den kleineren Kolben unmittelbar aus (290.), wenn man dort *a* statt $\frac{AL}{\lambda}$ oder $a\lambda$ statt AL setzt. Dasselbe ist demnach

$$291. \quad = \frac{a^2(\lambda_1+c)(n+P_1)}{O} \cdot \log\text{nat} \frac{O\lambda+Q}{Q} - n\lambda a.$$

D. Setzt man die Spannung des Dampfs in dem mit dem Niederschlaggefäfs in Verbindung stehenden Stiefel $=p$, so ist das Moment seiner Wirkung während eines Kolbenlaufs

$$292. \quad = pLA.$$

E. Setzt man ferner den von der Maschine in Bewegung gesetzten Widerstand $=R$, und *h* die Länge, um welche der Widerstand durch einen Kolbenlauf weitergerückt wird, so ist das Moment dieses Widerstandes

$$293. \quad = Rh.$$

F. Setzt man den Betrag der *Reibung* der Maschine für die Einheit der Fläche des kleineren Kolbens $=\varphi$, und für die Einheit der Fläche des gröfsern Kolbens $=F$, so ist das Moment der Wirkung der Reibung während eines Kolbenlaufs

$$294 \quad = \varphi\lambda a + FLA.$$

Dazu kommt noch die zusätzliche Reibung δRh, welche aus der Belastung der Maschine durch den Widerstand entsteht, so dafs das Moment der gesammten Reibung

$$295. \quad \delta Rh + \varphi\lambda a + FLA \text{ ist.}$$

G. Die Ausdrücke (280. 290.) sind diejenigen der Momente der *bewegenden Kraft*, und (291. 292. 293. und 295.) sind die Ausdrücke des *Widerstandes*. Setzt man demnach jene diesen *gleich*, so ergiebt sich

$$\left[a(\lambda_1+c)(n+P_1)\left[\log\text{nat}\frac{\lambda+c}{\lambda_1+c}+\frac{\lambda_1}{\lambda_1+c}\right]-n\lambda a\right.$$

$$+\frac{ALa(\lambda_1+c)(n+P_1)}{O\delta}\cdot\log\text{nat}\frac{O\lambda+Q}{Q}-nLA \quad (280.\ 290.)$$

$$=\frac{a^2(\lambda_1+c)(n+P_1)}{O}\cdot\log\text{nat}\frac{O\lambda+Q}{Q}-n\lambda a+pLA+Rh+\delta Rh+\varphi\lambda a+FLA$$

$$\left.(291.\ 292.\ 293.\ \text{und}\ 295.),\ \text{oder}\right]$$

296. $$a(\lambda_1+c)(n+P_1)\left[\log\text{nat}\frac{\lambda+c}{\lambda_1+c}+\frac{AL-a\lambda}{O\lambda}\cdot\log\text{nat}\frac{O\lambda+Q}{Q}+\frac{\lambda_1}{\lambda_1+c}\right]-nLA$$
$$=(1+\delta)Rh+\varphi\lambda a+FLA+pLA,$$

oder, wenn man hierin die Werthe von O und Q aus (295) setzt,

297. $$a(\lambda_1+c)(n+P_1)\left[\log\text{nat}\frac{\lambda+c}{\lambda_1+c}+\log\text{nat}\frac{A(L+C)+ac}{a(\lambda+c)+AC}+\frac{\lambda_1}{\lambda_1+c}\right]-nLA$$
$$=(1+\delta)Rh+\varphi\lambda a+FLA+pLA.$$

Dieses ist die *erste* der allgemeinen Gleichungen für die gegenwärtige Aufgabe.

381.

Die *zweite* Gleichung findet sich wie bei den vorigen Maschinen und wie in (§. 242.) daraus, dafs der im Kessel *erzeugte* Dampf dem ***verbrauchten gleich*** sein mufs.

A. Bezeichnet S die Masse des in der Einheit der Zeit verdampften Wassers, so ist der Raum, welchen er im kleineren Stiefel vor der Absperrung, also mit der Spannung P_1 ausfüllt, vermöge (58. §. 99.) und wie in (96. §. 242.),

298. $$=\frac{mS}{n+P_1}.$$

B. Bezeichnet ferner v den Weg, welchen der kleinere Kolben in der Einheit der Zeit vor der Absperrung zurücklegt, so ist der Verbrauch an Dampf bis zur Absperrung

299. $$=va\cdot\frac{\lambda_1+c}{\lambda}.$$

C. Dieser Verbrauch ist dem erzeugten Dampfe (297.) gleich zu setzen: also ist aus (298. und 299.)

300. $$\frac{mS}{n+P_1}=\frac{va(\lambda_1+c)}{\lambda}.$$

Dieses ist die *zweite* Gleichung für die Aufgabe.

382.

Es sind nun die beiden Gleichungen (297. und 300.) mit einander zu *verbinden.*

A. Setzt man der Kürze wegen

$$301.\quad \log\text{nat}\frac{\lambda+c}{\lambda_1+c}+\log\text{nat}\frac{A(L+C)+ac}{a(\lambda+c)+AC}+\frac{\lambda_1'}{\lambda_1+c}=k_1,$$

so geht die *erste* Gleichung (297.) in

$$302.\quad ak_1(\lambda_1+c)(n+P_1)-nLA=(1+\delta)Rh+\varphi\lambda a+FLA+pLA$$

über. Setzt man hierin aus der *zweiten* Gleichung (300.) den Werth von

$$303.\quad a(\lambda_1+c)(n+P_1)=\frac{mS\lambda}{v},$$

so ergiebt sich

$$304.\quad \frac{k_1 mS\lambda}{v}-nLA=(1+\delta)Rh+\varphi\lambda a+FLA+pLA$$

und hieraus

$$305.\quad v=\frac{mk_1S\lambda}{nLA+(1+\delta)Rh+\varphi\lambda a+FLA+pLA}=\frac{mk_1S\lambda}{LA(n+F+p)+\varphi\lambda a+(1+\delta)Rh}.$$

Dieses ist der Weg, welchen der *kleinere* Kolben in der Zeit-Einheit zurücklegt.

B. Der Weg, welchen der *gröfsere* Kolben in der Einheit der Zeit durchlauft, ist

$$306.\quad =v\cdot\frac{L}{\lambda},$$

und der Weg *V*, durch welchen der Widerstand *R* getrieben wird:

$$307.\quad V=v\cdot\frac{h}{\lambda}=\frac{mk_1Sh}{LA(n+F+p)+\varphi\lambda a+(1+\delta)Rh}$$

$$=\frac{mk_1Sh}{LA\left[n+\frac{1}{LA}((1+\delta)Rh+\varphi\lambda a+FLA+pLA)\right]}.$$

C. Dieser Ausdruck kommt ganz auf den (110. §. 247.) hinaus; denn, um den gegenwärtigen Fall auf den dortigen zu bringen, ist

$$308.\quad \begin{cases} 1.\quad k \text{ statt } \frac{hk_1}{L} \text{ und} \\ 2.\quad (1+\delta)r+p+\varphi \text{ statt } \frac{1}{AL}((1+\delta)Rh+\varphi\lambda a+FLA+pLA) \end{cases}$$

zu setzen.

D. Auch kann man von dem gegenwärtigen Fall auf den in (§. 247.) übergehen, wenn man

$$309.\quad A=a,\quad L=\lambda=h,\quad C=c \text{ und } \varphi+F=\varphi$$

setzt: denn dies ist nichts anders, als statt zweier Dampfstiefel einen einzelnen anzunehmen. Dies giebt zunächst in (301.):

$$310.\quad \log\text{nat}\frac{\lambda_1+c}{\lambda+c}+\log\text{nat}\frac{a(\lambda+c)+ac}{a(\lambda+c)+ac}+\frac{\lambda_1}{\lambda+c}=\log\text{nat}\frac{\lambda_1+c}{\lambda+c}+\frac{\lambda_1}{\lambda_1+c}=k_1;$$

und dies ist der Werth von k (107.). Ferner giebt (308. und 309.), in (307.) gesetzt,

$$311.\quad V=\frac{mkS\lambda}{\lambda a(n+F+p)+\varphi\lambda a+(1+\delta)R\lambda}=\frac{mSk}{a(n+(1+\delta)R+p+\varphi)};$$

und dies ist der Ausdruck (110.).

383.

Aus (307.) ergiebt sich ferner

$$V[LA(n+F+p)+\varphi\lambda a+(1+\delta)Rh]=mk_1Sh,\ \text{also}$$

$$312.\quad R=\frac{mk_1S}{(1+\delta)V}-\frac{LA(n+F+p)+\varphi\lambda a}{(1+\delta)h},$$

für die Wirkung der Maschine und

$$313.\quad S=V.\frac{LA(n+F+p)+\varphi\lambda a+(1+\delta)Rh}{hmk_1},$$

für das verdampfte Wasser.

384.

Für die *möglich-gröfste* Wirkung unter einer *bestimmten* Absperrung ergiebt sich zunächst aus (300.):

$$314.\quad v=\frac{mS\lambda}{a(\lambda_1+c)(n+P_1)}$$

und, da $V=v\cdot\frac{h}{\lambda}$ ist (307.),

$$315.\quad V=\frac{mSh}{a(\lambda_1+c)(n+P_1)}.$$

A. Das Moment der Wirkung der Maschine ist $W=VR$, und aus (312.) ist

$$316.\quad W=VR=\frac{mk_1S}{1+\delta}-\frac{LA(n+F+p)+\varphi\lambda a}{(1+\delta)h}\cdot V.$$

Hieraus folgt, wie in (§. 256.), da V rechts nur in dem *negativen* Gliede vorkommt, dafs die *möglich-gröfste* Wirkung W für die *möglich-kleinste* Geschwindigkeit V Statt findet. Diese *möglich-kleinste* Geschwindigkeit aber findet zufolge (315.) für das *möglich-gröfste* P_1 oder für die *möglich-gröfste* Spannung des Dampfs im kleineren Stiefel Statt. Diese *möglich-gröfste* Spannung ist diejenige P des Dampfs *im Kessel.* Also folgt, ganz wie in (§. 256.), dafs, vermöge (315.), die für die *möglich-gröfste* Wirkung nöthige Geschwindigkeit, welche durch V_1 bezeichnet werden soll,

$$317.\qquad V_1 = \frac{mSh}{a(\lambda_1+c)(n+P)}$$

sein mufs; und zwar für eine *bestimmte* Absperrung λ_1.

B. Setzt man diesen Werth von V_1 statt V in (312.), so findet sich

$$R_1 = \frac{mk_1 S}{(1+\delta)} \cdot \frac{a(\lambda_1+c)(n+P)}{mSh} - \frac{LA(n+F+p)+\varphi\lambda a}{(1+\delta)h} \quad \text{oder}$$

$$318.\qquad R_1 = \frac{ak_1(\lambda_1+c)(n+P)-LA(n+F+p)-\varphi\lambda a}{(1+\delta)h},$$

für den möglich-gröfsten Widerstand, welchen die Maschine mit einer *bestimmten* Absperrung zu überwinden vermag.

C. Endlich folgt aus (317.)

$$319.\qquad S = \frac{V_1 a(\lambda_1+c)(n+P)}{mh}$$

für die zu verdampfende Masse Wasser.

385.

Setzt man den der *möglich-gröfsten* Wirkung entsprechenden Werth V_1 (317.) der Geschwindigkeit des Widerstandes statt V in (316.), so ergiebt sich

$$W_1 = \frac{mk_1 S}{1+\delta} - \frac{LA(n+F+p)+\varphi\lambda a}{(1+\delta)h} \cdot \frac{mSh}{a(\lambda_1+c)(n+P)} \quad \text{oder}$$

$$320.\qquad W_1 = \frac{mS}{1+\delta}\left[k_1 - \frac{LA(n+F+p)+\varphi\lambda a}{a(\lambda_1+c)(n+P)}\right],$$

oder auch, wenn man den Werth von k_1 aus (301.) schreibt,

$$321.\ W_1 = \frac{mS}{1+\delta}\left[\log\text{nat}\frac{\lambda+c}{\lambda_1+c} + \log\text{nat}\frac{A(L+C)+ac}{a(\lambda+c)+AC} + \frac{\lambda_1}{\lambda_1+c} - \frac{LA(n+F+p)+\varphi\lambda a}{a(\lambda_1+c)(n+P)}\right],$$

für die *möglich-gröfste* Wirkung unter einer *bestimmten* Absperrung λ_1.

386.

Will man wissen, *welche* bestimmte Absperrung die *unbedingt-gröfste* Wirkung der Maschine hervorbringt, so mufs man aus (321.) denjenigen Werth von λ_1 suchen, durch welchen W_1 *der gröfste* wird. Dieses geschieht, wenn man, wie in (§. 256.), das Differential von W_1 nach λ_1 gleich 0 setzt. Dieses giebt

$$322.\ \frac{\partial W_1}{\partial \lambda_1} = \frac{mS}{1+\delta}\left[\partial\left(\frac{\lambda+c}{\lambda_1+c}\right):\frac{\lambda+c}{\lambda_1+c}+\frac{1}{\lambda_1+c}-\frac{\lambda_1}{(\lambda_1+c)^2}+\frac{1}{(\lambda_1+c)^2}\cdot\frac{LA(n+F+p)+\varphi\lambda a}{a(n+P)}\right]$$

$$= \frac{mS}{1+\delta}\left[-\frac{\lambda+c}{(\lambda_1+c)^2}\cdot\frac{\lambda_1+c}{\lambda+c}+\frac{1}{\lambda_1+c}-\frac{\lambda_1}{(\lambda_1+c)^2}+\frac{1}{(\lambda_1+c)^2}\cdot\frac{LA(n+F+p)+\varphi\lambda a}{a(n+P)}\right]$$

$$= \frac{mS}{1+\delta}\left[-\lambda_1+\frac{LA(n+F+p)+\varphi\lambda a}{a(n+P)}\right] = 0, \text{ woraus}$$

$$323.\quad \frac{\lambda_1}{\lambda} = \frac{LA(n+F+p)+\varphi\lambda a}{a\lambda(n+P)}$$

folgt. Ferner giebt (322.)

$$324.\quad \frac{\partial^2 W_1}{\partial \lambda_1^2} = \frac{mS}{1+\delta}\cdot -1 = -\frac{mS}{1+\delta},$$

welches *immer negativ* ist. Demnach entspricht (323.) einem *gröfsten*, nicht etwa einem *kleinsten* Werth von W_1. Also giebt (323.) das für die *unbedingt-gröfste* Wirkung der Maschine nöthige Verhältnifs der Absperrung λ_1 zur Länge λ des Laufs des kleinern Kolbens.

[„Die Paragraphen 380—386. sind um etwas gegen das Original ver- „ändert. Der Herr Verfasser setzt die Rechnungen nicht ganz ausgeführt und „diejenige für die möglich-gröfste und unbedingt gröfste Wirkung gar nicht „her, sondern nur die End-Ergebnisse davon, die natürlich mit den hiesigen „genau stimmen. Hier haben wir die Rechnungen, der Deutlichkeit wegen, *aus- „geführt* beigefügt." D. H.]

387.

Wenn man den Werth von λ_1, welchen (323.) giebt, in die Ausdrücke (317. 318. und 319.) für die *möglich-gröfste* Wirkung setzt, so erhält man die Geschwindigkeit, den Widerstand und die Verdampfung für die *unbedingt-gröfste* Wirkung.

Findet im kleineren Stiefel *keine* Absperrung Statt, sondern man läfst aus dem Kessel den Dampf bis zum *Ende* des Kolbenlaufs in diesen Stiefel strömen, so ist $\lambda_1 = \lambda$, und es ist dann dieser Werth von λ_1 in (317. 318. und 319.) zu setzen.

Dritte Abtheilung.

Practische Formeln für *Woolf*sche Maschinen.

388.

Bei der Berechnung von k_1 (301.) kann man zunächst wieder die Tafel in (§. 270.) benutzen. Sodann sind die Zahlenwerthe der unveränderlichen Gröfsen nöthig.

A. Für die Reibung setzen wir wieder, nach Dem was sich bei *Watt*schen Maschinen ergiebt, wie in (238.),

$$325. \quad \varphi = \frac{296}{\partial};$$

wo ∂ der Durchmesser des Dampfstiefels ist. Da die *Woolf*schen Maschinen *zwei* Stiefel haben, und jeder so ziemlich gleiche Maschinentheile in Bewegung setzt, so kann man auch für den andern Stiefel, dessen Durchmesser $= D$ sein mag,

$$326. \quad F = \frac{296}{D}$$

setzen; wo nun φ und F die Reibung in Pr. Pfunden auf den Pr. Quadratfufs Kolbenfläche ausdrücken.

B. Ferner setzen wir für die von dem Widerstande herrührende zusätzliche Reibung, wie in (239.),

$$327. \quad \delta = 0{,}14.$$

C. Die Gegenwirkung der Dampfspannung aus dem Niederschlaggefäfs setzen wir, wie bei andern guten Maschinen, $= 4{,}105$ Pfd. auf den Quadratzoll, also

$$328. \quad p = 144 \cdot 4{,}105 = 591 \text{ Pfd. auf den Q. F. Pr.}$$

D. Für den Spielraum am Boden der Stiefel nehmen wir, wie oben,

$$329. \quad c = 0{,}05\lambda \text{ und } C = 0{,}05 L \text{ an.}$$

E. Endlich ist, wie in (268.),

$$330. \quad m = 4212576 \text{ und } n = 257.$$

Dieses giebt dann, den oben gefundenen Ausdrücken gemäfs, folgende Formeln für die Berechnung der Wirkung *Woolf*scher Maschinen.

A. Erstlich im Allgemeinen.

331. $V = \dfrac{4212576 k_1 h S}{LA(257+F+p)+\varphi\lambda a+(1+\delta)Rh}$ (307.) für den Weg, durch welchen der Widerstand in 1 Minute getrieben wird.

332. $R = \dfrac{4212576 k_1 S}{(1+\delta)V} - \dfrac{LA(257+F+p)+\varphi\lambda a}{(1+\delta)h}$ (312.) für den Widerstand, welchen die Maschine überwindet.

333. $S = V \cdot \dfrac{LA(257+F+p)+\varphi\lambda a+(1+\delta)Rh}{4212576 k_1 h}$ (313.) für das in 1 Minute zu verdampfende Wasser.

B. Für die möglich-gröfste Wirkung.

334. $V_1 = \frac{4212576 h S}{a(\lambda_1 + c)(257 + P)}$ (317.) für den Weg des Kolbens in 1 Minute.

335. $R_1 = \frac{a k_1 (\lambda_1 + c)(257 + P) - L A (257 + F + p) - \varphi \lambda a)}{(1 + \delta) h}$ (318.) für den möglich-gröfsten Widerstand.

336. $S_1 = \frac{V_1 a (\lambda_1 + c)(257 + P)}{4212576 h}$ (319.) für das in 1 Minute zu verdampfende Wasser.

C. Für die unbedingt-gröfste Wirkung.

337. $\frac{\lambda_1}{\lambda} = \frac{L A (257 + F + p) + \varphi \lambda a}{a \lambda (257 + P)}$ (323.) für die dazu nöthige Absperrung.

Findet im kleineren Stiefel keine Absperrung Statt, so ist in (331. bis 336.) $\lambda_1 = \lambda$ zu setzen.

Die Ausdrücke in Pferdekräften, Brennstoff etc. finden sich wieder ähnlich wie in (§. 366.).

Zehnter Abschnitt.

Evanssche Maschinen, mit doppelter Wirkung, hohem Druck und Absperrung; aber ohne Niederschlag.

Erste Abtheilung.

Beschreibung der Maschinen.

389.

Dem Dampf für diese Maschinen giebt man im Kessel 3 bis 8 Atmosphären Spannung und läfst ihn während eines Drittheils oder der Hälfte des Kolbenlaufs in den Dampfstiefel einströmen. Dann wird die Einströmung *abgesperrt;* der eingeströmte Dampf treibt nun, sich ausdehnend, den Kolben weiter, und wenn er seinen Dienst gethan hat, läfst man ihn in die äufsere Luft entweichen, ohne ihn niederzuschlagen.

Auf der Tafel No. 20. stellen Fig. 89. und 90. eine solche Maschine vor. Ihr Kessel ist walzenförmig und hat die Esse im Innern, wie es in (§. 132.) beschrieben ist. Er liegt hier in einem, von dem Maschinenraum durch eine Mauer getrennten Nebengemach.

Die Maschine hat *nur einen* Dampfstiefel, dessen Kolben eine Kurbel in Bewegung setzt, auf deren Welle ein Schwungrad steckt. Die Welle setzt weiter das Werk in Bewegung, für welches die Maschine bestimmt ist. Der Stiefel hat, wie wir es sogleich näher beschreiben werden, zwei *Eingänge* für den Dampf: einen unten, einen oben; und zwei *Ausgänge,* den Eingängen gegenüber, eben so. Für jeden der beiden *Eingänge* sind *zwei* Schiebeklappen vorhanden. Die eine öffnet dem Dampf den Eingang beim Anfange des Kolbenlaufs, die andere verschliefst ihn, sobald die Absperrung erfolgen soll, also z. B. nach der Hälfte des Kolbenlaufs. Für jeden der beiden *Ausgänge* ist *nur eine* Schiebeklappe vorhanden, welche den Ausgang öffnet, sobald der Dampf seine Dienste gethan hat. Alsdann wird derselbe noch in das grofse Speisebecken des Kessels geleitet, um das Wasser darin zu erwärmen, und nachdem er hier den gröfsten Theil seiner Wärme abgesetzt hat, entweicht er durch den Schornstein.

390.

In der Röhre V (Fig. 90.) kommt der Dampf aus dem Kessel nach dem Dampfstiefel herbei. Der Dampfstiefel steht in einer Hülle N, zwischen welcher und seinen Wänden eine Luftschicht ist. Der Dampf durchströmt zunächst die Kehlklappe v, welche durch die Schwungkugeln gestellt wird. Darauf dringt er in die aufrecht stehende Röhre A, an deren beiden Enden Schiebeklappen A' und A'' sind, um den Dampf nach Erfordern über und unter den Kolben in den Stiefel einzulassen. Diese Schiebeklappen, in Dampfbüchsen, sind von der in (§. 161.) beschriebenen Art (Fig. 53. Taf. No. 8.); ähnlich einem Wasserschütz. Die flachen Tafeln der Schiebeklappen werden von dem Dampf angedrückt und bewegen sich auf wohlgeglätteten stählernen Platten. Die obern und die untern Schiebeklappen haben einen und denselben Wagen e, e, welchen man in Fig. 90. von der Seite und in Fig. 89. von vorn sieht. Wenn dieser Wagen gehoben ist, wie in der Figur, so strömt der Dampf *unter* den Kolben, wie in Fig. 53.; ist er gesenkt, *über* den Kolben. In denselben Dampfbüchsen befinden sich noch zwei andere Schieber, zu der *Absperrung* des Dampfs *während* des Kolbenlaufs. Sie haben ebenfalls nur einen und denselben Wagen d, d und bewegen sich zwischen den Zulafsschiebern und der Kehlklappe in senkrechten Pfalzen. Gehoben, öffnet der Wagen die untere Öffnung und verschliefst die obere: gesenkt, thut er das entgegengesetzte. In der Figur sind beide Absperrungsklappen in der Mitte ihres Laufs vorgestellt, so dafs der untere Schieber den *Verschlufs*, der obere die *Öffnung* der Mündung beginnt. Von da an also wird der Dampf von der untern Mündung des Stiefels abgehalten, obgleich die Zulafsklappe noch offen ist. Die obere Mündung läfst zwar die Absperrungsklappe noch offen, aber der Zulafsschieber ist verschlossen. So wie demnach der Wagen d, d in die Stellung gekommen ist, die er in der Figur hat, wird der bis dahin unter den Kolben eingelassene Dampf *abgesperrt* und der in den Stiefel gelangte Dampf treibt den Kolben nur durch sein Ausdehnen weiter nach oben. Bei der Hinunterbewegung des Kolbens verhält es sich ähnlich. Die Zulafsklappe öffnet den obern Zugang des Stiefels während des *ganzen* Kolbenlaufs, aber die Absperrungsklappe verschliefst die Mündung *früher*.

Nachdem der Dampf im Stiefel über oder unter dem Kolben seine Dienste gethan hat, öffnet sich ihm ein Ausgang durch die Ausströmungsröhre nach dem Schornstein. Den Anfang der Ausströmungsröhre sieht man in E (Fig. 89. und 90.). Oben und unten hat sie am Stiefel Schiebeklappenbüchsen

E' und E'', welche, wie die vorigen, platte Schieber haben. Die Schieber werden durch einen und denselben Wagen in Bewegung gesetzt: wenn derselbe oben steht, ist die obere Öffnung verschlossen, die untere offen: steht er unten, so verhält es sich umgekehrt. In der Figur ist die obere Ansmündung offen, die untere verschlossen. Der Dampf strömt also vorn über dem Kolben aus, während er unter den Kolben bis zur Absperrung einströmt. Aus E strömt der austretende Dampf weiter durch M nach dem Speisebecken des Kessels.

[„Zu der Ein- und Auslassung des Dampfs in den Stiefel dieser Art von „Maschinen dürfte auch die in (§. 44. Band 22. No. 228. etc.) dieses Journals be- „schriebene Anordnung der Schiebeklappen mit Vortheil anwendbar sein." D. H.]

391.

Die Schieberwagen werden durch drei Scheibenkurbeln (excentriques), auf der Schwungrad-Achse, in Bewegung gesetzt. In Fig. 90. sieht man sie theilweise, in Fig. 89. sind sie durch das Maschinengerüst M bedeckt. Ihre Leitstangen sind a', d' und e'. An dem Maschinengerüst sind drei wagerechte Achsen d'', d'' und e'' befestigt. Jede dieser Achsen hat drei wagerechte Hebel, von welchen zwei dienen, die Schieberwagen zu heben, während der dritte von der Leitstange der Scheibenkurbel erfafst wird. Für die Auslafsschieber zum Beispiel zeigen sich die Hebel, welche den Schieberwagen in die Höhe treiben, in e''', e''' Fig. 89. und in e'' und e''' Fig. 90. Der dritte Hebel, welcher die Leitstange der Scheibenkurbel ergreift, ist in Fig. 90. bedeckt; in Fig. 89. ist bei ε das Ende der Leitstange e' sichtbar, welche durch eine Öffnung und das Maschinengerüst geht. Man sieht, dafs, so wie die Scheibenkurbel die Leitstange e' in die Höhe schiebt, diese den wagerechten Hebel ε und durch ihn die Achse e'' dreht, folglich durch die lothrechte Stange $e'''e$ den Schieberwagen ee hinauftreibt. Eben so ist es bei den beiden andern Schieberwagen. Derjenige für die Zulafsschieber zeigt sich in Fig. 90. in a'', a''', ist aber in Fig. 89. durch e''', e''' bedeckt. Der Hebel seiner Scheibenkurbel wird in Fig. 90. durch a'', a''' und in Fig. 89. durch ε bedeckt. Die Hebel für die Absperrungsschieber endlich zeigen sich in beiden Figuren in d'', d'''. Sind also die drei Scheibenkurbeln auf der Schwungradwelle richtig gestellt, so heben oder senken sie bei jedem Kolbenlauf die Zulafsschieber, während sie zugleich die Auslafsschieber senken, oder heben; desgleichen heben oder senken sie die Absperrungsschieber *während* des Kolbenlaufs.

392.

Das Gerüst *CC*, aus vier kleinen Säulen bestehend, dient, die Dampfkolbenstange in ihrer senkrechten Bahn zu halten. Das Querstück *ff* an der Dampfkolbenstange hat an seinen beiden Enden Dillen, welche zwischen den Leitstangen *cc* sich bewegen und mit Hanf belegt sind, der in Öl getränkt ist, damit die Reibung gering sei. An dem Querstück *ff* drehen sich die beiden Bläuelstangen *F*, *F* und setzen mittels des *untern* Querstücks *f'f'* und der Hauptbläuelstange *F'* die Kurbel *H* auf der Schwungradwelle in Bewegung. Die Öffnungen für die Stangen des Dampfkolbens und der Schiebeklappen am Dampfstiefel sind mit Werg verdichtet, damit kein Dampf entweiche.

393.

Der Gang der Maschine wird durch die *Schwungkugeln k, k* geregelt. Dieselben werden durch zwei in einander greifende Keilräder in Bewegung gesetzt, deren eins auf der Schwungrad-Achse, das andere auf der Schwungkugel-Achse sich befindet. Wenn die Bewegung der Maschine zu schnell wird, entfernen sich die Schwungkugeln von der Achse und heben vermittels der beiden kleinen Stangen *k'''*, *k'''* das unten bewegliche Halsband *k''* nach dem oben an der Achse festen Ring *k'* hinan; welche Bewegung sich der obern Hülse *K'* mittheilt. Diese hebt die Stange *K''* und drückt vermittels Hebel an der Decke des Gemachs die Stange *g* nieder, durch welche die Kehlklappe in *v* (Fig. 90.) ein wenig mehr *verschlossen* wird. Um die entgegengesetzte Wirkung hervorzubringen, drückt ein Gegengewicht *k'''*, nebst einer Schraubengangfeder, *stets* die Schwungkugeln hinunter, und strebt also, die Kehlklappe mehr zu *öffnen*. Die Handhabe für diese Klappe sieht man in *g'* (Fig. 90.). Sie hat einen Schlitz, mittels dessen sich die Wirkung der Schwungkugeln verstärken oder schwächen läfst; auch ist die Stange *g* in *g''* aus zwei Theilen zusammengesetzt, welche durch gegen einander laufende Schrauben einander genähert oder von einander entfernt werden können, so dafs sich die Stange verkürzen oder verlängern läfst. So läfst sich die Zuströmung des Dampfs, wie es schon in (§. 204.) beschrieben ist, durch die Schwungkugeln regeln.

394.

Das gezahnte Rad *L* an der Schwungrad-Achse greift in ein anderes gezahntes Rad *L'* von doppeltem Durchmesser, dessen wagerechte Achse weiter das Werk treibt, für welches die Maschine bestimmt ist. An dem Rade *L'* ist ein Knopf aufserhalb des Mittelpuncts, der, gleich einer Scheibenkurbel, eine Stange in Bewegung setzt. Diese Stange treibt die *Speisepumpe* des

Kessels. Sie greift in einen Hebel an der wagerechten Achse p'' und hebt und senkt die Hebel p', p', welche in das Gatter p, p der Pumpe greifen. So wird der Stempel der Pumpe P auf- und niedergezogen und dadurch das Wasser in den Kessel getrieben; nach der Beschreibung in (§. 140.). Um die Wirkung der Pumpe zu verstärken, oder zu schwächen, kann man den Hebel p'' an zwei verschiedenen Stellen zum Angriff bringen.

Zweite Abtheilung.

Formeln zur Berechnung der Evansschen Maschinen; mit einem Zahlenbeispiel.

395.

Da hier der Dampf, wie bei den *Cornwallis*schen Maschinen von doppelter Wirkung, *abgesperrt* wird, so passen die Formeln für diese letzteren, die wir im 8ten Abschnitt aus dem 4ten Abschnitt genommen haben, auch für die *Evans*schen Maschinen. Der einzige Unterschied ist, dafs P hier eine stärkere Dampfspannung und p nicht die Spannung des im Kühlfafs unvollkommen niedergeschlagenen Dampfs, sondern die Spannung der *äufsern Luft* bezeichnet.

Wir werden daher nicht die *Buchstaben*formeln hier wiederholen, sondern sogleich den unveränderlichen Gröfsen ihre Zahlenwerthe geben; nach der Bestimmung durch andere Maschinen. Wir setzen, wie in (§. 362. etc.),

338. $\varphi = \frac{296}{\partial}$ (264.),

339. $\delta = 0{,}14$ (265.),

340. $c = 0{,}05 \cdot \lambda$ (269.);

dagegen hier, wo p der Druck der äufsern Luft ist, nach (50.):

341. $p = 144 \cdot 15{,}0889 = 2172$ Pfd.,

und nach (59. 1.), wie für Maschinen *ohne* Dampfniederschlag,

342. $m = 4461264$ und $n = 633$.

Dieses giebt dann nach (§. 366.) folgende Ausdrücke, indem nemlich hier $n+p = 633+2173$ (342. 341.) $= 2806$ ist.

A. Im Allgemeinen.

343. $v = \frac{4461264\,kS}{a(2806+(1+\delta)r+\varphi)}$ (271.) F. Pr., Weg des Kolbens in 1 Minute.

344. $ar = R = \frac{4461264kS}{(1+\delta)v} - \frac{a(2806+\varphi)}{1+\delta}$ (272.) Pfd. Pr. Kraft des Kolbens.

345. $S = \frac{av(2806+(1+\delta)r+\varphi)}{4461264k}$ (273.) C. F. Pr. in der Minute zu verdampfendes Wasser.

B. Möglich-gröfste Wirkung unter einer *bestimmten* Absperrung des Dampfs.

346. $v_1 = \frac{4461264 S\lambda}{a(633+P)(\lambda_1+c)}$ (274.) F. Pr., Weg des Kolbens in 1 Minute.

347. $ar_1 = R_1 = \frac{a}{1+\delta}\left[\frac{k(\lambda_1+c)(633+P)}{\lambda} - (2806+\varphi)\right]$ (275.) Pfd. Pr. Kraft des Kolbens.

348. $S_1 = \frac{av_1(633+P)(\lambda_1+c)}{4461264\lambda}$ (276.) Cub. F. Pr. in der Minute zu verdampfendes Wasser.

C. Für die unbedingt-gröfste Wirkung.

349. $\frac{\lambda_1}{\lambda} = \frac{2806+\varphi}{633+P}$ (278.).

Die übrigen Ausdrücke für (*A.* und *B.*) von Pferdekräften etc. ergeben sich wie z. B. in (§. 256.).

396.

Da man in diesen Maschinen dem Dampf eine Spannung bis zu 8 Atmosphären giebt, so müfste nach (349.) in solchem Falle, wenn man die unbedingt-gröfste Wirkung verlangt,

350. $\frac{\lambda_1}{\lambda} = \frac{3170}{17900} = 0{,}18$

sein, folglich der Dampf schon abgesperrt werden, wenn der Kolben noch nicht den *fünften* Theil seines Laufs zurückgelegt hat. Für Maschinen mit 56½ Pfd. Dampfspannung auf den Quadratzoll müfste

351. $\frac{\lambda_1}{\lambda} = 0{,}35$

sein. Es müfste also überhaupt die Absperrung erfolgen, wenn der Kolben zwischen 18 und 35 pr. c. seines Laufs zurückgelegt hat; insofern es sonst für die Bewegung und die Zwecke der Maschine thunlich ist. Aber die Erfahrung hat gezeigt, dafs die Absperrung nicht wohl eher erfolgen darf, als bis der Kolben wenigstens den *dritten* Theil seines Laufs vollendet hat, weil sonst die Bewegung gar zu ungleichförmig wird. Der Ausdruck (349.) giebt also nur eine *Grenze* für die Absperrung, der man so nahe zu kommen suchen mufs, als es die sonstigen Berücksichtigungen gestatten.

397.

Wir wollen nun die obigen Formeln, um ein Beispiel zu geben, auf die Wasserhebe-Maschine zu ***Brighton*** anwenden, welche folgende Maafse hat:

352.
- Der Durchmesser des Dampfstiefels ist 16 Z. Pr., also $a = 1{,}397$ Q. F. Pr.
- Der Kolbenlauf ist $\lambda = 2{,}91$ F. Pr.
- Die Absperrung ist $\frac{\lambda_1}{\lambda} = 0{,}517$.
- In der Minute werden 0,2903 C. F. Wasser verdampft, was, nach Abzug des 20ten Theils für das vom Dampf mit fortgerissene Wasser, $S = 0{,}2758$ C. F. giebt.
- In der Minute werden $N = 2{,}754$ Pfd. Kohlen verbraucht.

Rechnet man für diese Maafse nach den obigen Formeln und für bestimmte Geschwindigkeiten, so ergiebt sich für diese Maschine Folgendes:

353.

			Für die gröfste Wirkung.	
$v =$	243 F. ...	194 F. ...	178	F. Pr. Kolbenlauf in der Minute.
$R = ar =$	3043 ...	4735 ...	5527	Pfd. Pr. Kolbenkraft.
$\frac{r}{144} =$	14,23 ...	22,15 ...	25,85	Pfd. Kolbenkraft auf den Q. Z. Pr.
$S =$	0,2758 ...	0,2758 ...	0,2758	C. F. Pr. in der Minute zu verdampfendes Wasser.
$W = arv =$	739449 ...	918590 ...	983806	Nutzwirkung.
$\frac{W}{\varepsilon} =$	23,82 ...	29,65 ...	31,67	Pferdekräfte auf 1 Minute.
$\frac{W}{N} =$	268500 ...	333548 ...	357228	Nutzwirkung von 1 Pfd. Brennstoff.
$\frac{W}{S} =$	2684812 ...	3332138 ...	3569840	Nutzwirkung von 1 C. F. Wasser.
$\frac{\varepsilon N}{W} =$	0,119 ...	0,095 ...	0,089	Pfd. Brennstoff auf die Pferdekraft.
$\frac{\varepsilon S}{W} =$	0,013 ...	0,010 ...	0,009	Cub. F. Wasser auf die Pferdekraft.
$\frac{W}{\varepsilon N} =$	8,59 ...	10,70 ...	11,46	Pferdekräfte von 1 Pfd. Brennstoff.
$\frac{W}{\varepsilon S} =$	86 ...	106 ...	113	Pferdekräfte von 1 Pfd. Wasser.

Berechnet man die Wirkung für die vortheilhaftere Absperrung auf 35 pr. c. des Kolbenlaufs, so finden sich nur etwa 2 Pferdekräfte Nutzwirkung mehr, aber der Gang der Maschine ist mit den obigen 51,7 pr. c. Absperrung regelmäfsiger.

Die obige Berechnung der zum Beispiel genommenen Maschine setzt voraus, dafs die Verdampfung lebhaft genug erfolge; was auch geschieht, wenn die Maschine ihre volle Ladung hat. Mit einer geringeren Ladung würde die Bewegung des Kolbens zu schnell werden. Man wird dann die Verdampfung mäfsigen müssen, damit nicht mehr Kolbenschläge erfolgen, als bei der *vollen* Ladung. Setzt man, dafs nur 0,211 C. F. Wasser mit 2,13 Pfd. Kohlen nutzbar verdampft werden, so ergiebt sich für 0,517 Absperrung:

					Für die gröfste Wirkung.	
354.	$v =$	243 F. ...	194 F. ...		136,4 F.	Pr. Kolbenweg in der Minute.
	$R = ar =$	1478 ...	2778 ...		5528	Pfd. Kolbenkraft.
	$\frac{r}{144} =$	7,10 ...	13,00 ...		25,85	Pfd. Kolbenkraft auf den Q. Z. Pr.

Bei unsern *Versuchen* mit der Maschine liefsen die Schiebeklappen viel Dampf entweichen; daher können die Ergebnisse der Versuche den berechneten hier nicht gegenübergestellt werden.

(Die Fortsetzung folgt.)

12.

Über die gewöhnlichen Ursachen des Verfalls der mit Spitzbogen überwölbten Kirchen und über die Mittel zu ihrer Herstellung.

Mit Beziehung auf wirklich geschehene Herstellungen der Art in Kurhessen: an der Stiftskirche zu Rothenburg, der Minoritenkirche zu Fritzlar und der St. Martinskirche zu Cassel.

(Von dem Herrn Ober-Baumeister *Engelhard* zu Cassel.)

Wem der Zustand der Kirchen im nördlichen Deutschland vor vierzig oder funfzig Jahren noch erinnerlich ist, der mufs sich wundern, dafs die Herstellung, Vergröfserung, Verschönerung, und selbst nicht selten der Neubau dieser Kirchen in der gegenwärtigen Zeit zu den häufig vorkommenden Staats- und Gemeinde-Bauten gehören.

Die Kirchen wurden damals so wenig besucht, dafs sie oft kaum zum vierten Theil gefüllt waren und daher, besonders in gröfseren Städten, wo ihrer mehrere waren, ganz ausreichend schienen. Dies hat sich in neuerer Zeit wesentlich geändert. Man sollte freilich glauben, in unglücklicher, trauriger Zeit wären die Menschen mehr zum Kirchenbesuch geneigt, als in ruhigen, Wohlstand und Wohlleben fördernden Jahren. Es scheint aber anders zu sein; vielleicht, dafs, wenn die Befriedigung der körperlichen Bedürfnisse schwierig ist, die geistigen Bedürfnisse im Hintergrunde bleiben, aus welchen sie um so lebhafter wieder hervortreten, wenn sich die äufsern Verhältnisse bessern.

Kurhessen hat viele Kirchen von der Spitzbogengewölbe-Bauart. Obenan steht die Elisabethkirche zu Marburg, an Schönheit, Gröfse und Vollendung der Ausführung; sie ist eine von den wenigen ganz fertig gewordenen Kirchen dieser Bauart. Aber es giebt deren noch eine Menge, die, wenn sie auch der Elisabethkirche nicht gleich kommen, doch ebenfalls noch grofs und schön sind. Fast jede kleine Stadt in Kurhessen hat eine oder mehrere solcher Kirchen, welche alle viel gröfser und bedeutender sind, als die heutigen Mittel der Stadt sie hervorzubringen im Stande sein würden; ja in den meisten Dörfern in Kurhessen sind steinerne Kirchen, die, wenigstens der Anlage nach, der Spitzbogengewölbe-Bauart angehören und die, wenn auch meistens klein, doch nicht ganz ohne Bedeutsamkeit sind.

Die ähnliche Kirchenbauart und gleiches Sachverhältnifs finden in den, Kurhessen benachbarten Ländern Statt. Es dürften daher practische Erfahrungen über die jetzt oft vorkommenden Herstellungen solcher Kirchen Interesse haben. Ich theile einige solcher Erfahrungen hier mit, bei denen ich mich auf drei kurhessische Kirchen beschränken will; ich könnte noch mehrerer anderer Erfahrungen gedenken, aber sie kommen im Wesentlichen mit den hier zu beschreibenden überein.

Im Jahre 1820 beauftragte mich die oberste geistliche Behörde von Kurhessen, den baulichen Zustand der *Stiftskirche zu Rothenburg an der Fulda* zu untersuchen und zur Herstellung dieser Kirche Vorschläge zu machen. Rothenburg lag nicht in dem Umfang des Kreises, in welchem ich gewöhnlich practische Baugeschäfte besorgte: also hatte ich den Auftrag als einen Beweis von besonderem Vertrauen zu erkennen; um so mehr, da die Kirche von nicht unbedeutender Gröfse war und die seit 60 Jahren an dieselbe gewendeten beträchtlichen Reparationskosten ohne genügendes Resultat geblieben waren.

Der Grund und Boden, auf welchem die Kirche steht, soll einer Sage nach ehemals eine Insel im *Fulda*flufs gewesen sein; jetzt ist das Gebäude vom Wasser entfernt.

Der älteste Theil der Kirche besteht in zwei Thürmen und den dazwischen befindlichen Kreuzgewölben. Er ist, laut einer Inschrift, im Jahre 1371 erbaut; ohne Zweifel bildeten die Thürme damals die Giebelfronte einer andern Kirche, rechts ab in der Verlängerung der Richtung der jetzigen. Von der ältern Kirche, die durch Feuer zerstört worden sein soll, finden sich auch noch Fundamente. Die noch vorhandenen untern Stockwerke der Thürme, so wie die dazwischen liegenden Gewölbe, sind vollkommen gut erhalten, und einige durchbrochene Arbeiten an den Fenstern haben das Gepräge der Blüthenzeit der sogenannten gothischen Baukunst.

Nach dem Untergange der übrigen Theile der ältern Kirche wurde die jetzt vorhandene im Jahre 1484 erbaut. Es scheint damals an der den alten Thürmen entgegengesetzten Giebelfronte ein Thurm vor, oder vielmehr über dem Eingange aufgeführt worden zu sein, von welchem aber nur noch wenige Reste vorhanden sind, die man in Strebepfeiler verwandelt hat. Diese,

1484 erbaute Kirche hat ebenfalls den Spitzbogengewölbestyl; aber von der spätern Art, die man auch wohl die *jesuitische* zu nennen pflegt.

Sie ist vor ungefähr sechzig Jahren von dem Ober-Baumeister *Jussow* (dem Vater des bekannten kurhessischen Ober-Baudirector *Jussow*) reparirt worden. Es waren damals die Säulen, welche die Gewölbe tragen, nach beiden Seiten hin ausgewichen; das Gewölbe war gesunken und voller Risse. Sehr natürlich war es, dieses Ausweichen für eine Folge des Drucks der Gewölbe zu halten, und die dagegen ergriffene Maafsregel, die Gewölbe durch eiserne Anker, nach der Breite der Kirche unter die Wölbungs-Anfänge gelegt, zusammenzuhalten, wäre ohne Zweifel vollkommen wirksam gewesen, um das fernere Ausweichen der Säulen zu verhindern, während sie zugleich die Form der Kirche schonte; auch war sie, wie es die Spuren davon zeigten, recht gut ausgeführt worden. Indessen müssen, etwa zwanzig Jahre später, wieder Besorgnisse für die Festigkeit des Gebäudes entstanden sein; denn um diese Zeit hat der verstorbene Ober-Baumeister *Hisner* an demselben eine Hauptveränderung besorgt.

Wahrscheinlich waren die Gewölbe von neuem gerissen; darauf deuten die angewendeten Gegenmittel. Sei es nun, dafs *Hisner* glaubte, die eisernen Anker hätten nachgegeben, oder die Säulenschafte hätten sich gebogen: so hatte er doch bei seinen Anordnungen wieder die Meinung, dafs die Widerlagen der Gewölbe nicht stark genug seien, um dem Seitendrucke, als der Ursache der Risse, hinreichend zu widerstehen, und er verstärkte sie auf eine Weise, die, wenn sie auch die Schönheit der Kirche nicht erhöhete, doch seiner Absicht, die Widerlagen zu kräftigen, auf das Entschiedenste genügen mufste. Er liefs nemlich hinter den Säulen steinerne Pfeiler von 5 Fufs breit und 3 Fufs dick aufmauern und über dieselben von den mittleren Säulen zu den äufsern Strebepfeilern Bogen wölben, wie man es in dem Profilrifs (Taf. IV. Fig. 1.) sieht. Die eisernen Anker wurden darauf für überflüssig erachtet und herausgenommen. Ungeachtet aller dieser Maafsregeln, welche bedeutende Kosten verursachten (der Sage nach von 26,000 Thlr.) befand sich im Jahre 1820 die Kirche noch in einem so übeln Zustande, dafs er den gänzlichen Ruin des Gewölbes drohete.

Es waren nemlich, was besonders zu bemerken ist, nicht so sehr die eigentlichen *grofsen Bogen*, die doch den stärksten Seitendruck ausüben und in denen sich also die Zerstörung durch den Seitendruck zuerst äufsern mufste, schadhaft, sondern vielmehr die *Kappengewölbe* drohten den Einsturz, indem sie in ihren Gipfeln (bei *a* im Durchschnitt) in der Art gespalten waren, dafs sie oben mehrere Zoll auseinander standen; nach unten liefen die Risse enger zusammen.

Da die vom Ober-Baumeister ***Hisner*** ausgeführte, mehr als hinreichende Verstärkung der Säulen vollkommen gut erhalten und weder eine Senkung, noch Verschiebung zu bemerken war, so konnte offenbar die Beschädigung des Gewölbes nicht ferner der Schwäche der Widerlagen beigemessen werden.

Die zunächst liegende mögliche Ursache des gefährlichen Zustandes der Kirche wäre wohl ein Ausweichen oder Nachgeben des ***Grund- und Bodens*** gewesen; und in der That fand ich überzeugende Spuren, dafs solches in früheren Zeiten wirklich Statt gefunden hatte; vorzüglich an einem, die zweite und dritte Säule (rechts vom Chor) vereinigenden Bogen; allein dieser Bogen war 1782 getüncht und geweifst worden, und seitdem waren daran keine neuen Risse entstanden. Es konnte also auch an dieser Ursache des Verfalles nicht gedacht werden.

Die dortigen Kirchenbehörden glaubten, die Beschädigung des Gewölbes rühre von der Erschütterung eines kleinen, im Dachwerk der Kirche über dem Gewölbe befindlichen Thurmes durch das Läuten der Glocken her. Allerdings fand diese Erschütterung Statt, und wirkte nachtheilig: allein sie konnte unmöglich der einzige und hauptsächliche Grund der Zerstörung sein, da es nicht denkbar war, dafs das von der Kraft zweier Knaben ausgehende Läuten der zwei kleinen Glocken, wenn die Kraft auch an einem noch längern Hebelarm, als es der Fall war, gewirkt hätte, vermögend gewesen sein sollte, ein ganzes Kirchengewölbe von 96 Fufs lang zu sprengen.

Ich fand mich daher gar sehr veranlafst, den Grund der Beschädigung in etwas Anderem zu suchen, als in Allem was man früher vorausgesetzt und vermuthet hatte.

Gleich beim ersten Anblick der Kirche mufste Jedem das unverhältnifsmäfsig hohe ***Dach*** derselben auffallen.

Die Gewalt, welche die Sturmwinde auf ein solches Dach ausüben, wird meistens zu wenig beachtet. Man berechne dieselbe, und man wird finden, dafs es weniger zu verwundern sei, dafs das Gebäude dadurch nicht zu Grunde geht, als dafs es so lange der ungeheuern und dabei in der nachtheiligsten Richtung wirkenden Gewalt des Sturmes widersteht.

Nach dieser Erwägung untersuchte ich nun das Dachwerk der Kirche näher und fand:

1. Dafs die Hauptbalken sämmtlich aus *drei Stücken* bestanden und an den Stellen bei *b*, *b* zusammengezapft waren; die Mittelstücke hatten sich gesenkt und die Verbindungen standen bei *b*, *b* 6 bis 7 Zoll auseinander; sie waren zwar späterhin durch eiserne Klammern gegen ferneres Ausweichen verwahrt worden, allein die Balken hatten alle Spannung verloren und die Verzapfungen waren nur noch gleichsam bewegliche Gelenke.
2. Die Balkenköpfe und die darin stehenden Zapfen der Sparren *c*, *c* waren gröfstentheils verfault.
3. Auch die Kehlbalken waren um 4 Zoll ausgewichen und das ganze ungeheure Dachwerk hielt nur gleichsam noch schwebend zusammen.

Was war nun natürlicher, als dafs dieses Dach auf das Mauerwerk der Kirche stark schieben und demselben um so gefährlicher sein mufste, als der Wind auf die steile Fläche immer nur von einer Seite anstiefs. Zudem war das Dach, nach der örtlichen Stellung des Gebäudes, sehr den Sturmwinden ausgesetzt. Auf keinen Theil der Kirche aber wirkte diese schiebende Gewalt stärker, als auf die Kappen der Gewölbe.

Dieses Schieben, in seinen Wirkungen ihm weiter nachspürend, fand ich überall bestätigt; denn nicht nur die Kappen hatten sich geschoben, sondern auch die denselben entgegen stehenden dünnen Mauern über den Fenstern waren herausgewichen und in ihrer Verbindung von dem übrigen Mauerwerk getrennt; die Gestalt der Risse in den Gewölben der Seitenschiffe deutete ebenfalls auf eine schiebende Gewalt, und die innern Mauern über den Kappen waren überall gerissen und von einander gebrochen.

So gelangte ich also zu einer Erfahrung über die Ursachen des bevorstehenden Unterganges dieser Kirche, die um so wichtiger war, als ich später bald erkannte, dafs gleiche schädliche Einwirkungen fast auf alle ähnliche, mit Spitzbogen überwölbte Kirchen Statt finden und denselben früher oder später den Untergang bringen müssen. Denn mit sehr wenigen Ausnahmen haben alle diese Kirchen eben solche ungeheuern Dachwerke, die ein wesentlicher Constructionsfehler der Spitzbogengewölbe-Bauart sind, dessen Entstehung sich aber leicht errathen läfst. Man hatte bei dem hohen Dache ohne Zweifel die Absicht, auch dem Dache eine den Grundformen der Bauart gemäfse Gestalt zu geben. Die Grundform ist das *gleichschenklige Dreieck*; denn die meisten Spitzbogen und unzählige Verzierungen entsprechen demselben: also näherte man die grofsen Dachwerke in ihrem Durchschnitte ebenfalls dem gleichschenkligen Dreiecke. Die Giebelseite bildet ein solches

Dreieck, und es würde allerdings ein Widerspruch in den Formen gewesen sein, wenn man den Giebel eines flachen Daches auf die übrige Architektur der Spitzbogen hätte setzen wollen. Freilich hätte es ein einfaches Mittel gegeben, diesen Übelstand zu vermeiden, wenn man nemlich das Dach zwar flach machte, aber nach allen Seiten walmte. Allein dieses schlofs wieder die steile Giebelform in kleineren Maafsen, wie sie häufig an den *langen* Seiten des Dachs dieser Kirchengebäude vorkommt, nicht aus; dort waren vielmehr steile Giebel besser als flache, weil sie auch steile Kehrungen an dem flachen Dache bildeten, die weniger der Ansammlung von Schnee und Regenwasser günstig sind, als flache.

Als ich mich von der Gewifsheit der grofsen Schädlichkeit der hohen Dächer überzeugt hatte, fand ich darin, wie gesagt, zugleich die Erklärung des übeln Zustandes manches andern mittelalterlichen Gebäudes und des früheren Unterganges desselben. Die Verehrer der steilen Dächer, welche dieselben im Norden für unbedingt nothwendig halten, würden, wenn sie den obigen Erwägungen folgen und deren Resultate erkennen wollten, bald zu der entgegengesetzten Meinung übergehen. Nimmt man noch die andern Nachtheile hoher Dächer hinzu, z. B. dafs sie der Nachbarschaft Licht und Luft entziehen, so wird man dieselben als ein wahres Bau-Übel betrachten müssen.

Bei der Rothenburger Kirche ergab sich nun also, dafs das hohe verderbliche Dach durchaus abgetragen werden mufste, wenn man die Kirche ferner erhalten wollte. Dies war indessen keine leichte Aufgabe; vielmehr war der Abbruch eines so alten, völlig schadhaften, man könnte sagen, ganz desorganisirten Daches, aus sehr grofsen und schweren Zimmerstücken bestehend, nicht allein für die Arbeiter höchst gefährlich, sondern man durfte auch nicht übersehen, dafs die bedeutende Entlastung des Mauerwerks auf das gerissene Gewölbe nachtheilig wirken konnte, da der verticale Druck seines Gewichts auf die Gewölbwiderlagen für dieselben auch wieder nützlich ist, während die in schiefer Richtung dasselbe erschütternde Gewalt des Windes verderblich wirkt. Architekten, welche dergleichen Zimmerwerke haben abtragen lassen, werden mir Recht geben, und es ist gewifs nöthig, die gröfste Vorsicht dabei zu beobachten; und selbst dann hat man noch von Glück zu sagen, wenn das Unternehmen ganz ohne Unfall abgeht. Man darf bei dem Abbrechen auf keine Holzverbindung als vollkommen erhalten rechnen. Kämme und Zapfen sind oft so faul, dafs bei dem Auseinandernehmen kaum zu begreifen ist, wie das schadhafte Zimmerwerk noch so lange hat zusammenhalten können. Ich erinnere mich aus meiner Praxis, dafs, als ich einst von einem grofsen alten Thurme das hohe, fast obeliskenartige Dach abnehmen zu lassen hatte, einer von den vier kleineren Thürmen, die die Ecken verzierten und der nicht wie es sein sollte abgebrochen wurde, sich gleichsam selbst abbrach und in Masse herunterstürzte und dafs es, ungeachtet der getroffenen Vorsichtsmaafsregeln, nur einer günstigen Schickung zu verdanken war, dafs dabei kein Unfall vorkam.

Die Abnahme des Dachs der Rothenburger Kirche war übrigens eine Prüfung für die Gewölbe: hielten sie dieselbe nicht aus, so verdienten sie auch keine längere Erhaltung.

Geschehen mufste einmal der Abbruch des Dachs, und es war also nöthig, die damit verbundene Gefahr zu erkennen und dafür zu warnen; welches denn auch geschah.

Die Construction des neuen Dachs erforderte ebenfalls besondere Vorsichtsmaafsregeln. Sollte sie von der gewöhnlichen Art sein, nemlich so, dafs man in gleich weiten, gewöhnlichen Entfernungen Dachbalken und Sparren legte, so wurden auch die schadhaften Stellen der Gewölbekappen unmittelbar belastet und das Übel wurde wohl vermindert, aber nicht gehoben.

Ich entwarf demnach ein Dach nach italienischer Art, mit liegendem Stuhle, welches zwischen den Hauptbindern keine Leersparren, sondern horizontale Dachrahmen von einem Binder zum andern hat. Die Dachbinder setzte ich zunächst neben die Strebepfeiler, also an die hinlänglich festen Stellen der Kirche. Meine Absicht dabei war, das System der gothischen Baukunst: „Für „das Mauerwerk die nachtheilig auf dasselbe wirkenden Kräfte auf einzelne „Puncte zu concentriren und diese Puncte alsdann sehr fest zu bauen, wie es „z. B. mit den Gewölberippen, den Strebepfeilern u. s. w. geschieht," auch auf die Holzverbindung anzuwenden.

Da mit dem alten Dache der kleine, mitten auf dessen Firste stehende Glockenthurm hinweggenommen werden mufste, so entwarf ich statt seiner, zwei neue Stockwerke auf die vorhandenen alten untern Stockwerke der beiden Thürme zu setzen.

Das durch die Zeichnung vorgestellte alte Dachwerk enthielt die ungeheure Masse von etwa 19000 laufenden Fufs Holz; das neue Dach nur 10000 Fufs, ohne die Thürme, zu welchen noch 2983 Fufs Holz nöthig waren. An der den Thürmen entgegengesetzten Dachseite hatte ich einen halben Walm gezeichnet, zwischen den Thürmen aber einen den Formen der Spitzbogengewölbe-Bauart entsprechenden Giebel, so dafs durch das neue Dach nirgends ein Widerspruch in den Formen entstand. Der Giebel war so breit, als der Zwischenraum der Thürme, nemlich 30¼ Fufs, und so hoch, als das neue Dach, nemlich 24¼ Fufs; das alte Dach maafs von der untern Fläche der Mauerlatten bis zu der Dachfirste 51¼ Fufs.

Der Abbruch des alten Dachs und dessen Erneuerung in flacherer Form, und eben so die Erbauung eines der beiden vorgeschlagenen Thürme, wurde genehmigt. Da aber, wie oben erwähnt, diese Kirche nicht in dem Umfange meines eigentlichen Wirkungskreises lag, so wurde die Ausführung um so weniger von mir besorgt, als damals der Bau des Schlosses Cattenburg zu Cassel meine Thätigkeit sehr in Anspruch nahm.

Ich habe nur so viel erfahren, dafs man es bei der Ausführung für zweckmäfsig erachtet habe, die Kreuzgewölbe der Kirche ganz herauszubrechen, die Kirche nur mit einer Balkendecke zu belegen, Emporbühnen in den Seitenschiffen einzurichten und überhaupt die Kirche von Innen zu modernisiren. Die Gründe, warum dieses geschah, sind leicht zu erachten. Man traute den gerissenen Gewölben, die so schwach waren, wie es die Gewölbe der Kirchen dieses Baustyls immer sind, keine längere Dauer zu, und wollte sie lieber ganz vernichten, als irgend weitern Bedenklichkeiten Raum geben. Dazu kam das Bedürfnifs vom Emporbühnen, was man in den protestantischen Kirchen für so wesentlich hält; und die Rothenburger Kirche diente nur dem protestantischen Cultus.

Ich gestehe jedoch, dafs ich mit diesen Beweggründen nicht einverstanden sein kann. Zuerst nemlich halte ich es schon in constructiver Hinsicht für bedenklicher, die Gewölbe zu zerstören, als sie auszubessern; was recht wohl dauerhaft möglich ist. Bei dem Wegnehmen sind die langen und hohen Reihen von Säulen, welche die Spitzbogen tragen, nach der Breite des Gebäudes ohne Anhalt, der sich ihnen auch durch die Balkendecke nicht hinreichend geben läfst; das Gebäude verliert mit diesen Gewölben gleichsam seine innere Verstrebung, und es können die von den Säulen getragenen Spitzbogen, zwischen den Säulen und Gewölben, kaum noch als sich selbst tragend angesehen werden; sie sind also nun weit entfernt, als Stützen zu dienen: weder für die Decke, noch für die Gebälke der Emporbühnen. Sodann ist das Herausnehmen solcher Gewölbe sehr gefährlich. Ich hatte es in dem vorliegenden Falle vorhergesagt, und hatte leider Recht; denn es hat dem Vernehmen nach mehreren Menschen das Leben gekostet. Endlich aber verwickelt man sich dabei in so grofse Weitläufigkeiten und bedeutende Nebenkosten, dafs man für den Reparatur-Aufwand fast eine neue Kirche bauen könnte; und so verdienstlich es auch ist, die Denkmäler früherer Jahrhunderte in ihrer *ursprünglichen* Art und Gestalt zu erhalten, so gering ist doch dieses Verdienst, wenn man sie umändert und ihnen Formen und Dinge anpafst, die nicht für sie geeignet sind.

Zu diesen Dingen gehören besonders die *Emporbühnen* oder sogenannte Emporkirchen. Dieselben sind überhaupt nichts Schönes, weder in einem antiken, noch in einem mittelalterlichen, oder modernen Gebäude; sie haben auch keinen religiösen Zweck, sondern nur ein unedles Motiv, welches, wie alle unedlen Motive, mit reiner architektonischer Schönheit unverträglich ist. Dieses unedle Motiv besteht in der Absicht, die Annäherung der beiden Geschlechter in der Kirche zu verhindern; in der Voraussetzung, dafs daraus Unwürdiges, Störendes, die Kirche Entheiligendes entstehen könnte. Es liegt aber etwas höchst Widerwärtiges in dieser Voraussetzung, die ich für entheiligender halte, als selbst eine einzelne unwürdige Handlung; und es stammt das Motiv offenbar aus der eifersüchtigen Absonderung der Geschlechter im Orient. Auch Juden und Griechen haben in ihren Gotteshäusern Emporbühnen; nur dafs dort nicht die Männer, sondern die Frauen auf die Emporbühnen gehen. In den römisch-katholischen Kirchen sind dergleichen Schaugerüste nur selten, und dienen, nicht um Männer und Frauen abzusondern, sondern nur, um mehr Raum in der Kirche zu gewinnen, der dann von beiden Geschlechtern benutzt wird. Da die im Spitzbogengewölbestyl erbauten christlichen Kirchen aus einer Zeit herrühren, wo es noch keine Protestanten gab, so haben sie sehr selten Emporbühnen; dagegen kommt es nur zu oft vor, dafs Kirchen von dieser Bauart, die dem protestantischen Cultus übergeben sind, durch Einzwängung von Emporbühnen entstellt und dadurch jeder erhebende Eindruck, welche die Kirchen-Architektur auf den gebildeten und ungebildeten Menschen machen mufs, vernichtet wird. In der That kann es kaum etwas geben, was dem ganzen System, allen Formen und Verhältnissen der Spitzbogengewölbe-Bauart so gänzlich widerspräche, als diese Schaugerüste; die denn oft noch mit grofsen Glasschränken, zu völliger Isolirung begünstigter Personen, auf eine abscheuliche Weise verunstaltet sind. Vor dem höchsten Wesen sind Alle gleich; vor demselben schwindet aller irdischer Rang. Dies ist, so viel ich weifs, Grundsatz aller Religionen; und so sollte denn auch in der Kirche kein Rang-Unterschied gemacht werden, sonst wird die Kirche ein geistliches Zuchthaus und ist nicht mehr ein Gottestempel.

Ich halte es deshalb für ein Verdienst der Architekten heutiger Zeit, dahin mit zu wirken, dafs die Emporbühnen, wo sie unsere schönen mittelalterlichen Kirchen verunstalten, hinweggeräumt werden; was sie zugleich wieder heller machen und von den häfslichen Winkeln befreien wird. Mangel an Raum wird dadurch eben nicht entstehn; denn gewöhnlich sind die Räume unter den Emporbühnen so schlecht, dafs Niemand sich in denselben gern befinden mag; und man würde noch viel mehr Raum gewinnen, wenn man den, ebenfalls nach meiner Meinung den Begriffen von Gottesverehrung gar nicht entsprechenden *Kirchenbänken* entsagen wollte, welche z. B. in den schönen und prächtigen Kirchen Italiens nur höchst selten sich finden; wenn es gleich kränklichen und alten Personen nicht untersagt ist, sich durch einen Kirchendiener Stühle bringen zu lassen, der sie dann aus einem Vorrath nimmt, wo sie keinen Raum versperren und sie an eine Stelle hinsetzt, wo sie möglichst wenig hindern.

Ist nun auch der Endzweck, die Rothenburger Kirche in ihrer ursprünglichen Gestalt zu erhalten und herzustellen, nicht erreicht, so ist sie doch wenigstens überhaupt erhalten worden; denn sie steht noch heutiges Tages, während sie vor 26 Jahren dem Einsturze nahe war.

Noch will ich bemerken, dafs der specielle Kosten-Anschlag, den ich zu der von mir vorgeschlagenen Dachveränderung und zu der Erbauung von zwei Stockwerken auf jeden der beiden Thurm-Anfänge aufgestellt hatte, und worin auch statt der bisherigen unvollkommnen Ziegelbedeckung eine Schieferbedeckung begriffen war, nur 5713 Thlr. 17 Ggr. 6 Pf. betrug, wovon einen beträchtlichen Theil die Thürme wegnahmen; es ist also solch' eine Umänderung, wenn man die bedeutende Gröfse der Kirche bedenkt, nicht so aufserordentlich kostspielig. Freilich war hier darauf gerechnet, dafs das Gehölz des alten Dachs zur Verzimmerung des neuen hinreichen würde, weil das neue nicht viel mehr als halb so viel von dem alten an laufenden Fufsen betrug; und dies dürfte freilich nicht in allen Fällen, selbst bei einem solchen Verhältnisse von alt zu neu, Statt finden; wie mich spätere Erfahrungen belehrt haben. Für innere Auszierung oder Ausbesserung der Kirche war in den Anschlag nichts aufgenommen. Es schien mir in diesem, so wie in andern Fällen, besser, dergleichen zu versparen, bis man erst wegen des Wesentlichen aufser Sorgen wäre, um nur für den Augenblick keine Schmälerung der für das Wesentliche nöthigen Mittel zu erfahren. Vielleicht ist dies von Seiten des Architekten nicht ganz politisch, da das Publicum, wenn es von einem beträchtlichen Kosten-Aufwande hört, auch in die Augen fallende Vortheile verlangt; und nach meinem Anschlage sollte nur die Gefahr des Einsturzes gehoben werden.

Die Herstellung der gerissenen Gewölbe war natürlich in dem Anschlage mitbegriffen. Für dieselbe beabsichtigte ich in diesem Falle, wie in andern, nachdem die Ursache der übeln Beschaffenheit gehoben war, eine sehr einfache und wenig kostspielige Methode, die sich mir oft bewährt hat. Ich hatte nemlich öfter bemerkt, dafs die Verzwickung von gerissenem Mauerwerk mit Kalkmörtel und kleinen Steinen niemals zu einer eigentlichen Wiedervereinigung der getrennten Theile des Mauerwerks führt, und dafs auch bei theilweiser Erneuerung die erneuerten Stellen sich nicht mit dem alten Mauerwerk verbinden, sondern dafs stets eine Trennung von Alt und Neu durch feine Risse sichtbar bleibt; was offenbar vom Zusammentrocknen der Mörtelfugen herrührt, da bekanntlich der Kalk beim Trocknen schwindet. Ich kam daher auf den Gedanken, statt des Kalks zu diesen Ausbesserungen *Gyps* zu nehmen, der beim Erhärten sich erwärmt und quillt, so dafs er sich in die feinsten Zwischenräume drängen und dieselben ausfüllen mufs; was sich denn auch immer bewährt hat; vorausgesetzt, dafs die Ursachen, aus welchen die Risse entstanden sind, beseitigt werden.

Einige Zeit, nachdem ich die Kirche zu Rothenburg untersucht hatte, fand ich Gelegenheit, bei einer andern Kirche von gleicher Bauart, in *meinem eigenen* Geschäftskreise, die in Rothenburg gemachten Erfahrungen zu wiederholen und dieselben durch die Untersuchung der Baugebrechen, so wie auch durch die persönliche Besorgung ihrer Abstellung ferner zu begründen.

Die Minoritenkirche zu Fritzlar, eine gleichfalls im Spitbogengewölbestyl erbaute Kirche, war der dort sich bildenden evangelischen Gemeinde und der gröfstentheils evangelischen Garnison zum Gottesdienst eingeräumt worden und ihre Instandsetzung sehr nöthig, da die Gebrechen den Bestand des Gebäudes bedrohten.

Auch bei dieser Kirche waren die Kreuzgewölbe des Kirchenschiffs schadhaft; zugleich waren Spuren vorhanden, dafs es durch das Dach hindurch auf dieselben geregnet hatte. Das Dach hatte eben solche Constructionsverhältnisse, wie das der Rothenburger Kirche, und auf der Mitte desselben, in der First, stand ebenfalls ein kleiner hölzerner Glockenthurm. Übrigens hatte die Kirche im Grundrisse die gewöhnliche Anordnung eines Mittelschiffs mit zwei Seitenschiffen und einem Chore; nur dafs die Stelle des einen Seitenschiffs das Kloster einnahm, welches später als die Kirche erbaut ist.

Man wollte nicht grofse Kosten an den Bau wenden, und so schien es, da die Risse der Gewölbe, die sich übrigens, eben wie in Rothenburg, hauptsächlich in dem Seitenschiffe fanden, dem Durchregnen zugeschrieben werden konnten, am wesentlichsten nöthig, das Dach repariren zu lassen; was ich demnach genau zu erwägen hatte.

Ich entdeckte aber hier einen solchen Zustand von Verfall, dafs man ihn ohne Einsturz nicht für möglich halten mochte. In dem ganzen Dachwerk, welches gänzlich aus Eichenholz gezimmert war (wie gewöhnlich in dergleichen Gebäuden in Kurhessen), war fast kein einziges Holzstück mehr gesund; fast alle Hölzer waren angefault, und von manchen, z. B. von den Mauerlatten, war nichts mehr als zu Pulver verfaultes Holz übrig. Die Bretter, auf welchen die Schieferbedeckung lag, waren halb vermodert und, wie man es gewöhnlich nennt, nägelfaul, so dafs keine neuen Schiefer aufgeheftet werden konnten.

Es war also auch hier die Erneuerung des ganzen Dachs, schon wegen seiner argen Baufälligkeit nöthig; abgesehn davon, dafs die Verbindung desselben wesentlich zu der Schadhaftigkeit der Gewölbe beigetragen hatte; denn dafs die Stürme hier ebenfalls mittels der ungeheuern Dachflächen eine schiebende Bewegung auf die Gewölbe ausgeübt hatten, war um so einleuchtender, als sich die Risse über dem Seitenschiffe befanden, in den Gewölben über dem Mittelschiffe aber nicht vorkamen, weil dessen Widerlagen nach der Klosterseite, noch durch den Anbau des Klosters verstärkt, in einer 6 F. 9 Z. dicken und sehr festen, vollen Mauer bestanden, während die gegenüberstehende, durch fünf Strebepfeiler nur wenig verstärkte Mauer nur 3 F. 3 Z. dick und durch vier grofse Bogenfenster geschwächt war.

Überreste steinerner Thürme hatte die Kirche nicht, und zur Erbauung eines steinernen Thurms, von Grund auf, fehlte es an Geldmitteln. Es mufste daher wieder ein hölzerner Thurm im Dache erbaut werden, der über den Gewölben zu stehen kam; was eben nicht ohne Schwierigkeit thunlich war; denn die Scheidung der Kirche, der Länge nach durch die Spitzbogen über der Pfeilerreihe zwischen Mittelschiff und Seitenschiff, war nicht so fest, dafs sie zur Unterstützung von Dach und Thurm dienen konnte; die Aufsenmauern der Kirche waren nicht weniger als 49 Fufs [überall hessisches Maafs, von welchem 1 Fufs etwa 11 Preufsische Zoll lang ist. D. H.] von einander entfernt, und es kam daher darauf an, nicht blofs ein 49 Fufs weit frei sich tragendes starkes Dach zu erbauen, sondern auch noch auf dieses Dachwerk einen nicht unansehnlichen Thurm für zwei ziemlich schwere Glocken zu setzen.

Dabei war möglichstes Kostensparen eine Hauptsache, und um so nothwendiger, als, wie sich beim Abbruch ergab, auf Wiederbenutzung der Materialien vom alten Dache nicht zu rechnen war. Die Schiefer waren schon ursprünglich von schlechter Beschaffenheit, und namentlich so ungleich dick und so unförmlich, dafs sie keine dicht schliefsende Bedeckung hatten geben können; die Schalbretter unter denselben waren so sehr vermodert, dafs sie kaum noch zum Verbrennen taugten, und um die Beschaffenheit des Gehölzes im Dachwerk zu schildern, will ich nur anführen, dafs der Tropfenfall von dem schadhaften Dach Löcher in die fast Fufs dicke eichenen Balken gehöhlt hatte, grofs genug, um den Arm hindurchzustecken. Hätte ich dies nicht selbst gesehn, würde ich es nicht glauben; und es ist schwer begreiflich, wie die Erhaltung des Dachs eine so lange Zeit hindurch, als zu einem solchen Verfall nöthig war, hatte hintangesetzt werden können. Obgleich es nicht selten ist, dafs dergleichen Dächer schlecht erhalten werden, möchte man die Ursache davon zum Theil doch auch darin finden, dafs sie, ungeachtet ihrer grofsen innern Geräumigkeit, dennoch oft fast unzugänglich sind und dafs deshalb die Materialien sehr schwer zur Stelle zu schaffen sind, auch selbst die Besichtigung kaum practicabel ist.

Es war also, wie gesagt, ein ganz neues Dachwerk und ein neuer Thurm nöthig, der über einem 49 Fufs weit frei sich tragenden Gebälke schweben mufste; und alles dieses mufste mit der möglichsten Sparsamkeit gemacht werden, weil der Baufonds nur in einer Kirchencollecte bestand. Die Sparsamkeit war aber noch um so schwieriger, da sich bei dem Abbruch bald ergab, dafs von den alten Materialien des Dachs fast gar nichts mehr zu brauchen war; was in diesem Maafse vorher nicht erwartet werden konnte, besonders nicht bei den Schiefern, deren äufseres Ansehn noch ganz gut war, und die auch in der That nicht so sehr verwittert, als vielmehr, wie schon erwähnt, von ursprünglich schlechter Beschaffenheit und ungleich und uneben waren. Von der Verschalung war gar nichts mehr zum Bau zu brauchen, und von dem Bauholz konnte nur etwas Weniges zu nicht sehr starken und nicht langen Hölzern auf die Weise benutzt werden, dafs man die angefaulten und vermoderten stärksten Hölzer an den vier Seiten neu beschlug und so die inwendig noch festen Stücke davon abtheilte.

Um nun das kostbare *lange* Holz zu sparen, beschlofs ich, nur unter die Hälfte der Sparren durchgehende Balken zu legen, die andere Hälfte aber mit den durchgehenden Balken wechseln zu lassen und auf Stichbalken zu setzen, welche in Balkenschlüssel zwischen den durchgehenden Balken eingekämmt wurden, wobei jedoch die den Dachstuhl haltenden Dachbinder immer auf durchgehende Balken trafen, wie es die Figuren (2. und 3. Taf. V.) vorstellen.

Sehr viel Sorgfalt erforderte die Thurmconstruction, welche durchaus so stabil und zuverlässig sein mufste, dafs weder die Stürme, noch das Läuten der Glocken den Thurm in eine schwankende Bewegung zu setzen vermochten, die den schon beschädigten Kreuzgewölben hätte gefährlich werden können.

Der Thurm sollte eine Uhr bekommen, deren Zifferblätter, um von der Stadt aus gehörig gesehen zu werden, höher stehen mufsten, als die Dachfirste. Über dieser Uhr konnten zwar, in einem zweiten Stockwerke, die beiden, nicht allzugrofsen Glocken neben einander hangen: da aber die Anschaffung einer dritten, gröfseren Glocke gewünscht wurde und einige Aussicht dazu vorhanden war, so mufste der Thurm noch ein drittes Stockwerk bekommen. Hierzu die Höhe des Thurms unter dem Dache gerechnet, ergab sich für denselben im Ganzen, vom Dachgebälke bis zum Dachrande, eine Höhe von 55 Fufs.

Einen solchen Thurm nun auf ein Hänge- und Sprengwerk auf gewöhnliche Weise zu setzen, konnte ich mich nicht entschliefsen; ich habe dergleichen Constructionen zu oft in Reparation gehabt und sie zu bald schon abgängig und schadhaft gesehn. Man sollte überhaupt nie zu künstlichen Mitteln, seine Zuflucht nehmen, ehe man sich nicht überzeugt hat, dafs die einfacheren Mittel unter den gegebenen Verhältnissen nicht mehr zureichen. Es ist allerdings eine architektonische Regel, sehr starke und lange Holzstücke zu vermeiden, weil man die Anwendung derselben für Holzverschwendung hält: indessen ist langes und starkes Holz in Kurhessen noch zu haben; und in der That spart man eigentlich, wenn man durch mäfsige Verwendung desselben die Dauer der Construction verdoppelt und vervierfacht.

Ich beschlofs daher, den Thurm nach (Fig. 2. 3. und 7.) auf verzahnte Träger zu setzen und das Schwanken desselben mittels Säulen, die durch mehrere Geschosse desselben reichten, und mittels einer starken Verstrebung, theils durch die Dachsparren, theils durch starke innere, nach der Länge des Dachs gesetzte Strebebänder zu verhindern; sodann den Thurm zwar im untern Stockwerke quadratisch zu erbauen, um ihm einen festeren Stand zu geben, in den obern Stockwerken aber, um ihn weniger der Gewalt der

Stürme auszusetzen, ihn achteckig zu machen. So wurden denn die acht Säulen des zweiten, achteckigen Stockwerks, drei Stockwerke (38 F. 9 Z. und beziehungsweise 39 F. 6 Z.) hoch, jede aus einem Stück gemacht; vier derselben kamen unmittelbar auf die mittlere beide verzahnte Träger, vier andere auf die beide quer über die verzahnten Träger liegende Schwellen zu stehn. Diese Querschwellen dienten zugleich zur Basis der innern, den Thurm von der Ost- und Westseite stützenden Streben; wie es die Figuren zeigen.

Die verzahnten Träger liefs ich aus sogenannten sechszehnder Fichtenstämmen von ausgesuchter Art verfertigen. Ein solcher Stamm ist unten am Stamm-Ende 16 Zoll dick und auf 60 Fufs Länge, viereckig beschlagen, noch 10 Zoll stark. Ich wählte die von *Leideritz*, in seiner zwar alten, aber vortrefflichen „Ausführlichen Anleitung zur Zimmerkunst (Dessau 1800)" im ersten Bande Seite 122 beschriebene Verzahnung mit Keilen, und habe alle Ursache gehabt, mit deren Anwendung, die genau nach der Vorschrift, grofsentheils in meiner Gegenwart ausgeführt wurde, zufrieden zu sein; was sich jedoch einmal während der Ausführung in einen wahren Schrecken verwandelte; denn als der Zimmerpolirer eben die vier Träger gelegt hatte, kam er eilig herbei und zeigte bestürzt an, dafs die Träger sich durch ihr eigenes Gewicht so tief gesenkt hätten, dafs es unmöglich sei, sie zu belasten; am wenigsten mit dem hohen und schweren Thurme. Dieses war auch vollkommen richtig; die 20 Zoll hohen und 10 Zoll breiten Träger hatten sich in der Mitte um mehrere Zolle gesenkt und waren überhaupt so schwank und nachgebend, dafs eine starke Belastung gefährlich zu sein schien; aber eben dieses Schwanken führte auf die Ursach davon. Es fand sich nemlich, dafs der Zimmermann vergessen hatte, die Schrauben der Träger anzuziehn. Dieses geschah jetzt, und nun wurden drei derselben gleich so straff und gerade, dafs alle Besorgnifs verschwand; der vierte Träger behielt zwar noch eine kleine Senkung, von etwa Einem Zoll, welche aber in etwas weniger Genauigkeit der Verfertigung ihren Grund haben konnte und die Steifigkeit desselben nicht beeinträchtigte. Der Thurm wurde aufgesetzt, und die nachmalige Senkung der Träger ist kaum merklich gewesen. Zwischen der Mittellängemauer und der untern Kante der Träger hatte ich einigen, jedoch nur sehr geringen Spielraum gelassen, indem ich befürchtete, dafs sich mit der Zeit die Träger auf die Mauer legen und dann der Thurm schief stehn werde, weil er dann nur an einer Seite unterstützt war. Ich habe demnach mehrere Jahre lang bei gelegentlichen Anwesenheiten in Fritzlar nachgesehen, aber die Träger schwebten fortdauernd frei und der Thurm stand gerade.

Jede unnöthige Belastung des Thurms wurde übrigens vermieden und der Thurm so leicht erbauet, wie es nur die Dauerhaftigkeit der Arbeiten zuliefs. Das Dach wurde mit Schiefern bedeckt und ebenso der untere Theil des Thurms, so hoch als die Dachfirste, mit Schiefern bekleidet, weil sich auf diese Weise die Stellen, wo der Thurm das Dach durchschnitt, am besten verwahren und gegen das Eindringen von Regen- und Schneewasser schützen liefsen. Die übrigen geraden Wände wurden mit starken tannenen Bohlen bekleidet und die Verkleidungen der Fenster, die Gesimse und Verzierungen aus Holz gemacht; nur die Blätterverzierungen des Dachgesimses wurden aus verzinntem Bleche getrieben. Bei der Zusammensetzung der Bretterverschalungen und dem Ansatz der übrigen Architektur aus Holz wurde sorgfältig darauf geachtet, der Witterung keine offenen Fugen preiszugeben und Alles so zu ordnen, dafs durch ein an solchem Orte unvermeidliches Zusammentrocknen keine dergleichen Fugen *entstehen* konnten. Alles bekam sogenannte Nuthen und Federn, und zwar so, dafs die Nuthe stets die Feder deckte.

Die Ausführung, besonders die der Zimmer-Arbeit, erforderte viel Aufmerksamkeit von meiner Seite; denn ich konnte und wollte nur Werkleute aus der dortigen Gegend annehmen, deren Fähigkeiten auf der untersten Stufe standen. Glücklicherweise fand ich bei den Arbeitern viel guten Willen, und als ich mich speciell um jede Einzelnheit bekümmerte und den Arbeitern manche schwierigere Projection selbst vorrifs, erwachte ein lebhafter Eifer in thätiger und sorgfältiger Besorgung des Vorgeschriebenen; besonders bei den jüngeren Arbeitern.

Zweckmäfsig zeigte es sich auch, dafs ich, wie immer in solchen Fällen, die Zimmermeister ein *Modell* von dem Dachwerk machen liefs, ehe sie zur Ausführung im Grofsen schritten.

So hatte ich denn die Genugthuung, dafs Alles gut und tauglich ausgeführt wurde und, wenn schon manches nicht Gewöhnliche dabei vorfiel, doch Alles gelang und sich bewährte. Auch war ich so glücklich, den Bau zu Ende zu bringen, ohne dafs dabei der mindeste Unglücksfall vorkam; was sonst bei solchen Ausführungen, besonders beim Abbruch schwerer schadhafter Holzstücke, so leicht geschieht. Ich erwähne dies nicht aus Ruhmredigkeit, sondern nur wegen des Mittels, dessen ich mich bediente. Dasselbe bestand in der unbedingten Entfernung aller Trunkenbolde von der Arbeit und in einem gänzlichen Verbote des Branntweins während des Abbruchs des alten Dachs und des Aufsetzens des neuen. Der Aufseher war auf das schärfste angewiesen, die Zuwiderhandelnden sofort von der Arbeit zu entfernen und dagegen, zur Erleichterung der Entbehrung auf der einen Seite, während jener gefährlichen Arbeiten den dabei Beschäftigten Bier unentgeldlich zu verabfolgen.

Der ganze Bau hat etwa 2500 Thaler gekostet; was man gering finden wird, wenn man die bedeutende Gröfse des Dachwerks berücksichtigt.

Einige Jahre später sollte ich noch eine andere, gröfsere, im Spitzbogenstyl erbauete Kirche auf ähnliche Weise in Stand zu setzen bekommen. Es war dies die sogenannte *Grofse* oder *St. Martinskirche* hier in meiner Vaterstadt *Cassel.*

Bei dieser Kirche findet das eigenthümliche Verhältnifs Statt, dafs sie von drei verschiedenen Behörden in Bau und Besserung erhalten werden mufs. Das Chor der Kirche nemlich wird, weil es die Gruft der Hessischen Fürsten enthält, von der Staatscasse erhalten; die Erhaltung der übrigen Kirche dagegen bezahlt theilweise die Stadt Cassel, theilweise der Kirchenkasten des Stifts St. Martin.

Das Chor der Kirche war besonders der Reparation bedürftig; das Dach war schadhaft, die Wände waren schmutzig und unscheinlich, die Fensterverglasung war zerbrochen und der Fufsboden beschädigt. Es sollte daher die Schieferbedeckung des Dachs, die Tünche und der Anstrich der Wände, die Fensterverglasung und der Steinplattenbelag des Fufsbodens erneuert werden.

An den übrigen Theilen der Kirche war schon die Schieferbedeckung grofsentheils und die Verglasung der Fenster gänzlich erneuert worden, und die Verbesserung des innern Anstrichs, so wie des Fufsbodens, auch sonstige innere Verschönerungen, waren in Aussicht gestellt.

Die Hauptheile der Kirche, welche aus einem mittleren und zwei Seitenschiffen, so wie aus zwei Thürmen bestehen, wovon sich jedoch nur einer über das Dach erhebt, sind in grofsartigen Verhältnissen erbaut; die drei Kirchenschiffe sind zusammen fast 88 Fufs, also das Dach von Bord zu Bord gemessen etwas über 89 Fufs breit, und dabei ist es 51 Fufs hoch.

Dieses Dach liegt nun gleich einem ungeheuren Sargdeckel über der Stadt, beschattet und verdüstert die ganze Nachbarschaft und erfordert immerfort kostspielige Reparationen, da es Beschädigungen durch die Stürme sehr ausgesetzt ist. Ist aber dieses Dach hoch, so ist es das über dem Chor verhältnifsmäfsig noch mehr; denn dessen Erbauer hat die unglückliche Meinung gehabt, dafs die Firsten des Hauptdachs und des Chordachs gleich hoch sein müfsten. Da nun das Chor von Dachbord zu Dachbord nur 43½ Fufs breit ist, so ist das Dach des Chors *noch* steiler als ein gleichseitiges Dreieck; denn wenn gleich die Borde desselben 4 Fufs höher liegen, als die des Hauptdachs, so bleiben für die verticale Höhe doch noch 49 Fufs, und für die Sparrenlänge also noch fast 53 Fufs, so dafs das ganze Dach des Chors 106 Fufs Fläche hat.

Ich konnte unmöglich den Wunsch unterdrücken, einem solchen architektonischen Unwesen, das früher oder später dem Gebäude den Untergang bringen mufste, ein Ende zu machen. Die Berechnung ergab leicht, dafs, wenn man auch das ganze Dach abnahm und in ein flaches Dach verzimmerte, dies doch weniger kosten würde, als die neue Bedeckung des alten Dachs, da das flachere Dach für seine 43½ Fufs Breite nur 15½ Fufs senkrechte Höhe und also nur 52 Fufs Fläche zu haben brauchte. Es war freilich kein sehr harmonischer Eindruck davon zu erwarten, wenn man an dem steileren Hauptdache ein so flaches Dach über dem Chore errichtete: aber die jetzigen Verhältnisse waren noch weniger harmonisch, und dazu kam, dafs die nähere Untersuchung des Hauptdachs bald zeigte, dasselbe bedürfe einer gänzlichen Erneuerung; sogar *noch mehr,* als das Chordach. Die Mauerlatten waren verfault, die an die mittlern Hauptbalken schräg abwärts angestückten Balken über den Seitenschiffen hatten sich gesenkt und der Zusammenhalt des ganzen Dachwerks beruhete nur noch auf den Kehlbalken und den Jachbändern, mittels deren die stehenden Stuhlsäulen die Kehlbalken tragen halfen. Die Wirkung des durch den ungeheuern Druck des Windes auf die Dachfläche entstandenen Schubes auf die Gewölbe war aber in zahlreichen Rissen und Absonderungen dieser letzten sehr deutlich zu sehn; namentlich fanden sich zwischen den Gewölben des Mittelschiffs und den beiden Bogenmauern über den Pfeilern, welche Mittelschiff und Seitenschiff von einander trennen und die ich oben bei der Kirche zu Fritzlar *Mittellängemauern* nannte, Absonderungen, so breit, dafs man die Hand hindurchstecken konnte.

Ich war daher vor Allem bemüht, die städtische Behörde zu überzeugen, dafs das Hauptdach einer Umänderung bedürfe. Hier stiefs ich aber auf die gröfste Schwierigkeit; denn, gab man mir Recht, so klagte man sich selbst an, dafs man, ohne vorher das Dachgerüst untersucht und verbessert zu haben, grofse Kosten an die noch nicht lange geschehene Erneuerung der Schieferung des Dachs gewendet habe, die unnütz wurden, wenn man das Dach jetzt abbrechen mufste. Dazu kam, dafs die Geistlichkeit, die über den Kirchencassen-Fonds disponirte, und nicht weniger auch wohl die städtische Behörde, eine innere Verschönerung und Verbesserung der Kirche sehr wünschte, die man hätte aufgeben müssen, wenn man sich am Dach verausgabte. Und, so wie denn bei Bau-Unternehmungen gröfserer Art, aufser der Wahrheit und dem Recht, gar oft auch menschliche Verhältnisse einwirken, jene sogar manchmal durch diese besiegt und unterdrückt werden: so gelang es mir auch hier nicht, mit meinen Anträgen durchzudringen; man zog es vor, das Gebäude inwendig zu verzieren und zu schmücken, statt ihm eine Verbesserung zukommen zu lassen, die ihm seine Dauer noch auf Jahrhunderte gesichert haben würde, während jetzt ein heftiger Sturm das zwar reparirte, aber von einer seiner Festigkeit überlegenen Einwirkung nicht befreite Gewölbe zum Einsturz bringen und grofses Unglück zur Folge haben kann. Ich wendete alle nur möglichen Mittel an, um die Wahrheit und Richtigkeit meiner Darstellung gelten zu machen; aber vergebens! und ich hatte noch den Schaden, dafs die Gegenpartbei, zur Entschuldigung ihres Verfahrens, mir hartnäckigen Eigensinn vorwarf: ein Vorwurf, dem ich Gründe entgegensetzte und es damit wenigstens dahin brachte, dafs ich nicht genöthigt wurde, einen Bau *auszuführen*, der so ganz und gar gegen meine vollkommenste Überzeugung war. Ich glaube, dafs jeder ehrenhafte Architekt, wenn er sich vergebens bemüht hat, Das, was er für vernünftig und zweckmäfsig hält, durchzusetzen, verpflichtet ist, sich von der Ausführung von Projecten, die nach seiner Überzeugung schädlich und verderblich sind, zurückzuziehn.

Es hat mir nicht uninterressant geschienen, diesen Hergang hier zu erzählen, da solche menschliche Beziehungen oft beim Bauwesen vorkommen, und der Hergang lehrreich ist. Zudem sind die Personen, welche der Fall, wenn auch nur indirect berührt, nicht mehr am Leben; die kleine Angelegenheit ist also der Chronik verfallen.

Noch will ich erwähnen, dafs ich doch zu erfahren wünschte, wie man sich denn gegen den so offenbar gefährlichen Zustand der Gewölbe zu sichern gedächte, oder gesichert halte. Ich wendete mich deshalb an ein damals einflufsreiches Mitglied der städtischen Behörde, dem ich bemüht gewesen war, die üble Beschaffenheit des Dachs an Ort und Stelle nachzuweisen. Nicht ohne Ausdruck von Unwillen über meine Frage ward mir zur Antwort: „Das Dach „habe so lange gehalten, und werde also auch wohl noch länger halten"!! —

Ich habe schon erwähnt, dafs auch der Fufsboden des Chors der Kirche neu mit Steinplatten belegt werden sollte. Da derselbe die ältere Fürstengruft deckte (die neuere befindet sich zur Seite des Chors in einem Anbaue), so schien es mir angemessen, dafs er ein reiches, wo möglich selbst prächtiges Ansehn bekomme. Ich erinnerte mich der schönen Fragmente eines Fufsbodens von glasirten Backsteinen in dem Chore der, so schöne Einzelnheiten enthaltenden Kirche zu *Oberwesel* und dachte an die Leichtigkeit der Ausführung mit Hülfe der zu allen Schönem und Zweckmäfsigem so bereitwilligen *Henschel*schen Ziegel- und Backstein-Fabrik auf dem Möncheberge bei Cassel. Ich entwarf daher einen solchen Fufsboden, und die Berechnung der Kosten ergab, dafs derselbe nicht einmal mehr gekostet haben würde, als ein Fufsboden von Sandsteinplatten; indessen unterblieb, da ich den ganzen Bau abgab, auch die Ausführung dieses Fufsbodens; wie aller meiner übrigen Anträge, hinsichtlich dieser Kirche.

Der Lauf der Zeit wird aber die Richtigkeit dieser Anträge beweisen; denn die ausgefüllten Risse der Gewölbe werden sich wieder öffnen, und dann wird man früher oder später dennoch das verderbliche und colossale Dach abnehmen müssen. Damals, als ich es vorschlug, war der Beschlufs dazu zu erwirken noch nicht so leicht: denn, abgesehn von den beträchtlichen Kosten, war die Gefährlichkeit des Zustandes der Kirche noch nicht so sehr *in die Augen fallend*, sondern liefs sich nur durch eine mühevolle und, wenn man kostspielige Weitläufigkeiten (Gerüste u. dergl.) sparen wollte, fast lebensgefährliche Untersuchung ergründen.

Ich habe absichtlich Beispiele von *verschiedenen Perioden* des Verfalls von Kirchengebäuden gewählt. Bei der *Rothenburger* Kirche war es so weit gekommen, dafs sie, um Unfälle zu verhüten, geschlossen werden mufste; bei der zu *Fritzlar* war zwar so grofse Gefahr noch nicht vorhanden, aber doch der üble Zustand des Dachs sehr einleuchtend; und endlich bei der Kirche zu *Cassel* war das drohende Unheil nur erst nach genauer technischer Untersuchung ersichtlich. In dem ersten Falle war die Auswirkung der Bewilligung der Herstellung leicht; in dem zweiten Falle war sie schon etwas schwieriger, und im dritten Falle konnte sie nicht erlangt werden. Dieses scheint mir bemerkenswerth, denn es wird *nicht immer* möglich sein, dafs man so lange warten dürfe, bis die *letzte* Epoche der Gefahr eingetreten ist, und es konnte z. B. die Rothenburger Kirche recht wohl schon eingestürzt und viel Unheil geschehen sein, ehe man zum Werke schritt.

In allen drei Fällen war die *Gröfse des Dachs* und die dadurch entstehende Einwirkung der Stürme auf das Gebäude die unbestreitbare Ursache des gefährlichen Zustandes. Hatte man erst dieselbe erkannt, so konnte man sich nicht mehr über den gebrechlichen Zustand des Gebäudes, sondern nur noch darüber wundern, dafs dasselbe der schädlichen Einwirkung so lange widerstanden habe; was sich auch nur daraus erklärt, dafs man, so lange der Dachverband noch fest und wohl erhalten war, das ganze Dach als ein fest zusammenschliefsendes Prisma betrachten durfte, dessen Druck mehr vertical und also weniger schiebend wirkte, als nachdem das Dachgerüst wandelbar geworden war. Aber alle solche colossalen Holzwerke sind vergänglich, und so werden es auch die Kirchen sein, wenn man sie nicht von denselben befreit.

Cassel, im März 1847.

13.
Übersicht der Geschichte der Baukunst, mit Rücksicht auf die allgemeine Culturgeschichte.

(Von Herrn Regierungs- und Baurath *C. A. Rosenthal* zu Magdeburg.)

(Fortsetzung der Abhandlung No. 2. im 1ten, No. 6. im 2ten, No. 8. im 3ten Hefte 13ten, No. 1. im 1ten, No. 7. im 2ten, No. 8. im 3ten, No. 12. im 4ten Hefte 14ten, No. 1. im 1ten, No. 9. im 2ten, No. 11 im 3ten, No. 15. im 4ten Hefte 15ten, No. 10. im 3ten Hefte 16ten, No. 3. im 1ten, No. 5. im 2ten, No. 10. im 3ten Hefte 17ten, No. 4. im 2ten Hefte 18ten, No. 2. im 1ten Hefte 20ten, No. 9. im 2ten Hefte 22ten, No. 1. im 1ten und No. 9. im 2ten Hefte dieses Bandes.)

III. Die germanisch christliche Baukunst.

§. 154.
Das Grundprincip derselben.

Das *Emporstreben* und *Vorherrschen der Form vor der Masse* ist, gegenüber dem Niederdrücken und der Massenhaftigkeit der ägyptischen und dem Gleichgewichte der griechischen Kunst, das Grundprincip des germanischen Baustyls, und mufste es sein, zumal für den Kirchenbaustyl, auf welchen es vorzugsweise und unter den damaligen Verhältnissen fast ausschliefslich ankam, und der daher auch hier zuerst allein ins Auge zu fassen ist.

Gewaltig ergreifend ist der Anblick eines germanischen Doms, der mit seinen hoch in die Wolken ragenden Thürmen schon aus weiter Ferne sich ankündigt! Das ist kein Tempel für das sichtbare Bild oder das blofse Symbol der Gottheit: die schlanken, kühn emporstrebenden, überall in Spitzen, Blumen und Kronen sich auflösenden Massen leiten, von Absatz zu Absatz, immer reicher, immer leichter und kühner, die Blicke unwillkürlich und mächtig nach oben, zu dem unsichtbaren Gotte der Christen im Himmel! Die so mannigfach gruppirten Massen, die kühnen Strebebogen und hoch geschwungenen Gewölbe, die wunderbar reichen und doch ernsten Formen, welche die Massen überwiegend beherrschen, bezeichnen hier ein reges geistiges Streben; sie tragen den Stempel einer höhern geistigen Schönheit; sie zeugen von einer überirdischen, einer geoffenbarten Religion!

Wenn der Christ anbetend niederfällt und aus dem Staube empor sein Herz in Andacht zu Gott erhebt, so richten sich unwillkürlich Aug' und Geist *nach oben:* dort sucht er alles Höhere und Vollkommene, seinen Gott und seinen Himmel! dorthin mufs also auch die Architektur den Blick des Beschauers leiten, wenn sie die erhabene Bestimmung des Gebäudes würdig ausdrücken will. Schwerlich läfst sich ein zweiter, gleich einfacher und kräftiger, erhabener und schöner Ausdruck des der Darstellung zum Grunde liegenden Gegenstandes und seines Zwecks im ganzen Gebiete der Kunst auffinden! Der Einwurf, den der grübelnde Verstand mit anscheinendem Rechte hier machen könnte, dafs sich nämlich die bestimmte Richtung *nach oben* mit der Lehre von der Allgegenwart Gottes nicht wohl vereinigen lasse, mithin das Grundprincip des germanischen Baustyls auf einer Unwahrheit beruhe, verdient nur insofern Beachtung, dafs er häufig direct oder indirect gemacht wurde, und vielleicht jetzt wieder Anklang finden möchte. Nein: überall sehen wir das körperliche Emporstreben als Bild und Zeichen der innern Entwicklung in der Natur verbreitet; alles Leben, aller Wachsthum strebt nach oben; hoch über uns glänzen die Sterne, und unwillkürlich heben sich des Menschen Blicke empor, wenn Bilder der Unsterblichkeit und Gedanken an Gott seine Seele füllen. Wie diese geheime Beziehung zu erklären sei, hat die Kunst nicht zu untersuchen; es genügt ihr, dafs die Beziehung vorhanden ist; durch sie allein gewinnt der Ausdruck *ästhetische* Wahrheit, und die Kunst ist vollkommen berechtigt, Anwendung davon zu machen.

Schon bei den uralten heiligen Bauwerken der Inder fanden wir die emporstrebende Pyramidalform; wir fanden darin, in Übereinstimmung mit der vorausgesetzten kindlich reineren Gottahnung der Urvölker, eine Äufserung jenes vorhin angedeuteten Gefühls, und es wird diese Annahme, wie wir hier noch hinzusetzen wollen, dadurch bestätigt, dafs spätere, mehr als die Ägypter religiös verwilderte Völker, ihre Tempel zwar ebenfalls und sogar noch in höherem Grade auszuzeichnen bemüht waren, jedoch nicht durch *Höhe* oder gar *Emporstreben*, sondern durch Ausdehnung in die Breite. Jene indischen Pagoden zeigen aber, wie es auch zufolge der nur sehr dunkeln Vorstellung vom Göttlichen nicht anders sein konnte, das Emporstreben nur in den rohesten Umrissen und unter bizarren Verzierungen versteckt. Im germanischen Baustyl tritt uns ein vollendetes, ein harmonisches Emporstreben aller Massen und Formen entgegen.

Das Emporstreben wird erreicht:

1. Durch ein überwiegendes Höhenverhältnifs.
2. Durch Hervortreten der lothrechten Abtheilungen und Gliederungen vor den wagerechten, nach Zahl und Gröfse, und durch öftere Unterbrechung der letztern durch die erstern; mehr noch durch vorspringende Pfeiler.

3. Durch ausschliefsliche Anwendung des hochgeschwungenen Spitzbogens, zuletzt mit Weglassung der Kämpfergesimse. Das Auge wird an den hohen, lothrechten Einfassungen der Öffnung empor und ohne Aufenthalt bis zur Spitze des Bogens, als dem Ziele und Schlufspunct, hinaufgeleitet, während es der Rundbogen, ohne markirte Kämpfer, an der einen Seite hinauf- und ohne Unterbrechung im Bogen fort und wieder auf der andern Seite ziellos hinunterführt, also der Bogen ohne Kämpfergesims seinen eigentlichen Character der Ruhe verliert.
4. Durch absatzförmige Verjüngung und Überführung der quadratischen Grundform in die achteckige. Eine stete Verjüngung mit geneigten Seiten findet sich, aufser bei den Dachungen, nicht, weil sie in Bezug auf die statische Bedeutung den Ausdruck des Schweren und Massenhaften geben würde, der zu dem Gesammtcharacter nicht pafst. Aus gleichem Grunde wurde die runde Grundform vermieden; aufser bei den dünnen Rundstäben, wo dieser Umstand natürlich wegfiel.
5. Durch volle Massen unten am Fufse des Gebäudes, und durch immer leichtere und kühnere Gestaltung nach oben hin (eine Regel, gegen welche freilich bei den spätern, reichern Bauwerken oft gefehlt wurde).
6. Durch vielfache Ablösung einzelner Theile aus der Masse, als Pfeiler und Thürmchen, mit freier selbstständiger Endigung in verschieden abgestuften Höhen.
7. Durch den Schlufs dieser Pfeiler und Thürmchen mit steiler Bedachung, und Auflösung in Spitzen, Blumen und Kronen.

Durch diese Mittel erreicht es die germanische Architektur, besonders bei den Thürmen, wo natürlich das Emporstreben am kräftigsten sich gestalten kann, dafs das Auge, zunächst von den schweren Massen am Fufse angezogen, von Absatz zu Absatz immer stärker emporgeführt wird, und dafs es, wenn es dann die höchste Spitze des Ganzen, die luftige Krone erreicht hat, nicht wieder zurücksinken kann, ohne sich noch höher zu einem Aufblick in den unendlichen Himmel erhoben zu haben.

Fast noch unmittelbarer als das körperliche Emporstreben, giebt das Vorherrschen der Form vor der Masse ein Bild von dem Vorherrschen des Geistigen vor dem Sinnlichen; denn die *Form* ist geistiger, als die *Masse*. Wie dieses Vorherrschen zu erreichen sei, bedarf kaum der Auseinandersetzung; es liegt einfach in dem Verhältnifs der Oberfläche eines Körpers zu seinem cubischen Inhalt. Es versteht sich, dafs die Vergröfserung der Oberfläche ihre durch den Gegenstand bedingte Grenzen haben mufs, die namentlich für die Baukunst ziemlich eng sind. Unter allen regelmäfsigen Figuren schliefst der Kreis mit dem geringsten Umfange den gröfsten Inhalt ein: daher (und auch, wie wir später sehen werden, der Gewölbe wegen) konnte von dieser im romanischen Styl, besonders bei den Tribünen, gebräuchlichen Form, kein Gebrauch gemacht werden, und man benutzte statt seiner die vielseitige Form. Diese im Grunde geringe Veränderung, und der anderweit veranlafste Vorsprung einzelner Pfeiler aus der vollen Mauer, so wie die schon durch das Emporstreben bedingte Hinüberleitung aus einer Grundform in die andre, und die Ablösung kleinerer Pfeiler aus den gröfsern, waren so ziemlich die einzigen Mittel, die man (allerdings schon kräftig genug) bei der Form im Ganzen benutzen konnte. Ungleich weiter durfte man bei der Detailbildung gehen. Zunächst sehen wir die mannigfachen und kräftigen Profilirungen der Gesimse und Gliederungen; dann die Vertauschung der runden massigen Säule mit dem gegliederten und tief ausgekehlten Gewölbpfeiler; die vortretenden gegliederten Gurte der Gewölbe u. s. w. Zu noch reicherer Gestaltung gaben die hohen und weiten Fenster Gelegenheit, die man mit Stabwerk und Durchbrechungen auf die mannigfachste Weise ausfüllte; ferner die häufig angewendeten Geländer und sonstigen freischwebenden Durchbrechungen, denen sich, als Bilder derselben, die scheinbaren Durchbrechungen, oft freilich sehr mifsbrauchsweise, anschlossen.

Bis hierher sind die Formen alle noch architektonisch, und es ist eine sehr lobenswerthe Eigenthümlichkeit des germanischen Baustyls, dafs er ohne Hülfe der Bildhauerkunst, blofs durch architektonische Gliederungen und geometrische Figuren, einen so bedeutenden Formenreichthum zu entwickeln vermochte. Gleichwohl wufste er auch die Bildhauerkunst, nicht blofs durch Aufstellung zahlloser Statuen und Sculpturen, sondern auch durch Anwendung eines reichen Blätterschmucks seinem Zwecke dienstbar zu machen; und zwar wieder auf eine eigenthümliche Weise. Statt mit dem früher üblichen Arabeskenschmuck besetzte man die Capitäle der Rundstäbe und Pfeiler, die Hohlkehlen in den Gliederungen, die Rücken der aufsteigenden Giebelgesimse, die gegliederten Ecken der pyramidalen Bedachungen u. s. w. mit jenen freistehenden, krausen und hingeworfenen Phantasie-Blättern, und alle Spitzen mit den aus ihnen zusammengesetzten luftigen Blätterkronen; auch den Statuen gab man in den Consolen und durchbrochnen Baldachinen einen eigenthümlichen architektonischen Zusatz.

Hier dürfen wir nicht vergessen, auf den wunderbar lebendigen Organismus in der Formenbildung aufmerksam zu machen. Dadurch noch mehr, als durch die überwiegende Gröfse der Oberfläche, gewinnen die Formen an geistigem Ausdruck. Wie früher bei den Bauwerken der Griechen bemerkt, dafs sie, wie Pallas aus dem Haupte des Zeus, aus der Phantasie des Künstlers vollendet hervorgetreten zu sein scheinen, glaubt man hier eine andre griechische Fabel, die vom Amphion, verwirklicht zu sehn: es scheint, als habe der Stein ein inneres organisches Leben gewonnen und in gewaltigem Ringen und Streben sich selbst die Form gebildet: so einfach und natürlich entwickeln sich an dem ganzen grofsen und reichen Bau die Formen stufenweise eine aus der andern: von den Quadern zu den gefälligen Gliederungen, den aufstrebenden Pfeilern und Thürmchen, den reichen Durchbrechungen, bis zu den luftigen Krönungen, deren Blattwerk, in seiner eigenthümlichen Gestaltung, dem architektonischen Character so genau sich anschliefst, als ob der Stein ein Pflanzenleben erlangt hätte. Man hat mit Recht den weiten Dom, mit seinen schlanken Pfeilern und kühnen Rippengewölben, mit einem Walde und seinem Laubdache verglichen; aber es ist Täuschung, wenn man darin eine absichtliche Nachbildung des Waldes zu sehn glaubt. Erst zur Verfallzeit der germanischen Kunst finden sich dergleichen verwerfliche Nachahmungen.

§. 155.
Die Elemente des Schönen im germanischen Baustyl.

Wir sahen im zweiten Theile, in welchem Verhältnifs im griechischen Styl die einzelnen Schönheits-Elemente zu einander stehn. Mit Beziehung hierauf wollen wir sie auch hier durchgehen.

Erstlich. Die ***Harmonie*** konnte, bei dem grofsen Formenreichthum und dem lebendigen Streben, nicht von jener einfachsten, volle Befriedigung gewährenden Art sein, dafs sich die wenigen Einzelnheiten alle unmittelbar auf die Einheit bezogen; wir sehen vielmehr beim ersten Blick eine unendliche Menge von Mannigfaltigkeiten. Indessen fehlt die Einheit nicht; sie wird nur gewifsermaafsen erst erstrebt; die einzelnen Mannigfaltigkeiten ordnen sich erst unter kleinere Einheiten, dann zu gröfsern, und zuletzt zur Einheit selbst. Es ist hier mit einem Worte die Harmonie der ***Bewegung*** (Th. I. S. 20), welche dem germanischen Styl eigen ist und welche er haben mufste. So zeigen z. B. gleichartige Theile (Fensterdurchbrechungen, Pfeiler, Giebel u. s. w.) nur aus einem entfernteren, eine ***Übersicht*** gewährenden Standpuncte dieselbe Gestaltung: tritt man näher, so zeigt jeder Theil, der nun gewissermaafsen ein Ganzes ist, eine verschiedene Form. Dafs man hierin oft zu weit ging und die erlaubte Grenze überschritt, ist nicht zu leugnen; indefs kommt es uns hier mehr nur darauf an, was die germanische Baukunst ihrer Wesenheit nach leisten *konnte*, als was sie wirklich geleistet *hat;* und so sind wir berechtigt, nur immer ihre ausgezeichneten Leistungen zu berücksichtigen.

Zweitens der Ausdruck. Wir verstanden (S. d. Einleitung) darunter Dasjenige, wodurch uns die Bestimmung eines Gebäudes in allen seinen Beziehungen und die seiner einzelnen Theile fühlbar gemacht wird. Die mit hierher gehörige Darstellung des *statischen* Zwecks der Constructionen werden wir im folgenden Paragraphen betrachten und haben es daher hier nur mit der Bestimmung des Bauwerks selbst zu thun. Die wichtigste allgemeinere Beziehung war die auf den Character des Volks und des Landes; deren daher zuerst zu gedenken ist.

Wenn wir uns erinnern, wie im Alterthum jedes Volk seinen eigenthümlichen Baustyl hatte, so könnte es dem germanischen Baustyl zum Vorwurf angerechnet werden, dafs er bei allen christlichen Völkern im Wesentlichen *dieselbe* Gestaltung zeigt. Ohne hier diesen Vorwurf, auf welchen wir später zurückkommen werden, ganz von der Hand zu weisen, und ohne jetzt schon auf die Untersuchung eingehen zu können, inwiefern er sich bei demjenigen Volke, das sich der Erfindung und Ausbildung des germanischen Baustyls rühmen darf, völlig volksthümlich gestaltete und entwickelte, haben wir doch schon früher auf das allgemein verschiedene Verhältnifs desselben im Vergleich zum Alterthume aufmerksam gemacht. Die Unterschiede im Volkscharacter waren zum grofsen Theil in Folge der gleichen Religion verschwunden und es handelte sich also nur um einen Baustyl für das *eine* Volk der *Christen;* nur etwa nach der noch bleibenden Verschiedenheit des Characters von Volk und Land. Ist in dieser Hinsicht zu wenig geschehen, so ist doch nicht zu leugnen, dafs deutscher Fleifs, deutsche Gemüthlichkeit und das rauhe Clima von Deutschland durch die fein ausgebildeten Details, die traulich geschlofsnen Wände, das hohe Dach u. s. w. characterisirt werden.

Rücksichtlich der speciellen Darstellung der Bestimmung einer christlichen Kirche (denn von dem Kirchenbaustyl ist auch hier wieder vorerst ausschliefslich die Rede) kann man, was die Grundgestalt betrifft, allerdings zweifeln, ob nicht eine andere, als die von der Basilica entnommene Form des lateinischen Kreuzes, mit den *zwei* Thürmen am westlichen Giebel, die zum Grunde liegende Idee kräftiger und schöner ausgesprochen haben würde. Eine christliche Kirche zerfällt in zwei, ihrer Bestimmung nach wesentlich verschiedenen Theile: den Hohenchor und das Schiff oder den Versammlungsraum; der erstere, in welchem der heilige Altar steht und die Sacra vor sich gehen, ist der wesentlichere, der *heiligere* Theil, der sich demzufolge vor dem bloſsen Versammlungsraume bedeutend auszeichnen muſs. Man hat dies gefühlt und deshalb dem Hohenchore eine gröſsere Ausdehnung als früher und statt der kleinen Tribune einen angemesseneren vielseitigen Schluſs gegeben; man hat ihn, als das Ziel, dem Haupt-Eingange im westlichen Giebel gegenüber gestellt; man hat den letztern durch die Thürme feste Grenzpfeiler und eine ihm zukommende Auszeichnung gegeben: allein die symbolische Bedeutung des Grundrisses, ohnehin kein rein künstlerisches Mittel, ging schon dadurch verloren, daſs der Grundriſs nicht sogleich erkennbar war. Nicht der Hintergrund, sondern Oben ist das Ziel, zu welchem uns die Kirche führen soll, und die *zwei* Thürme widerstreben in etwas der Idee der Einheit; sie geben von der erhabenen Bestimmung des Gebäudes nur eine sehr allgemeine Andeutung und sind nur als starke Haltpfeiler des Eingangs, als sehr massenhafte Mittel zur Erreichung eines unbedeutenden Zwecks zu betrachten. Stellen wir uns dagegen die Kirche in der Mitte eines groſsen freien Platzes, mit der Form eines *griechischen Kreuzes* vor; in der Mitte den Hohenchor; darüber, auf vier mächtigen, auſsen in den Winkeln vortretenden Pfeilern, den hohen, innen und auſsen kräftig und immer reicher, leichter und luftiger emporstrebenden Thurm; auf dessen durchbrochener Spitze, alle andern Theile des Baues weithin überragend, zum deutlichen Ausdruck der unbefriedigten Sehnsucht, die unbestimmt begrenzte Blätterkrone, dem Himmel entgegen sich entfaltend: stellen wir uns die niedrigeren Schiffe an alle vier Seiten angebaut vor; in den vier Giebeln weite und hohe Eingangspforten, welche die Gemeine aus allen Weltgegenden einladend herbeirufen, und denen zur Auszeichnung niedrigere Thürme auf den Ecken hinzugefügt sind: so spricht sich der Gedanke, daſs von allen Seiten der Weg in die Kirche und durch diese zum Heile führe, die innigere Vereinigung der Gemeinde um den heiligen Altar im Mittelpuncte des ganzen Baues, und endlich das sehnsuchtsvolle Emporstreben nach dem *einen* Ziele viel bestimmter aus; es wird die heiligere Bedeutung des Hohenchors nicht bloſs durch eine gröſsere Masse, sondern auch durch vermehrten Ausdruck der Grundeigenschaften des Baustyls, als worauf es vorzugsweise ankommt, ausgezeichnet; es gewinnt das Emporstreben durch das gleichzeitig sich bemerklich machende Streben nach dem Mittelpuncte an tieferer Bedeutung, und es wird nebenbei das statische Gleichgewicht, als die Basis aller Baukunst, vollkommener dargestellt.

Man kann zwar dieser Kirchenform den Einwurf der practischen Unbrauchbarkeit machen. Abgesehn indefs davon, dafs vielleicht nur die Ungewohnheit den Widerspruch veranlassen dürfte, bleibt die Idee im Wesentlichen dieselbe, wenn man auch nur mit *einem* Arme des Kreuzes bauet; dann würde die gewöhnliche Basilikenform entstehen; mit dem Hauptthurm im Hintergrunde, als Hohenchor, und zwei kleinern, thurmartigen Pfeilern vorn am Eingange.

Dafs die erste Idee, welche dem Baumeister der ersten eigenthümlich-christlichen Kirche, der *Sophienkirche in Constantinopel*, dunkel vorgeschwebt zu haben scheint, in der germanischen Zeit nicht wieder benutzt wurde, hat wohl seinen einfachen Grund darin, dafs man die bestehende Kirchenform als festgestellt und geheiligt betrachtete und bei der Spaltung zwischen der lateinischen und griechischen Kirche am wenigsten zu der von der letztern ausgegangenen Grundform übergehn mochte. Da wo dieser triftige Grund wegfiel, wufste man die tiefere Bedeutung sehr wohl durch die Form auszusprechen; wie wir es beispielweise an den Portalen sehen können. Mit breiten, schräg gestellten und gegliederten Laibungen, zwischen zwei vorgeschobenen, in Thürmchen emporsteigenden Eckpfeilern und mit einem hohen, steilen, reichgekrönten Giebel über dem Spitzbogen, öffnen sich dieselben nach aufsen bis zur doppelten und dreifachen Breite, weithin sichtbar und die Nahenden einladend. Durch diese einfache Anordnung wird das nördliche Clima, welches den Aufenthalt in freien Hallen nicht immer gestattet, und der tief gemüthliche, nach Innen strebende Sinn der christlichen Germanen eben so deutlich characterisirt, als das südliche Clima und der heitre, nach aufsen sich entfaltende Geist der Griechen durch den offnen Säulenporticus vor den griechischen Tempeln.

Noch weniger kann in Zweifel gezogen werden, dafs die Bestimmnng des christlichen Gotteshauses durch den *Character der Architektur* richtig ausgedrückt wird; oder doch ausgedrückt werden *kann*. Freilich haben viele, selbst ausgezeichnete und weitberühmte Dome den Fehler, dafs in ihnen der Ernst, den die Bestimmung der Kirche unerläfslich in Anspruch nimmt, durch übertriebenen Reichthum verdunkelt wird; es wird später näher festzustellen sein, dafs und warum der germanische Baustyl sich nie vollständig ausgebildet hat, und es ist wiederholt darauf aufmerksam zu machen, dafs es bei unserer gegenwärtigen Untersuchung stets nur mehr darauf ankommt, was derselbe seinem Wesen nach leisten *konnte,* als was er wirklich geleistet *hat:* dafs indefs der kirchliche Ernst auch bei einem grofsen Formen-Reichthum festgehalten werden *konnte*, beweisen einzelne der frühern Bauwerke zur Genüge; und dafs alle übrigen Eigenschaften, welche dem Kirchenbaustyl zukommen, im germanischen Baustyl auf das vollkommenste enthalten sind, beweiset der Umstand, dafs selbst bei den spätern und weniger ernsten Kirchen dennoch der Character in der Gesammtheit so deutlich hervortritt, dafs der Ernst kaum vermifst wird. Anders ist es mit den profanen Gebäuden, die gewöhnlich zu viel vom Character der Kirche haben.

Drittens. Das Unendliche im Architektonisch-Schönen wird (Th. I. S. 24, 25) grade durch die Eigenschaften ausgedrückt, welche das Grundprincip des germanischen Baustyls ausmachen. Mehr darüber zu sagen ist nicht nöthig. Noch nie hat die Baukunst, oder irgend eine andre Kunst, dies erhabenste und schwierigste Element des Schönen so vollkommnen in sich aufgenommen, und schwerlich kann die germanische Kunst hierin je übertroffen werden.

Viertens. Erhabenheit und Grazie sollen sich gegenseitig beschränken. Wo aber das Unendliche so vollkommen hervortritt, kann es an *Erhabenheit* nicht fehlen. Bei allen mittelalterlichen Kirchen geht die Gröfse immer bedeutend über das Bedürfnifs hinaus; besonders da, wo es gilt, die mehr geistigen Eigenschaften auszudrücken; wie es die stets bedeutende Höhe, namentlich der Thürme, beweiset. So sollte man nun glauben, dafs es um so mehr an der *Grazie* fehlen müsse; was aber nicht der Fall ist. Die griechische Grazie konnte hier freilich nicht erreicht werden; es durfte aber auch nicht sein. Setzen wir indefs den höchsten Grad der Grazie in den Reiz der Bewegung, so ist klar, dafs sie einem Baustyle nicht fehlen werde, in welchem *Streben* zum Grundprincip gehört; und es scheint in der That der germanische Baustyl das Geheimnifs gefunden zu haben, beide entgegenstehenden Eigenschaften in möglich-höchstem Grade zu vereinigen; zwar so, dafs die Erhabenheit vorherrscht und die Grazie nicht so zart ist, dagegen aber diese lebendiger hervortritt; was ihr bei dem hohen Grade von Erhabenheit schon gestattet war, ohne dieselbe zu beeinträchtigen.

Von den *besondern* Elementen des Kunstschönen vermag der germanische Baustyl,

Erstlich, die *Originalität* bei seinem grofsen Reichthum eher zu erreichen als der griechische. Unter den vielen mittelalterlichen Kirchen findet man schwerlich zwei so ganz ähnliche, wie unter den wenigen uns übrig gebliebenen Tempeln Griechenlands, und die Verschiedenheit würde noch gröfser sein, wenn man nicht die hergebrachte Grundform so starr festgehalten hätte.

Zweitens. Die *Objectiviät des* Styls wurde dadurch etwas beeinträchtigt, dafs die leitende Idee des Christenthums tief in die Seele des Künstlers eingedrungen war und mit allen seinen Empfindungen sich innig vorschmolz. Begreiflicherweise ist aber das Hervortreten der Subjectivität des Künstlers nur dann von Nachtheil, wenn sie der Objectivität entgegentritt. Bei den Kirchen war dies nicht der Fall; wohl aber bei den profanen Bauwerken.

Drittens. Die Leichtigkeit der Ausführung kommt überall in der Baukunst wenig in Betracht. So viel als möglich ist sie hier erreicht. Wie bei den Griechen scheint sich häufig (wie schon bemerkt) der Gegenstand seine Form selbst gebildet zu haben; aber freilich strebend und ringend, und daher mühsamer. So scheint denn auch die Leichtigkeit der Ausführung gröfser, als bei den andern Völkern; aber nicht so entschieden, wie bei den Griechen.

Viertens. Sparsamkeit der Darstellungsmittel. Gegen dies Element des Kunstschönen ist verhältnifsmäfsig am häufigsten gefehlt worden. Es liegt in dem durch das Grundprincip des Styls gegebenen Reichthum der Formen (der freilich nicht mit dem Reichthum an Verzierungen verwechselt werden darf), dafs strenge Nüchternheit leicht vernachläfsigt wurde; jedoch zeigen einige der einfachern Bauwerke, dafs auch dies Element berücksichtigt werden konnte.

Suchen wir nun aus den vorstehenden Betrachtungen ein Resultat zu ziehen, erinnern wir uns dabei Dessen, was in der Einleitung gesagt ist und stellen sodann den germanischen dem griechischen Baustyl gegenüber: so ergiebt sich, dafs der erstere zwar bei weitem nicht den Grad der Vollendung wie der griechische erreichte und erreichen konnte, aber nur deshalb nicht, weil er von Grund aus einen bei weitem erhabenern Standpunct einnahm und der höhern geistigen Schönheit nachstrebte, während die Griechen der sinnlichen Schönheit huldigten. In diesem Verhältnifs liegt aber grade ein wesentlicher und tief eingreifender Vorzug der germanischen Architektur. Die sinnliche Schönheit, wie alles Sinnliche, *ist* erreichbar; die Griechen *haben* sie erreicht, und so mufsten, da ein Stillstand nicht Statt finden konnte, die weitern Schritte nothwendig zum Verfall führen: die geistige Schönheit dagegen ist nicht erreichbar; sie gestattet ein fortdauerndes annäherndes Streben zum Ziele, und es ist mithin kein *innerer* Grund zu ihrem Verfall da. Die griechische Kunst hat relativ, die germanische aber absolut einen höhern Werth; erstere hat das ihr speciell gegebene Ziel erreicht, letztere den Weg zum allgemeinen Ziele der Baukunst gefunden.

§. 156.
Die statische Formenbedeutung im germanischen Baustyl.

Je höher das Ziel steht, um so eher werden untergeordnete Rücksichten vernachläfsigt; eine so zarte Ausbildung der statischen Formenbedeutung wie bei den Griechen, läfst sich also hier nicht erwarten. Dennoch: sollte die germanische Kunst den Namen einer ***Baukunst*** verdienen, sollte sie in dem allgemeinen Entwicklungsgange auf Geltung Anspruch machen können, so durfte ihr die allgemeine Basis der Baukunst nicht allein nicht fehlen, sondern sie mufste vielmehr Fortschritte in der Construction und deren Darstellung nachweisen können; und das ist denn auch der Fall: man könnte sagen, dafs in der Zartheit und Schärfe des statischen Ausdrucks die *griechische*, in Rücksicht der Kraft aber die *germanische* Kunst den Vorzug habe.

Die Haupt-Aufgabe der germanischen Kunst in statischer Beziehung war die Ausbildung des *Gewölbes;* und es ist ihr dies in einem Grade gelungen, dafs schon deshalb ein bedeutender Standpunct im allgemeinen Entwicklungsgange ihr nicht abzusprechen sein dürfte. Seit dreizehn Jahrhunderten hatte man, im Kampfe mit den Principien des griechischen Säulenstyls, erst (bei den Römern) unwillkürlich, dann (im romanischen Style) absichtlich, nach diesem Ziele gestrebt; und so mufs die Erreichung desselben als ein wesentlicher Fortschritt der Baukunst, so wie der Bauwissenschaft, betrachtet werden; sowohl an sich selbst, als mehr noch in Beziehung zu dem erhabeneren Endziele der geistigen Schönheit, welches ohne die Wölbungen schwerlich erreichbar gewesen wäre.

Schon die Römer kannten die glatten Kreuzgewölbe, wie sie aus der Durchkreuzung zweier Tonnengewölbe ganz von selbst entstanden sein mochten, und bedienten sich ihrer neben den Tonnen- und Kuppelwölbungen in einzelnen Fällen und in geringer Ausdehnung. In der romanischen Periode behalf man sich lange mit dieser Überlieferung, und erst gegen das Ende des elften Jahrhunderts (wenn nicht erst im zwölften) wagte man sich an die Überwölbung gröfserer Räume, und namentlich der Mittelschiffe der Kirchen; ohne jedoch den Kreuzgewölben ihre eigenthümlichen Vortheile abzugewinnen, oder gar dieselben in der Architektur auszudrücken. Man hatte zwar allmälig die antike Säule mit dem Pfeiler vertauscht, aber dieser behielt eine plumpe Massenhaftigkeit, und die sich an ihn anlehnenden Rundstäbe behielten immer noch einen starken Durchmesser und die schweren Würfelcapitäle; so wie die eben so schwerfälligen Kämpfergliederungen darüber. Die Würfelknäufe hat man zwar früher mit Recht als einen Fortschritt bezeichnet, insofern sie zur Wölbconstruction besser pafsten; damals aber war nur von den freistehenden Säulen die Rede, nicht von den sich anlehnenden Rundstäben. Die einzelnen Kreuzgewölbe wurden nun durch breite, glatte Gurte scharf abgesondert; die Kreuzgurte traten mit wenigen Ausnahmen nicht vor, die Bogenform blieb die des Halbkreises; auch da noch, als man über Mauer-Öffnungen schon Spitzbogen setzte; und vor allem die Mauern liefen in gleicher Stärke fort und konnten, um die Widerstandskraft nicht zu verlieren, nur mit ganz kleinen Öffnungen durchbrochen werden.

Im germanischen Baustyl dagegen erkannte man alsbald das eigenthümliche Wesen der Kreuzgewölbe und bemühete sich auch sofort, dasselbe in der Darstellung hervorzuheben. Da, wo die Gurte sich vereinigt anschlossen, legte man (und der Darstellung wegen nach aufsen) stark heraustretende Pfeiler vor, gab nun den Mauerfeldern eine sehr geringe Dicke und machte in denselben breite und hohe Fenster. Die Quer- und Kreuzgurte liefs man, in Übereinstimmung mit der Construction, vortreten, ohne die erstern bedeutend auszuzeichnen; wie es der fortlaufenden Überwölbung langer Räume angemessen war. Zur Unterstützung der Gurtvorsprünge liefen schlanke Rundstäbe, einzeln oder gruppenweise, lothrecht an der Mauer hinunter. Stellt sich auf diese Weise das Gerippe der Construction offen dem Auge dar: so findet sich in der Detailbildung unverkennbar das gelungene Bestreben, den statischen Zweck jedes einzelnen Theils dem Gefühle anschaulich zu machen. Die Pfeiler (abgesehn von spätern Verunstaltungen) haben, so weit sie Widerstand leisten sollen, die einfach-viereckige Form, und zwar, der Richtung des Druckes gemäfs, mehr Vorsprung als Breite; die Breite bleibt sich gleich, der Vorsprung nimmt nach oben hin stufenweise ab, besonders stark dicht über der Kämpferlinie, und die Abdachungen laufen steil an, um auch hier noch ein dem Schube des Gewölbes entgegenstehendes Streben auszudrücken, so wie zur Beförderung des Wasser-Abflusses; zu welchem letztern Zwecke ein ganz kleines Gesimschen, blofs aus schräger Platte und Hohlkehle bestehend, vortritt. Oben ragt der Pfeiler, als Belastung, über die Mauer, wie gewöhnlich in Form eines Thürmchens empor, gewifsermaafsen die Festigkeit und die unverrückbar lothrechte Stellung seines innern Kerns andeutend. Eine fernerweite Bezeichnung des Kreuzgewölbes für das Äufsere gewährt *die* Anordnung, dafs statt des geraden Dachgesimses die einzelnen Mauerfelder in Giebeln enden, so dafs die Dachfläche dem Gewölbe folgt. Die langen Reihen dieser zwischen den Pfeilern aufsteigenden Giebel, mit ihren Gesimsen, Blättern und Kronen, und mit den leichten Durchbrechungen, welche gewöhnlich, mit ihrer Brüstung gleichsam den frühern geraden Abschlufs des Geländers bezeichnend, die Giebel und Pfeiler im untern Theile verbinden, geben zugleich den langen Mauern den äufsersten Grad von Emporstreben, der hier möglich war. Auf eine noch deutlichere Weise wird das Eigenthümliche der Kreuzgewölbe durch die kühnen Strebebögen ausgedrückt, welche mit reicher Gliederung von den stärker und höher als gewöhnlich gemauerten Abseitenpfeilern nach den Strebepfeilern des Schiffs frei emporschwebend hinübergeführt sind, gewöhnlich eine schräglaufende, mit Blumen besetzte Plattenbedeckung zum Schutz des eigentlichen Bogens gegen Regen und mehr noch zur Andeutung des Widerstandes gegen das Ausweichen haben (dieserhalb oft nicht gerade, sondern in einer flachen, der des Bogens entgegengesetzten Krümmung), und mit dieser in den Zwickeln mittels Durchbrechungen verbunden sind. Es ist dies eine von jenen ächtkünstlerischen Anordnungen, die in der Wirklichkeit nur einen geringen Nutzen haben, für die Darstellung aber einen reichen Gewinn gewähren, und deshalb sehr gewagt sind. Um in der Wirklichkeit einen irgend wesentlichen Theil des Drucks den obern Pfeilern abzunehmen, müfsten die untern Pfeiler, die Bogen, und namentlich ihre Belastung, viel massenhafter sein, als es in der Regel der Fall ist: für das Gefühl dagegen genügt eine leichtere Gestaltung, wenn nur das richtige Verhältnifs im Einzelnen beobachtet wird. Freilich mufs die äufserste zarte Grenze eingehalten werden; der kleinste Schritt darüber hinaus bringt den Schein der Zerbrechlichkeit hervor und macht das Ganze zur Carricatur. Dies ist namentlich der Fall, wenn die untern Spitzpfeiler, gegen die sich die Bögen stützen, nicht Masse genug haben und vielleicht sogar erst durch eiserne Anker gehalten werden müssen, oder wenn die Bögen zu hoch entspringen. Es ist ferner der Fall, wenn die Bogenstreben gar zu dünn sind, oder wohl gar in gebrochner Form guirlandenartig herunterhangen, statt hinaufzustreben; selbst schon wenn ihnen nur die gerade oder flach nach oben gekrümmte Überdeckung fehlt, scheint sogleich der Bogen in seiner Krümmung nach oben ausweichen zu wollen, während das feinste gerade Gesimschen, welches ihn einfafst, sogleich dem Gefühl Sicherheit zeigt.

Wegen der innern Detailbildung ist zunächst zu bemerken, dafs nun auch bei den Gewölben durchweg der *Spitzbogen* eingeführt wurde, der, nächst dem Emporstreben, constructionell den Vorzug hatte, weniger starker Widerlagen zu bedürfen, und der sich vermöge der sehr verschiedenen Höhenverhältnisse, die ihm gegeben werden können, den oblongen und polygonen Grundflächen leichter anschliefsen liefs: Vortheile, welche beide hier wesentlich waren. Die innern Pfeiler verloren jetzt die plumpe scharfeckige Gestaltung und nahmen die leichtere Polygonenform mit reichen Eckgliederungen an, welche letzteren unter die Gewölbegurte treffen; statt der Würfelcapitäle ward die Kelchform mit krausem Blattwerk eingeführt, und an die Stelle des frühern schweren Kämpfer-Aufsatzes trat nunmehr die ganz dünne Gliederung der Deckplatte des Capitäls, so dafs einerseits ein fortlaufendes Emporstreben von der Base aufwärts bis zum Schlusse, andrerseits aber die constructionelle Bedeutung des Pfeilers als Bogenstütze vermittelt ward. Die vortretenden Gewölbgurte wurden stets gegliedert; auch die breitern, auf denen die Mauern des Mittelschiffes stehen. Diese Gliederung, ob mehr oder weniger reich, ist immer so angeordnet, dafs von beiden Seiten Hohlkehlen eingreifen und in der Mittellinie die volle Höhe bleibt; gewöhnlich mit einem scharfen Rücken geschlossen. Dies Profil spricht den sich gegenseitig aufhebenden und im Gurt concentrirten Seitendruck der Kappen mit überraschender Deutlichkeit aus, und es kann die Umwandlung des bei den lothrechten Gliederungen allgemein üblichen Rundstabes in einen Spitzstab bei dem Schlufs des Gurtprofils der griechischen Zartheit und Schärfe dreist an die Seite gestellt werden. Übereinstimmend mit der leichten und kühnen Gewölbconstruction konnten und mufsten die Mauern ebenfalls erleichtert werden. Fast die ganzen Felder derselben wurden von den breiten und hohen, mit Durchbrechungen ausgefüllten Fenstern eingenommen, und an mehreren bedeutenden Bauwerken ist der untere Theil der Mauern des Mittelschiffs, wenn er wegen der anliegenden Dachung der Abseiten etwas hoch ist, noch durch scheinbare Durchbrechungen belebt und erleichtert; oder es ist in andern Fällen die Brüstungsmauer nur sehr niedrig, indem die einzelnen Abseitendächer hinten Walme haben, so dafs das Fenster fast bis zum Bogen hinunterreicht.

Ihre höhere Ausbildung für das Innere gewann die Gewölb-Construction indefs erst, als die Schiffe *gleich hoch* gebaut wurden. Die ausgedehnte und übersichtliche Räumlichkeit, die hohen und schlanken, reichgegliederten Pfeiler, die von ihnen stralenförmig auslaufenden und nach allen

Richtungen sich durchkreuzenden Gurte machen, der erhabenen Bestimmung des Gebäudes angemessen, einen fast überwältigenden Eindruck, zeigen zugleich die Construction unmittelbar, und so auch ihren Zweck auf die deutlichste Weise. Dies gilt auch für die einfacheren Fälle weniger bedeutender Kirchen, wenn gleich hier die gröfsere Zartheit und Schärfe, die nur erst durch die reichere Detailbildung zu erreichen ist, natürlich vermifst wird. Die Pfeiler haben hier gewöhnlich eine schlichte achteckige Grundform und kein Capitäl; die Gurte laufen gegen die Seiten des Pfeilers aus, oder stützen sich auf kleine vortretende Kragsteine; es ist also hier noch weniger die Kämpferlinie angedeutet; wie denn auch das Kreuzgewölbe nur Kämpfer*puncte* hat.

Es bleibt noch die reiche Ausbildung der Kreuzgewölbe selbst zu betrachten, wo die Kappen durch Zwischengurte in mannigfachen Figuren und Durchschlingungen verziert sind, die Schlufssteine tief hinunterhangen und von durchbrochenem Bogenwerk, welches aus den Gurten heraustritt, gehalten werden. Es fehlt dieser erstern Anordnung die innere Nothwendigkeit; sie ist nur mit grofser Vorsicht anzuwenden, und es ist deshalb auch ein häufiger Mifsbrauch damit getrieben worden. Zwar möchte es sich in einzelnen Fällen allenfalls rechtfertigen lassen, dafs man eine grofse Kappe erst durch Zwischengurte in Kreisformen theilt, die sich gegenseitig und gegen die Hauptgurte zu spannen scheinen, oder, besser, dafs man die ganze Kappe aus wirklich durchbrochenen kleinen Rosetten bildet: solche willkürliche Verschlingungen, wie sie häufig vorkommen, sind indessen schwerlich zu billigen. Noch verwerflicher sind die herabhangenden Durchbrechungen am Schlusse, die sich als eine Belastung zu erkennen geben. Eher möchte es gestattet sein, auf arabische Weise die Gurtbögen mit frei heraustretenden *kleinen* Bogenzacken zu verzieren, die als Belastung weniger auffallen und ein Bild der Leichtigkeit geben; vielleicht auch liefsen sich, wo es darauf ankommt die Kämpferpuncte recht tief zu legen, ohne die Seitenkappen unförmlich aufsteigen zu lassen, oder ihnen eine gar zu spitze Bogenform zu geben, unter die Gurte Strebebögen setzen; jedoch, damit sie als Unterstützung sich zu erkennen geben, nur so, dafs sie tiefer anfangen und im Schlufs mit den eigentlichen Gurten zusammentreffen; die Zwischenräume würden dann mit Durchbrechungen auszufüllen sein.

Noch mag hier einer eigenthümlichen, beim profanen Bau sehr anwendbaren Verbindung der Gewölbe mit der geraden Decke erwähnt werden; nemlich, dafs die wagerecht liegenden Steinplatten von durchbrochnen steinernen

Quadranten getragen werden. Es ist dies eine äufserst zierliche Form, welche z. B. an einer halbvieleckigen kleinen Capelle am Kreuzgange des Magdeburger Doms vorkommt, und die auch bei Säulen- oder Pfeilergängen sehr anwendbar sein würde.

Es wird hinreichen, die wesentlichste Construction im germanischen Baustyl bis ins Einzelne verfolgt zu haben: an den sonstigen Detailbildungen werden wir flüchtig vorübergehen können. Die Einfassungen der Fenster sind stets, um dem Lichte möglichst Eingang zu verschaffen, schräg und gegliedert; die lothrechten Theile sind für die Verglasung mit lothrechten Stäben, die Bögen mit Durchbrechungen ausgefüllt, welche letztern, bei den bessern Gebäuden, aus Spitzbögen und Kreisen dergestalt zusammengesetzt sind, dafs eine Spannung und mithin, durch den hinreichenden Widerstand des durch die Mauer belasteten Fensterbogens, ein fester Halt der zarten Durchbrechung ausgedrückt ist. Mitunter scheint man gefürchtet zu haben, dafs die dünnen lothrechten Stäbe, deren Halt durch die Fenster-Eisen man nicht bemerkt, zu zerbrechlich aussehn möchten, und es findet sich dann in der Mitte eine Durchbrechung quer durch das Fenster. Wo es darauf ankam, die Öffnung unten frei zu behalten, sind auch wohl die obern geraden Fensterstöcke mittels eines in Bogenform eingewölbten Fensterstocks geschlossen; und zwar kommt hier, ganz ausnahmsweise, der Halbkreis vor: ein Beweis, dafs man auch hier sehr wohl zu unterscheiden wufste; denn da sich in der Regel in der Mitte kein Stock befindet, so würde die unbelastete Bogenspitze auf keine Weise gut ausgesehen haben. Von den Gesimsen ist zu bemerken, dafs das Hauptglied immer nur eine tief unterschnittene Hohlkehle ist; sowohl um das an sich unbedeutende Gesims durch den scharfen Schatten zu bezeichnen, als um das Abtröpfeln des Regens zu befördern. Auf diesen, für das nördliche Clima wichtigen Umstand hat man sorgfältig Rücksicht genommen; jede dem Wetter ausgesetzte Fläche ist steil bedachet, und der stets vorhandene, wenn auch nur geringe Vorsprung mit der Hohlkehle, ist unterschnitten. Die vielfach vorkommenden Wasserrinnen endigen sich immer in weit vortretenden Ausgüssen, welche Gelegenheit zu einer kräftigen Verzierung durch Bildhauer-Arbeit gaben, indem man dazu entweder wirkliche oder chimärische Thiergestalten (auch wohl Menschengestalten) nahm. Sie sprachen den Zweck der Wasser-Ableitung unmittelbar aus und verstärkten, im Verein mit den vielen Durchbrechungen, Blättern und Kronen, den beabsichtigten Ausdruck der Kühnheit sehr. Unter den Gesimsen ziehen sich, besonders in der frühern Zeit, häufig die Bogenfriese hin; sie sind aus dem romanischen Baustyl beibehalten und verläugnen, so zierlich man sie auch gestaltete, ihren Ursprung nicht ganz, insofern sie zwar eine sehr leichte, gefällige und belebte Unterstützung des Gesimsvorsprunges bilden, jedoch die wagerechte Ausdehnung zu sehr hervorheben und dadurch das Emporstreben in etwas schwächen; weshalb sie denn auch später seltner werden. Über den Gesimsen steht, wo nicht etwa Giebeldächer sind, gewöhnlich eine Galerie, deren Geländer die durchbrochne Krönung der Mauer bildet, indem, wie schon gedacht, die zierlichen Thürmchen, in welche die Strebepfeiler enden, feste Pfeiler bilden, zwischen welchen die mit Brüstungen bedeckten Geländertafeln eingespannt sind; die letztern selbst bilden entweder lothrechte, oben mit Spitzbögen verbundene Stäbe, oder auch eigentliche, in Rosettenform durchbrochne Tafeln, welche, aufser ihrer belebteren Form, die Idee der Spannung nicht unangemessen ausdrücken, dagegen aber durch ihre Einrahmung dem wenigen Wasser von den Galerieplatten den freien Abflufs verwehren. Die Geländerthürmchen sind gemeiniglich sehr schlank und von quadratischer, über Eck gestellter Grundform. Mit gekehlten Füllungen an allen Seiten endet der gerade Körper in vier Giebeln, über welche sich das pyramidale Dach erhebt. Sowohl auf den Giebelgesimschen, als an den gekehlten Rippen der Verdachung, reihen sich Blumen empor, und die Verdachungsspitze, so wie die Giebelspitzen, haben Kronen. Besonders beachtungswerth ist die zwanglose Art, wie der Übergang der Grundform des Quadrats in das Achteck oder Sechseck, oder in ein anderes Quadrat, dessen Diagonale der Seite des untern gleich ist, und die Auflösung eines massigen Pfeilers in kleinere Pfeilergruppen geschieht; wir werden später diese Details näher betrachten und bemerken hier nur, dafs man dabei, wenn nicht überall, so doch bei den bessern Monumenten, den statischen Unterschied zwischen Strebe- und blofsen Eckpfeilern sehr wohl begriff. Die erstern fangen erst da, wo sie nicht mehr zu streben haben, an, sich aufzulösen, und nicht selten steht der zierliche Geländerpfeiler unmittelbar auf der schrägen Abdachung des viel stärkern Strebepfeilers. Die Eckpfeiler, oder sonstige, nicht mit den Gewölben in Verbindung stehende Pfeiler folgen dem Principe von Anfang an, und machen die gruppenweise Gestaltung weit öfter und ausgedehnter sichtbar.

Die Hauptthürme selbst zeigen, wenn auch natürlich in Folge des innern hohlen Raumes beschränkter, so doch im Wesentlichen dasselbe Princip; namentlich fehlt selten der achteckige Aufsatz auf dem quadratischen Unterbau;

gewöhnlich mit freistehenden Spitzpfeilern vor den abgeschrägten Ecken. Die Dachpyramide wird constructionsgemäfs aus vortretenden Rippen gebildet, an welche Blumen in die Höhe gehen; dazwischen sind die Felder mit Platten gefüllt, welche bei den bedeutenderen Gebäuden reich durchbrochen sind. Zwar läfst sich hiergegen einwenden, dafs auf diese Weise kein Schutz gegen den Regen entsteht und also die Bestimmung des Dachs nicht zu erkennen ist: allein zur Entschuldigung dient, dafs die weiten Öffnungen der Laterne, welche man gleichwohl der luftigen Durchsichten wegen ungern entbehren würde, immer dem Regen Eingang gestatten, und dafs überhaupt bei einem Thurme das Innere weniger wichtig ist.

Die Thürme bilden die festen Pfeiler, zwischen welchen sich die bedeutend hohe Vorhalle des Mittelschiffs der Kirche erhebt: unten mit dem beschriebenen Hauptportal, darüber mitunter (besonders in Frankreich), an die romanische Bauart erinnernd, eine grofse, reich durchbrochene Rosette, welche nicht unangemessen eine leichte Spannung zwischen den beiden Thürmen ausdrückt. Der ganze Zwischenbau ist vielfach mit wirklichen und scheinbaren Durchbrechungen und mit Statuen, mit ihren reichen Baldachinen, geschmückt, und endet in der beliebten Giebelform, deren beiderseitige weite Durchbrechungen nicht selten einen luftigen Durchblick gewähren. Die Höhe und die reiche Zierde des Portals sind durch seine Bestimmung und durch die überaus leichte Gestaltung, so wie durch die Lage zwischen den Thürmen, statisch vollkommen gerechtfertigt.

Wird nun auch, wie sich zeigte, durch die Kreuzgewölbe der constructionelle Zweck bis ins Detail scharf und gut ausgedrückt und bei anderweiten Bildungen die statische Formenbedeutung wohl beachtet, so ist doch andrerseits nicht zu läugnen, dafs gerade in dieser Hinsicht vielfach gefehlt wurde. Schon die häufigen, unten in den festen Massen der Thürmen vorkommenden Portale sind nicht ganz zu billigen; es kommen ferner Fälle vor, wo, wie im romanischen Style, das Schwerere auf dem scheinbar Leichteren ruhet; man sieht und fühlt oft, dafs der Bau von Stein ohne eiserne Anker nicht haltbar sein würde; die Strebepfeiler sind mitunter durchbrochen oder auf sonstige Weise zu leicht verziert; die schrägen Abdachungsflächen dienen scheinbar fast immer zur Basis von Pfeilern und Mauern, so dafs dieselben hinunter zu gleiten drohen; die scheinbaren Durchbrechungen (als Bilder der wirklichen) finden sich häufig da, wo wirkliche Durchbrechungen offenbar ganz unmöglich wären und wo sich feste Massen zeigen sollten, u. s. w. Der schon oben angedeutete Grund hiervon, dafs über das Streben nach höherer Vollkommenheit die untergeordnete Rücksicht vernachläfsigt wurde, kann höchstens den Baumeistern zur Entschuldigung, nicht aber dem germanischen Baustyl zur Rechtfertigung dienen, und es würde mit dem für ihn beanspruchten hohen Werthe übel stehn, wenn sich nicht an einzelnen Beispielen nachweisen liefse, dafs er auch jene Bedingungen vollständig zu erfüllen im Stande sei und mit der ihm eigentlichen Wölbconstruction wohl eben so viel wie der griechische Baustyl geleistet habe, und wenn wir nicht ferner weiterhin nachweisen könnten, dafs, wenn den Formen nicht immer und nur selten durchgreifend genug statische Bedeutung gegeben wurde, die Schuld nicht sowohl an dem Baustyl selbst, als an den äufsern Umständen lag.

Ganz ähnlich, wie bei den einzelnen Formen, verhält es sich bei dem statischen Grundgesetze der Baukunst: der Darstellung des Gleichgewichts. Das Grundprincip des Styls, und die Wölbconstruction vertrugen sich nicht mit der Darstellung des unmittelbaren, in die Augen springenden Gleichgewichts des griechischen Baustyls; man konnte, und es war nur dasjenige Gleichgewicht darzustellen, welches durch ein lebendiges, einander aufhebendes Gegeneinanderstreben verschiedener Kräfte erreicht wird. Es ist klar, dafs auch hier die Aufgabe des germanischen Baustyls ungleich schwieriger war, und es kommt auch hier wieder mehr darauf an, dafs sie mit den vorhandnen Mitteln gelöset werden *konnte*, als dafs sie wirklich tadellos gelöset wurde.

Betrachten wir zu diesem Ende zunächst das Gebäude im Ganzen. Dem einfachen, leicht übersichtlichen, das Bild eines in sich abgeschlossenen Ganzen gebenden griechischen Tempel gegenüber, ist der ausgedehntere Bau eines mittelalterlichen Doms, mit seinen hoch emporstrebenden Thürmen, dem Zwischenhause oder Portal, dem Mittelschiffe und Chore, den Kreuz-Armen und Abseiten, den angebauten Capellen, dem Kreuzgange u. s. w., eine gruppenartige Zusammenfügung von Massen, die nur im Einzelnen, nicht im Ganzen, des Gleichgewichts bedarf, und nur dieses ausdrücken kann. Stellen wir uns aber den im vorigen Paragraph geschilderten Dom, mit dem Thurm im Mittelpuncte und mit vier gleich langen Schiffen u. s. w. vor, so springt das vollkommene Gleichgewicht, als Resultat des lebendigsten Strebens nach der Mitte und nach oben, eben so vollkommen in die Augen, wie bei dem weit kleineren und einfacheren griechischen Tempel: ein Beweis, dafs auch diese Bedingung vom germanischen Baustyl vollständig erreicht werden *kann*. Untersuchen wir nun, zweitens, ob und wie die Darstellung des Gleichgewichts bei Festhaltung der romanischen Kirchenform, also bei den einzelnen Massen erreicht wird, so ist wieder zu bemerken, dafs von den vorhandenen Beispielen einige gut, andere weniger gut sind, im Allgemeinen aber bei den bessern (nicht immer jedoch mitunter auch den reichern) und namentlich den ältern Domen aus dem dreizehnten und vierzehnten Jahrhundert, der Ausdruck des statischen Gleichgewichts fehlt, und dafs, wie sich weiterhin zeigen wird, hauptsächlich nur bei den spätern Bauwerken dieses, wie andre Schönheitsgesetze, über das rücksichtslose Streben nach Reichthum vernachläfsigt wurde.

§. 157.
Entstehung des germanischen Baustyls.

Wann und wo ist der germanische Baustyl entstanden? — So lange von einem Übergangstyle die Rede ist und man darunter eine consequente Entwicklung aus dem romanischen Styl versteht, wird sich die Frage nicht bestimmt beantworten lassen. Der romanische Baustyl bereitete den germanischen vor und leitete zu ihm hin, indem er verschiedentlich versuchte, dieselbe Idee auszusprechen; es gelang ihm dies aber nicht, und konnte ihm aus den angeführten Gründen nicht gelingen; also konnte die Entstehung des germanischen Styls nur durch aufser ihm liegende Ursachen ins Leben gerufen werden.

Wir haben am Schlusse des vorigen Abschnitts das Verhältnifs zwischen abendländischer und morgenländischer, zwischen christlicher und muhamedanischer Civilisation angedeutet; wir haben gesehen, wie die arabische Baukunst schon früh auf die abendländische Bauart ohne bedeutenden Erfolg eingewirkt hatte und wie nicht allein in der Baukunst, sondern in allen Lebensverhältnissen, eine veränderte Richtung, ein erhöhetes geistiges Streben bei beiden Völkern, und namentlich im Abendlande, erst dann entstand und entstehen konnte, als beide Bildungen sich gegenseitig durchdrungen hatten; wir haben gesehen, dafs die Einwirkung nicht etwa in einer blofsen Nachahmung, sondern vielmehr in einer geistigen Einwirkung bestand. So kann denn, bei allen Vorboten des germanischen Baustyls im romanischen, und bei allen noch häufigern Reminiscenzen an den letztern bei den germanischen Bauwerken, von einer Entwicklung des einen aus dem andern, von einem *allmäligen* Übergange, im strengen Wortsinne, nicht die Rede sein, und es läfst sich für die Entstehung des germanischen Baustyls ein bestimmter Moment allerdings angeben: *es ist der, wo sein Grundprincip, der germanische Geist, sich zuerst klar und im Zusammenhange aussprach.*

Man nimmt jetzt ziemlich allgemein an, dafs der germanische Baustyl, obgleich über alle germanische Lande verbreitet, vorzugsweise seine Ausbildung in ***Deutschland*** gefunden habe; man räumt aber auch zugleich ein, dafs Frankreich ältere germanische Bauwerke aufzuweisen habe. Man mufs indefs weiter gehn: man darf Deutschland die Ehre der ***Erfindung*** nicht streitig machen lassen. Es war natürlich, dafs die Franzosen, welche mit den Arabern früher in Berührung kamen, auch früher Einzelnheiten aus der arabischen Architektur bei ihren Bauwerken annahmen: aber eben so natürlich war es, dafs sie sich hierauf beschränkten, anstatt das geistig Empfangene geistig durchzubilden und statt eines unerfreulichen Gemisches von arabischen und romanischen Elementen, einen eigenthümlich christlichen Baustyl zu erfinden. Wir wollen jene ältern Kirchen des nordöstlichen Frankreichs näher betrachten. Sie zeigen durchweg den Spitzbogen; sie zeigen ferner die Construction mit Strebepfeilern: das ist aber auch so ziemlich Alles, was sie mit dem germanischen Baustyl gemein haben; seinen eigenthümlichen Geist zeigen sie nicht. Die Spitzbögen ruhen, ganz auf arabische Weise, auf Säulen, und höchstens sind dieselben noch mit Rundstäben besetzt, welche die Gurte des Mittelschiffs stützen; oft aber gehen die Rundstäbe nicht bis unten hinunter, sondern stehen auf den Säulencapitälen auf. Die Bögen selbst sind zwar gegliedert, und namentlich mit Rundstäben besetzt, sie behalten aber die untere breite Fläche der romanischen Bögen bei. Der Chorschlufs behält seine runde Form. Den Thürmen fehlt das Aufwärtstreben, namentlich der achteckige Aufsatz und die pyramidale Spitze (letztere nicht immer als Folge der Nichtvollendung oder der Zerstörung). In der Detail-Anordnung sprechen die über die ganze westliche Seite oft mehrfach hinlaufenden Nischenreihen und Zwerggalerieen entschieden ein Bestreben nach Ausdehnung in die Breite aus; und im Allgemeinen ist der Character, bei allem Zierdenreichthum, roh und plump. Selbst die Cathedrale zu ***Rheims*** (1211 angefangen), die ausgezeichnetste unter allen französischen Kirchen, ist, so wenig wie ***Nôtre Dame zu Paris*** (1163 gegründet und 1360 vollendet), in reinem Styl gebaut. Bei beiden ist namentlich an der westlichen Seite der untere Theil bis zur Höhe des Zwischenbaues eine vereinigte Masse, und die obern Theile der Thürme stehn auf der Plateform dieses Unterbaues ohne alle Vermittlung: eine entschieden anti-germanische Anordnung für einen der Haupttheile des Werks. Die Aufsenseiten sind nur flach verziert; die vorhin gedachten Galerieen (in Paris sind sie zweifach, in Rheims nur oben, aber auf besonders ungünstige Weise ohne alle

Unterbrechung und durch bedeutenden Reichthum ausgezeichnet) und die ebenfalls vor die Mauern und durch die Öffnungen durchgeführten, stark angedeuteten Kämpfer (in Rheims sehr breit und bandartig) unter den Portalbögen, schwächen alles Emporstreben gänzlich; bei Nôtre Dame von Paris sind aufserdem die Verhältnisse im Einzelnen sehr gedrückt, in Rheims zum Theil übertrieben hoch, so dafs auch hier das Emporstreben sich nicht rein ausspricht; z. B. bei den Portalen (zu Rheims), wo die übersteilen Spitzbögen in keinem Verhältnifs zur Höhe der geraden Gewände stehn, der obere Theil also, statt der Schlufs der Öffnung, die Hauptsache zu sein scheint und dadurch eher ein Niederdrücken als ein Emporstreben erzielt wird; wie es immer der Fall ist, wo der Blick zuerst von den obern Theilen angezogen wird und bei fortgesetzter Beschauung hinuntersinken mufs, statt emporgezogen zu werden.

Wie wenig spricht sich in allen diesen Bauwerken der germanische Geist aus! Nimmt man dazu, dafs die französischen Kirchen eine scharfe Critik zur Zeit noch nicht erfuhren und manche germanische Einzelnheit an den für alt gehaltenen Bauwerken leicht jünger sein möchte; dafs ferner die als früh-germanisch bezeichneten Gebäude nur in den an Deutschland grenzenden nordöstlichen Gegenden, in ***Burgund, Isle de France,*** der ***Champagne*** u. s. w. vorkommen, die gleichzeitigen Monumente im südlichen und westlichen Frankreich noch ganz romanisch sind, und endlich, dafs die spätern germanischen Kirchen Frankreichs sich als offenbare Nachahmungen der Bauwerke Deutschlands zeigen und auf keine Weise auf die obengedachten vermeintlichen Anfänge sich zurückführen lassen, indem alle Zwischenglieder fehlen: so darf man wahrlich weder die Entwicklung, noch die Entstehung des germanischen Baustyls ***hier*** suchen. Es lassen sich die Ähnlichkeiten mit dem germanischen Styl nur als zufällig, in Folge des gemeinschaftlichen Ursprungs aus der arabischen Kunst, erkennen, und wir werden auch hier wieder darauf hingewiesen, dafs durch eine unmittelbare Vermischung arabischer und romanischer Formen kein neuer consequenter Styl entstehn konnte, sondern dafs der ächt-christliche Baustyl, wie die ächt-christliche Bildung überhaupt, nur in Folge der geistigen Einwirkung vom gebildeteren Morgenlande her, als das Erzeugnifs der dadurch geweckten eignen innern Geistes-Entwicklung, entstehen konnte.

So werden wir denn auf eine etwas spätere Entstehungszeit und auf ***Deutschland*** als Geburtsland des germanischen Baustyls verwiesen. Deutschland hatte das Christenthum verhältnifsmäfsig spät empfangen. Hier hatte sich der Germanismus am reinsten erhalten; hier fanden wir schon in der romanischen Architektur am entschiedensten die ernstere, vorwärts strebende Richtung; in Deutschland hatte von jeher das Christenthum die tiefste Wurzel geschlagen, war am innigsten geistig aufgefafst worden; hier hatten die langdauernden Kämpfe zwischen Kaiser und Pabst der Hierarchie schon immer entgegengewirkt (so dafs z. B. die Inquisition hier nicht aufkommen konnte); Deutschland hatte sich von der zu frühen Berührung mit den Arabern fern gehalten, selbst bei den ersten Kreuzzügen weniger lebhaft betheiligt; es war dadurch mehr als Frankreich gegen vorzeitige und der innern Entwicklung nachtheilige unmittelbare Nachahmungen bewahrt worden und deshalb am fähigsten geblieben, die spätere geistige Einwirkung aufzufassen und in Folge davon sie selbstständig innerlich zu entwickeln. Deutschland endlich war es, wo die Reformation, d. h. die von hierarchischen Fesseln befreite reinere Entwicklung der Idee des Christenthums, wenn nicht zuerst, so doch allein mit Erfolg ins Leben trat: in Deutschland mufste es daher auch sein, wo sich die Idee (warum so viel früher, werden wir im Folgenden sehn) zuerst rein und mit dauerndem Erfolge in der Kunst aussprach.

Deutschland besitzt, unter andern mehr oder weniger in Betracht kommende Denkmälern, besonders *ein* Gebäude, durch welches unsere, aus der innern Nothwendigkeit a priori gefolgerte Behauptung auf das bestimmteste bestätigt wird. Es ist dies *die Elisabethkirche zu Marburg*, im Herzen des Landes (1235 bis 1283 erbaut). Es mufs, planmäfsig, die detaillirte Beschreibung dieses Bauwerks einem spätern Paragraphen aufbewahrt werden; wir müssen indessen schon hier auf die hierhergehörigen Eigenthümlichkeiten des Baues hinweisen, welche unsere Behauptung rechtfertigen. Die Elisabethkirche zu Marburg zeigt, bei der höchsten Einfachheit und bei dem Mangel so mancher später ausgebildeten Details (in welchen so gewöhnlich als irrig das Wesen des Styls gesucht wird), die Eigenschaften des Grundprincips in gröfserer Reinheit, als die meisten weit bedeutenderen Werke der spätern Zeit; sie hat nicht blofs entschiedener als andre Bauwerke germanische Formen: es zeigt sich an ihr auch durch und durch der germanische, ächt-christliche Geist.

Namentlich ist in der Hauptform die *gleiche* Höhe der Seitenschiffe mit dem Mittelschiffe als eine für die Anordnung des Innern höchst bedeutsame *Neuerung* zu betrachten. Es wird dadurch nicht allein die wichtige Construction der Kreuzgewölbe (s. d. vor. Par.) auf einen höhern Grad der Ausbildung gehoben und durch die schlankern innern und äufsern Pfeiler das Emporstreben verstärkt, sondern es ist auch in der räumlichen Gestaltung des

Innern zu einem Ganzen, eine Wirkung des neu erwachten freieren Geistes, des Bedürfnisses nach innigerer Gemeinschaft und des Ankämpfens gegen die hierarchische Gewalt erkennbar: letzteres nicht blofs, weil die bisherige Kirchen-Einrichtung von ihr ausgegangen war, sondern hauptsächlich, weil die vorherige gröfsere Absonderung der innern Räume, die zweistöckigen, logenartigen Abseiten, das blofse Zuschauen des Gottesdienstes, die reichere Entfaltung der Architektur nach aufsen u. s. w., dem von den Geistlichen bisher beobachteten Principe entsprach; ja man könnte sogar versucht werden, in dem Bau mit niedrigen Abseiten eine leise Andeutung des Anspruchs der Priester an einen höhern Standpunct gegenüber der Gemeinde zu finden; es ist gleichsam, als ob das Heil durch die Priester von oben herab geholt und der Gemeinde zugetragen würde, während eine Kirche mit gleich hohen Schiffen das gemeinsame, gleichberechtigte und unmittelbare Streben aller Gemeindeglieder nach dem Höhern auszudrücken scheint, dadurch (dem hierarchischen Principe entgegen) der Gemeinde eine höhere Geltung giebt, und gleichzeitig die mit gleichhohen Schiffen verbundene bedeutendere Gestaltung des Innern und die einfachere Anordnung des Äufsern dem durch jenen freieren Geist erweckten tiefern und geistigern Eindringen in das innere Wesen der christlichen Religion entspricht. Nicht minder sind die, ohne die früheren zahlreichen Abtheilungen in niedrige Stockwerke durch Gurtgesimse an den Thürmen emporsteigenden starken und nach oben absatzförmig eingezogenen Eckpfeiler eine neue und eigenthümliche Anordnung, welche um so beachtenswerther ist, da kein *Bedürfnifs* darauf leitete.

Dafs der absatzförmige Bau mit niedrigen Abseiten für die äufsere Ansicht wegfiel, war kein Verlust für den Ausdruck des Emporstrebens; denn nur der absatzförmige schlanke *Pyramidal*-Bau strebt empor; die weiten und niedrigen Absätze, zumal da sie sich nicht im Profile zeigen, drücken so wenig das Emporstreben aus, als ein hoher prismatischer Körper. Man kann sich hiervon leicht überzeugen, wenn man z. B. bei einem Thurme den untern Absatz breiter und niedriger macht, weit vorher, ehe das bei den Abseiten vorhandene Verhältnifs erreicht ist: das Emporstreben, so weit es den untern Theil angeht, wird dadurch verschwinden. Dagegen gewinnen die äufsern Strebepfeiler mit der Höhe zugleich, bedeutend am Emporstreben, weil sie sich gleichzeitig nach oben etwas einziehen.

Das Beispiel der Marburger Kirche ist aber nicht etwa ein vereinzeltes: es stehen ihm mehrere, etwa gleichzeitige Bauwerke in den verschiedensten Gegenden von Deutschland zur Seite, welche ebenfalls, wenn auch weniger kräftig, und mitunter sogar nicht ohne anderweite Beeinträchtigung, das neue Streben nicht blofs der Form nach, sondern geistig zu erkennen geben; und andere, wenig spätere Bauwerke (z. B. der Cöllner Dom, wenn dessen Datum nicht etwa zu früh angegeben wird) zeigen bereits eine so reiche und consequente Ausbildung, dafs man deutlich sieht, wie hier unmöglich die Nachahmung einer fremden Erfindung, sondern nur ein selbstbewufstes, von innen heraus entwickeltes Streben zum Grunde liegen kann.

Deutschland also hat den germanischen Baustyl nicht blofs ausgebildet, sondern *erfunden:* in dem Sinne, dafs darunter nicht das erfolglose Gemisch verschiedener, namentlich romanischer und arabischer Formen verstanden wird, sondern das selbstständige Erzeugnifs des innern, freilich durch äufsere Veranlassung erweckten Strebens nach einer reineren Auffassung des Christenthums, und nach einer, ihr entsprechenden würdigeren Gestaltung christlicher Bildung und Baukunst.

§. 158.

Entwicklungsgang im Allgemeinen.

Der germanische Baustyl verbreitete sich nicht allein bald nach seiner Entstehung über alle christliche Lande (ein Beweis seines hohen Werthes), sondern erfuhr auch in Deutschland selbst eine überraschend schnelle und reiche Ausbildung. Ungeachtet der gewaltigen innern Anregung würde dies jedoch nicht geschehn sein, wenn nicht gleichzeitig auch in andern Lebensverhältnissen ähnliche Äufserungen desselben Geistes sich gezeigt hätten. Von besonderer Einwirkung auf die Baukunst waren unter diesen, *erstens,* die innere Entwicklung des deutschen Städtewesens (die italienischen Städte hatten sich schon früher geregt, aber nach einer andern Richtung hin, und mehr auf der Grundlage altrömischer Einrichtungen), und *zweitens,* der Umstand, dafs die Leitung der Baue von den Geistlichen, welche sie bis kurz vorher noch fast ausschliefslich besorgten, auf die *Bauhütten* (denen später noch unsere besondere Aufmerksamkeit zu widmen sein wird) übergegangen war. Die rasch erwachte Regsamkeit und der schnell erworbene Reichthum im Schoofse der Städte gestattete diesen Bauhütten eine lebhafte Entwicklung ihrer Thätigkeit nach aufsen, und der Sinn der handel- und gewerbtreibenden Bürger mufste sich nothwendig leichter und inniger als der der kriegslustigen Fürsten und Ritter den Künsten des Friedens zuwenden. Die Künste mufsten hier eine ungleich vielseitigere Entfaltung finden, als es bei der einseitigen Richtung der Mönche in den Klöstern, ihren bisherigen Schutzstätten und Pflanzschulen, möglich gewesen war. Zumal das nähere Zusammenleben der Künstler in den Städten und die innige Verbrüderung der Baumeister in den Bauhütten war (obwohl sich später allerdings ein sehr nachtheiliges handwerksmäfsiges Treiben einstellte) im Anfange, wo es darauf ankam, eine neue, noch dazu antihierarchische Richtung zu suchen und zu verfolgen, dem Zwecke ungemein förderlich.

Etwa mit dem zweiten Viertel des dreizehnten Jahrhunderts beginnt die erhöhete Thätigkeit im Bauen. Fürsten und Grofse, die reichen Klöster und Bisthümer, und die rührigen freien Städte wetteiferten mit einander in der Errichtung stolzer Bauwerke: Dome um Dome, immer zahlreicher, immer grofsartiger, immer reicher und kühner, erhoben sich in die Wolken: mehr und mehr bildete sich der eigenthümliche Character des neuen Baustyls aus; er durchdrang nicht allein die Architektur der ärmsten Hütten, er prägte sich auch in den Werken der Bildhauerkunst und Malerei aus. Aber leider! nach wenigen Jahrhunderten, begann auch schon die Ausartung, und der herrliche germanische Baustyl ward, zuerst in den aufserdeutschen Ländern, dann in Deutschland selbst, verdrängt, verlassen, verachtet! — War dies das allgemeine „Loos des Schönen auf der Erde" —? Waren, unserer frühern Behauptung entgegen, in seinem Wesen innere Gründe des Verfalls vorhanden? oder waren es äufsere, zufällige Umstände, die den Untergang herbeiführten?

Wir haben gesagt, dafs der germanische Baustyl aus denselben Quellen abgeleitet werden muſs, aus denselben Ideen hervorging, wie die ***Reformation.*** Dafs er um Jahrhunderte früher ins Leben trat, mag auf den ersten Blick befremdend sein; bei näherer Betrachtung läfst sich indefs das scheinbare Räthsel leicht und natürlich erklären. Die Kunst ist ein Ausflufs der Gefühlsthätigkeit, und diese wirkt eben so ***rasch,*** wie der Verstand und die Vernunft ***langsam*** zu einem Resultate gelangen. Lange, ehe die Idee im Innern reifen konnte, mufste sie sich unwillkürlich in der Kunst, und vorzugsweise in der Baukunst äufsern, die ja recht eigentlich den Volksgeist in ihrem besondern Character ausspricht; und noch weit länger mufste es währen, ehe in Folge jener Ideen eine neue Gestaltung der Lebensverhältnisse in der Wirklichkeit sich geltend machen konnte. Die Umwandlung der ***Kunst*** war ganz gefahrlos; die darin versteckte antihierarchische Richtung mochte von den Geistlichen nicht sogleich bemerkt werden, und selbst die häufigen Anspielungen in den Stein-Sculpturen auf die verderbte Lebensweise der Mönche, übersah man, als unschuldige Witze der Steinmetzen. Sobald aber derselbe Geist sich in Wort, Schrift und That zu äufsern begann (durch Wyklef 1371, Hufs und Luther), trat ihm der hartnäckigste Widerstand entgegen, und es bedurfte anhaltender blutiger Kämpfe, ehe die Reformation festen Boden gewinnen konnte. Dafs jener Geist schon früher, und selbst vor der Entstehung des germanischen Baustyls vorhanden war. beweisen einzelne Erscheinungen; wie die des Arnold von Brescia (seit 1136).

Das eben bezeichnete Verhältnifs war von den nachtheiligsten Wirkungen auf die Ausbildung des germanischen Baustyls. Die Priesterherrschaft war noch nicht gebrochen; die von ihr verbreiteten Grundsätze hatten im Allgemeinen noch ihre volle Geltung; die neuen Ideen waren noch nicht reif: und wenn sich auch im geheimen Innern der Bauhütten eine mächtige Opposition vorbildete, so war dieselbe doch nur gegen die Geistlichen selbst, nicht gegen das Institut der katholischen Kirche gerichtet. So war es denn natürlich, dafs der eigentliche innere Geist des germanischen Baustyls nicht erkannt, dafs er vielmehr als ein willkommnes Mittel zur Verherrlichung des äufsern Gottesdienstes benutzt und dafs er auf diesem Wege denn auch sehr bald durch übergrofsen Reichthum verdorben wurde. Statt, wie beim griechischen Style, mit Rücksicht auf das, z. B. bei der Elisabethkirche zu Marburg klar ausgesprochene Grundprincip, die diesem und zugleich der statischen Bedeutung entsprechenden Formen allmälig immer reiner, zarter und bedeutungsvoller. bis zum kleinsten Detail hinab, auszubilden, war man im blinden Wetteifer nur darauf bedacht, den Reichthum, und nicht blofs den Formenreichthum, sondern auch den Reichthum an Verzierungen zu häufen; suchte, wie gewöhnlich, nicht in der Grundgestaltung und der Anordnnng der Massen, wo es weniger nachtheilig gewesen wäre, sondern in der Detailbildung, nach immer neuen und originelleren Formen, griff zuletzt zu der ganz ungehörigen unmittelbaren Nachahmung der Natur; bis man endlich sich nicht entblödete, z. B. ästige Baumzweige statt der Rundstäbe zu setzen. Dabei mochte, nach dem gewöhnlichen Gange solcher Verbindungen, die immer mehr handwerksmäfsige Ausbildung der Bauhütten das Übel noch wesentlich vergröfsern; wie wir dies späterhin erörtern werden. Es war ferner der Umstand nicht ohne Nachtheil, dafs, der Richtung des damaligen Zeitgeistes gemäfs, nur lediglich der ***Kirchenbaustyl*** berücksichtigt wurde. Die ältern Völker, bei welchen sich die Religion aus und mit dem Volkscharacter entwickelt hatte, bedurften nur *eines gemeinschaftlichen* Baustyls: bei den christlichen Völkern, deren Religion einen überirdischen Standpunct einnahm, war eine wesentliche Verschiedenheit des Kirchenbaustyls von dem profanen Baustyl nothwendig. Wohl hätte sich der letztere gestalten und das eine Element, das Vorherrschen der Form vor der Masse, eine eigenthümliche heitere Entwicklung finden können, während das Emporstreben bis zum allgemeinen Ausdruck der Geistesrichtung zu vermindern gewesen wäre: wahrscheinlich hätte auch die Ausbildung des profanen Baustyls, mit welchem zugleich die Nothwendigkeit, den Formen eine statische Bedeutung zu geben, verstärkt worden wäre, vortheilhaft auf die reinere Gestaltung des Kirchenbaustyls zurückwirken können: das vorwaltende Interesse des Mittelalters für Religion und Kirche gestattete indefs eine solche Rücksicht nicht, und es wurden die profanen Bauwerke theils im romanischen, theils im Kirchenbaustyl, gewöhnlich in einem aus beiden gemischten Styl ausgeführt; oder aber sie bekamen eine ganz willkürliche, unorganische Architektur.

Zu der Zeit, als die Reformation äufserlich beendigt war, hatte der germanische Baustyl schon seine Blüthenzeit überlebt; der Geist aus ihm war schon entwichen; er konnte also von dem ihm ursprünglich verwandten Geiste der Reformation nicht mehr erkannt werden und wurde nun als ein scheinbares Erzeugnifs des Katholicismus verdammt, während ihm im katholischen Deutschland, wo man ihn ja von Haus aus nur aus Mifsverständnifs aufgenommen hatte, die von Italien ausgegangene Wieder-Erweckung der Antike schon früher den Todesstofs gegeben hatte. Man hätte freilich, um das eigentliche Wesen des germanischen Baustyls richtig zu würdigen, und um zu erkennen, dafs er dem Geiste der evangelischen Lehre (vorausgesetzt, dafs diese das Christenthum reiner aufgefafst hatte), so recht eigentlich entspreche, nur auf die ältern und reinern Bauwerke, die man vor Augen hatte, zurückgehen dürfen: abgesehn aber davon, dafs es überall schwierig ist, unter der lebendigen Einwirkung der Gegenwart die Denkmale der Vergangenheit zum Vorbilde zu nehmen und danach eine Wiedergeburt zu erzielen, war der Geist der Reformation am wenigsten geeignet, einen kräftigen Impuls dazu zu geben; die fortdauernden heftigen Partheikämpfe nahmen vorerst alle Thatkraft für sich in Anspruch, und das daraus und aus andern Umständen hervorgehende Übergewicht der Verstandesthätigkeit war aller Kunst, und namentlich der tief gemüthlichen germanischen, in hohem Grade abhold. Es läfst sich mit Recht fragen, ob nicht die Reformation ihren eigentlichen Zweck, die reinere Auffassung des Christenthums und die Wiedergeburt der Kirche, vollkommener und ohne die unselige Spaltung in verschiedene Secten erreicht haben würde, wenn sie sich Hand in Hand mit der ihr verschwisterten Kunst hätte ausbilden können, damit der, beiden gemeinsam inwohnende Geist sich und seinem Ursprunge treuer geblieben wäre.

Die vorstehenden Betrachtungen leiten uns auf die Überzeugung, dafs der germanische Baustyl unter den ungünstigsten äufsern Verhältnissen sich ausbildete; oder vielmehr, dafs er, streng genommen, nie eine consequente, systematische Entwicklung fand; so dafs er nun auch wohl nur deshalb, und zugleich in Folge äufserer Verhältnisse, keinesweges aber aus innerer Nothwendigkeit untergegangen oder verdrängt worden ist. Hat er demungeachtet staunenerregende und auf das Gemüth überwältigend wirkende Werke hinterlassen: so ist dies in der That hauptsächlich der Kraft und Wahrheit des ihm zum Grunde liegenden Princips beizumessen; und leicht ist zu erachten, welchen hohen Grad von Vollkommenheit die germanische Baukunst unter günstigeren Verhältnissen erreicht haben würde.

Wir werden später unsere Ansichten durch eine Critik der vorzüglichsten deutschen Bauwerke näher zu rechtfertigen suchen.

§. 159.
Die Bauhütten.

So weit das Dunkel, welches bis jetzt noch auf diesem eigenthümlichen Institute ruht, Vermuthungen zuläfst, scheinen sich die Verbrüderungen der Maurer aus den Bau-Corporationen der *Römer* entwickelt zu haben. Nachweislich fand ein ähnliches Institut bei den Normannen in Sicilien Statt, und in dem normannischen England finden sich die ältesten Bauhütten. In Deutschland (den Niederlanden) findet sich eine vereinzelte, aber ziemlich deutliche Spur von dem frühen Vorhandensein von Bauhütten, um 1099; es ist uns die Nachricht aufbewahrt, dafs in dem genannten Jahre ein Bürger den Bischof zu Utrecht ermordete, weil dieser seinem Sohne das Meister-Geheimnifs entlockt hatte. Aufserdem dürften die Steinmetzzeichen, welche sich an Kirchen aus dem elften Jahrhundert finden, auf die damalige Existenz der Bauhütten hindeuten, da in den Gesetzbüchern der Hütten auch dieser Zeichen Erwähnung geschieht. Späterhin schweigen die Nachrichten davon (auch die Steinmetzzeichen werden seltener), bis endlich ein vollkommen geregeltes Verhältnifs dieses Instituts bei dem Bau des Strafsburger Münsters unter *Erwin von Steinbach* zu Tage kommt.

In wie weit die ***deutschen*** Bauhütten jener Zeit mit den etwa frühern und denen in England in Verbindung standen, und diese wieder mit den alten römischen Baucorporationen Ähnlichkeit in der innern Einrichtung hatten, und welche Bewandtnifs es mit dem vermeintlichen uralten und wunderbaren Ursprunge dieser Brüderschaften habe, wie er bei der Stiftung der Verbindung der ***freien Maurer*** behauptet wird, bleibt aus Mangel glaubhafter Nachrichten dahingestellt. Von den spätern Bauhütten, seit dem Ende des dreizehnten Jahrhunderts, haben wir jedoch ziemlich ausreichende Documente in den noch vorhandenen Gesetzbüchern jener Hütten, unter welchen die von ***Stieglitz*** bekannt gemachte Steinmetz-Ordnung der Bauhütten zu ***Rochlitz*** die ausführlichste ist. Wir erlauben uns den Eingang derselben nach einer Abschrift vom Jahre 1486 hier wörtlich herzusetzen.

„Von den Ersamen meistern, der Steinmetzen auff Irem Hantwerk, „pallirer (Polirern), vnnd von den gesellen auff dem Hantwerk. Alle Artigkel „vnnd gesetz, als in dem Buch geschriben stehet, wie sich ein Itzlicher, in „seinem Standt vnd wesen halten soll auf dem Hantwerk, Allhie zu Zwikau „oder anderswoe in andern landen als in dem Buche hernach geschriben stehet „alle Artigkel eigentlicher."

„Inn dem Namen dess Vatters, dess Sohns, dess heiligen Geistes.

„Inn dem Namen dess Vatters, dess Sohns, dess heiligen Geists, In „dem Namen der Gebenedeyeten Junkfrau Maria, vnnd inn der Ehre der viere „gekronten Merterin (Märtyrer). Wir werkmeister der Steinmetzen thun kundt „Allenn Fürsten vnnd Herrn, Sttethen (Städten), Burgeren, vnnd auch Bauern, „in welchem stande er ist, Er sei geistlich oder weltlich, das die Etliche „Werkmeister inn dem Oberland hab, one zu Regenspurgk vnnd zu Strasburgk „zwene Tage gehabt, vnnd sie haben angesehen solichenn grofsen Schaden „vnd Unordnunge der werke vnd verseumnisse, ist geschehen in allen landen „von den werkmeistern, palliren vnd gesellen, defs haben sie one müh ein „Buch der Ordnung und Regirung inn dis Landt gesandt vnd vns darinnen „vermanen, Auf die heilige eide, die wir Steinwerk gethan haben, soliche „ordnunge auffzunehmen vnd zu bestettigen, Inn diesem Lande nach gewohn- „heit, als difs Buch Clerlich aufsweist, das haben Wir Werkmeister inn allen „diesen Landen zu Megdeburgk vnd Halberstat Hildefsheim vnnd Mullburgk, „Meerseburgk, vnnd zu Meihssen, Voitland, Duringen, Hartzlandt, vnd das „meyste Theil beyeinander gewest, odder die Pallirer von vnsern wegen gantz

„macht hatten vnnd auff zweye tagen gewest zu Torgau auff Bartholomey vnd „auff Michahely, als man schreybet, Nach Christi vnsers lieben Herrn geburth „Tausent Vierhundert vnnd in dem zwey vnnd sechzigisten Jare Haben wir „die ordnunge dess Buchs vnnd Inhaldunge dess Lants besteliget vnd seinde „dess gantz eins worden, vnd darzu zu den Heiligen geschworen."

„Soliche Artigkel zu halden in allen landen, weyt vnnd breyt, sie „seindt geistlich odder weltlich vnd haben das zu Richter vnnd Vbermeister „gesetzt, ein solches zu Regiren vnnd zu halden, Inwirden nach der lande „gewonheit vnd noth, vnd seindt achte über alles die dis Steinwerk vnnd ge„beude antrifft vnd nicht der lande vnnd der Stetten, antrifft vnd gerichts Busse, „es were den Sache das do Steinwerk antrifft, Noch soll man es mit laube „thun der Herren, die do sindt Erben zu dem Lande, vnd zu den rechten „helffen. Darumb haben wir etzliche Artigkel auff das Beste ausgezogen aus „dem Buche, Das Buch sol In würden bleyben an solichen stellen, Das wir „alle Jar hinlegen werden, do wir denn alle Jar was gebrochens in den Landen, „an den Bauenmeistern vnnd gesellen, ist das man sol rechtfertigen vnd hinlegen. „Auch ob die Herrn der Stette, sie sindt geistlich odder weltlich, an Iren Beuden „hetten, die fügen sich zu den Werkleutten, die zu Obermeistern gesatzt sindt, „schreyben odder entbieten vnd hören ge der Gebrauch der gebeude, Do sollen „die obermeister, die da zugehören vnd geschworen haben und gesetzt hinver„poten auf den Dag Iars, wen es were, vnd sie verhören, was der gebrauch ist, „von des gebeudes wegen, das er den Herren schaden hat gethan, den schaden „wider zu legen nach erkenntnisse der Meystern, So kompt er nicht vnd ver„anthwortet sich nicht, so sol man In verwerfen, vnd alle ordnunge legen mit „den gesellen, vnnd sol In niemandt für gutt haben noch halten, oder gut sein."

„Auch haben wir vorgenannte meister, pallirer und gesellen aus dem buche „gezogen vnd genomen Etzliche Stücke, die da not sein Allen obern Werk„meistern vnd gesellen auf das kürtzte, das das rechte Buch sol In ein bleyben „vnd nicht gelesen werden den dess Jars, wen wir eine Beruffunge haben."

„Auch wenn es die Herrn nicht haben wollen, das sol man In es lassen, „vnd was die Herrn nicht haben wollen, das sol man abthun von diesen Ar„thigkeln, vnd die Meister des landes sind derselben Artigkeln seindt sie nicht „pflichtig zu halten vnd der eide alls Inenhalt des Buchs der Ordnung, von „diesen Artigkeln der nicht not ist, zu verkündigen was von gottesdinste soll „geschehen, vnd auch zu geringe, das alhie nicht not ist zu schreiben etzlichen „meistern, wissen das alles wol, die dis vormals gehört haben lassen."

„Auch alle diese Artigkel sindt gemacht worden aufs dem Texte des „alden Haubtenrechtes, das do haben gemacht die Heyligen wirdigen gekrön-„ten Mertern, genannt Claudius, Christorius, Singnificamus, der heiligen Drey-„faltigkeit vnd mariam der himlischen Königin zu lobe vnd zu ehre."

Es folgen nun in 112 Paragraphen die einzelnen Rechte und Pflichten der Meister, Polirer, Gesellen und Lehrlinge.

Den Meistern wird vorgeschrieben, wie oft sie Messe lesen lassen sollen und was sie von ihrer Arbeit der Kirche zu geben haben. Es soll kein Meister ein Werk annehmen, der nicht seine Fähigkeit dazu bewiesen hat; tritt ein neuer Meister auf, der es noch nicht war, so soll er zwei bewährte Meister als Bürgen stellen. Bei bedeutenden Neubauen können die Bauherren einen Meister nehmen, welchen sie wollen; sie sollen aber zwei oder vier andre Meister fragen, ob der Gewählte das Werk zu vollführen fähig sei: versäumen sie dies, und mifsräth das Werk, so bekümmert sich das Gewerk nicht darum; gegentheils mufs der Meister den Schaden ersetzen, auch noch 21 Pfund Wachs zur Bufse zahlen. Kein Meister darf den Lohn verringern. Er soll seine Leute zum Guten anhalten und dafür sorgen, dafs die Hütte frei von Streit und Unsittlichkeit bleibe. Der Meister kann von fremden Meistern gebüfst werden, nicht aber von den Gesellen; läfst er sich Bedeutendes zu Schulden kommen, so können sie von ihm ziehn, auch andern Gesellen verbieten, bei ihm zu arbeiten. Wenn ein Meister einen Polirer ernennen will, so soll dies in Gegenwart andrer Meister und Polirer geschehen, und der Polirer soll „die eid strebe mit mafsstabe vnnd winkelmas zu den Heyligen, die gebeude vnd dess Meisters schaden zu bewaren." Die Gesellen sollen dem Polirer gehorchen und der Polirer soll bei seiner Ernennung den Meistern und Gesellen „es verschenken". Kein Meister soll Geschenke von Polirern oder Gesellen annehmen, um Forderung willen. Er soll „keinen Diener (Lehrling) „auffnehmen vmb kunstwillen, der vor sein Hantwerk verdient hatt vnd recht „erworben." — Wenn fremde Meister oder Gesellen kommen, die das Handwerk oder die Kunst verstehn und ein Zeichen verlangen, so soll er ihnen willfahren und ein Geschenk geben. Kein Meister soll seinem Lehrling das Zeichen länger als vierzehn Tage vorenthalten; es sei denn, dafs dieser ihm etwas versäumt hätte. Der Meister ist bei Freisprechung eines Lehrlings zu keinem gröfsern Aufwand verpflichtet, als dafs er einige Geistlichen und zehn Gesellen bittet und für einen Pfennig Semmel, für funfzehn Groschen Brod, funfzehn Groschen Fleisch und zwei Stübchen Wein giebt; ein Mehreres mufs der Lehrling bezahlen. Der Beginn der Arbeit u. s. w. soll durch Hammerschläge verkündet werden; bei Meisterversammlungen waren drei Schläge üblich, wenn die Polirer mit zugegen waren, zwei, und einer war das Zeichen, wenn die ganze Hütte versammelt war, und an gewöhnlichen Arbeitstagen. Dem Meister ist gestattet, einen Lehrling, der um Kunst dient, als Polirer anzustellen, wenn er von seiner Tüchtigkeit überzeugt ist. Hat der Meister keine Arbeit, so kann er seinen Lehrlingen ein Zeichen zum Wandern verleihen, in ihren Lehrjahren. Kein Meister soll seine Lehrlinge, die noch nicht ausgedient haben, ihr Zeichen verschenken lassen. Es soll der Meister keine schlechten Leute in Schutz nehmen, keine muthwilligen Schuldenmacher dulden, auch keinen andern Meister verläumden und ihm einen Bau ablisten; er soll ihn nicht höhnen und sein Werk nicht tadeln, ohne es besser machen zu können. Er soll auch keinen Gesellen dulden, der den andern belügt, der Unrecht thut, nicht beichtet, oder unsittlich lebt. Der Meister kann in seiner Hütte über seine eigene Gesellen Gericht halten; bei Sachen, die Ehre und Leumund betreffen, soll er aber noch zwei andre Meister zuziehen. Er soll vierteljährlich nachforschen, ob irgend Zwietracht unter seinen Leuten sei, sich auch bei den Bauherren danach erkundigen, ob die Leute sich gut betragen; sonstige Einmischungen der Bauherren aber soll er nicht dulden. Streitigkeiten unter den Meistern selbst wurden vor das grofse Gericht verwiesen, welches mit den jährlichen Meisterversammlungen verbunden war. Dazu wurde von den Meistern ein Oberrichter erkieset; von den Polirern und Gesellen aber wurden Schöppen ernannt; die Richter wurden ermahnt, nach ihrem Eide und dem Gesetz zu sprechen; konnten sie sich nicht einigen, so sollten Schiedsleute ernannt werden. Es mögen sich Meister und Gesellen unter einander büfsen, die Bauherren aber nicht einsprechen. Wenn sich die Verurtheilten dem Spruch nicht unterwerfen wollten, so wurden die Herren (Landes- oder Bauherren) ersucht, ihnen nicht beizustehn, mit der Drohung: „so wissen wir wol nach lautte der ordnunge, wie wir vns darinne halden sollen." Die Städte und Landesherren sollen angerufen werden, dem Gewerke in Ausübung seiner Rechte behülflich zu sein.

Die Polirer sollen die Hütte und was darin ist bewachen; sie sollen die Gesellen gütlich zurechtweisen und, wenn es der Meister nicht selbst thut, „Richtscheid und Kolmaafs recht fertigen"; bei Strafe von zwölf Pfennigen. Sie sollen den Gesellen und Lehrlingen den Stein vorlegen, abreifsen und die Arbeit nachsehen; falsche Arbeit büfsen sie mit acht, der Gesell mit sechs Pfennigen.

Verchlägt der Polirer einen Stein, so verliert er seinen Lohn daran und bezahlt den unbrauchbar gewordenen Stein. Verschweigt der Polirer die Vergehungen der Leute, so hat er das Doppelte der festgesetzten Strafe zu leiden. Der Polirer soll in Allem ehrlich gegen den Meister verfahren; sonst wird er ehrlos. Er soll zu rechter Zeit anschlagen; in Abwesenheit des Meisters hat er volle Macht. Er soll am Stein ein Zeichen machen, wenn der Gesell oder Lehrling das Anschlagen versäumt hat; er soll keinen Hader unter den Leuten stiften; er soll nicht dulden, dafs zu einer andern als der Vesperzeit in der Hütte gefeiert und gezecht wird; auch nicht gestatten, dafs man mehr verzehre als um einen Pfennig, es sei denn dafs ein Wandergesell käme. Der Polirer kann Gesellen annehmen und entlassen. Er soll der erste und der letzte in der Hütte sein; er soll die Freiheit der Hütte vertheidigen helfen und einen Bau nicht anders abschätzen, als nach dem alten Herkommen.

Für die Gesellen ist vorgeschrieben: Wer bei einen andern Meister Arbeit nimmt, ohne vom vorigen entlassen zu sein, soll ein Pfund Wachs geben. Wer zwischen dem Meister und andern Leuten Gerede macht, soll einen halben Wochenlohn verlieren. Wer eines andern Werkzeug ohne Erlaubnifs nimmt, zahlt zwei Pfennig. Gesellen, die das Maafsbrett unrecht auflegen, es liegen lassen „ee er habe gewert", oder die es abnehmen, ehe die Arbeit nachgesehn ist, oder die das Winkelmaafs am Steine hangen lassen, oder das mit einem Loche versehene Richtscheid nicht aufhängen, oder den Stein von der Bank fallen, oder „die Hallen aus dem Helme kommen" lassen, ihr Maas an einen falschen Ort legen, oder die Fenster neben ihrer Bank nicht zumachen, zahlen jedesmal drei Pfennige. Ein Gesell, der einem andern Übles nachredet, oder im Scherz oder Ernst ihn einen Lügner schilt, zahlt zwölf Pfennig Bufse; wer des Andern spottet u. s. w. zahlt funfzehn Pfennige. Wer die andern Gesellen nicht um Hülfe anspricht, wenn sein Stein gewendet werden mufs, oder sein Zeichen anschlägt, ehe der Stein nachgesehen ist, giebt ein halb Pfund Wachs. Wer sich betrinkt, oder zu viel ifst, und es verschweigt, verliert einen Wochenlohn und giebt ein Pfund Wachs. Wer Frauen in die Hütte bringt, wird aus der Arbeit entlassen und verliert den Wochenlohn. Wer die Casse betrügt, stiehlt, raubt und mordet, oder andere Unehre übt, oder sich mit unzüchtigen Frauen im Lande umhertreibt, wer nicht beichtet und Gottes Gebote nicht hält, soll aus dem Handwerk ausgestofsen werden. Wer den Andern verläumdet, soll es nach dem Erkenntnifs der Meister und Gesellen verbessern; wer dem Andern nachredet, was er nicht beweisen kann, soll hart bestraft werden. Kein Gesell darf die Lehrlinge selbst bestrafen; er soll es dem Meister klagen. Kein Polirer, Geselle und Lehrling soll sein eigner Richter sein; nur der Meister ist Richter. Es soll auch kein Gesell bei einem angeklagten Gesellen steinhauen, bis dieser sich vor der Meisterversammlung gerechtfertigt hat. Es soll kein Gesell ein berüchtigtes Frauenzimmer in die Hütte bringen, wo Meister bei einander sind; bei Strafe von vier Pfund Wachs. Kein Gesell soll selber heilige (Feier-) Tage machen, in der Woche. Wer von der Arbeit wegbleibt, bis zum Morgenbrod, soll einen halben, wer erst gegen Abend kommt, einen ganzen Taglohn verlieren. Wer an Sonn- oder hohen Festtagen nicht mit dem Meister in die Kirche geht, soll vier Pfennige zahlen. Der Polirer oder Gesell, welcher sich nicht am Montag Nachmittag bei seinem Meister nach der vorzunehmenden Arbeit erkundigt, soll alle Zechen bezahlen und wenn er sich widersetzt, entlassen werden. Der Meister kann den Gesellen vom Bau entlassen, wie es ihm genehm ist; der Gesell kann alle Lohn-Abende abgehn. Wenn der Gesell während des Winters von einem Meister Arbeit erhalten hat, so soll er, falls er keine gegründete Ursach hat, bis Johannis bleiben. Wer von einem Meister Unrechtes weifs und es verschweigt, um den Winter durchzubringen, ist treulos. Kein Gesell soll dem Meister oder Polirer, um Arbeit zu erhalten, bestechen. Kein Gesell soll den andern „Künst- „lern" um Geld ein Stück um das andere geben, um sich gegenseitig zu ehren. Kein Gesell soll dem Meister oder Polirer widersprechen. Die Messer, welche die Gesellen in der Hütte oder bei Gelagen bei sich führen, sollen nicht über eine halbe Elle lang sein. Ein Gesell, der nicht ausgedient hat, oder sein Zeichen gekauft und nicht verdient hat, und wer ohne Berechtigung das Steinhauen lehrt, bei dem soll Niemand stehen. Es soll kein Gesell die Bauherren „beruffen"; er soll dem Bauherrn willig gehorchen; aber nur wenn der Meister und Polirer nicht anwesend sind; sonst hat er nur diesen zu gehorchen. Kein Gesell soll bei dem Bauherrn einen andern Gesellen verklagen, sondern allein bei dem Meister. Kein Bauherr darf sich in die Streitigkeiten der Gesellen mischen, wenn er nicht vom Meister darum gebeten wird. Es soll auch kein Gesell bei einem Bauherrn Arbeit nehmen ohne des Meisters Willen; auch dem Bauherrn keine Zeche geben, oder Lohn hinter des Meisters Rücken von ihm annehmen. Will ein Gesell wandern, so soll er in Freundschaft vom Meister scheiden. Kommt ein Wandergesell, ehe angeschlagen ist, so verdient er das Tagelohn. Tritt der Wandergesell zur Hütte ein, so soll er sprechen: „Gott grüfse euch, Gott weyse euch, Gott sehe euch, euch Oebermeister er-

„widerung, Pallirer und euch hübschen Gesellen." Der Meister oder Polirer soll ihm danken, damit er wisse, wer der Oberste in der Hütte sei. Dann soll der Geselle anheben und sprechen: „Der Meister N. N. entbeut euch seinen „Grufs," und soll umhergehen und Jeden freundlich grüfsen, wie er den Meister gegrüfst hat, und dann soll er das vorgeschriebene Geschenk erhalten. Will er Arbeit haben, so soll er den Meister darum bitten, und dieser es ihm nicht versagen; stände der Meister allein, so soll er gehn und ihm ein anderweites Unterkommen verschaffen. Jeder Wandergesell soll um eine Bücke, um ein Stück Stein und um Handwerkszeug bitten, und das soll man ihm willig leihen. Jeder Gesell soll die andern, wenn es ihnen bei der Arbeit Noth thut (den Stein umzuwenden u. s. w.), um Hülfe bitten, und sie sollen ihm alle helfen; er soll sprechen: „Helffet mir, auf oder In das euch Gott helffe," und wenn sie ihm geholfen, soll er seinen Hut abnehmen, ihnen danken und sprechen: „Gott danke dem Meister und Pallirer und den Erbarn gesellen." Kranken Gesellen soll aus der Büchse Hülfe gereicht werden, und er soll sie erstatten, wenn er wieder gesund ist.

Zunächst fällt bei diesen Verordnungen, die völlig zunft- und handwerksmäfsige Einrichtung in die Augen. Man darf indefs daraus nicht schliefsen, dafs sich die eigentliche Kunst aufserhalb dieses Vereins gehalten habe. Es enthielt die Verordnung nur die Regeln zum *äufsern* Verhalten: die Geheimlehren oder die Kunstgeheimnisse waren entweder gar nicht, oder in symbolischen Formen aufgezeichnet und ausschliefslich den Meistern, vielleicht nur den höhern Graden unter denselben vorbehalten; vielleicht enthielt auch das alte Hauptbuch, aus welchem jene Ordnung ausgezogen war, ausgedehntere, nicht geheimere Gesetze. Die Artikel 22. und 29. scheinen darauf hinzudeuten; sie lauten: „Kein Meister soll keinen Diener (Lehrling) auffnehmen vmb kunstwillen, der vor sein Hantwerk verdient hatt vnd recht erworben; das stehet dem Meyster eine woche nicht zuvor" und „Do mag ein meister einem Diener, der do vmb Kunst dinet zu einem Pallirer setzen, „also fern er es verhegen kan, das die gebeude bewardt sind." *Stieglitz* lieset hier statt „Kunst" Gunst; dies würde indefs keinen rechten Sinn geben, und an andern Stellen (Art. 25.) kommt das Wort „Kunst" in seiner rechten Bedeutung vor. Es scheint vielmehr auf eine bevorrechtete Classe von Dienern hingedeutet zu sein, welche vorher nicht schon um Lohn gedient haben durften und denen der Meister, ohne dafs sie, wie die andern Lehrlinge, ausgelernt zu haben und freigesprochen zu sein brauchten, die Führung eines Baues übertragen durfte. Bei der so strengen und zunftmäfsigen Fassung des Ganzen ist es wahrscheinlich, dafs hier Diejenigen gemeint sind, welche sich mit gehöriger Vorbildung der eigentlichen Kunst gewidmet hatten; und so läfst sich mit Recht schliefsen, dafs nicht blofs das Steinmetz-Handwerk, sondern auch die höhere Baukunst vollständig in den Kreis der Bauhütten gehörte; wenn auch ihre Ausübung vielleicht nur dem höchsten Grade der Meisterschaft vorbehalten war. Es ist auch nicht zu bezweifeln, dafs selbst ein Künstler wie *Erwin von Steinbach* Meister und Mitglied des Bundes war, und es verliert dies das Befremdende, wenn man sich an die Gesammt-Einrichtungen des Mittelalters und namentlich an die Vereinigung der Meister-Sänger, mit ihren strengen und curiosen Regeln und Satzungen, erinnert.

Demungeachtet ist mit Recht zu zweifeln, dafs die Entstehung des germanischen Baustyls ein Erzeugnifs des Bundes als solcher sei. Dergleichen Erfindungen können ihrer Natur nach nur das Werk eines einzelnen hervorragenden, durchdringenden Genies sein; eine Reihe von Einwirkungen mag die Idee nach und nach zeitigen; die Versuche Vieler mögen ihre Ausführung vorbereiten: ins Leben aber tritt sie nur dann, wenn sich der allgemeine Geist der Zeit gewissermaafsen im Geiste des Künstlers concentrirt und dieser dann im günstigen Moment, vom göttlichen Funken getroffen, erweckt und belebt wird. Wohl aber war die innige Verbrüderung der Bauhütten ganz geeignet, die Erfindung irgend eines ihrer Mitglieder als gültig anzuerkennen, festzustellen, zum Gemeingut zu machen, über alle Lande auszubreiten und gegen Störungen und Hindernisse zu beschützen. Von der grofsen Macht der Bauhütten finden sich in der Gewerks-Ordnung von 1462 mehrere Andeutungen, indem die Einwirkungen der Bauherren zurückgewiesen werden und namentlich, vielleicht sogar gegen die Landesherren gemeint, ausgesprochen wird, dafs man schon wisse, was man nach den alten Satzungen zu thun habe, wenn etwa die Herren einen vom Bundesgerichte Verpönten schützen wollten.

Man sieht aus der Gewerks-Ordnung auch noch die Bewandtnifs, welche es mit den Steinmetz*zeichen* hatte. Es bekam jeder ausgelernte Gesell ein bestimmtes Zeichen, mit welchem er den von ihm bearbeiteten Stein nicht eher bezeichnen durfte, als bis derselbe vom Meister oder Polirer nachgesehen war. Diese Zeichen, theils aus blofsen Linien zusammengesetzt, theils mit Buchstaben verbunden, finden sich häufig an den Bauwerken und können, gehörig nach Form und Zeit characterisirt, unverwerfliche Zeugnisse über das Alter der Bauwerke und der einzelnen Theile derselben geben. Auffallend ist es, dafs bei weitem nicht alle, und verhältnifsmäfsig nur sehr wenige Steine eines Bauwerks solche Zeichen haben. Man könnte vermuthen, dafs bei den übrigen Steinen das Zeichen auf die Fugenflächen gesetzt wurde; allein dies hat sich bei Reparaturen von Mauern nicht gefunden; die Lösung dieses, wie so manchen andern Räthsels, mufs man noch von der Zukunft erwarten.

§. 160.
Ausbildung der Details.

Die ersten, streng genommen der Zeit nach theilweise noch vorgermanischen, wiewohl demselben Geiste entsprungenen Bestrebungen, den Kirchen die regelmäfsig-vieleckige Grundgestalt zu geben (z. B. bei der Gereonskirche zu Cöln, der Elisabethkirche zu Trier) und dadurch ein Streben nach dem Mittelpunct, eine innigere Gemeinschaft, ein geistiges Streben nach dem Himmlischen auszusprechen, fanden keine weitere Fortbildung; sie scheiterten theils an dem Mangel der practischen Zweckmäfsigkeit, theils daran, dafs die romanische Kreuzform als feststehend und geheiligt betrachtet wurde. Die weiter oben als wichtig und als Ausflufs der neuen Ideen bezeichnete Neuerung an der Elisabethkirche zu Marburg, den drei Schiffen *gleiche* Höhe zu geben. fand zwar Nachahmung, im Allgemeinen jedoch nur bei kleineren Kirchen, oder, vielleicht richtiger, bei den Pfarrkirchen der Städte, während die Kloster- und Stiftskirchen mehrentheils nach wie vor mit erhöheten Mittelschiffen gebaut wurden. Auch hier mochte das Bedürfnifs mitwirken, obgleich es nahe liegt, dafs bei den Stadtkirchen der neue Gebrauch, in so weit er die antihierarchische Richtung andeutete, weit eher Eingang finden mochte, als bei den der Geistlichkeit allein zugehörigen Kirchen.

Im Übrigen sind die Abweichungen nicht bedeutend. Es wurde, obwohl zu allen Zeiten Abweichungen vorkommen, mehr und mehr Sitte, nur zwei Hauptthürme an der Abendseite zu bauen, die östlichen Nebenthürme wegzulassen und statt des frühern hohen Thurms in der Mitte, nur einen kleinen sogenannten Aufrechtthurm auf das Kirchendach zu setzen: eine Änderung, die übrigens wohl hauptsächlich der Schwierigkeit zuzuschreiben sein mag, bei den schwächern Mauern und Pfeilern ein genügendes Fundament zu erlangen, die aber auch vielleicht durch die lobenswerthe Hinneigung zur einfacheren und klareren Gestaltung des Ganzen unterstützt wurde. Bestimmter spricht sich Letzteres und das Gefühl für Einheit und deutlicheren Ausdruck des Emporstrebens *darin* aus, dafs man, selbst bei bedeutenden Kirchen (z. B. den Münstern zu Freiburg und Ulm), mitunter *nur einen* Thurm baute. Es ist ferner zu bemerken, dafs man dem Hohenchor mehr Ausdehnung als früher gab und an der Stelle der kleineren Tribüne den Chor in seiner ganzen Breite vieleckig umschlofs. Die Länge des Chors ist bei einigen Kirchen fast der des Schiffes gleich, und bei den Kirchen mit gleich hohen Schiffen ist auch der Chor mehrschiffig. Dafs man mehrere Kirchen fünfschiffig und sogar siebenschiffig baute, ist wohl als ein, aus dem Streben nach Grofsartigkeit hervorgegangener Mifsgriff zu betrachten.

Die Thürme gewannen nun ferner an Bedeutung und Höhe; sie bekamen einige Absätze und in der Regel einen achteckigen Aufsatz, mit acht möglichst weiten und hohen Durchsichten; andre grofse Öffnungen befanden sich in den untern quadratischen Geschossen; mit Durchbrechungen und nicht verglaset; auch finden sich statt der Öffnungen Spitzbogennischen, mit *scheinbaren* Durchbrechungen. Die einzelnen Absätze, deren jedoch immer nur wenige waren, wurden mit Gesimsen und Geländern verziert; die hoch hinauflaufenden Ecken wurden gegliedert; gewöhnlich mit Rund- oder Spitzstäben und zwei Hohlkehlen daneben. Späterhin bekamen die Thürme mannigfaches und reichverziertes Pfeilerwerk; so dafs zuletzt der Thurm seinen Character als eigentliches Gebäude fast ganz verlor und sich als eine überreiche Gruppe von Pfeilern, um einen festen Kern herum, darstellte. Dabei wurde nicht mehr wie früher die Abendseite im untern Theile als ein eigenes Gebäude behandelt: die Thürme kündeten sich mit vollem Rechte gleich von unten an als abgesonderte feste Massen an, und das hohe Mittel- oder Portalgebäude wurde zwischen sie hineingebauet und in der bessern Zeit ungemein reich und leicht gestaltet.

Die im romanischen Baustyl nicht seltenen zweistöckigen Abseiten kamen bald gar nicht mehr vor; man fühlte richtig, dafs diese Logen, welche die darin befindlichen Personen anscheinend zu blofsen Zuschauern des Gottesdienstes machten, in einer christlichen Kirche ungehörig sind und dafs durch die bedeutend verminderte Höhe der Abseiten ein unangenehmes, gedrücktes Verhältnifs im Innern entstand; man gab daher auch da, wo man nach wie vor niedrige Abseiten baute, denselben weniger Breite und mehr Höhe als früher (z. B. auffallend am Halberstädter Dom).

Die Portale hatten schon im romanischen Style eine reiche Ausbildung erlangt, indem man die durch die gewaltige Mauerdicke entstehenden weiten Laibungen schräg gemacht und mit Einschnitten, Schmiegen und Säulen oder

Rundstäben, auch wohl mit Statuen besetzt hatte. Es war hier nur noch nöthig. den Rundbogen in einen Spitzbogen zu verwandeln und die Gliederungen zarter und reicher zu machen. Um indefs in den jetzt ungleich schwächern Mauern die breiten Laibungen, welche, nach aufsen sich öffnend, ein so bestimmtes Einladen zum Eintreten aussprechen, nicht zu verlieren, gab man den Mauern eine Vorlage, und gewann dadurch Gelegenheit, den Vorsprung durch einen hohen, freistehenden Giebel und durch die auf den Ecken zum Abschlufs des Ganzen und zur Stützung des Giebels dienenden Spitzpfeiler noch mehr auszuzeichnen. Die Gliederung bestand vorherrschend aus dünnen Rundstäbchen, mit Hohlkehlen dazwischen, welche häufig den Statuen zu kleinen Hallen dienten; die Gliederung läuft auch *im Bogen* herum, wo sie häufig, die Bewegung des Bogens andeutend, mit reichem Blätterwerk in den kleineren Hohlkehlen geziert ist. Auch die Statuen, mit ihren Kragsteinen und Baldachinen über einander gestellt, folgen nicht selten dem Bogen (eine schon romanische Unart); wobei dann die liegende Stellung der Statuen nahe am Schlufs, einen sehr unangenehmen Eindruck macht, weil man darauf keine Rücksicht nahm und nicht etwa hier Figuren in schwebender oder liegender Stellung darstellte. Die Hauptportale wurden, ihrer Breite wegen, durch einen Mittelstock, vor welchem eine Statue stand, getheilt; der Sturz war nun gerade und in den Ecken gewöhnlich durch einen vortretenden Kragstein geschützt; Einfassungen, Mittelstock, Kragsteine und Sturz sind fortlaufend gegliedert. Das Spitzbogenfeld über dem Sturz ist entweder ein Fenster, oder es wurde mit Basreliefs geschmückt. Ein öfter hervortretender Übelstand ist der, dafs in Folge der sehr breiten Laibungen das Verhältnifs der innern und äufsern Öffnung sehr verschieden ist: hat die innere Öffnung zwischen dem geraden Theile und dem Spitzbogen und zwischen der Höhe und Breite des letztern ein richtiges Verhältnifs, so wird die äufsere Öffnung im Verhältnifs zu ihrer Breite viel zu niedrig, der Spitzbogen fast zum Halbkreis, und das Ganze ist auffallend gedrückt: ein Übelstand, welchen man recht gut hätte vermeiden können, wenn man die Laibungsflächen steiler gegen einander stellte und der Mittellinie das richtige Verhältnifs gab, oder auf manche andre Weise; was aber nicht oft geschah.

Die Fenster, die vom Anfang an, im Vergleich zu den romanischen, bedeutend grofs waren, wurden immer gröfser, und nahmen, mit wahrer Übertreibung, zuletzt fast die ganze Breite und Höhe der Mauerfelder ein. Dies war zwar zuläfslich, da die Kreuzgewölbe nur der Pfeiler, nicht der Mauern bedurften; allein durch das Verschwinden der Mauer ging auch der Ausdruck der Ruhe und des Ernstes verloren; es konnte sogar den alten architektonischen Schönheits-Eindruck stören und der Schein des Gebrechlichen entstehn. Besonders nachtheilig, selbst den Ausdruck des Grundprincips schwächend, wirkt die zu grofse Breite, wie es häufig bei den Fenstern der niedrigen Abseiten bemerklich ist, und es ist auffallend, dafs man sich hier nicht durch zwei schmale Fenster in einem Felde half; was weniger und leichter zu beseitigende Übelstände gehabt haben würde. Es scheint indefs für unzuläfslich gehalten worden zu sein, unter einem einzelnen Bogen des innern Gewölbes *zwei* Fensterbögen zu stellen; denn bei den Thürmen und Zwischengebäuden, wo diese Rücksicht wegfiel, finden sich häufig zwei Fenster von äufserst schlankem und angenehmem Verhältnifs in einem und demselben Felde neben einander. Die Einfassungen sind dann denen der Portale ähnlich profilirt; nur sind sie wegen der schwächern Mauern bei weitem schmaler. Von der geraden Schmiege und von den rechtwinkligen Einschnitten mit starken Rundstäben in den Ecken ausgehend, fing man an, die Stäbe zahlreicher und also dünner zu machen; man schnitt die vortretenden Ecken durch Schmiegen oder flache (viertelkreisige) Hohlkehlen ab, legte in die Schmiegen halbkreisförmige Hohlkehlen, machte diese Gliederung immer zierlicher und mannigfacher wechselnd, schnitt die Hohlkehlen tiefer ein, setzte zwei Stäbe unmittelbar aneinander, so dafs ein scharfer Grad entstand, liefs die trennenden Plättchen, zu welchen die breitern Flächen nach und nach sich verschmälert hatten, weg, machte statt der Rundstäbe Spitzstäbe, zum Theil mit etwas geschweiftem Profil, und verband die Hohlkehle dergestalt mit dem Rundstabe, dafs sie unmittelbar in denselben einschnitt, einen halben Spitzstab bildend, bis zuletzt das Profil der ganzen Einfassung aus lauter Curven bestand, im Allgemeinen jedoch so, dafs tiefe und weite Hohlkehlen von schwachen Rund- oder Spitzstäben getrennt wurden. In der bessern Zeit sind einzelne gröfsere Rundstäbe und Kehlen vorherrschend; später wird das Ganze, mit allem seinem Reichthum, einförmig, und alle Stäbe fallen, zum Nachtheil der Kraft, in eine einzelne Schmiege zusammen; auch nahm man flache, wellenförmige Linien zu Hülfe. Angenehm und kräftig war es, wenn man im Bogen aus einem der vordern Stäbe krause Bogen- und Blumenzacken vortreten liefs; was in der Blüthenzeit sehr beliebt war.

Die Profile endigten in der Mitte immer mit dem halben Profil des Fensterstocks, damit die Durchbrechung ungehindert sich anschliefsen konnte. Die

Stäbe bildeten Anfangs im Durchschnitt Rechtecke, in der Mitte mit einem Absatz oder Pfalz für die Glastafeln; alle vier Ecken wurden durch Schmiegen oder flache Hohlkehlen weggenommen, so dafs vorn und hinten und unmittelbar an der Glasfläche nur schmale Plättchen von den ursprünglichen Seiten des Rechtecks übrig blieben. Nach und nach wurden die Hohlkehlen tiefer, auch wohl ein wenig unterschnitten, immer aber ist die Hohlkehle mehr tief als breit (ein viertel Oval); später setzte man wohl noch ganz dünne Rund- oder Spitz-Stäbchen vorn auf die vordern Platten; machte auch wohl etwas andre Profile.

Die Durchbrechungen in den Spitzbogenfeldern, welche im romanischen Styl durchbrochene Steinplatten waren, nahmen von Anfang an den Character eines Netzes oder Stabwerks an, indem von der ursprünglichen Fläche nur einzelne, rings profilirte Stäbe stehen blieben. Zuerst bestanden die Durchbrechungen aus den Spitzbögen, welche die lothrechten Stäbe verbanden, und aus kreisrunden Ringen darüber (für einen Mittelstab aus zwei Spitzbögen und einem Ringe, für zwei Mittelstöcke aus drei Spitzbögen und drei Ringen), das Bogenfeld ausfüllend; immer aber verliefen sich die Profile in einander, so dafs, wo zwei Ringe aneinanderstofsen, der gemeinschaftliche Durchschnitt nicht breiter ist, als der eines einzelnen Stabes. Es ist dies Ineinanderziehn eine Eigenthümlichkeit des germanischen Baustyls, welche viel zu seiner organischen Gestaltung beitrug. Der nächste Schritt war der Übergang zur Kleeblattform, drei-, vier- und mehrblättrig. So lange das volle Profil bis zur Spitze hinlief, d. h. alle Linien der Zeichnung gleichmäfsig folgten, war der ächt-germanische Character noch nicht vollständig vorhanden: er war erst dann rein ausgeprägt, als das eigentliche Profil den kreis- oder spitzbogenförmigen Umfang bildete und durch heraustretende Bogenspitzen von kleinerem Profil, welches jedoch aus dem gröfsern entspringt, das Kleeblatt im Innern gebildet ward. Die weitere Ausbildung betrifft eigentlich nur die Zeichnung, welche, aufser den Spitzbögen und Kreisen, auch die verschiedenartigsten andern, aus Bogenstücken zusammengesetzten Figuren in mannigfachen Verschlingungen darstellte. Bei gröfsern Fenstern finden sich noch die Hauptlinien durch ein stärkeres Profil (mit Rundstab auf der Platte, die andern Stäbe blofs mit einem Plättchen u. s. w.) ausgezeichnet, um den Überblick zu erleichtern und die einzelnen Theile besser zu ordnen. Am schönsten schneidet sich die Durchbrechung mit der Kämpferlinie des Fenster-Spitzbogens ab; häufig aber reicht sie, wahrscheinlich um mehr Raum zu gewinnen, tiefer hinunter; was nicht zu billigen ist, weil dadurch die Einheit verloren geht; eher läfst sich jedoch bei sehr hohen

Fenstern, die schon gedachte, aus Spitzbögen zusammengesetzte Querverbindung der lothrechten Stäbe in der Mitte des Fensters rechtfertigen.

Bei der in der Zeichnung der Durchbrechungen so sehr beliebten Mannigfaltigkeit kommen schon früh geschmacklose Formen vor: in der frühern Zeit steife Dreiecke und Vierecke aus flachen Bogenstücken, später manierirte; regellose Curvenverschlingungen. Sehr gefällig, reich und lebendig dagegen ist es, wenn innerhalb des gröfsern Ringes kleinere Kreisstücke von demselben Profil radartig herumlaufen, mit birnenartigen, aber gebogenen Durchsichten, in welche kleinere Spitzen hineintreten. Die Bogenspitzen treten anfänglich nicht weit hinein; später stofsen sie beinahe zusammen und enden auch wohl (doch mehr bei scheinbaren Durchbrechungen) in Blumen.

Die Spitzbögen waren Anfangs ziemlich niedrig; bald indefs wurden sie höher, und später übertrieben hoch. Die so nahe liegende Regel, den höher stehenden Spitzbögen, um das Emporstreben zu verstärken und, weil sie sich von unten gesehen verkürzen, mehr Höhe zu geben als den untern, scheint man nicht consequent befolgt zu haben; vielmehr hat man sich blofs nach dem vorhandenen Raume gerichtet; oder man ist auch ganz willkürlich verfahren. Gegen das Ende der Blüthenzeit bediente man sich auch des Eselsrückens zur Bogenform: erst für kleinere, dann auch für mittelgrofse Bögen. Man scheint damit begonnen zu haben, das kleine Gesims des Bogens, welches an sich zur Ableitung des Regens ganz zweckmäfsig war, oben zum bessern Ansatz der Krone in die Höhe zu ziehn. Für die Durchbrechungen bildete sich die Eselsrückenform schon früh aus: hier war sie auch ganz zulässig, als eigentliche Bogenform aber ist sie offenbar aus constructionellen Gründen nicht passend. In der spätesten Zeit fand sich mit dem Eselsrücken auch die Unart ein, die vortretenden Rundstäbchen oder scharfen Kanten in den geraden Einfassungen der Öffnungen mit der Gliederung des Bogens zu kreuzen; zuletzt machte man, wie schon oben bemerkt, statt der glatten Rundstäbe sogar getreue Nachbildungen ästiger Baumzweige!

Von den Mauern ist, aufser ihrer geringern Dicke, nur zu bemerken, dafs die Quaderfugen immer ganz eng gemacht und nie ausdrücklich angedeutet wurden. Demnach sah man auch nicht auf einen regelmäfsigen Quaderverband, sondern setzte willkürlich bald lange, bald kurze Quadern, bald hohe, bald niedrige Schichten. So lange noch einigermaafsen auf eine vernünftige Einfachheit gehalten wurde, blieben die eigentlichen Mauerflächen glatt. Dann fing man an, Spitzbogenfüllungen mit scheinbaren Durchbrechungen zu machen und die Giebel und sonstigen einzelnen Theile damit zu verzieren: später bekamen, rücksichtslos, auch diejenigen Mauern, welche Lasten zu tragen hatten, scheinbare Durchbrechungen. Mitunter kommt es vor, dafs wirkliche, jedoch nur aus lothrechten Stäben mit wenigem Bogenwerk darüber bestehende Durchbrechungen in einiger Entfernung vor die Mauern sich hinziehn; diese Anordnung, obwohl *noch* reicher, ist eher angemessen.

Die kleinen Brüstungsgesimse bestanden erst aus lothrechter Platte und Viertelkehle; bald aber wurde die Platte winkelrecht auf den Ablauf gestellt und die Hohlkehle tiefer unterschnitten; oder das Gesims wurde auch aus zwei schrägen Flächen zusammengesetzt: die obere zum Ablauf oder zur Verdachung dienend, in die untere eine halbkreisförmige Hohlkehle so eingeschnitten, dafs die obere Schmiege breiter war als die untere. Später wurde der Ablauf flach ausgekehlt und die Platten wurden nicht in dieselbe Schmiege gestellt, sondern die obere mehr lothrecht, die untere mehr wagerecht, damit die Kehle tiefer werde. Die bedeutenderen Gurt- und Dachgesimse behielten Anfangs noch die aus flachen Gliedern zusammengesetzten schwerfälligen Profile; dann wurden sie kräftiger, indem man Rundstäbe hineinlegte und die Hohlkehlen vertiefte; hierauf aber wurden sie immer kleiner und bekamen im Wesentlichen die oben beschriebene Profilirung, wenn auch statt der obern Platte eine reichere, wulstartige Gliederung und statt der untern eine kleinere Rundstabgliederung, jedoch so, dafs die tief unterschnittene, nicht selten mit Blätterwerk durchbrochen reich verzierte Hohlkehle vorherrschte. Dabei wurden, wie im griechischen Style, die regelmäfsigen Kreisformen vermieden und die Gesimsprofile wurden aus lauter, aus freier Hand gezogenen Curven zusammengesetzt; die geraden Glieder wurden zu blofsen Plättchen, und verschwanden zuletzt sogar ganz, so dafs das Gesims mitunter nur aus convexen und concaven Wellenlinien bestand; z. B. der Ablauf bog sich vorn herum, es folgte ein wellenförmiger Wulst oder halber Spitzstab, dieser wand sich und ging in die tiefe Hohlkehle über, welche dann, mit nochmaliger Wendung, in einen flachen Rundstab überging. Die Höhe der Dachgesimse war nicht, wie bei den Griechen, von der Höhe der Mauer abhängig; es wurde nicht einmal dem Maafse der obern Gesimse so viel zugesetzt, als sie durch die Entfernung verlieren. Dies erklärt sich nicht allein daraus, dafs wagerechte Gesimse von bedeutender Höhe dem Emporstreben entgegen gewesen wären: es ist auch statisch begründet. Nemlich die flachen Dächer der Griechen bedurften eines weitern Vorsprungs und die Säulen einer bestimmt ausgedrückten Belastung:

das Gesims war ein wesentlicher Constructionstheil: bei den steilen germanischen Dächern dagegen war nur ein geringer Vorsprung nöthig und zuläfslich; es durfte blofs nicht der Schein bleiben, dafs die Dachfläche abrutschen könne. Das Gesims durfte ganz leicht sein, und es trat dann nur die dünne Dachbedeckung vor; diese wurde am einfachsten durch einen schrägen Abschnitt unterstützt, und dieser Abschnitt erhielt nun, sowohl zu noch mehrerer Erleichterung, als wegen des Abtröpfeln des Regens, die tiefe Hohlkehle.

Die aus dem Romanischen eingebürgerten Bogenfriese wurden zunächst in Spitzbogenform gebildet; die Bogen wurden mit kleinen Hohlkehlen eingefafst und erhielten Bogenspitzen; demnächst bekam das volle Dreieck über und zwischen denselben eine Füllung; dieselbe wurde eingefafst und mit Spitzen verziert, so dafs das Ganze den Character der scheinbaren Durchbrechung hatte. Man machte doppelte Bogen, welche sich durchschnitten, und die Bogenstäbe endigten unten in herabhangenden Blumen. Bei dem Allen vergafs man den fremdartigen Ursprung nicht; man scheint gefühlt zu haben, dafs diese reiche, lang ausgedehnte Verzierung das Emporstreben schwächte, und es wurden deshalb die Bogenfriese immer seltner.

Bei den Fufsgesimsen blieb das attische Profil vorherrschend, nahm jedoch ebenfalls den germanischen Character an. Der obere Wulst wurde kleiner und gedrückter, die Hohlkehle wurde tiefer unterschnitten, der untere Wulst bedeutender und in Form eines gedrückten Spitzstabes gemacht, und die Plättchen wurden schräg gestellt. Aufserdem kommen auch Fufsgesimse vor, die aus Viertelkehle, Wulst und Sockel, so wie auch, mit Weglassung des trennenden Plättchens, aus einem einzigen umgekehrten Carniefs bestehen; die hohe Sockelschicht unter dem Fufsgesimse ist dann gewöhnlich mit einer flachen Hohlkehle abgeschmiegt. Da es zum richtigen Ausdruck des Emporstrebens sehr auf eine sichere Basis ankam, so finden sich häufig zusammengesetztere Profile, mit mehreren Quaderschichten übereinander; aber selten ist dabei berücksichtigt, dafs die höhern und schwereren Massen auch einer festeren Basis bedürfen, und dafs dies durch ein bedeutenderes Fufsgesims ausgedrückt werden könne: im Gegentheil haben die Strebepfeiler und die untern vortretenden Theile oft ein noch niedrigeres Fufsgesims und es ist in den Nischen, wo doch die Last geringer ist, statt des blofsen Wasser-Ablaufs eine Fufsgesimsschicht mehr eingelegt. Auch ist namentlich das attische Fufsgesims unrichtigerweise so profilirt, dafs das Wasser stehen bleibt. Dagegen ist nicht zu tadeln, dafs die vortretenden Strebepfeiler häufig nur vorn.

und nicht an den Seiten ein Fufsgesims haben; sie bedurften an den Seiten keins. Eine Eigenthümlichkeit ist ferner auch die häufig vorkommende Verkröpfung der Fufsgesimse, der Höhe nach, entweder an den Einfassungen der in die Plinte einschneidenden Thüren, oder um bei verschiedener Lage der Fufsgesimse eins in das andre hinüberzuführen. Obwohl diese Sitte aus dem Wesen des germanischen Baustyls sich ableiten läfst, hätte man doch bedenken sollen, dafs sich die Fufsgesimse ihrer Bedeutung nach nicht dazu eignen, lothrecht emporzulaufen, und dafs es besser gewesen wäre, sie zu unterbrechen; es war ein Mifsbrauch des Princips der Hinüberführung.

(Die Fortsetzung folgt.)

Inhaltsverzeichnifs des vierten Hefts fünf und zwanzigsten Bandes.

Berlin, gedruckt bei G. Reimer.

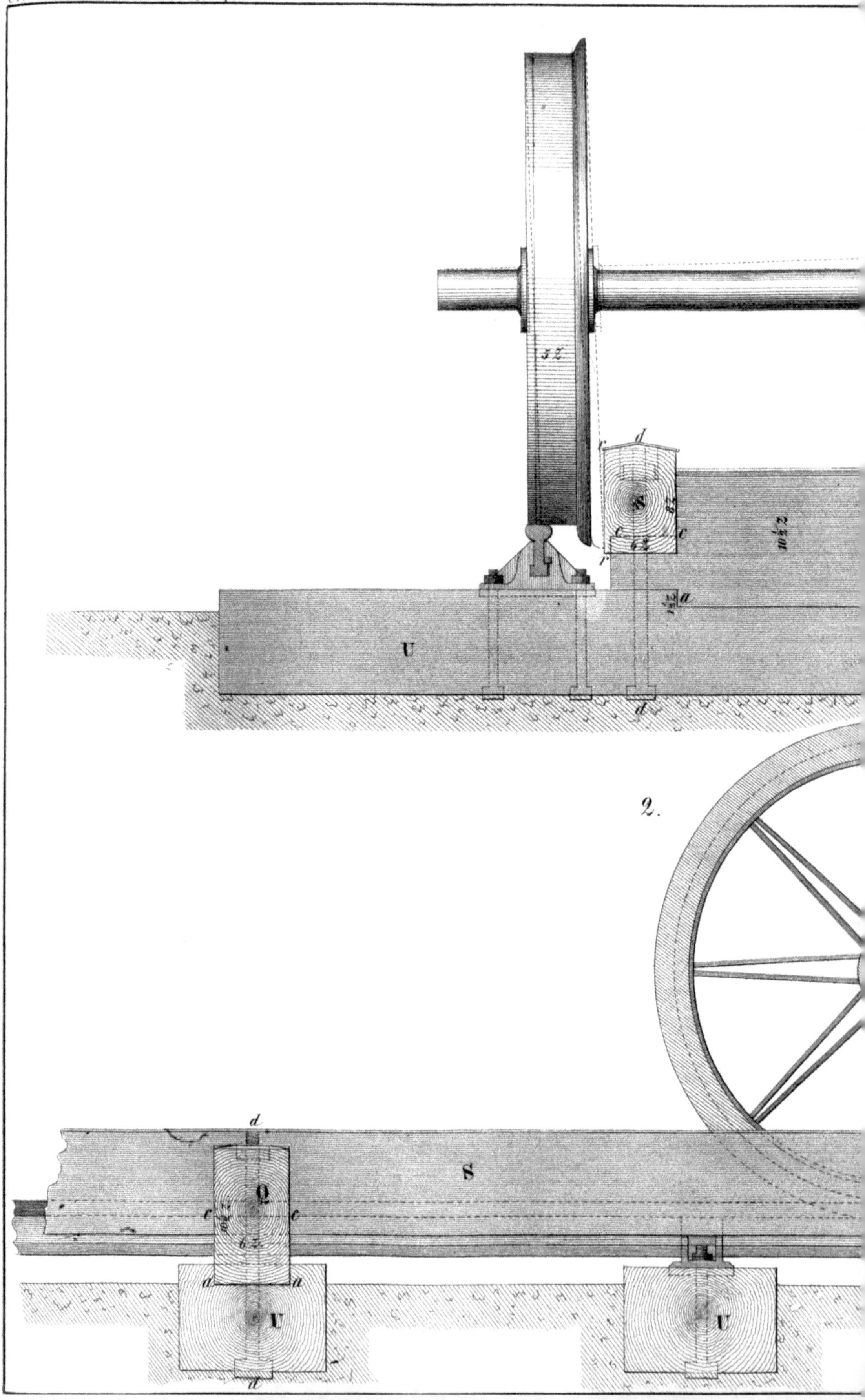

2.
U
S
Q

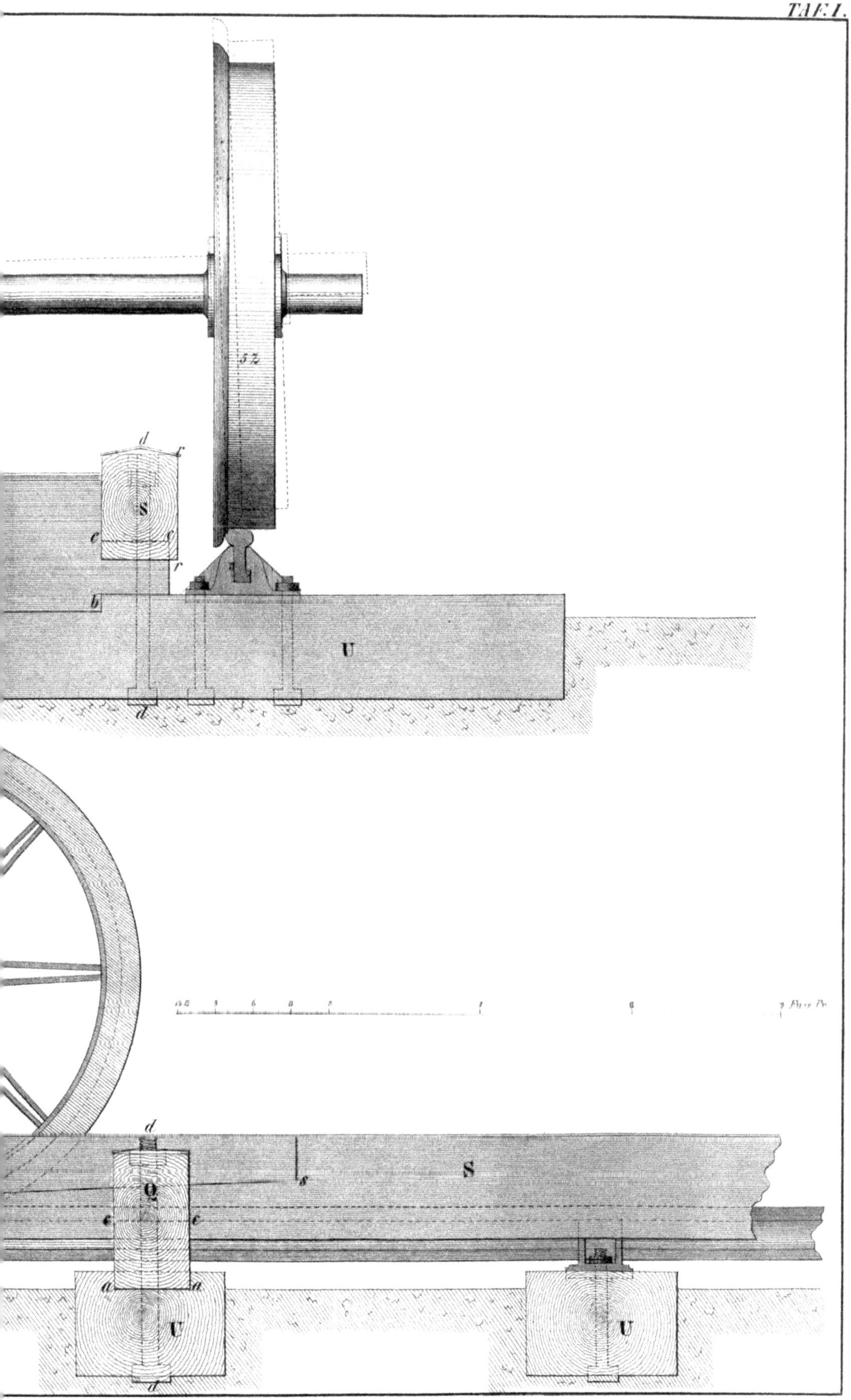
d
f
S
e
c
r
b
U
d
S
d
Q
s
e
e
a
a
U
U
d

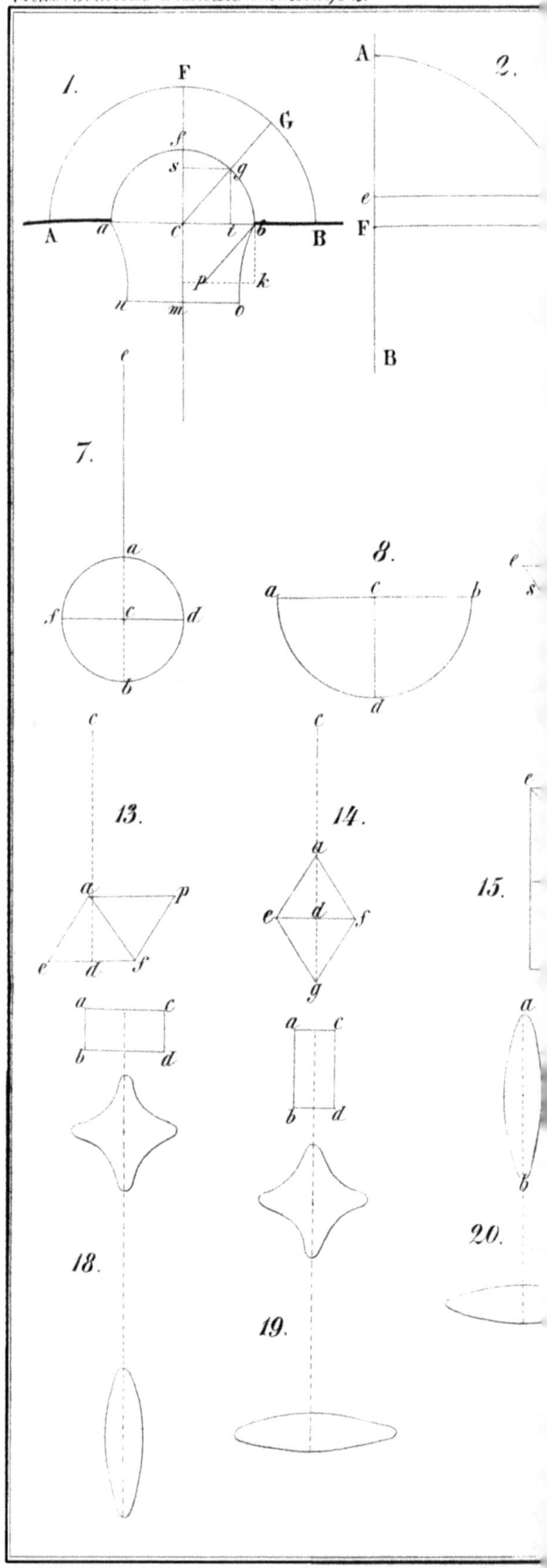
1.
F
G
f
s
g
A
a
c
i
b
B
p
k
n
m
o
2.
A
e
F
B
7.
e
a
f
c
d
b
8.
a
c
b
d
13.
c
a
p
e
d
f
a
c
b
d
14.
c
a
e
d
f
g
a
c
b
d
15.
a
b
18.
19.
20.

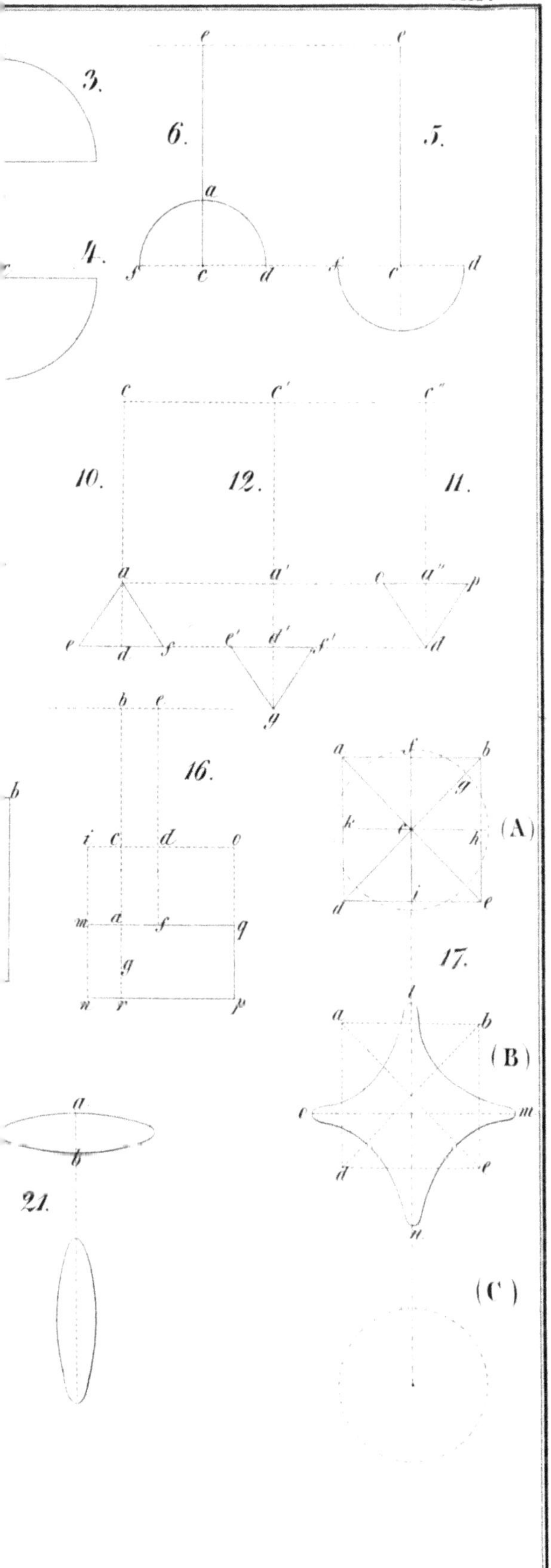
3.
6.
5.
4.
10.
12.
11.
16.
17.
(A)
(B)
(C)
21.

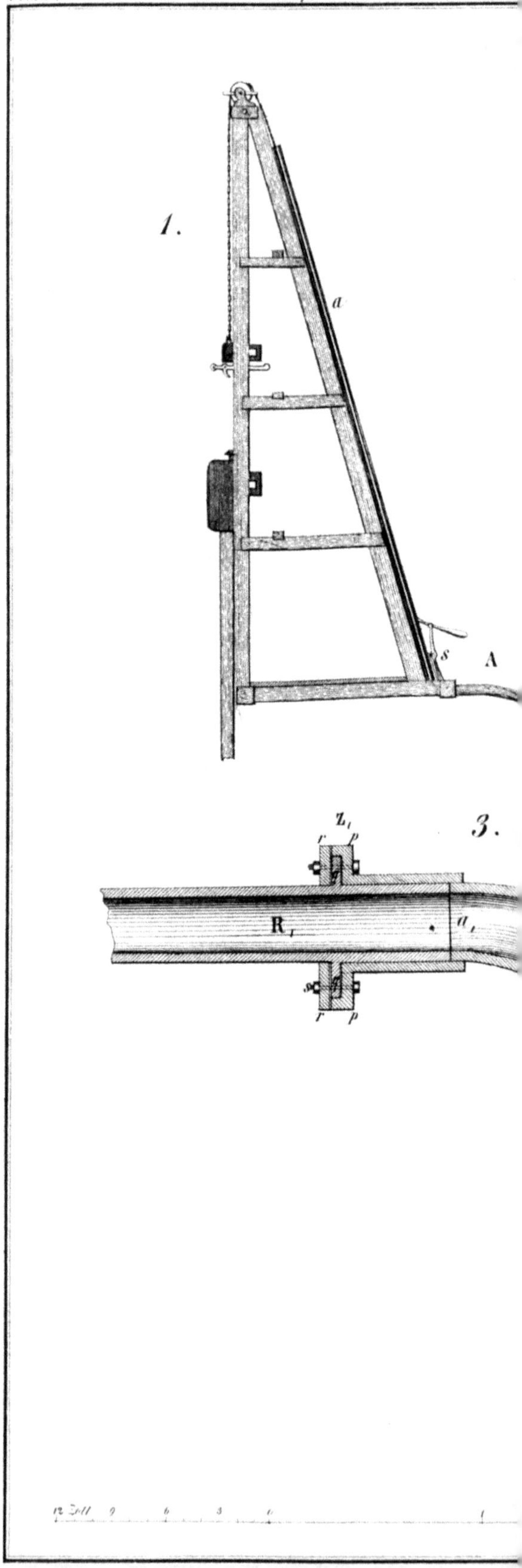
1.
a
s
A
3.
Z₁
r
p
R₁
a₁
s
r
p
12 Zoll 9 6 3 0

2.

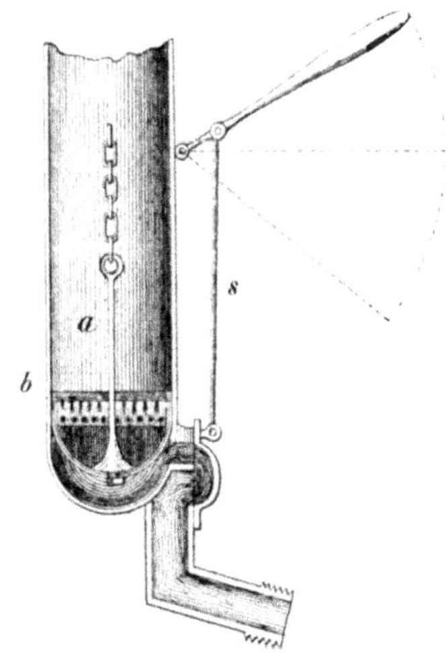

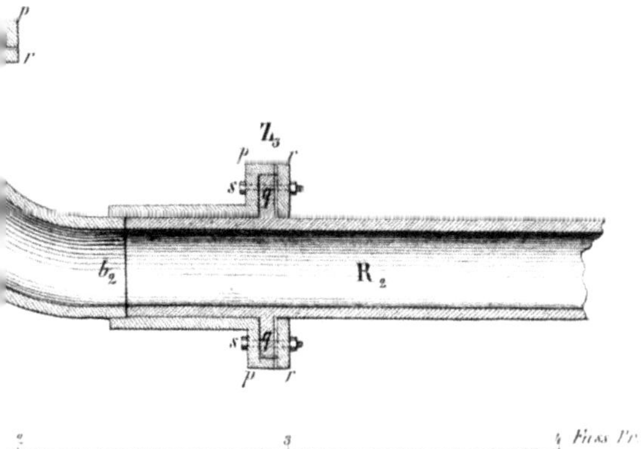

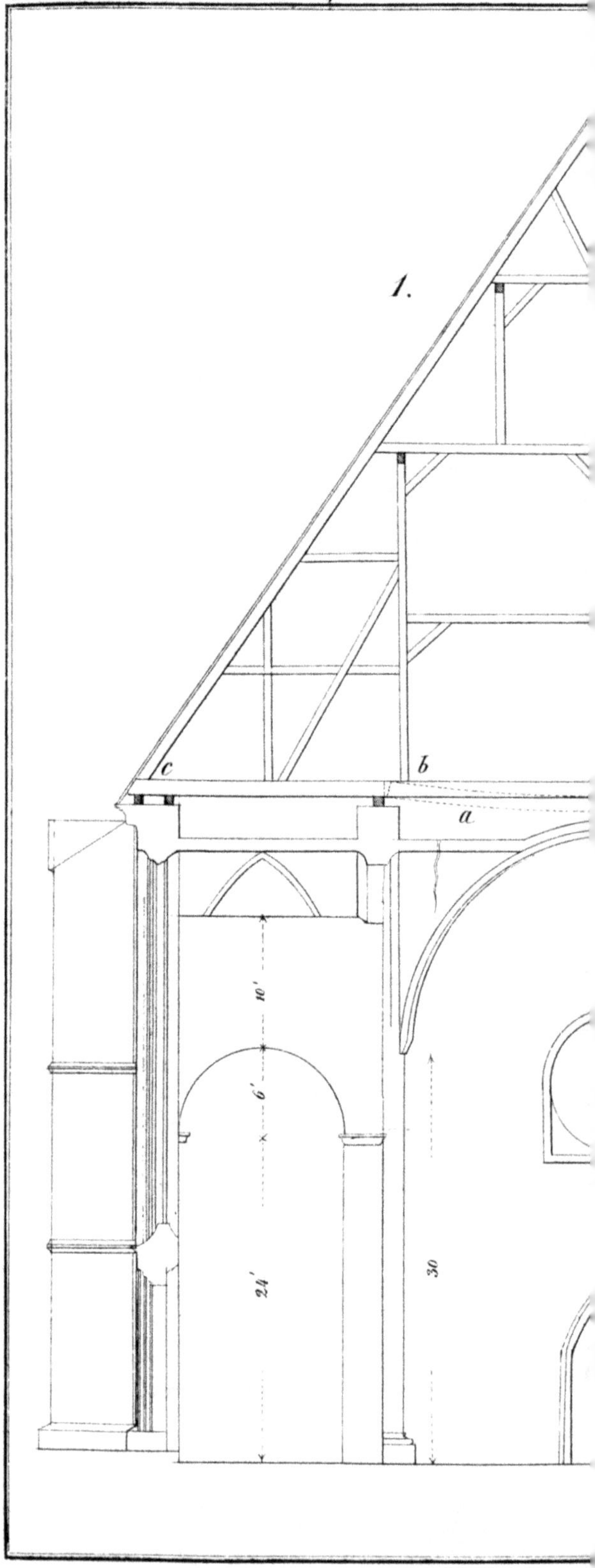
1.
c
b
a
10'
6'
24'
30

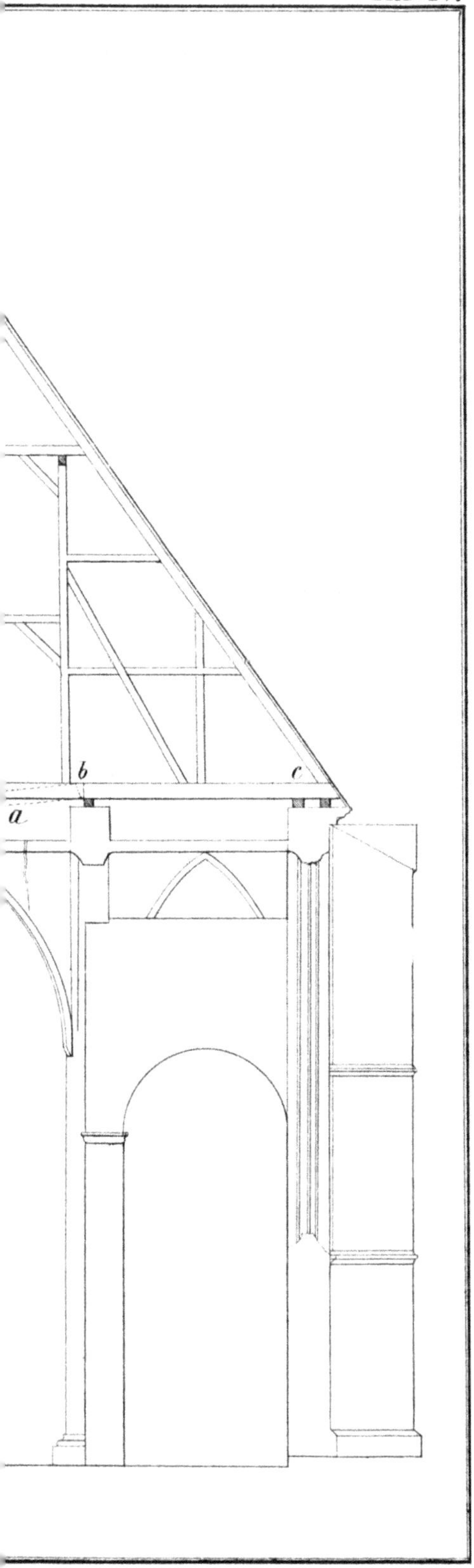
b
c
a

4.

3.

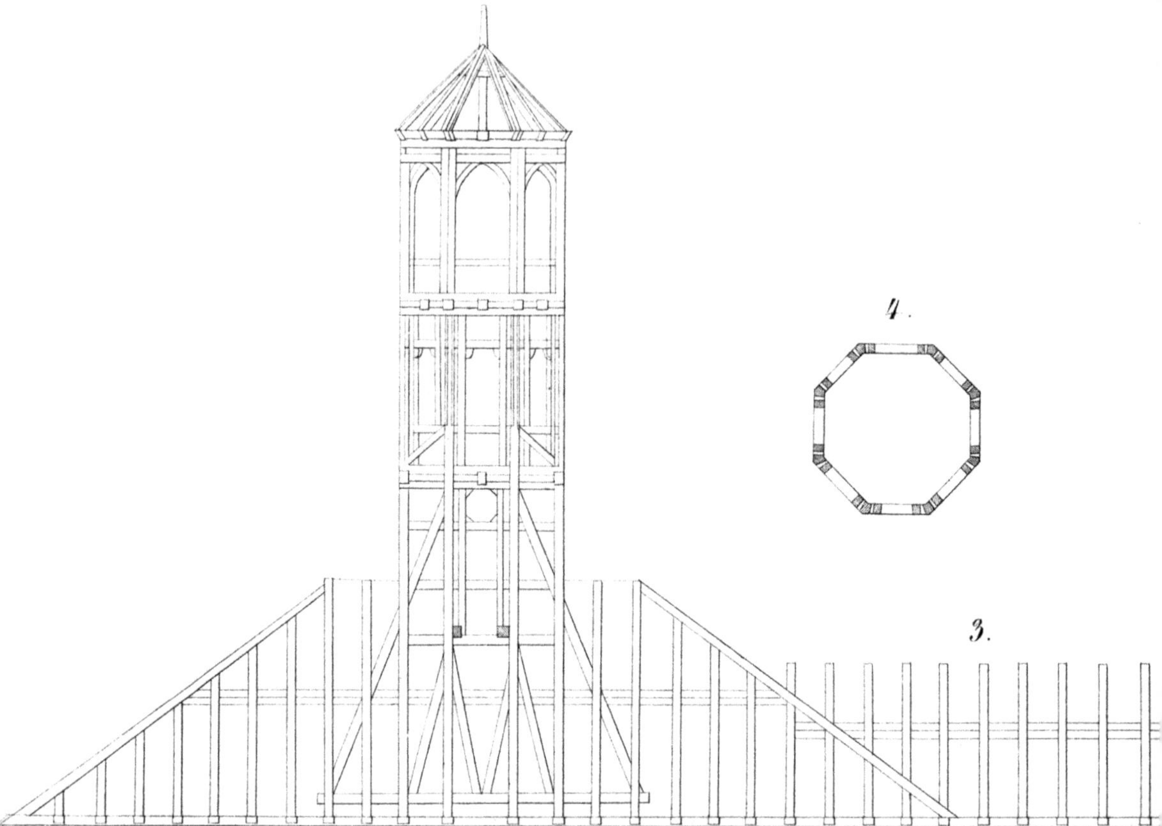

2.

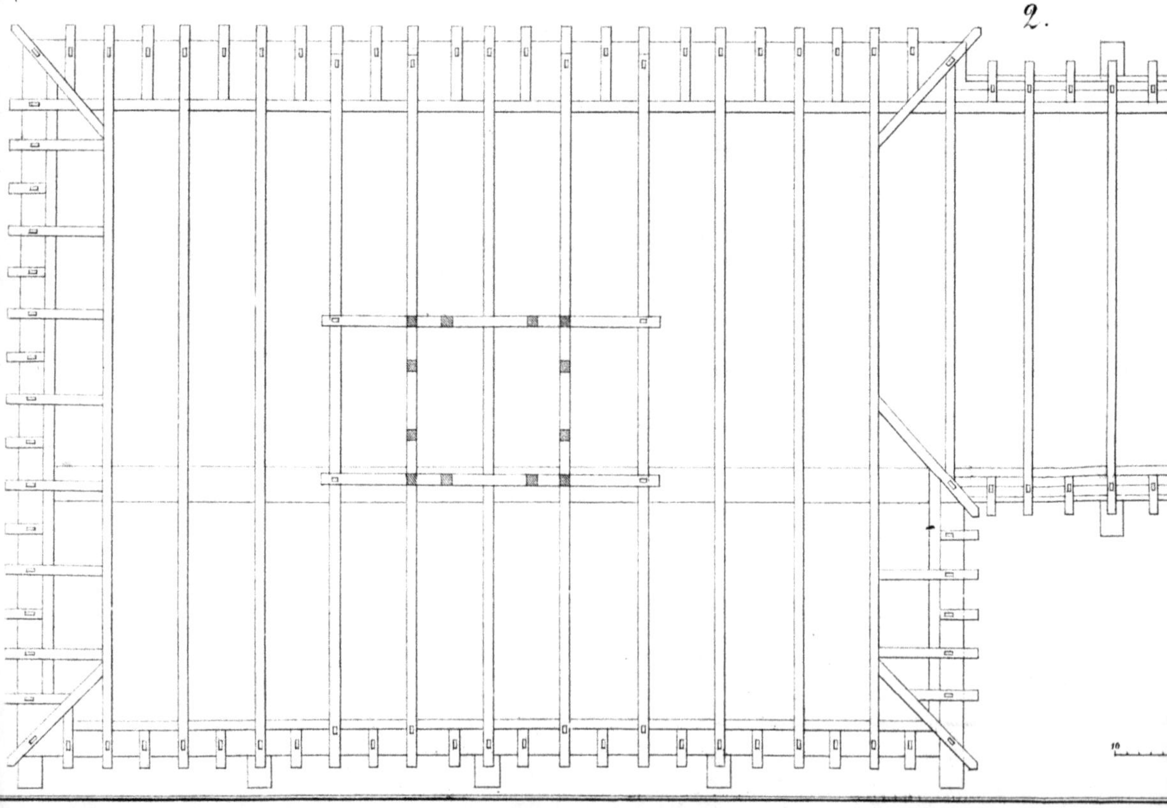

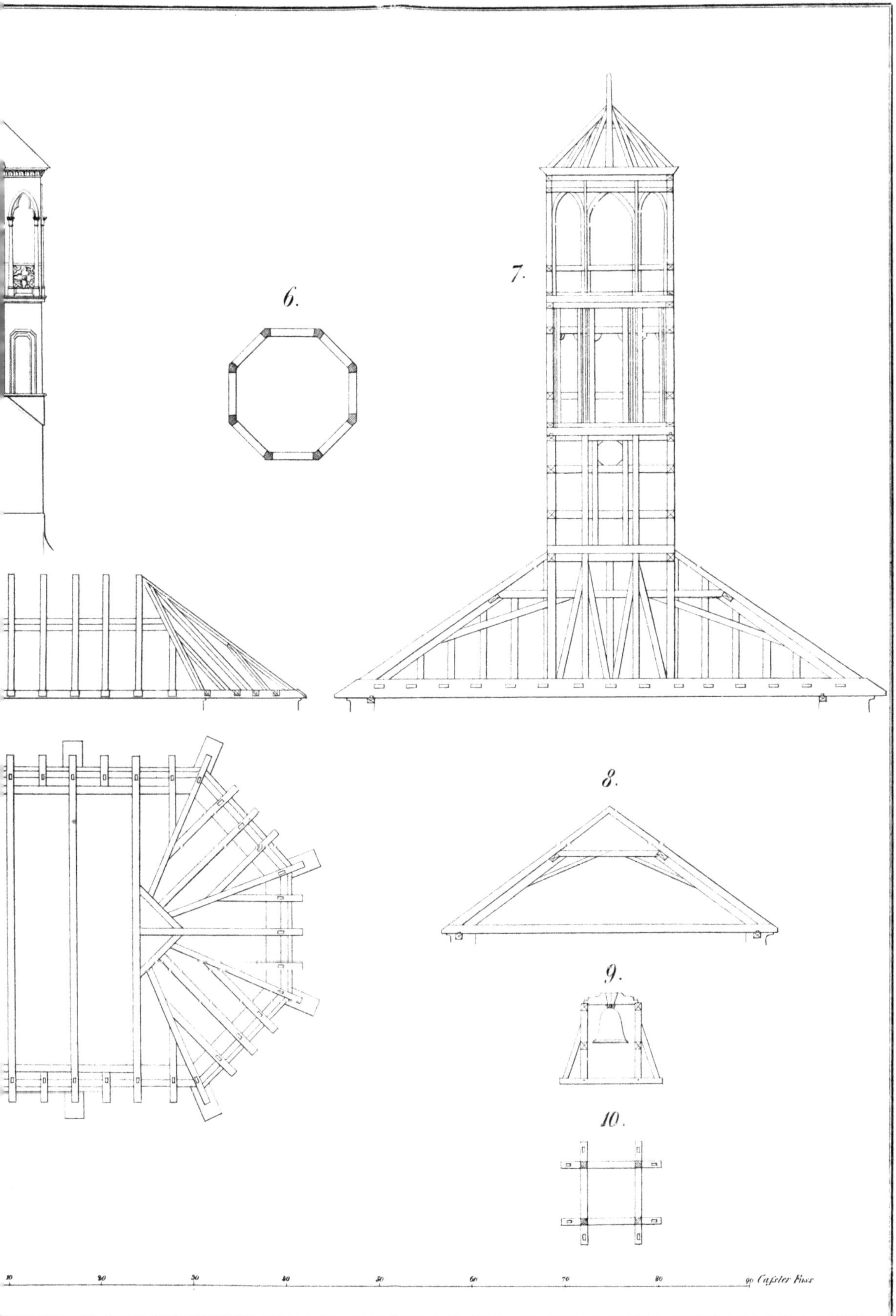
6.
7.
8.
9.
10.
10 20 30 40 50 60 70 80 90 Caßler Fuss

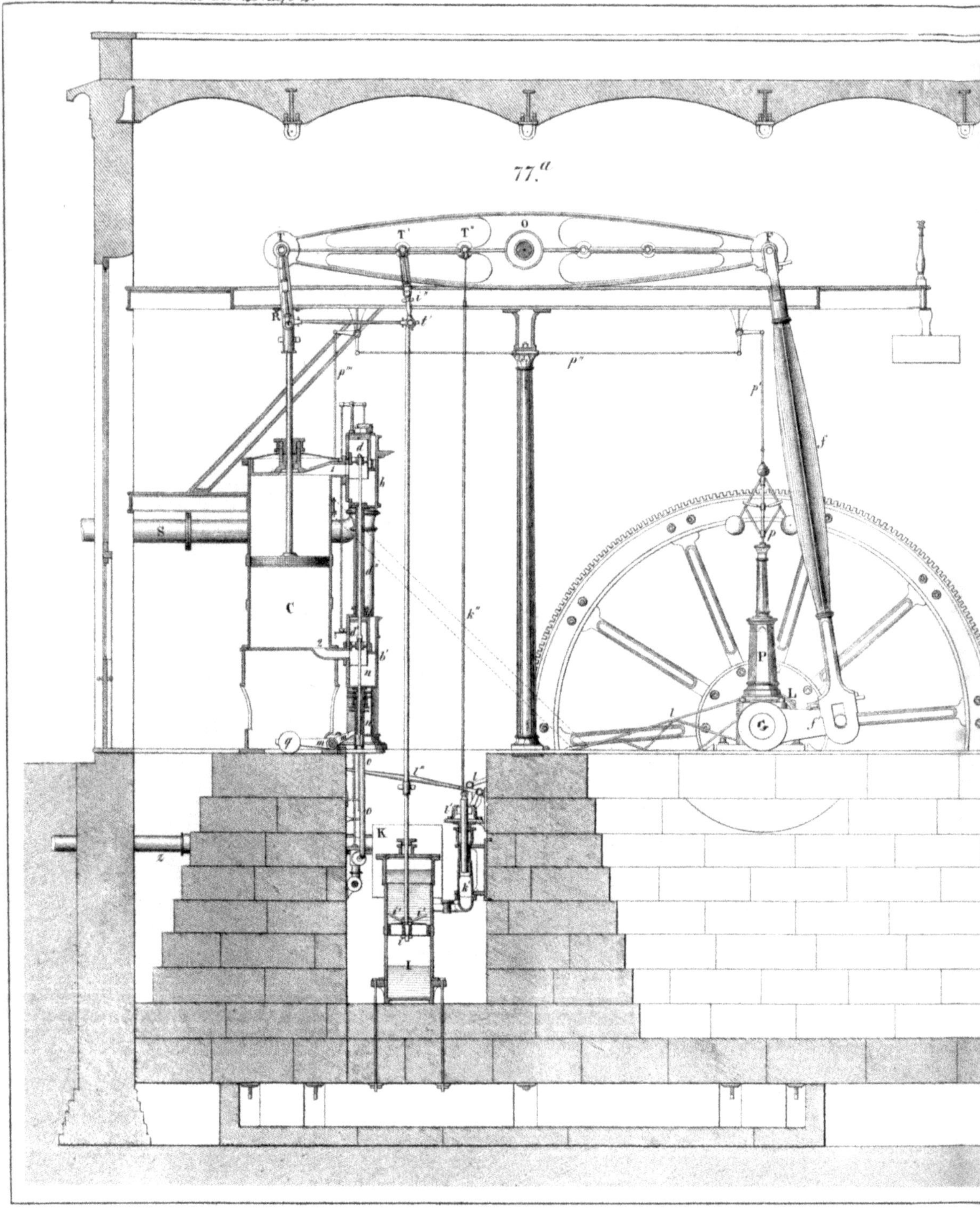
77.a
O
T'
T''
S
C
K
L
P
f
k''
p''
p'''
p'

77.b

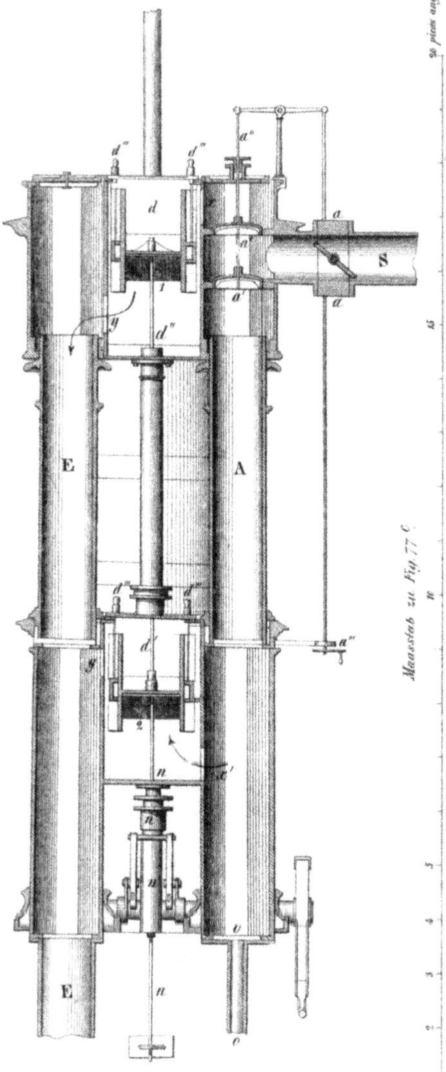

Maasstab zu Fig. 77 c

20 pieds anglais

6 mètres

77.c

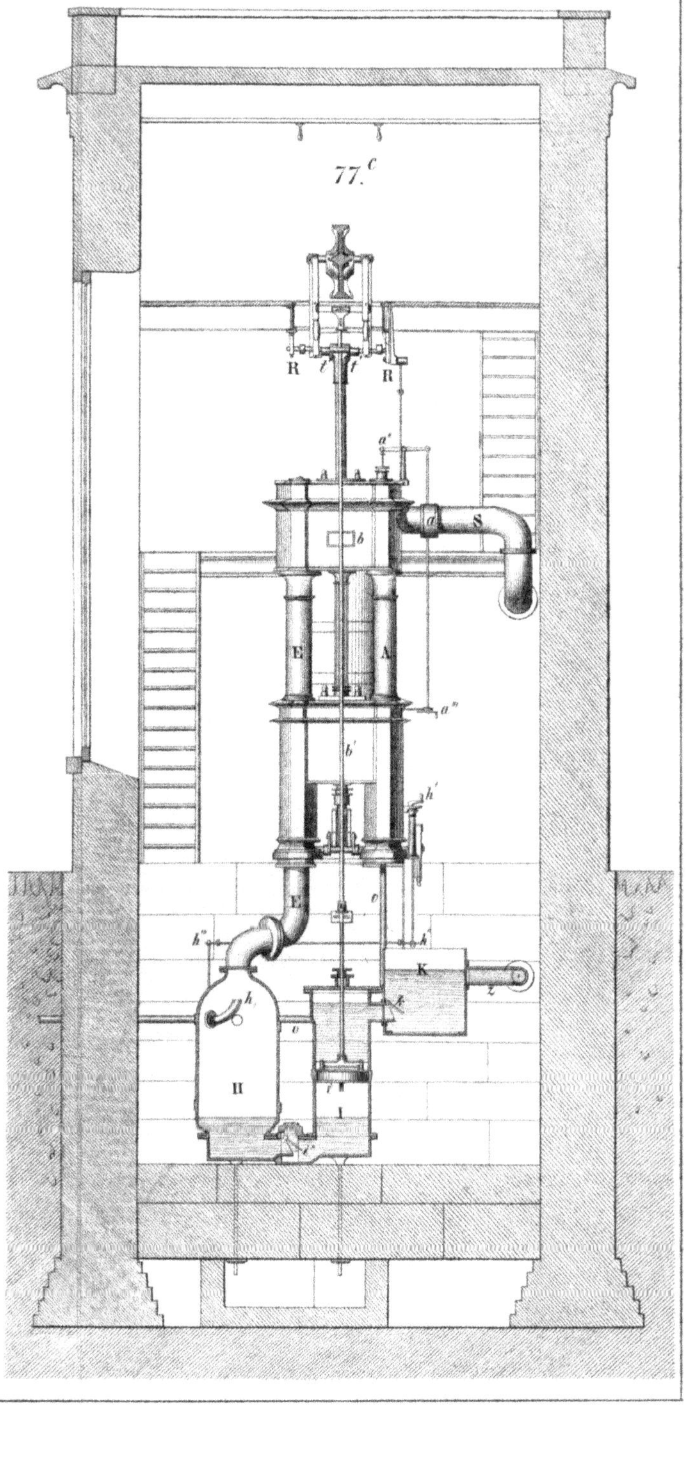

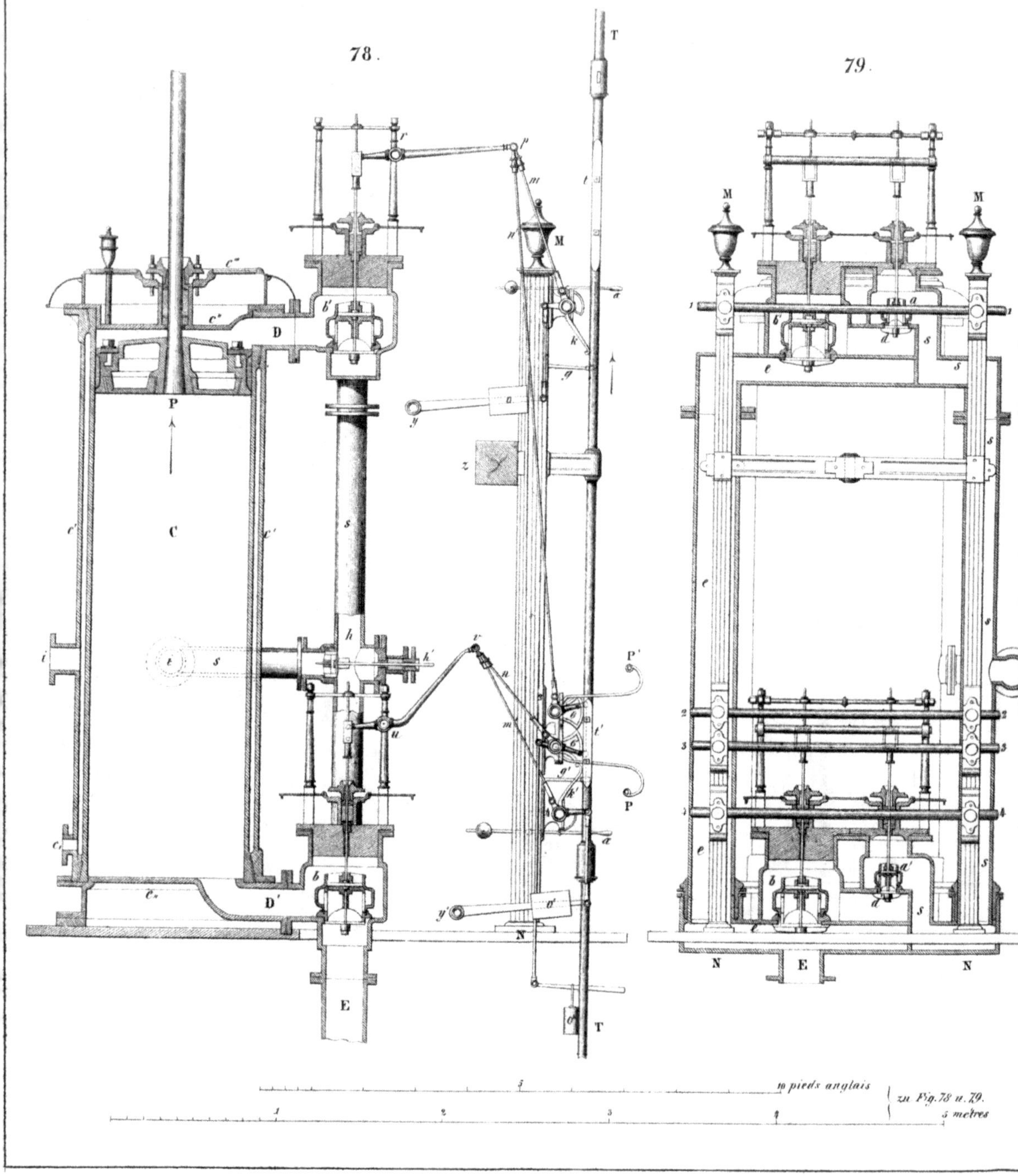
78.
79.
10 pieds anglais
5 mètres
zu Fig. 78 u. 79.

80.

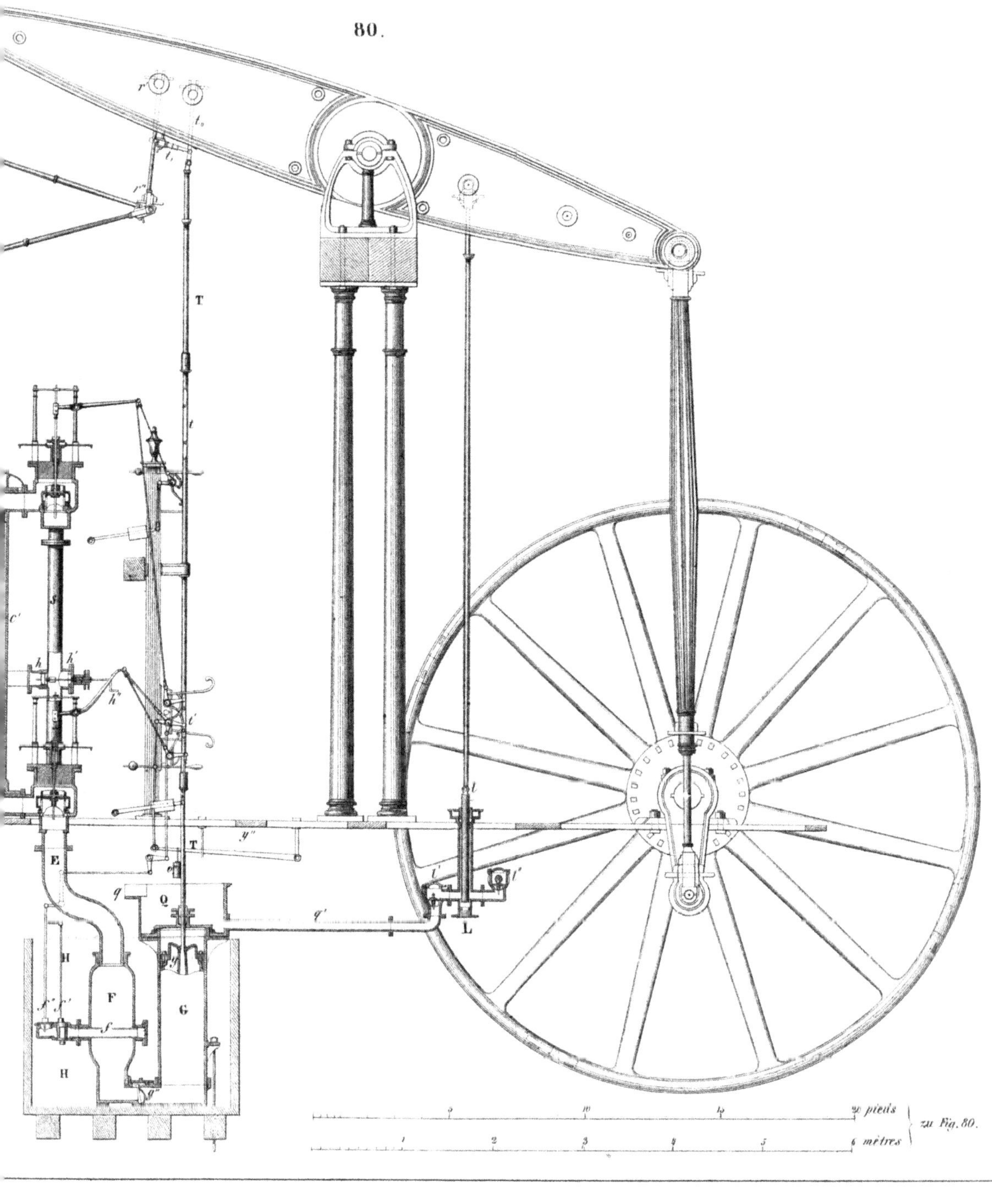

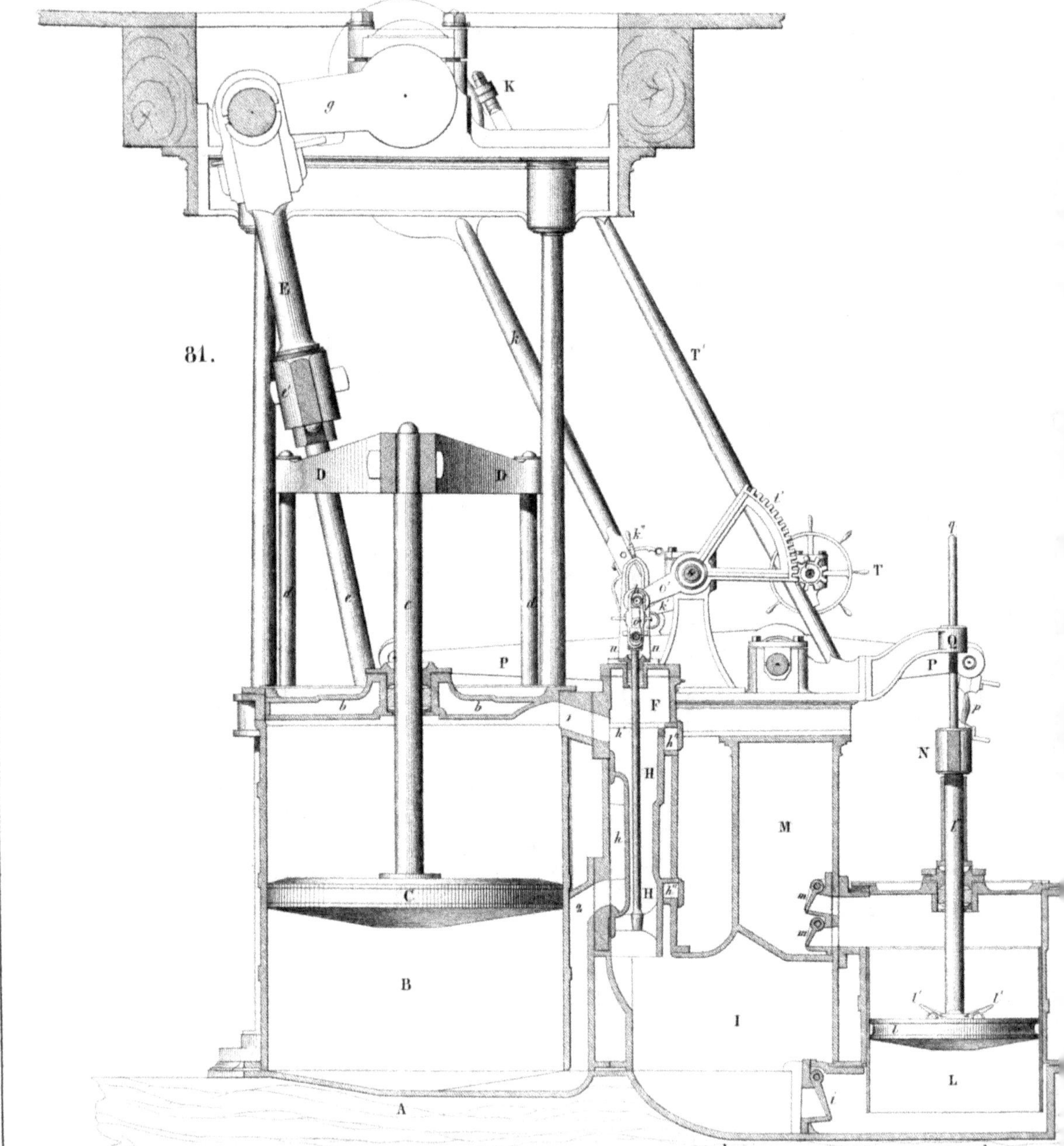
81.
K
g
E
e
k
T'
D
D
t'
k''
T
q
d
e
c
d
o'
k'
P
n
n
Q
P
b
b
F
p
h'
h'
N
H
h
M
f
C
H
h'
m
2
m
B
I
l'
l'
l
L
A
i
A
A

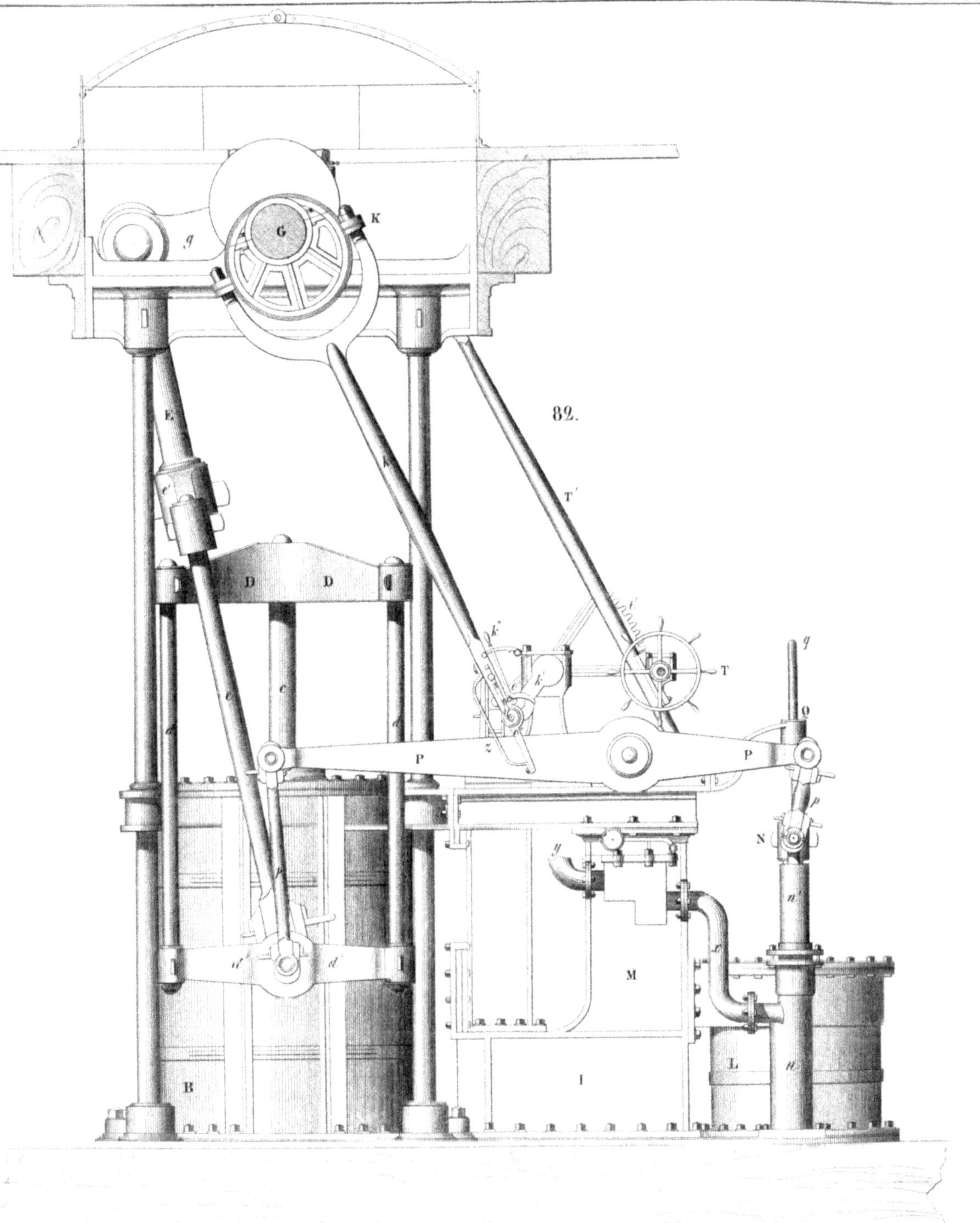

82.

Herwig, lith.

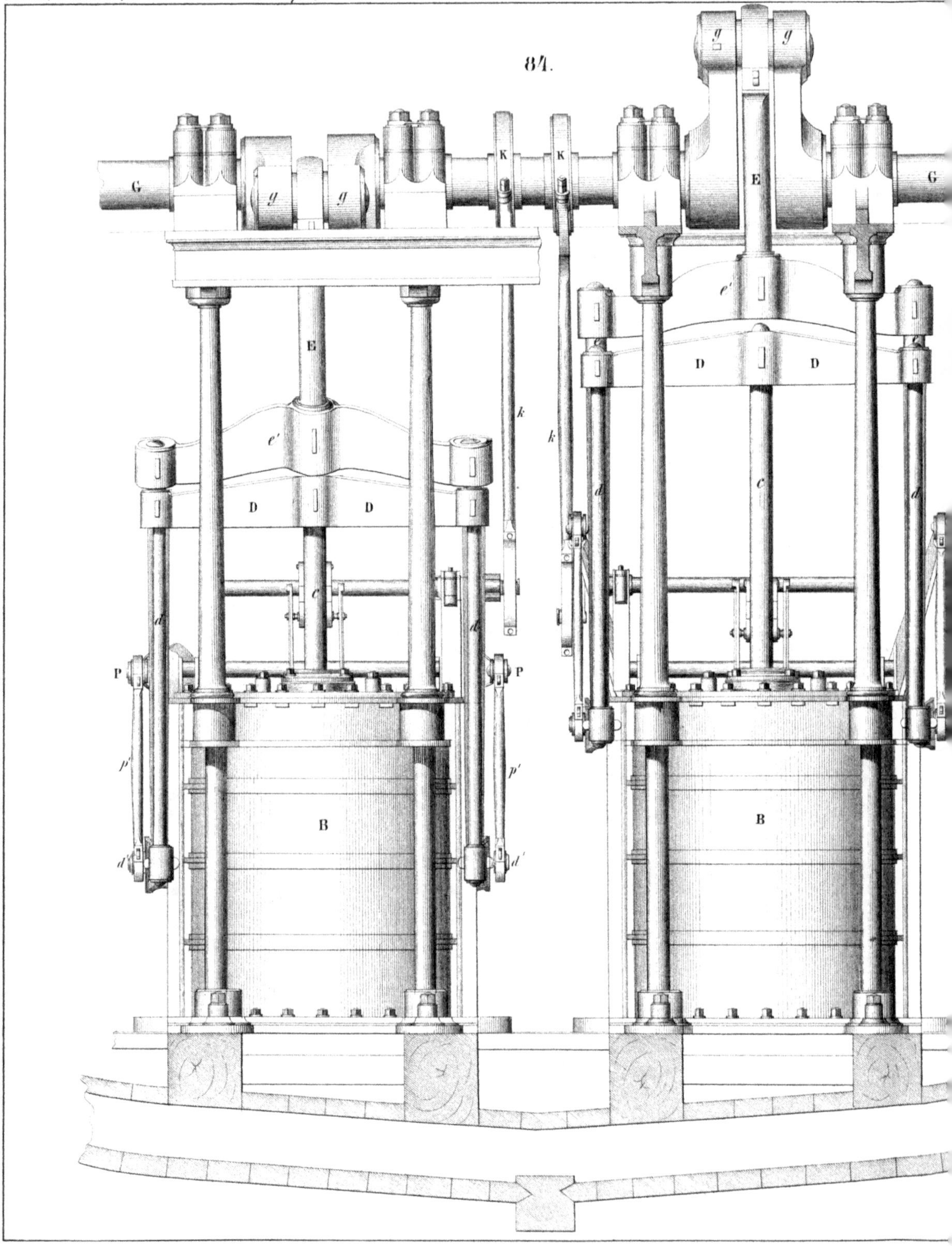
84.
G
g
g
K
K
g
g
E
G
E
e'
e'
D
D
D
D
k
k
c
c
d
d
d
d
P
P
p'
p'
d'
d'
B
B

83.

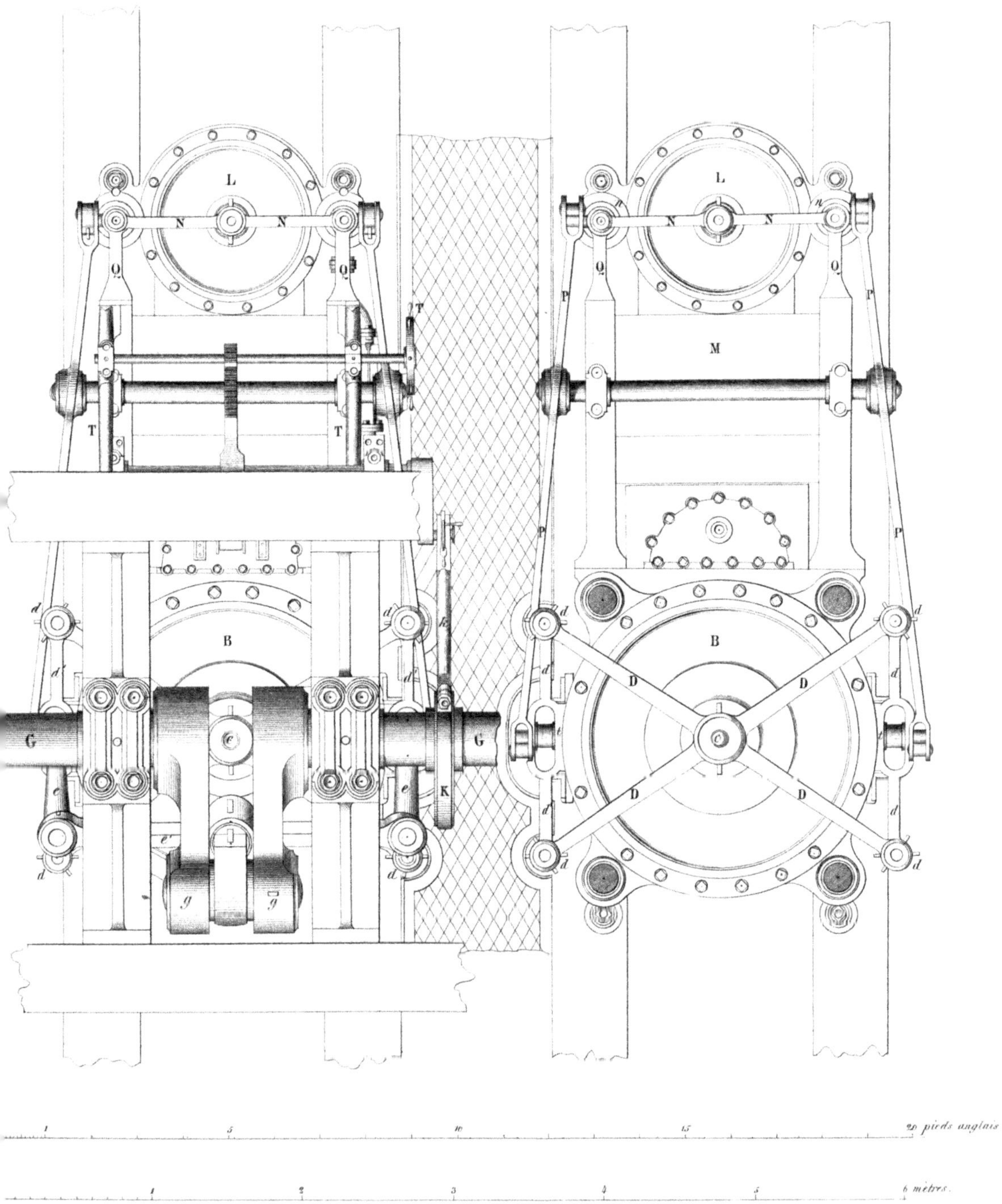

Herwig, litho.

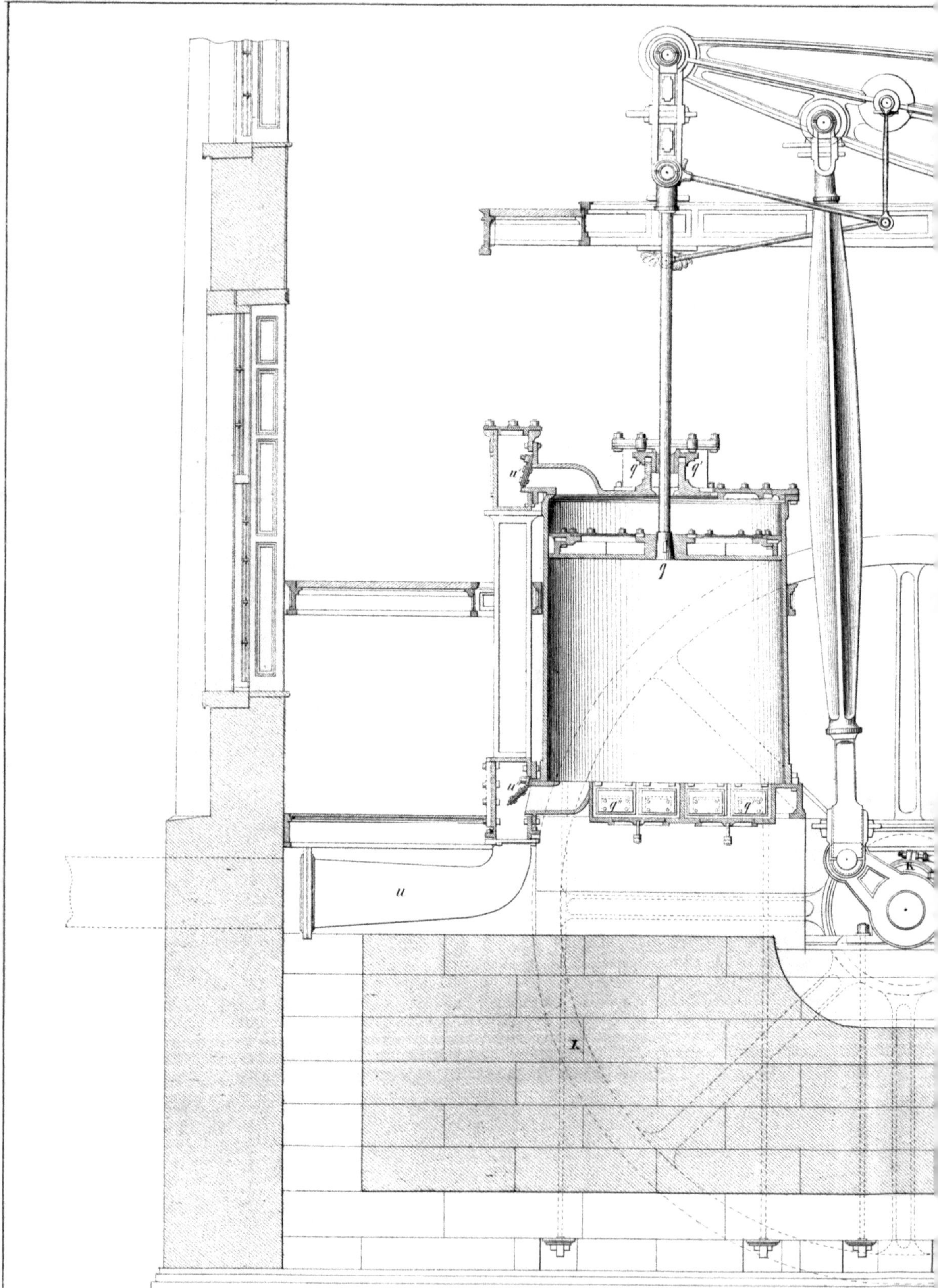
u'
q
q'
q
u
q''
q''
q''
q''
u
K
I.

85.

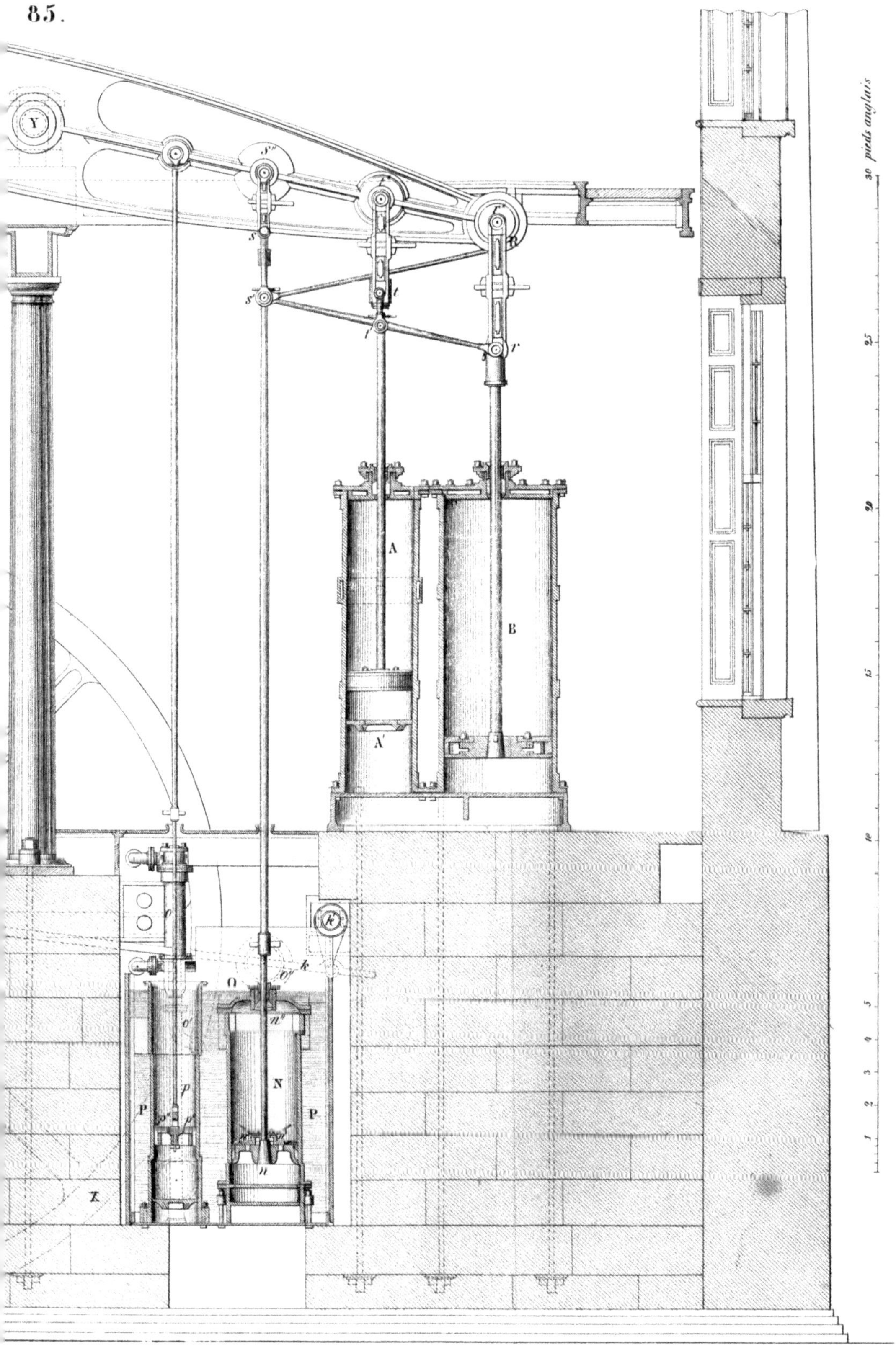

Herwig, lith.

86.

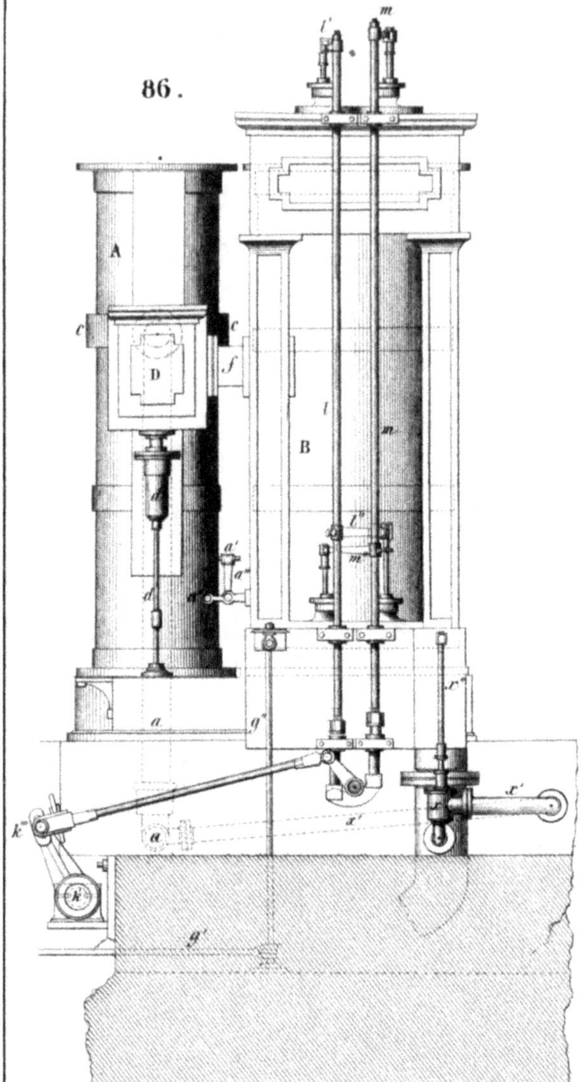

87.

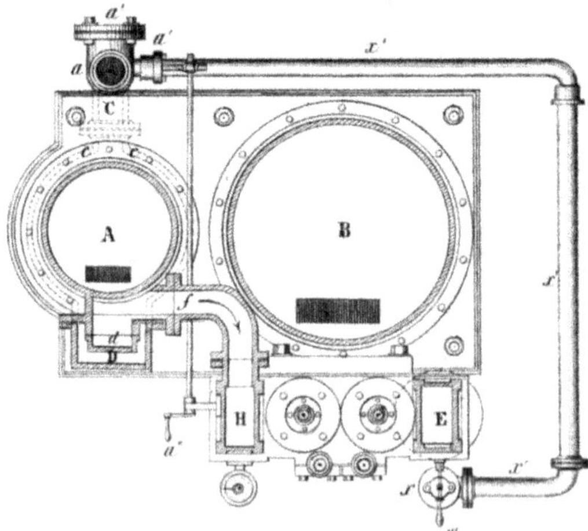

N° 19.

88.

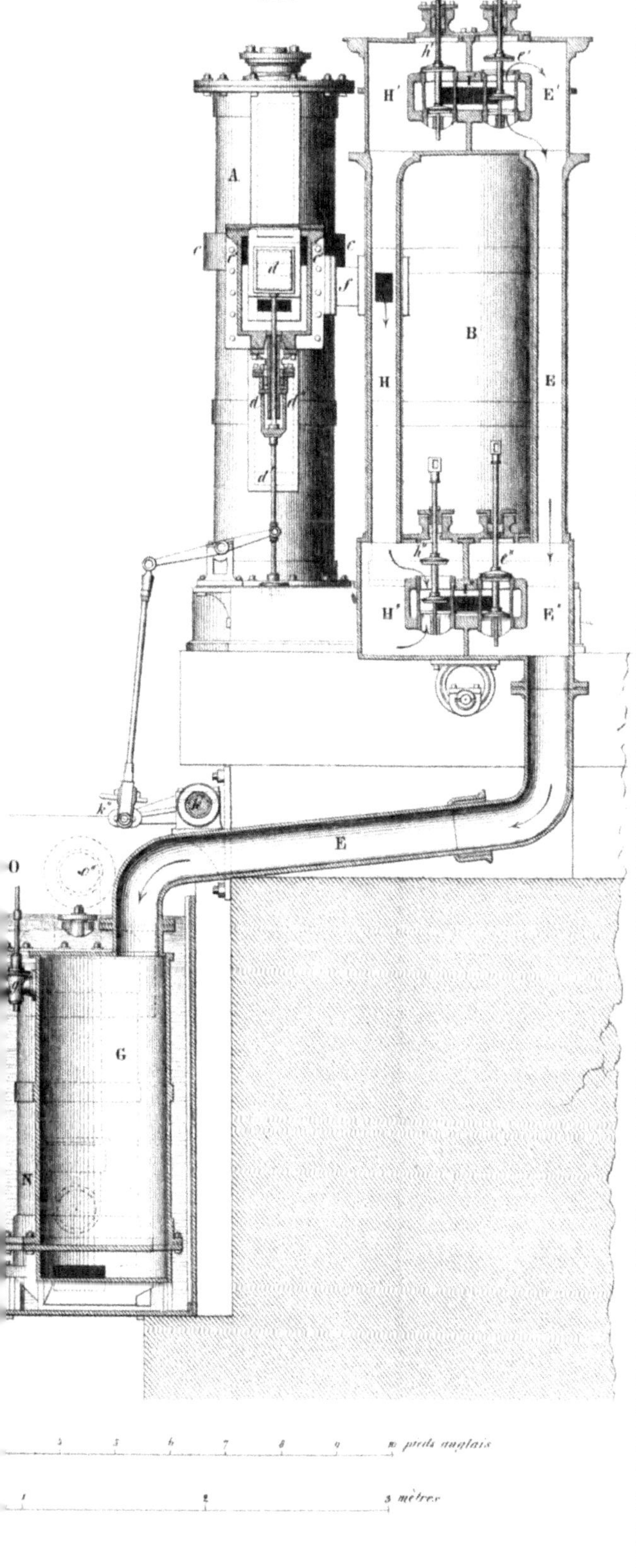

89.

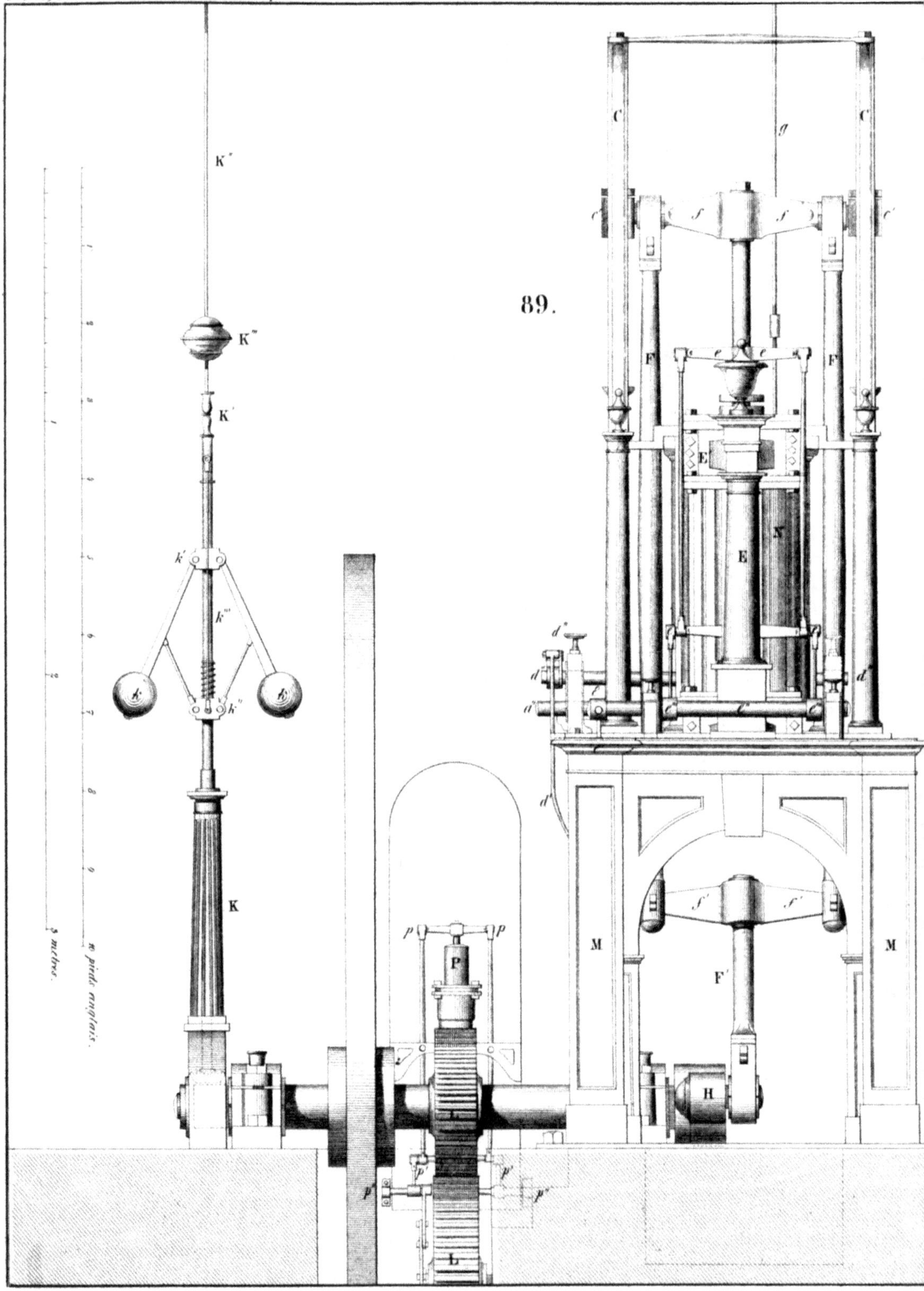
K''
K'''
K'
k'
k''''
k
k''
K
C
C
c'
c'
g
f
f
F
F
e
e
E'
N
E
d''
d
d'
d''
c''
c''
c''
d'
M
M
f'
f'
F'
H
p
p
P
p'
p''
p''
L
z
metres
pieds anglais

90.

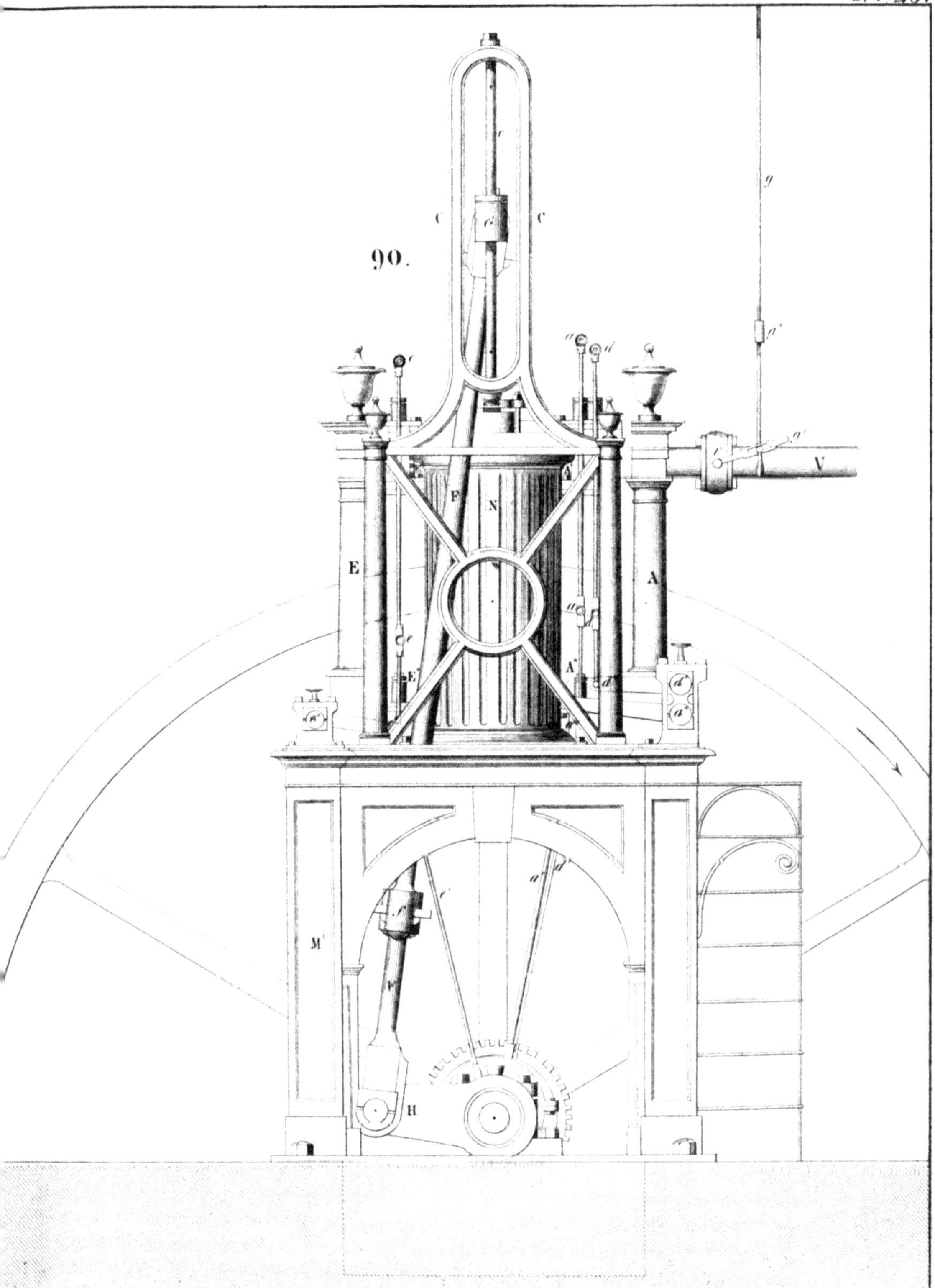

Herwig, lithc

www.ingramcontent.com/pod-product-compliance
Lightning Source LLC
LaVergne TN
LVHW080744300926
849162LV00008BA/1750
9783112392195